上海理工大学一流本科系列教材

大数据基础教程

樊重俊 刘臣 杨云鹏／编著

立信会计出版社
LIXIN ACCOUNTING PUBLISHING HOUSE

图书在版编目(CIP)数据

大数据基础教程 / 樊重俊，刘臣，杨云鹏编著. —上海：立信会计出版社，2020.12(2022.9 重印)
ISBN 978 - 7 - 5429 - 6661 - 2

Ⅰ. ①大… Ⅱ. ①樊… ②刘… ③杨… Ⅲ. ①数据处理—教材 Ⅳ. ①TP274

中国版本图书馆 CIP 数据核字(2020)第 251088 号

策划编辑　孙　勇
责任编辑　孙　勇
封面设计　南房间

大数据基础教程
DASHUJU JICHU JIAOCHENG

出版发行	立信会计出版社		
地　　址	上海市中山西路 2230 号	邮政编码	200235
电　　话	(021)64411389	传　　真	(021)64411325
网　　址	www.lixinaph.com	电子邮箱	lixinaph2019@126.com
网上书店	http://lixin.jd.com		http://lxkjcbs.tmall.com
经　　销	各地新华书店		
印　　刷	上海万卷印刷股份有限公司		
开　　本	890 毫米×1240 毫米	1/16	
印　　张	20.75	插　　页	1
字　　数	628 千字		
版　　次	2020 年 12 月第 1 版		
印　　次	2022 年 9 月第 2 次		
书　　号	ISBN 978 - 7 - 5429 - 6661 - 2/T		
定　　价	56.00 元		

如有印订差错，请与本社联系调换

序

随着5G时代的到来，社会各领域的数据都在爆炸式增长，数据已经成为一种关键的生产要素，在经济社会发展中起着重要作用。大数据的出现使数据的获取、传递、存储、处理与展现方式发生了深刻的变化，大数据及其相关技术的发展使海量数据和信息的传输和交换能够超越时间、空间的局限。人们对数据以及数据分析应用的依赖性越来越强。相较于传统的数据分析，大数据是海量、多种类数据的集合，大数据技术以采集、整理、清洗、存储、挖掘分析、应用及可视化为核心。迄今，大数据已在多个领域得到了应用并取得令人瞩目的效果。在计算机和互联网技术突飞猛进的背景下，大数据技术几乎进一步"席卷"所有行业，在"数据驱动决策"的新模式下，很多行业和企业从大数据技术中受益。无论是在传统的银行业还是在通信业与新兴的互联网电商行业，无论是在企业还是公共服务领域，无论是从技术创新的角度还是从组织管理的角度来说，大数据的应用价值已经被广泛认可。

大数据可以让人们从全新的视角去理解世界的科技进步和复杂技术的涌现，变革人们关于工作、生活和思维的观念。随着大数据的应用越来越广泛，针对不同领域中大数据的深度分析，利用数据整体性与涌现性、相关性与不确定性、多样性与非线性及并行性与实时性来研究大数据，具有更广阔的空间。此外，大数据与云计算、物联网的融合应用使很多原本不可能的事情成为可能。大数据将随着以数据科学为核心的新一代信息技术的迅猛发展，大力推动社会科学与自然科学等领域跨科学研究的开展。

"十四五"时期，全球新一代信息产业将处于加速变革期，大数据技术及其应用处于创新突破期，相关的国内市场需求处于爆发期，我国大数据产业面临重要的发展机遇。此外，当前我国政府职能将发生重大转变，从过去的"管制型政府"向"创新型政府"和"服务型政府"过渡，大数据的应用可以说是实现"创新型政府"与"服务型政府"的天然助推器，对提升政府治理能力、优化民生公共服务、促进经济转型和创新发展有重大意义。

基于信息技术的大数据应用已渗透到社会的各行各业，当前，大数据与人工智能已上升为国家战略，相关人才成为数字经济发展的首要资源。因此，如何培养具有高素质、高技能的应用型大数据人才，充分发挥学校与企业的优势资源，加强校企合作，探索新时代下产教融合、协同育人的培养模式，成为目前各大高校亟待解决的问题。目前，国内许多高校的理工学院等都开设了大数据相关专业，甚至某些高校的经管学院、统计学院、会计学院也纷纷开设大数据相关专业，大数据与行业的融合日益密切，培养跨行业的大数据应用型复合人才迫在眉睫。

樊重俊教授团队在大数据应用方面进行了许多探究，如在机场运营数据应用方面、医疗大数据、养老服务等多个业务领域进行了具体的实践与研究工作并取得不错的成果。近年来，樊重俊教授在各大知名高校进行交流研讨，为推进大数据应用在产学研建设中的落实付出了巨大心血。本书由樊重俊教授团队编著，对大数据知识体系进行了系统梳理，解释清楚了大数据的基本概念、理论和术语，以及基本的大数据技术和方法。本书内容组织有序、依次展开、由浅入深，使大众读者对大数据的基本概念、系统架构及其发展应用有相对全面的、较深层次的认识，通过阅读本书能够系统地建立大数据的思维体系。书中的每章用思考题以及应用案例来加深读者对大数据实际应用的认识，这也是本书的特色所在。因此，本书适合作为了解大数据基本知识和相关技术的入门教材，也可以作为高校的通识课教材。

人工智能已经成为大数据应用领域的一股迅猛趋势，大数据与人工智能的结合将会推动很多行业的变革。随着人工智能近年来的迅速兴起，基于大数据的人工智能技术应用实现了一种新的飞跃。本书枚举的相关实例，凸显了大数据带来的巨大社会变革，大数据融合人工智能的技术模式已经创造出重大的社会效益和经济效益，并将开拓出更大的发展空间。期望本书成为广大读者学习大数据的起点，能够更好地帮助大家认识大数据，理解大数据，运用大数据，在数据的海洋中挖掘出更多潜在价值。

顾春华

于上海理工大学

2020 年 10 月

前　言

在数字经济的大环境下，信息的爆炸式增长使开发和研究大数据分析方法与应用技术成为当务之急，未来的国家治理、商业决策甚至个人生活都离不开对大数据的分析与应用。大数据不仅规模大，而且具有多样性、复杂性、分布性、关联性等数据特征，这给传统的数据分析方法与应用技术带来了挑战。因此，分析与应用大数据必须加入新的数学思维，融合传统的数据分析与挖掘方法。本书在大量理论研究与实践应用的基础上，对大数据的发展现状、分析方法与应用技术进行了全面介绍。

本书强调理论联系实际，不仅介绍了基础的数据分析方法，而且结合各个行业的特征进行了详细的实务介绍。全书共有12章，包括以下内容：第1章介绍了大数据的基本概念与发展现状。第2章对数据抽取和清洗原理与方法进行了详细的介绍，同时介绍了数据抽取和清洗的ETL工具。第3章介绍了大数据存储技术，包括大数据存储面临的挑战、数据存储的方式、非关系型数据库、常见非关系型系统、分布式文件系统等。第4章介绍了大数据分析方法，包括决策树、神经网络和隐马尔科夫模型三类分类分析方法和基于深度学习的预测方法。第5章介绍了数据挖掘的基本概念以及大数据挖掘的定义与应用，同时概述了文本、语音、图像、空间以及Web数据挖掘的方法。第6章介绍了云计算的基本概念以及云服务的类型，同时分析了云计算技术和大数据的应用。第7章介绍了大数据时代下电子商务发展的新特点、新应用以及新态势。第8章介绍了大数据可视化的相关概念及部分典型大数据可视化工具。第9章主要归纳了各行业中大数据的个性化应用，同时梳理了大数据应用的流程与企业中大数据应用的共性需求。第10章主要研究了大数据时代下的商业智能新概念与应用领域，同时介绍了大数据时代下新型的Hadoop与MPP结合的新架构、云平台以及大数据一体机。第11章指出大数据时代的信息安全面临的挑战及其特征并总结出了应对策略，同时分析了大数据引起的个人隐私问题。第12章介绍了IBM、Oracle、SAS、SAP、腾讯、阿里、用友等部分大数据主流厂商的大数据解决方案。

全书由樊重俊、刘臣、杨云鹏、霍良安、王雅琼负责总纂与统稿，并对各个章节的内容进行调整、修改与补充。编写组成员如下：樊重俊、刘臣、杨云鹏、霍良安、王雅琼、熊红林、朱人杰、鞠晓玲、臧悦悦、安艾芝、金阳、郭晓猛、何蒙蒙、杨飞、王宇莎、樊鸿飞、朱玥、苏颖、王育清、李佳婷。参考文献由樊重俊、杨云鹏、王雅琼、安艾芝、臧悦悦、鞠晓玲、朱玥进行汇总与整理。

本书作者团队近年来专注大数据分析、电子商务、“互联网+”等领域的研究与咨询。本书有些内容是作者团队为企业提供咨询服务时的一些思考与知识积累。“互联网+”专家、中国管理科学与工程学会副理事长、上海市人民政府参事、《系统管理学报》杂志主编、上海交通大学行业研究院副院长陈宏民教授，上海财经大学常务副校长徐飞教授，中国数学会副理事长程晋教授，信息安全专家、全国高等学校计算机教育研究会常务理事、复旦大学计算机科学技术学院原副院长赵一鸣教授，上海机场(集团)有限公司技术中心总经理冉祥来博士，中国电子商务协会原副理事长、中国出入境检验检疫协会唐生副会长，中国出入境检验检疫协会段小红秘书长，数字经济专家、国家创新与发展战略研究会副理事长吕本富教授，国家创新与发展战略研究会副会长兼秘书长王博永博士，产业互联网CIP模式创始人张勇军博士，著名管理咨询与数字经济专家、中驰车福董事长兼CEO、联想集团原全球副总裁张后启博士，东方钢铁电子商务有限公司张春前总经理，上海市民政局信息研究中心黄爱国主任，北京大学信息科学技术学院数字媒体研究所贾惠柱副所长，同济大学博士生导师张建同教授、王洪伟教授，华东理工大学博士生导师李英教授均在本书写作过程中给予了作者团队一些有益的建议。在此一并感谢。

上海理工大学党委副书记、计算机应用技术专业博士生导师、上海出版印刷高等专科学校党委书记、上海市高等学校信息技术水平考试委员会副主任、教育部大学计算机课程教学指导委员会委员顾春华教授，上海理工大学管理学院院长赵来军教授以及上海理工大学管理科学与工程博士后流动站站长马良教授对本书的编写与出版给予了很多关心与支持。上海理工大学朱小栋副教授、裴颂文副教授、张惠珍副教授对本书给出了很多有益的修改建议。在此一并感谢。

近年来，大数据相关分析方法众多且发展迅速，随着云计算、机器学习和人工智能算法研究的持续深化，大数据的分析方法与技术应用仍处于不断发展变化中。在本书的编写过程中，作者团队力求寻找适用于大数据分析与应用的理论研究、方法研究和技术水平，不断验证新方法与新技术在大数据中的应用，并参考了一些专家学者已公开发表的研究成果，多数研究成果均列示于参考文献，但由于时间限制，难免有疏漏之处，还请谅解。由于篇幅、时间以及环境等条件限制，书中疏漏之处在所难免，殷切希望同行专家和读者批评指正。

本书的研究与编著获得了上海理工大学一流本科系列教材项目资助，本书的出版获得了立信会计出版社与孙勇编辑的大力支持，特此感谢！

樊重俊
于上海理工大学
2020 年 10 月

目　录

第 1 章

大数据概述

大数据开启了一次重大的时代转型。大数据技术在短短的数年之内，从少数科学家的主张，转变为全球领军公司的战略实践，继而上升为大国的竞争战略，形成一股无法忽视、无法回避的历史潮流。互联网、物联网、云计算、智慧城市、人工智能、区块链等正在使数据按照“摩尔定律”飞速增长，一个与物理空间平行的数字空间正在形成。在新的数字世界当中，数据成为最宝贵的生产要素，顺应趋势、积极谋变的国家和企业将乘势崛起，成为新的领军者；无动于衷、墨守成规的组织将逐渐被边缘化，失去竞争的活力和动力。毫无疑问，大数据正在开启一个崭新时代。数据从简单的“数字”概念逐渐成为“数字、文本、图片、视频”等的统称，数据结构也从结构化向非结构化演变，数据作为一种基础性资源，如何更好地分析和应用数据已经成为大数据时代人们普遍关注的话题。大数据的规模效应给数据存储、管理以及数据分析带来了极大的挑战，也促进了数据分析方法的变革。

本章追溯了大数据的产生与发展历程。在对现有大数据研究资料进行全面归纳和总结的基础上，首先，介绍大数据的基本概念；其次，全面阐述学术界、产业界和政府机构对大数据的研究现状和大数据的应用现状；最后，归纳总结大数据时代的机遇与挑战。

1　大数据的产生与发展

1.1　大数据的产生原因

人类历史上从未有哪个时代和今天一样产生如此海量的数据。数据的产生已经完全不受时间、地点的限制，数据的总量在不断地增加，增加的速度也在不断地加快。要掌握大数据的概念，首要任务就是从动态的角度了解大数据的成因。大数据不仅是人类信息技术的进步成果，而且是不同时期信息技术多个领域进步交互作用的结果。从采用数据库作为数据管理的主要方式开始，人类社会的数据产生方式大致经历了被动、主动和自动三个阶段，而正是数据产生方式的巨大变化才最终导致了大数据的产生。大数据产生的原因主要来自四大方面：一是数据存储成本的降低与存储硬件体积的减小；二是企业思维模式的转变；三是生活的数字化驱动；四是社交网络的飞速发展。

1.1.1　数据存储成本的降低与存储硬件体积的减小

大数据产生的重要前提是数据存储成本的大幅降低、存储硬件的体积日益减小。1965 年，英特尔(Intel)创始人之一戈登・摩尔(Gordon Moore)提出著名的摩尔定律，即：当价格固定时，每隔 18～24 个月，集成电路上的元器件的数目便会增加 1 倍，其性能也将提升 1 倍。也就是说，每隔 18～24 个月，1 美元所能买到的电脑性能将“翻 1 倍”以上。

摩尔定律所阐述的趋势已经持续了超过半个世纪。半个多世纪以来，计算机硬件的发展规律基本符合摩尔定律，硬件的处理速度、存储能力不断提升，与此同时，硬件的价格在持续降低。其中，商用 1MB(兆字节)硬盘存储器价格从 1995 年的 6 000 多美元下降到 2010 年的 0.005 美分。

另外，计算机硬件价格不断降低，其体积也在迅速变小。2014 年，英特尔公司发布了 14 纳米级的晶体管，这比 21 纳米级的晶体管缩小了 1/3，而且更便宜、更节能。英特尔的发明使大部分科学家相信摩尔定律可以延续到 2020 年。2020 年，1TB(太字节)硬盘的价格大约为 3 美元。而一所普通大学的图书馆馆藏量一般在 1TB～2TB。可以很形象地理解为，只需要花一杯咖啡的价格就能够把一个图书馆的全部信息拷进一个小硬盘。

由于存储器的价格下降速度飞快，人们得以廉价保存海量的数据；由于存储器的体积越来越小，人们可以方便地携带海量的数据。这都在一定程度上促进了大数据时代的到来。

1.1.2　企业思维模式的转变

大数据存在的真正意义在于其价值，正是由于企业意识到大数据的价值所在，企业的商业思维发生了巨大的转变。企业开始注重对企业内外部数据的挖掘，在海量的数据中搜索出隐藏的规律和价值，从而为决策者提供更好的参考。随着大数据时代的到来，人类对数据的搜索和利用能力得到了巨大的提升，这种提升主要表现在对企业大数据的挖掘上。数据挖掘一般是指通过一定的算法从海量数据中分析出隐藏在数据背后的价值的过程。

近几十年来，各大企业不断利用数据挖掘技术发掘出海量数据背后的商业价值。最经典的是沃尔玛“啤酒和尿布”案例。沃尔玛通过精细的数据分析发现，年轻父亲在买尿布的同时喜欢买啤酒犒劳自己，于是沃尔玛采取捆绑销售策略，将“啤酒和尿布”这两种看似毫无关联的物品组合销售，大大提高了两者的销量。

还有亚马逊的“预判发货”案例。2014 年 1 月，亚马逊宣布了一项新的专利——“预判发货”，通过分析用户的行为数据，预测用户购买意向，在用户正式下单之前就寄出包裹，实现“先发货，后购买”。“预判发货”的核心就是通过算法预测并模拟整个发货过程，实现智能化发货。亚马逊有 1 亿多用户，这些用户的消费数据日积月累，可以说是海量数据。数据虽然多，但却不能直接表示出用户的收入、喜好等信息，所以整个预判过程都需要亚马逊依靠数据挖掘来完成。亚马逊“预判发货”的依据包括：用户之前的订单、搜索商品的痕迹、收藏夹、购物车内的商品，甚至还有用户的鼠标在某件商品上的停留时间。根据“预判发货”，用户从下单到收到快递的时间将被大幅缩短。为了降低预判发货的风险，亚马逊还会自动模糊填写用户的收货地址，让商品先接近潜在购买人群所在的区域，之后再在运输途中将确定的信息填写完整。同时，亚马逊还会向可能对某些商品感兴趣的用户推荐一些“正在途中”的商品，从而提高预判发货的成功率。亚马逊称，这种预判式的发货比较适合畅销书或者一上市就吸引大批买家的商品。当然，预判发货也不是完全准确的。当送货出现失误时，亚马逊会给予用户一定的折扣，或是将预测失误的已发货商品作为礼物赠送给用户，借此来提升公司的口碑。

另外，大数据重塑了企业的发展战略和转型方向。在这方面，美国企业以 GE(通用电气)提出的“工业互联网”为代表，认为智能机器、智能生产系统、智能决策系统，将逐渐取代原有的生产体系，构成一个“以数据为核心”的智能化产业生态系统。德国的企业以“工业 4.0”为代表，即通过信息物理系统(Cyber Physical System，CPS)把一切机器、物品、人、服务、建筑连接起来，形成一个高度整合的生产系统。中国的企业以阿里巴巴提出“DT 时代”(Data Technology)为代表，认为未来驱动发展的不再是石油、钢铁，而是数据。这三种新的发展理念可谓异曲同工、如出一辙，共同宣告“数据驱动发展”成为时代主题。除了制造业的数字化生产将带来的数据激增以外，通用电气的“工业互联网”计划，也将带来数据的爆炸式增加。通用电气的“工业互联网”计划是指在其数万种产品上都安装传感器，通过网络将设备运行状态实时传至平台。让这些传感器实时监测生产过程还只是通用电气“工业互联网”计划的一部分，通用电气的目标是“让每件产品产生记忆”，未来产品在出厂前就被植入了传感器，传感器记录它的生产过程，运送给顾客的过程，并且在顾客使用的每时每刻记录产品的运行情况，一旦出现故障，通用电气可以快速地整合生产记录、销售记录和运行记录这三种数据来进行分析。可以想象，全世界上百亿台带有微处理器的机器未来都会装上传感器，日夜不停地自动产生数据，产生的数据量难以计量。通用电气估计,因为这种数据爆炸式增长,全世界数据中心将大量增加,对数据中心的需求量将每两年翻1倍。企业思维模式的改变,对数据的创造、采集、挖掘、利用能力的日益增强,是大数据时代真正来临的最重要原因。

在信息时代,关于个人行为和社会状态的数据无处不在,这些数据是多源的、即时的、分散的、多形式的、碎片化的,同时又是海量的。企业通过采用自调适参数的算法,根据计算、挖掘次数的增多,不断调整自己算法的参数,使对数据的挖掘和预测的结果更为精准,利用算法分析的结果,在这些海量的、零碎的数据中找到规律,从而发现大数据背后真正的价值动向,从而提供具有创造性和突破性的产品和服务。大数据时代下,企业对数据挖掘的利用还在不断地进步,有望在将来达到一个新的高度。

1.1.3 生活的数字化驱动

物联网的出现使数据的产生从主动式产生变成自动式产生。随着科学技术的进一步发展,人们已经有能力制造极其微小的带有处理功能的传感器,感知式系统的广泛使用使海量的数据自动生成。

近几年,越来越多的穿戴式设备进入我们的生活,这些设备可以记录佩戴者的物理位置、热能消耗、体温、心跳、睡眠模式、步伐数以及健身目标等数据。2014年2月,日本东京大学的研究人员发明了一种比羽毛还轻的传感器,把它放在纸尿片内,纸尿片就会发出信号,看护就会收到并及时更换纸尿片。谷歌眼镜被用于美国纽约市警察日常巡逻,以便他们快速记录事故现场的情形,并通过网络和同事快速分享。

智能家居通过物联网技术将与家居生活有关的各种设备(如音视频设备、安防系统、数字影院系统等)进行集成,构建了高效的住宅设施控制与家庭日程事务的管理系统。比如,你坐在办公室里,就可以调节家里冰箱的温度;在下班的路上就可以控制电饭煲的开关,并关窗户,打开空调。2015年,随着"互联网+"模式的推动,国内互联网企业和家电公司纷纷推出智能系统和产品。如360公司于2015年4月推出了智能安全门锁,为用户提供手机开锁、人脸开锁以及远程监控等功能。

在智能交通方面,智能导航服务利用对出租车GPS(全球定位系统)上的历史轨迹的分析结果为出行者设计个性化的路线,有效缓解交通拥堵问题;UPS利用传感器等设备帮助调度中心监督并优化行车路线,根据过去积累的大数据制定最佳行车路线。2012年8月,谷歌宣布无人驾驶汽车已经完成了50多万公里的安全行车测试,其本质就是把驾驶的任务"外包"给智能算法,对于无人驾驶汽车而言,最重要的组成部分就是全身上下的激光雷达、摄像头、红外相机、GPS和一系列传感器等感应设备,正是这些设备,无人驾驶汽车才能不断地收集路面的情况、汽车的地理位置、前后车辆精确的相对距离等数据。

穿戴式设备、智能家居以及智能交通的案例中,相关技术都是以数据为载体而存在的,设备内置的传感器最重要的任务就是对大数据的采集。传感器等微小计算设备实现了无处不在的数据自动采集,这也意味着人们对数据收集能力的提高为大数据的产生提供了技术上的支持。

1.1.4 社交网络的飞速发展

自2004年起,以脸谱网(Facebook)、推特(Twitter)为代表的社交媒体相继问世,这拉开了一个互联网的崭新时代——Web2.0时代。进入Web2.0时代之后,互联网开始成为人们实时互动、交流协同的载体。而真正的数据爆发就产生于Web2.0时代,Web2.0时代的最重要标志就是用户原创内容。网络数据近几年一直呈现持续增长的势头,主要有两个方面的原因:一是以博客、微博、微信为代表的新型社交网络的出现和快速发展,使用户"生产"数据的意愿更加强烈;二是以智能手机、平板电脑为代表的新型移动设备的出现,这些易携带、可全天候接入网络的移动设备使人们"生产"网络数据更为便捷。

由于社交媒体的出现,全世界的网民都开始成为数据的生产者,每个网民犹如一个信息系统、一个传感器,不断地制造数据,这引发了人类历史上迄今为止最庞大的数据爆炸。比如,在2018年,微信每月有10亿位用户保持活跃,每天发送消息450亿次,同时通过微信进行支付、出行、公共服务等也产生了海量数据。

除了数据总量极速增加，社交媒体还使数据的类型变得多元化：微博、微信中的信息大小、格式完全不一样，有文字、图片、音频、视频等。因为没有统一的结构，在社交媒体上产生的数据，也被称为非结构化数据。这部分数据的处理，远远比结构化数据要困难得多。在这种前所未有的数据生产速度下，虽然社交媒体才出现 10 年，但目前全世界大约超过 75% 的数据都是与社交媒体有关的非结构化数据。就目前来看，社交媒体的出现，是大数据应用与研究爆发的直接原因。

1.2　大数据的发展历程

1.2.1　大数据应用的发展

正是由于大数据的广泛存在，才使大数据问题的解决很具挑战性。而它的广泛应用，则促使越来越多的人开始关注和研究大数据问题。以下列举了若干个大数据发展中具有代表性的大事件。

2005 年，Hadoop 项目诞生。Hadoop 来自谷歌一款名为 MapReduce 的编程模型包，最初只与网页索引有关，被 Apache 软件基金会引入并成为分布式系统基础架构。Hadoop 可以帮助用户在不了解分布式系统底层细节的情况下，开发分布式程序，充分利用集群的威力进行高速运算和存储，从而以一种可靠、高效、可伸缩的方式进行数据处理。Hadoop 框架最核心的设计就是 HDFS 和 MapReduce，HDFS 为海量的数据提供了存储，则 MapReduce 为海量的数据提供了计算。

2008 年年末，“大数据”得到部分美国知名计算机科学研究人员的认可，业界组织“计算社区联盟”(Computing Community Consortium)发表了一份影响较大的白皮书《大数据计算：在商务、科学和社会领域创造革命性突破》。这份白皮书指出，真正重要的是大数据的新用途和新见解，而非数据本身，这在一定程度上改变了人们固有的思维方式。计算社区联盟是最早提出大数据概念的机构。

2009 年中，美国政府通过启动 Data.gov 网站的方式向公众提供各种各样的政府数据。该网站的超过 4.45 万量数据集被用于保证一些网站和智能手机应用程序跟踪信息，包括航班信息、产品召回信息和特定区域内失业率信息等，这一行动激发了多地政府相继推出类似举措。

2010 年 2 月，肯尼斯 · 库克尔在《经济学人》上发表了长达 14 页的大数据专题报告《数据，无所不在的数据》，他在报告中说：“世界上有着无法想象的巨量数字信息，并以极快的速度增长。从经济界到科学界，从政府部门到艺术领域，很多方面都已经感受到了这种巨量信息的影响。”科学家和计算机工程师已经为这个现象创造了一个新词汇——“大数据”。库克尔也因此成为最早洞见大数据时代趋势的数据科学家之一。

2011 年 2 月，IBM 的沃森超级计算机每秒可扫描并分析 4TB(约 2 亿页文字量)的数据量，并在美国著名智力竞赛电视节目《危险边缘》(*Jeopardy*)上击败两名人类选手而夺冠。《纽约时报》认为这一是一个“大数据计算的胜利”。

2011 年 5 月，全球知名咨询公司麦肯锡(McKinsey&Company)全球研究院(MGI)发布了一份报告——《大数据：创新、竞争和生产力的下一个新领域》，这是专业机构第一次全方位地介绍和展望大数据领域。报告指出，大数据已经渗透到当今每一个行业和业务职能领域，成为重要的生产因素。人们对于海量数据的挖掘和运用，预示着新一波生产率增长和消费者盈余浪潮的到来。报告还提到，大数据源于数据生产和收集能力与速度的大幅提升——由于越来越多的人、设备和传感器通过数字网络被连接起来，产生、传送、分享和访问数据的能力也得到彻底变革。

2011 年 12 月，中华人民共和国工业和信息化部(简称工信部)发布物联网“十二五”规划，将信息处理技术作为 4 项关键技术创新工程之一提出来，其中包括海量数据存储、数据挖掘、图像视频和智能分析，这都是大数据的重要组成部分。

2012 年 1 月份，在瑞士达沃斯召开的世界经济论坛上，大数据是主题之一，论坛上发布的报告《大数据，大影响》(*Big Data*, *Big Impact*)宣称，数据已经成为一种新的经济资产类别，就像货币或黄金一样。

2012年3月,美国奥巴马政府在白宫网站发布了《大数据研究和发展倡议》,这一倡议标志着大数据已经成为重要的时代特征。2012年3月22日,奥巴马政府宣布拨款2亿美元投资大数据领域,是大数据技术从商业行为上升到国家科技战略的分水岭。在次日的电话会议中,美国政府将数据定义成"未来的新石油",大数据技术领域的竞争,事关国家安全和未来,并表示,国家层面的竞争力将部分体现为一国拥有数据的规模、活性以及解释、运用数据的能力;国家数字主权体现对数据的占有和控制;数字主权将是继边防、海防、空防之后,另一个大国博弈的空间。

2012年4月,美国软件公司Splunk在纳斯达克成功上市,成为第一家上市的大数据处理公司。鉴于美国经济持续低迷、股市持续震荡的大背景,Splunk股价上市首日的突出交易表现尤其令人们印象深刻,首日即暴涨了1倍多。Splunk是一家领先的提供大数据监测和分析服务的软件提供商,成立于2003年。Splunk成功上市促进了资本市场对大数据的关注,同时也促使IT厂商加快大数据布局。

2012年7月,联合国在纽约发布了一份关于大数据政务的白皮书,总结了各国政府如何利用大数据更好地服务和保护人民。这份白皮书举例说明了,在一个数据生态系统中,个人、公共部门和私人部门各自的角色、动机和需求。例如,为满足对价格的关注和对更好服务的需求,个人提供数据和众包信息,并对隐私和退出权力提出需求;公共部门出于改善服务,提升效益的目的,提供了诸如统计数据、设备信息、健康指标、税务和消费信息等,并对隐私和退出权力提出需求。白皮书还指出,人们如今可以使用的丰富的数据资源,包括旧数据和新数据,基于数据可以对社会人口进行前所未有的实时分析。

2014年4月,世界经济论坛以"大数据的回报与风险"主题发布了《全球信息技术报告(第13版)》。报告认为,在未来几年中针对各种信息通信技术的政策会显得更加重要。全球大数据产业的日趋活跃,技术演进和应用创新的加速发展,使各国政府逐渐认识到大数据在推动经济发展、改善公共服务,增进人民福祉,乃至保障国家安全方面的重大意义。

2014年5月,美国白宫发布了2014年全球"大数据"白皮书的研究报告《大数据:抓住机遇、守护价值》。报告鼓励使用数据推动社会进步,特别是在市场与现有的机构并未以其他方式来支持这种进步的领域;同时,也需要相应的框架、结构与研究,来保护美国人对于保护个人隐私、确保公平或是防止歧视的坚定信仰。

2016年3月,我国出台的"十三五"规划纲要指出,实施国家大数据战略,把大数据作为基础性战略资源,全面促进大数据发展,加快推动数据资源共享开放和开发应用,助力产业转型升级和社会治理创新。全面推进重点领域大数据高效采集、有效整合,深化政府数据和社会数据关联分析、融合利用,提高宏观调控、市场监管、社会治理和公共服务等方面的精准性和有效性。加快海量数据采集、存储、清洗、分析发掘、可视化、安全与隐私保护等领域关键技术攻关。

2018年12月,我国召开了"全国工业和信息化工作会议"。会议上提出,将大数据与云计算、人工智能等前沿创新技术深度融合。大数据、云计算、人工智能等前沿技术的产生和发展均来自社会生产方式的进步和信息技术产业的发展,而前沿技术的彼此融合将能实现超大规模计算、智能化、自动化和海量数据的分析,在短时间内完成复杂度较高、精密度较高的信息处理。

大数据是一场革命,将改变我们的生活、工作和思维方式。庞大的新数据来源所带来的量化转变已经引起了学术界、企业界和政界的高度重视。

1.2.2 大数据技术的发展

大数据技术是一种新一代技术,它以成本较低、以快速的采集、处理和分析技术,从各种超大规模的数据中提取价值。大数据技术不断涌现和发展,让人们处理海量数据更加容易、更加便宜和迅速。大数据技术已成为利用数据的好助手,甚至可以改变许多行业的商业模式。大数据技术的发展可以分为六大方向。

1) 大数据采集与预处理方向

这个方向最常见的问题是数据的多源和多样性,导致数据的质量存在差异,严重影响到数据的可用性。针对这些问题，目前很多公司已经推出了多种数据清洗和质量控制工具，如 IBM 的 Data Stage。

2）大数据存储与管理方向

这个方向最常见的挑战是存储规模大，存储管理复杂，需要兼顾结构化、非结构化和半结构化的数据。分布式系统和分布式数据库相关技术的发展正在有效地解决这些方面的问题。在大数据存储和管理方向，尤其值得我们关注的是大数据索引和查询技术、实时及流式大数据存储与处理技术的发展。

3）大数据计算模式方向

由于大数据处理多样性的需求，目前出现了多种典型的计算模式，包括大数据查询分析计算（如 Hive）、批处理计算（如 Hadoop MapReduce）、流式计算（如 Storm）、迭代计算（如 HaLoop）、图计算（如 Pregel）和内存计算（如 Hana），而这些计算模式的混合计算模式将成为满足多样性大数据处理和应用需求的有效手段。

4）大数据分析与挖掘方向

在数据量迅速膨胀的同时，需要进行深度的数据分析和挖掘，并且深度分析和挖掘对自动化分析要求越来越高，越来越多的大数据分析工具和产品应运而生，如用于大数据挖掘的 R Hadoop 版、基于 MapReduce 开发的数据挖掘算法等。

5）大数据可视化分析方向

通过可视化方式来帮助人们探索和解释复杂的数据，有利于决策者挖掘数据的商业价值，进而有助于大数据技术的发展。很多公司也在开展相应的研究，试图把可视化引入其不同的数据分析和展示的产品中，各种可能相关的商品也将会不断出现。可视化工具 Tabealu 的成功上市反映了大数据可视化的需求。

6）大数据安全方向

当我们在用大数据分析和数据挖掘获取商业价值的时候，黑客很可能在攻击我们并收集有用的信息。因此，大数据的安全一直是企业和学术界非常关注的研究方向。通过文件访问控制来限制对数据的操作、基础设备加密、匿名化保护技术和加密保护等技术正在更大限度地保护数据安全。

2 大数据的概念

本节在对现有的大数据研究资料进行全面地归纳和总结的基础上，阐述了大数据的定义、特征、数据类型和重要作用。

2.1 大数据的定义

大数据本身是一个比较抽象的概念，单从字面来看，它表明数据规模庞大。但是仅仅从数量的庞大上显然无法看出大数据这一概念和以往的“海量数据”（Massive Data）、“超大规模数据”（Very Large Data）等概念之间有何区别。针对大数据，目前存在多种不同的理解和定义。

麦肯锡在其报告 *Big data: The next frontier for innovation, competition and productivity* 中给出的大数据定义是：大数据指的是大小超出常规的数据库工具获取、存储、管理和分析的数据集。但它同时强调，并不是说一定要超过特定 TB 值的数据集才能算是大数据。

维基百科对“大数据”的解读是：大数据（Big Data），或称巨量数据、海量数据、大资料，指的是所涉及的数据量规模巨大到无法通过人工在合理时间内达到截取、管理、处理、并整理成为人类所能解读的信息。

研究机构 Gartner 认为，大数据是需要新处理模式才能具有更强的决策力、洞察发现力和流程优化能力的海量、增长率高和多样化的信息资产。从数据的类别上看，大数据指的是无法使用传统流程或工具处理或分析的信息。它定义了那些超出正常处理范围和大小、迫使用户采用非传统处理方法的数据集。

根据美国国家标准与技术研究院(National Institute of Standards and Technology, NIST)发布的研究报告的定义,大数据是用来描述在网络的、数字的、遍布传感器的、信息驱动的世界中呈现出的数据泛滥的常用词语。大量数据资源为解决以前不可能解决的问题带来了可能性。

大数据是一个宽泛的概念,关于它的定义每个人的见解都不一样。本书在综合各家观点的基础上,给出了自己的定义:大数据是在体量和类别特别大的杂乱数据集中,深度挖掘分析取得有价值信息的能力。大只不过是信息技术不断发展所产生的海量数据的表象而已。我们更加关注对数据的深度分析和应用,对于数据进行有价值的深度挖掘分析和新形势下的数据应用是我们需要探讨的重点。

大数据代表着数据从量到质的变化过程,代表着数据作为一种资源在经济与社会实践中扮演越来越重要的角色,相关的技术、产业、应用、政策等环境会与之互相影响、相互促进。从技术角度来看,数据规模质变后带来了新的问题,即数据从静态变为动态,从简单的多维度变成巨量维度,而且其种类日益丰富,超出当前分析方法与技术能够处理的范畴。这些数据的采集、分析、处理、存储、展现都涉及复杂的多模态高维计算过程,涉及异构媒体的统一语义描述、数据模型、大容量存储建设,涉及多维度数据的特征关联与模拟展现。然而,大数据技术发展的最终目标还是挖掘大数据的应用价值,没有价值或者价值没有被发现的大数据从某种意义上讲是一种冗余和负担。

2.2 大数据的特征

大数据具有 4V 特征:规模性(Volume)、多样性(Variety)、高速性(Velocity)、价值性(Value)。

2.2.1 规模性

随着信息化技术的高速发展,数据开始爆发性增长。人们对大数据中的数据不再以 GB 或 TB 为单位来衡量,而是以 PB(1 000 个 T)、EB(100 万个 T)或 ZB(10 亿个 T)为单位计量。

麦肯锡全球研究院认为,全球企业 2010 年在硬盘上存储了超过 7EB(1EB 等于 10 亿 GB)的新数据,消费者在 PC 和笔记本电脑等设备上存储了超过 6EB 的新数据,数据总量相当于美国国会图书馆中存储的数据的 5.2 万倍。据统计,仅 2015 年 1 年,人类社会就拍摄了 6.6 千亿张照片,其中绝大多数是以数码形式存储的照片。如今人们每两分钟拍摄的照片数就比整个 19 世纪拍摄的照片总数还要多。分享照片是 Facebook 最流行的功能之一,截至目前,Facebook 用户已经上传超过 15 亿张照片,这使 Facebook 成为全球最大的照片共享网站。对于每一张上传的照片,Facebook 都生成并存储 4 个大小不同的图像,从而将 15 亿张照片转化为共 60 亿张照片,总占用容量超过 1.5PB。目前 Facebook 上的照片以每周 220 万张的速度增长,相当于每周要额外增加 25TB 存储空间。在高峰期,Facebook 每秒需要传输 55 万张照片。这些数字是对 Facebook 的照片存储基础设施的一个重大的挑战。根据软件公司 Domo 预计,2020 年全球人均每秒将产生 1.7 MB 的数据,以全球人口 78 亿计算,那么 1 年就会产生 418ZB 的数据,大约需要 4 180 亿个 1TB 硬盘才能装下。

社交网络、移动网络、各种智能终端等,都成为数据的来源。淘宝网是中国深受欢迎的网购零售平台,拥有近 5 亿的注册用户数,每天有超过 6 000 万的固定访客,同时每天的在线商品数已经超过了 8 亿,平均每分钟售出 4.8 万件商品;Facebook 平均日活跃用户为 14.9 亿人,每日都可产生海量数据;2018 年微信月活跃用户约 10.8 亿,每天有 450 亿条微信信息发出。迫切需要智能的算法、强大的数据处理平台和新的数据处理技术,来统计、分析、预测和实时处理如此大规模的数据。

近年来,全球大数据的发展仍处于活跃阶段。根据国际权威机构 Statista 的统计和预测,全球数据量在 2020 年有望达到 50.5ZB,如图 1-1 所示。

2.2.2 多样性

多样性主要体现在数据来源多、数据类型多和数据之间关联性强这三个方面。

(1) 数据来源多,企业所面对的传统数据主要是交易数据,而互联网和物联网的发展,带来了诸如

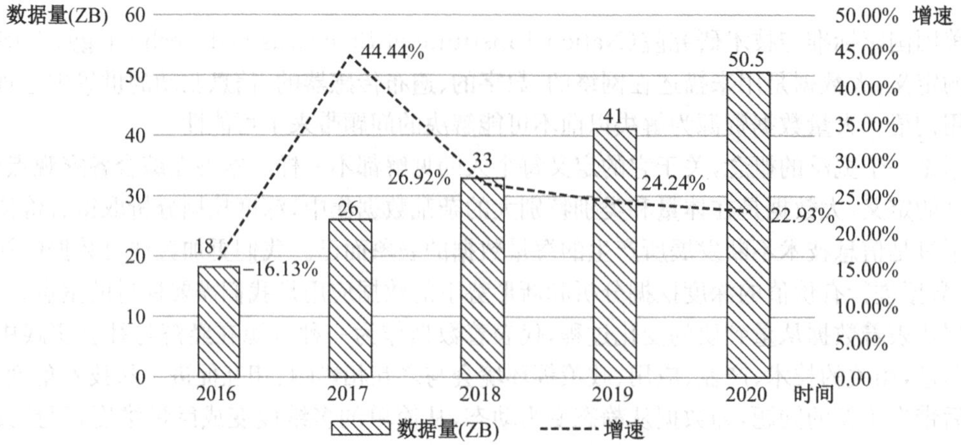

图 1-1　全球每年产生数据量估算图

社交网站、传感器等多种来源的数据。

由于数据来源于不同的应用系统和不同的设备，决定了大数据形式的多样性。大体可以分为三类：一是结构化数据，如财务系统数据、信息管理系统数据、医疗系统数据等，其特点是数据间因果关系强；二是非结构化的数据，如视频、图片、音频等，其特点是数据间没有因果关系；三是半结构化数据，如 HTML 文档、邮件、网页等，其特点是数据间的因果关系弱。

(2) 数据类型多，并且以非结构化数据为主。在传统的企业中，数据都是以表格形式保存的。而大数据中有 70%～85%的数据如图片、音频、视频、网络日志、链接信息等非结构化和半结构化的数据。

(3) 数据之间关联性强，频繁交互。例如，游客在旅游途中上传的照片和日志，就与游客的位置、行程等信息有很强的关联性。

2.2.3　高速性

这是大数据区别于传统数据挖掘最显著的特征。根据国际数据公司(IDC)的一份名为“数字宇宙”的报告，预计到 2020 年年底全球数据使用量将会达到 35.2ZB。在如此海量的数据面前，处理数据的效率就是企业的生命。

大数据与海量数据的重要区别在两方面：一方面，大数据的数据规模更大；另一方面，大数据对处理数据的响应速度有更严格的要求：实时分析而非批量分析，数据输入、处理与丢弃立刻见效，几乎无延迟。数据的增长速度和处理速度是大数据高速性的重要体现。

既有的技术架构和路线，已经无法高效处理如此海量的数据，而对于相关组织来说，如果花巨大投入所采集的信息无法通过及时处理并反馈有效信息，那将是得不偿失的。可以说，大数据时代对人类的数据驾驭能力提出了新的挑战，也为人们获得更为深刻、全面的洞察能力提供了前所未有的空间与潜力。

2.2.4　价值性

尽管我们拥有大量数据，但是能发挥价值的仅是其中非常小的部分。大数据背后潜藏的价值巨大。美国社交网站 Facebook 有 10 亿用户，网站对这些用户信息进行分析后，广告商可根据结果精准投放广告。对广告商而言，10 亿用户的数据价值上千亿美元。据资料报道，2012 年，运用大数据达成的世界贸易额已达 60 亿美元。

由于大数据中有价值的数据所占比例很小，而大数据真正的价值体现在从大量不相关的各种类型的数据中，挖掘出对未来趋势与模式预测分析有价值的数据，并通过机器学习方法、人工智能方法或数据挖掘方法深度分析，并将分析结论运用于农业、金融、医疗等各个领域，以创造更大的价值。

2.3 大数据的类型

大数据不仅仅数量大,数据类型也多。海量的数据中仅有20%左右属于结构化数据,80%的数据属于广泛存在于社交网络、物联网、电子商务等领域的非结构化数据。由于我们创造的技术产生的数据已经远远超越了目前的方法和工具所能处理的范畴,而机器数据越来越重要,数据将会成为一种自然资源。

2.3.1 按照数据结构分类

按照数据结构,数据可分为结构化、半结构化、非结构化数据。结构化数据是存储在数据库里、可以用二维表结构来逻辑表达实现的数据。而相对结构化数据而言,不方便用数据库二维表结构表现的数据即称为非结构化数据和半结构化数据。

1) 结构化数据

结构化数据指的是关系模型数据,即以关系型数据库表形式管理的数据。绝大多数的企业业务数据都以此格式进行存放的。

2) 非结构化数据

相对于结构化数据,不方便用数据库二维逻辑表来表现的数据即称为非结构化数据,包括所有格式的办公文档、文本、图片、标准通用标记语言下的子集XML、HTML、各类报表、图像和音频/视频信息等。

非结构化数据库是指其字段长度可变,并且每个字段的记录又可以由可重复或不可重复的子字段构成的数据库,用它不仅可以处理结构化数据(如数字、符号等信息)而且也可以处理非结构化数据(文本、图像、声音、影视、超媒体等信息)。

非结构化WEB数据库主要是针对非结构化数据而产生的,与以往流行的关系数据库相比,它最大的区别在于它突破了关系数据库结构定义不易改变和数据长度固定的限制,它支持重复字段、子字段以及变长字段并实现了对变长数据和重复字段进行处理和数据项的变长存储管理,在处理连续信息(包括全文信息)和非结构化信息(包括各种多媒体信息)方面有着传统关系型数据库所无法比拟的优势。

3) 半结构化数据

所谓半结构化数据,就是介于完全结构化数据(如关系型数据库、面向对象数据库中的数据)和完全无结构的数据(如声音、图像文件等)之间的数据,HTML文档就属于半结构化数据。它一般是自描述的,数据的结构和内容混在一起,没有明显的区分。

半结构化数据和上面两种类别的数据都不一样,它是结构化的数据,但是结构变化很大。因为我们要了解数据的细节所以不能将数据简单地组织成一个文件并按照非结构化数据处理,由于结构变化很大也不能够简单地建立一个表与之相对应。

事实上,所谓结构化、半结构化与非结构化数据,实际上只是将数据按格式进行分类,并且由来已久。严格来讲,结构化与半结构化数据都是有基本固定结构模式的数据(即专业意义上的结构化数据)。但将其中的关系模型数据单独定义为结构化数据,这对企业数据管理现状是可取的,并具有一定的现实意义。

另外,半结构与非结构化数据与目前流行的大数据之间只是有领域重叠的关系。就本质来讲,两者并无必然关系。现在有人将大数据视为半结构化与非结构化数据,是因为大数据技术最先是在半结构化数据领域发挥作用的。

2.3.2 按照产生主体分类

按照产生主体,数据分为企业数据、机器数据、社会化数据。企业数据包括CRM系统里的消费者数据、传统的ERP数据、库存数据以及账目数据等;机器数据包括呼叫记录、智能仪表、工业设备传感器、设备日志以及交易数据等;社会化数据包括用户行为记录、反馈数据等。

1）企业数据(Enterprise Data)

2010年，全球企业新存储的数据超过了7 000 PB，全球消费者新存储的数据约为6 000 PB，每一天都有无数的数据被收集、交换、分析和整合。数据已经如一股“洪流”注入了世界经济，成为全球各个经济领域的重要组成部分，数据将和企业的固定资产、人力资源一样，成为生产过程中的基本要素。

2011年，麦肯锡在其研究报告 *Big data：The next frontier for innovation，competition and productivity* 中指出，在美国，仅仅制造行业就拥有比美国政府数据还多1倍的数据，此外，新闻业、银行业、医疗业、投资业、零售业都拥有可以和美国政府相提并论的海量数据。

据IDC发布的《中国数字政府大数据市场厂商份额、竞争格局与最佳实践，2018》报告，2018年数字政府建设不断推进，数据作为数字政府建设的核心地位逐渐凸显。2018年中国数字政府大数据市场总体规模较2017年提升了31.2%，达到47.44亿元人民币。在子市场中，大数据基础平台软件市场规模达到15.63亿元人民币，数据管理与治理的软件和服务市场达到31.81亿元人民币。

2）机器数据(IT Data)

在大数据中，机器数据是份额最大且增长最快的一部分。每个现代企业机构，无论规模大小，都会产生海量的机器数据，如何管理和利用机器数据，进行业务创新并获取竞争优势，已经成为目前企业或机构面临的关键任务。

机器数据，顾名思义，是由机器(软硬件系统)产生的数据，也是大数据最原始的数据类型，它通常包括所有软硬件设备生产的信息，这些信息包括日志文件、交易记录、网络消息、传感器采集的数据等，这些信息几乎包含了所有客户、交易、设备等元素。

在大数据时代，结合IT运维、系统安全、搜索引擎、电子商务等特定应用的需求实现大数据环境下机器数据的存储、管理、检索和分析将是目前企业或机构管理和利用机器数据的重点所在。

3）社会化数据(Social data)

随着社交网络的流行，国内外社会化媒体得到了迅猛发展。中国互联网络信息中心(CNNIC)发布的一份报告显示，中国的网民已达5.55亿，其中超过4亿的用户分布在社会化媒体上。

集中在社会化媒体上庞大的用户群及发生的用户行为将会产生巨量的数据回馈，这些包括评论、视频、照片、地理位置、个人资料、社交关系等由用户在社会化媒体中产生或分享的各类信息即为社会化数据。

社会化数据与以前采集的静态的、事务性数据完全不一样，它具有实时性和流动性。人们在社会化媒体上通过交流、购买、出售和其他日常生活活动以免费的方式提供着大量信息。这些数据由每个网民的微行为汇集而成，蕴含着巨大的价值，将带来政府在公共管理方面、企业在市场调研和营销方面的变革。

2.3.3　按照数据作用方式分类

按照数据作用方式，数据分为交易数据、交互数据、传感数据。

1）交易数据

交易数据即为ERP、电子商务、POS机等交易工具带来的交易数据。在实际应用中，组织数据与互联网数据尚未有效整合，在数据处理中，杂乱的数据、海量的数据、沉睡的数据严重地影响了数据的有效利用。面对这些挑战，人们急需综合的大数据平台、快速有效的算法，来统计、分析和预测组织产生的交易数据，以便更好地为决策进行服务。

2）交互数据

交互数据即微信、微博、即时通信等社交媒体带来的数据。社群网站的盛行，带动了以分析非结构化数据为主的大数据分析技术，促使企业不再是只满足于点状的交易数据。比如，产品卖掉了、顾客突然解约等属于点状的交易数据。企业转而开始探究线状的互动数据，比如，为什么这项产品卖掉了，顾客为什么突然解约等属于线状的互动数据。

而想要从分析现状到精准预测未来，就必须将分析方法从点(交易数据)深化到线(互动数据)。比方说，亚马逊网站通过网页的点击串流数据，追踪使用者从进入到离开该网站的动线与行为，即顾客与企业网站之间的互动数据。如果从中发现多数使用者点入某个页面就跳开，代表该页面需要改善，从而让使用者在浏览网页的过程中没有压力或挫折感，能以最少的力气产生最大的效能。

3）传感数据

传感数据即GPS、RFID、视频监控等物联网设备带来的传感数据。在微处理器和传感器变得越来越便宜的今天，全自动或半自动(通过人工指令进行高层次操作，自动处理低层次操作)系统可以包含更多智能性功能，能从环境中获得更多的数据。随着现在系统设计所包含的传感器和处理器越来越多，传感器和处理器价格的不断降低，人们在越来越多的系统或场合中将会自动地产生传感数据。

3 大数据的研究与发展现状

虽然关于大数据的概念没有一个统一的定论，但这对于大数据的研究而言并不是最重要的，如何使用大数据才是关键。研究大数据其实也就是为了更好地应用大数据，所以国内外对大数据的研究与应用都相当重视。

3.1 大数据研究内容

2012年冬季，来自IBM、微软、谷歌、斯坦福大学、加州大学伯克利分校等产业界和学术界的数据库领域专家通过在线的方式共同发布了一个关于大数据的白皮书“Challenges and Opportunities with Big Data”。该白皮书首先指出大数据面临着五个主要问题，分别是异构性、规模性、时间性、复杂性和隐私性。在这一背景下，大数据的研究工作主要集中于对五个方面难题的攻克，分别是数据获取、数据结构、数据集成、数据分析和数据展示。另外，大数据分析包含多个步骤，目前的研究大多数关注数据建模和分析，而对其他步骤则关注不够。

2013年，中国人民大学信息学院的孟小峰发表了一篇题为《大数据管理：概念、技术与挑战》的文章，文中认为大数据处理的一般流程可以总结为数据抽取与集成、数据分析和数据解释三个阶段，这三个阶段贯穿于所有节点，需要考虑数据的异构性、规模、时间性、隐私性和人机协作等方面的因素。在每个阶段，学者们都面临着不同的研究内容。

2017年，习近平总书记在中共中央政治局第二次集体学习时强调，大数据发展日新月异，我们应该审时度势、精心谋划、超前布局、力争主动，深入了解大数据发展现状和趋势及其对经济社会发展的影响，分析我国大数据发展取得的成绩和存在的问题，推动实施国家大数据战略，加快完善数字基础设施，推进数据资源整合和开放共享，保障数据安全，加快建设数字中国，更好服务我国经济社会发展和人民生活改善。

2018年，在“2018大数据产业峰会”上，中国信息通信研究院发布了《大数据白皮书(2018年)》。报告中指出，在技术发展方面，数据分析、事务处理、数据流通三类技术成为大数据技术的热点；在数据流通技术方面，数据流通技术是通过技术手段保证数据共享和流通过程中的安全、可控以及个人信息保护，以安全多方计算和区块链为代表的技术体系有望在数据流通中发挥重要作用。数据资产管理是大数据时代的必修课，个人层面的数据资产管理应促进信息保护，重在隐私保护；企业层面的数据资产管理强调数据价值，注重技术安全；社会层面的数据资产管理期待数据应用，丰富产业链条；国家层面的数据资产管理聚焦运营流通，关注安全规范；国际层面的数据资产管理贵在标准共识，难在跨境流动。在应用渗透路径方面，大数据与实体经济的融合正不断加速，但不均衡现象日益突出。白皮书指出，这种不均衡体现在行业分布不均衡、业务类型不均衡、地域分布不均衡三个方面。

3.1.1 数据抽取与集成阶段的研究内容

数据抽取与集成阶段首先要获取并记录数据，在这一环节大数据研究的内容包括：研究数据压缩中的科学问题，能够智能地处理原始数据，在不丢失信息的情况下，将海量数据压缩到人可以理解的程度；研究“在线”数据分析技术，能够处理实时流数据；研究元数据自动获取技术和相关系统；研究数据来源技术，追踪数据的产生和处理过程。

数据抽取与集成阶段其次是要对数据进行清洗和集成，在这一环节需要将信息从底层数据源中抽取出来，形成适于分析的结构。抽取的对象可能包含图像、视频等具有复杂结构的数据，同时，大数据中广泛存在着虚假数据。对异构的带有噪声的数据进行整合，需要以自动化的方式对数据进行定位、识别、理解和引用。为了实现该目标，需要研究数据结构与语义的统一描述方式以及智能理解技术，实现机器自动处理，从这一角度看，对数据结构与数据库的设计也显得尤为重要。

3.1.2 数据分析阶段的研究内容

查询和挖掘大数据的方法，从根本上不同于传统的、基于小样本的统计分析方法。大数据中的噪声数据很多，具有动态性、异构性、相互关联性、不可信性等多种特征。尽管如此，即使是充满噪声的大数据也可能比小样本数据更有价值，因为通过频繁模式和相关性分析得到的一般统计数据通常强于具有波动性的个体数据，往往能透露更可靠的隐藏模式和知识。此外，互联的大数据可形成大型异构的信息网络，可以展现固有的社区，通过它可以发现隐藏的关系和模式。此外，信息网络可以通过信息冗余弥补缺失的数据、交叉验证冲突的情况、验证可信赖的关系。

数据挖掘需要完整的、经过清洗的、可信的、可被高效访问的数据，以及声明性的查询(例如，SQL)和挖掘接口，还需要可扩展的挖掘算法及大数据计算环境。与此同时，数据挖掘本身也可以提高数据的质量和可信度，了解数据的语义，并提供智能查询功能。大数据使下一代的交互式数据分析实现实时解答。未来，对大数据的查询将自动生成创作的内容、形成专家建议等等。在 TB 级别上的可伸缩复杂交互查询技术是目前数据处理方面一个重要的开放性研究问题。

当前大数据分析的一个问题是缺乏数据库系统之间的协作，这些数据库存储着数据并提供 SQL 查询，而且具有支持多种非 SQL 处理过程(例如，数据挖掘、统计等)的工具包。今天的数据分析师一直受到“从数据库导出数据，进行数据挖掘与统计(非 SQL 处理过程)，然后再写回数据库”这一烦琐过程的困扰。现有的数据处理方式是前述的交互式复杂处理过程的一个障碍，需要研究并实现将声明性查询语言与数据挖掘、数据统计包有机整合在一起的数据分析系统。

3.1.3 数据解释阶段的研究内容

仅仅有能力分析大数据本身，却无法让用户理解分析结果，这样的效果价值不大。如果用户无法理解分析结果，最终，一个决策者需要对数据分析结果进行解释。对数据的解释不能凭空出现，通常包括检查所有分析过程中提出的假设并对分析过程进行追踪。此外，由于以下原因，在分析过程中可能引入许多可能的误差来源：计算机系统可能有缺陷、模型总有其适用范围和假设、分析结果可能基于错误的数据等。在这种情况下，大数据分析系统应该支持用户了解、验证、分析计算机所产生的结果。由于大数据有其复杂性，这一过程特别具有挑战性，是一项重要的研究内容。

在大数据分析的情景下，仅仅向用户提供结果是不够的。相反，系统应该支持向用户不断提供附加资料，解释这种结果是如何产生的。这种附加资料称为数据的出处。通过研究如何最好地捕获、存储和查询数据出处，同时运用相关技术捕获足够的元数据，就可以创建一个基础设施，为用户提供解释分析结果，重复分析不同假设、参数和数据集的能力。

具有丰富可视化能力的系统是为用户展示查询结果，进而帮助用户理解特定领域问题的重要手段。早期的商业智能系统主要基于表格形式展示数据，大数据时代下的数据分析师需要采用强大的可视化技术对结果进行包装和展示，辅助用户理解系统，并支持用户进行协作。此外，通过简单的单击操作，用户应该能够向下钻取到每一块数据，看到和了解数据的出处，这是用户理解数据的一个关键功能。也就是说，用户不仅需要看到结果，而且需要了解为什么会产生这样的结果。然而，分析原始的数据对于用户来说技术性太强，用户无法抓住数据背后的“思想”。基于上述问题，需要研究新的交互方式，支持用户采用“玩”的方式对数据分析过程进行小的调整(例如，对某些参数进行调整等)，并立即对增量化的结果进行查看。通过这种方法，用户能够对分析结果有一个直观的理解，从而更好地理解大数据背后的价值。

3.2 国内外大数据研究与发展现状

3.2.1 国内外学术界大数据研究现状

目前，国外学术界对于大数据的研究工作做了很多，相对比较成熟的有麻省理工学院(MIT)计算机科学和人工智能实验室(CSAIL)、加州大学伯克利分校、斯坦福大学医学系的生物医学专业大数据组和华盛顿大学计算机科学与工程系。此外，中国科学院、清华大学、北京航空航天大学、中国人民大学等也纷纷成立了大数据研究机构，着力研究大数据存储、处理等技术，并且发展培养一大批大数据人才。

1) 麻省理工学院

2012 年 5 月 31 日，MIT 计算机科学和人工智能实验室(CSAIL)与英特尔联合成立了“bigdata@CSAIL”大数据研究项目。该项目主要关注大数据在计算平台、可伸缩的算法、机器学习和理解、隐私和安全四个方面的科学问题与解决方案。该项目汇聚了 CSAIL 中以 Sam Madden 为代表的 29 位研究者，分别从系统风险分析、智能城市、数据存储、机器学习算法、信用记录分析、交互式数据可视化、计算机系统结构仿真、下一代搜索引擎等多个子项目入手，从多个方面对大数据问题进行了深入的研究。2016 年，麻省理工学院推出了一个“数据美国”在线大数据可视化工具，可以实时分析、展示美国政府公开数据库(Open Data)，用户只需要输入任意美国地名，就可以检索到多维度全面反映当地人口统计数据的可视化图表，包括平均家庭收入、房价、房产税、房屋租售比、家庭平均汽车拥有量、平均上班通勤时间、医患数量比、医疗成本、疾病分布、药物滥用情况、犯罪与治安情况、种族比例、职业分布等。

2) 加州大学伯克利分校

美国政府于 2012 年 3 月为加州大学伯克利大学分校注资 1 000 万美元，用于开展 Big Data Research and Development Initiative(大数据研究与开发)项目的研究。该项目旨在采用机器学习技术和云计算技术解决大数据问题，挖掘大数据中的重要信息。

加州大学伯克利分校 Lawrene 国家实验室的研究人员领导着“Scalable Data Management, Analysis, and Visualization”研究中心，该中心联合了 7 所大学和 5 所其他国家实验室，主要从事大数据管理、分析和可视化方面的研究工作。

2012 年 11 月，加州大学伯克利分校开设了一门关于大数据的公开课 Analyzing Big Data With Twitter。该课程由大学教授和 Twitter 技术主管讲解，内容以 Twitter 上面临的实际大数据挑战为蓝本，着重从软件工程的角度介绍大数据的分析技术，探讨解决大数据问题的方法。2013 年 8 月，加州大学伯克利分校西蒙计算理论研究中心组织了一系列的“大数据研讨会”活动，探索大数据分析与处理过程中的理论计算问题。2016 年 9 月，我国贵阳市人民政府、工信部电子一所和美国加州大学伯克利分校合作共建的贵州伯克利大数据创新研究中心，致力于重点完成“学龄儿童大数据分析研究实验室”“老人大数据分析研究实验室”的基础设施构建，并同步开展区域数据资源评估及大数据人才培训等合作。同时，将在大数据民生服务、政府治理、产业应用等领域，从基础研究、技术开发、产业创新、成果孵化、教学培训等方面开展深度合作，为提升政府治理能力和服务民生效率提供支撑。

3) 斯坦福大学

斯坦福大学医学系专门成立了生物医学专业大数据组，定期组织生物学、医学、计算机等方面的专家就大数据问题进行研讨，旨在跨学科研究和探讨大数据问题。在教育培训方面，斯坦福大学提供了大规模数据挖掘认证课程，学校内的学生可以选修相关课程，获得认证。

4）华盛顿大学

华盛顿大学计算机科学与工程系利用自身在数据管理、机器学习和开放信息抽取方面的传统优势，开展了大数据研究和学位教育方面的工作。在研究方面，华盛顿大学计算机科学与工程系展开了大数据管理、数据可视化、大数据系统、Web上的大数据、大数据和发现等多项科研项目。在大数据管理领域，开展了包括AstroDB、Myria、Nuage、CQMS、Data EcoSyStem和SQLShare 6个有代表性的研究项目，其中AstroDB是计算机科学与工程系2008年以来一直与华盛顿大学天文学系共同合作的项目，旨在构建能够存储、管理、分析和处理天文学领域大数据的系统。Myria项目主要关注构建一个快速、灵活的大数据管理系统，并将系统以云服务的形式对外暴露。Nuage项目关注大数据与云计算相关的技术问题，特别关注科学应用问题。CQMS关注辅助使用大数据系统的相关工具。Data EcoSyStem项目关注大数据市场以及数据管理和定价等方面的问题。SQLShare是一个基于云计算技术的数据库即服务平台，关注关系数据库自动化使用方面的相关问题，包括安装、配置、数据库模式设计、性能调优和应用构建等问题。

在大数据可视化方面，主要通过设计交互式可视化分析工具，增强数据的分析和交流能力，该项目涉及可视化、交互技术和评估技术的研究与系统实现等方面的问题。在大数据架构和编程方面，主要研究在计算机系统结构、编程和系统层面上对大数据的支持，包括基于PCM(Phase-Change Memory)的存储系统研究、大规模非规则并行计算(如图分析等)、硬件多线程系统等等。在大数据系统方面，主要研究超大规模内存机器、大规模并行系统中的可预测延迟技术等。在Web大数据方面，主要研究Web范围内的信息抽取系统，该系统能够读取Web上的任意文本数据，抽取有意义的信息，并将其存储到一个统一的知识库中，便于后续的查询工作。在人才培养和教育方面，计算机科学与工程系自2013年9月开始招收数据科学的博士研究生(特别关注大数据问题)。华盛顿大学将利用整个大学的资源，打造一个跨学科的大数据方面的博士学位。除此以外，华盛顿大学还开设了一个关于数据学科方面的认证项目，提供相关的教育与培训服务。

5）中国科学院

英特尔公司与中国科学院自动化研究所联合成立了"中国英特尔物联技术研究院"，计划未来5年投资2亿元人民币，着力攻克大数据处理技术、传输技术和智能感知等物联网核心技术。该研究院还将与国际国内一流科研院所、院校和企业合作，建立一个开放式的研究中心。中国科学院软件研究所2012年5月31日承办了"走进大数据时代研讨会"。国内众多知名大学教授及行业代表围绕大数据的相关议题展开了共同探讨，分析了当前大数据的行业现状，大数据的最新动态及发展趋势。"大数据"概念正在引领中国互联网行业新一轮的技术浪潮。2018年发布的《中国科学院"十三五"信息化发展规划》中指出，要建设科学大数据管理与分析平台、完善科学大数据资源体系和公共服务云平台、发展大数据驱动科研创新的应用示范、显著提升中国科学院的科学大数据支撑服务水平、科学数据资源共享开放水平、科学大数据应用水平、奠基中国科学院"十三五"规划——"数据与计算平台"、推动国家科学大数据中心建设。

6）清华大学

清华大学计算机科学与技术系、地球系统科学研究中心等机构一直从事大数据方向的研究，取得了一些成果，包括清华云存储系统、大数据存储系统、大数据处理平台、社交网络云计算和海量数据处理系统等。2013年7月，人人游戏向清华大学捐赠1 000万元，与后者共同建设一个"行为与大数据实验室"。该实验室主要用于研究网络虚拟社区心理和体验经济心理，为人人游戏的产品开发提供理论和技术支撑。2018年，清华大学大数据研究中心成立，大数据研究中心将面向全球数字经济转型和国家安全保障等战略需求，建成国际数据科学与大数据技术创新研究平台，服务国家大数据发展战略。大数据研究中心将以大数据应用为牵引，以平台系统为支撑，围绕大数据基础理论、核心技术与系统、关键领域应用三个层面开展科学研究与技术转化；积极推进产学研的无缝衔接，努力成为全国乃至国际大数据技术创新的引领者。

7) 北京航空航天大学

在科学研究方面，北京航空航天大学计算学院、爱丁堡大学信息学院、香港科技大学计算机系、宾夕法尼亚大学和百度公司于 2012 年 9 月联合创建了“大数据科学与工程”国际研究中心，旨在以当前互联网和大数据时代新型信息技术为牵引，创造新的学术领域和应用增长点。在人才培养方面，北京航空航天大学计算学院、北京航空航天大学软件学院、工信部 CSIP 移动云计算教育培训中心于 2013 年联合创办了国内第一个“大数据科学与应用”软件工程硕士专业。该专业以实际需求为牵引，结合企业需求和项目实践，期望学生掌握大数据在数据管理、系统开发、数据分析与数据挖掘等方面的核心技能。

8) 中国人民大学

中国人民大学“云计算与大数据实验室”是由周晓方、陆嘉恒领导的，主要关注云计算、非结构化数据、海量数据、数据库等方向研究的团队，隶属于数据工程与知识工程教育部重点实验室(DEKE)和信息学院计算机系。该实验室主攻包括海量 Web 数据管理、空间数据库管理技术、分布式与云计算以及 XML 数据查询和管理 4 个研究方向。研究内容包括海量数据管理的理论知识(一致性理论、分区策略、容错策略、存储和查询模型等)、流行的数据管理方法和已推出的众多数据管理系统、空间数据的表示和建模、存储与索引、查询处理、空间数据挖掘、XML 查询优化、XML 关键字查询、XML 查询改写以及 XML Twig 查询等。

3.2.2 国内外产业界大数据发展现状

产业界与学术界对于大数据的研究相辅相成，共同推动了大数据的发展。目前，提供大数据服务的企业并不集中，除了谷歌(Google)、IBM、微软(Microsoft)等大型企业之外，众多中小型企业也逐步参与其中，给大数据发展带来了新的活力。其中一些公司在大数据关键技术上取得了实质性进展，另外一些公司推出了面向企业应用的大数据分析平台以及大数据解决方案等，而谷歌等大型企业不限于在原有的解决方案上拓展大数据业务，开始了一系列的并购投资来提升大数据解决方案服务能力。

1) 谷歌

Google 公司作为全球最大的信息检索公司，走在了大数据研究的前沿。面对日益增加的大数据应用需求，仅仅依靠提高大数据技术已经远远不能满足业务的需求。因此，Google 公司从横向进行扩展，将自己的大数据业务扩展到智能家居、人工智能、医疗健康、交通、企业管理等领域。通过为用户提供大数据服务的同时，利用大数据技术拓展和精炼自身业务。目前 Google 公司大数据处理的几大关键技术为:Google 文件系统 GFS、面向大数据集处理的编程模型 MapReduce、非关系型数据库 Bigtable 和 Web 服务 BigQuery。除此之外，2014 年谷歌最新发布了一个全新的搜索功能——结构化片段，这个结构化片段能够在搜索结果中展示从 Web 网页图表中抓取的数据信息。与此同时，谷歌公司还发布了一个开源容器集群管理系统 Kubernetes。在不断提升大数据技术的同时，谷歌还通过不断地投资、并购与大数据相关的公司来逐步强化大数据业务能力，同时还成立了相关实验室开展大数据相关项目，不断地在应用实践中精炼大数据技术。此外，Google 提供的大数据分析智能应用涉及客户情绪分析、交易风险(欺诈分析)、产品推荐、消息路由、诊断、客户流失预测、法律文案分类、电子邮件内容过滤、政治倾向预测、物种鉴定等多个方面。据称，大数据每天已经给 Google 带来了 2 300 万美元的收入。

2) IBM

针对大数据问题，2011 年 5 月 IBM 正式推出 InfoSphere 大数据分析平台。InfoSphere 大数据分析平台包括 BigInsights 和 Streams，两者互补互助。BigInsights 对大规模的静态数据进行分析，它提供多节点的分布式计算，可以随时增加节点，提升数据处理能力。Streams 采用内存计算方式分析实时数据。InfoSphere 大数据分析平台还集成了数据仓库、数据库、数据集成、业务流程管理等组件。除此之外，作为全球大数据技术与技术应用的领导者之一，IBM 一直努力与广大中国企业保持紧密的合作关系，并通过自身丰富的全球实践经验帮助众多企业成功应用了大数据分析技术，帮助这些企业实现了业务的创新与发展。在汽车工业领域，IBM 帮助上汽集团成功打造了中国汽车市场首个 O2O 电子商务平台——车享网；在金融领域，IBM 帮助中国银行天津分行打造了智能化网点，这些网点通过整合中国银行的后台数据分析平台，利用大数据分析技术，分析用户的业务偏好，为验证销售具体产品市场策略的有效性能提供重要的数据依据；在快消领域，IBM 与蒙牛集团达成战略合作，借助 IBM 强大的社交大数据分析与商务智能等解决方案，蒙牛将形成有效的大数据分析能力，发现新的客户，并以此作为企业决策与业务流程优化的依据。

3）微软

微软在数据检索、数据处理和数据存储等方面对大数据问题进行了研究，开发出了一系列产品。在数据检索方面，为了呈递高质量的搜索结果，微软在 Bing 中分析了超过 100 PB 的数据。在数据存储方面，微软提出并行数据仓库(PDW)概念，数据仓库能够处理超过 600 TB 的大数据量，并提供企业级的计算能力。在数据处理与计算方面，微软为 LINQ to HPC(高性能计算)提供了分布式的运行和编程模型，并支持将 Windows Sever 和 Windows Azure 等平台构建在分布式的 Hadoop 之上，以提高系统的处理能力和扩展性。

4）SAS

自 1976 年以来，SAS 就一直致力于向企业提供数据分析服务，目前支持着世界上最大的数据集。SAS 的大数据产品主要包括高性能分析服务器(SAS High-Performance Analytics Sever)、SAS 可视化分析(SAS Visual Analytics)和 SAS DataFlux 数据流处理引擎(SAS DataFlux Event Stream Processing Engine)，为科学计算、时间序列趋势预测、作业成本管理、金融大数据整体解决方案、客户智能、财务智能、政府行业解决方案等提供了有效的支持。

5）EMC

EMC 针对大数据推出了 Greenplum 数据引擎软件，为新一代数据仓库所需的大规模数据和复杂查询功能提供支持。Greenplum 基于 MPP(海量并行处理)和 Shared-Nothing(完全无共享)架构，采用开源软件和 X86 商用架构。Greenplum 在其数据库中引入 MapReduce 处理功能，其执行引擎可以同时处理 SQL 查询和 MapReduce 任务，这种混合方式在代码级整合了 SQL 和 MapReduce：SQL 可以直接使用 MapReduce 任务的输出，同时 MapReduce 任务也可以使用 SQL 的查询结果作为输入。

针对 Hadoop，EMC 还推出了 GreenplumHD，该工具包含 Hadoop 分布式文件系统 HDFS、MapReduce、Hive、Pig、HBase 和 Zookeeper。GreenplumHD 包装了 Hadoop 的分布式技术，消除了从头开始构建分布 Hadoop 集群所带来的不便。Greenplum 也纳入了 Hadoop 的可插拔存储层，使用者能够在数据存储过程中选择多种存储方式而无需改变现有应用程序。

针对数据处理过程的协作问题，EMC 推出用于大数据处理的社交工具集 Greenplum Chorus，使数据科学家可以通过类似 Facebook 的社交方式协作完成数据处理任务。该软件基于开放架构，能够用于数据挖掘和协作分析，包括数据探索、个人项目工作空间、数据协作分析和发布等几个主要模块。在数据探索阶段，Greenplum Chorus 通过搜索引擎快速查找数据，并将数据进行关联，从而实现数据采集的可视化；在处理阶段，采集来的数据被放到个人沙盒中进行处理，这个处理过程不会影响整个数据库的运行；在协作分析阶段，数据分析人员可以共享工作空间、代码，协同工作兼具灵活性和安全性；最后，相关的处理结果被发布出来。上述处理过程循环往复，最终完成数据处理工作。

6）Teradata

Teradata 针对大数据问题，推出了 Aster Data 产品，该产品将 SQL 和 MapReduce 进行结合，针对大数据分析提出了 SQL/MapReduce 框架，该框架允许用户使用 C++、Java、Python 等语言编写 MapReduce函数，编写的函数可以作为一个子查询在 SQL 中使用，从而同时获得 SQL 的易用性和 MapReduce的开放性。除此以外，Aster Data 基于 MapReduce 实现了 30 多个统计软件包，从而将数据分析推向数据库内进行(数据库内分析)，提高数据分析的性能。

7）百度

百度作为最大的中文搜索引擎公司，拥有海量的数据。百度大数据的特点是大而杂，为了实现数据的实时性、一致性、可扩展性等高标准要求，百度采用了自行开发的大数据产品。

2014年4月24日，在百度技术开放日上，百度董事长兼CEO李彦宏现身并推出了百度大数据引擎。百度将基础设施能力、软件系统能力以及智能算法技术打包在一起，通过大数据引擎开放，拥有大数据的行业可以将自己的数据接入这个引擎进行处理。同时，一些企业在没有大数据的情况下，还可以使用百度的数据以及大数据成果。百度大数据引擎可分为开放云、数据工厂和百度大脑三个部分，其中开放云提供了硬件性能，数据工厂提供了TB级的处理能力，而百度大脑则提供了大规模机器学习能力和深度学习能力。

(1) 开放云：百度的大规模分布式计算和超大规模存储云。过去的百度云主要面向开发者，大数据引擎的开放云则是面向有大数据存储和处理需求的“大开发者”。百度的开放云拥有超过1.2万台的单集群，百度开放云还拥有CPU利用率高、弹性高、成本低等特点。百度是全球首家大规模商用ARM服务器的公司，而ARM架构的特征是能耗小和存储密度大，同时百度还是首家将GPU(图形处理器)应用在机器学习领域的公司，实现了能耗节省的目的。

(2) 数据工厂：开放云是基础设施和硬件能力，可以把数据工厂理解为百度将海量数据组织起来的软件能力，就像数据库软件一样。只不过数据工厂被用作处理TB级甚至更大的数据。百度数据工厂支持单次百TB异构数据查询，支持SQL-like以及更复杂的查询语句，支持各种查询业务场景。同时百度数据工厂还将承载对于TB级别大表的并发查询和扫描，大查询、低并发时每秒可达百GB。

(3) 百度大脑：有了大数据处理和存储的基础之后，还得有一套能够应用这些数据的算法。图灵奖获得者N. Wirth(沃斯)提出过“程序＝数据结构＋算法”的理论。如果说百度大数据引擎是一个程序，那么它的数据结构就是“数据工厂＋开放云”，而算法则对应到“百度大脑”。百度大脑将百度此前在人工智能方面的能力开放出来，主要是大规模机器学习能力和深度学习能力。此前它们被应用在语音、图像、文本识别，以及自然语言和语义理解方面，被应用在不少APP中。现在这些能力将被用来对大数据进行智能化的分析、学习、处理、利用。

8）阿里巴巴

2012年7月，阿里巴巴的“聚石塔”正式发布，“数据分享平台”战略全面展开。阿里巴巴三步走的发展策略正式公布：“平台、金融、数据”。这意味着整合阿里旗下所有电商模式的“基石”大数据平台初步成形。阿里巴巴集团正在重新认识电子商务，旨在成为更强壮的数据平台、服务电商。

此外，于2009年开始研发的超大规模通用计算操作系统“飞天”已经过多年的发展，在2015年时，12306将车票查询业务部署在飞天上，飞天春运高峰时分流了75%的流量；2016年，阿里云发布人工智能ET，ET基于飞天强大的计算和大数据处理能力进化而来，初步具备了听、说、看的感知能力，并能在交通、制造等领域辅助人类进行全局决策。

阿里巴巴集团数据平台致力于收集、整合全球数据，通过数据交换和共享，让数据变成服务，让数据成为一种新的经济资产和价值创造形式，让数据驱动商业变革。集团自主研发的单一离线计算集群已经达到5 000台服务器的规模，单一集群有效存储空间为96PB、CPU总核数为115 488个，并已投入生产环境持续稳定运行。同时，实现了跨IDC多个离线计算集群间的大规模数据复制与访问，并对用户完全透明。

数据平台具备完整数据处理能力：多个数千台服务器组成的大型离线计算集群处理数百PB的交易、支付、搜索、广告等多样的商业数据；流式计算集群和支持任意维度分析的即时计算集群给在线系统提供高并发实时计算和查询服务；分布式关系数据库为每天数千万笔在线交易提供高并发、高可靠事务支撑。

阿里数据平台包括的功能有如下几个。

(1) 离线计算与存储。离线计算与存储平台支持了阿里集团的基础数据业务,包括搜索排序、广告匹配算法、商业智能;在多个由 5 000 台服务器规模集群组成的多集群平台上,阿里实现了业务数据的管理和共享,计算任务的统一调度,提供 SQL、MapReduce、BSP、数据通道和机器学习算法等多种数据处理工具。

(2) 算法平台。算法平台为大数据统计分析、机器学习和商业模型提供各种算法和分析工具,支持金融与信用、广告和推荐、商业智能以及数据质量监控等业务场景,在 5 000 台服务器规模集群组成的多集群平台上提供 MPI、BSP、MapReduce 等多种计算模型,实现了大规模基础统计、分类、聚类、矩阵分解、图算法、评分卡等一系列算法。

(3) 实时计算。近年来,业务对数据的实时性要求越来越强烈,对大规模数据分析和处理的时效性提出了更高的要求。当前集群总数超过 6 个,单集群记录集超过 400 亿条,单表列数超过 1 000 列,QPS 超过 300,RT(Response Time,响应时间)小于 100 ms(毫秒);单机群支持 500 台服务器的规模。

(4) 智能调度。在大数据计算过程中常常需要处理大量的任务。这些任务有如下特点:它们可能运行于不同的平台,如 hive,odps,R,spss 等;这些任务之间因为数据的输入输出建立依赖关系。例如,一个 A 任务依赖 B 任务的输出结果,那么在 B 任务的一个特定实例完成前,A 任务不能启动。通过异构系统 DAG 调度任务,将资源调度与任务调度剥离,支持各种不同类型的任务类型。目前每天调度阿里巴巴内部的近 10 万个数据处理任务。

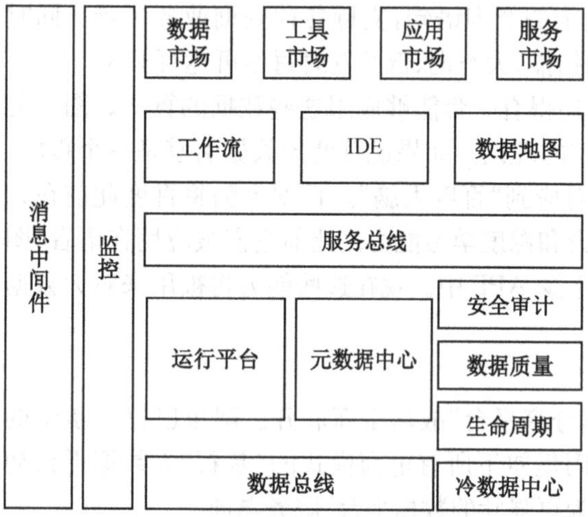

图 1-2　阿里巴巴的大数据框架

(5) 数据传输及同步。阿里集团每天产生海量的日志,不同数据库的结构化数据、不同数据存储的半结构化、非结构数据高达百 TB 乃至 PB。这些数据位于成千上万甚至几十万个服务器上,需要将这些数据及时、准确地存储到云平台进行计算。同时需要将不同存储、计算平台的异构数据实现互通互导。阿里巴巴的大数据框架如图 1-2 所示。

9) 新浪

2013 年,新浪推出大数据产品——微博 Page,这是一个聚合了用户兴趣爱好、社交关系数据的综合展示页面,话题、图书、音乐、餐饮美食等内容都能在微博上生成专属的 Page 页面。通过 Page 页面,网友可以很方便地查看到有价值的微博内容。

2014 年 8 月,新浪微博大数据产品总监王磊在中国国际大数据大会——大数据技术与发展论坛上,作了"建设数据能力,开放服务业务"的演讲,分享了新浪微博五大大数据应用。

(1) 聚合、计算、输出、反馈,形成数据和业务闭环。微博大数据其实是一个闭环的业务,从原始数据开始,微博一条一条的文本,实际都是非结构化数据。通过自然语言处理的技术,把每一条文本内容提取出来,放在底层网络上。

基于文本处理还可以作语义的分析,从而把非结构化的内容进行结构化,达到算法层。算法实际就是不同场景应用不同的算法。数据到达用户端后,用户端通过反馈再回到底层的数据算法当中。因此整个过程并不是一个孤立的,而且跟场景的关系非常大。

(2) 平台化思路建设计算能力、数据能力、服务能力。大数据的建设如果从效率提升方面来讲,其实是要建一个平台化的东西。微博的在线场景非常多,每个在线场景都会留下用户的行为。所以对微博来说,大数据的建设本着一个平台化的思路。所谓平台化的思路,就要对不同的场景做足够的抽象,这个抽象有三层含义:一个是数据结构的抽象,另一个是策略算法的抽象,还有一个就是输出的抽象。

(3) 结合云计算技术挖掘大数据价值。新浪微博数据类型非常多,每个领域从一开始都是从底层往上做,实现数据从非结构化到结构化的转化。但是走到一定阶段,如果想要做到场景级别,还是需要对垂直领域的理解。新浪有各个频道,跟音乐、电影的许多门户频道有比较深入的合作,到场景级别并不是技术层面的事情,而是跟垂直领域,跟行业关系密切。

另外,新浪微博跟外面合作伙伴有一些合作,这些合作伙伴会把算法部署到新浪的计算环境当中来,因为毕竟涉及一些数据的问题,新浪不可能把开放的程度设置得过大。如果跟微博有技术合作的公司能够把它们对垂直领域的理解和它们的算法部署在这个环境之中的话,它们获得数据的范围可以更大,这个也是新浪微博后面的一个发展方向。新浪微博提供一个云环境,在这个环境里面,可以用到基础数据,还可以用到大数据。目前已经实现了一些标签处理和自然语言处理,甚至合作伙伴可以基于新浪微博提供的基础数据和他自己挖掘的标签做一些APP,用来满足用户的诉求。

(4) 建立合作,更好地满足客户需求。新浪微博跟一些其他领域合作伙伴进行了多方面的尝试,目标主要是围绕用户的衣食住行等各种需求提供服务,目前已经跟中央电视台有一些合作。

微博电视指数想表达的是某一款电视剧在播出的时候,在社交媒体上的口碑的影响力和会有用户的覆盖度,这些都是节目制作方、电视台都非常关心的内容。我们从后台的数据来看,某一款节目的微博电视指数在播前、播中、播后都有一个曲线,通过这个曲线,对某种电视节目,不同区域的反响程度、用户的年龄层次、微博观众的需求点等新浪微博都能够获得。

(5) 开放微博大数据和云计算环境。在整个微博大数据建设的过程当中,新浪微博也希望能够跟在共同服务用户这一点上理解一致的行业的合作伙伴去进行合作。微博能够开放出来的就是UGC的内容流,还有基于微博这个生态体系所打的用户方面的一些标签。

新浪微博还能够提供一个开放云计算的环境,这方面的具体合作有三个层面,最基础的就是数据这个层面的合作,比如数据的互补、对齐。另一个是场景层面,比如在微博这个场景上面一些功能。

此外,2019年6月,新浪微热点大数据研究院正式成立,研究院将通过搭建学术平台、开展产学研项目合作、人才培养等模式推动媒体传播大数据在云计算、大数据、人工智能、全媒体融合、区块链等领域的新技术、新业态、新模式的发展,最终形成大数据—深度学习—分析模型—场景应用的良性发展。

10) 腾讯

腾讯作为数据大户,为了保证公司各业务产品能够使用更丰富优质的数据服务,推出了基于离线处理和实时处理两个方向的大数据平台。腾讯大数据平台主要考虑的是数据开放、专业化、成本与性能三点。

数据开放:使公司数据集中开放,在保障数据安全性的前提下,提供自助化服务平台,帮助数据分析人员通过自助服务的方式降低人工成本,满足快速增长的需求。

专业化:从提供大量独立的系统/工具转变向提供集成、一体化、自动化数据开发平台。对来源于各个业务块数据进行整合和深入挖掘产生用户画像,为业务提供有价值的服务,并且快速孵化更多的数据应用。

成本与性能:优化平台存储和计算方案、优化的数据模型和算法、去除重复计算和存储;通过建设大规模集群,形成规模效应,提升平台能力并降低成本;随着平台上的数据量、用户数、任务数不断增长,每个新用户/新任务带来的新增成本不断降低,成本优势可以不断放大。

腾讯大数据平台核心的系统包括TDW、TRC、TDBank、TPR和Gaia。TDW用来作批量的离线计算,TRC负责作流式的实时计算,TPR负责精准推荐,TDBank则作为统一的数据采集入口,而底层的Gaia则负责整个集群的资源调度和管理,如图1-3所示。

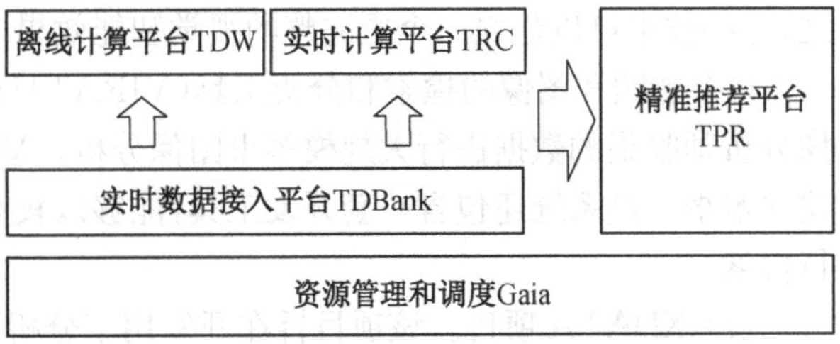

图1-3 腾讯大数据平台

3.2.3 政府机构大数据研究与发展现状

除了学术界与产业界，各国政府也逐渐意识到大数据研究的价值所在，纷纷出台大数据发展计划、行政计划、技术战略等文件，积极推动大数据技术研发、商业模式创新和应用推广。

1) 联合国大数据研究与发展现状

联合国于2012年7月在纽约总部发布了一份大数据政务白皮书《大数据促发展：挑战与机遇》，总结了各国政府如何利用大数据更好地服务和保护人民。联合国在发布的白皮书中指出，大数据时代已经到来，大数据对于联合国和各国政府都是一次历史性的机遇。该白皮书是联合国"全球脉搏"项目的产物。"全球脉搏"是联合国发起的一个全新项目，旨在利用消费互联网的数据推动全球发展。利用自然语言解码软件，对社交网络和手机短信中的信息进行情绪分析，从而对失业率增加、区域性开支降低或疾病暴发等进行预测。

联合国的白皮书还建议联合国成员国建设"脉搏实验室(Pulse Labs)"，开发网络大数据的潜在价值。印度尼西亚在首都雅加达建立的"脉搏实验室"由澳大利亚提供资助，于2012年9月投入运行；此外，乌干达也率先在首都坎贝拉建立了"脉搏实验室"。

2) 美国政府大数据研究与发展现状

2012年3月29日，美国政府公布了"大数据研究和发展计划"(Big Data Research and Development Initiative)，该计划涉及美国国防部、美国国防部高级研究计划局、美国能源部、美国国家卫生研究院、美国国家科学基金、美国地质勘探局等6个联邦政府部门，宣布将投资2亿多美元，用于大力推进大数据的收集、访问、组织和开发利用等相关技术的发展，进而大幅度提高从海量复杂的数据中提炼信息和获取知识的能力和水平。该计划并不是单单依靠政府，而是与产业界、学术界以及非营利组织一起，共同充分利用大数据所创造的机会。这也是继1993年9月美国政府启动"信息高速公路"计划后，国家层面在信息领域的又一次"狂飙猛进"。

在这一背景下，美国政府各个部门纷纷开展了相关的研究项目。

(1) 多尺度异常检测(ADAMS)项目。该项目旨在解决大规模数据集的异常检测和特征化问题。最初的ADAMS应用程序进行内部威胁检测，在日常网络活动环境中，检测单独的异常行动。

(2) 网络内部威胁(CINDER)项目。该项目旨在开发新的方法来检测军事计算机网络与网络间谍活动。作为一种揭露隐藏操作的手段，CINDER适用于将不同类型对手的活动统一成"规范"的内部网络活动，并提高对网络威胁检测的准确性和速度。

(3) Insight项目。该项目主要弥补目前情报、监视和侦察系统的不足，进行自动化和人机集成推理，能够提前对时间敏感型的更大潜在威胁进行分析。该项目旨在开发出资源管理系统，通过分析图像和非图像的传感器信息和其他来源的信息，进行网络威胁的自动识别。

(4) Machine Reading项目。该项目旨在实现人工智能的应用和在发展学习系统的过程中对自然文本进行知识插入，而不是依靠昂贵和费时的知识来表示目前的进程，并需要专家和相关工程师所给出的语义表示信息。

(5) Mind's Eye项目。该项目旨在为机器建立视觉的智能。传统的机器视觉研究选取广泛的物体来描述一个场景，而Mind's Eye旨在增加对这些场景的动作进行认识和推理需要的视觉认知基础。总之，这些技术可以建立一个更完整的视觉智能效果。

(6) 视频和图像的检索和分析工具(VIRAT)计划。该计划旨在开发一个系统，该系统能够利用图像分析师收集的数据进行大规模军事图像分析。VIRAT希望能够帮助图像分析师在相关活动发生时建立警报。该系统还包含一套开发工具，能够以较高的准确率和召回率从大量视频库中对视频内容进行检索。

(7) XDATA项目。该项目旨在开发用于分析大量半结构化和非结构化数据的计算方法和软件工具。该项目需要解决的核心问题包括：可伸缩算法在分布式数据存储环境中的应用方式；如何使人机交互工具有效、迅速定制不同任务，以方便对不同数据进行可视化处理；灵活使用开源软件工具包处理大量国防应用中的数据，等等。

(8) Mission-oriented Resilient Clouds 项目。该项目通过云计算技术进行检测，诊断并对大量攻击行为作出响应；建立“社区卫生服务云”，以解决云计算环境中的大量安全挑战。该项目还采用新技术，提高云计算基础设施环境和其中的大数据应用系统的可用性。保证系统在受到攻击时，只要整体能够有效运行和保存，允许个别主机和任务失败。

(9) 对加密数据的编程计算(PROCEED)项目。该项目希望研发一套实用的方法，支持用户采用高级编程语言，在不需要首次解密的情况下操纵已加密的数据，使对手拦截信息更加困难，大大提高数据的安全性。

2012—2013 年，美国国家安全局(NSA)、联邦调查局(FBI)及中央情报局(CIA)等联邦政府机构大量采购了亚马逊的云服务，以支撑其大数据应用。2014 年 5 月，美国白宫发布的《大数据：抓住机遇，守护价值》报告中对大数据的作用范围进行了总结，围绕隐私保护提出了构建大数据政策框架的建议。2019 年 6 月，美国发布了《联邦数据战略第一年度行动计划》草案，该草案旨在编纂联邦机构利用计划、统计和任务支持数据，并将其作为战略资产来发展经济、提高联邦政府的效率、促进监督和调高透明度。

3) 欧盟大数据研究与发展现状

2010 年 4 月，欧盟委员会发起欧洲数字化议程，致力于利用数据技术刺激欧洲经济增长，帮助公众和企业最大化利用数字技术。欧盟开放数据平台(Open Data Portal)是欧洲数字化议程的一部分，时任欧盟委员会副主席 Neelie Kroes 说：“这将打开一个金矿，通过这个系统，公众获得这些数据会更便捷，成本会更低，获得的数据内容更广泛。”截至 2013 年 1 月 12 日，ODP 已经开放 5 815 个数据集，其中的 5 638 个数据集来自欧盟统计局 Eurostat，数据包括地理、大气、国际贸易、农业等各类信息。

2014 年 7 月，欧盟委员会宣布，拟推出一系列措施助推大数据发展，包括建立大数据领域的公私合作关系，依托“地平线 2020”科研规划，制定数据标准、创建超级计算中心等。10 月 13 日，欧盟委员会与欧洲大数据价值协会签署备忘录，共同承诺建立公私合作伙伴关系，在 2020 年以前投入 25 亿欧元推动大数据发展。另外，欧盟委员会决定，将大数据技术列入欧盟未来新兴技术(FET)行动计划，加大对技术研发的资助力度。欧盟委员会重点支持的大数据优先领域主要有云计算研发、未来物联网、大数据经验感应仪等领域。

4) 日本政府大数据研究与发展现状

在日本工业界，本田、先锋等企业推出的基于 GPS 的“道路通行图”在受灾地区救助活动中得到了应用展示；日本的一家电信公司 NTT DoCoMo 推出的基于匿名化的手机定位信息展现人口移动的“移动空间统计”也是一个大数据应用案例。但是，日本因为企业结构上的垂直性以及隐私保护等问题，往往难以有效采集信息，所以需要建设大数据应用所需的平台。在上述背景下，日本政府启动的 ICT 战略研究，重点关注大数据应用。日本的 ICT 战略重点关注大数据应用所需的云计算、传感器、社会化媒体等智能技术开发。新医疗技术开发、缓解交通拥堵等公共领域将会得到大数据带来的便利与贡献。根据日本野村综合研究所的分析，日本大数据应用带来的经济效益将超过 20 万亿日元。

为了进一步支持第三方广泛参与大数据研究，支持行业应用发展，日本国土交通省于 2014 年成立了由信息系统公司和日本汽车工业协会等业界团体、学术专家构成的委员会，确定实现大数据实用化的课题和对策，所需经费将纳入 2015 年度预算概算要求基准，并且规定在 2020 年之前，日本政府和汽车厂商拥有的汽车相关数据需集中上传至互联网。同年，日本船舶技术研究协会开始进行有关《应用船舶大数据，提高海洋产业国际经济力》的研发项目。

5) 中国政府大数据研究与发展现状

我国在大数据领域仍处于起步阶段，各地发展大数据热情较高，市场规模增速加快。我国大数据产业集聚效应开始显现，出现了京津冀地区、长三角地区、珠三角地区和中西部地区四个集聚发展区。其中，京津冀地区依托北京中关村的信息优势，快速聚集和培养了一大批大数据企业，继而形成了京津冀大数据走廊格局；长三角地区将大数据与智慧城市、云计算发展紧密结合，有效地推动了当地信息经济的发展；珠三角地区政策扶持力度大，大数据产业已进入良性循环；而中西部地区积极引进大数据企业，逐渐形成了大数据产业的新增长点。随着我国大数据相关技术、项目和应用逐步进入实施阶段，相关部门和地方政府的重视程度逐渐升级，推出了一系列相关政策推动大数据产业发展。

（1）国家层面对大数据产业的支持。

从国家层面上看，国务院《"十二五"国家战略性新兴产业发展规划》中提出，海量数据存储、处理技术的研发与产业化将作为我国未来战略新兴产业的一个方面；工业和信息化部《物联网"十二五"发展规划》也将信息处理技术列为4项关键技术创新工程之一，具体包括海量数据存储、数据挖掘、图像视频智能分析。另外3项关键技术创新工程包括信息感知技术、信息传输技术、信息安全技术，也是大数据产业的重要组成部分，都与大数据产业的发展密不可分。2014年，国务院出台的《国家新型城镇化规划（2014—2020年）》中指出，统筹城市发展的物质资源、信息资源和智力资源利用，推动物联网、云计算、大数据等新一代信息技术创新应用。同年发布的《国务院关于促进云计算创新发展　培育信息产业新业态的意见》强调加强大数据的开发与利用，实现数据资源的融合共享，推动大数据挖掘、分析、应用和服务的发展。2015年9月，国务院印发《促进大数据发展行动纲要》（以下简称《纲要》），系统部署了我国大数据发展工作，至此，大数据成为国家级的发展战略。《纲要》提出，要加强顶层设计和统筹协调，推动政府信息系统和公共数据互联开放共享，加快政府信息平台整合，消除信息孤岛，推进数据资源向社会开放，增强政府公信力，服务公众企业；加大对大数据关键技术研发、产业发展和人才培养力度，着力推进数据汇集和发掘；等等。2017年1月，工信部印发《大数据产业发展规划（2016—2020年）》，该文件指出，到2020年，要基本形成技术先进、应用繁荣、保障有力的大数据产业体系。大数据相关产品和服务业务收入突破1万亿元，年均复合增长率保持30%左右，加快建设数据强国，为实现制造强国和网络强国提供强大的产业支撑。2018年7月，工信部印发《推动企业上云实施指南（2018—2020年）》，该文件指出，到2020年，力争实现企业上云环境进一步优化，行业企业上云意识和积极性明显提高，上云比例和应用深度显著提升，形成一批有影响力、带动力的云平台和企业上云体验中心。

在科学研究领域，2014年度的"973"项目指南中，"大数据计算的基础研究"已经成为一项重点研究课题，主要面向网络信息空间大数据挖掘的需求，结合一两种重要应用，研究多源异构大数据的表示、度量和语义理解方法，研究建模理论和计算模型，提出能效优化的分布存储和处理的硬件及软件系统架构，分析大数据的复杂性、可计算性与处理效率的关系，为建立大数据的科学体系提供理论依据。此外，工信部通过电子信息产业发展基金开展了终端与数据安全防护产品的研发和产业化、基于安全可靠架构的数据中心运营管理系统研发等大数据相关的研发项目。科技部通过"863计划"推进面向大数据的内存计算关键技术与系统、基于大数据的类人智能关键技术与系统等大数据相关技术的研究。

（2）地方政府对大数据产业的支持。

从地方政府层面上看，地方政府积极推动大数据发展，2013年以来陆续出台了推进计划。从总体上看，各地大数据发展政策各有侧重，形成了不同的模式。模式一强调研发及公共领域应用。如上海市《推进大数据研究与发展三年行动计划》提出，将在3年内选取医疗卫生、食品安全、终身教育、智慧交通、公共安全、科技服务6个有基础的领域，建设大数据公共服务平台。模式二强调以大数据引领产业转型升级，如北京中关村《关于加快培育大数据产业集群　推动产业转型升级的意见》提出，要充分发挥大数据在工业化与信息化深度融合中的关键作用，推动中关村国家自主创新示范区产业转型升级。模式三强调建立大数据基地，吸纳企业客户，如重庆、贵州、陕西、湖北等地都提出建设大数据产业基地的计划，力图将大数据培育成本地的支柱产业。

4 大数据的应用现状

大数据的研究与应用已经在互联网、商业智能、咨询与服务、医疗服务、零售业、金融业、通信等行业实施，并产生了巨大的社会价值和产业空间。国际权威机构Statista于2019年8月发布的报告显示，预计到2020年，全球大数据市场的收入规模将达到560亿美元，较2018年的预期水平增长约33.33%，较2016年的市场收入规模翻1倍。

目前，大数据应用在各行各业的发展呈现“阶梯式”格局：互联网行业是大数据应用的领跑者，金融、零售、电信、公共管理、医疗卫生等领域的应用正在不断丰富，社会价值和经济价值进一步得以体现。

4.1 互联网行业是大数据应用的领跑者

互联网是大数据应用的发源地，大型互联网企业是当前大数据应用的领跑者。以中国互联网发展的现状为例，根据中国互联网信息中心2018年的报告：截至2017年12月，我国互联网用户已达7.72亿人，应用普及率达55.8%。这一普及率超过了全球平均水平(51.7%)4.1个百分点，超过亚洲平均水平(46.7%)9.1个百分点。互联网技术的广泛应用和普及，为经济发展提供了广泛的技术能力和消费基础，为社会向数字经济转型创造了可能性。谷歌等互联网企业对Hadoop、Spark、Storm等开源技术的贡献，使大数据技术得以广泛的应用。同时，谷歌、亚马逊、Facebook等互联网巨头不断开拓自己大数据领域，初步形成了大数据产业链，并在各行业拓展应用。国内以百度、阿里巴巴、腾讯为代表的互联网企业在2014年纷纷推出了大数据产品和服务。一般来说，按照用途不同，互联网大数据应用模式可以分为三类：企业类大数据应用、公共服务类大数据应用和研发类大数据应用。

4.1.1 企业类大数据应用

企业类大数据应用主要是指致力于商业和企业应用服务，包括消费者行为分析、精准营销、个性化推荐、品牌监测、信贷保险、库存管理、监控预警、网站分析优化等。企业类大数据应用中目前应用最广的就是基于用户信息的营销类大数据分析。例如，美国运营商Verizon将用户的互联网访问行为、用户所在位置和用户静态肖像信息进行归类与聚合，从而帮助企业选择合理的市场投放广告。另外，金融企业的大数据应用除了可以基于用户信息进行精准营销，还可以通过数据分析结果降低运营成本，或者进行反欺诈、反虚假交易从而控制风险。

4.1.2 公共服务类大数据应用

公共服务类大数据应用是不以营利为目的、侧重于帮助政府提高科学化决策与精细化管理水平，从而为社会公众提供服务的大数据应用。典型案例如谷歌开发的流感、登革热等流行病预测工具，这些工具能够比官方机构提前一周发现疫情暴发状况。国内公共服务类大数据应用主要集中在政府大数据平台的建设上，如山西省建设的“畜牧兽医大数据系统平台”和“山西省省级畜牧兽医大数据中心”就增强了全省重大动物疫病防控能力。另外，国内公安系统也联手淘宝，利用淘宝和公安大数据进行网络打假行动。

4.1.3 研发类大数据应用

研发类大数据应用是利用大数据技术促进前沿技术研发、持续改进产品性能的应用。互联网大数据的典型应用就是进行A/B测试，即服务商同时收集新老版本下的用户行为数据进行分析比对，用于指导后续的产品改进方向。比如，利用各种语言版本的网页数据不断提高翻译质量的机器翻译、利用更多话音指令不断提升质量的话音识别技术，以及无人驾驶汽车在数据分析的支撑下学习变道、转弯等行驶动作。

4.2 大数据应用场景逐渐丰富

大数据应用起源于互联网，但随着公众需求不断地被挖掘、第三方服务机构的参与，大数据应用场景正在逐步丰富起来。大数据应用正在向交通、医疗、金融、零售等行业逐渐渗透，目前主要呈现出两种发展方向。

一是积极整合行业和机构内部的各种数据源，通过对整合后的数据进行挖掘分析，发展大数据应用。例如，英国糖尿病管理计划，通过移动终端设备收集患者各种数据、医生诊断数据，对每一个糖尿病患者进行风险等级评估，并制定个性化的糖尿病治疗方案。另外一些新兴的大型百货商场利用大数据平台整合商场 POS 机、商场协同办公系统、无线网络数据、监控设备等数据，对用户进行归纳和聚类，从而实现合理摆放商品位置、投放打折信息、查询客户习惯等，提高商场营销效率和营业额。

二是借助外部数据，主要是互联网数据，结合行业内部数据分析来实现相关应用。比如，金融机构通过手机互联网用户的微博数据、社交数据、历史交易数据来评估用户的信用等级；证券分析机构通过整合新闻、股票论坛、公司公告、行业研究报告、交易数据、行情数据、报单数据等，分析和挖掘各种事件和因素对股市和股票价格走向的影响；监管机构将社交数据、网络新闻数据、网页数据等与监管机构的数据库对接，通过比对结果进行风险提示，以提醒自己及时采取行动；零售企业通过互联网用户数据分析商品销售趋势、用户偏好；等等。

大数据无处不在，大数据已应用于各个行业，包括金融、医疗健康、电信、能源、体能和娱乐等在内的社会各行各业都已经留下了大数据的印迹。

4.2.1 医疗健康领域的应用

随着健康医疗信息化的普及，在医疗服务、健康保健和卫生管理过程中产生了海量数据集，形成了健康医疗大数据，在临床诊疗、药物研发、卫生监测、公众健康、政策制定和执行等领域创造了极大的价值。

1）为临床诊疗管理与决策提供支持

通过效果比较研究，精准分析包括患者体征、费用和疗效等数据在内的大型数据集，可帮助医生确定最有效和最符合成本效益原则的治疗方法。通过集成分析诊疗操作与绩效数据集，创建可视化流程图和绩效图，识别医疗过程中的异常，为业务流程优化提供依据。

大数据分析和挖掘技术的运用可以在一定程度上帮助医疗行业提高生产力，改进护理水平，增强竞争力。比如，有大数据技术参与的比较效果研究可以提高医务人员的效率，降低病人的看病成本和身体损害。另外，利用大数据对远程病人的监控也可以减少病人的住院时间，实现医疗资源的最优化配置。

2）为药物研发提供支持

通过分析临床试验注册数据与电子健康档案，优化临床试验设计，招募适宜的临床试验参与者；通过分析临床试验数据和电子病历，辅助药物效用分析与合理用药，降低耐药性、药物相互作用等带来的影响；通过及时收集药物不良反应报告数据，加强药物不良反应监测、评价与预防；通过分析疾病患病率与发展趋势，模拟市场需求与费用，预测新药研发的临床结果，帮助确定新药研发投资策略和资源配置。

3）为公共卫生监测提供支持

大数据相关技术的应用可扩大卫生监测的范围，从以部分案例为对象的抽样方式监测扩大为全样本监测，从而提高对疾病传播形势判断的及时性和准确性。将人口统计学信息、各种来源的疾病与危险因素数据整合起来，进行实时分析，可提高对公共卫生事件的辨别、处理和反应速度并能够实现全过程跟踪和处理，有效调度各种资源，对危机事件作出快速反应和有效决策。

4）为公众健康管理提供帮助

通过可穿戴医疗设备等收集个人健康数据，可以辅助健康管理，提高健康水平。医生可根据患者发送的健康数据，及时采取干预措施或提出诊疗建议。集成分析个体的体征、诊疗、行为等数据，预测个体的疾病易感性、药物敏感性等，进而实现对个体疾病的早发现、早治疗、个性化用药和个性化护理等。例如，Dignity Health(尊严健康)是美国最大的医疗健康系统之一，致力于开发基于云的大数据平台，该平台带有临床数据、社交和行为分析等功能。该平台将连接系统中 39 家医院和超过 9 000 家相关机构，并共享数据，通过它们的大数据应用可以优化个人和群体医疗规划，包括对预防性疾病的管理。

5) 为医药卫生政策制定和执行监管提供科学依据

整合与挖掘不同层级、不同业务领域的健康医疗数据以及网络舆情信息，有助于综合分析医疗服务供需双方特点、服务提供与利用情况及其影响因素、人群和个体健康状况及其影响因素，预测未来需求与供方发展趋势，发现疾病危险因素，为医疗资源配置、医疗保障制度设计、人群和个体健康促进、人口宏观决策等提供科学依据。通过集成各级人口健康部门与医疗服务机构数据，识别并对比分析关键绩效指标，快速了解各地政策执行情况，及时发现问题，防范风险。United Healthcare(联合医疗)是美国最大的健康保险公司，正在处理 Hadoop 大数据框架(应用大数据和高级分析技术)中的数据，它使用大数据和高级分析技术，改善临床医疗，进行财务分析，监控欺诈和滥用行为。

4.2.2 能源领域的应用

能源大数据融合了海量能源数据与大数据技术，是构建"互联网+"智慧能源的重要手段。它集成多种能源(电、煤、石油、天然气、供冷、供热等)的生产、传输、存储、消费、交易等数据于一体，有利于政府实现能源监管、社会共享能源信息资源，在助力跨能源系统融合，提升能源产业创新支撑能力，催生智慧能源新兴业态与新经济增长点等方面发挥积极的作用。

1) 能源规划与能源政策领域

能源大数据在政府决策领域的应用主要体现在能源规划与能源政策制定两个方面。在能源规划方面，政府可通过采集区域内各类用能数据，利用大数据技术获取和分析用能用户信息，为能源网络的规划与能源站的选址布点提供技术支撑。

在能源政策的制定方面，政府可利用大数据分析区域内用户的用能水平和用能特性，分析本地企业的能耗问题，为制定经济发展政策提供更为科学化的依据。同时，政府可以依托能源大数据对能源资源以及用能负荷的信息进行挖掘与提炼，为优化城市规划、发展智慧城市、引导新能源汽车有序发展提供重要参考。

2) 能源生产领域

在能源生产领域，大数据技术的应用目前主要集中在可再生能源发电精准预测、提升可再生能源消纳能力等方面。目前，国内远景能源科技有限公司融合物联网、大数据以及机器学习技术打造的 EnOSTM 平台每天能处理将近 TB 级的数据量。

3) 能源消费领域

有效整合能源消费侧可再生能源发电资源、充分利用电动汽车充电灵活负荷的可控特性以及参与电力市场的互动交易并实现利润最大化，是目前能源消费领域的热点大数据技术研究问题。我国"全国智慧能源公共服务云平台"于 2015 年 2 月启动，目前已有 14 个省/直辖市的单位签约构建智慧能源地方分平台。该平台主要提供能源数据采集和分析功能，通过云平台建立实时设备管理数据平台，打造新的销售模式，从而获得高性价比的产品和解决方案。此外，通过能源大数据技术可有效引导各类高效能源技术基于需求和技术特点进行优化，形成能够实现各类能源交易与增值服务的综合能源服务新模式。

4.2.3 金融领域的应用

金融行业拥有海量数据资源，是最有意愿进行信息化投入的行业之一，经过多年的信息沉淀，各系统内积累了大量高价值的数据，拥有可用于数据分析的基础资源。金融大数据包含了金融交易数据、客户数据、运营数据、监管数据以及各类衍生数据等。当前金融大数据已经成为金融发展的新动力，金融大数据技术的广泛应用是现代金融发展的必然趋势。

1）金融工具创新

大数据技术能够很好地促进金融机构实现金融产品的创新，通过大数据技术金融机构可以在网上抓取与客户相关的有价值的信息链，分析并挖掘出客户需求，进而设计出与客户需求相匹配的金融产品。同时，金融机构基于大数据技术对整个市场的交易数据进行分析挖掘，可以更好地掌握金融产品市场的动向，设计出更合理、客户满意度更高的产品，从而更好地实现金融工具的创新。

2）金融服务创新

大数据的应用改变了传统的金融服务模式。金融机构可以采集用户的相关信息，并进行量化处理、模型构建，将用户进行合理地划分与归类，从而针对用户的需求，向其提供精准、有效的金融服务。除此之外，在全国"小微快贷"的试点中，通过运用大数据技术，对小微企业及企业主进行多维全面的信息采集与分析，即可实现快捷自助的贷款放款。

3）优化金融风控管理

通过对各类信息进行量化，大数据技术可以实现对各类风险的识别、分类，并进行实时监控。而基于用户数据来预测客户的未来行为，可降低信息不对称所带来的风险，更好地实现对金融风险的控制与管理。

信贷管理是目前大数据技术在金融风控领域应用中较为成熟的方面。金融机构可以利用大数据技术对信贷用户的各类基础数据进行挖掘分析，描述其还贷能力与意愿，还可以构建客户的信用评级模型。而在贷款中和贷款后的管理中，大数据技术可高效地追踪和监测每一笔贷款，在发生实质贷款损失前捕捉风险预警信号，及时地采取措施以实现对金融风险的有效控制。

优化资产结构也是大数据在金融风控领域应用中较为重要的方面。优化资产结构最重要的是对不良资产的管理与处置，金融机构可以通过选用逾期金额、逾期次数、额度使用率、学历、职业等相关变量，构建不良资产催收策略模型，针对不同客户的不同行为特征采取不同的催收手段，以实现精准催收。

4）金融监管

大数据技术利用具体的区域金融数据，根据一定的规则及权重关系自动抽象计算出各区域的各类金融指数，以此作为指导性宏观数据，为区域监管提供参考，并且通过对所计算出的金融指数的动态分析，使金融监管决策具有时效性、准确性和动态性，更好地实现金融监管，从而促进金融行业的健康发展。

4.2.4 交通领域的应用

2016年以智慧城市为代表的"互联网＋交通"项目在全国范围内遍地开花，有效提升了城市的智能化水平。交通大数据是"互联网＋交通"发展的重要依据，其发展及应用在宏观层面能为综合交通运输体系的"规、设、建、管、运、养"等提供支撑，在微观层面能够指导优化区域交通组织。

1）为管理者制定科学决策提供支持

通过对历史运营数据的分析，交通管理系统能够识别出交通运输网络存在安全隐患的点及区域，有利于管理者制定有针对性的改善措施，提高综合交通运输体系的运营安全。通过对交通基础设施健康监测数据的分析，有利于管理者及时制定养护方案，减少养护费用。以南京市为例，行业管理部门可根据高德地图发布的南京市拥堵延时指数，制定交通拥堵缓解措施，提升城市交通运行效率。

2）为出行者确定出行路线、选择出行方式提供支持

交通大数据的开发与利用，使各种运输方式之间实现了互联互通，而且实现了数据实时更新，出行者在出行前即可在客户端完成出行时间、出行线路、出行方式的规划，减少出行延误。以北京为例，高德地图以交通大数据为基础，发布20分钟、45分钟、60分钟、90分钟出行等时线与出行热力图，出行者可根据出行等时线和出行热力图，提前规划出行时间、出行目的、出行方式。

3）为环境保护规划及政策的制定提供支撑

在"互联网＋交通"背景下，交通大数据的开发利用有利于行业主管部门及时掌握各种交通方式在

运行过程中对环境的影响，结合历史数据，明确各种交通方式对环境的“贡献率”，为环境主管部门制定科学合理的环境保护规划及政策，减少环境污染与环境破坏提供支撑。

4.2.5 电信领域的应用

电信运营商拥有多年的数据积累，拥有诸如财务收入、业务发展量等结构化数据，也有图片、文本、音频、视频等非结构化数据。从数据来源看，电信运营商的数据来自移动语音、固定电话、固网接入和无线上网等所有业务，也会涉及公众客户、政企客户和家庭客户。同时，电信运营商也会收集到实体渠道、电子渠道、直销渠道等所有类型渠道的接触信息。整体来看，电信运营商大数据技术的发展仍处在探索阶段，在多个领域具有广阔应用前景。

1）网络管理和优化

(1) 基础设施建设的优化。例如，利用大数据实现基站和热点的选址以及资源的分配，运营商还可以建立评估模型对已有基站的效率和成本进行评估，发现基站建设的资源浪费问题。

(2) 网络运营管理及优化。运营商可以通过大数据分析网络的流量、流向变化趋势，及时调整资源配置，同时还可以分析网络日志，进行全网络优化，不断提升网络质量和网络利用率。例如，德国电信建立预测城市里面的各区域无线资源占用的模型，并根据预测结果灵活地提前配置无线资源。

2）市场与精准营销

(1) 客户画像。运营商可以基于客户数据，借助数据挖掘技术（如分类、聚类、RFM 等）进行客户分群，完善客户的 360 度画像，帮助运营商深入了解客户行为偏好和需求特征。

(2) 关系链研究。运营商可以通过分析客户通讯录、通话行为、网络社交行为以及客户资料等数据，开展客户交往圈分析。或者分析客户社交圈子以寻找营销机会，提高营销效率，改进服务，以低成本扩大产品的影响力。

(3) 精准营销和实时营销。运营商在客户画像的基础上对客户特征深入分析，实现客户与业务、资费套餐、终端类型、在用网络的精准匹配，并在推送渠道、推送时机、推送方式上满足客户的需求，实现精准营销。

3）客户关系管理

(1) 客服中心优化。客服中心拥有大量的客户呼叫行为数据和需求数据，可以利用大数据技术深入分析数据并建立客服热线智能路径模型，预测客户下次呼入时的需求、投诉风险以及相应的路径和节点。另外，也可以通过语义分析，对客服热线的问题进行分类，识别热点问题和客户情绪，对于发生次数较多且严重的问题，要及时提醒相关部门进行优化。

(2) 客户关怀与客户生命周期管理。客户生命周期管理包括新客户获取、客户成长、客户成熟、客户衰退和客户离开等五个阶段的管理。在新客户获取阶段，可以通过算法挖掘和发现高潜客户；在客户成长阶段，通过关联规则等算法进行交叉销售，提升客户人均消费额；在客户成熟阶段，可以通过大数据方法进行客户分群（RFM、聚类等）并进行精准推荐；在客户衰退阶段，需要进行流失预警，提前发现高流失风险客户，并作相应的客户关怀；在客户离开阶段，可以通过大数据挖掘高潜回流客户。例如，SK 电讯新成立了一家公司 SK Planet，专门处理与大数据相关的业务，通过分析用户的使用行为，在用户作出离开决定之前，推出符合用户兴趣的业务，防止用户流失。

4.3 大数据时代的新理念

大数据时代的到来极大地改变了人们的生活方式、思维模式和研究领域，本书总结出八个重大变化。

4.3.1 对研究范式的新理念：从第三范式到第四范式

2007 年 1 月，图灵奖得主、关系型数据库的鼻祖 Jim Gray 在 NRC-CSTB 大会上发表了“科学方法的革命”演讲，提出将科学研究分为四类范式，依次为实验归纳、模型推演、仿真模拟和数据密集型科学发现，他敏锐地指出，科学研究正在进行“数据密集型科学发现范式”——第四范式的研究。

人类最早的科学研究，主要以记录和描述自然现象为特征，称为“实验科学”（第一范式），从原始的钻木取火，发展到文艺复兴时期的科学发展初级阶段，开启了现代科学之门。“第二范式”是指19世纪以来的理论科学研究阶段，以模型和归纳为特征的“理论科学范式”，以演绎法为主，凭借科学家的智慧构建理论大厦。20世纪中叶，冯·诺依曼提出了现代电子计算机架构，利用电子计算机对科学实验进行模拟仿真，通过对复杂现象进行模拟仿真，推演出更多的复杂现象，计算机仿真越来越多地取代实验，并逐渐成为科研常规方法，即第三范式。

随着科学技术的发展，数据呈现出爆炸性增长，要求计算机不仅能模拟仿真，还能进行分析总结，得到理论。数据密集型科学发现范式理应从第三范式中分离出来，成为一个独特的科学研究范式，将过去由科学家从事的工作，完全交给计算机来做，这种科学研究方式被称为第四范式。大数据时代最大的转变就是放弃对因果关系的追求，更加关注相关关系。第三范式下研究主体是“人脑＋电脑”，人脑是主角，而第四范式下研究主体是“电脑＋人脑”，电脑是主角。第四范式的主要特点是科学研究人员只需要从大数据中查找和挖掘所需要的信息和知识，无须直接面对所研究的物理对象。

4.3.2 对数据重要性的新理念：从数据资源到数据资产

在大数据时代，数据不仅是一种“资源”，更是一种重要的“资产”。也就是说，数据也拥有财务价值，且需要将其作为独立实体进行组织与管理。

大数据时代的到来，让“数据即资产”成为最核心的产业趋势。在这个大数据时代，企业兴衰成败的关键已不是土地、人力、技术、资本这些传统意义上的生产要素，而是曾经被一度忽视的“数据资产”。世界经济论坛报告曾预测，“未来的大数据将成为新的财富高地，其价值可能会堪比石油”。“数据成为资产”是互联网泛在化的一种资本体现，它让互联网不仅具有应用和服务本身的价值，而且具有了内在的“金融”价值。中国通信院在2017年发布了《数据资产管理实践白皮书》，其中将“数据资产”定义为“由企业拥有或者控制的，能够为企业带来未来经济利益的，以一定方式记录的数据资源”。这一概念强调了数据具备的“预期给会计主体带来经济利益”的资产特征。数据不再是只体现“使用价值”的产品，而是具有实实在在的“价值”。目前，作为数据资产概念背景下先行者的IT企业，如Google、IBM、阿里巴巴、腾讯、百度等，都在想各种方法，从各种渠道收集多种类型的数据，充分发挥大数据的商业价值，将传统意义上的IT企业，打造成为“终端＋应用＋平台＋数据”四位一体的泛互联网化企业，以期在大数据时代获取更大的收益。

4.3.3 对方法论的新理念：从基于知识到基于数据

传统的方法论往往是“基于知识”的，即从大量实践数据中总结和提炼出一般性知识（定理、模型、函数等）之后，用知识去解决或解释问题。因此，传统的问题解决思路是“问题→知识→问题”，即根据“问题”寻找“知识”，并用“知识”解决“问题”。然而，在现在的数据科学中兴起了另一种方法论——“问题→数据→问题”，即根据“问题”找“数据”，并直接用“数据”解决“问题”，在这种情况下，不需要将“数据”转换成“知识”就可以解决“问题”。

4.3.4 对计算智能的新理念：从复杂算法到简单算法

在大数据时代，人们认为“只要拥有足够多的数据，我们可以变得更聪明”。因此，在大数据时代，原本复杂的“智能问题”成为简单的“数据问题”，只要对大数据进行简单的查询就可以达到“基于复杂算法的智能计算的效果”。

在传统自然语言技术领域，机器翻译是难点，业界人士虽曾提出过很多种算法，但是应用效果并不理想。IBM将《人民日报》历年的文本输入电脑，试图破译中文的语言结构，以实现中文的语音输入或中英互译，这项技术在20世纪90年代就取得突破，但进展缓慢，在实际应用中也存在诸多问题。近年来，Google翻译等工具改变了其翻译实现路径，不再依靠传统的复杂算法进行翻译，而是通过对收集的跨语言语料库进行简单地查询，这提升了机器翻译的效果和效率。电脑通过分析人工翻译的数以千万计的文件来发现其中的规则，利用扫描的来自图书、各种机构及世界各地网站中的语篇，从中寻找翻译结果与原文之间并非偶然产生的模式。当电脑寻找到这些模式后，今后它就能使用这些模式翻译其他类似的语篇。通过数十亿次重复使用，就会得到数十亿种模式和一个异常聪明的电脑程序。通过不断向电脑提供新的翻译语篇，就可以使电脑更加聪明，翻译结果也就更加准确。

4.3.5 对管理模式的新理念：从业务数据化到数据业务化

在传统数据管理中，企业更加关注的是业务的数据化问题，即如何将业务活动以数据方式记录下来，以便后期进行业务审计、分析和挖掘。在大数据时代，企业需要树立一个新理念——数据业务化，即如何基于数据动态地定义、优化和重组业务及其流程，进而提升业务的敏捷性，降低风险和成本。业务数据化是前提，而数据业务化是目标。

电商的经营模式与实体店最本质的区别是：电商每卖出一件商品，都会留存一条详尽的交易记录，即以数字化的形式保留每一笔销售明细，使电商可以清楚地掌握每一件商品的最终去向。同时，依托于互联网平台，电商还可以记录每一个消费者的鼠标单点记录、网上搜索浏览记录，这些所有的记录形成了一个关于消费者行为的实时数据闭环。电商通过这个可以源源不断地产生新数据的闭环，更好地洞察消费者的行为变化，更及时预测其需求变化，使经营者和消费者之间产生很强的黏性。

线下实体店很难做到这一点，它们只能够了解每个地区、每个店铺卖了多少商品，但是很难了解到所销售的产品究竟卖给了哪一个具体的地方、哪一个具体的人，购买商品的消费者还购买过什么其他商品、可能会喜欢哪种类型的产品等方面的问题。也就是说，线下实体店所收集的数据非常有限，实体店对自己的经营行为，对消费者的洞察力，以及和消费者之间的黏性也十分有限。

在大数据时代，企业不仅仅要把业务数据化，更重要的是把数据业务化，把数据作为直接生产力，将数据价值直接通过前台产品作用于消费者。数据可以反映用户过去的行为轨迹，也可以预测用户将来的行为倾向。个性化推荐是数据作为直接生产力的一个具体体现。数据业务化能够给企业带来的业务价值主要包括以下几点：提高生产过程中的资源利用率，降低生产成本；根据商业智能分析提高企业决策的准确性，降低业务风险；通过动态价格优化利润和增长点，给企业创造额外收益和价值；获取优质客户；等等。

4.3.6 对产业关系的新理念：从以战略为中心到以数据为中心

在大数据时代，企业之间的竞争与合作关系发生了变化，从原本的相互竞争，逐渐走向合作，形成了新的业态和产业链。传统的竞争与合作关系以战略为中心，如宝马汽车与奔驰汽车在整车制造领域存在着品牌竞争，但双方不仅共同开发、生产及采购汽车零部件，而且在混合动力技术领域进行研究合作。为了能在激烈的市场竞争中获取优势，两家公司通过竞争与合作战略，互通有无、共享资源，从而在汽车行业整体利润下滑的形势下获得相对较好的收益，最终取得双赢。

在大数据时代，竞争与合作关系以数据为中心。数据产业就是从信息化过程累积的数据资源中提取有用信息进行创新，并将这些数据创新赋予商业模式。这种由大数据创新所驱动的产业化过程除了能探索新的价值、创造与获取方式以谋求本身发展外，还能帮助传统产业突破瓶颈、升级转型。所以，数据产业培育围绕传统经济升级转型，与传统行业企业共生发展，是最好的发展策略。

4.3.7 对数据复杂性的新理念：从不接受到接受复杂数据

在传统科学看来，对数据需要彻底"净化"和"集成"，目的是需要找出"精确答案"，而其背后的哲学是"不接受数据的复杂性"。然而，大数据技术更加强调的是数据的动态性、异构性和跨领域等复杂性，开始把"复杂性"当作数据的一个固有特征来对待，数据生态系统的管理目标开始转向使组织处于混沌边缘状态。

在小数据时代，对于数据的存储与检索一直依赖于分类法和索引法的机制，这种机制是以预设场域为前提的。结构化数据库的预设场域能够充分地展示数据的整齐排列与准确存储，与追求数据的精确性这一目标是完全一致的。在过去数据量较少的年代，这种基于预设的结构化数据库能够有效地回答人们的问题,并且这种数据库在不同的时间能够提供一致的结果。而现在,数据的海量、混杂等特征会使预设的数据库系统崩溃。实际上,纷繁杂乱的数据才能真正呈现出世界的复杂性和不确定性,想要获得大数据的价值,承认混乱而不是避免混乱才是一种可行的路径。

伴随着大数据的涌现,出现了非关系型数据库,它不需要预先设定记录结构,而且允许处理各种各样形形色色参差不齐的数据。因为包容了结构的多样性,这些无须预设的非关系型数据库能够处理和存储更多的数据,成为大数据时代的重要应对手段。在大数据时代,海量数据的涌现一定会增加数据的混乱性且会造成数据分析结果的不准确性,如果仍然依循准确性原则,那么将无法应对这个新的时代要求。大数据通常都用概率说话,与数据的混杂性可能带来的结果错误相比,数据量的扩张带给我们的新洞察、新趋势和新价值更有意义。其实,允许数据的混杂性和结果的不精确性才是拥抱大数据的正确态度。

4.3.8 对数据处理模式的新理念:从小众参与到万众协同

在传统科学中,数据的分析和挖掘都是由具有专业素养的"企业核心员工"来负责的,企业管理的重要目的是激励和考核这些"核心员工"。但是,在大数据时代,基于"企业核心员工"的创新工作成本和风险越来越大,而基于"专家余(Pro-Am)"的大规模协作日益受到重视,正成为解决数据规模与形式化之间矛盾的重要手段。

一方面,大数据技术可以让用户参与产品的创造过程,让用户直接参与新产品的设计过程,充分发挥用户丰富的想象力。企业也能直接了解他们的需求;另一方面,企业可以利用用户完成数据的采集。

4.4 大数据应用发展还处于初级阶段

大数据是信息化发展到一定阶段之后的必然产物。大数据源于信息技术的廉价化与互联网及其延伸所带来的无处不在的信息技术应用。大数据固然重要,但目前大数据的实际应用,还不尽如人意。对于大部分企业而言,还没有找到行之有效的大数据应用模式,目前大数据应用在总体上有以下几个特征。

4.4.1 大数据理论发展水平超越实践应用水平

这一轮大数据的浪潮,使人们清晰地认识到数据就是资产。尽管许多公司还没有找到合适的方法来利用数据,但大数据理念的普及使大部分公司都开始对其数据进行存储、规划,以便今后对数据进行分析利用。任何数据都是有价值的,关键是如何找到适当的方法去挖掘并分析,从中获得对生产经营有利的信息或知识。典型的案例就是电信运营商,电信运营商是最有可能成为数据资产运营者的。电信运营商掌握丰富的用户身份数据、语音数据、视频数据、流量数据和位置数据,数据的海量性、多元性和实时性使其具有经营大数据的先天优势,目前主要的电信运营商都已积极探索开发其内部的大数据资源。但从目前的应用发展看,电信运营商的大数据仍主要用于支持内部的客户流失分析、营销分析和网络优化分析等,对外的应用模式尚未成型。

4.4.2 大数据应用模式创新不足

虽然大数据应用已经开始在各个领域崭露头角,但应用模式大都千篇一律,主要集中在互联网的市场营销、个性化推荐上面。目前,不仅仅是大型的互联网公司,众多专业性较强的中小型公司也在积极地与互联网公司加强合作,应用大数据改善现有业务、推销已有产品或控制成本等。在大数据兴起之前,精准营销和个性化推荐一直是企业营销活动的追求方向,新兴数据源和大数据技术的兴起使企业进一步改善其营销技能,使其精准营销能力进一步增强,这是对企业旧有营销能力的改善。虽然各行各业都对大数据应用表现出了极大的热情,但目前仍然鲜有新业务、新产品和创新的增值业务,实际的大数据应用推进工作仍然存在着一定的困难。

4.4.3 大数据的应用仍以初级应用为主

从数据源来看,大数据应用的数据源仍以企业内部数据为主,数据的开放和交易尚未形成市场的主流形态。比如,国内的主要电子商务平台目前推出了很多大数据应用,但大多也是服务于其自身的,对于数据的交易和对外开放仍然保持着谨慎的态度。Gartner 的一项调查显示,即使在全球,以应用内部数据为主仍然是大数据应用的主要特征,各行业应用最多的仍然是企业内部的交易数据和日志数据。而令人期待的跨界合作、数据社交、关系挖掘等模式还未成型,从而导致大数据的应用范围过于局限。从技术角度来看,尽管大数据技术的创新层出不穷,但很多时候业界开发出来的大数据工具并不完全符合企业的应用需求。另外,与传统数据分析相比,新的大数据应用虽然开始使用非结构化数据,但在实际应用过程中,非结构化数据还是需要被转化为结构化数据后,企业才能按照常规方法使用,这些局限性都导致了大数据应用仍停留在初级应用阶段。

4.4.4 大数据面临着信息孤岛、数据壁垒问题

随着全球化、数字化、智能化进程加快,数字价值不断释放,大数据为社会进步、民生改善和国家治理带来了深刻的影响,成为驱动数字经济发展、经济社会转型发展的重要的生产要素。同时,在我国经济转向高质量发展的关键时刻,推动大数据和实体经济深度融合,推动新兴产业改造传统产业对我国经济持续高质量发展具有重要意义。数字经济已经成为发展快、创新活跃、辐射广泛的经济。但是我国的大数据发展仍然处于初级阶段,仍然面临着信息孤岛、数据壁垒的问题和挑战,尤其是政府的数据在互联互通、共享方面还差强人意。傅永宝指出,数据缺少规范和标准,给数据的采集、对接、共享和开发利用带来困难。伴随着 5G 商用步伐的临近,海量的大数据为信息通信网络能力和数字经济带来了巨大的机遇和挑战。政府要加强数据治理,加快信息基础设施建设,以及推动出台电信和互联网网络数据管理政策和安全标准,持续优化大数据发展环境,促进数据的共享开放,规范市场主体间的数据流通和交流;持续深化大数据行业应用,支撑大数据技术与产品的良性落地,引导传统产业数字化转型;鼓励企业创新,支持关键技术的突破发展,推动大数据的价值提升;持续完善产业生态,促进跨行业的发展。

5 大数据时代面临的新挑战

大数据时代的到来给企业带来了绝佳的商业机遇,大数据给所有行业、领域带来了革命性的力量,使企业能够从数据背后寻找答案、发掘价值。飞速发展的计算机技术高效地利用大数据给企业带来洞察力,改变了企业的战略和执行能力,应用数据分析改善业务计划、简化供应链、发掘客户需求并开发新产品,从而拉开了与竞争者的优势距离。然而,大数据时代数据分布的广泛性、动态性等特征给企业数据管理与分析的工作带来了新的挑战。下面简要分析大数据时代的数据分析面临的主要挑战。

5.1 数据的异构性和低价值性

在大数据时代,企业数据广泛地分布在不同的数据管理系统中,为了便于数据分析就需要对数据进行集成,相对于传统的数据集成中遇到的异构性问题,大数据时代数据的异构性问题更加的严峻。首先,数据类型从结构化变成了结构化、半结构化和非结构化相结合;其次,数据的产生方式上,传统的固定数据源变成了移动数据源;最后,数据存储方式从依赖原先的关系数据库变成了依靠新型的数据存储方式。这些变化都给数据的集成带来了巨大的挑战。另外,大数据低价值性的特征也给数据集成带来了新的挑战。大数据的规模性并不一定意味着数据的高价值,有用与无用的数据混杂在一起共同造就了数据的爆炸式增长。在数据分析之前必须对数据进行有效地清洗,避免无用数据对数据分析的干扰。对于数据清洗质与量的把握必须谨慎,太细或太粗都会对清洗效果产生影响。

5.2 数据分析的实时性与动态性

不同于传统的数据分析形成的一套行之有效的分析体系,大数据时代半结构化、非结构化数据的激

增给数据分析带来了挑战，数据处理的实时性和动态性要求也给大数据的分析带来了一定的难度。在许多领域中，大数据中的知识价值会随着时间的流逝而减少，因此出现了实时处理数据的要求，很多应用场景中的数据分析也从离线形式转向了在线形式。虽然针对数据实时处理的研究与工具在不断地优化，但目前仍没有一个通用的处理框架，各种工具支持的应用类型也相对有限，以至于在实际的应用场景中必须要根据具体的业务要求对现有的工具进行优化才能满足要求。同时，大数据时代的数据模式会随着数据量的不断变化而变化，因此为了能够适应快速变化的数据模式，就必须设计出简单且高效的索引结构，对于不同应用场景下的索引方案的设计也是大数据时代数据分析的主要挑战之一。另外，在实时、动态地进行数据分析时，很难有足够的时间与经验去建立知识体系，先验知识的不足也给大数据分析造成了巨大的挑战。

5.3 大数据时代的隐私泄露问题

生活中，网络和传感器是大数据的主要来源，包括浏览器 cookies 记录的用户上网浏览的足迹、社交平台上用户的通信方式、交流记录和传感器数据等。这些数据足迹具有累积性和关联性，将聚集的多重数据进行分析，就足以挖掘出个人的隐私信息。如果有人有意窃取、利用这些信息进行欺诈等数据犯罪行为，将会给个人的生活带来损失。在大数据时代，人们对便利性的需求越来越高，各类通信、导航和传感设备的位置感知技术更加深入。这些设备中的传感芯片通过不同的方式获取使用者的位置信息。比如，移动通信设备、导航等设备中内置的 GPS 定位系统可以直接抓取移动对象的活动数据，甚至通过各种途径发布这些轨迹；另外，传感设备如手环、iWatch 这类可穿戴设备，通过物联网记录的数据也隐含了使用者精确的地理位置信息。

近七成的应用软件都会抓取用户的位置信息，在用户首次打开软件时应用软件会要求用户授权允许应用软件从后台提取当前的地理位置。为了保护自己的位置隐私，可以将权限改为永不提取或仅在使用期间可提取，避免发送含位置信息的图片到社交网络。2016 年 4 月，土耳其爆发重大数据泄露事件，近 5 000 万土耳其公民的个人信息遭到窃取，包括姓名、身份证号、家庭住址等敏感信息。还有轰动一时的美国“棱镜”计划。信息隐私的频频泄露，引起人们的信息安全恐慌，暴露了目前数据信息的监管力度不强，隐私保护缺乏技术支持，监管体系不健全，监管制度极不完善甚至缺失等各方面的问题。

5.4 数据管理的易用性

从数据集成到数据分析，再到最后的数据解释，易用性问题贯穿于整个流程。大数据时代的数据更加复杂多样化，分析工具得到的结果形式也多种多样，许多行业的初级使用者在复杂的分析工具面前难以获得有用的信息，这对大数据时代软件工具的设计带来了很大的挑战。对于数据管理的易用性问题，大数据时代需要关注三大原则：第一是可视化原则，要求产品不仅仅能将最终结果通过清晰的图形图像直观地展示出来，而且要使用户见到产品时就能够大致了解产品的初步使用方法；第二是匹配原则，要求新的大数据处理技术和方法将人们已有的经验知识考虑进去，以便人们快速掌握新技术与方法；第三是反馈原则，要求产品带有反馈设计，使人们能够随时掌握自己的操作进程。大数据处理技术需要大范围地引入人机交互技术以便人们较完整地参与整个分析过程，有效提高用户的反馈感，从而在很大程度上提高易用性。满足以上三个基本原则的设计就能够达到良好的易用性。

5.5 硬件的协同性

硬件设备的更新换代有效地促进了大数据的发展，但同时也造成了大量不同架构硬件共存的现象。日益复杂的硬件环境给大数据处理带来了挑战。首先是硬件的异构性造成了大数据处理较难，其次是新硬件使大数据的处理需要变革。由于数据中心内的机器是不同时期不同厂商购置的，其性能和处理速度相差很大，这就导致了硬件环境的异构性。硬件的异构性给大数据处理带来了诸多问题，如分布式并行计算中各个服务器性能相差较大，导致了大量的计算时间浪费在性能较好的服务器等待性能较差的服务器上，这种情况下性能较差的服务器就制约了整个集群的性能。另外，新硬件的产生改变了原有的大数据处理模式，从而改变了原有算法设计的考量因素。比如，基于闪存的固态硬盘(SSD)的出现为计算机存储技术的发展带来了新的契机，未来很有可能兼具内存和硬盘的双重特性，处理速度极快且不易丢失，这会给大数据处理带来一场根本性的变革。

5.6 大数据的测试基准

关系型数据库产品的成功离不开以 TPC 为代表的测试基准，这些测试基准能够准确地衡量不同数据库产品的性能，并对其进行修改。目前虽然已经开展有关大数据测试基准的工作，但尚未建立起大数据的测试基准，主要是由于：①大数据管理系统类型较多，复杂度高；②大数据应用场景多种多样，很难提取出具有代表性的用户行为；③大数据规模庞大，小规模数据测试未必能够代表原始数据集问题；④大数据系统的快速演变。除了以上四个主要原因之外，对于测试基准是重新构建还是使用现有的测试基准也是当前面临的问题之一。

总的来说，大数据时代面临的挑战非常多，除了以上提到的六点，大数据时代面临的隐私暴露问题、能耗问题也给大数据处理带来了一定的难度。

6 小 结

首先，本章对大数据产生的原因进行了介绍，从计算机硬件、企业、个人以及互联网多角度阐述了大数据产生的原因，并介绍了大数据技术到目前的发展历程，帮助读者深刻理解大数据的来源。其次，本章第二部分对大数据的 5 个代表性定义进行了解读，并介绍了大数据的 4V 特征和大数据的数据类型，以帮助读者深入理解大数据的概念。再次，第三部分详细总结了大数据在国内外学术界、产业界和政府的研究发展现状。最后，简要阐述了大数据目前在各行业应用状况，指出大数据的应用还处在初级阶段，并简单展望了大数据今后发展的机遇与挑战。希望读者通过本章的学习，能够深入了解大数据的概念、特征，并掌握大数据的发展历程、发展现状和应用现状。

思 考 题

1. 大数据产生的原因有哪些？说出大数据发展历程中的三件标志性事件。
2. 大数据的定义有哪些？大数据的特征是什么？
3. 如何区分非结构化数据、结构化数据和半结构化数据？
4. 国内大数据发展现状是怎样的？目前国内的大数据产品有哪些？简单举两个例子。

参 考 文 献

[1] 涂子沛.数据之巅[M].北京：中信出版社，2014.
[2] 樊重俊，刘臣，杨坚争.数据库基础及应用[M].上海：立信会计出版社，2015.
[3] 鲍亮，李倩.实战大数据[M].北京：清华大学出版社，2014.
[4] 大数据白皮书[R]. 北京拓尔思信息技术股份有限公司，2013.
[5] 孟小峰，慈祥. 大数据管理：概念、技术与挑战[J]. 计算机研究与发展，2013(1)：146-169.
[6] 中国大数据技术与产业发展白皮书[M].中国计算机协会，2013.

[7] 大数据标准化白皮书[R]. 中国电子技术标准化研究院，2014.
[8] 大数据白皮书[R]. 工业和信息化部电信研究院，2014.
[9] 大数据发展白皮书[R]. 中国电子信息产业发展研究院工业和信息化部赛迪智库，2015.
[10] 刘臣，周立欣，霍良安，等. 非热门微博信息的传播特征分析[J]. 情报杂志，2014，33(11)：29-33.
[11] 田占伟，刘臣，王磊，等. 基于模糊 PA 算法的微博信息传播分享预测研究[J]. 计算机应用研究，2014，31(1)：51-54.
[12] 张卓剑，樊重俊，褚衍昌，等. 机场综合信息集散平台建设问题研究——以上海机场为例[J]. 电子商务，2015(11)：54-55.
[13] 王雅琼，杨云鹏，樊重俊. 智慧交通中的大数据应用研究[J]. 物流工程与管理，2015，37(5)：107-108.
[14] 杨飞，徐平，张卓剑，樊重俊，等. 大数据时代下机场客户关系分析与实施模式研究[J]. 电子商务，2014(9)：16-17.
[15] 苏颖，樊重俊. 智慧交通中大数据应用面临的挑战与对策研究[J].物流科技，2016，39(6)：89-91.
[16] 刘臣，安咏雪，韩林. 在线数字内容传播过程中社会影响作用的度量研究[J]. 软件，2017，38(9)：12-17.
[17] 推动企业上云实施指南(2018—2020 年)[R]. 工业和信息化部，2018.
[18] 王璐，孟小峰. 位置大数据隐私保护研究综述[J]. 软件学报，2014，25(4)：693-712.
[19] 张华. 数字经济下企业发展的机遇与挑战[J]. 商业经济研究，2018，763(24)：103-106.
[20] 刘臣，吉莉，唐莉. 基于二分网中心节点识别的产品评论特征——观点词对提取研究[J]. 计算机系统应用，2018，27(11)：9-16.
[21] 郭皓月，樊重俊，李君昌，等. 考虑内外因素的电子商务产业与大数据产业协同演化研究[J]. 运筹与管理，2019，28(03)：191-199.
[22] 刘臣，段俊. 基于改进 SimRank 的产品特征聚类研究[J]. 计算机应用研究，2019，36(7)：1951-1954.
[23] 大数据白皮书[R]. 中国信息通信研究院，2019.
[24] 李永欣，樊重俊. 共享经济背景下共享医疗发展分析[J].现代营销(下旬刊)，2020(5)：150-151.
[25] 李璟暄，朱人杰，樊重俊，叶春明. 大数据在医疗运作管理中的应用研究[J].电子商务，2020(4)：48-49.
[26] 徐佩，黄爱国，陈震，等.基于大数据的民政业务数据海平台规划与设计[J].电子商务，2020(2)：68-69+90.
[27] 刘薇，樊重俊，臧悦悦. 我国各地数字经济发展情况分析[J].改革与开放，2019(23)：12-15.
[28] 刘臣，方结，郝宇辰. 融合情感符号的自注意力 BLSTM 情感分析[J].软件导刊，2020，19(3)：39-43.
[29] 熊红林，朱人杰，冀和，樊重俊，等. 基于 MI-SVR 模型的航空旅客出行指数预测方法研究[J/OL]. 控制与决策：1-9[2020-08-06].

第 2 章

数据抽取和清洗

随着计算机与网络技术的快速发展，数据量呈爆炸式增长。一方面，这一现象丰富了数据内容（类型与数量）；另一方面，伴随着海量数据出现的还有脏数据，即那些滥用缩写词、存在输入错误、重复记录、存在丢失值、单位不统一的数据。这些脏数据不仅占据了网页上大部分资源，而且也给用户搜索所需的信息造成了极大困难。因此，快速地从海量的数据中筛选出真实、有用的信息，克服“数据丰富，信息匮乏”的矛盾，减少脏数据的影响，是进行数据抽取和清洗的必要选择，对于大数据来说尤为重要。

本章基于上述状况，对数据抽取和清洗进行了详细的介绍，其中数据的抽取部分介绍了数据抽取的原理、数据抽取的方式和数据抽取技术的实现；数据的清洗部分介绍了数据质量的分类、数据清洗原理、数据清洗内容和数据清洗方法；最后介绍了针对数据抽取和清洗的工具 ETL。通过本章的学习，读者应对数据抽取和清洗有初步的认识，并通过实践，掌握数据抽取和清洗的理论知识和技能。

1　数据的抽取

互联网的普及与发展，特别是移动互联网的发展，使数据的来源更加广泛。人们在任何时刻都能够在互联网上发布或传播信息，这就造成互联网上存在海量数据，并且数据增长速度越来越快。然而，互联网上的海量数据往往处于混乱状态：不同类型的数据共存于互联网上，并且相同类型的数据来源并不相同。另外，用户在互联网上查询数据具有随机性，这就要求不能用同样的数据形式应对不同的用户。因此，对存储的数据进行抽取是十分重要和关键的，不仅能够减轻用户开销和花费，而且能够满足用户需求。

1.1　数据抽取原理

数据抽取的核心思想是根据某一规则，从数据源中抽取满足用户需求数据，这也是进行数据抽取的基本原理。数据源是数据的来源，它提供用户某种所需要数据的元件或原始媒体。数据源通过数据库组成数据集，按照一定规则存储在数据库上。数据库采用关系型数据库或非关系型数据库，而其中的数据可以分为结构化数据、半结构化数据和非结构化数据。另外，数据抽取有特定的抽取方式，这样能够实现异构数据库之间数据的兼容，保证抽取出的数据能够满足用户需求。数据抽取原理：给定数据源 DS，确定一个从 DS 到数据库的映射 P，该映射从 DS 中抽取数据对象并将这些数据对象按一定的格式组装到数据集 R 中。实现这一映射的计算过程，可以看作是数据抽取操作，如图 2-1 所示。

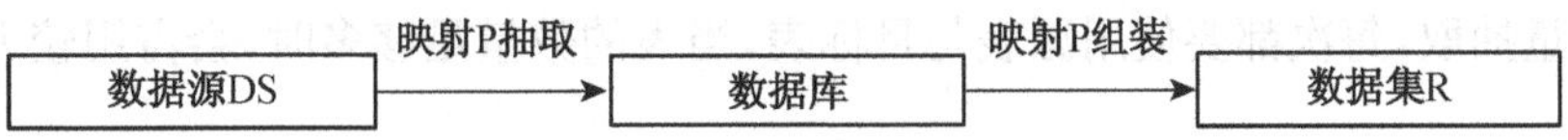

图 2-1　数据抽取原理

上述抽取过程包括两个映射阶段：第一个映射阶段是基于不同的数据（文本、图像、音频、视频等）组成的数据源，按照一定的规则或约束，形成符合规则或约束的数据集合，并将这些数据集合按照一定的编排方式存储在数据库中，即数据的收集、整理、存储过程；第二个映射阶段是用户根据自己的需要，向数据库发送数据查询请求，数据库根据用户的请求，按照一定的规则或约束，检索出符合用户要求的数据集并输出，这一映射阶段也就是数据的抽取、清洗、输出过程。这两个过程缺一不可，第一个过程是数据来源的基础，第二个过程是数据发挥使用价值的保障。

在关系型数据库 SQL 中，数据映射是通过 select、where 语句实现的。例如，在 SQL 中存在一张学生表（Student），该学生表包含学号（StudentID）、姓名（Name）、性别（Sex）和家庭住址（Address）四个字段，如表 2-1 所示。

表 2-1　Student 表格式

StudentID	Name	Sex	Address
1410001	张三	男	苏州市
1410002	李四	男	上海市
1410003	王五	男	郑州市

按照一定规则，将学号（StudentID）设为主键（primary key），保证其值的唯一性。假如用户要查询地域为上海市的学生数据，那么这个匹配抽取语句可以写成下面的代码。

```
Select StudentID, Name, Sex, Address
From Student
Where Address = "上海市"
```

这段代码中存在两个映射匹配过程。首先是根据 where 语句从 Student 表中查找到 Address 为上海市的地址；其次再把该地址所在的行，与 Select 语句所选的字段进行映射匹配并输出。

1.2　数据抽取方式

1.2.1　全量抽取

全量抽取类似于数据整体迁移或数据复制，它的思想可以表述为将数据源中的表或视图类数据，从数据库中原封不动地抽取出来，并转换成自己所用的工具可以识别的格式。例如，在购物网站上输入“服装”，网站会通过全量抽取方式，把所有符合“服装”要求的数据显示出来。这些数据可能涵盖各个类别，如男士服装、女士服装、春季装、夏季装、童装等。

全量抽取采取的是主表加载的策略。所谓主表，即在数据库中建立的存在主键约束的表格，其中主键作为主表中的唯一性标识，与其他表相关联。主表加载策略可以表述为：每次抽取加载数据时，需要根据主键将目标表中的数据与源表数据进行比对，如果目标表与源表存在相同记录，则在目标表中删除相关记录，然后将源表数据全部插入目标表。

采用全量抽取可以迅速得到需要抽取的数据，提高了数据抽取效率，大大节省了数据抽取时间，这是全量抽取所具备的优点。当然，全量抽取也有其自身的缺点，主要表现为：首先，采用全量抽取，要删除目标表中的相关记录，这一操作增大了数据丢失的风险；其次，全量抽取采用的是根据主键将目标表与源表进行对比，而不是全部字段进行对比，可能造成判断错误，使抽取的数据与用户要求的数据不一致；再次，进行全量抽取，每次都要使用源表与目标表，当表的数量足够多时，会占用较大的空间，增加空间使用成本。

1.2.2　增量抽取

增量抽取是数据抽取的另一方式，增量抽取的过程并不是独立的，每次抽取都依赖于前一次数据抽取操作。也就是说,增量抽取是在上一次数据抽取的基础上,只抽取数据库表中新增、修改、删除的数据。增量抽取相较全量抽取来说,应用范围更加广泛。例如,在 ETL(Extract-Transform-Load)工具中,数据的抽取主要采用的就是增量抽取方式。在增量抽取方式中,捕获变化的数据是增量抽取的关键。增量抽取对数据的捕获方法一般有两点要求:第一点是准确性,主要指能够将数据库表中的变化数据准确地捕获到;第二点是性能,即尽量减少对数据库系统造成太大的压力,影响数据库系统的正常运行。目前增量数据抽取中常用的捕获变化数据的方法有以下五种方式。

1) 触发器

触发器是在数据表中定义的功能元件,它包括两个功能:一是能够包含复杂的语句,并且能够查询其他表;二是可用于强制引用完整性,以便在多个表中添加、更新或删除行时,保留在这些表之间所定义的关系。在数据库表中,一般要建立插入(insert)、修改(update)、删除(delete)三个触发器。触发器的运行机制为:当源表中的数据发生变化时,触发相应的触发器将变化的数据写入一个临时表,抽取线程从临时表中抽取数据。

SQL Server 包括三种常规类型的触发器:DML(数据操纵语言)触发器、DDL(数据定义语言)触发器和登录触发器。DML 触发器主要用于强制执行业务规则及数据库表的约束、默认值的扩展。DML 的特点为自动执行数据发生变化的数据表。DDL 触发器主要用于审核与规范对数据库中表、触发器、视图等结构上的操作,并记录数据库的更改过程。DDL 的特点为在数据库结构发生变化时执行。登录触发器是在用户登录数据库时触发,主要用于权限控制。

触发器的优点主要表现在以下两个方面:一是功能强大,触发器可通过数据库中的相关表实现级联更改,并且可以强制更为复杂的约束。二是灵活性,触发器可以评估数据修改前后的表状态,并根据数据表不同的状态采取相应的对策。另外,一个表中的多个同类触发器可以采取多个不同的对策以响应同一个修改语句。尽管触发器有上述优点,但是在数据库中要慎用触发器。这是因为触发器的错误使用,会造成数据库结构的变化及应用程序维护的复杂化。

2) 时间戳

时间戳是对数据变化的时间进行记录,它是一种基于递增数据比较的增量数据捕获方式。时间戳数据变化捕获机制为:在源表上增加一个时间戳字段,系统更新修改表数据的时候,同时修改时间戳字段的值。当进行数据抽取时,通过比较系统时间与时间戳字段的值来决定抽取哪些数据。引入时间戳的作用是保证数据发生变化时,能够通过时间戳检验数据变化时间,从而保证数据的一致性。

有的数据库的时间戳支持自动更新,即表的其他字段的数据发生改变时,自动更新时间戳字段的值。有的数据库不支持时间戳的自动更新,这就要求在更新数据库系统数据时,通过手工操作方式更新时间戳字段。时间戳的优点为数据抽取相对清晰简单,能够动态记录数据的变化。缺点主要表现在三个方面:一是时间戳对数据库系统的要求比较高,要想利用时间戳技术,数据库必须要有能够支持时间戳技术的机制;二是开销大,数据表中增加了时间戳字段,增加了内存开销。另外,对不支持时间戳的自动更新的数据库,必须通过手动操作更新时间戳,手动操作往往比较缓慢,这又增加了更新时间开销;三是记录延时,时间戳无法捕获对时间戳以前数据的删除和更新操作,在数据准确性上受到了一定的限制。

3) 全表比对

全表比对是指在进行增量抽取时,ETL 进程将源表与目标表的记录进行逐行对比,从而找出源表中出现的更改、删除、新增的记录数据。全表比对采用 MD5 校验码的方法,MD5 是信息摘要算法 Message-Digest Algorithm 5 的英文缩写。在进行全表比对增量抽取时,ETL 首先为要抽取的表建立一个结构类似的 MD5 临时表,该临时表包含源表的主键值以及根据源表所有字段的数据计算出来的 MD5 校验码。每进行一次增量抽取,ETL 就对源表和 MD5 临时表进行 MD5 校验码的比对,ETL 根据比对的结果采取相应的操作。如果两个表不相同,ETL 会进行 update 操作。如果目标表没有源表主键值,则进行 insert 操作。然后,ETL 还需要对在源表中已不存在而目标表仍保留的主键值执行 delete 操作。

MD5 方式的优点是对源系统的开销较小(仅需要建立一个 MD5 临时表)。但缺点也是显而易见的,与触发器和时间戳方式中的主动通知不同,MD5 方式是被动地进行全表数据的比对,性能较差。当表中没有主键或唯一列且含有重复记录时,MD5 方式的准确性较差。

Oracle 通过下面代码表示全表对比:

```
Create table A(Id varchar(20) not null, Name varchar(10), Salary varchar(20));
Alert table A add constraint CA primary key(Id);
Create table B(Id varchar(20) not null, Name varchar(10), Salary varchar(20));
Alert table B add constraint CB primary key(Id);
Select * from A minus Select * from B
Create procedure Increase as
Begin
```

找出所有新增、修改的数据,然后根据 Id 主键删除目标表中未修改的数据,之后再插入所有新增修改的数据。

```
Delete from B where Id in (select Id from (select * from A minus select * from B)a);
Commit;
Insert into B select * from((select * from B minus select * from A)b);
Commit;
```

找出源表删除的所有数据,删除目标表中相关删除的数据。

```
Delete from B where Id in (select Id from(select * from B minus select * from A)c);
```

4) 系统日志分析

系统日志分析方式通过分析数据库自身的日志来判断变化的数据。在关系型数据库系统中,所有的 DML 操作都存储在日志文件中,这样能够实现数据库的备份和还原功能。当进行增量抽取时,ETL 增量抽取进程通过对数据库的日志进行分析,提取对相关源表在特定时间后发生的 DML 操作信息。通过日志对比,ETL 增量抽取进程就可以得知自上次抽取时刻以来该表的数据变化情况,从而指导增量抽取动作。有些数据库系统提供了访问日志的专用的程序包(例如,Oracle 的 LogMinder),使数据库日志的分析工作得到大大简化。

系统日志分析的优点为数据完备性高,数据抽取性能好,对源系统性能影响较小。但系统日志分析也有其缺点,主要表现在对系统侵入性较大,实施困难。

5) 快照方式

快照指在某一时刻把数据源照下来,并生成一个静态文件,最后再将其复制到数据库中。采用快照方式抽取前,首先对源数据做快照,并将该快照与上次抽取时建立的快照相互比较,一般需要逐表逐记录进行比较,以确定源数据的变化,并抽取相应更改内容。快照的作用主要是能够进行在线数据备份与恢复。当存储设备发生应用故障或者文件损坏时可以进行快速地数据恢复,将数据恢复至某个可用的时间点的状态。快照的另一个作用是为存储用户提供另外一个数据访问通道,对源数据进行在线应用处理时,用户可以访问快照数据,还可以利用快照进行测试等工作,快照在实际上是对源数据库进行一次表刷新,也就是把数据从源数据库传输到目标数据库。所有存储系统,不论高中低端,只要应用于在线系统,快照都是一个不可或缺的功能。

1.3　数据抽取技术实现

上面我们分析了大数据具有不同的类型(结构化数据、非结构化数据等),并且这些数据分布在不同的存储载体上，如非结构化数据库、Web上等。数据抽取技术就是针对分布在不同存储载体上、具有不同结构的数据，采取相应的抽取方法进行的操作。下面将介绍存储在Web上的数据抽取、非结构化数据的抽取和基于云计算的数据抽取。

1.3.1 Web数据抽取

Web数据抽取的目标是把原始文档里包含的信息进行结构化处理，将其变成表格一样的结构化组织形式。也就是说，把原始格式的数据作为系统的输入，变成固定格式的信息进行输出。信息从各种各样的文档中被抽取出来，然后以统一的形式集成在一起。随着互联网、通信、计算机等技术的发展，Web网页的数量呈爆炸式增加，Web成为一个巨大的、分布广泛的数据源。分布在Web上的数据具有量大、异构、动态变化、联系丰富等特点，这就导致分布在Web上的数据无法一次获得、一次理解、一次集成。因此，识别并抽取Web数据集是一个逐渐理解Web数据的过程，也就是去伪存真、去粗取精、逐步净化、不断完善数据的过程。

Web数据抽取就是从Web文档中抽取数据。其核心是将分散在Internet上的HTML页面中的隐含的信息抽取出来，并以更为结构化、语义更为清晰的形式表示，为用户在Web中查询数据、应用、查询直接利用Web中的数据提供便利。采用Web数据抽取技术，能够实现Web数据集成与理解，并为其他环节提供服务。

Web数据抽取包含基于自然语言的数据抽取、基于包装器方式的数据抽取、基于HTML文档的数据抽取、基于XML的数据抽取和基于本体的数据抽取。这些抽取方法侧重点不同，采取的策略与方式也不尽相同，各有特点。

1) 基于自然语言的数据抽取

基于自然语言的数据抽取以自然语言处理技术为基础，适用于那些含有大量文本且句子完整、适合语法分析的Web页面。基于自然语言的数据抽取将网页视为自由文本，包括句法分析、语义标注、专有对象的识别和抽取规则生成等阶段。具体来说，它首先将网页文本分割成多个子句的集合，对每个句子的句子成分进行语义标注，然后将其与已经制定好的规则进行匹配，从而获得句子内容。

基于自然语言的数据抽取规则是建立在SRV算法基础上的，该算法的计算过程是由上而下的，并且采用分类的形式处理数据抽取。SRV算法过程可以描述为：先对输入的页面信息进行标记，形成正面实例(要抽取的信息)和负面实例(不是要抽取的信息)。然后根据SRV生成的面向标记特征的抽取规则进行数据抽取，把满足用户需要的信息以数据集的形式表示出来。基于自然语言的数据抽取过程如图2-2所示。

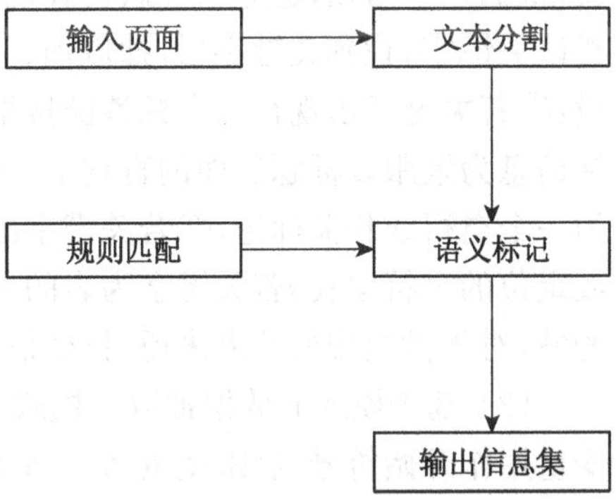

图2-2 基于自然语言的数据抽取过程

基于自然语言的数据抽取没有利用Web文档所固有的层次特性，在抽取过程中存在如下缺点：一是抽取规则表达能力有限，缺乏扩展性和健壮性，而且规则的获取是建立在对大量样本学习基础之上的，不仅难以获得较高的抽取效率，而且难以实现自动化；二是基于自然语言的数据抽取只支持记录型的语义模式结构，对于复杂的数据却不支持。

2) 基于包装器方式的数据抽取

包装器是用于数据抽取的计算机程序，它是针对特定数据源的抽取系统，由一系列抽取规则以及应用这些规则的程序代码组成。设计包装器的目的是进行数据的提取和分析，它是信息集成系统的一个重要工具和方法。包装器的任务是根据一系列规则，将用户需要的数据从Web页面中抽取出来。而包装器规则的生成依赖于原网页或其后台数据库的数据模式。基于包装器的数据抽取的组成部分通常包

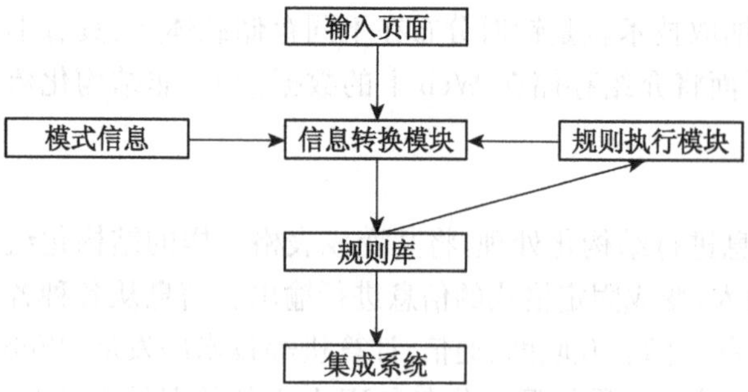

图 2-3　基于包装器的数据抽取原理

括规则库、规则执行模块和信息转换模块，图 2-3 描述了基于包装器数据抽取的原理。

包装器的优点为：针对性强，注重文本结构和表格格式的分析。缺点为：处理方式不灵活，一个包装器只能处理一种特定信息源，如果从不同信息源中抽取信息，则需要多个包装器；可扩展性差，对于非文本结构和非表格结构的数据，包装器很难对其进行分析；可重用性差，主要表现在包装器不仅对网页结构有所依赖，而且对页面内容也有所依赖。

3）基于 HTML 文档的数据抽取

HTML 是超文本标记语言，它是用来编写网页代码的一种语言形式。它采用标记符号来标记要显示的网页中的各个部分。这种标记使文本包含了超级链接点并且具有清晰的层次结构，这一特征有利于在数据抽取时进行页面定位。基于 HTML 的数据抽取过程如图 2-4 所示。

基于 HTML 的数据抽取流程可以描述为：首先，输入页面信息。其次，将 Web 页面根据页面转换器解析成能够描述 HTML 的 DOM（文档对象模型，DOM 是以层次结构组织的节点或信息片断的集合）树。再次，通过某种算法把用户所需要的信息定位到 DOM 树的层次结构位置上。最后，通过正则表达式进行匹配，得到具体位置的信息。

基于 HTML 数据抽取包含三种抽取方式，分别是基于关键字的数据抽取、基于模式的数据抽取、基于样本的数据抽取。

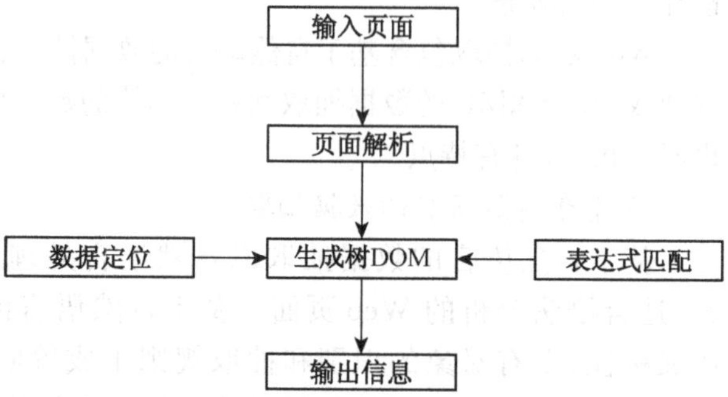

图 2-4　基于 HTML 的数据抽取过程

（1）基于关键字的数据抽取。基于关键字的数据抽取的核心思想为，首先分析人们发布信息的习惯，根据这一习惯，建立一套启发式规则。建立好启发式规则后，再根据给定的关键字，在 HTML 中查找该关键字，找到关键字后，抽取所需目标信息。基于关键字的数据抽取启发式规则主要包括几个假设：①若关键字出现在一个标签链接里，则目标信息为链接指向的内容；②若关键字出现在标题中，则目标信息为紧跟该标题后面的直到下一个标题出现前的字符串，如果该标题为最后一个标题，则结束为置为一个空行或相关标记；③若关键字出现在项目或列表中，则目标信息为紧跟它后面的直到下一个标记或定位的字符串；④若关键字为表的一个域，对于纵向排列的表来说，目标信息为关键字所在位置右边的域，对于横向排列的表来说，目标信息为关键字所在位置下面的域。

（2）基于模式的数据抽取。模式指含有常量或变量的字符串，该字符串包含在一对方括号中，其中变量用作开始符号，后跟变量名。基于模式的数据抽取，就是根据用户给定的模式串，在 WWW（万维网）页面中进行串匹配关键字，根据匹配结果，把抽取目标信息赋给变量。

（3）基于样本的数据抽取。基于样本的数据抽取假设：一个小范围的 Web 页面具有相似的结构和风格，当用户想要查询所需信息时，先从 Web 页面中定位一个样本，然后从其他页面获取相似信息，最后由系统帮助完成。

4）基于 XML 的数据抽取

XML 是可扩展标记语言，它定义了用于描述其他特定领域有关语义的、结构化的标记语言，这些标记语言将文档分成许多部件并对这些部件加以标识。这些标识可以用来标记数据、定义数据类型，也就是说，它是一种允许用户对自己的标记语言进行定义的源语言。基于 XML 的数据抽取就是运用 XML

技术以 XML 格式数据对数据源进行抽取处理。基于 XML 的数据抽取技术的出现,是由 HTML 的缺点及 XML 的优点所决定的:一方面,尽管 Web 上大部分信息是以 HTML 格式存在的,但是 HTML 结构也显示了其不足之处——难以检索或抽取隐藏在其中的数据。另一方面,XML 具有简单(XML 能创建一种任何人都能读出和写入的世界语)、开放(XML 可用许多成熟的软件进行编写、管理,并针对网络作出最佳化)、可扩充性(用户既可以创建自己的 DTD,又能向核心 XML 功能集增加样式、链接和参照能力)、互操作性(多平台使用、多工具解释)特点。正是基于上述因素,基于 XML 的数据抽取受到广泛深入的关注。

基于 XML 的数据抽取思想为:先将 Web 上以 HTML 格式出现的文档转换成以 XML 格式的文档,然后对 XML 文档进行数据抽取。其抽取流程如图 2-5 所示。

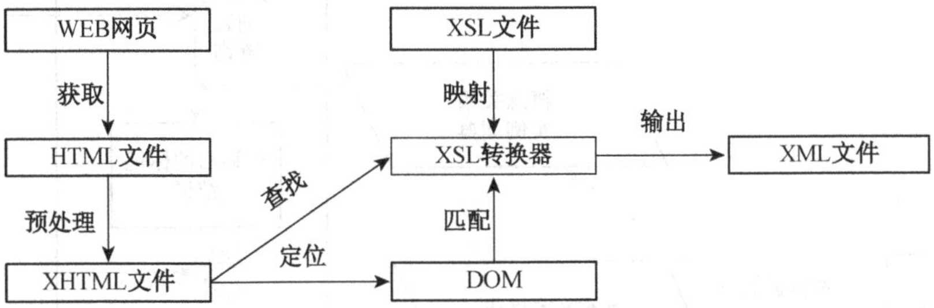

图 2-5 基于 XML 的数据抽取

首先,查找数据源,获取 HTML 网页。其次,通过数据预处理,改正 HTML 文档中的错误信息,并将 HTML 格式的文档转换成符合 XML 语法规则的 XML 子集 XHTML 文档,之后将该文档定位于在 DOM 树的层次结构上。最后,通过 XSL 转换器查找数据中的引用点,匹配 DOM,将 XSL 文档映射成 XML 文档输出。

5) 基于本体的数据抽取

基于本体的数据抽取是以人类的思维活动为依据的,这种思维活动是从无序中发现、界定并彰显事物的过程。本体是一种知识表示方式,它能够在语义和知识层次上对描述信息系统的概念模型进行建模,并用于知识表达、知识共享、知识重用。在本体中,对数据抽取的准确度有直接影响的是领域本体,即用于描述特定领域知识的专门本体,包括领域实体概念、领域属性概念、领域属性值及其相关关系等。基于本体的数据抽取核心是本体构建,即由领域知识专家通过对特定领域的调查分析定义而成。当本体构建完成后,则根据领域本体的概念关系模式、概念关系规则、概念关系实例字典进行数据抽取。基于本体的数据抽取框架如图 2-6 所示。

该模型包括文件采集及预处理、文本转换、知识抽取三个部分。首先需要领域专家采用人工方式构建出某一个应用领域的本体,建立领域本体库。其次是根据领域本体的概念、概念属性以及属性之间的关系和约束等生成抽取规则。最后是根据规则对 Web 页面的文本块进行抽取并获得语义项。

1.3.2 非结构化数据抽取

随着网络技术的飞快发展,非结构化数据的数量日趋增大。这时,主要用于管理结构化数据的关系数据库的局限越来越明显地暴露出来。正是由于非结构化数据的大量出现,数据库技术相应地进入了“后关系数据库时代”,它的特征就是以非结构化数据为对象、以非关系型数据库为存储载体。

非关系型数据库的字段长度可变,并且每个字段的记录又可以由可重复或不可重复的子字段构成。非关系型数据库不仅可以处理结构化数据(如数字、符号等信息),而且更适合处理非结构化数据(文本、图像、声音、影视、超媒体等信息)。由于非结构化数据不像结构化数据那样有明确的、有序的层次结构,并且其使用和维护需要通过数据库进行管理,有一定的操作规范,因此,抽取非结构化数据时分析困难

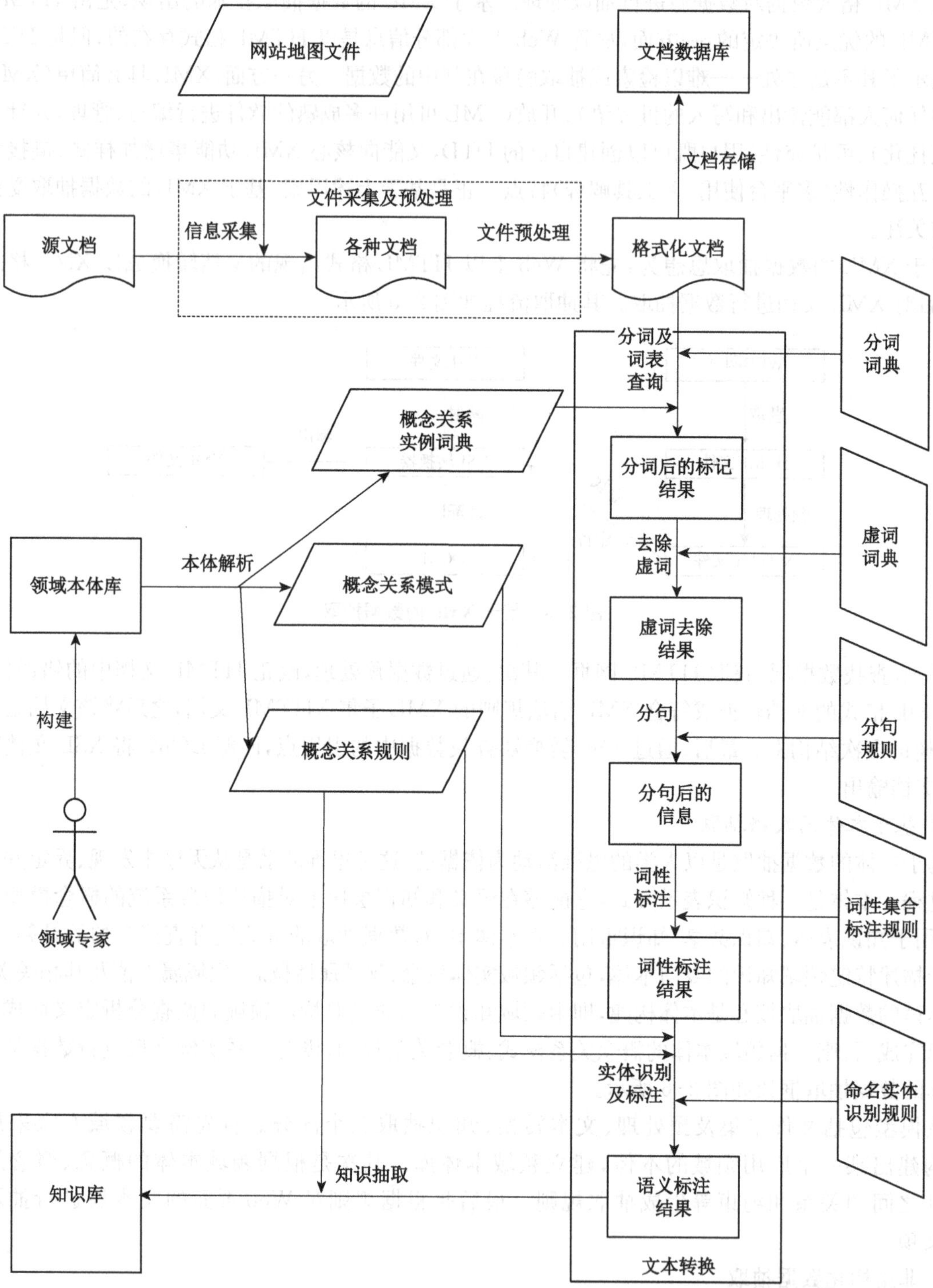

图 2-6　基于本体的数据抽取框架

很大,代价很高,而且难以完全地匹配,需要采取其他较为合理的数据抽取方式。非结构化数据抽取主要包括基于内容的数据抽取和基于语义文件系统的数据抽取。

1) 基于内容的数据抽取

基于内容的数据抽取是建立在内容存储基础上的数据抽取技术。基于内容存储系统的数据单元是对象,对象包括文件数据和定义数据的不同方面的属性,基于这些属性可以在一个文件的基础上定义元数据和服务质量。内容(对象)存储系统必须跟踪系统中每个块的所有属性,将数据的管理与数据自身一起存储。这简化了存储系统的任务,增加了存储系统的灵活性。

基于内容的数据抽取不同于基于表示形式的数据抽取。基于表示形式的数据抽取与数据类型和数据结构有关,不需对内容进行任何的分析,只需在录入非结构化数据时,通过人工或计算机自动地建立好关键字抽取表。抽取表与非结构化数据分开存储,在进行基于表示形式的抽取时,只需对关键字抽取表进行检索,然后根据关键字抽取表的指针,找到相应的数据。它的特点是抽取速度快、精确度高。而基于内容的数据抽取则根据非结构化数据语义进行数据抽取,这种方法更符合人们的思维习惯和表达方式。图 2-7 展示了基于内容的数据抽取的框架。

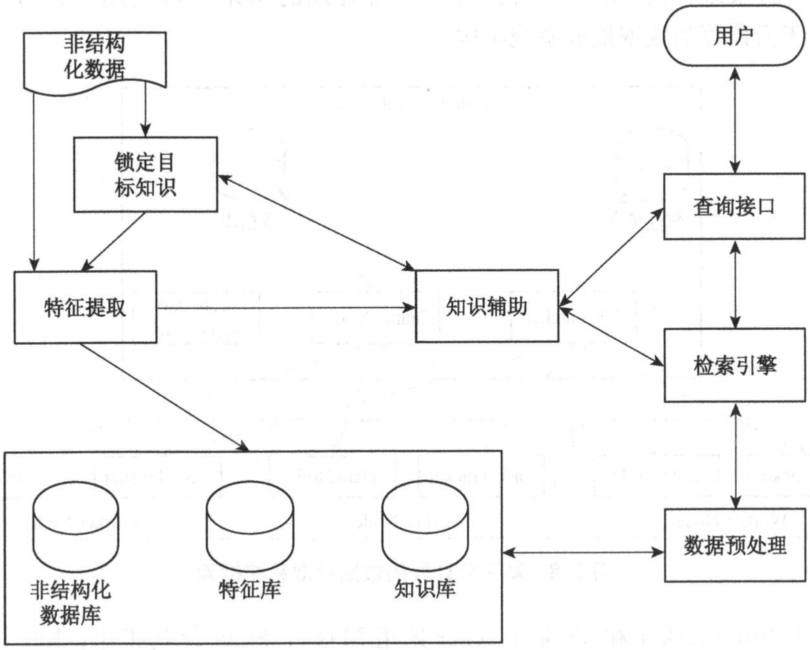

图 2-7　基于内容的数据抽取框架

基于内容的数据抽取主要从媒体内容中提取信息线索,它突破了传统的基于关键词抽取方式的局限,直接对非结构化数据进行分析并抽取其特征。在抽取特征过程中,可以采取多种方法进行。比如,提取非结构化数据形状特征、颜色特征、轮廓特征等。还可以采用人机交互的方法,这是因为人类对特征比较敏感,能迅速分辨出目标,但人工查找目标效率相当低。基于内容的抽取是一种近似匹配,在抽取过程中,往往采用逐步求精的方法,直到定位到目标。

2) 基于语义文件系统数据抽取

语义文件系统通过增加文件属性的数量,使文件系统包含更多的元数据,利用这些元数据信息,文件系统能够提供更丰富的功能。语义文件系统利用元数据抽取工具获取更多的元数据,记录用户活动,并采用手工或其他方法对文件进行标注。最后将这些信息结合起来形成统一元数据,并通过元数据信息在非结构化文件和数据库数据之间建立起链接。由于传统的基于目录的文件存储系统不能很好地表达数据之间的逻辑关系,并且记录的元数据缺少灵活性,无法充分体现用户对信息的理解,因此,采用语义文件系统存储非结构化数据能够快速寻找相关文件。

语义文件系统通常使用＜分类,值＞来给文件赋予可检索的映射。分类可以看作是文件的属性,属性可通过用户输入或其他方法获取。一旦建立属性,用户就可以建立该属性的虚拟文件,所有包含该属性的文件都可以连接到这个虚拟文件下。语义文件系统正是由于采取这一方法,才具有以下优点:语义文件系统是实现虚拟文件的有效途径,语义文件可对文件进行高效分类,语义文件系统便于用户对数据文件进行搜索。

1.3.3 基于云计算的数据抽取

云计算(Cloud Computing)是一种基于互联网的相关服务的增加、使用和交付模式的计算方式。云计算通常涉及通过互联网来提供动态易扩展且经常是虚拟化的资源,通过这种方式,共享的软硬件资源和信息可以按需提供给计算机和其他设备。云是网络、互联网的一种比喻说法。云计算有狭义和广义之分,狭义云计算指 IT 基础设施的交付和使用模式,包括通过网络以按需、易扩展的方式获得所需资源。广义云计算指服务的交付和使用模式,包括通过网络以按需、易扩展的方式获得所需服务。用户可以通过已有的网络将所需要的庞大的计算处理程序自动分拆成无数个较小的子程序,再交由多部服务器所组成的更庞大的系统,经搜寻、计算、分析之后将处理的结果回传给用户。图 2-8 显示了结合 MapReduce 的基于云计算的数据抽取系统架构。

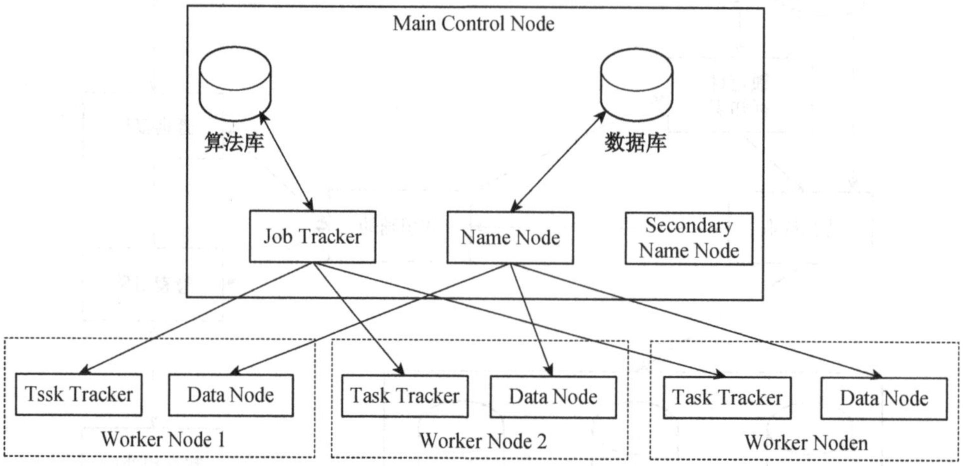

图 2-8 基于云计算的数据抽取系统框架

图 2-8 架构中 Job Tracker 和 Task Tracker 采用 Master/Slave 结构工作。Job Tracker 负责调度与协调计算节点之间的工作进程,跨 Work Node 分发任务监控任务重新执行已失败的任务。Task Tracker 根据应用要求结合本地数据来执行由 Main Control Node 分配的任务并把计算结果和状态信息返回给 Main Control Node。基于云计算的数据抽取能够进行动态资源调度和分配,具有高度虚拟化和高可用性优点,并且成本低廉,计算速度快,可扩展性好,在大数据抽取和挖掘中具有较高的应用价值。

2 数据的清洗

上节讲述了数据抽取的概念、原理及其技术实现,这是数据处理过程中的第一步,但仅仅只是抽取并不能满足用户所需要的数据。这是因为抽取的数据可能存在某些错误,因此,对于抽取的数据还要作进一步的处理,也就是数据清洗。数据清洗是把脏数据洗掉,脏数据是指那些有缺陷的、重复的、错误的数据。数据清洗的目的是检测数据中存在的错误和不一致,剔除或者改正它们,保证数据的准确、一致、无冗余,从而提高数据质量,获得可信的和可用的数据。本节先从数据质量分类入手,接着讲述数据清洗的过程和抽取方法。

2.1 数据质量分类

数据质量是指数据能够一致地满足用户需求的程度,它是区分数据好坏的重要依据。衡量数据质量的指标主要包括数据的完备性(Completeness)、准确性(Accuracy)、简洁性(Concision)、适用性(Applicability)。如果从用户的使用数据的角度考察数据质量,衡量数据质量的指标还包括可信性(Believability)、增值性(Value added)、可解释性(Interpretability)和可访问性(Accessibility)。

数据的完备性是指数据范围的无缺失。一般来说,数据库的数据量大不等于数据是完备的。数据的完备性体现在数据属性的取值没有空值以及数据挖掘所需的数据是全面的两个方面。就目前而言,能够体现数据完备性的主要工具是数据仓库,数据仓库和数据完整性之间是相互促进、相辅相成的关系。数据仓库为选择数据挖掘所需的必要数据奠定了基础。

数据的准确性要求数据中的噪声或异常尽可能要少。这里的噪声或异常指的是数据集中偏离常规、分散的小样本数据。因此,判断噪声的存在可用聚类的方法,即用一定的阈值将标准与抽取的数据进行对比。对于聚类后覆盖实例数目较少的知识(规则),则可以推断其可能来源于噪声数据。

简洁性要求所选反映数据重要的本质属性,并消除冗余数据。一般来说,数据越简洁,越能增强数据的可读性。另外,简洁的数据对于决策者来说同样具有重要意义。当决策者在进行决策时,通过简洁的数据往往能够抓住反映问题的主要因素,而不是把问题的细节都搞得很清楚。与此同时,简洁的数据对于提高数据挖掘的速度,保证数据挖掘的质量也具有同样的重要性。通常情况下,在数据挖掘时,数据特征的个数越多,产生噪声的机会越大。因此,选择较小的典型特征集,不仅符合决策者的心理,而且容易挖掘到简洁有效的知识。

适用性是评价数据质量的重要标准。我们知道,建立数据仓库的目的是进行联机处理(OLAP)、数据挖掘和支持决策分析。而现实世界中,却难以得到完美的数据。另外,获得完全满意的数据,不仅不可能,而且也无必要。因此,对于用户而言,所获得的数据不在于是否完美,而在于其所获取的数据的质量能否满足决策的需要。尽管强调数据的准确性、完整性和简洁性,但归根结底是为了数据的实际效用。从这个意义上讲,适用性标准应该是评价数据质量的核心。

在清洗数据之前,必须要对数据进行抽取、分析、预处理等。因此,数据质量对于数据清洗过程有着深刻的影响。根据处理数据来源是单源数据还是多源数据以及问题出现的层次是在模式层还是实例层,可以将数据分为四类:单源数据模式层问题、单元数据实例层问题、多元数据模式层问题、多元数据实例层问题。如图 2-9 所示。

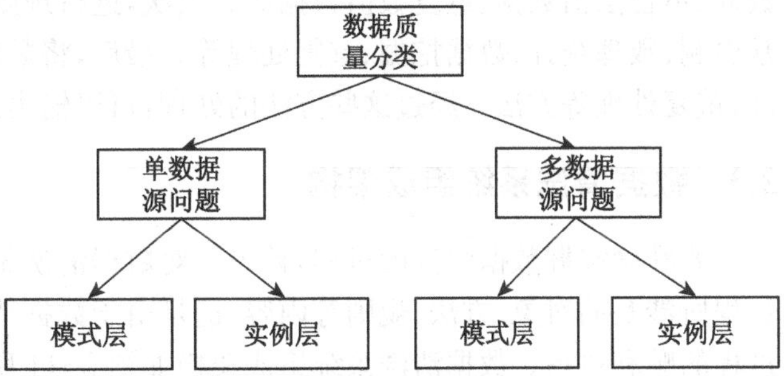

图 2-9　数据质量分类

单数据源模式层问题主要指数据缺少完整性约束、模式设计不合理。单数据源实例层问题主要指数据输入错误,包括拼写错误、数据冗余、数值矛盾。多数据源模式层问题主要指异质数据模型和模式设计,包括命名冲突、结构冲突等。多数据源实例层问题主要是指数据重叠、矛盾、不一致问题。

2.2　数据清洗过程

数据清洗是针对脏数据采取的保障数据质量的方法,它主要根据一定规则和策略,通过检测、统计、匹配、合并等方法,并利用有关技术,如数理统计、数据挖掘或预定义的数据清洗规则,将脏数据转化成满足数据质量要求的数据并输出。数据清洗过程如图 2-10 所示。

按照数据清洗的实现方式与范围,可将数据清洗分为四种:一是手工实现方式,即用人工来检测所有的错误并改正,这只能针对数据量小的数据源;二是通过专门编写的应用程序,通过编写程序检测、改正错误。但通常数据清洗是一个反复进行的过程,这就导致清理程序复杂、系统工作量大;三是某类特定应用领域的数据清洗，如根据概率统计学原理查找数值异常的记录。四是与特定应用领域无关的数据清洗，这一部分的研究主要集中于重复记录的检测/删除。

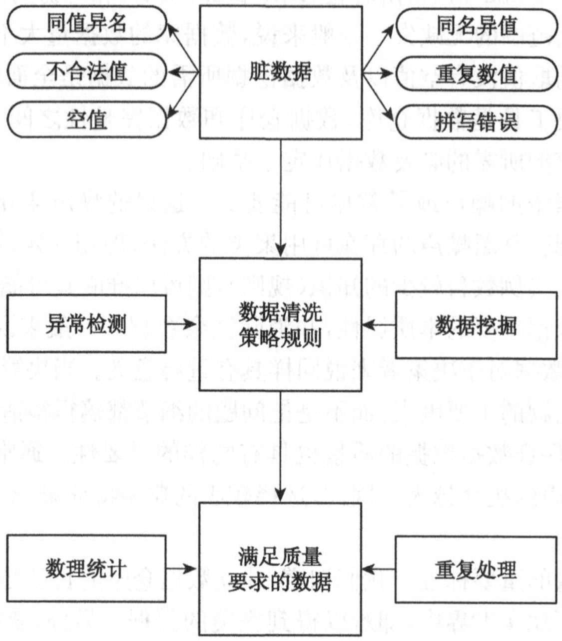

图 2-10　数据清洗过程

图 2-10 表示出了数据清洗的过程，首先，识别脏数据，也就是从数据源中抽取脏数据，如同值异名数据、不合法值数据、重复数值数据等。其次，进行规则和策略的选择，这些数据清洗策略和规则包括异常检测、数理统计、数据挖掘、重复处理等。最后，将数据合并、排序并输出，这一过程可能会用到数理统计、重复处理等方法。经过这些方法的处理，可以输出满足质量要求的数据。

2.3　数据清洗系统组成架构

要准确掌握数据清洗的过程，首先要对数据清洗架构有深入的了解。数据清洗架构包含数据清洗过程所涉及的对象、方法、规则等内容，这是由于数据清洗系统有系统的、完善的架构，保证了数据清洗过程的顺利执行。数据清洗系统组成架构如图 2-11 所示。

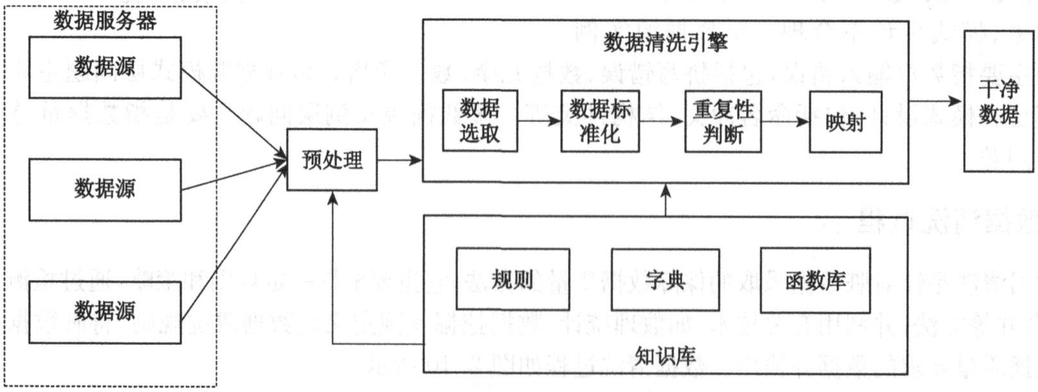

图 2-11　数据清洗系统组成架构

图 2-11 反映了一个典型的数据清洗框架，它包括四个部分：数据源服务器、数据预处理、数据清洗引擎、知识库。数据源服务器的任务是根据请求进行数据提取工作，它包含多种类型的不同结构的数据，这些数据可以是数据库、数据仓库、数据表等。数据预处理是将提取出来的多元异构数据进行合并、聚合等工作，把数据从原来较为复杂、异构的多数据源实例化问题转化为单数据源实例问题，为数据清洗过程准备良好的数据。知识库是进行数据预处理和清洗过程的参考依据，它提供了数据预处理和清洗的规则、字典和函数库，保证数据预处理和清洗过程中有章可循。数据库引擎是数据清洗系统的主要组成部分，包括数据选取模块、标准化模块、重复性判断模块、映射模块，主要任务是分析原始数据、识别噪声数据、数据合理处理等。

2.3.1 空缺数据的清洗

空缺数据指的是得到的信息表是不完备的，该信息表中的某些字段是遗漏的，从而造成我们无法得知其原始值。常用的处理空缺数据有以下几种方法。

(1) 删除含空缺值的记录。如果某一记录的空缺值很多，而且该记录对于所研究的问题不是特别重要，则可以考虑将该记录删除。但是，删除含空缺值的记录适合记录非常大的情况，这是因为当数据记录数量非常大时，删除含空缺值的记录对信息的完整性影响不是很显著。如果数据记录数量很少，且空缺值的记录的数量所占全部记录数量的比例很大时，删除含空缺值的做法会严重影响信息的数量。因此，不可采用该方法对记录数量很少的信息进行补齐。

(2) 空缺数据特殊标记。该方法是用一个特殊符号(如 null，unknown 等)代表空缺值，同时保留数据集中的全部含空缺值的记录。但是，在具体计算时只采用有完整信息的记录。采用空缺数据特殊标记法，最大限度地保留了数据集中的可用信息。

(3) 统计估算。统计估算方法是采用统计学原理，根据其他记录的属性值的分布情况对空缺数据进行估计补充。在实践中，可以采取多种方法对空缺值数据进行统计估算，如可以采用均值估计、贝叶斯公式估计、相关分析估计等估计方法。但是，采用不同的统计估计空缺数据，其估计值与真实值之间的误差大小可能不同，因此，对于采用统计估算得出的补齐信息，一定要注明其采用的具体方法，避免在所获取的信息对与错的问题上产生争执。

2.3.2 重复记录的清洗

重复记录包含两个方面的含义：一个是相同重复记录，一个是相似重复记录。相同重复记录是指两条或多条记录所有的属性值都相同。产生重复记录的原因很多，包括数据录入不正确、缺乏约束限制、数据本身不完整等。相似重复记录指客观现实世界的同一对象，由于表述方式的不同或其他原因(约束规则、人为原因等)造成数据库不能识别其为相同的重复的记录。

要想清洗数据源中的相同重复记录和相似重复记录，必须先通过某种方法检测出重复记录，然后采取一定的策略清洗掉这些重复记录。比较好的重复记录清洗方法是先将数据库中的记录排序，然后通过匹配相邻记录是否相等来检测重复记录。图 2-12 表示了重复记录清洗的过程。

(1) 记录排序。记录排序包括两个阶段：第一个阶段为预处理阶段，这一阶段主要是指定初步的记录匹配策略，建立算法库和规则库。第二个阶段为初步聚类阶段，该阶段主要对数据库中的记录进行阈值比较和初步排序。

图 2-12 重复记录清洗过程

(2) 相似记录匹配检测。相似记录匹配检测包括三个方面内容。首先，进行字段匹配，主要是指通过调用算法库中字段匹配算法，计算出所选记录的字段相似度。其次，进行记录匹配，即根据字段在两条记录的相似度中的重要程度，为每个字段赋予不同的权重，调用算法库中的记录匹配算法，根据字段匹配的相似度结果，计算出记录的相似度，判断是否为重复记录。进行重复记录检测，重复记录检测指调用数据库中检测重复记录的算法，对整个数据集中的重复记录进行检测。为了得到更多的重复记录，一般要进行多次排序，多轮匹配，然后把检测到的所有重复记录聚类在一起，完成重复记录的检测。

(3) 重复记录合并/清除。重复记录合并/删除是指根据已定义规则库中的合并/清除规则,对重复记录进行合并或清除,只保留其中正确的记录。

2.3.3 噪声数据清洗

噪声数据是指包含错误的数据或存在偏离期望值的孤立值。这些错误的数据可能是由于数据源本身无法得到完全精确的数据,或者是由于收集数据的设备性能不高或出现故障,人员疏忽,数据传输过程中受到干扰,从而造成数据源中记录字段的值和实际的值不相符,产生噪声数据。

噪声数据处理是数据清洗过程中的一个重要环节。在对含有噪声数据进行处理的过程中,现有的方法通常是找到这些孤立于其他数据的记录并删除掉。其缺点是通常只有一个属性上的数据需要删除或修正,将整条记录删除将丢失大量有用的干净的信息。在数据仓库技术中,数据处理过程通常应用在数据仓库之前,其目的是提高数据的质量,使后继的联机处理分析和数据挖掘应用得到尽可能正确的结果。值得注意的是,这个过程也可以反过来,即利用数据挖掘出的一些技术来进行数据处理,提高数据质量。

噪声数据的处理包含三个步骤:首先,对数据进行分析判断,若为噪声数据,继续分析判断该数据是否可以引起噪声的属性;其次,如果该数据能够判定引起噪声的属性记录,则用正确的数据包含的信息对噪声数据进行校正;如果该数据不能判定引起噪声的属性记录,根据"garbage in,garbage out(垃圾进,垃圾出)"原则,判定引起噪声的属性,然后进行校正;最后,利用统计方法对校正过程中生成的噪声进行统计,并列出其分布。然后对噪声数据进行处理。如图 2-13 所示。

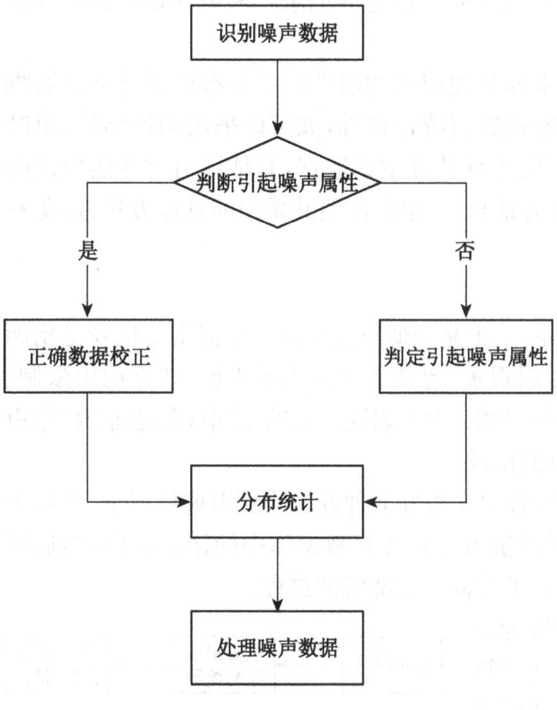

图 2-13　噪声数据处理过程

以上步骤描述了噪声数据清洗的方法,对于噪声数据的处理,往往采用以下三种方法。

1) 聚类法

聚类法是研究多要素对象分类问题的定量分析方法。聚类法是根据对象的自身属性,按照某种相似性或差异性指标,定量地确定对象之间的亲疏关系,并按这种亲疏程度对对象进行聚类。通过聚类分析可以挖掘出数据中的孤立点,从而进一步找到噪声数据。

设数据集 S,其包含 N 条记录,每个记录有 D 种属性。针对该数据集,利用聚类法分析处理,其过程可以描述为:首先将聚类识别噪声数据,并考察它们在各个属性上的值与其期望之间的距离以判定引起噪声的属性。然后,对于能够判定噪声属性的记录,寻找它所属的分类,并利用它所属分类中噪声属性上的值进行矫正。对于不能判定噪声属性的记录,同样可以通过聚类判定其噪声属性并进行矫正,这是因为噪声记录去除非噪声属性后的仍然是噪声记录。通过这一过程的处理,能够记录噪声在属性上的分布情况。

2) 分箱法

分箱法是通过考察"邻居(周围的值)"来平滑存储数据的值。该方法用"箱的深度"表示不同的箱里有相同个数的数据,用"箱的宽度"来表示每个箱值的取值区间的常数。采用分箱法处理噪声数据,也就是利用属性值的相邻性进行数据的平滑化,并将这些属性值进行线性排序。然后按一定的步长进行分组,最后对分组进行数据平滑化。

假设有一数据集 S,将数据集分为 n 个箱 b_1, b_2, …, b_n。每个箱中的每条记录有 D 个属性,采用分箱法对噪声数据处理的过程为：首先，计算每个箱的属性值的平均数。其次，把计算出的各箱平均数分别赋给每个箱的每个数，也就是把每个箱中的各属性值替换为其对应的平均数。最后，根据结果比较箱的宽度。一般来说，宽度越大，光滑效果越明显。

3）回归法

回归法也称回归分析预测法，该方法是在分析自变量和因变量之间相关关系的基础上，建立变量之间的回归方程，并将回归方程作为预测模型，根据自变量在预测期的数量变化来预测因变量关系大多表现为相关关系。

用回归法进行预测首先要对各个自变量作出预测。若各个自变量可以由人工控制或易于预测，而且回归方程也较为符合实际，则应用回归法预测是有效的，否则就很难应用。为使回归方程较能符合实际，首先，应尽可能定性判断自变量的可能种类和个数，并在观察事物发展规律的基础上定性判断回归方程的可能类型。其次，力求掌握较充分的高质量统计数据，再运用一套统计和检验程序，利用数学工具从定量方面计算或改进前两种定性判断。

噪声数据回归分析，也就是定义一个回归函数来平滑数据，使一个变量能够预测另一个变量。

2.4 数据清洗方法

2.4.1 基于 Hadoop 的数据清洗

Hadoop 是一种分布式计算平台。基于 Hadoop 的数据清洗，就是根据 Hadoop 的分布式存储和并行计算的特点，通过 Hadoop 的分布式数据处理机制，利用 Hadoop 的强大的计算能力和存储能力，将存在于海量数据中的孤立点（错误数据）挖掘出来，以提高数据的准确性。基于 Hadoop 的数据清洗框架如图 2-14 所示。

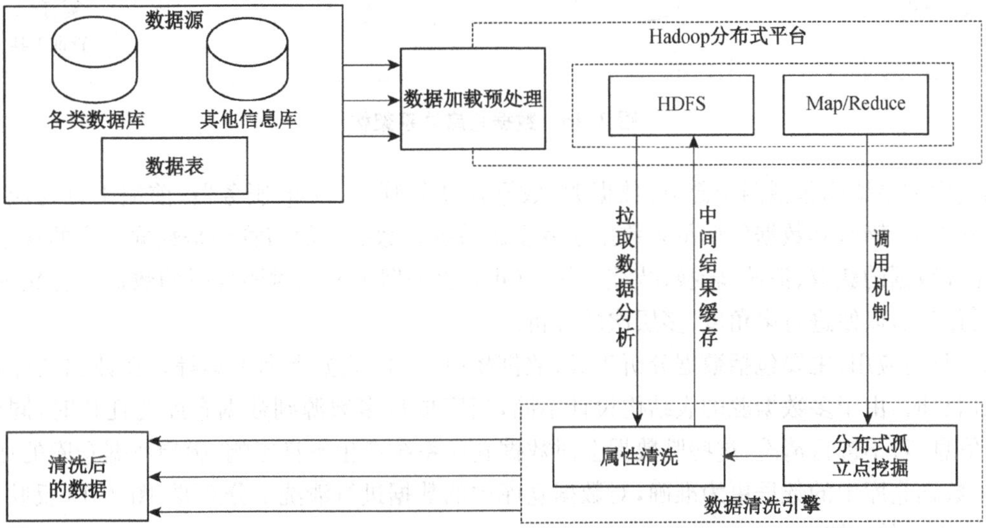

图 2-14 基于 Hadoop 的数据清洗架构图

基于 Hadoop 的数据清洗包括多元异构数据装载预处理模块、Hadoop 分布式计算模块、数据清洗引擎模块。在多元异构数据装载预处理模块中，Hadoop 可以读入来自任何数据源的任何数据类型（结构化数据、非结构化数据），并且根据需求对数据进行预合并或聚合，然后将与处理后的结果放入 Hadoop 的 HDFS 文件系统，从而实现对综合复杂数据的清洗工作。

在 Hadoop 分布式计算模块中，Hadoop 通过 HDFS 分布式文件系统对数据文件的存储和管理，通过 Map/Reduce 运行机制实现并行化计算。在这一模块中，包含三个方面的工作任务：一是多目标数据进行清洗；二是保存和管理中间文件的传输；三是为数据清洗引擎模块提供分布式、并行化运行和处理机制。数据清洗引擎模块，主要通过基于 Hadoop 的分布式孤立点挖掘算法，对整个目标数据集进行清洗挖掘，找出脏数据并根据清洗规则，执行相应的数据清洗工作，最后把清洗后的数据集结果通过结口或其他方式进行输出。

2.4.2 基于数据仓库的数据清洗与实现

1) 数据仓库及其框架

数据仓库是决策支持系统(DSS)和联机分析应用数据源的结构化数据环境。数据仓库的特征在于面向主题(数据仓库中的数据是按照一定的主题域进行组织)、集成性(将所需数据从原来的数据中抽取出数据仓库的核心工具来，进行加工与集成，统一与综合之后才能进入数据仓库)、稳定性(数据仓库是不可更新的)和时变性(数据仓库是随时间而变化)。正是由于上述特点，因此数据仓库具备了如下优点：效率高、关注数据质量、可扩展性好。数据仓库框架如图 2-15 所示。

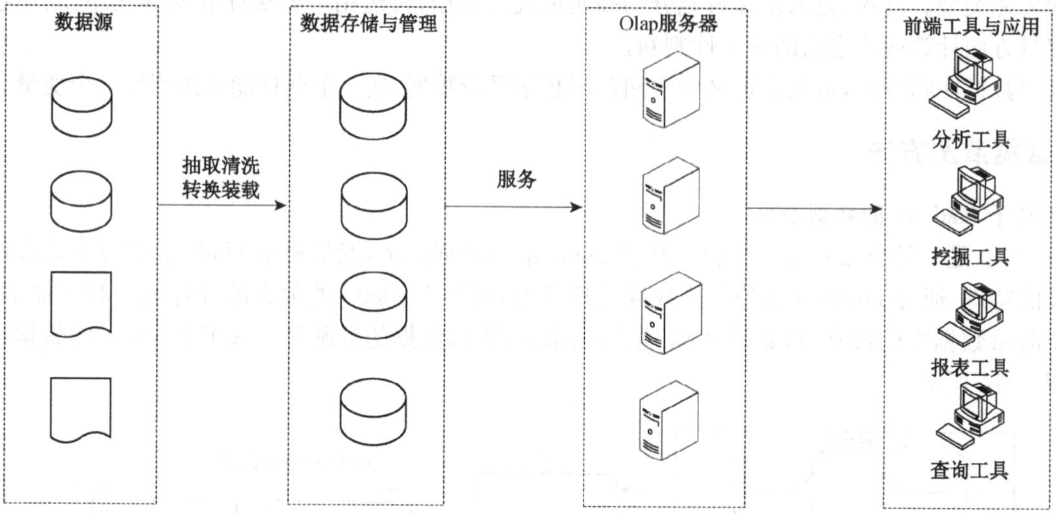

图 2-15　数据仓库体系架构

数据仓库体系架构包括四个部分：数据源、数据存储与管理、Olap 服务器、前端工具与应用。数据源是数据仓库的基础，其数据包括单源数据或者多源数据。数据存储与管理是数据仓库的核心，在这部分，主要完成数据的获取、清洗、转换、装载工作。Olap 服务器主要是对要分析的数据进行集成，按合适的结构进行组织，以便进行多角度、多层次的分析。

前端工具与应用，主要包括数据分析工具、数据挖掘工具、数据查询工具等。在数据仓库从多数据源中获取信息时，由于多数据源的表结构设计不同，当完成从多数源到数据仓库的迁移时，同样会产生一些冗余信息，若不进行清洗，这些脏数据会对数据仓库系统产生不良影响，影响数据仓库的运行效果。因此，为了数据仓库中的数据更为准确，对数据仓库中的数据进行清洗十分必要，图 2-16 反映了数据清洗在数据仓库中的位置。

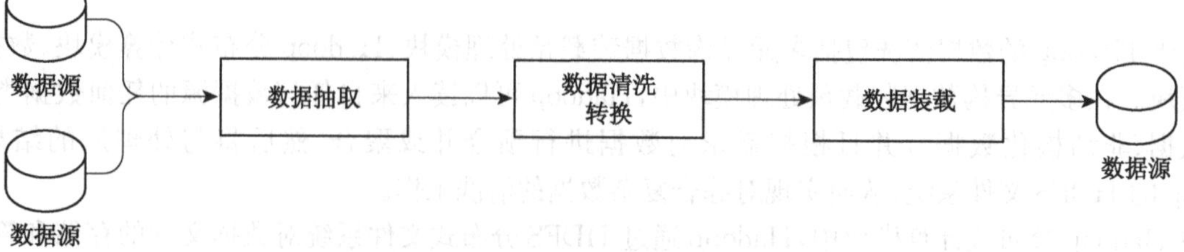

图 2-16　基于数据仓库的数据清洗位置

2) 基于数据仓库的数据清洗实现

上文中虽然介绍了一些有关相似重复记录的清洗方法，但其使用前提是表的记录中属性值是描述性数据，不是指向某个表的外键值。这就隔离了事实表与维表的清洗，使它们的清洗结果没有直接联系，且在清洗事实表时，维表也被多次重复比较，造成资源浪费。因此，基于数据仓库的数据清洗便被提出，其主要是针对星型模式和雪花模式消除重复记录而设计的策略。

星型模式是最简单的样式数据仓库架构，由一个或多个事实表中引用任何数量的维表，并且更有效的查询处理简单。消除星型模式的相似重复记录思想为：首先，对维表进行重复记录探测，得到维表的相似重复记录集合，以及每个集合的代表元组(按照某一标准在相似重复记录集合中选取的一条记录)。其次，将重复记录集合与其集合的代表的关系以转换表的形式进行存储，该转换表记录了对应维表中重复记录集合元组与集合代表元组的映射关系。接着，通过事实表和各个转换表之间的连接和合并，用代表元组的标记代表其对应的重复集合中的元组在事实表中的标记。最后，合并这些记录，从而完成事实表的清洗。

雪花模式是一个合乎逻辑的安排表中的多维数据库，这样的实体关系图类似于雪花的形状，雪花模式是集中代表事实表的连接到多个层面。在雪花架构，尺寸归到多个相关的表，而星型模式的尺寸非标准化，每个维度表由一个单一的，形状复杂的雪花出现时，雪花模式的详细尺寸，并具有多层次的关系，并有多个子表的父表的效果只会影响维度表而不是事实表。消除雪花模式的相似重复记录的过程分为两步：第一步，通过对建立在雪花模式上的探测树进行后跟遍历，自上而下地探测各表的相似重复记录，建立各表的转换表。第二步，通过广度优先遍历合并表中的相似重复记录，从而完成对雪花模式的相似重复记录的清洗。

3 大数据的ETL处理

前两节主要讲述了数据抽取和数据清洗的相关概念和一些具体方法，这些内容为大数据的抽取、清洗工具提供了理论上的支撑。本节是从实践的角度，讲述大数据抽取、清洗的工具ETL，本节内容包括ETL概念介绍及其优缺点分析，ETL组成及其实现方法，ETL处理过程及方式。

3.1 ETL概念及其优缺点

ETL是即数据抽取(Extract)、转换(Transform)、装载(Load)的过程，它是实现数据抽取、清洗的重要工具。ETL是构建数据库的重要环节，通常情况下，ETL会占据企业商务智能决策过程中的1/3的时间，因此，ETL设计的好与坏直接关系到企业商务智能项目的成败。ETL本质上相当于一类数据转换器，它提供一种从源到目标系统转换数据的方法。也就是说，ETL负责将分布的、异构数据源中的数据如关系数据、平面数据文件等抽取到临时中间层后进行清洗、转换、集成，最后加载到数据仓库或数据集市中，成为联机分析处理、数据挖掘的基础。设计ETL的目的是将企业中的分散、零乱、标准不统一的数据整合到一起，为企业的决策提供分析依据。ETL提供了一种数据处理的通用解决方案，它针对不同的数据源，编写不同的数据抽取、转换和加载程序处理，完成了数据集成的大部分工作。

数据仓库是一个独立的数据环境，需要通过抽取过程将数据从联机事务处理环境、外部数据源和脱机的数据存储介质导入数据仓库中。在技术上，ETL主要涉及关联、转换、增量、调度和监控等几个方面，能够在数据库和业务系统之间搭建起一座桥梁，这在一定程度上可实现数据的集中抽取确保新的业务数据源源不断地进入数据库。另外数据仓库系统中数据不要求与联机事务处理系统中的数据实时同步，所以ETL可以定时进行，以上这些是ETL的优点。同样，ETL也有其自身的缺点：ETL工具的最复杂点在于其涉及大量的业务逻辑和异构环境，在一般的数据库项目中ETL部分往往也是牵扯精力最多的,因此其主要的难点在于数据的清晰转换功能、规则设计及功能支持,比如字段映射,映射的自动匹配,字段的拆分与混合运算,跨异构数据库的关联,自定义函数,多数据类型支持,复杂条件过滤,支排序,统计,抽取远程数据,在转换过程中是否支持数据比较的功能,数据预览,性能监控,数据清洗及标准化等。另外,ETL 抽取的性能较低,因为该工具是通过关系型数据库的接口来获取数据的。

3.2 ETL 组成及其实现方法

ETL 包括三部分:数据抽取、数据的清洗转换、数据的加载,因此,ETL 的设计也是从这三个角度进行考虑。数据的抽取是从各个不同的数据源抽取到 ODS(Operational Data Store,操作型数据存储)中,在抽取的过程中需要选取不同的抽取方法,尽可能地提高 ETL 的运行效率。数据的清洗和转换是去脏的过程,也就是把抽取的数据根据清洗规则、经过排序、合并,变为符合要求的数据。数据的加载是把经过清洗的数据,导入目标数据库中,供用户查询。ETL 三个部分中,花费时间最长的是“T”(Transform,清洗、转换)的部分,一般情况下这部分工作量是整个 ETL 的 2/3。

ETL 的实现有多种方法,常用的有三种。一种是借助 ETL 工具(如 Oracle 的 OWB、SQL Server 2000 的 DTS、SQL Server2005 的 SSIS 服务、Informatic 等)实现。一种是 SQL 方式实现。另外一种是 ETL 工具和 SQL 相结合。前两种方法各有各的优缺点,借助工具可以快速地建立起 ETL 工程,屏蔽了复杂的编码任务,提高了速度,降低了难度,但是缺少灵活性。SQL 的方法优点是灵活,提高 ETL 运行效率,但是编码复杂,对技术要求比较高。第三种是综合了前面两种的优点,会极大地提高 ETL 的开发速度和效率。

3.3 ETL 处理过程及方式

3.3.1 ETL 数据处理过程

在数据库系统中,ETL 数据处理的主要任务是检测并删除/改正将装入数据仓库的脏数据。这个处理过程设计三个对象:数据源、中间数据库、目标数据库;三个过程:抽取/清洗、转换、装载。如图 2-17所示。

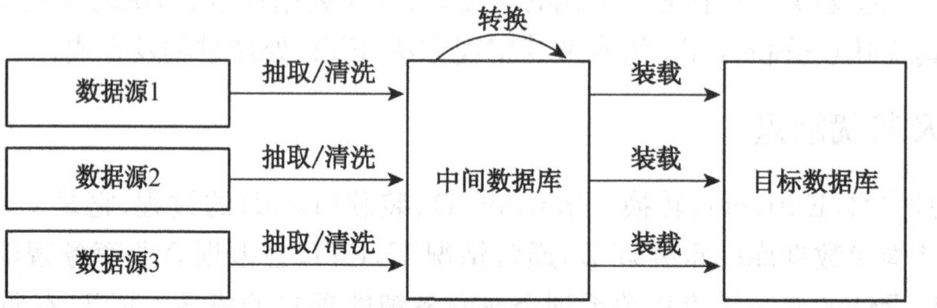

图 2-17 ETL 数据处理过程

首先,ETL 在理解源数据的基础上实现数据表属性一致化。为解决源数据的同义异名和同名异义的问题,可通过元数据管理子系统,在理解源数据的同时,对不同表的属性名根据其含义重新定义其在数据挖掘库中的名字,并以转换规则的形式存放在元数据库中,在数据集成的时候,系统自动根据这些转换规则将源数据中的字段名转换成新定义的字段名,从而实现数据挖掘库中的同名同义。

其次,通过数据缩减,大幅度缩小数据量。由于源数据量很大,处理起来非常耗时,所以可优先进行数据缩减,以提高后续数据处理分析效率。

最后,通过预先设定数据处理的可视化功能节点,达到可视化的数据清洗和数据转换的目的。如果数据源是一个能力比较强的 DBMS(如图 2-17 中的数据源 1 和数据源 2),则可以在数据抽取过程中使用 SQL 来完成一部分的数据清洗工作。但是有一些数据源不提供这种能力(如数据源 3),则只能直接将数据从数据源抽取出来，然后在数据转换的时候进行清洗。针对缩减并集成后的数据，通过组合预处理子系统提供各种数据处理功能节点，能够以可视化的方式快速有效地完成数据清洗和数据转换过程。

3.3.2 ETL 处理方式

ETL 处理方式包括三部分：数据库外部的 ETL 数据处理，数据库段区域中的 ETL 处理，数据库中的 ETL 处理。三种处理方式工作范围不同，采取的处理方式也有差异，各有优缺点。

(1) 数据库外部的 ETL 处理。数据库外部的 ETL 处理方式指的是大多数转换工作都在数据库之外，并在独立的 ETL 过程中进行。这些独立的 ETL 过程与多种数据源协同工作，并将这些数据源集成。数据库外部 ETL 处理的优点是执行速度比较快。但缺点是大多数 ETL 步骤中的可扩展性必须由数据库的外部机制提供，如果外部机制不具备扩展性，那么此 ETL 处理就不能扩展。

(2) 数据库段区域中的 ETL 处理。数据库段区域中的 ETL 处理方式不使用外部引擎，而是使用数据库作为唯一的控制点，多种数据源的原始数据大部分未经修改就被载入中立的段结构中，如果源系统是关系型数据库，那么段表将是典型的关系型表；如果源系统是非关系型的，那么数据将被分段至包含列的表中，以便在数据库内作进一步的转换。数据库段区域中的 ETL 处理方式执行的步骤是提取、转换、装载。这种方式的优点是为抽取出的数据首先提供一个缓冲，以便进行更复杂的转换，减轻了 ETL 进程的复杂度。但该处理方式也具有缺点：首先，在段表中存储中间结果和来自数据库中源系统中的原始数据时，转换过程将被中断。其次，大多数的数据转换可以使用类关系型数据库功能解决，但它们可能不是处理 ETL 问题的最佳语言。

(3) 数据库中的 ETL 处理。数据库中的 ETL 处理方式使用数据库作为完整的数据转换引擎，在转换过程中也不使用段。数据库中的 ETL 处理具有数据库段区域中的 ETL 处理的优点，同时又充分利用了数据库的数据转换引擎功能，但是这要求数据库必须完全具有这种转换引擎功能。

综上，分析三种 ETL 处理方式，数据库外部的 ETL 处理可扩展性差，不适合复杂的数据清洗处理，数据库段区域中的 ETL 处理可以进行复杂的数据清洗，而数据库中的 ETL 处理具有数据库段区域 ETL 处理的优点，又利用了数据库的转换引擎功能。所以为了进行有效的数据清洗，应该使用数据库中的 ETL 处理。

4　常见的 ETL 工具案例

上节主要讲述了 ETL 的特点、规则等，这主要是从理论上进行分析。本节将要介绍 ETL 的主流产品。目前，ETL 技术已经趋于成熟，市场上出现了很多 ETL 产品。比如 IBM 公司的 DataStage、Informatica 公司的 Powercenter、NCR Teradata 公司的 ETL Automation，Oracle 公司的 OWB (Oracle Warehouse Builder)、ODI(Oracle Data Integrator)、Ascential 公司的 DataStage 等。这些产品各有特点，用户应该根据自身需要选择所需的 ETL 产品。

4.1 Powercenter

4.1.1 Powercenter 特点

Informatica PowerCenter 是 Informatica 公司开发的世界级的企业数据集成平台，也是业界领先的 ETL 工具。Informatica PowerCenter 产品是为满足企业级要求而设计，可以提供企业部门的数据和电子商务数据源之间的集成，如 XML，网站日志，关系型数据，主机和遗留系统等数据源。通过 Informatica PowerCenter 的集成模块，用户能够方便地从异构的已有系统和数据源中抽取数据，建立、部署、管理企业的数据仓库，从而挖掘出正确的信息，制定正确的决策。Powercenter 具有以下特点。

(1) 数据整合引擎。Informatica PowerCenter 拥有一个功能强大的数据整合引擎,所有的数据抽取转换、整合、装载的功能都是在内存中执行的,不需要开发者手工编写这些过程的代码。Informatica PowerCenter 数据整合引擎是元数据驱动的,通过知识库和引擎的配对管理,可以保证数据整合过程能够最优化执行,并且使数据仓库管理员比较容易对系统进行分析管理,从而适应日益增加的数据装载和用户群。

(2) 积极的元数据管理。Informatica PowerCenter 充分利用元数据来驱动数据整合过程。它提供了一个单一的元数据驱动的知识库,该知识库与数据整合引擎协同运作,使关键的整合过程能被简单定义、修改、重用,从而提高了开发生产力并缩短了部署周期。

(3) 高性能的运行功能。Informatica PowerCenter 将设计和运行环境的性能特性分离,提供了较好的灵活性。Informatica PowerCenter 平台具有数据高效并行功能(Data smart parallelism),该功能提供了最优化的数据并行处理,使用户能够自定义分区。另外 Informatica PowerCenter 提供了一个非编码的图形化设计工具,用户使用该工具时,不需要重新编码,并且数据可以通过服务器、并行引擎管理、最优化 CPU 资源等方式,得到尽快处理。

(4) 分布式体系结构。作为企业级核心数据整合引擎,Informatica PowerCenter 可以单独部署,也可以在分布式体系结构中部署。如果在分布式体系结构中部署,Informatica PowerCenter 要协调和管理多个基于主题的数据集市,而这些数据集市是在局域网或广域网内由 Informatica PowerMart 或 Informatica PowerCenter 引擎执行的。

4.1.2　Powercenter 体系架构及其功能

Powercenter 主要由 Informatica 服务器端(Informatica Sever)和 Informatica Client 客户端两部分组成。如图 2-18 所示。Informatica Sever 包括四个部分:Informatica Service、Integration Service、Repository Service、Repository。Informatica Client 包括五个部分:Administrator Console、Workflow Manager、Workflow Monitor、Designer、Repository Manager。

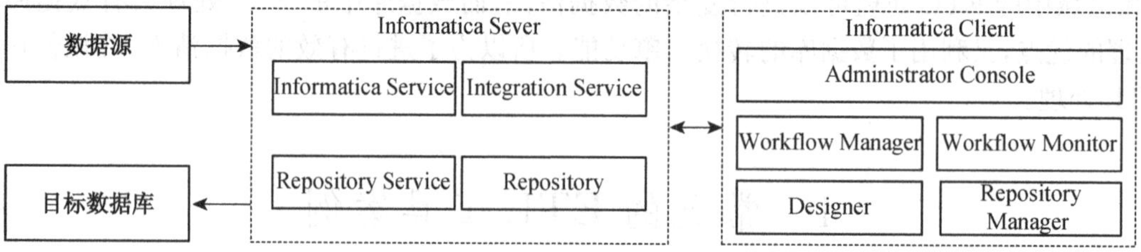

图 2-18　Powercenter 体系架构

Informatica Server 提供三种服务:Informatica Service 是 Powercenter 服务引擎,用于启动 Powercenter 服务功能。Integration Service 是 Powercenter 提供的集成服务,它的功能是执行数据的抽取、转换、装载。Repository Service 是 Powercenter 提供的知识库服务,主要用于管理 ETL 过程中产生的元数据。

在 Informatica Client 中,Administrator Console 是知识库管理平台,主要用于知识库的建立与维护。Repository Manager 主要用于知识管理,包括创建资料库、文件夹,为 Mapping 分配物理存储空间,设置文件夹权限并通过文件夹进行分类管理等。Designer 是 Informatica Client 的设计器,它包括 Update(更新)、Expression(表达)、Filter(过滤)、Lookup(查找)、Sorter(排序)五种组件。Designer 的功能包括设计开发环境,定义源数据及目标数据的结构,设计数据转换规则,生成 ETL 映射。Workflow Manager 是 Informatica Client 的工作流管理器,它由 Session(链接)、Decision(判断执行)、Timer(计时器)、Command(脚本命令)四个组件构成。Workflow Manager 的功能主要是通过基于时间、事件的作业流程任务的设计,合理地实现复杂的 ETL 工作流。Workflow Monitor 是 Informatica

Client 的工作流监视器，主要监控工作流（Workflow）和会话（Session）的运行情况，生成日志和报告，及时反馈信息。

4.1.3 Powercenter 安装配置及其应用

Powercenter 可以运行在 Windows、Unix、Lunix 等操作系统中，下面以 Windows 为例，介绍 Powercenter 的安装配置及其应用。

在安装 Powercenter 之前，需要做些准备工作。首先是要下载 Powercenter 软件；然后建立需要的文件夹，包括：Powercenter Server 端安装文件、Powercenter Client 端安装文件、Oracle 客户端安装程序。做好这些准备后，可以进行 Powercenter 的安装了。

1）Powercenter Server 端安装及配置

Powercenter 是可视化界面操作，在安装 Powercenter 时，按照界面提示和选项即可完成安装过程。打开下载好的 Powercenter 软件，运行安装目录根目录下的 install.bat 文件，双击 Install Powercenter 8.6.0，将会出现英文版的 Welcome 界面。点击 Next，选择 Install PowerCenter 8.6.0。点击 Next，将会出现 Powercenter license key 界面，点击 Browse 按钮，导入 Powercenter license key。点击 Next，选择安装目录。点击 Next，出现 HTTPS Configuration 界面，这里需要填写几个文本框内容，在 HTTPS Port Number 文本框中填写 8443，然后把密码填入 Keystore Password 文本框中，输入完后，可以点击 Install 开始安装。

在安装的过程中，将会出现 domain 的安装配置，这时，选择 create new domain 选项，出现 Configure Domain Database 界面，这个界面包含 Database Type（数据库类型）、Database URL（数据库路径）、Database user ID（数据库用户名）、Database user password（数据库用户密码）、Database service name（数据库服务器名）、Custom string（连接字符串），用户在这些条目后所对应的文本框中填写相应的内容即可。这些内容将用于存储 domain 信息，其他的选项选择默认即可，至此 Server 端安装就完成了。

Powercenter Server 端安装完成之后，就可以对 Powercenter Client 进行相关配置。Powercenter Server 安装完成之后，在 Windows 服务中能看到 Informatica Orchestration Server 和 Informatica Services 8.6.0 这 2 个服务。这时需要进行手动操作，使它们进入启动状态。在浏览器中输入 https://localhost:8443/adminconsole/登录管理控制台，输入 Powercenter Server 端安装过程中填写的用户名和密码。点击 Adminstration Console 直接进入 console，在 domain tab 下点击 create→Repository Service 来创建 Repository，填入 Repository service 的基本信息，主要为连接数据库的信息（比如 oracle 数据库）。

需要注意的是，PowerCenter 并不是通过 JDBC 连接数据库，而是通过在 server 上安装的 Oracle client 连接数据库。所以必须在 server 上安装 oracle 客户端程序，并且用 Net Configuration Assistant 配置本地 net 服务名。在配置完本地 net 服务名后，可以在命令行下用 tnsping infa_demo 来测试一下是否对 oracle 配置生效，如果 tnsping 不通，有可能需要重启一下机器。

2）Powercenter Client 端安装及配置

Powercenter Client 相对于 Powercenter Server 安装来说相对简单，这是因为 Powercenter Client 的安装没有填写的内容，只需按照提示点击即可。点击 install.bat，开始客户端的安装，点击 Next，选择 Install PowerCenter 8.6.0 client。点击 Next，选择安装目录。点击 install，等待片刻之后，点击 Done 完成 Powercenter Client 安装。

Powercenter Client 端安装之后，就可以进行 Repository Manager 的配置，目的是为了验证 Powercenter Server 是否配置正确。打开 repository manager，在菜单上选择 repository 下的 add repository，输入 repository 的名字和用户名。建议在 admin console 中建立一个新用户，而不要直接使用 admin 用户。右键点击上一步新加的 infa_demo，选择 configure domains 并配置域信息。域信息为

在安装 server 过程中输入的域名称、地址、端口。右键点击 infa_demo，点击 connect，将会出现 Connect to repository 界面，输入用户名密码，在 security domain 文本框中填写 native，在 domain 选项上选择上一步建立的 domain，点击 connect。成功后会在 repository 下出现一个 Deployment Groups 的 folder，至此 server 和 client 全部配置完毕。

3) Powercenter 的应用

Powercenter 中所有的数据信息均以表的形式存储在数据库中，因此，Powercenter 通过表和视图向用户提供所需要的数据。下面将介绍 Powercenter 常见的查询语句，供用户在以后进行数据查询操作时使用。

在 OPB_ATTR 表中查看设计和服务器设置的属性，包括名称、当前值、属性简要说明：

ATTR_NAME：Tracing Level

ATTR_VALUE：4

ATTR_COMMENT：Amount of detail in the session log

在 OPB_ATTR_CATEGORY 中查看属性项的分类及说明：

CATEGORY_NAME：FILES and Directories

DESCRIPTION：Attributes related to file names and directory locations

在 OPB_CNX 表中查看在 WorkFlow Manager 中进行配置的所有连接及其配置数据定义，包括 Relational Connection，Queue Connection，Loader Connection 等：

OBJECT_NAME：Orace_Source

USER_NAME：oral

*USER_PASSWORD：******

CONNECT_STRING：Oratest

在 OPB_DBD 中进行关联查看所有源的属性：

DBSID：39

DBDNAM：DSS_VIEW

ROOTID：39

在 OPB_EXPRESSION 表与 OPB_WIDGET 表关联，查看整个元数据库中的所有 Expression 转换模块中的表达式定义：

WIDGET_ID：1009

EXPRESSION：DECODE(IIF(TYPE_PLAN ! ='03',1,0),1,QTY_GROSS,0)

OPB_MAPPING 可以通过本表数据的查询，得出如某个时间以后修改过的所有 Mapping，所有失效了的 Mapping，这个表的更大作用是和其他表作关联，得出更多 Mapping 相关的信息：

MAPPING_NAME：m_PM_COUNT_BILL

MAPPING_ID：1549

LAST_SAVED：01/01/2015 12:00:00

4.2 DataStage

4.2.1 DataStage 特点

DataStage 是 Ascential 公司开发的 ETL 产品，在 2005 年 I 被 BM 收购，现在称为 IBM WebSphere DataStage。DataStage 是一个转换引擎，用于复杂数据仓库中数据转换和数据移植的快速实现。传统的数据整合方式需要大量的手工编码，而采用 IBM WebSphere DataStage 进行数据整合可以大大地减少手工编码的数量，而且更加容易维护。概括来说，DataStage 具有以下几个方面的特点。

(1) 较强的数据源连接能力。数据整合工具的数据源连接能力是非常重要的，这将直接决定它能够应用的范围。IBM WebSphere DataStage 能够直接连接非常多的数据源,包括:结构化的文本文件,半结构化的 XML 文件,企业应用程序(SAP、Siebel 等),几乎所有数据库(SQL、Oracle、DB2 等),Web services,WebSphere MQ。正是因为这么强大的连接能力,IBM WebSphere DataStage 使用户能够专注于数据转换的逻辑而不用担心数据的抽取和加载过程。

(2) 完备的开发环境。IBM WebSphere DataStage 的开发环境是基于 C/S 模式的,通过 DataStage Client 连接到 DataStage Server 上进行开发。需要注意的是,DataStage Client 只能安装在 Windows 平台上面。而 DataStage Server 则支持多种平台,比如 Windows、Redhat Linux、AIX、HP-UNIX。

(3) 面向过程、可视化。DataStage 是面向过程的,它将数据处理看作是一个模块,在这个模块中实现数据的抽取、清洗、装载过程。另外,DataStage 提供可视化图形界面,方便用户对数据进行可视化操作。

(4) 数据操作灵活。DataStage 是基于组件的体系结构,它把所有模块设计成组件(例如 stage、transform、job 等),并且这些组件可以共享和重用。另外,DataStage 是一个集成开发环境,与多种编程语言兼容,自身拥有完善的调试器,能够实现复杂的作业设计和处理过程。

4.2.2 DataStage 体系架构及其功能

DataStage 采用 C/S 结构,由客户端(client)和服务器(sever)两部分构成。DataStage Client 有四种客户端工具,分别是 DataStage Administrator, DataStage Manager, DataStage Designer, DataStage Director。如图 2-19 所示。

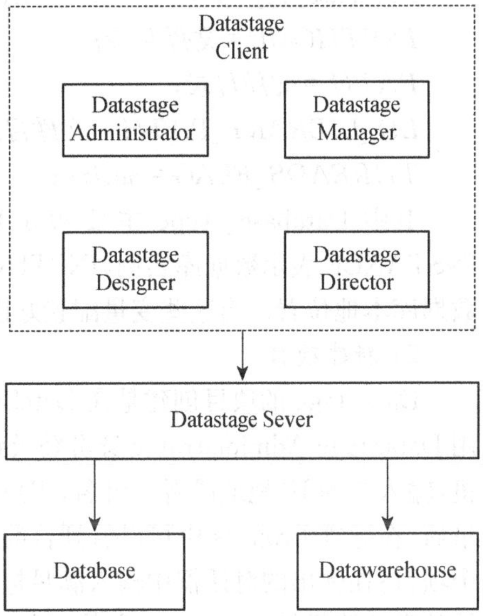

图 2-19 DataStage 体系架构

(1) DataStage Adminisrator。DataStage Adminisrator 是提供给用户管理员身份的模块,当用户以管理员身份登录 DataStage Adminisrator 时,可以执行以下功能:设置客户端和服务器连接的最大时间。最大连接时间是客户端与服务器连接保持的最长时间,该默认最大连接时间是永不过期的。如果连接时间超过最大连接时间,该连接将被强行断开、添加和删除项目。在 DataStage Adminisrator 中有一个 Projects 标签,通过该标签可以新建或者删除项目,设置已有项目的属性。License 管理。在 DataStage Adminisrator 中,有一个 licensing 标签,通过该标签可以更新 license。

(2) DataStage Manager。DataStage Manager 主要用来管理项目资源。一个项目可能包含多个 ETL Job,可以用 DataStage Manager 把一个项目里面的 ETL Job 导出来。然后再用 DataStage Manager 导入另外一个项目中去,利用这个功能:一方面可以实现 ETL Job 的备份;另一方面就是可以在多个项目之间来重复使用开发好的 ETL Job。在 DataStage Manager 里面可以把数据库中的表结构直接导入项目中来,供这个项目中的所有 ETL Job 使用。

(3) DataStage Designer。DataStage Designer 是 ETL Job 开发的核心环境。值得注意的是,登录 DataStage Designer 的时候,不仅要指定 DataStage Server 的 IP,而且要指定连接到这个 DataStage Server 上的具体项目。DataStage Designer 包括三个主要功能:ETL Job 的开发。DataStage Designer 里面包含了 DataStage 为 ETL 开发已经构建好的组件,这些组件主要分为两种:一种是用来连接数据源的组件,另一种是用来作数据转换的组件。利用这些组件,开发人员可以通过图形化的方式进行 ETL Job 的开发。ETL Job 的编译。在开发好 ETL Job 后,可以直接在 DataStage Designer 里面进行编译。如果编译不通过,编译器会帮助开发人员定位到出错的地方。ETL Job 的执行。在编译成功后,则在 DataStage Designer 里面可以运行 ETL Job。

(4) DataStage Director。DataStage Director 主要有以下两个功能：一是监测 ETL Job 的运行状态。ETL Job 在 DataStage Designer 中编译好后，可以通过 DataStage Director 来运行它。前面在介绍 DataStage Designer 的时候提到在 DataStage Designer 中也可以运行 ETL Job，但是如果要监测 ETL Job 的运行情况还是要登录到 DataStage Director 中。在这里，可以看到 ETL Job 运行的详细的日志文件，还可以查看一些统计数据，比如 ETL Job 每秒所处理的数据量。二是设置运行 ETL Job 时间。在 DataStage Director 中可以设置在每天、每周或者每月的某个时间运行的 ETL Job。

4.2.3 DataStage 安装配置及其应用

我们已经知道，DatsStage 是面向过程、可视化操作的特点，因此，DataStage 大部分配置都是在可视化界面完成的。在进行操作时，按照可视化界面标签和提示步骤则可保证操作的顺利进行。

1) 配置 dsenv 文件(Linux 环境)

dsenv 文件主要是用来存放环境变量的，这些环境变量包含了 DataStage 要用到的类库，以及要连接的数据库的安装的路径等。dsenv 文件位于文件夹 $DataStage/DSEngine 里面，$DataStage/是 DataStage 的安装目录。打开 dsenv 文件进行 dsenv 文件配置，在文件的最后加上下列格式内容：

Database_type DIR = 文件目录;	*export Database_type DIR*
Database_type INSTANCE = Database_name;	*export Database_type INSTANCE*
INSTHOME = 文件目录;	*export INSTHOME*
PATH = 文件目录;	*export PATH*
LD_LIBRARY_PATH = 文件目录;	*export LD_LIBRARY_PATH*
THREADS_FLAG = native;	*export THREADS_FLAG*

其中 Database_type 主要表示数据库的类型，如 DB2，SQL sever 等。DIR 为安装路径，INSTANCE 表示数据库实例，INSTHOME 是实例的路径，PATH 是数据库路径，THEADS_FLAG 为数据库本地位置。当这些变量配置好以后，就可以进行 DataStage 和数据库连接。

2) 新建项目

DataStage 的项目创建是在 DataStage Administrator 模块中进行的，新建项目的过程可以描述为：用 DataStage Administrator 身份登录到 DataStage Server。Host system 是安装 DataStage Server 的主机，输入它的 IP 地址或者主机名，用户名和密码后，单击按钮"OK"就可以登录到 DataStage Server。登录后，在标签 Projects 中可以看到目前这个 DataStage Server 上面所有的项目。单击按钮"Add"新建一个项目；在弹出的对话框中输入满足标示符规则的项目名，比如 myproject，然后选择存储路径。项目存储的默认路径是 DataStage 安装路径的 Projects 目录下面，如果要改变默认路径，可以通过单击按钮"Browse"实现。需要注意的是，不要钩上选择框"Create protected project"，因为如果钩选该选择框，所创建的 project 将没办法被改变。上述步骤完成后，单击按钮"OK"，项目新建完成。

3) 新建 ETL Job

用 DataStage Designer 登录 DataSatge Server，输入 DataStage Server 的 IP 或主机名以及用户名和密码，并指定 Project 为创建的项目 myproject。单击按钮"OK"，在 DataStage Designer 当中单击 File'New 去创建一个新的 ETL Job。选择"Parallel Job"，单击按钮"OK"；一个新的 ETL Job 已经创建了，单击工具栏上的图标"保存"，或者用快捷键"Ctrl+S"来保存，这时候一个保存 ETL Job 的对话框会弹出来。

4) 导出表

在 DataStage Designer 的左下方的 Repository 中右键单击"Table Definition"，然后选择 Import'Pug-in Meta Data Definition 选项，在弹出的对话框中选择需要的数据库名(比如 DB2)。单击按钮"OK"，在弹出的对话框中，Server Name 选择为 Source。输入用户名和密码，勾选 Tables 选择框之后单击按钮"Next"。选择表数据库中的一个表，选择要保存到的目录，然后单击按钮"Import"，至此，所选择的表将会导出。

5 小 结

互联网技术的发展促使数据数量和类型的爆发式增加，数据抽取是大数据应用的前提。数据抽取是从复杂无序的数据中快速查询、获取、分析、应用的前提与保障。然而，由于大量脏数据的存在，要求我们对获得的数据进行清洗，从而提高数据的准确性。同时，ETL是进行数据抽取、清洗/转换、装载的重要工具，对企业的智能决策有着重要的意义。ETL技术的成熟和广泛应用，促进了ETL产品的大量出现，使得数据抽取、清洗从理论转变为现实。

思考题

1. 简述数据抽取原理。
2. 增量抽取有哪几种方式？
3. 基于Web的数据抽取有几种方式？它们的优缺点是什么？
4. 简述数据质量的分类。
5. 谈谈你对数据清洗架构的理解。
6. 简述基于Hadoop的数据清洗和基于数据仓库的数据清洗。
7. 简述ETL概念、组成及实现方法。
8. 简述ETL数据数据处理过程。

参考文献

[1] 范春晓. Web数据分析关键技术及解决方案[M]. 北京邮电大学出版社，2017.
[2] 俞鑫，吴明晖. 基于深度学习的Web信息抽取模型研究与应用[J]. 计算机时代，2019(09)：30-32.
[3] 李岩. 面向动态Web应用的数据采集与抽取技术研究与实现[D]. 北京邮电大学，2019.
[4] 王志华，魏斌，李占波，赵伟. 基于本体的Web信息抽取系统[J]. 计算机工程与设计，2012(7)：2634-2639.
[5] 金燕. 基于本体的Web信息抽取研究综述[J]. 图书馆学研究，2012(16)：2-6.
[6] 张建威. 面向微信内容的全文信息检索技术研究[D]. 华东师范大学，2018.
[7] 郎波，张博宇. 面向大数据的非结构化数据管理平台关键技术[J]. 信息技术与标准化，2013(10)：53-56.
[8] 汪建，方洪鹰. 云计算与WPA体系安全研究[J]. 电脑知识与技术，2009，5(33)：9611-9614.
[9] 应毅，任凯，刘正涛. 基于云计算技术的数据挖掘[J]. 微电子学与计算机，2013(2)：161-164.
[10] 王会举. 大数据时代数据仓库技术研究[M]. 武汉：武汉大学出版社，2016.
[11] 刘鹏，张燕，李法平，陈潇潇. 大数据应用人才培养系列教材——数据清洗[M]. 北京：清华大学出版社，2018.
[12] Rahm. E, Do. H. H. Datacleaning: Problems and Current Approaches. IEEE Data Engineering Bulletion, 23(4), September 2000.
[13] 郭逸重. Hadoop分布式数据清洗方案——一种基于孤立点挖掘的Hadoop数据清洗算法的研究[D]. 广州：华南理工大学，2012.
[14] 龙军，章成源. 数据仓库与数据挖掘[M]. 长沙：中南大学出版社，2018.
[15] 谢东亮. 数据清洗基础与实践[M]. 西安：西安电子科技大学出版社，2019.
[16] (美)斯夸尔(Megan Squire). 干净的数据：数据清洗入门与实践[M]. 北京：人民邮电出版社，2018.
[17] 张丹责任编辑：(中国)姚良. Python3爬虫实战：数据清洗、数据分析与可视化[M]. 北京：中国铁道出版社，2019.
[18] 白宁超，文俊，唐聃. Python数据预处理技术与实践[M]. 北京：清华大学出版社，2019.

第 3 章

大数据存储技术

大数据存储技术是伴随着大数据的出现而开发的技术，它主要用于解决传统结构化数据存储的不足，以适应海量数据和复杂非结构化数据的存储。目前，大数据存储技术种类多样，并且取得了比较广泛的应用。本章从五个方面介绍了大数据存储，包括大数据存储面临的挑战、数据存储方式、非关系型数据库(NoSQL)、常见非关系型系统(Linux、Memcached 等)、分布式文件系统(HDFS, GFS)。希望通过本章的学习，能够基本掌握大数据存储理论知识和技术应用。

1 大数据存储面临的挑战

随着物联网、云计算、社交网络与移动网络等信息技术的应用，日常工作与生活中产生的数据量倍数增长、数据种类繁多，大数据时代已经来临。伴随着大数据来的是大数据的存储问题，这一问题与传统的数据存储存在显著差异，这主要由大数据的复杂性决定。大数据的复杂性表现为关系复杂性(数据来源多元且多模态)、时间复杂性(三元空间大数据的产生、柔性粒度数据传输和计算)、空间复杂性(数据的生命周期)三个方面。因此，解决数据存储问题是大数据应用的关键，对于大数据存储，主要面临以下挑战。

(1) 大容量。大数据的"大"，一方面体现在数据容量上，其数据规模可以达到 EB 级别。如阿里巴巴中国零售平台的移动活跃用户目前以达到 7.55 亿，单季增长达到 3 400 万，在 2019 年的"双十一"中，仅用时 21 秒，成交额突破 10 亿元，短短时间内迸发了海量数据。因此，为了能够适应海量数据的规模，大数据存储系统必须具有大容量内存空间和相应的等级扩展能力，从而不仅能够满足当前数据规模需求，而且可以满足数据规模快速增长的需求。另一方面，大数据有复杂的数据类型和结构，比如在淘宝网上，不仅有商品的文字描述信息，而且还附带商品的图片信息及讲解视频。为此，大数据系统必须具有合理的存储模式设计和良好的运行机制，保证对不同类型数据的准确操作。除此之外，大数据存储系统的容量扩展机制和存储运行机制一定要简便、易操作，并且其硬件支持要有很强的健壮性。

(2) 高响应。相对于以往较小规模的数据处理，在数据中心处理大规模数据时，需要服务集群有很高的吞吐量才能够让巨量的数据在应用开发人员"可接受"的时间内完成任务。这不仅是对于各种应用层面的计算性能要求，更是对大数据存储管理系统的读写吞吐量的要求。由于大数据存在数据量大，内容复杂和非结构化的性质，当请求访问数据库系统时，数据库的响应能力会受到一定程度的限制。从而造成数据不能及时响应访问请求，出现数据应答的延迟问题。因此，大数据存储系统必须要有快速及时的响应能力，对应用程序的请求作出即时应答，并快速更新数据库系统的数据。如果大数据存储系统达不到及时响应，有可能造成严重的后果。比如，银行数据库系统每天都要面对成千上万的交易次数，这就要求银行的数据库能够做到同步及时的响应，进行数据更新操作。如果在交易过程中，响应延迟，将会造成重大损失。

(3) 安全性。数据的安全性是对数据存储的硬性要求。数据安全性表现在两个方面：一是数据本身的安全。它主要是通过数据加密技术、授权访问、数据备份、数据库多机配置、身份认证等方式来实现。二是数据处理的安全。它是指如何有效地防止数据在录入、处理、统计操作时由于硬件故障、电源故障、人为误操作、病毒侵入等造成数据的丢失或损坏。数据的安全性对于数据的加密算法、硬件支持、人员素质、防护技术等有更高的要求，能否提供安全可靠的硬件设备，以及准确鉴别数据的安全性，是大数据系统所要解决的核心议题。如果这些方面满足不了大数据存储的要求，那么大数据的安全性将是无法绕开的挑战。

(4) 成本。大数据的存储面临着的成本问题主要表现在以下几个方面。首先，数据的收集、存储、清洗、挖掘、抽取等过程相对来说较为复杂。这一过程要消耗很长的时间，这会促使大数据存储的成本增加。另外，如果大数据存储长时间得不到解决，则无法满足用户对数据查询的需要，造成数据的价值得不到有效的发挥，从而增加维持用户满意度的成本。其次，在硬件方面，由于大数据自身的特征，这对于支持大数据存储的硬件设备的性能提出了更高的要求。因此，研发和改进能够适应大数据存储要求的硬件设备，需要投入更多的人力、物力和财力，也会不同程度地提高大数据存储的成本。最后，从软件的角度考虑，开发一款适于大数据存储的软件(大数据库系统，大数据库管理系统等)，且能通过该软件保证大数据存储和大数据管理的简单、实用、高效、稳定运行，并不容易。

(5) 数据积累。数据积累问题是指数据在存储系统中的存储时间问题。对于有些数据，比如金融、教育、医疗等，需要保存较长的时间。而有些使用大数据存储的用户希望数据能够存储更长的时间。由于数据分析是基于时间维度的，要实现数据的长期保存，就要求大数据存储系统能够具有持续进行持续性检测和长期高效可用的功能。

(6) 灵活性。大数据具有数据类型繁多的特点，这一特点将数据划分为结构化的数据(如格式化数据)和非结构化的数据(文本、视频、音频等)。这些多类型的数据对于数据存储系统处理大数据的处理能力和灵活性提出了更高的要求。因此，大数据存储系统既要能够提供足够的空间，满足不同类型数据的存储需求；又要能够通过合理的机制，对不同类型的数据进行处理，满足用户对不同数据类型的需求。

(7) 应用感知。应用感知是数据库技术的一项重要应用技术，它根据性能、可用性、可恢复性、法律法规要求及价值来调整存储，以适应存储对应的单个应用。应用感知通过合理设置磁盘区域划分和数据存储机制，可以优化数据布局、数据行为和提高服务质量水平，确保系统处于最佳性能。实践证明，在某些情况下，通过应用感知存储技术，可以提高磁盘80%～90%的使用率。而在服务质量水平保持不下降的情况下，应用感知存储技术能够节省50%的管理时间。因此，大数据存储系统要能够感知不同的应用，从而提高效率和整体性能。

(8) 小用户。大数据的应用不仅存在于大型用户群体上，小用户在对大数据的需求方面，也扮演着重要的角色。由于小用户的数量多，需求层次差异化明显，因此，深入调查、分析小用户对大数据的需求，把大数据推向小用户，不仅能够满足小用户的信息需求，更能通过面向用户需求而开发出合适的产品和服务。

(9) 系统共享。当企业认识到大数据分析应用的潜在价值，他们就会将更多的数据集纳入系统进行比较，并让更多的人分享并使用这些数据。同时，企业为了创造更多的商业价值，还可能将来自不同平台下的多种数据对象进行综合分析，包括全局文件系统在内的存储基础设施就能够帮助用户解决数据访问的问题，全局文件系统允许多个主机上的多个用户并发访问文件数据，而这些数据则可能存储在多个地点的多种不同类型的存储设备上。

2 数据存储的方式

数据存储是数据流在加工过程中产生的临时文件或加工过程中需要查找的信息，这种信息以某种格式记录在计算机内部或外部存储介质上。而数据流具有两方面特征：数据流反映了系统中流动的数据，表现出动态数据的特征；数据存储反映系统中静止的数据，表现出静态数据的特征。目前，数据存储通常采用三种方式：集中式存储、分布式存储、分层式存储。

1）集中式存储

集中式存储是指通过建立一个庞大的数据库，把各种信息存入其中，各种功能模块围绕信息库的周围并对信息库进行录入、修改、查询、删除等操作的组织方式。集中式数据库系统是由一个处理器、与它相关联的数据存储设备以及其他外围设备组成，它被物理地定义到单个位置，系统及其数据管理被某个或中心站点集中控制，如图 3-1 所示。集中式数据存储系统提供数据处理能力，用户可以在同样的站点上操作，也可以在地理位置隔开的其他站点上通过远程终端来操作。

图 3-1　集中式存储结构

集中式存储数据通过主控节点维护各从节点的元信息，其优点是人为可控，维护方便，在处理数据同步时更为简单，功能容易实现，并且数据库大小和它所在的计算机不需要担心数据库是否在中心位置。其缺点是存在单点故障风险，比如当中心站点计算机或数据库系统不能运行时，在系统恢复之前所有用户都不能使用系统；另外，采用集中式数据存储，从终端到中心站点的通信开销是很昂贵的。

2）分布式存储

分布式存储是指数据库技术与网络技术相结合而产生的，它将数据分散存储在多台独立的设备上。传统的网络存储系统采用集中的存储服务器存放所有数据，存储服务器成为系统性能的瓶颈，同时也是可靠性和安全性的焦点，不能满足大规模数据存储应用的需要。分布式网络存储系统采用可扩展的系统结构，利用多台存储服务器（中心节点）分担存储负荷，如图 3-2 所示。

分布式数据库系统有两种结构：一种结构为物理上分布、逻辑上集中的分布式数据库系统；另一种结构为物理上分布、逻辑上分布的分布式数据库。

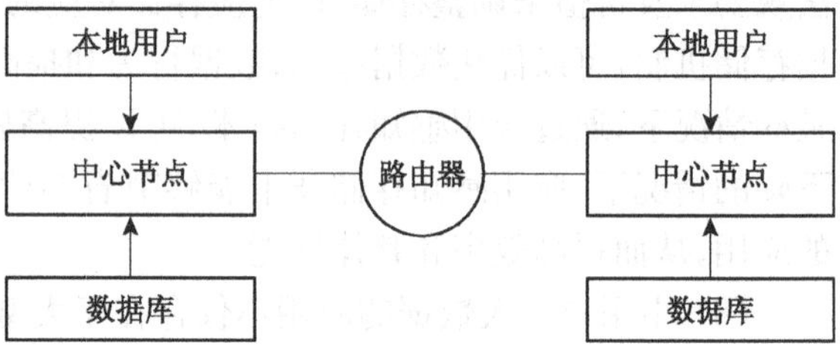

图 3-2　分布式存储结构

物理上分布、逻辑上集中的结构是一个逻辑上统一、地域上分布的数据集合，是计算机网络环境中各个节点局部数据库的逻辑集合，同时受分布式数据库管理系统的统一控制和管理，即把全局数据模式按数据来源和用途合理分布在系统的多个节点上，使大部分数据可以就地、就近存取，用户不会感到数据是分布的。

物理上分布、逻辑上分布的结构是把多个集中式数据库系统通过网络连接起来，各个节点上的计算机可以利用网络通信功能访问其他节点上的数据库资源。一般由两部分组成：一是本地节点数据，二是本地节点共享的其他节点的有关数据。这种运行环境中，各个数据库系统的数据库有各自独立的数据库管理系统集中管理，节点间的数据共享由双边协商确定。这种数据库结构有利于数据库的集成、扩展和重新配置。

分布式数据存储不仅提高了系统可靠性、可用性、存取效率，而且还易于扩展，从而保障了数据存取的大容量性能。同时，分布式存储将数据分布在不同的节点上，减轻了本地节点的负担，提高了本地数据请求的响应时间。而分布式数据存储的缺点是无主控点，致使一些元数据的更新操作的实现较为复杂，不易进行人工控制。由于数据库分布在网络中的各个节点，这就增加了各节点之间的通信开销。另外，分布式数据存储与集中式存储在存取结构上存在差异，致使两者不能兼容。

3）分层式存储

分层式存储也称为层级存储管理，广义上讲，就是将数据存储在不同层级的介质中，并在不同的介质之间进行自动或者手动的数据迁移、复制等操作。分层存储为不同类型的存储介质分配不同类别的数据，借此提高存储效率，减少总体拥有成本。存储类别的选择通常取决于应用对服务级别的需求，具体包括可用性、性能、数据保留的需求、使用频率及其他因素。分层存储最多可以把存储成本节省50%，因而相对于不断增加存储介质，分层存储是最佳的选择。

分层存储可以在存储阵列创建不同的存储层（使用不同容量或者性能的磁盘驱动器）。创建方式包括：为不同数据分配高速缓存，使用有不同特性、物理独立的存储阵列。存储分层可能很复杂，因为存储的数据越来越多，分的层次也就越细。因此，采取分层存储，要根据数据的类型、数据的容量，合理设计存储层次。

采取分层存储需要考虑数据一致性问题、准确率问题、分层介质选择问题、分层级别问题、数据迁移策略问题。数据一致性的问题指对存储在不同层的不同数据的改写操作，可能导致数据的不一致。准确率的问题表现在两个方面：一是存储的数据与用户提供的数据之间无差异；二是数据库提供的数据与用户请求的数据相匹配。因此，设计一套完善的算法或者实现策略来提高数据系统的准确率是分层存储的关键。在构成分层存储的数据库系统中，不同层级之间的介质在存储容量、存取速度、成本等方面是有差别的，因此，采用分层式存储要权衡存储介质的选择，找到一个合适的点，使得成本与效益最优化。

分层式数据存储要对数据进行分级，主要包括字节级，块级（包括扇区及簇），文件级及文件系统级。不同的级别有不同的应用场合，因此，需要根据不同的需求制定不同的分层级别。由于在分层式存储结构中，数据并不集中于同一介质上，当数据库服务器抽取数据时，就会访问多个数据出处；当数据库服务器存放数据时，就会存在多个去向。上述情况的出现就是数据的迁移问题，因此，制定合理的迁移策略，是避免分层式数据存储出现混乱和差错的重要方法。

目前分层存储的类型主要有基于虚拟化技术的分层存储，如 HiperSAN 技术还有越来越多的厂商提供设备内部分层存储解决方案，比如使用较低成本的 SATA 设备以及性能较高的光纤通道驱动器。

总之，三种存储方式为数据存储提供了参考，采用何种方式的存储机制，要根据具体情况具体分析。表 3-1 列举了三种存储方式的优缺点。

表 3-1 三种不同存储方式的优缺点

存储方式	优点	缺点
集中式存储	人为可控，维护方便，在处理数据同步时更为简单	单点故障风险，开销大
分布式存储	提高了系统的可靠性、可用性和存取效率，易于扩展，高响应	无主控点致使一些元数据的更新操作的实现较为复杂，不易进行人工控制
分层式存储	效率高、成本低、灵活性强	存在数据一致性问题、多策略匹配问题

3 非关系型数据库

上节介绍了大数据的三种存储方式，并分析了每种方式的优缺点。本节主要介绍分布式数据存储系统非关系型数据库（NoSQL），详细分析 NoSQL 产生的原因、概念及特点，系统阐述 NoSQL 的框架、基本理论、存储模型。如今 NoSQL 得到了广泛的应用，了解和掌握 NoSQL 的基本知识和应用，掌握传统数据库和非关系型数据库的区别和联系是十分必要的。

3.1 NoSQL 数据库产生原因、概念及特点

随着 Web2.0 的广泛应用与数据量的爆炸性增长，传统的关系型数据库(RDBMS)已经难以实现 Web2.0 环境下可能出现的众多并发读写请求，特别是超大规模和高并发的 SNS 类型的 Web2.0 纯动态网站。数据库在 Web2.0 环境下需求发生变更，主要表现在以下三个方面。

一是高并发读写的需求(High Performance)，Web2.0 网站要根据用户个性化信息来实时生成动态页面和提供动态信息，无法使用动态页面静态化技术，因此，数据库的并发负载非常高，往往要达到每秒上万次的读写请求；二是海量数据的高效率存储和访问的需求(Huge Storage)，类似 Facebook、Twitter、腾讯、百度、新浪等的 Web2.0 网站，每天用户产生海量的用户动态，且有数以亿计的账号访问；三是高扩展性和高可用性的需求(High Scalability & High Availability)，在 Web 架构，数据库较难横向扩展，当用户量和访问量增加时，数据库不能像 Web Server 一样，通过简单添加更多硬件和服务节点来扩展性能和负载能力，且数据库系统的升级和扩展往往需要停机维护，而目前现在很多服务类网站都需要 24 小时服务。

面对 Web2.0 的高要求，传统的关系型数据库(RDBMS)很多主要特性并没有实际用处，例如，数据库事务一致性需求，很多 Web 实时系统并不要求严格的数据库事务，对读一致性的要求很低，对写一致性的要求也不高，因此数据库事务管理成了数据库高负载的重负担；数据库的读写实时性需求，对关系数据库来说，插入一条数据之后立刻查询，可以实时读出这条数据，但是对于很多 Web 应用来说，并没有要求这么高的实时性；对复杂的 SQL 查询，特别是多表关联查询的需求，现在任何大数据量的 Web 系统都尽量避免多个大表的关联查询，以及复杂的数据分析类型的复杂 SQL 报表查询，特别是 SNS 类型的网站，更多关注单表的主键查询、简单条件分页查询，因此，SQL 的查询功能被弱化。

NoSQL 是 Not only SQL(非关系型数据库)的简称，指的是与关系型数据库相对的一类数据库的总称，这些数据库放弃了对关系型数据库模型的支持，转而采用灵活的、分布式的、对数据扩展开放的数据存储方式管理数据，从而满足大数据存储和处理的需求。由于这些数据不支持关系型操作，因此，一般不支持 SQL 语言接口，也不支持 ACID 的事务原则。

现今的计算机体系结构在数据存储方面要求具备庞大的水平扩展性，可将多个服务器从逻辑上看作一个实体，而非关系型数据库(NoSQL)存储即可实现这一需求。相对于传统数据库而言，NoSQL 进行了改善。与关系型数据库相比，NoSQL 有以下特点。

(1) 易于数据分散与读写处理。NoSQL 采用对用户透明的分布式数据存储方案，适合存储海量数据，在此基础上提供的分布式数据处理，方便实现大数据处理的实时性要求。传统的关系型数据库(RDBMS)并不擅长大量数据的写入处理。原本传统的关系型数据库(RDBMS)就是以 JOIN 为前提的，各个数据之间存在关联是关系型数据库的主要特征。为了进行 JOIN 处理，传统的关系型数据库(RDBMS)不得不把数据存储在同一个服务器内，这不利于数据的分散。然而，非关系型数据库(NoSQL)不支持 JOIN 处理，各个数据都是独立设计的，很容易将数据分散到多个服务器上，减少了每个服务器上的数据量，即使要进行大量数据的写入操作或读入操作，处理起来也更加容易。

(2) 提升性能与增大规模。NoSQL 针对大数据的特点进行优化，提供更高效、更符合大数据处理需求的操作方式。NoSQL 采用灵活的数据模型，可以方便地对结构复杂的大数据进行存储，并可以根据需求随时进行扩展。要使服务器能够轻松地处理更大量的数据，有两种办法：一是提升服务器性能，二是增大服务器规模。提升服务器性能是通过提升现行服务器自身的性能来提高处理能力，该方法简单易行、程序无需变更，但是成本较高，因为要购买性能翻倍的服务器，往往需要花费的资金可能需要多达 5～10 倍。增大服务器规模是使用多台廉价的服务器来提高处理能力，该方法需要对程序进行变更，但廉价的服务器可以控制成本。非关系型数据库(NoSQL)的设计是让大量数据的写入处理更加容易(让增加服务器数量更容易)，使它在处理大量数据方面很有优势。

3.2 NoSQL 框架体系

NoSQL 整体框架分为四层，由下至上分为数据持久层(data persistence)、整体分布层(data distribution model)、数据逻辑模型层(data logical model)和接口层(interface)，如图 3-3 所示。层次之间相辅相成，协调工作。

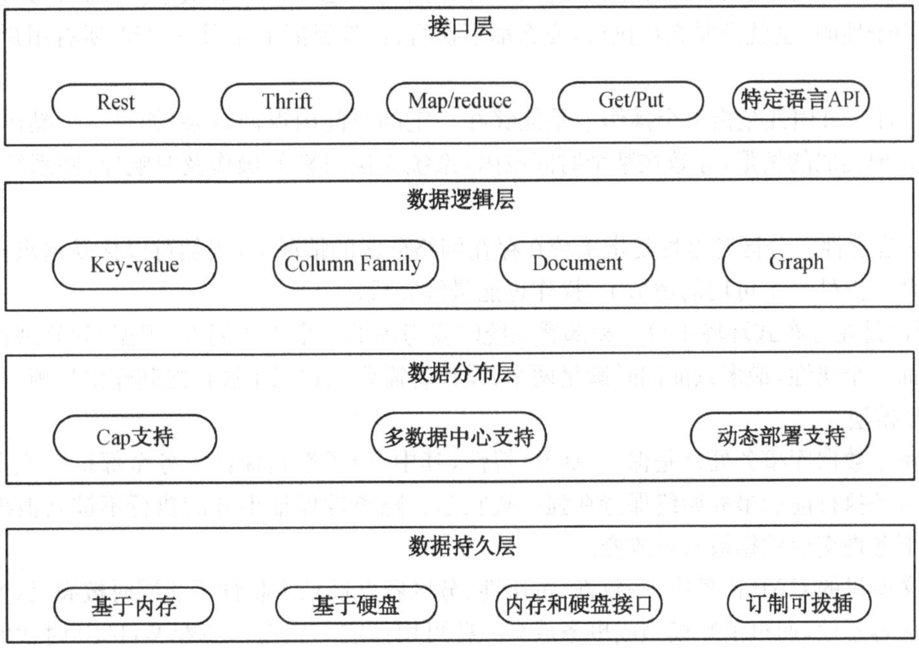

图 3-3 NoSQL 架构体系

数据持久层定义了数据的存储形式，主要包括基于内存、基于硬盘、内存和硬盘接口、订制可拔插四种形式。基于内存形式的数据存取速度最快，但可能会造成数据丢失。基于硬盘的数据存储可能保存很久，但存取速度较基于内存形式的要慢。内存和硬盘相结合的形式，结合了前两种形式的优点，既保证了速度，又保证了数据不丢失。订制可拔插则保证了数据存取具有较高的灵活性。

数据分布层定义了数据是如何分布的，相对于关系型数据库，NoSQL 可选的机制比较多，主要有三种形式：一是 CAP 支持，可用于水平扩展；二是多数据中心支持，可以保证在横跨多数据中心时也能够平稳运行；三是动态部署支持，可以在运行的集群中动态地添加或删除节点。

数据逻辑层表述了数据的逻辑变现形式，与关系型数据库相比，NoSQL 在逻辑表现形式上相当灵活，主要有四种形式：一是键值模型，这种模型在表现形式上比较单一，但却有很强的扩展性。二是列式模型，这种模型相比于键值模型能够支持较为复杂的数据，但扩展性相对较差。三是文档模型，这种模型对于复杂数据的支持和扩展性都有很大优势。四是图模型，这种模型的使用场景不多，通常是基于图数据结构的数据定制的。

接口层为上层应用提供了方便的数据调用接口，提供的选择远多于关系型数据库。接口层提供了五种选择：Rest，Thrift，Map/Reduce，Get/Put，特定语言 API，使得应用程序和数据库的交互更加方便。

NoSQL 分层架构并不代表每个产品在每一层只有一种选择。相反，这种分层设计提供了很大的灵活性和兼容性，每种数据库在不同层面可以支持多种特性。

3.3 NoSQL 基本理论

NoSQL 系统的理论包括 CAP 理论、BASE 模型和最终一致性理论，三者构成 NoSQL 存在的三大基石。

3.3.1 CAP 理论

CAP 理论由 Eric Brewer 在 ACM PODC 会议上主题报告中提出，这个理论是 NoSQL 数据库构建的理论基础。该理论包括一致性(consistency)、可用性(availability)、分区容忍性(partition tolerance)。

(1) 一致性。一致性是指系统在执行过某一操作后仍然处于一致的状态。在分布式系统中，操作的执行都是原子性的，也就是要么都执行，要么都不执行，这就保证了在同一时刻，所有用户都能够读取到同样的值。

(2) 可用性。可用性是指每个操作总是能够在一定的时间内返回结果，如果一个操作需要对整个系统加锁或其他类似的情形，导致在某个时间段内，系统无法对新的操作及时响应，则系统在该时间段内不可用。

(3) 分区容忍性。分区容忍性是指系统在存在网络分区的情况下，仍然可以接受请求，即使分布式系统中的某些节点处于不可用的情形下，操作也能最终完成。

CAP 理论是在分布式环境中设计和部署系统时要考虑的三个重要属性，根据 CAP 理论，系统不能同时满足上面三个属性，最多只能同时满足两个，设计者需要在这三个属性之间作出权衡。

3.3.2 BASE 模型

传统关系型数据库事务处理是保证 ACID 特性，其中，原子性是保证事务全部执行或全部不执行。一致性保证事务执行前后事务始终保持在强一致状态。隔离性保证事务的执行不被其他事务所干扰。持久性保证事务提交后数据被永远改变。

正如上文所讲的 CAP 模型中，一致性、可用性、分区容忍性三个特性不能同时被满足，NoSQL 系统更倾向于分区容忍性，通过消减模型或事务放弃一些可用性或一致性。随着 Web2.0 时代的到来，数据量飞速增长，它们对数据的可用性和分区容忍性的要求高于一致性，并且难于满足事务 ACID 特性，因此，BASE 模型被提出。

BASE 模型是指基本可用性(basically available)，即能够基本运行，以致提供服务。软状态(soft-state)，不要求一直保持强一致状态，可以有段时间不同步。最终一致性(eventual consistency)，即不用时刻保持高度一致，只要最终结果保持一致就可以了。

3.3.3 一致性

一致性包括三类：强一致性、弱一致性、最终一致性。

(1) 强一致性。它是指系统中的数据更新后，后续对数据的任何访问得到的都是更新后的数据。

(2) 弱一致性。它是指系统中的数据更新后，不能保证后续对数据的访问得到的都是更新后的数据，在系统还未达到一致性之前，访问处在不一致状态窗口中。

(3) 最终一致性。它是指系统中的数据更新后，后续如果没有再次更新，则可以保证最后所有的数据访问都会得到最新的值。

3.4 NoSQL 存储模型

传统关系型数据库在处理数据密集型应用方面显得力不从心，主要表现在灵活性差、扩展性差、性能差等方面，在这样的背景下，NoSQL 数据库应运而生，作为对关系型 SQL 数据系统的补充。由于 NoSQL 数据库能够极大地适应云计算的需求，因此各种 NoSQL 数据库如雨后春笋般涌现。当前主要有六种类型的 NoSQL 数据库：键值存储模型数据库、列式存储数据库、文档型数据存储数据库、图形数据存储数据库、对象存储数据库和 XML 存储数据库。其中前四种应用比较广泛，表 3-2 列出了不同类型数据库存储的部分产品名称、特征和应用。

表 3-2 非关系型数据库(NoSQL)的主要类型、部分产品、特征及应用

主要类型	部分名称	特征	应用
键值存储	Tokyo Cabmet/Tyrant BerkeleyDB MemcacheDB Redis Dynamo Voldemort Oracle Coherence	可以通过 key 快速查询到其 value。一般来说,存储不管 value 的格式,照单全收。(Redis 包含了其他功能)	大数据高负荷应用、日志
文档存储/全文索引	MongoDB CouchDB	文档存储一般用类似 json 的格式存储,存储的内容是文档型的。这样也就有有机会对某些字段建立索引,实现关系数据库的某些功能。数据结构不严格,表结构可变	半结构和非结构化数据存储
图存储	Neo4J FlockDB InfoGrid HyperGraghDB Infinite Gragh	图形关系的最佳存储,高效匹配图结构相关算法。使用传统关系数据库来解决的话性能低下,而且设计使用不方便	社交网络
列存储	BigTable HBase Cassandra Hypertable	按列存储数据的。最大的特点是方便存储结构化和半结构化数据,方便做数据压缩,对针对某一列或者某几列的查询有非常大的 I/O 优势。查找速度快、可扩展性强、更容易进行分布式扩展	汇总统计、数据仓库
对象存储	db4o Versant	通过类似面向对象语言的语法操作数据库,通过对象的方式存取数据	
XML 存储	Berkeley BXML BaseX	高效地存储 XML 数据,并支持 XML 的内部查询语法,比如 XQuery 和 Xpath 等	

3.4.1 键值存储模型

此类数据库主要会使用到一个哈希表,这个表中有一个特定的键和一个指针指向特定的数据对,在键和值之间建立了映射关系。键值存储结构非常简单,键上自带索引,值的解释和管理依赖于客户端,对于某个键,对应的值可以是任何数据类型。键值存储模型常用于内容缓存,也就是适合混合工作负载并扩展大的数据集,对于大数据存储来说,其优势在于存储量大、简单、易部署、查询快速、高并发读写,缺点为存储的数据缺少结构化,对于批量的数据处理,效率不高。键值存储模型又可以分为三种类型:临时型、永久性、混合型。

(1) 临时型。临时指的是数据有可能丢失、在内存中保存数据、可以进行非常快速的保存和读取处理。MemcachedDB 属于这种类型,它把所有数据都保存在内存中,这样保存和读取的速度非常快,但是当 MemcachedDB 停止的时候,数据就不存在了。由于数据保存在内存中,所以无法操作超出内存容量的数据(旧数据会丢失)。

(2) 永久型。永久指的是数据不会丢、在硬盘上保存数据、可以进行非常快速的保存和读取处理

(但无法与 MemcachedDB 相比)。Tokyo Tyrant、Flare、ROMA 等属于这种类型。这里的 key-value 存储不像 MemcachedDB 那样在内存中保存数据,而是把数据保存在硬盘上。与 MemcachedDB 在内存中处理数据比起来,由于必然要发生对硬盘的 I/O 操作,所以性能上还是有差距的,但数据不会丢失是它最大的优势。

(3) 混合型。这种类型兼具临时型和永久型的优点,数据同时在内存和硬盘上保存、保存在硬盘上的数据不会消失(可以恢复)、可以进行非常快速的保存和读取处理、适合于处理数组类型的数据。Redis 属于这种类型。Redis 有些特殊,它首先把数据保存到内存中,在满足特定条件(默认是 15 分钟 1 次以上,5 分钟内 10 个以上,1 分钟内 10 000 个以上的 key 发生变更)的时候将数据写入到硬盘中。这样既确保了内存中数据的处理速度,又可以通过写入硬盘来保证数据的永久性。这种类型的数据库特别适合于处理数组类型的数据。

3.4.2 列式存储模型

此类存储模型通常用来应对分布式存储的海量数据,键仍然存在,但是它们的特点是指向了多个列。这些列是由列簇来存储的,也就是说,系统会将某一列的数据存放在同一分区中,而不是以行为单位组织数据存储,这就节省大量 I/O 操作,另外,列式存储,每列单独存放,数据本身就是索引,省去了建立索引和物化视图的时间和资源。列存储数据库适合应用于分布式的文件系统查找速度快,可扩展性强,存储性能高,且能进行高效压缩。缺点为其功能相对局限。

3.4.3 文档型数据存储模型

文档型数据存储模型同第一种键值存储相类似。该类型的数据模型是版本化的文档,半结构化的文档以特定的格式存储。文档型数据库可以看作是键值数据库的升级版,允许数据之间嵌套键值,支持数据库二级索引,还可以对值创建索引方便上层应用,保证了文档型数据库比键值数据库的查询效率高。文档型数据存储中,所有数据存储在同一文档中,不需要数据间连接操作和事务处理,因此适用于 Web 应用,其优点为数据结构要求不严格,数据更容易集群,扩展性强。缺点为查询性能不高,而且缺乏统一的查询语法。

文档存储数据库是非常容易使用的 NoSQL 数据库。具有以下特征:不定义表结构,也可以像定义了表结构一样使用。关系型数据库在变更表结构时比较费事,而且为了保持一致性还需修改程序,然而 NoSQL 数据库则可省去这些麻烦(通常程序都是正确的),方便快捷;可以使用复杂的查询条件,与键值存储数据库不同的是,文档存储数据库可以通过复杂的查询条件来获取数据,虽然不具备事务处理和 JOIN 这些关系型数据库所具有的处理能力,但除此以外的其他处理基本上都能实现,Mongo DB, Couch DB 属于这种类型。

3.4.4 图形数据存储模型

图形结构的数据存储模型同其他行列以及刚性结构的 SQL 数据库不同,它是使用灵活的图形模型,并且能够扩展到多个服务器上。由于 NoSQL 数据库没有标准的查询语言(SQL),因此进行数据库查询需要制定数据模型。图形数据存储模型适用于社交网络,推荐系统等,专注于构建关系图谱,其优点为利用图结构相关算法和图模型,可以直观地建模现实世界,直观地表达和展示数据之间的联系。缺点为需对整个图做计算才能得出结果,较难做集群。

4 常见的非关系型案例

在本章第 3 节中,按照数据的存储特征对非关系数据库进行划分。本节介绍各个类别中最为典型的非关系数据库的特点、安装及应用,包括键值存储的非关系数据库 Memcached、面向文档的非关系数据库 couchdb 以及图存储的非关系数据库 Neo4j。除此之外,本节详细介绍了应用比较广泛的 HBase

和 BigTable 的发展过程、特点、模型和机制。大多数非关系数据库运行在 Linux/Unix 环境之中，因此，本节首先介绍 Linux 发行版之一，即 CentOS 的安装及简易配置。在 Windows 操作系统中，可以利用 Cygwin 实现 Unix 运行环境，同样可以运行大多数的 Linux/Unix 程序。

4.1 Linux 操作系统及其安装配置

4.1.1 Linux 及其发行版简介

Linux 由 Linus Torvalds 最高开发和维护的一种免费使用和自由传播的类 Unix 操作系统，后来被纳入自由软件基金(FSF)的 GNU 计划中，其全称为 GNU/Linux。它实现了 POSIX 标准(Portable Operating System Interface)，因此，其使用方法与 Unix 基本一致，绝大多数应用程序在两种操作系统上是通用的。但 Linux 本身实际上是指 Linux 的内核部分，由个人、松散组织的团队、商业机构、志愿者组织等在 Linux 内核之上添加了系统软件、应用软件以及安装工具等就形成了 Linux 的发行版。Linux 通过 GPL(GNU 通用公共许可证)授权，允许用户销售、拷贝并且改动程序，但必须同样地自由传递并且必须免费公开修改后的代码。因此所有的 Linux 发行版本身都是免费的，但某些发行版通过系统的维护及新技术更新来收取费用，如 Redhat 等。

Linux 的发行版有数百种，但常见的有两个较大的分支，分别是 Debian 和 Redhat。Debian 系列包括 Debian，Ubunt，Mint 等，Redhat 系列主要有 REHL(Redhat 企业收费版)，Federa，CentOS 等，其他知名的发行版还包括 SUSE，Mandriva，Slackware，Gentoo，LFS 以及国内的红旗 Linux、银河麒麟等。所有的 Linux 操作系统都可以免费下载使用，但部分商业版本的技术支持及维护是收费的，比如 REHL。CentOS 是 RHEL(Red Hat Enterprise Linux)的源代码剔除了封闭软件代码后再编译的产物，由 Centos 社区发布。CentOS 有着和 RHEL 完全一样的功能和使用方法，在某些方面(如新硬件支持、Bug 的修复等)甚至做得更好。CentOS 是完全免费的，其同 REHL 的区别在于不向用户提供商业支持，也不负任何商业责任。本节所涉及的三种非关系数据库的运行环境选择 CentOS 最新的 6.5 版本。

4.1.2 CentOS 的安装及配置

CentOS 的获取十分方便，可以从遍布全球的镜像服务器下载。国内常用的有 163 和 Sohu 等。可以选择完整安装包(超过 5G)也可以选择最小安装(约 350M)，其安装过程类似，但完整安装包在安装过程中可选择安装软件和桌面等功能。

CentOS 的安装十分简易，在安装过程中需要设置的项目包括语言、键盘、网络配置、时区、硬盘分区、root 用户的密码等，安装过程大概需要 15 分钟左右。初学者可选择在虚拟机上安装。

1) 安装 JDK

如果选择完全安装，则完成之后需要将系统自带的 Open JDK 环境删除(Neo4J 运行在 Java 环境中，使用 Open JDK 可能带来未知的问题)然后安装 Oracle JDK。如果是最小安装，则直接安装 Oracle JDK 即可。

JDK 需要利用浏览器或 Wget 命令从 Oracle 网站下载，下载完成后用如下命令即可安装：

rpm - ivh jdk-8u5-linux-i586.rpm

RPM 是 RedHat Package Manager(RedHat 软件包管理工具)的缩写，其原始设计理念是开放式的，被多种 Linux 发行版作为软件包管理工具，包括 CentOS。上述命令的参数中，*i* 表示安装 rpm 包，*v* 表示显示详细信息，*h* 表示显示安装进度。

2) Yum 命令的使用

尽管 RPM 能够使得 Linux 下的软件安装能够像 Windows 一样简易，但由于 Linux 软件的自由特性，使得软件之间存在着复杂的依赖关系。这种依赖关系随着软件体系的复杂而变得极其庞大，非专业人士几乎不可能完全掌握，从而再次使得 Linux 下的软件安装变成一件困难的事情。为了应对这种状况,各种 Linux 发行片普遍采用了基于网络的、能够自动处理软件依赖关系的包管理器,在 Redhat 系列中这种工具为 Yum(全称为 Yellow dog Updater, Modified)。

Yum 的使用非常方便。例如,如果要安装软件 package-name,则执行 *yum install package-name* 即可,系统会自动到源服务器查找、下载并安装所需的软件。如果要删除软件则运行 *yum install package-name* 即可。除此之外,Yum 还提供了 search, upgrade 等命令用于管理 Linux 中的软件包。

3) 启动网卡

在 CentOS 的最小安装下网卡不会自动启动。一般情况下运行以下命令即可启动:

ifup eth0

上述命令的功能是启动设备名为 eth0 的网卡。在某些情况下可能需要对网络进行配置才能够访问互联网,请参阅相关的 Linux 书籍或手册。

4) 安装 C 语言编译环境

在 CentOS 中从源代码安装软件需要 C 语言编译器及编译环境,可以利用 yum 命令来下载安装:

yum groupinstall"Development tools"

需要注意的是,由于 Development tools 中间有空格,所以在命令中必须添加双引号。

5) 安装 Python 包管理工具

此外,本部分利用 Python 语言来访问所介绍的非关系数据库。各 Linux 发行版大都内置了 Python 语言环境,CentOS 也不例外。但为了方便地安装 Python 工具包,还需要安装 Python 的包管理工具,利用 *yum install python-setuptools* 命令即可安装,最常见的 Python 包管理工具 easy_install 即包含在其中,下文中我们将会利用该命令来安装各个非关系数据的 Python 工具包。

4.2 Memcached

4.2.1 Memcached 的特点

Memcached 是一种开源的高性能分布式内存对象缓存系统。它是最为典型的键值存储的非关系数据库之一,得到了较为广泛的使用。

Memcached 的使用非常方便,可以使用几个简单的命令即可对 HTML 片段、二进制对象、数据结果集等各种类型的数据进行存取操作。Memcached 最大的特点是其访问速度非常快。一方面是因为它采用了散列表(HASH 表)的方式来存储数据,更重要的是所有的数据对象只存在于内存之中,这就使得数据访问具有极高的响应速度(内存中数据的访问速度是硬盘的 10 万至 100 万倍)。仅用内存存储数据就意味着一旦重新启动数据库就会恢复到初始状态,所有的数据就会丢失。因此 Memcached 通常不会被单独用于数据的存储,而是作为 Web 服务器或其他数据库服务器的缓存来使用,用于提高响应速度,如图 3-4 所示。

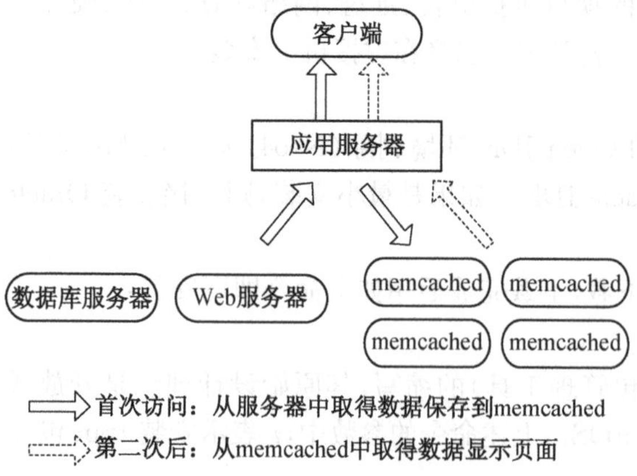

图 3-4　Memcached 的工作方式

应用服务器在客户端发出请求后,首先查看 Memcached 中是否存在用户请求的数据,如果存在则直接返回;否则,应用服务器从数据库服务器或 Web 服务器中取得所需的数据或 Web 页面返回客户端,同时存入 Memcached 中。Memcached 通过简单的配置即可将多台服务器组成一个 Memcached 集群,并使用一致性散列(consistent hashing)的方法应对新加入的服务器,或均衡各个服务器的负载。

Memcached的缺点是仅能通过指定键的方式对数据进行存取，而且不能对数据进行模糊查询，相应的工作就需要由应用程序来承担。此外，由于把数据都保存在内存中，当Memcached由于故障等原因停止运行的时候，所有的数据就会丢失。因此，一些重要的数据不能使用Memcached来存储。

4.2.2 Memcached的安装与启动

安装Memcached可选择源代码编译安装也可以使用yum命令安装。

1) 从源代码安装

Memcached依赖于libevent，它是一个基于事件的网络程序库，使用yum命令即可安装，也可以选择从源代码安装。

```
yum install libevent-devel                         # 安装libevent 库
wget http://Memcached.org/latest                   # 下载Memcached 源代码
tar-zxvfMemcached-1.x.x.tar.gz                     # 解压缩Memcached 源代码包
cd Memcached-1.x.x                                 # 进入解压后的memecached 文件夹
./configure && make && make test
& & sudo make install                              # 编译并安装
```

2) 使用yum安装

使用yum安装Memcached非常简单，仅需要执行如下命令，yum会自动下载并安装依赖的程序，然后下载安装Memcached。

yum install Memcached

在安装过程中，会显示需要下载的软件的大小，并询问是否要继续安装，输入y并确认即可。

3) 启动Memcached

Memcached的启动使用如下命令：

service Memcached start

使用如下命令来查看Memcached进程是否已经启动：

ps aux | grep Memcached

如果Memcached程序成功运行，则会显示Memcached进程的相关信息，包括端口号、用户名、最大连接数、最大内存用量等。

也可以直接运行/etc/init.d/Memcached来启动Memcached，这种方法可以指定Memcached运行的参数，如表3-3所示。

表3-3　Memcached的启动参数

参数	功能	默认值
−p	端口号	11211
−u	用户名(只在使用root运行时)	nobody
−c	最大连接数	1024
−m	最大内存用量(MB)	64

4.2.3 使用telnet测试Memcached

Memcached支持telnet协议，因此可以利用telnet命令来访问其服务端口，并使用Memchaced内置命令来测试数据的存取等操作，如表3-4所示。如果是最小安装CentOS则需要安装telnet，运行yum install telnet。

表 3-4　常用的 Memcached telnet 命令

命令	功能	使用说明
set	存储数据	set <key><flag><expires><byte>
get	读取数据	get <key>
append	追加数据	append <key><flag><expires><byte>
delete	删除数据	delete <key>
incr	数值的加运算	incr <key><num>
decr	数值的减运算	decr <key><num>
flush_all	清空数据库	flush_all
stats	统计数据库状态	stats、stats items、stats sizes...

注：key 指定数据的键，flag 指定是否压缩（0 不压缩，1 压缩），expires 指定数据保存期限（秒）。

1）连接数据库

```
telnet localhost 11211
```

连接成功后显示：

```
Tying 127.0.0.1 …
Connectd to localhost.localhostdomain(127.0.0.1).
Escape character is ']'
```

2）保存数据

```
set mykey 0 30 5
value
```

向 Memcached 中保存键为 mykey 的数据，其值为 myvalue，不压缩，生存时间为 30 秒钟，超过 10 秒钟则数据被自动删除，数据大小为 3 字节。

3）追加数据

```
append mykey 0 0 6
value2
```

向 mykey 的数据中追加数据 value2，不压缩，生存时间不限。

4）读取数据

```
get mykey
```

返回 mykey 的值为 valuevalue2。

4.2.4　在 Python 中访问 Memcached

Memcached 官方及社区为常见的语言，如 Java，C/C++，Python，PHP，Perl 等，提供了应用工具包。其中，python 下有数种 Memcached 的工具包，这里选择 python-Memcached。在 CentOS 中运行如下命令即可安装 python-Memcached：

```
easy_install python-Memcached
```

下面的 Python 程序对 Memcached 数据库进行了简单的存取。

```
import Memcache                                          # 导入 memchached 包
mc = Memcache.Client(['localhost:11211'], debug = 0)     # 创建客户端
mc.set('key1',123,20)                                    # 保存数字,生存时间为 20 秒钟
mc.set('key2','ABCDE')                                   # 保存字符串,生存时间不限
mc.set('key3','{k1:v1,k2:v2}')                           # 保存 JSON 串
```

```
mc.incr("key1")                    # 键key1 的数据加1
mc.decr("key1",2)                  # 键key1 的数据减2
print mc.get('key1')               # 获取key1 的值
mc.delete("key1")                  # 删除key
```

4.3　CouchDB

CouchDB是一种面向文档的非关系数据库，在处理半结构化的文档中具有独特的优势。它是Apache软件基金会的顶级开源项目，使用Erlang语言开发，继承了其强大的并发性和分布式的特征，因此在大数据处理、社交网络等应用中具有重要的应用价值。

4.3.1　CouchDB的特点

CouchDB中存储的是半结构化的JSON文档，而且可以方便地将文档对象映射为具体编程语言的对象。由于JSON在基于Web的数据传输中已以得到了广泛的应用，因此CouchDB在这类应用的数据存储和处理中具有良好的应用前景。CouchDB是分布式的数据库系统，源于Erlang极好的并发特性。CouchDB存储系统可以分布到多台计算机之上，每台计算机称为存储系统的一个节点。CouchDB能够很好地协调和同步多个节点之间的数据一致性和完整性，有效地应对系统应用中可能出现的各种错误。

CouchDB支持REST接口访问，即可以通过GET，PUT，POST，HEAD和DELETE等标准的Http请求对数据库进行写入和查询分析等操作。因此，任何一种编程语言只要具备Http请求模块就可以方便地与CouchDB进行对接，甚至只要有正确的URL地址仅利用浏览器就可以访问CouchDB得到所需要的数据。

CouchDB采用Map/Reduce机制对数据进行插入、搜索等操作。CouchDB将键值对存储在B-树引擎之上，并根据键值进行排序，因此具有高效的查询和操作性能。需要注意的是，CouchDB是一个基于版本的数据库系统，即只能添加数据不能删除和修改数据，当数据需要更新时CouchDB只是增加了新的版本，所有的版本数据依旧保存在数据库中，且可以方便地得到。如果要删除数据则只能将整个数据库全部删除。

CouchDB没有关系数据库那样严格的逻辑基础，因此没有类似于SQL那样的查询语言，类似的任务由Map/Reduce机制来实现。在具体应用中表现为Map函数和Reduce函数，用户在应用数据库时需要根据需求编制Map函数和Reduce函数来实现选择、投影、并、交、差、连接等运算，从而实现复杂的数据库查询。Map/Reduce的工作过程如图3-5所示。

图3-5　Map/Reduce的工作过程

Map函数的输入为数据库中的文档或数据，输出为键值。这里的键和值可以是系统支持的任何类型的数据，用户可以在Map函数中对文档数据加以处理，把所需的数据以键值的形式输出。Map函数会对数据库中所有数据进行处理，结果由主控制器按键进行分组，如果用户不指定Reduce函数则按键分组的结果直接输出。Reduce函数的功能是把键值组合进一步处理，比如统计、汇总等。

4.3.2　CouchDB的安装和配置

CouchDB的早期版本只能安装在POSIX系统之上，最新版本则提供了对Windows和MAC OS X的支持。CouchDB在各种操作系统中安装都非常方便，几乎不需要作任何复杂的配置。

由于CouchDB并没有被包含在yum的内置软件源中，因此需要安装第三方软件源EPEL。EPEL是Extra Packages for Enterprise Linux的缩写(EPEL)，是用于Fedora-based Red Hat Enterprise

Linux (RHEL)的一个高质量软件源,所以同时也适用于 CentOS 等发行版。

1) 安装 EPEL 源

wget http://mirrors.sohu.com/fedora-epel/6/i386/epel-release - 6 - 8.noarch.rpm # 下载EPEL

*rpm-Uvh epel-release- * -noarch.rpm　　　　# 安装EPEL 源*

yum makecache　　　　# 在本地缓存软件包信息

2) 安装 CouchDB

yum install couchdb

由于 couchdb 运行在 erlang 环境中,因此系统会自动安装 erlang 语言环境,可能需要几分钟时间来下载安装。

3) 启动服务

service couchdb start

安装好 CouchDB 后,可以利用 REST 接口来验证是否安装成功。在命令行中,可以使用 curl 命令。

curl http://localhost:5984

如果返回{"couchdb":"Welcome","version":"1.X.X"}表明安装成功,其中 1.X.X 为版本号。在桌面环境中,可以利用浏览器来访问 http://localhost:5984,如果安装成功则会返回同样的数据。

4) 管理 CouchDB

CouchDB 提供了基于浏览器的管理控制台,称为 Futon,通过 http://localhost:5984/_utils 访问并操作,如图 3-6 所示。在 Futon 中可以手工创建数据库、添加和查看文档,并管理 CouchDB。默认情况下,CouchDB 开放 admin 权限,为了安全起见需要添加用户名和密码。

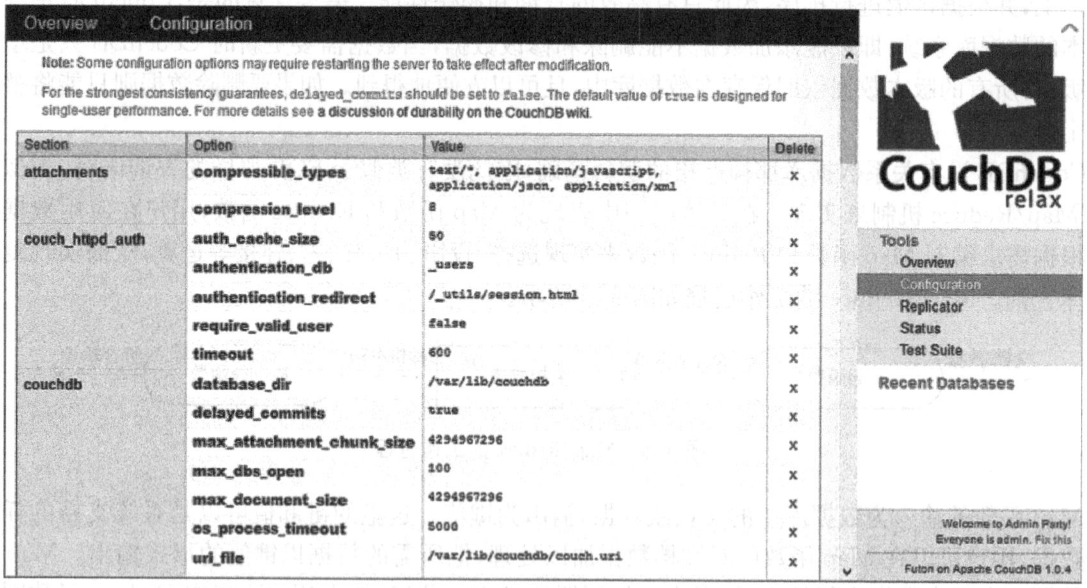

图 3-6　CouchDB 的 Futon 管理界面

CouchDB 中的设计文档(design documents)中存储的是用户对数据库的操作,Map 函数和 Reduce 函数即保存在设计文档之中。在临时视图(temporary view)中,可以手动添加 Map 函数和 Reduce 函数,并运行查询调试。默认情况下 Map 函数和 Reduce 函数是标准的 Javascript 函数,但 CouchDB 也提供了对 coffeescript 的支持,并可以通过配置支持 Python 等其他语言。

4.3.3 CouchDB 的使用

尽管可以用 curl 等 http 命令或者各种语言的 http 请求函数访问 CouchDB,但为了更方便地对数据库进行操作,多种语言都提供了 CouchDB 的工作包,比如 Java 的 Jcouchdb 和 C# 的 LoveSeat。本节利用 Python 语言的 couchdb 工具包对 CouchDB 进行操作。安装 CouchDB 最方便的途径是用 easy_install 工具,运行如下命令:

```
easy_install couchdb
```

安装之后需要在 local.ini 文件的[query_servers]配置项中添加 python 变量,其值为 couchdb 工具包的 couchpy 命令的地址,一般情况下为:

```
[query_servers]
python = /usr/bin/couchpy
```

在 CentOS 中,可以利用 which couchpy 命令得到该配置值。

1) *添加数据*

安装好 couchdb 工具包并配置好后就可以利用如下的代码创建数据库并添加数据。

```
import couchdb                                    # 导入 couchdb 工具包
server = couchdb.Server('http://127.0.0.1:5984')  # 建立数据库连接
db = server.create('database_name')               # 创建数据
person = [{'name':'name1','age':30,'type':'person','income':5000},\
          {'name':'name2','age':31,'type':'person','income':6000}]
db.update(person)                                 # 添加数据
```

上述代码中,首先获取数据库服务器对象 server,并在创建数据库 *myDBName*,如果向已存在的数据库中添加数据,则可利用 *server*['*myDBName*']获得数据库对象。*person* 为标准的 JSON 对象,作为文档被添加到数据库中。需要指出的是,*update* 函数的功能是向数据库中批量添加数据,如果 *person* 中有多个元素,则每个元素被作为一个单独的文档添加到数据库中。上述代码中向数据库 *myDBName* 中添加了两个文档。CouchDB 会自动在每个文档中添加_id 和_rev 两个键,其值为随机生成的字符串。

2) *数据查询*

添加完数据之后可以在 Futon 中查看数据,也可以在浏览器中输入 http://127.0.0.1:5984/database_name/_all_docs 查看 JSON 数据。要想在程序中查询和处理数据则需要用到 map 函数。查询数据的 Python 代码如下所示。

```
import couchdb
server = couchdb.Server('http://127.0.0.1:5984')
db = server['database_name']
map_fun = '''function(doc) { emit(doc.name, doc);}'''
results = db.query(map_fun)
print len(results)
```

其中,*map_fun* 是 Javascript 函数,作为查询中的 Map 函数使用,Map 函数必须用 *emit* 返回键值的映射。从这里可看出 Map 函数的功能及使用方法。*results* 对象是查询的结果,但是在进一步的使用之前它其实只是一个空的查询对象,只有对其进行访问时才会真正地获得数据,这个过程在代码的最后一行完成。Map 函数可以应用 Javascript 的所有对象以及 CouchDB 的内置对象,通过编制更复杂的 Map 函数即可进行更复杂的查询。Map 函数也可以使用标准的 Python 函数,不同的是需要用 *yeild* 关键字生成映射,用如下代码可得到同样的结果。

```
import couchdb
server = couchdb.Server('http://127.0.0.1:5984')
```

```
db = server['database_name']
def map_fun(doc):
    yield(doc['name'],doc)
results = db.query(map_fun, language ='python')
print len(results)
```

3) 统计和汇总

对 CouchDB 进行更复杂的查询需要同时使用 Map 函数和 reduce 函数。如下的代码对数据库文档数量进行统计,程序运行输出结果为数据库中文档的总数。若数据库中仅有前述操作中所加入的数据,则输出结果为 2。如果要进行汇总操作,只需改变 Map 函数返回值为需要汇总的数值,并根据需要改变 group 参数的值为 True。

```
import couchdb
server = couchdb.Server('http://127.0.0.1:5984')
db = server['database_name']
def map_fun(doc):
    yield(doc['name'],1)
def reduce_fun(keys,values):
    return sum(values)
results = db.query(map_fun = map_fun,reduce_fun = reduce_fun,\
            language ='python',group = False)
for r in results:
    print r['value']
```

结合 Map 函数和 Reduce 函数,可以在 CouchDB 数据库中实现传统关系数据库中除连接运算之外的所有运算,如选择、投影、并、交、差等。此外,与传统数据库一样,CouchDB 也可以利用 ViewDefinition 将查询保存为视图,其使用参数与 query 较为类似。不同的是视图的信息要保存在设计文档之中,因此要指定相应的键值。在使用中,数据库根据这些键值生成 url 用于进行访问。

4.4　Neo4J

4.4.1　Neo4J 的特点

Neo4j 是一个非常特殊的数据库,它利用图(网络)中而不是表来存储数据,在一台机器上可以处理数十亿节点/关系/属性的图,并且可以扩展到多台机器并行运行。适合用图构存储的数据包括社交网络、语义网、个性化推荐数据、基因分析数据等,这些数据通常如图 3-7 所示。

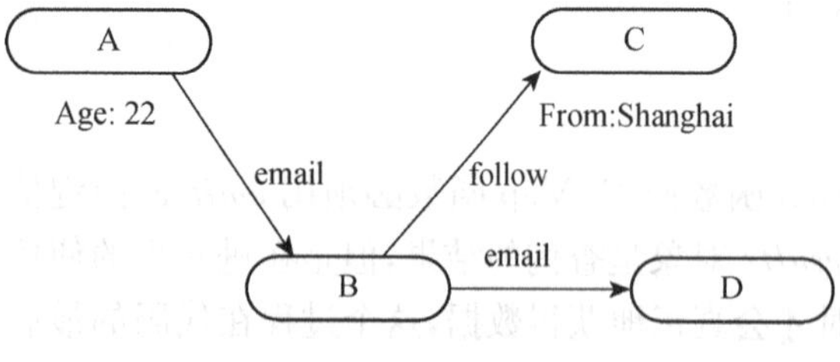

图 3-7　图结构的数据示例

相对于关系数据库来说,图数据库善于处理大量复杂、互连接、低结构化的数据,这些数据变化迅速,需要频繁地查询——在关系数据库中,这些查询会导致大量的表连接,因此会导致性能的急剧降低。Neo4j 解决了在处理这类数据时传统 RDBMS 查询出现的性能衰退问题。通过利用图进行数据建模,Neo4j 会以相同的速度遍历节点与边,而且遍历速度与构成图的数据量没有任何关系。此外,Neo4j 还提供了非常快的图算法、推荐系统和 OLAP 风格的分析,而在目前的 RDBMS 系统中是无法实现的。

Neo4j 既可作为内嵌数据库使用也可以作为服务器使用,它同样提供了 REST 接口,能够方便地集成到基于 Java, Python, PHP, .NET 和 JavaScript 等开发环境里。开发者可以通过 Java-API 与图形模型交互，这个 API 具备非常灵活的数据结构。社区也为 Python 等语言提供了良好的工具包。

4.4.2 Neo4j 的安装与启动

Neo4j 暂时还不能使用 yum 进行安装，但是也非常简单。需要注意的是 Neo4j 是 Java 开发的，因此在安装之前要确认是否已成功安装 Java 环境。

1) Neo4j 的安装

```
wget http://dist.neo4j.org/neo4j-community-1.8.M07-unix.tar.gz  #下载Neo4j 安装包
tar-zxvf neo4j-community-1.8.M07-unix.tar.gz                     #解压缩
cd neo4j-community-1.8.M07-unix                                  #进入Neo4j 目录
```

此时，安装程序会提示。

安装的时候有一个提示选择 Neo4j 的主用户，默认情况下是 Neo4j，但系统里不存在该用户。所以，需要输入最常用的 CentOS 用户即可。

2) Neo4j 的启动

```
service neo4j-service start
```

与 Couchdb 一样，Neo4j 也提供了一个基于浏览器的管理平台，如果安装在桌面，可以利用浏览器访问 http://localhost:7474/webadmin，如图 3-8 所示。默认情况下仅本机可访问该工具，如果要远程访问，则需要修改 Neo4j 安装包下 conf 文件夹中的 neo4j-server.properties 配置文件，将文件中以下代码前的注释符号去掉，然后重启服务即可。

```
org.neo4j.server.webserver.address=0.0.0.0        #去掉本行前的注释符号
service neo4j-service restart                      #重启neo4j 服务
```

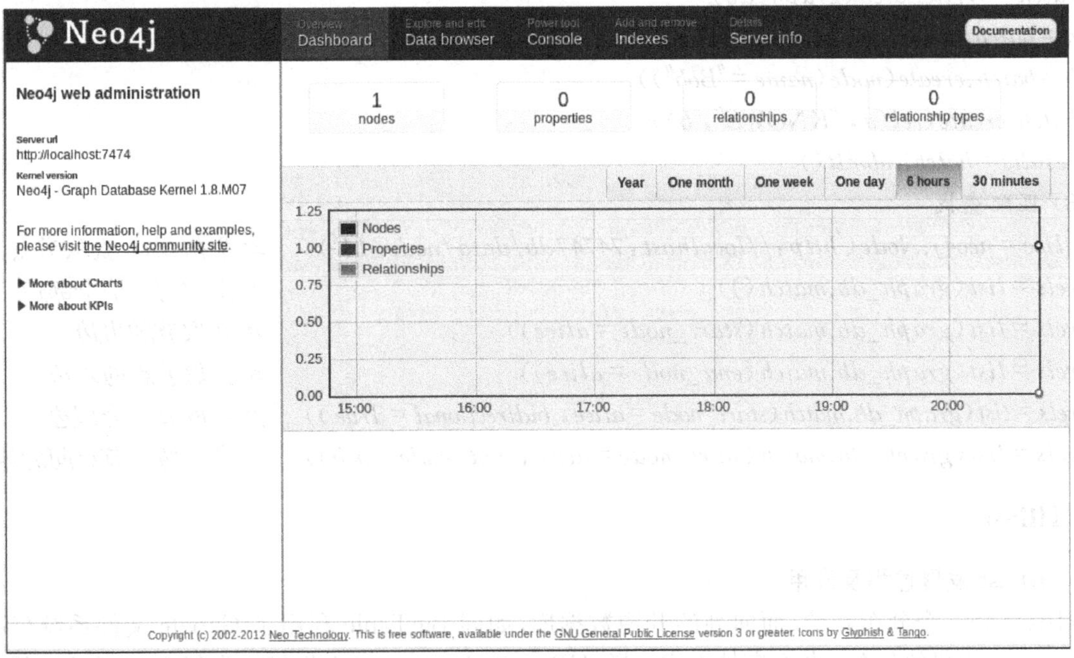

图 3-8 Neo4j 的管理工具

通过该管理工具，可以查看服务的运行状态、服务器的信息等，还提供了一个命令行控制台，可以输入命令直接对数据进行操作。此外，还可以利用 curl 命令或者浏览器访问 http://localhost:7474/db/data/来查看数据库中保存的数据。

4.4.3 Neo4j 的应用

neo4j 的 Python 工具包有 neo4j-embedded，py2neo 等，这里我们选择 py2neo。py2neo 是一个简

单易用的 Python 编程工具包，它利用 neo4j 的 REST 接口对数据库进行访问、操作。py2neo 提供了详细的操作文档，利用 easy_install 工具安装 py2neo 的命令为：

```
easy_install py2neo
```

1）创建基于图的数据库

利用 py2neo 创建如图 3-8 所示的网络的代码如下：

```
from py2neo import neo4j, node, rel
graph_db = neo4j.GraphDatabaseService()                    # 在本机获取数据库服务
# 如果是远程访问，则需加入参数
#graph_db = neo4j.GraphDatabaseService("http://serverIP:7474/db/data/")
graph = graph_db.create(                                   # 创建节点和连边
    node(name ="John", Age = 22),
    node(name ="Alice",From ="Shanghai"),
    node(name ="Bob"),
    node(name ="Tom"),
    rel(0, "email", 2),
    rel(2, "follow", 1),
    rel(2, "email", 3),
)
```

2）批量添加节点和边

```
batch = WriteBatch(graph_db)
a = batch.create(node(name ="Alice"))
b = batch.create(node(name ="Bob"))
batch.create(rel(a, "KNOWS", b))
results = batch.submit()
```

3）匹配查找

```
alice = neo4j.Node('http://localhost:7474/db/data/node/14')      # 根据 URI 获取节点
rels = list(graph_db.match())                                     # 获取网络中全部边
rels = list(graph_db.match(start_node = alice))                   # 获取节的出边
rels = list(graph_db.match(end_node = alice))                     # 获取节点的入边
rels = list(graph_db.match(start_node = alice, bidirectional = True))   # 获取节点全部边
rels = list(graph_db.match(start_node = alice, end_node = bob))   # 获取两个节点间的连边
```

4.5 HBase

4.5.1 HBase 发展过程及应用

HBase 是一个分布式的、面向列的开源数据库，如同 BigTable 利用了 Google 文件系统（Google File System）提供的分布式数据存储方式一样，HBase 在 Hadoop 之上提供了类似于 BigTable 的能力，HBase 是 Hadoop 项目的子项目。HBase 不同于一般的关系数据库，因为 HBase 是一个适合于存储非结构化数据的数据库，是基于列而不是基于行的模式。HBase 和 BigTable 使用相同的数据模型。用户将数据存储在一个表里，一个数据行拥有一个可选择的键和任意数量的列。由于 HBase 表示疏松的，用户可以给行定义各种不同的列，HBase 主要用于需要随机访问、实时读写的大数据。

4.5.2 HBase 体系架构

HBase 在分布式部署上采用 Master/slave 的方式，由 Master 进程负责管理 RegionServers 集群的

负载均衡，以及资源分配，ZooKeeper负责集群元数据的维护，并且监控集群的状态以防止单点故障，每个RegionServer会负责具体块的读写，HBase所有的数据存储在HDFS系统上，分布式计算功能则基于Hadoop的MapReduce实现，HBase体系结构如图3-9所示。

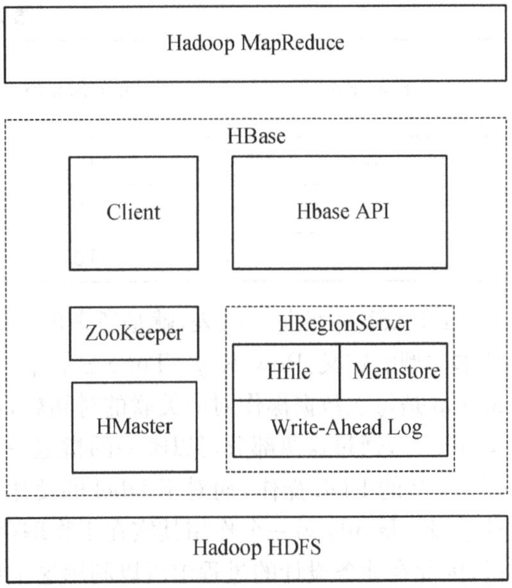

图3-9　HBase体系架构

在HBase中，HBase Client使用HBase的RPC机制与HBase管理节点(HMaster)和HBase的数据节点(HRegionServer)进行通信，对于管理类操作，Client与HMaster进行RPC通信，对于数据读写类操作，Client与HRegionServer进行PRC通信。

1) HRegionServer

RegionServer充当Slave角色，主要负责与Client进行交互和相关的读写操作，向HDFS文件系统中读写数据；Region作为HBase的分布式存储单元包含一组Row，这些Row的Key值在索引排序上是连续的。

2) HMaster

HMaster充当Master角色，主要功能是负责Table和Region的管理工作：管理用户对Table的增加、删除、更改、查询操作；负责将Region分配给RegionServer；动态加载或卸载RegionServer；对RegionServer实现负载均衡，管理Schema定义。

3) HStore

HStore存储是HBase核心存储模块，它由两部分组成：一部分是内存存储区域(MemStore)；另一部分是存储在HDFS上的文件(StoreFile)。MemStore是排序内存缓冲区，用户写入的数据会首先放入MemStore，当MemStore内容满了之后，溢出形成一个StoreFile，当StoreFile文件数量增长到一定的阈值，会触发约定(compact)，合并操作，将多个StoreFile合并成一个StoreFile，该过程中会进行版本合并和数据删除。

4) ZooKeeper

Client与RegionServer进行通信时，会缓存RegionServer和它所在存储的Region地址，以加快下次访问效率，当Master机器地址发生变动时，Client通过ZooKeeper来查找定位新的Master。由于在HBase中可以启动多个HMaster，通过ZooKeeper的Master选择机制保证总有效个HMaster运行，因此HBase的HMaster没有单点问题。

4.5.3　HBase数据模型

HBase以表的形式存储数据，它是一个稀疏多维度的排序的映射表。HBase表行记录由三个基本类型：RowKey，TimeStamp和Column构成。其中RowKey是唯一标识，TimeStamp是每次数据操作的时间戳，每个更新都是一个新的版本，Column列划分为若干个列族(Row Family)，列名字的格式为<family>:<lable>，每一张表有一个family集合，这个集合是固定不变的，但是lable值相对于每一行来说都是可以改变的。

1) 逻辑模型

HBase数据被建模为多维映射，其中值(表单元)通过4个键索引：value＝Map(TableName，RowKey，ColumnKey，Timestamp)，TableName是一个字符串，RowKey和ColumnKey是二进制值(Java类型byte[])，Timestamp是一个64位整数(Java类型long)，value是一个未解释的字节数组(Java™类型byte[])，其逻辑模型如表3-5所示。

表 3-5 HBase 逻辑模型

Row Key	Time Stamp	Column family	
		Column Name	Column Name
Row1	T1	Content11	Content21
	T2	Content12	Content22
	T3		Content23

HBASE 中的每一张表，就是所谓的 BigTable，BigTable 会存储一系列的行记录。行记录有三个基本类型的定义：Row Key，Time Stamp，Column。Row Key 是行在 BigTable 中的唯一标识，Time Stamp 是每次数据操作对应关联的时间戳，可以看作类似于 SVN 的版本，Column 定义为：＜family＞：＜label＞，通过这两部分可以唯一的指定一个数据的存储列，family 的定义和修改需要对 HBASE 作类似于 DB 的 DDL 操作，而对于 label 的使用，则不需要定义直接可以使用，这也为动态定制列提供了一种手段。family 另一个作用其实在于物理存储优化读写操作，同 family 的数据物理上保存的会比较临近，因此在业务设计的过程中可以利用这个特性。

存储在表中的信息的结构为列族(column family)，每个列族可以拥有任意数量的成员，它们通过标签(或修饰符)识别。column 键由族名、号和标签组成。例如，对于系列 info 和成员 date，列键为 info：date。

一个 HBase 表模式定义多个列族，但当您向表中插入一行时，应用程序能够在运行时创建新成员。对于一个列族，表中的不同行可以拥有不同数量的成员。换句话说，HBase 支持一个动态模式模型。

一个空单元没有与单元的键相关联的值，空单元不存储在 HBase 中，读取空单元类似于根据不存在的键从映射提取值，HBase 表以这种方法适应稀疏的行。

对于任意行，一次只能访问一个列族的一个成员(这与关系数据库不同，在关系数据库中，一个查询可以访问来自一个行中的多个列的单元)。

HBase 表被分解为多个表区域，等同于 BigTable 片，一个区域包含某个范围中的行，将一个表分解为多个区域是高效处理大型表的关键机制。

2) 物理模型

每个 column family 存储在 HDFS 上的一个单独文件中，空值不会被保存。Key 和 Version number 在每个 column family 中均有一份，HBase 为每个值维护了多级索引，即：＜key，column family，column name，timestamp＞，其物理存储如下。

首先，Table 中所有行都按照 row key 的字典序排列；其次，Table 在行的方向上分割为多个 Region；最后，Region 按大小分割的，每个表开始只有一个 Region，随着数据的增多，Region 不断增大，当增大到一个阈值的时候，Region 就会等分为两个新的 Region，之后会有越来越多的 Region。Region 是 HBase 中分布式存储和负载均衡的最小单元，不同 Region 分布到不同 RegionServer 上。

HBase 列存储不同于传统的关系型数据库，这样带来的好处之一就是，由于查询中的选择规则是通过列来定义的，因此整个数据库是自动索引化的。列存储每个字段的数据聚集存储，在查询只需要少数几个字段的时候，能大大减少读取的数据量，另外，一个数据的聚集存储，就更容易为这种聚集存储设计更好地压缩、解压算法。

4.6 BigTable

4.6.1 BigTable 发展过程及其原理

BigTable 是谷歌设计的基于 GFS 系统、用于处理海量数据的非关系型数据库，它将各列数据进行排序存储，数据值按范围分布在多台机器，数据更新操作有严格的一致性保证。BigTable 具有适用性广、可扩展、高性能和高可用性的特点，能够可靠地处理PB级别的数据，并能在上千台机器的集群上进行部署。目前，BigTable已经在60多个谷歌产品和项目应用，包括谷歌分析、谷歌财务、谷歌地图、谷歌社交网站等，这些产品对BigTable性能需求差异明显，有的需要能够进行高吞吐的批处理，有的需要能够及时响应用户请求，BigTable根据不同的产品需求进行相应的集群配置。

在很多方面，BigTable和数据库很类似：它使用了很多数据库的实现策略、并行数据库和内存数据库。但是BigTable提供了一个和这些系统完全不同的接口，BigTable不支持完整的关系数据模型；与之相反，BigTable为客户提供了简单的数据模型，利用这个模型，客户可以动态控制数据的分布和格式，用户也可以自己推测底层存储数据的位置相关性，BigTable将存储的数据都视为字符串，但是BigTable本身不去解析这些字符串，客户程序通常会把各种结构化或者半结构化的数据串行化到这些字符串里。通过仔细选择数据的模式，客户可以控制数据的位置相关性。最后，可以通过BigTable的模式参数来控制数据的储存位置，是存放在内存中、还是存放在硬盘上。

4.6.2 BigTable数据模型

BigTable不是关系型数据库，但是却使用了很多关系型数据库的术语，像table(表)、row(行)、column(列)等。从本质上说，BigTable采用多维映射结构，称为个键值(key-value)映射。BigTable的键有三维，分别是行键(rowkey)、列键(columnkey)和时间戳(timestamp)，行键和列键都是字节串，时间戳是64位整型，而值是一个字节串。可以用(row:string，column:string，time:int64)→string来表示一条键值对记录。

1) BigTable行

行是表的第一级索引，表中的行关键字可以是任意的字符串，通常有10～100字节(目前支持最大64KB的字符串，但是对大多数用户，10～100个字节就足够了)。对同一个行关键字的读或者写操作都是原子的(不管读或者写这一行里多少个不同列)，这个设计决策能够使用户很容易地理解程序在对同一个行进行并发更新操作时的行为。BigTable按照行键的字典序存储数据，BigTable的表会根据行键自动划分为片(tablet)，片是负载均衡的单元。最初表都只有一个片，但随着表不断增大，片会自动分裂，片的大小控制在100～200 MB。我们可以把该行的列、时间和值看作一个整体，简化为一维键值映射。

2) BigTable列族

列是表的第二级索引，每行拥有的列是不受限制的，可以随时增加减少，列关键字组成的集合叫做“列族”，列族是访问控制的基本单位。一个列族里的列一般存储相同类型的数据，一行的列族很少变化，但是列族里的列可以随意添加删除。列键按照family:qualifier(列族:限定词)格式命名的。列族的名字必须是可打印的字符串，而限定词的名字可以是任意的字符串。比如，Webtable有个列族language，language列族用来存放撰写网页的语言。我们在language列族中只使用一个列关键字，用来存放每个网页的语言标识ID。Webtable中另一个有用的列族是anchor；这个列族的每一个列关键字代表一个锚链接，Anchor列族的限定词是引用该网页的站点名；Anchor列族每列的数据项存放的是链接文本。列族在使用之前必须先创建，然后才能在列族中任何的列关键字下存放数据；列族创建后，其中的任何一个列关键字下都可以存放数据。根据我们的设计意图，一张表中的列族不能太多(最多几百个)，并且列族在运行期间很少改变。与之相对应的，一张表可以有无限多个列。

3) 时间戳

时间戳是表的第三级索引，BigTable允许保存数据的多个版本，版本区分的依据就是时间戳，时间戳可以由BigTable赋值，代表数据进入BigTable的准确时间，也可以由客户端赋值。数据的不同版本按照时间戳降序存储，因此先读到的是最新版本的数据。我们加入时间戳后，就得到了BigTable的完整数据模型。BigTable可以给时间戳赋值，用来表示精确到毫秒的“实时”时间；用户程序也可以给时间戳赋值。如果应用程序需要避免数据版本冲突，那么它必须自己生成具有唯一性的时间戳。数据项中，不同版本的数据按照时间戳倒序排序，即最新的数据排在最前面。为了减轻多个版本数据的管理负担,我们对每一个列族配有两个设置参数,BigTable 通过这两个参数可以对废弃版本的数据自动进行垃圾收集。用户可以指定只保存最后 n 个版本的数据,或者只保存"足够新"的版本的数据。

BigTable 通过行关键字的字典顺序来组织数据,表中的每个行都可以动态分区。每个分区叫作一个"Tablet",Tablet 是数据分布和负载均衡调整的最小单位。这样做的结果是,当操作只读取行中很少几列的数据时效率很高,通常只需要很少几次机器间的通信即可完成。用户可以通过选择合适的行关键字,在数据访问时有效利用数据的位置相关性,从而更好地利用这个特性。举例来说,在 Webtable 里,通过反转 URL 中主机名的方式,可以把同一个域名下的网页聚集起来组织成连续的行。

4.6.3 BigTable 构件

BigTable 是建立在其他的几个 Google 基础构件上的,BigTable 使用 Google 的分布式文件系统(GFS)存储日志文件和数据文件。BigTable 集群通常运行在一个共享的机器池中,池中的机器还会运行其他的各种各样的分布式应用程序,BigTable 的进程经常要和其他应用的进程共享机器。BigTable 依赖集群管理系统来调度任务、管理共享的机器上的资源、处理机器的故障以及监视机器的状态。

BigTable 内部存储数据的文件是 Google SSTable 格式的。SSTable 是一个持久化的、排序的、不可更改的 Map 结构,而 Map 是一个 key-value 映射的数据结构,key 和 value 的值都是任意的 Byte 串,可以对 SSTable 进行如下的操作:查询与一个 key 值相关的 value,或者遍历某个 key 值范围内的所有的 key-value 对。

从内部看,SSTable 是一系列的数据块(通常每个块的大小是 64KB,这个大小是可以配置的),SSTable 使用块索引(通常存储在 SSTable 的最后)来定位数据块,在打开 SSTable 的时候,索引被加载到内存。每次查找都可以通过一次磁盘搜索完成:先使用二分查找法在内存中的索引里找到数据块的位置,然后再从硬盘读取相应的数据块;也可以选择把整个 SSTable 都放在内存中,这样就不必访问硬盘了。

BigTable 还依赖一个高可用的、序列化的分布式锁服务组件,叫作 Chubby,一个 Chubby 服务包括了 5 个活动的副本,其中的一个副本被选为 Master,并且处理请求,只有在大多数副本都是正常运行的,并且彼此之间能够互相通信的情况下,Chubby 服务才是可用的。当有副本失效的时候,Chubby 使用 Paxos 算法来保证副本的一致性。Chubby 提供了一个名字空间,里面包括了目录和小文件。每个目录或者小文件可以当成一个锁,读写文件的操作都是原子的。

Chubby 客户程序库提供对 Chubby 文件的一致性缓存,每个 Chubby 客户程序都维护一个与 Chubby 服务的会话,如果客户程序不能在租约到期的时间内重新签订会话的租约,这个会话就过期失效了,当一个会话失效时,它拥有的锁和打开的文件句柄都失效了。Chubby 客户程序可以在文件和目录上注册回调函数,当文件或目录改变,或者会话过期时,回调函数会通知客户程序。

BigTable 使用 Chubby 完成以下的几个任务:确保在任何给定的时间内最多只有一个活动的 Master 副本;存储 BigTable 数据的自引导指令的位置;查找 Tablet 服务器,以及在 Tablet 服务器失效时进行善后;存储 BigTable 的模式信息(每张表的列族信息),以及存储访问控制列表。如果 Chubby 长时间无法访问,BigTable 就会失效。

4.6.4 BigTable 集群及工作原理

BigTable 集群包括三个主要部分:一个供客户端使用的库,一个主服务器(Master server),许多片服务器(Tabletserver)。

BigTable 将表(table)进行分片,片(tablet)的大小维持在 100~200 MB 范围,一旦超出范围就将分裂成更小的片,或者合并成更大的片。每个片服务器负责一定量的片,处理对其片的读写请求,以及片的分裂或合并。片服务器可以根据负载随时添加和删除,图 3-10 和图 3-11 分别列出了片的定位存储和片的存储访问,这里片服务器并不真实存储数据,而相当于一个连接 BigTable 和 GFS 的代理,客户端的一些数据操作都通过片服务器代理间接访问 GFS。

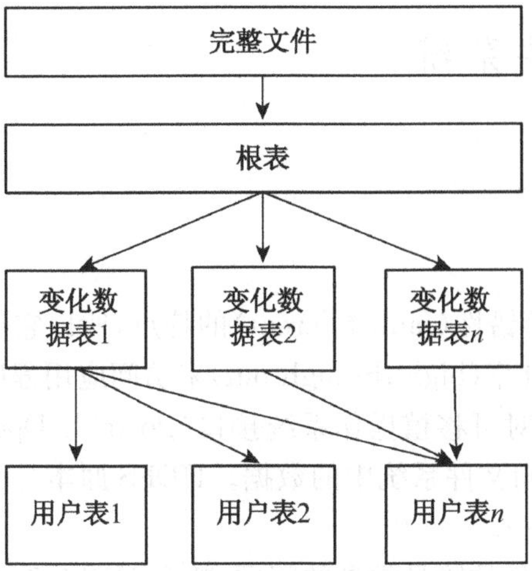

图 3-10 片的定位和存储

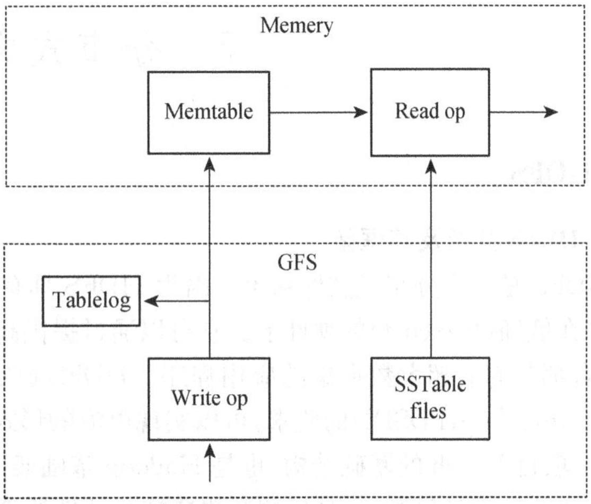

图 3-11 片的存储和访问

主服务器负责将片分配给片服务器，监控片服务器的添加和删除，平衡片服务器的负载，处理表和列族的创建等。注意，主服务器不存储任何片，不提供任何数据服务，也不提供片的定位信息。

客户端需要读写数据时，直接与片服务器联系。因为客户端并不需要从主服务器获取片的位置信息，所以大多数客户端从来不需要访问主服务器，主服务器的负载一般很轻。

1）片的定位和存储

第一层是 Chubbyfile。这一层是一个 Chubby 文件，它保存着 roottablet 的位置。这个 Chubby 文件属于 Chubby 服务的一部分，一旦 Chubby 不可用，就意味着丢失了 roottablet 的位置，整个 BigTable 也就不可用了。

第二层是 roottablet。roottablet 其实是元数据表(METADATA table)的第一个分片，它保存着元数据表其他片的位置。roottablet 很特别，为了保证树的深度不变，roottablet 从不分裂。

第三层是其他的元数据片，它们和 roottablet 一起组成完整的元数据表。每个元数据片都包含了许多用户片的位置信息。

可以看出整个定位系统其实只是两部分：一个 Chubby 文件，一个元数据表。注意元数据表虽然特殊，但也仍然服从前文的数据模型，每个分片也都是由专门的片服务器负责，这就是不需要主服务器提供位置信息的原因。客户端会缓存片的位置信息，如果在缓存里找不到一个片的位置信息，就需要查找这个三层结构了，包括访问一次 Chubby 服务，访问两次片服务器。

2）片的存储和访问

片的数据最终还是写到 GFS 里的，片在 GFS 里的物理形态就是若干个 SSTable 文件。

当片服务器收到一个写请求，片服务器首先检查请求是否合法，如果合法，先将写请求提交到日志去，然后将数据写入内存中的 memtable。memtable 相当于 SSTable 的缓存，当 memtable 成长到一定规模会被冻结，BigTable 随之创建一个新的 memtable，并且将冻结的 memtable 转换为 SSTable 格式写入 GFS，这个操作称为 minor compaction。

当片服务器收到一个读请求，同样要检查请求是否合法。如果合法，这个读操作会查看所有 SSTable 文件和 memtable 的合并视图，因为 SSTable 和 memtable 本身都是已排序的，所以合并相当快。

每一次 minor compaction 都会产生一个新的 SSTable 文件，SSTable 文件太多，读操作的效率就降低了，所以 BigTable 定期执行 merging compaction 操作，将几个 SSTable 和 memtable 合并为一个新的 SSTable。BigTable 还有个操作称为 major compaction，它能够将所有 SSTable 合并为一个新的 SSTable。

5 分布式文件系统

5.1 HDFS

5.1.1 HDFS 介绍及其框架

HDFS 是一个分布式文件系统。因为 HDFS 具有高容错性(fault-tolerent)的特点,所以它可以设计部署在低廉(law-cost)的硬件上。它可以通过提供高吞吐率(high through put)来访问应用程序的数据,适合那些有着超大数据集的应用程序。HDFS 放宽了对可移植操作系统接口(Portable Dperating System Interface,PDSIX)的要求,可以实现以流的形式访问文件系统中的数据。HDFS 原本是开源的 Apache 项目 Nutch 的基础结构,也是 Hadoop 基础架构之一。

HDFS 的设计目标:一是检测和快速恢复硬件故障,硬件故障是常见的问题,整个 HDFS 系统由数百台或数千台存储着数据文件的服务器组成,而如此多的服务器意味着高故障率,因此,故障的检测和自动快速恢复是 HDFS 的一个核心目标;二是流式的数据访问,HDFS 使应用程序能流式地访问它们的数据集,HDFS 被设计成适合进行批量处理,而不是用户交互式的处理,所以它重视数据吞吐量,而不是数据访问的反应速度;三是简化一致性模型,大部分的 HDFS 程序操作文件时需要一次写入,多次读取,一个文件一旦经过创建、写入、关闭之后就不需要修改了,从而简化了数据一致性问题和高吞吐量的数据访问问题;四是通信协议,所有的通信协议都在 TCP/IP 协议之上,一个客户端和明确配置了端口的名字节点(Namenode)建立连接之后,它和名称节点(Namenode)的协议便是客户端协议(Client Protocal),数据节点(Datanode)和名字节点(Namenode)之间则用数据节点协议(Datanode Protocal)。

HDFS 是一个主从结构,一个 HDFS 集群是由一个名字节点,它是一个管理文件命名空间和调节客户端访问文件的主服务器,当然还有一些数据节点,通常是一个节点一个机器,它来管理对应节点的存储。HDFS 对外开放文件命名空间并允许用户数据以文件形式存储。

内部机制是将一个文件分割成一个块或多个块,这些块被存储在一组数据节点中。名字节点用来操作文件命名空间的文件或目录操作,如打开,关闭,重命名等。它同时确定块与数据节点的映射。数据节点负责来自文件系统客户的读写请求。数据节点同时还要执行块的创建、删除和来自名字节点的块复制指令。HDFS 架构如图 3-12 所示。

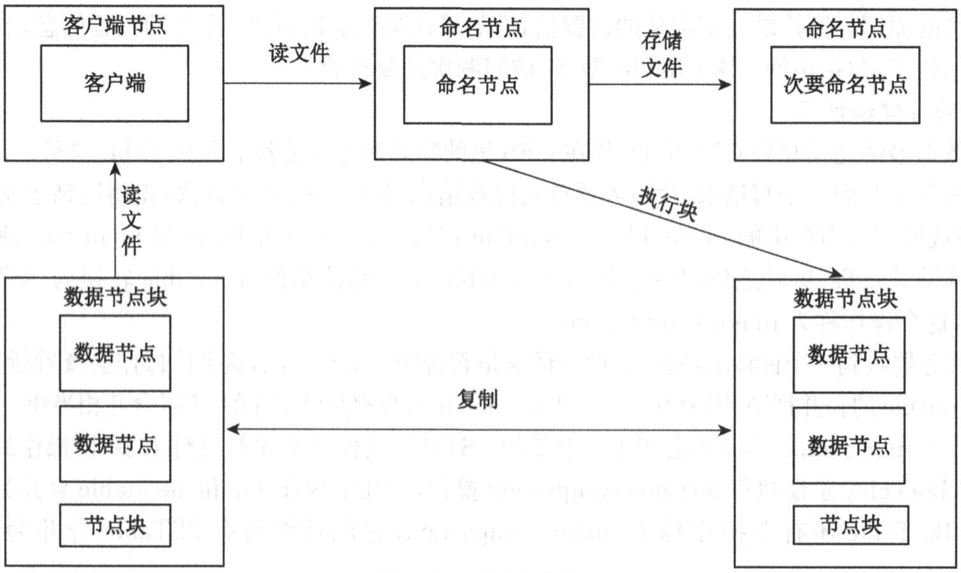

图 3-12 HDFS 架构

Namenode 上保存着 HDFS 的名字空间，对于任何对文件系统元数据产生修改的操作 Namenode 都会使用一种称为 EditLog 的事务日志记录下来。例如，在 HDFS 中创建一个文件，Namenode 就会在 Editlog 中插入一条记录来表示，同样地，修改文件的副本系数也将往 Editlor 插入一条记录，Namenode 在本地操作系统的文件系统中存储这个 Editlog。整个文件系统的名字空间，包括数据块到文件的映射、文件的属性等，都存储在一个称为 FsImage 的文件中，这个文件也是放在 Namenode 所在的本地文件系统上。

Namenode 在内存中保存着整个文件系统的名字空间和文件数据块映射(Blockmap)的映像。这个关键的元数据结构设计得很紧凑，因而一个有 4G 内存的 Namenode 足够支撑大量的文件和目录。当 Namenode 启动时，它从硬盘中读取 Editlog 和 FsImage，将所有 Editlog 中的事务作用在内存中的 FsImage 上，并将这个新版本的 FsImage 从内存中保存到本地磁盘上，然后删除旧的 Editlog，因为这个旧的 Editlog 的事务都已经作用在 FsImage 上了。这个过程称为一个检查点(checkpoint)。在当前实现中，检查点只发生在 Namenode 启动时，在不久的将来将实现支持周期性的检查点。

Datanode 将 HDFS 数据以文件的形式存储在本地的文件系统中，它并不知道有关 HDFS 文件的信息。它把每个 HDFS 数据块存储在本地文件系统的一个单独的文件中。Datanode 并不在同一个目录创建所有的文件，实际上，它用试探的方法来确定每个目录的最佳文件数目，并且在适当的时候创建子目录。在同一个目录中创建所有的本地文件并不是最优的选择，这是因为本地文件系统可能无法高效地在单个目录中支持大量的文件。

当一个 Datanode 启动时，会扫描本地文件系统，产生一个这些本地文件对应的所有 HDFS 数据块的列表，为报告发送到 Namenode，这个报告就是块状态报告。Datanode 将 HDFS 数据以文件的形式存储在本地的文件系统中，它并不知道有关 HDFS 文件的信息。它把每个 HDFS 数据块存储在本地文件系统的一个单独的文件中。Datanode 并不在同一个目录创建所有的文件，实际上，它用试探的方法来确定每个目录的最佳文件数目，并且在适当的时候创建子目录。在同一个目录中创建所有的本地文件并不是最优的选择，这是因为本地文件系统可能无法高效地在单个目录中支持大量的文件。

5.1.2 HDFS 文件读取

图 3-13 展示了 HDFS 的文件读取流程：首先，使用 HDFS 提供的客户端开发库 Client，向远程的

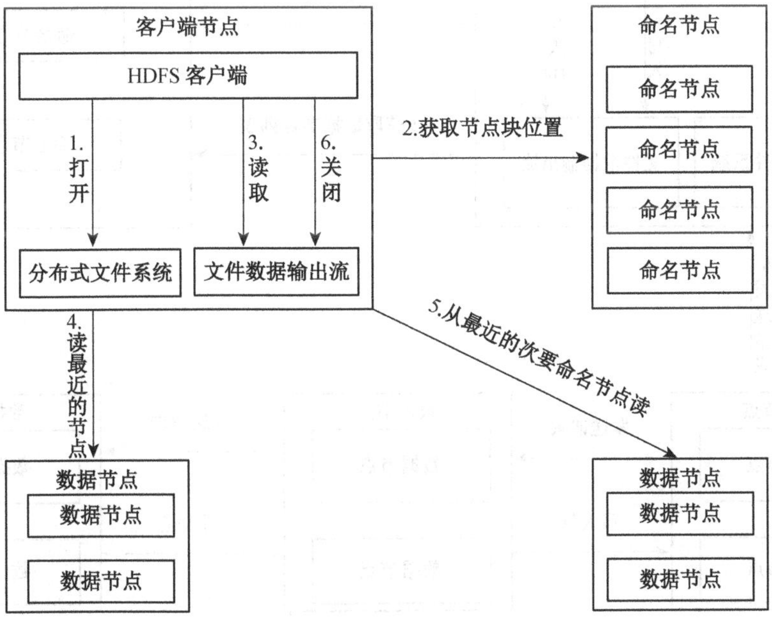

图 3-13 HDFS 文件读取

Namenode 发起 RPC 请求。其次，Namenode 会视情况返回文件的部分或者全部 block 列表，对于每个 block，Namenode 都会返回有该 block 拷贝的 Datanode 地址，然后，客户端开发库 Client 会选取离客户端最接近的 Datanode 来读取 block，如果客户端本身就是 Datanode，那么将从本地直接获取数据，接着读取完当前 block 的数据后，关闭与当前的 Datanode 连接，并为读取下一个 block 寻找最佳的 Datanode，当读完列表的 block 后，且文件读取还没有结束，客户端开发库会继续向 Namenode 获取下一批的 block 列表，最后，读取完一个 block 都会进行 checksum 验证，如果读取 Datanode 时出现错误，客户端会通知 Namenode，然后再从下一个拥有该 block 拷贝的 Datanode 继续读取。

5.1.3 HDFS 文件的写入

图 3-14 显示了 HDFS 的文件写入过程：首先，使用 HDFS 提供的客户端开发库 Client，向远程的 Namenode 发起 RPC 请求，其次，Namenode 会检查要创建的文件是否已经存在，创建者是否有权限进行操作，成功则会为文件创建一个记录，否则会让客户端抛出异常，然后，当客户端开始写入文件的时候，会将文件切分成多个 packets，并在内部以数据队列“data queue”的形式管理这些 packets，并向 Namenode 申请新的 blocks，获取用来存储 replicas 的合适的 Datanodes 列表，列表的大小根据在 Namenode 中对 replication 的设置而定，接着开始以 pipeline（管道）的形式将 packet 写入所有的 replicas 中，把 packet 以流的方式写入第一个 Datanode，该 Datanode 把 packet 存储之后，再将其传递给在此 pipeline 中的下一个 Datanode，直到最后一个 Datanode，这种写数据的方式呈流水线的形式。最后，末端一个 Datanode 成功存储之后会返回一个 ack packet，在 pipeline 里传递至客户端，在客户端的开发库内部维护着“ack queue”，成功收到 Datanode 返回的 ack packet 后会从“ack queue”移除相应的 packet。如果传输过程中，有某个 Datanode 出现了故障，那么当前的 pipeline 会被关闭，出现故障的 Datanode 会从当前的 pipeline 中移除，剩余的 block 会继续在剩下的 Datanode 中以 pipeline 的形式传输，同时 Namenode 会分配一个新的 Datanode，保持 replicas 设定的数量。

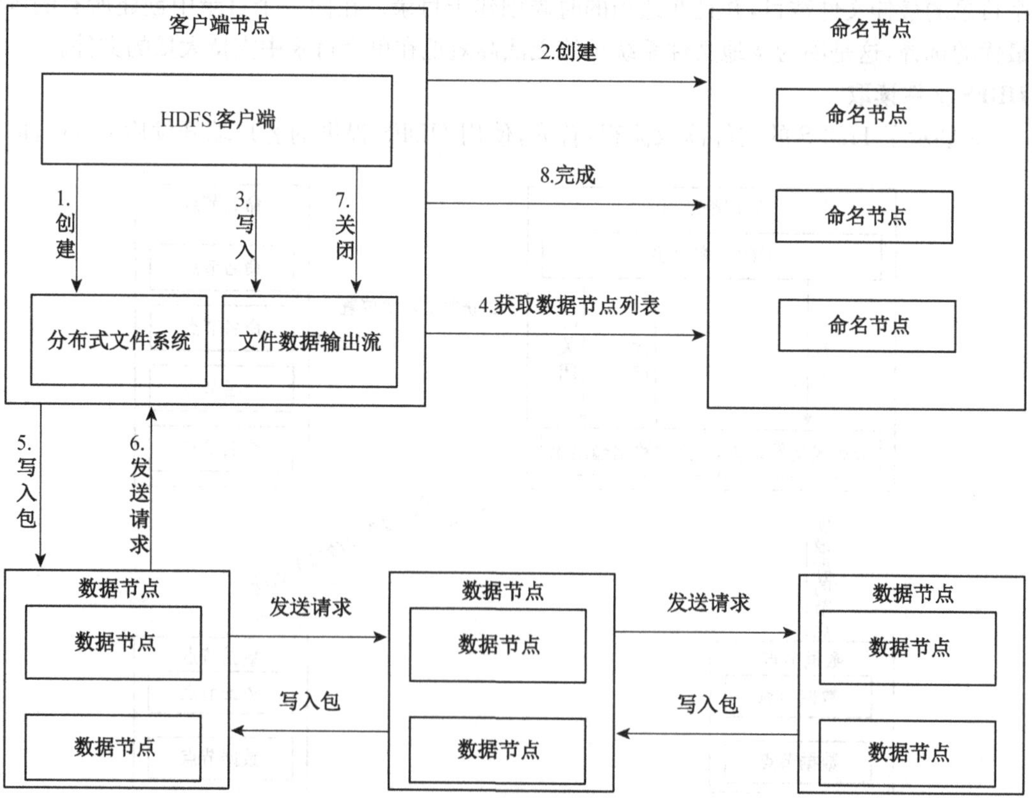

图 3-14 HDFS 文件写入

5.2 GFS

5.2.1 GFS介绍及其架构

GFS是Google File System，google公司为了存储海量搜索数据而设计的专用文件系统。GFS是一个可扩展的分布式文件系统，用于大型的、分布式的、对大量数据进行访问的应用。它运行于廉价的普通硬件上，但可以提供容错功能。它可以给大量的用户提供总体性能较高的服务。

GFS体系结构是由GFS集群构成的，一个GFS集群由一个Master和大量的ChunkServer构成，并被许多客户(Client)访问如图3-15所示。

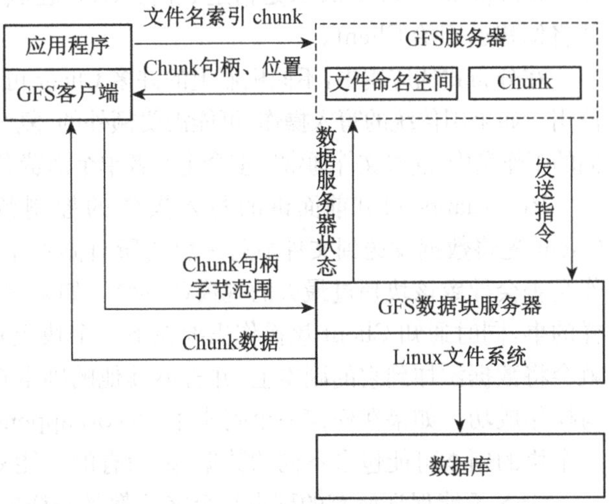

图3-15 GFS架构

GFS将整个系统的节点分为三类角色：Client(客户端)、Master(主服务器)和ChunkServer(数据块服务器)。Client是GFS提供给应用程序的访问接口，它是一组专用接口，不遵守POSIX规范，以库文件的形式提供。应用程序直接调用这些库函数，并与该库链接在一起。Master是GFS的管理节点，在逻辑上只有一个，它保存系统的元数据，负责整个文件系统的管理，是GFS文件系统中的"大脑"。ChunkServer负责具体的存储工作。数据以文件的形式存储在ChunkServer上，ChunkServer的个数可以有多个，它的数目直接决定了GFS的规模。GFS将文件按照固定大小进行分块，默认是64 MB，每一块称为一个Chunk(数据块)，每个Chunk都有一个对应的索引号(Index)。

客户端在访问GFS时，先访问Master节点，获取将要与之进行交互的ChunkServer信息，然后直接访问这些ChunkServer完成数据存取。GFS的这种设计方法实现了控制流和数据流的分离。Client与Master之间只有控制流，而无数据流，这样就极大地降低了Master的负载，使之不成为系统性能的一个瓶颈。Client与ChunkServer之间直接传输数据流，同时由于文件被分成多个Chunk进行分布式存储，Client可以同时访问多个ChunkServer，从而使得整个系统的I/O高度并行，系统整体性能得到提高。

Master和ChunkServer通常是运行用户层服务进程的Linux机器，只要资源和可靠性允许，ChunkServer和Client可以运行在同一个机器上。文件被分成固定大小的块。每个块由一个不变的、全局唯一的64位的chunk-handle标识，chunk-handle是在块创建时由Master分配的。ChunkServer将块当做Linux文件存储在本地磁盘并可以读和写由chunk-handle和位区间指定的数据。出于可靠性考虑，每一个块被复制到多个ChunkServer上，默认情况下，保存三个副本，但这可以由用户指定。

Master存储了三种类型的Metadata：文件的名字空间和块的名字空间，从文件到块的映射，块的副本的位置，所有的Metadata都放在内存中。前两种类型的Metadata通过向操作日志登记修改而保持不变，操作日志存储在Master的本地磁盘并在几个远程机器上留有副本。使用日志使得我们可以很简单地、可靠地更新Master的状态，即使在Master崩溃的情况下也不会有不一致的问题。Master也控制系统范围的活动，如块租约(Lease)管理，孤儿块的垃圾收集，ChunkServer间的块迁移。Master定期通过HeartBeat消息与每一个ChunkServer通信，给ChunkServer传递指令并收集它的状态。

与每个应用相连的GFS客户代码实现了文件系统的API并与Master和ChunkServer通信以代表应用程序读和写数据。客户与Master的交换只限于对元数据(Metadata)的操作，所有数据方面的通信都直接和ChunkServer联系。

客户和ChunkServer都不缓存文件数据，因为用户缓存的益处微乎其微，这是由于数据太多或工作集太大而无法缓存，不缓存数据简化了客户程序和整个系统，因为不必考虑缓存的一致性问题。但用户缓存元数据(Metadata)。ChunkServer 也不必缓存文件，因为块是作为本地文件存储的。

5.2.2 GFS 的相关机制

1) 系统交互机制

GFS 提供了一个原子性的添加操作：Recordappend。在传统的写操作中，Client 指定被写数据的偏移位置，向同一个区间的并发的写操作是不连续的：区间有可能包含来自多个 Client 的数据碎片。在 Recordappend 中，Client 只是指定数据。GFS 在其选定的偏移处将数据至少原子性的加入文件一次，并将偏移返回给 Client。

在分布式的应用中，不同机器上的许多 Client 可能会同时向一个文件执行添加操作，添加操作被频繁使用。如果用传统的写入操作，可能需要额外的、复杂的、开销较大的同步，例如，通过分布式锁管理。在我们的工作量中，这些文件通常以多个生产者单个消费者队列的方式或包含从多个不同 Client 的综合结果。

Recordappend 和前面讲的写入操作的控制流差不多，只是在 Primary 上多了一些逻辑判断。Client 先将数据发送到文件最后一块的所有副本上。然后向 Primary 发送请求。Primary 检查添加操作是否会导致该块超过最大的规模(64M)。如果这样，它将该块扩充到最大规模，并告诉其他副本做同样的事，同时通知 Client 该操作需要在下一个块上重新尝试。如果记录满足最大规模的要求，Primary 就会将数据添加到它的副本上，并告诉其他的副本在同样的偏移处写数据，最后 Primary 向 Client 报告写操作成功。如果在任何一个副本上 Recordappend 操作失败，Client 将重新尝试该操作。这时候，同一个块的副本可能包含不同的数据，因为有的可能复制了全部的数据，有的可能只复制了部分。

GFS 不能保证所有的副本每个字节都是一样的。它只保证每个数据作为一个原子单元被写过至少一次：操作要是成功，数据必须在所有的副本上的同样的偏移处被写过。从这以后，所有的副本至少和记录一样长，所以后续的记录将被指定到更高的偏移处或者一个不同的块上，即使另一个副本成了 Primary，根据一致性保证，成功的 Recordappend 操作的区间是已定义的，而受到干扰的区间是不一致的。

2) 快照机制

快照操作几乎在瞬间构造一个文件和目录树的副本，同时将正在进行的其他修改操作对它的影响减至最小。

GFS 定义了 copy-on-write 技术来实现 Snapshot，当 Master 受到一个 Snapshot 请求时，它首先将 Snapshot 的文件上块上的 Lease 收回，这使任何一个向这些块写数据的操作都必须和 Master 交互以找到拥有 Lease 的副本，这就给 Master 一个创建这个块的副本的机会。

副本被撤销或终止后，Master 在磁盘上登记执行的操作，然后复制源文件或目录树的 Metadata 以对它的内存状态实施登记的操作这个新创建的 Snapshot 文件和源文件(Metadata)指向相同的块(chunk)。

3) 数据完整性机制

在 GFS 中，名字空间的修改必须是原子性的，它们只能有 Master 处理：名字空间锁保证了操作的原子性和正确性，而 Master 的操作日志在全局范围内定义了这些操作的顺序。文件区间的状态在修改之后依赖于修改的类型，不论操作成功还是失败，也不论是不是并发操作。如果不论从哪个副本上读，所有的客户都看到同样的数据，那么文件的这个区域就是一致的。如果文件的区域是一致的并且用户可以看到修改操作所写的数据，那么它就是已定义的。如果修改是在没有并发写操作的影响下完成的，那么受影响的区域是已定义的，所有的 Client 都能看到写的内容。成功的并发写操作是未定义但却是一致的。失败的修改将使区间处于不一致的状态。

写入操作在应用程序指定的偏移处写入数据，而 Recordappend 操作使得数据(记录)即使在有并发修改操作的情况下也至少原子性地被加到 GFS 指定的偏移处，偏移地址被返回给用户。在一系列成功的修改操作后，最后的修改操作保证文件区域是已定义的。GFS 通过对所有的副本执行同样顺序的修改操作并且使用块版本号检测过时的副本(由于 ChunkServer 退出而导致丢失修改)来做到这一点。

因为用户缓存了位置信息,所以在更新缓存之前有可能从一个过时的副本中读取数据,但这有缓存的截止时间和文件的重新打开而受到限制。在修改操作成功后,部件故障仍可以使数据受到破坏,GFS 通过 Master 和 ChunkServer 间定期的 handshake,借助校验和检测对数据的破坏。一旦检测到,就从一个有效的副本尽快重新存储。只有在 GFS 检测前,所有的副本都失效,这个块才会丢失。

4) 容错备份诊断机制

在 GFS 中,不管如何终止服务,Master 和数据块服务器都会在几秒钟内恢复状态和运行。实际上,GFS 不对正常终止和不正常终止进行区分,服务器进程都会被切断而终止。客户机和其他的服务器会经历一个小小的中断,然后它们的特定请求超时,重新连接重启的服务器,重新请求。

为确保可靠性,Master 的状态、操作记录和检查点都在多台机器上进行了备份。一个操作,只有在数据块服务器硬盘上刷新并被记录在 Master 和其备份上之后,才算是成功的。如果 Master 或是硬盘失败,系统监视器会发现并通过改变域名启动它的一个备份机,而客户机则仅仅是使用规范的名称来访问,并不会发现 Master 的改变。

GFS 通过广泛而细致的诊断日志对问题进行隔离、诊断、性能分析。GFS 服务器用日志来记录显著的事件(例如服务器停机和启动)和远程的应答。远程日志记录机器之间的请求和应答,通过收集不同机器上的日志记录,并对它们进行分析恢复,可以完整地重现活动的场景,并用此来进行错误分析。

6 小　结

大数据给传统的数据存储与管理方式带来了严峻的挑战,传统的关系型数据库(RDBMS)在容量、性能、成本等多方面都难以满足大数据存储与管理的需求。数据存储方式是数据存储的不同策略,各有优缺点,为大数据存储技术的开发和应用提供了思路。非关系型数据库(NoSQL)通过折中关系型数据库严格的数据一致性管理,在可扩展性、模型灵活性、经济性和访问性等方面获得了很大的优势,可以更好地适应大数据应用的需求,成为大数据时代重要的数据存储技术。同时,分布式文件系统 HDFS 和 GFS 通过合理的架构设计和数据存储处理机制,保证了大数据操作的正确执行,成为大数据存储的主要系统模式。

思考题

1. 大数据存储面临的难题有哪些?
2. 大数据存储方式有哪几种? 其优缺点是什么?
3. NoSQL 存储模型有哪几类,各有什么优缺点?
4. 举例说明键值存储、列式存储、文档存储、图形存储的应用。
5. 什么是 HDFS? 主要提供什么服务?
6. 简述 HDFS 的整体架构。
7. 简述 HDFS 和 GFS 的异同点。
8. 简述 BigTable 和 HBase 的异同点。

参考文献

[1] 张俊,周新,于素华,高燕. NoSQL 数据管理技术[J]. 科研信息化技术与应用,2013,4(1):3-11.

[2] 张智,龚宇.分布式存储系统 HBase 关键技术研究[J].现代计算机(专业版),2014,32:33-37.
[3] 樊重俊,刘臣,杨坚争.数据库基础及应用[M].上海:立信会计出版社,2015.
[4] 董西成. 大数据技术体系详解:原理、架构与实践[M]. 北京:机械工业出版社,2018.
[5] 阿列克萨·武科蒂奇,尼基·瓦特,塔里克·阿贝卓布,多米尼克·福克斯,乔纳斯·帕特纳.数据库技术丛书——Neo4j 实战[M]. 张秉森,孔倩,张晨策,译. 北京:机械工业出版社,2016.
[6] 查伟,著. 数据存储技术与实践[M]. 北京:清华大学出版社,2016.
[7] 陈兰香. 云存储安全——大数据分析与计算的基石[M]. 北京:清华大学出版社,2019.
[8] 李继伟. 数据库应用基础[M]. 北京:语文出版社,2019.
[9] 鄂海红. 大数据技术基础[M]. 北京:北京邮电大学出版社,2019.
[10] 王爱国,许桂秋. NoSQL 数据库原理与应用[M]. 北京:人民邮电出版社,2019.
[11] 李红. "十一五"国家级规划教材——数据库原理与应用(第 3 版)[M]. 北京:高等教育出版社,2019.

第 4 章

大数据分类分析方法

从前面几章的介绍，我们已经知道大数据不是简简单单的数据多，越来越多的应用涉及大数据，而这些大数据的属性，包括数量、速度、多样性等都是呈现了大数据不断增长的复杂性，一方面大数据的价值巨大，另一方面大数据的价值被海量数据所掩盖，不易获取，这就使大数据的分析在大数据领域显得尤为重要，只有通过分析才能获取很多智能的、深入的、有价值的信息。所以大数据的分析方法，可以说是决定最终信息是否有价值的决定性因素。分类分析作为数据分析中非常重要的一类方法，长期得到专家学者与应用实践领域的关注。与传统数据相比，大数据具有来源复杂、数据量大等特点，这使得大数据分类分析必须要在传统分类分析方法的基础上加以延伸拓展。

本章首先介绍了大数据分类分析方法的由来；其次是针对数据分类分析方法，具体介绍了决策树、神经网络和隐马尔科夫模型方法；再次对基于深度学习的预测方法和深度学习理论与方法进行介绍；最后结合多个应用案例展开分析，突出大数据分析方法融合了计算机技术与传统数据分析方法，克服了传统数据分析方法在大数据应用背景中的不足。

1 大数据分类分析方法的由来

随着“大数据时代”的开启，对数据本身的处理和分析越来越为生产者和商业者所看重。但是问题在于，相比于拥有较长历史的数据库分析和传统数据分析，大数据分类分析具有数据量大、算法分析复杂等特点。一般来说，大数据分类分析需要涉及以下四个方面。

(1) 有效的数据质量。任何数据分析都来自真实的数据基础，真实数据是采用标准化的流程和工具对数据进行处理得到的，可以保证一个预先定义好的高质量的分析结果。

(2) 优秀的分析引擎。对于大数据来说，数据的来源多种多样，特别是非结构化数据来源的多样性给大数据分析带来了新的挑战。因此，我们需要一系列的工具去解析、提取、分析数据。大数据分析引擎就是用于从数据中提取我们所需要的信息。

(3) 合适的分析算法。采用合适的大数据分析算法能让我们深入数据内部挖掘价值。在算法的具体选择上，不仅要求能够处理大数据数量，还涉及对大数据处理的速度。

(4) 对未来的合理预测。大数据分类分析的目的是对已有的大数据源进行总结，并且将现象与其他情况紧密连接在一起，从而获得对未来的预测。

大数据分类分析是以目标为导向的，能够根据需求去处理各种结构化、非结构化和半结构化数据，配合使用合适的分析引擎，输出有效结果。当前大数据分类分析发展的研究主要从降低计算复杂度、新的降低数据尺度的算法以及并行化处理技术这三个方面着手。

(1) 寻找新算法降低计算复杂度。大数据给很多传统的机器学习和数据挖掘计算方法和算法带来挑战，在数据集较小时，很多在 O(n)、O(nlogn)、O(n^2)或 O(n^3)等线性或多项式复杂度的机器学习和数据挖掘算法都可以有效工作。但当数据规模增长到 PB 级尺度时，这些现有的串行化算法由于耗时太长而使算法失效。因此,需要寻找新的复杂度更低的算法。

(2) 寻找和采用降低数据尺度的算法。在保证结果精度的前提下,用数据抽样或者数据尺度无关的近似算法来完成大数据的处理。

(3) 分而治之的并行化处理技术。除上述两种方法外,目前为止,大数据处理最为有效和最重要的方法是采用大数据并行化算法。在一个大规模的分布式数据存储和并行计算平台上完成大数据的并行化处理。

2 数据分类方法

大数据时代改变了基于数理统计的传统数据科学,促进了数学分析方法的创新,从机器学习和多层神经网络演化而来的深度学习是当前数据处理与分析的研究前沿。大数据是数据分析的前沿技术,最核心的价值在于对海量数据进行存储和分析,获取有用知识和价值。数据是资源更可以说是战略资源,海量的数据运用"大数据+人工智能"技术可以在庞大、复杂的数据海洋中迅速得到需要的信息,从而对实践的指导更加具有现实意义。目前大数据、人工智能、机器算法等技术相结合,已广泛应用于零售、金融、保险等行业,并显示出强大的知识发现的能力。

在数据分析的研究与应用中,分类算法一直广受学术界的关注,它是一种有监督的学习,通过对已知类别训练集的分析,从中发现分类规则,以此预测新数据的类别。数据分类算法中,为建立模型而被分析的数据元组组成的数据集合称为训练数据集,训练数据集中的单个样本(或元组)称为训练样本。分类算法是将一个未知样本分到几个已存在类的过程,主要包含两个步骤:第一步是根据类标号已知的训练数据集,训练并构建一个模型,用于描述预定的数据类集或概念集;第二步是使用所获得的模型,对将来或未知的对象进行分类。目前对于具体的大数据分类算法的研究仍然处于探索应用阶段。

2.1 决策树

2.1.1 决策树描述

决策树是一种树状分类结构模型。它是一种通过对变量值拆分建立分类规则,又利用树形图分割形成概念路径的数据分析技术。决策树的基本思想由两个关键步骤组成:第一步对特征空间按变量对分类效果影响大小进行变量和变量值选择;第二步用选出的变量和变量值对数据区域进行矩形划分,在不同的划分区间进行效果和模型复杂性比较,从而确定最合适的划分,分类结果由最终划分区域优势类确定。决策树主要用于分类,也可以用于回归,与分类的主要差异在于选择变量的标准不是分类的效果,而是预测误差。

20 世纪 60 年代,两位社会学家 Morgan 及 Sonquist 在密歇根大学社会科学研究所发展了 AID (Automatic Interaction Detection)程序,这可以看作是决策树的早期萌芽。20 世纪 70 年代 Friedman J 将决策树方法独立用于分类问题研究上。20 世纪 80 年代以后决策树发展飞快,1984 年 Leo Breiman 和 Friedman J 将决策树的想法整理成分类回归树(Classification and Regression Trees, CART)算法;1986 年,Schlinner JC 提出 ID4 算法;1993 年,Quinlan 在 ID3 算法的基础上研究开发出 C4.5、C5.0 系列算法。这些算法标志着决策树算法的不断优化。

这些算法的基本设计思想是通过递归算法将数据拆分成一系列矩行区隔,从而有效判定数据点是否属于某一个矩形区域。假设 (a, b) 是一组数据,决策树矩形区域为 $R_1, \cdots, R_n$,一个决策树模型可以表示为:

$$f(a) = \sum_{n=1}^{N} c_n I(a \in R_n)$$

这里 c_n 可以这样估计：$\hat{c}_n = ave\{b \mid a \in R_n\}$，表示每个区域的优势类。

建立区隔形成概念的过程以树的形式展现。树的根节点显示在树的最上端，表示关键拆分节点，下面依次与其他节点通过分枝相连，形成一幅“提问—判断—提问”的树形分类路线图。决策树的结点有两类：分枝节点和叶节点。分枝节点的作用是对某一属性的取值提问，根据不同的判断，将树转向不同的分枝，最终到达没有分枝的叶节点。叶节点上表示相应的类别。由于决策树采用一系列简单的查询方式，一旦建立树模型，以树模型中选出的属性重新建立索引，就可以用结构化查询语言 SQL 执行高效的查询决策，这使决策树迅速成为联机分析中重要的分类技术。Quinlan 开发的 C4.5 是第二代决策树算法的代表，它要求每个拆分节点仅由两个分枝构成，从而避免了属性选择的不平等问题。

决策树算法设计的核心是最佳拆分属性的判断。拆分节点属性和拆分位置的选择应遵循数据分类“不纯度”减少最大的原则，常用度量信息“不纯度”的方法有三种。本章以离散变量为例定义节点信息。假设节点 G 处待分的数据一共有 k 类，记为 c_1，…，c_k，那么 G 处的信息 $I(G)$ 定义如下：

(1) 熵不纯度：$I(G) = -\sum_{j=1}^{k} p(c_j)\ln[p(c_j)]$，其中 $p(c_j)$ 表示节点 G 处属于 c_j 类样本数占总样本的频数。如果离散变量 $X \in \{x_1, \cdots, x_i, \cdots\}$，用 $X = x$ 拆分节点 G，则定义信息增益 $I(G \mid X = x)$ 为：

$$I(G \mid X = x) = -\sum_{j=1}^{k} p(c_j \mid x)\ln[p(c_j \mid x)]$$

(2) GINI 不纯度：$I(G) = -\sum_{j=1}^{k} p(c_j)[1 - p(c_j)]$，它表示节点 G 类别的总分散度。拆分变量任意点拆分的信息和拆分变量的信息度量与熵的定义类似。

(3) 分类异众比：$I(G) = 1 - \max[p(c_j)]$，表示节点 G 处分类的散度。拆分变量任意点拆分的信息和拆分变量信息度量与熵的定义类似。

拆分变量和拆分点的选择使得 $I(G)$ 改变最大的方向，如果 s 为拆分变量定义的划分，那么 $s^* = \text{argmax}[I(G) - I(G \mid s)]$，其中，$s^*$ 为最优的拆分变量定义的拆分区域。

首先注意到以上定义的三种信息不确定性度量，都是从不同角度测量了类别变量的不确定性的程度，当类别中不确定性较大时，意味着信息大，类别不确定性较高，需要对数据进行划分。划分应该降低不确定性，也就是划分后的信息应该显著低于划分前，不确定性应减弱，确定性应增强。以两类和熵信息度量为例，$I(G) = -p_1\ln p_1 - (1-p_1)\ln(1-p_1)$，最大值在 $p_1 = 0.5$ 处达到，这是两类势均力敌的情况，体现了最大的不确定性。$p_1 = 0$ 或 $p_1 = 1$ 处，只有一类，$I(G) = 0$ 体现了类别的确定性。由于 $I(G)$ 度量了信息的大小，通过 $I(G)$ 和条件信息 $I(G \mid X)$ 可以测量信息的变动，所以可通过这些信息量的变化大小作为拆分变量选择的依据。

有了信息定义之后，可以根据变量对条件信息的影响大小选择拆分变量和变量值，具体如下所示。

(1) 对于连续变量，将其取值从小到大排序，令每个值作为候选分割阈值，反复计算不同情况下树分枝所形成的子节点的条件不纯度，最终选择使不纯度下降最快的变量值作为分割阈值。

(2) 对于离散变量，各分类水平依次划分成两个分类水平，反复计算不同情况下树分枝所形成的子节点的条件不纯度，最终选择不纯度下降最快的分类值作为分割阈值。

最后判断分枝结果是否达到了不纯度的要求或是满足迭代停止的条件，如果没有则再次迭代，直至结束。

2.1.2　分类回归树

CRAT 算法又称为分类回归树，当目标变量是分类变量时，即为分类树，当目标变量是定量变量时，则为回归树。它以迭代的方式，从树根开始反复建立二叉树。考虑一个具有两类因变量 Y，两个特征变量 X_1，X_2 的数据。CRAT 算法每次选择一个特征变量将区域划分为两个半平面，如 $X_2 \leqslant t_1$，

$X_1 > t_1$。经过不断划分之后，特征空间被划分为矩状区域。

2.1.3 决策树的剪枝

从以上决策树的生成过程看，分类决策树可以通过深入拆分实现对训练数据的完整分类，如果仅有拆分没有停止规则必然得到对训练数据完整拆分的模型，这样的模型无法较好地适用于新数据，这种现象称为模型的过度拟合。而过小的细分树也不能较好地捕捉到数据分布的主要结构特点。于是需要将决策树剪掉一些枝节，避免决策树过于复杂，从而增强决策树对未知数据的适应能力，这个过程称为剪枝。剪枝一般分为“预剪枝”和“后剪枝”。“预剪枝”的做法是：在每一次拆分前，判断拆分后的两个区域的异质性显著大于某个事先给定的阈值，才决定拆分，否则不作拆分。“预剪枝”拆分的一个缺陷是：由阈值定义的停止条件过于生硬，如果在树生成的早期运用此策略，可能会导致应该被拆分的程序较早地被禁止。

CART 算法采用的是另一种称为“后剪枝”的策略，首先生成一棵较大的树 T_0，仅当达到树生长的最大深度时才停止拆分。接着用“复杂性代价剪枝法”修剪这棵大树。

定义子树 $T \subset T_0$ 是待修剪的树，用 m 表示 T 的第 m 个叶节点，$|\tilde{T}|$ 表示子树 T 的叶节点数，R_m 表示叶节点 m 处的划分，n_m 表示 R_m 的数据量。用 $|T|$ 代表树 T 中端节点的个数。

对子树 T 定义复杂性代价测度：

$$R_\alpha(T) = \sum_{m=1}^{|\tilde{T}|} n_m GINI(R_m) + \alpha |\tilde{T}|$$

树叶节点的整体不确定性越强，越表示该树过于复杂。对每个保留的树 $T_\alpha \subset T_0$ 应使 $R_\alpha(T)$ 最小化。显然，较大的树比较复杂，拟合优度好但适应性差；较小的树简约，拟合优度差，但适应性好。参数 $\alpha \geqslant 0$ 的作用是在树的大小和树对数据的拟合优度之间折中，α 的估计一般通过 5 折或 10 折交叉验证实现。

2.1.4 决策树方法的优缺点

优点：①决策树易于理解和解释，人们在通过解释后都有能力去理解决策树所表达的意义。②对于决策树，数据的准备往往是简单或者不必要的。其他的技术往往要求先把数据一般化，比如去掉多余或者空白的属性。③能够同时处理数据型和常规型属性。其他的技术往往要求数据属性的单一。④决策树是一个白盒模型。如果给定一个观察的模型，那么根据所产生的决策树很容易推出相应的逻辑表达式。⑤易于通过静态测试来对模型进行评测。表示有可能测量该模型的可信度。⑥在相对短的时间内能够对大型数据源作出可行且效果良好的结果。⑦可以对有许多属性的数据集构造决策树。⑧可以很好地扩展到大型数据库中，同时它的大小独立于数据库的大小。

缺点：①对于类别样本数量不一致的数据，在决策树当中，信息增益的结果偏向于那些具有更多数值的特征。②决策树处理缺失数据时有点困难。③过度拟合问题的出现。④忽略了数据集中属性之间的相关性。

2.2 人工神经网络

2.2.1 人工神经网络的基本概念

人工神经网络是一种基于脑与神经系统的仿真模型，它是模拟人的神经结构思维并行计算方式启发形成的一种信息描述和信息处理的数学模型，是一个非线性动力学系统，有时也被称为并行分布式处理模型(Parallel Distributed Processing Model)或联结模型(Connectionist Model)。这种网络依靠系统的复杂程度，通过调整内部大量节点之间相互连接的关系，从而达到处理信息的目的。人工神经网络具有自学习和自适应的能力，可以通过预先提供的成对的输入—输出数据，分析掌握两者之间的潜在规律，最终根据这些规律，用新的输入数据来推算输出结果，这种学习分析的过程被称为“训练”。

人工神经网络的基本原理是由一组范例形成系统输入与输出所组成的数据，建立系统模型(输入、输出关系)。有了这样的系统模型便可用于推估、预测、决策、诊断,常见的回归分析统计技术也是人工神经网络的一个特例。从数据挖掘的角度来看,神经网络是为了使观察到的历史数据能够作分类而对其关系模型进行拟合的一种方法。组成人工神经网络的基本单元为神经元,每个神经元都有着完整的结构,包括激活函数和连接函数两个部分。

多个神经元经过有机的组合形成人工神经网络,一个完整的神经网络模型由三方面的基本要素构成:

(1) 基本神经元,权值和连接函数;

(2) 神经网络结构,包括输入和输出节点的数目,输入和输出的变量类型,隐含层的数目,也包括节点之间的方向规定,比如前向结构和反向结构等;

(3) 网络学习算法,常见的有误差修正法、梯度下降法等。

2.2.2 感知器算法

感知器算法解决的是当真实被预测变量 y 的取值为 0 或者 1 的分类问题,即对任意样本 x_k,其对应的因变量为 $y_k=0$ 或者 1。假设仅用一个神经元对样本进行划分,那么,该算法可以分成两类情形:一类是完全可分问题,即利用该神经元,通过选择合适的权重 $W=(w_1, w_2, \cdots, w_p)$,能够将 n 个样本点完全区分开,使得对于任意的样本 k,有 $s(z_k)=\hat{y}_k=y_k$,即寻找一组解 W 满足所有的训练样本点;另一类为不完全可分问题,即利用该神经元,没有一组合适的权重 $W=(w_1, w_2, \cdots, w_p)$ 能够将 n 个样本点完全区分开,目标则是求解一组权重使得在所划分的样本中取得尽可能最高的正确率。下面分别介绍完全可分问题和不完全可分问题的感知器算法。

1) 完全可分问题感知器算法是利用误差修正原理,得到求解算法

数据:对于现行可分的两类样本集 E_1, E_0,训练集 $E=E_1 \cup E_0$

过程:

初始化:权重 $W_1=0$ 或者任意的较小向量。

迭代:

按样本集循环执行如下过程:

{

  按任意顺序选择 $X^k \in E$

  计算 $X^{k^T} W_k$

  如果 $X^{k^T} W_k \leqslant 0$

    更新 $W_{k+1}=W_k+\eta X^k$

  }

  直到所有的 $X^{k^T} W_k > 0$

算法中的按样本集重复是指样本从第一个样本开始按照任意顺序逐个进入,该过程称为迭代;而当所有样本都进入之后就完成了一个循环。该算法中,E_1 表示样本中因变量 $y_k=1$ 时的所有样本组成的集合。同理,E_0 表示样本中因变量 $y_k=0$ 时所有样本组成的集合,对 E_0 取反是指对 E_0 中的样本 $X^i \in E_0$,取 $-X^i$ 得到集合 E'_0。通过该算法,最终可以得到一组参数 W,使所有样本的预测结果 $\hat{y}_k=S(z_k)$ 都等于其真实值 y_k。另外,当样本进入的顺序不同或者初始化的权重向量取值变化的时候,通过感知器收敛定理,可以得到同样的结果。

2) 不完全可分问题感知器算法

从上面算法看可以发现,当样本可分时,经过有限次循环总会使得权重向量趋于稳定,然而当样本集不可分时,即不存在一组系列使得所有样本的分类结果都正确,那么循环会一直进行下去,但不表示权重系数会不断地增大。

定理 1:对于给定的现行不可分样本集 E,存在一个常数 M,当利用完全可分问题感知器算法,对

于任意给的初始向量 W_1，循环 k 步之后，得到 W_k，满足 $\| W_k \| \leqslant \| W_1 \| + M$。

这个定理说明权重向量的长度有限，可以证明如下结论：对于给定的线性不可分样本集 E，根据不完全可分问题感知器算法循环计算，得到的权重将是有限集形。

这说明，利用完全可分问题感知器算法，计算的权重实际上是可以有限步收敛的。因此，对于不可分问题算法设计的关键在于如何在足够大的迭代次数中从有限的权重空间里选出最优的权重使得误分样本个数最少。常用的方法是：记录当前权重 W_1 对样本分类的连续正确数 nr_1，当出现错误时对 W_1 进行更新得到 W_2，当且仅当 W_2 对样本的分类的连续正确数 nr_2 大于 nr_1 时，才记录权重 W_2，否则不记录，算法如下所示：

数据：对于线性可分的两类样本集 E_1、E_0，对 E_0 中的样本取反得到 $E = E_1 \cup E_0'$

过程：

  初始化：权重 $W_1 = 0$ 或者任意的较小向量

    记录变量：$W_{write} = W_1$

    连续正确数：$runlength = 0$，最大正确数：$\max runlength = 0$

    自增变量：$iter = 0$，最大迭代数目：$MaxIter = 0$

  迭代：

  按样本集重复如下过程：

  {

    按随机选择 $x_k \in E$

    计算 $X^{k^T} W_k$

    如果 $X^{k^T} W_k > 0$

    {

      $runlength = runlength + 1$

      如果 $runlength > \max runlength$

      {

      $W_{write} = W_k$

      $\max runlength = runlength$

      $runlength = 0$

      }

    }

   否则 $X^{k^T} W_k \leqslant 0$

      更新 $W_{k+1} = W_k + \eta X^{k^T}$

   $iter = iter + 1$

  }

  直到所有的 $iter > MaxIter$

2.2.3 反向传播算法

上一节介绍的感知器算法，主要利用了误差修正法来对单个神经元进行权重估计。通过之前的讨论已经知道，单个神经元的局限性是不能推广到前馈神经网络上的，事实上，任意的符合二元阈值神经元条件的样本只需三层就可以对样本的任意组合进行分割。对于给定的任意函数形式和所产生的样本数据，只要各层神经元类型和个数选择恰当，就可以按照任意精度拟合这些样本。因此，研究三层结构的神经网络模型不仅具有实际应用价值，而且还可以很容易地推广至更多层的情形，这正是反向传播算法的优势。

1）三层神经网络模型

三层神经网络图形自左向右分别是输入层、隐含层和输出层，如图 4-1 所示。三层中分别包含了 $p+1, q+1$ 和 m 个神经元，为推导算法，选定激活函数为线性函数，信号函数为 S 型连接函数。用 $S()$ 表示连接函数，前层的连接函数值为该层的输出值同时也为下一层的输入值。各层情况如下：

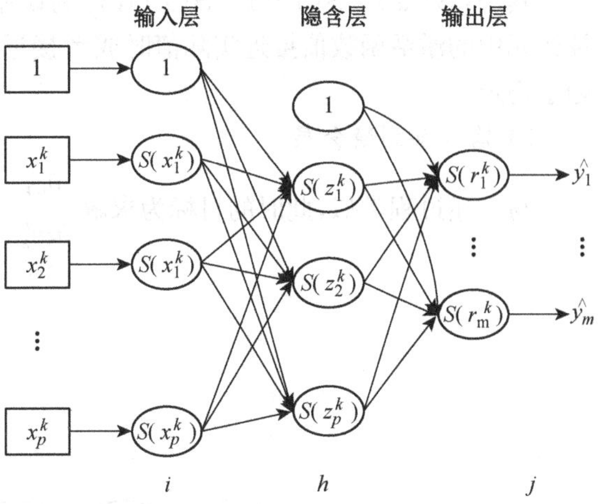

图 4-1 三层神经网络结构

输入层：$S(x_i^k)=x_i^k, i=1,2,\cdots,p; k=1,2,\cdots,n; S(x_0^k)=x_0^k=1$

其中，x_i^k 表示输入向量 X^k 的第 i 个变量，同时它也是该层第 i 个神经元的输入值。$S(x_0^k)$ 表示 1，代表阈值 θ 的系数。

隐含层：$z_h^k=\sum_{i=0}^{p} w_{ih}^k S(x_i^k)=\sum_{i=0}^{p} w_{ih}^k x_i^k$，$h=1, 2, \cdots, q$；$S(z_h^k)=\dfrac{1}{1+e^{-z_h^k}}$，$h=1, 2, \cdots, q$；$S(z_0^k)=1$

w_{ih}^k 表示第 k 个数据向量输入时，其第 i 个变量从输入层的第 i 个神经元进入后得到的输出值进入隐含层中的第 h 个神经元，即输入层神经元 i 和隐含层 h 的连线，也代表着权重 w_{ih}^k（w_{0h}^k 代表常数向量 1 的系数）。z_h^k 为该隐含层神经元的激活函数值，$S(z_h^k)$ 为隐含层神经元的连接函数值，即是该层输出值也是下层的输入值。

输出层：$r_j^k=\sum_{k=0}^{q} w_{hj} S(z_h^k)$，$j=1, 2, \cdots, m$；$S(r_j^k)=\dfrac{1}{1+e^{-y_j^k}}$，$j=1, 2, \cdots, m$

w_{hj} 为隐含层神经元 h 和输出层神经元 j 之间的连线，也代表权重 w_{hj}^k（w_{0j}^k 为常数向量 1 的系数）。r_j^k 为该层神经元的激活函数值，$S(r_j^k)$ 为该层神经元的信号函数值，即是最终输出值。

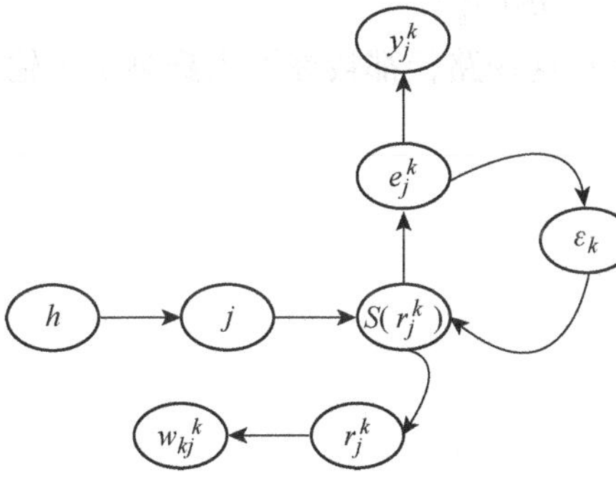

图 4-2 隐含层到输出层链式关系图

2）隐含层到输出层的梯度下降法

对于进入模型的第 k 个样本，从隐含层到输出层之间变量的变换关系如图 4-2 所示，图中 $S(z_h^k)$ 表示通过权重系数 w_{hj}^k 得到 r_j^k，而 e_j^k 是由 $S(r_j^k)$ 与 r_j^k 之差得到的，最终目标函数 ε_k 是 e_j^k 的平方。由该链式关系，可进行求导：$\dfrac{\partial \varepsilon_k}{\partial w_{hj}^k}=\dfrac{\partial \varepsilon_k}{\partial S(r_j^k)}\dfrac{\partial S(r_j^k)}{\partial r_j^k}\dfrac{\partial r_j^k}{\partial w_{hj}^k}$

有上面的关系图 4-2 可得 $\dfrac{\partial \varepsilon_k}{\partial S(r_j^k)}=-[y_j^k-S(r_j^k)]=-e_j^k$

$$\frac{\partial S(r_j^k)}{\partial r_j^k}=S(r_j^k)[1-S(r_j^k)]$$

$$\frac{\partial r_j^k}{\partial w_{hj}^k}=S(z_h^k)$$

则

$$\frac{\partial \varepsilon_k}{\partial w_{hj}^k} = -e_j^k S'(r_j^k) S(z_h^k) = -\delta_j^k S(z_h^k)$$

其中，$S'(x)=S(x)[1-S(x)]$，δ_j^k 为误差项 e_j^k 和信号函数在 r_j^k 处的导数之积。它表示如果在该神经元中的激活函数值接近实际值时或者接近 S 信号函数的两端时，每次权重的增量就会减少，模型趋于稳定。

3）输入层到隐含层

与上述过程类似，此时的目标为求解 $\frac{\partial \varepsilon_k}{\partial w_{hj}^k}$，变量之间的关系如图 4-3 所示。

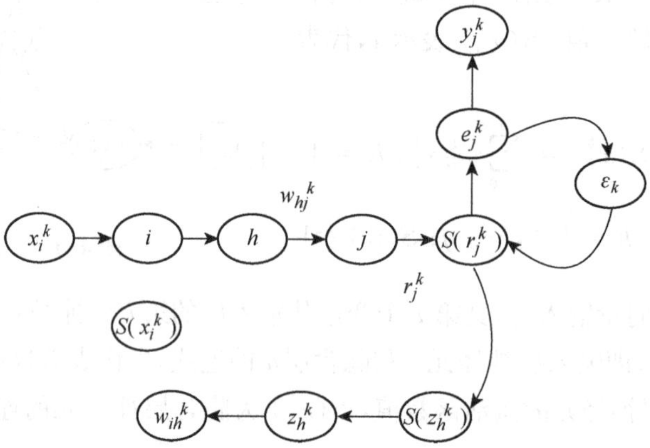

图 4-3　输入层到隐含层链式结构

由链式法则得 $\frac{\partial \varepsilon_k}{\partial w_{ih}^k} = \frac{\partial \varepsilon_k}{\partial S(z_h^k)} \frac{\partial S(z_h^k)}{\partial z_h^k} \frac{\partial z_h^k}{\partial w_{ih}^k}$，该处需要注意的是 $\frac{\partial \varepsilon_k}{\partial S(z_h^k)}$ 的求导过程，$S(z_h^k)$ 为输入层第 i 个神经元的输出，显然它经过了隐含层中所有的神经元并且这些路径都最终汇入到第 j 个输出神经元，因此该处应用链式法则得：

$$\frac{\partial \varepsilon_k}{\partial S(z_h^k)} = \sum_{j=1}^{p} \left\{ \frac{\partial \varepsilon_k}{\partial r_j^k} \frac{\partial r_j^k}{\partial S(z_h^k)} \right\}$$

从而，

$$\begin{aligned}
\frac{\partial \varepsilon_k}{\partial w_{ih}^k} &= \sum_{j=1}^{p} \left\{ \frac{\partial \varepsilon_k}{\partial r_j^k} \frac{\partial r_j^k}{\partial S(z_h^k)} \right\} S'(z_h^k) S(x_i^k) \\
&= \sum_{j=1}^{p} \left\{ \frac{\partial \varepsilon_k}{\partial S(r_j^k)} \frac{\partial S(r_j^k)}{\partial r_j^k} \frac{\partial r_j^k}{\partial S(z_h^k)} \right\} S'(z_h^k) S(x_i^k) \\
&= \sum_{j=1}^{p} \{ -e_j^k S'(r_j^k) w_{hj}^k \} S'(z_h^k) x_i^k \\
&= \sum_{j=1}^{p} \{ \delta_j^k w_{hj}^k \} S'(z_h^k) x_i^k
\end{aligned}$$

若记

$$e_h^k = \sum_{j=1}^{p} \delta_j^k w_{hj}^k, \delta_h^k = e_h^k S'(z_h^k)$$

得：

$$\frac{\partial \varepsilon_k}{\partial w_{ih}^k}=-\delta_h^k x_i^k$$

该结果与从隐含层到输出层得到的最终结果类似，我们称 $\delta_j^k w_{hj}^k$ 为反向传播误差，可见反向传播误差是对隐含层到输出层中误差的加权，也可以理解为将隐含层到输出层中产生的误差按权重分配到从输入层到隐含层的过程中，这也是其反向的表现形式所在。由此得到权重更新算法：

隐含层到输出层：$w_{hj}^{k+1}=w_{hj}^k+\Delta w_{hj}^k=w_{hj}^k+\eta\left(-\frac{\partial \varepsilon_k}{\partial w_{hj}^k}\right)=w_{hj}^k+\eta\delta_j^k S(z_h^k)$

输入层到隐含层：$w_{ih}^{k+1}=w_{ih}^k+\Delta w_{ih}^k=w_{ih}^k+\eta\left(-\frac{\partial \varepsilon_k}{\partial w_{ih}^k}\right)=w_{ih}^k+\eta\delta_h^k x_i^k$，最终得到算法。

最后，给出反向传播算法如下：

数据：给定数据集 E，包含 n 个 p 维样本，因变量（期望的输出结果）$y^k\in R_m$

网络结构：$p-q-m$

初始化：随机取较小的 w_{ih}^1，$i=0, 1, \cdots, p$；$h=1, 2, \cdots, q$；随机取较小的 w_{hj}^1，$j=1, 2, \cdots, m$；$h=0, 1, \cdots, q$；取 $k=1$，设定 η,α 以及允许的错误 τ 。

迭代：按照样本集重复如下过程

{

按任意顺序选择 $(X^k, y_k)\in E$

按顺序计算下列等式：$S(x_i^k)=x_i^k$，$i=1, 2, \cdots, p$；$S(x_0^k)=1$；$z_h^k=\sum_{i=0}^{n} w_{ih}^k x_i^k$，$h=1, 2, \cdots, q$；$S(z_h^k)=\frac{1}{\exp(-z_h^k)}$，$h=1, 2, \cdots, q$；$S(z_0^k)=1$；$r_j^k=\sum_{h=0}^{q} w_{hj}^k S(z_h^k)$，$j=1, 2, \cdots, m$

计算输出层误差：$S(r_j^k)=\frac{1}{1+\exp(-r_j^k)}$，$j=1, 2, \cdots, m$

计算隐含层误差：$\delta_h^k=\sum_{j=1}^{p}\{\delta_j^k w_{hj}^k\}S'(z_h^k)$，$h=1, 2, \cdots, q$

权重更新：$w_{hj}^{k+1}=w_{hj}^k+\eta\delta_j^k S(z_h^k)$，$h=0, 1, \cdots, q$；$j=1, 2, \cdots, m$

$w_{ih}^{k+1}=w_{ih}^k+\eta\delta_h^k x_i^k$，$i=0, 1, \cdots, p$；$h=1, 2, \cdots, q$

}

直到 $\varepsilon_a=\frac{1}{n}\sum_{k=1}^{n}\varepsilon_k<\tau$，其中 $\varepsilon_k=(S(r_j^k)-y_j^k)$

2.2.4 人工神经网络算法的优缺点

优点：分类的准确度高；并行分布处理能力强；分布存储及学习能力强；对噪声神经有较强的鲁棒性和容错能力；能充分逼近复杂的非线性关系；具备联想记忆的功能等。

缺点：神经网络需要大量的参数，如网络拓扑结构、权值和阈值的初始值等；不能观察学习过程，输出结果难以解释，会影响到结果的可信度和可接受程度；学习时间过长，甚至可能达不到学习的目的。

2.3 隐马尔科夫模型

隐马尔科夫模型(Hidden Markov Model, HMM)是自然语言处理中的一个基本模型，用途广泛，大量适用于文本的分类应用中，在自然语言处理领域占有重要的地位。对于一个隐马尔科夫模型，它的状态序列不能直接观察得到，但能通过观测向量序列隐式推导得出。各种状态序列按照概率密度分布进行转换，同时每一个观测向量是由一个具有相应概率密度分布的状态序列产生。EM 算法

(Expectation-Maximization Algorithm,最大期望算法)在统计中被用于寻找依赖于不可观察的隐性变量的概率模型中,作参数的最大似然估计。

2.3.1 隐马尔科夫模型的基本描述

一个隐马尔科夫模型可以由如下几个要素构成。

(1) 模型的状态:设状态集合为 $S=\{s_1, s_2, \cdots, s_N\}$,时刻 t 时所处的状态为 $q_t \in S$。状态之间可以互相转移。

(2) 状态转移矩阵:描述状态之间如何进行转移的状态转移矩阵 $A=(a_{ij})_{N\times N}$,a_{ij} 表示状态转移概率。

(3) 模型的观察值:设观察值集合 $V=\{v_1, v_2, \cdots, v_M\}$,当 t 时刻的状态转移完成的同时,模型都产生一个可观察输出 $o_t \in V$。

(4) 输出的概率分布矩阵:描述产生输出的概率分布矩阵 $B=(b_{ij})N\times M$。其中,

$$b_{ij}=b_i(j)=b_i(v_j)=P(o_t=v_j \mid q_t=s_i)1\leqslant i\leqslant N,1\leqslant j\leqslant M$$

表示 t 时刻状态为 s_i 时输出为 v_j 的概率。

(5) 初始状态分布:模型的初始状态分布设为 $\pi=\{\pi_1, \pi_2, \cdots, \pi_N\}$,其中,$\pi_i=P(q_1=s_i)$,$1\leqslant j\leqslant N$,这样,一个隐马尔科夫模型可以由五元组 (S, A, V, B, π) 完整描述。但实际上,A,B 中包含对 S,V 的说明。因此,通常用 $\lambda=\{A, B, \pi\}$ 来表示一组完备的隐马尔科夫模型参数。

在上述给定的模型框架下,为使隐马尔科夫模型能够用于解决实际问题,首先需要解决三个基本问题,它们是:

问题一:给定观察向量序列 $O=(o_1, o_2, \cdots, o_T)$ 和隐马尔科夫模型 $\lambda=(A, B, \pi)$,如何计算由该模型产生该观察序列的概率 $P(O_\lambda)$。

问题二:给定观察向量序列 $O=(o_1, o_2, \cdots, o_T)$ 和隐马尔科夫模型 $\lambda=(A, B, \pi)$,如何获取在某种意义下最优的内部状态序列 $Q=(q_1, q_2, \cdots, q_T)$。

问题三:如何选择(或调整)模型的参数 λ,使得在该模型下产生观察序列 O 的概率 $P(O_\lambda)$ 最大。

问题一实际上是一个评估问题,即计算给定的模型和观察序列的匹配程度。当用几个模型去竞争匹配给定的观察序列时,问题一的求解使我们可以从中选出一个最合适的模型。问题二也被称为解码问题,即根据给定的模型和观察序列,寻找最有可能生成这个观察序列的内部状态。问题二的求解也会在问题三中接触到。问题三是训练问题。即在给定一些观察序列作为样本的条件下优化模型参数,使得模型能够最佳地描述这些观察序列。可见,问题三是所有隐马尔科夫模型应用的基础。如果不能解决训练问题,就根本无法得到隐马尔科夫模型。

2.3.2 隐马尔科夫模型问题的解决方法

1) 解决第一个问题

问题一为计算由给定模型生成某一观察序列 $(o_1, o_2, \cdots, o_t)$ 的概率 $P(O \mid \lambda)$。为此,先定义前向变量 $\alpha_t(i)$:

前向变量表示的是在给定模型 λ 下,时刻 1 至时刻 t 产生的观察序列为 $(o_1, o_2, \cdots, o_t)$,且 t 时刻系统状态为 s_i 的概率。可以按如下步骤迭代求解 $\alpha_t(i)$。

初始化:$\alpha_t(i)=P(o_1, o_2, \cdots, o_t, q_t=s_i \mid \lambda)$,其中 $1\leqslant i\leqslant N$

迭代:$\alpha_{t+1}(j)=\left[\sum_{i=1}^{N}\alpha_t(i)a_{ij}\right]b_j(O_{t+1})$,其中 $1\leqslant j\leqslant N$,$1\leqslant t\leqslant T-1$,$a_{ij}$ 为状态转移概率

终止:$P(O \mid \lambda)=\left[\sum_{i=1}^{N}\alpha_t(i)\alpha_T(i)\right]$

在 $t+1$ 时刻,第 j 个状态 s_j 可以由 t 时刻的 N 个状态转移而至。由于 $\alpha_t(i)$ 是时刻 t 时处于第 i

个状态 s_i 和产生观察序列 $(o_1, o_2, \cdots, o_t)$ 的联合概率。故 $\alpha_t(i)a_{ij}$ 是时刻 $t+1$ 时由第 i 个状态 s_i 转移至第 j 个状态 s_j 和产生观察序列 $(o_1, o_2, \cdots, o_t)$ 的联合概率。i 从 1 取到 N，这 N 个乘积加在一起，就获得了时刻 $t+1$ 时处于第 j 个状态 s_j 和产生观察序列 $(o_1, o_2, \cdots, o_t)$ 的联合概率。然后乘以在第 j 个状态产生观察向量 O_{t+1} 的概率，就获得了 $\alpha_{t+1}(j)$。

可以类似地定义反向变量 $\beta_t(i)$：$\beta_t(i) = P(o_{t+1}, \cdots, o_T \mid q_t = s_i, \lambda)$ 即在给定模型 λ 且 t 时刻状态为 s_i 的条件下，自时刻 $t+1$ 至时刻 T 产生观察序列 $(o_{t+1}, \cdots, o_T)$ 的概率。反向变量同样可以如下迭代计算：

初始化：$\beta_T(i)=1$，其中 $1 \leqslant i \leqslant N$

迭代：$\beta_t(i)=\sum_{j=1}^{N}\beta_{t+1}(j)a_{ij}b_j(o_{t+1})$，其中 $1 \leqslant i \leqslant N$，$t=T-1, T-2, \cdots, 1$，$a_{ij}$ 为状态转移概率。尽管在问题一的求解中只计算前向变量，但反向变量在问题三的求解中需要使用。

2) 解决第二个问题

在给定的观察序列 O 下，Q 是由每一个时刻 t 最有可能处于的状态 q_t 所构成的。该优化标准使状态序列 Q 中正确状态的期望数量最大化。对此问题的求解可以用基于动态规划思想的 Viterbi 算法。

为了求解在观察序列 $O=(o_1, o_2, \cdots, o_T)$ 的条件下，最优的内部状态序列 $Q=(q_1, q_2, \cdots, q_T)$，定义变量：$\delta_t(i) = \max\limits_{q_1, q_2, \cdots, q_{t-1}} P(q_1, q_2, \cdots q_t = s_i, o_i, \cdots o_t \mid \lambda)$

该变量表示的是在 t 时刻，沿着一条路径抵达状态 s_i，并生成观察序列 $(o_1, o_2, \cdots, o_t)$ 的最大概率。利用迭代计算可获得：$\delta_{t+1}(j) = \left[\sum_{i=1}^{N}\delta_t(i)a_{ij}\right]b_j(o_{t+1})$。

为了能够得到最优的状态序列，在求解过程中，对每一个时刻和状态，需要保留使得上式中最大化条件得以满足的上一时刻的状态。完整的算法描述如下。

初始化：$\delta_1(i)=\pi_i b_i(o_1) \quad 1 \leqslant i \leqslant N$

$\psi_1(i)=0 \quad 1 \leqslant i \leqslant N$

迭代：$\delta_{t+1}(j) = \left[\max\limits_{i=1}^{N}\delta_t(i)a_{ij}\right]b_j(o_{t+1}) \quad 1 \leqslant j \leqslant N, 1 \leqslant t \leqslant T-1$

$\psi_{t+1}(j) = \left[\operatorname*{argmax}\limits_{i=1}^{N}\delta_t(i)a_{ij}\right]b_j(o_{t+1}) \quad 1 \leqslant j \leqslant N, 1 \leqslant t \leqslant T-1$

终止：$P^* = \max\limits_{i=1}^{N}[\delta_T(i)] \quad q_T^* = \operatorname*{argmax}\limits_{i=1}^{N}[\delta_T(i)]$

回溯：$q_t^* = \psi_{t+1}(q_{t+1}^*)$，其中 $t = T-1, T-2, \cdots, 1$

除了回溯的步骤之外，问题二的解和问题一的解是类似的，主要的不同是在迭代过程中，求和的步骤变为最大化。事实上，如果认为每一个观察序列都是由一个与它最相关的内部状态序列生成的，那么在问题一的解中，求和步骤也可以近似地用最大化代替，即：

初始化：$\delta_1(i)=\pi_i b_i(o_1) 1 \leqslant i \leqslant N$

迭代：$\delta_{t+1}(j) = \left[\max\limits_{i=1}^{N}\delta_t(i)a_{ij}\right]b_j(o_{t+1}) 1 \leqslant j \leqslant N, 1 \leqslant t \leqslant T-1$

终止：$P(O \mid \lambda) \approx \max\limits_{Q}P(O, O \mid \lambda) = \max\limits_{i=1}^{N}[\delta_T(i)]$

3) 解决第三个问题

问题三是模型的参数估计问题，即依据一些观察序列，估计一组隐马尔科夫模型的参数 (A, B, π)，使得在该参数模型下，产生这些观察序列的概率最大化。到目前为止，训练问题没有已知的解析解法。事实上，在给出一些观察序列作为训练数据之后，不存在最佳的计算模型参数的方法。通常使用 Estimation-Maximization 法(诸如 Baum-Welch 法)将模型参数 $\lambda=(A, B, \pi)$ 调整至 $P(O \mid \lambda)$ 的局部极值。这是一个参数重估的迭代过程。为了便于描述，首先定义 $\xi_t(i, j)$ 为在给定模型 $\lambda=(A, B, \pi)$ 和观察序列 O 的条件下，在 t 时刻状态为 s_i 且 $t+1$ 时刻状态为 S，的概率，即：

$$\xi_t(i, j)=P(q_t=s_i, q_{t+1}=s_j \mid O, \lambda)$$

依照前向变量和反向变量的定义，可以将 $\xi_t(i, j)$ 写为以下形式：

$$\xi_t(i, j)=\frac{\alpha_t(i)a_{ij}b_j(o_{t+1})\beta_{t+1}(j)}{P(O\lambda)}=\frac{\alpha_t(i)a_{ij}b_j(o_{t+1})\beta_{t+1}(j)}{\sum_{k=1}^{N}\sum_{l=1}^{N}\alpha_t(k)\alpha_{kl}b_l(o_{t+1})\beta_{t+1}(l)}$$

式中，分子即为 $P(q_t=s_i, q_{t+1}=s_j, O\lambda)$，除以分母 $P(O\lambda)$，归一化条件得以满足。

此前已定义了 $\gamma_t(i)$ 为在给定模型参数 λ 和观察序列 O 的条件下，时刻 t 位于状态 s_i 的条件概率，现在可以通过将 $\xi_t(i,j)$ 对 j 求和把两者联系起来，即：

$$\gamma_t(i)=\sum_{j=1}^{N}\xi_t(i,j)$$

如果将 $\gamma_t(i)$ 对下标 t 求和，将可以得到在观察序列 O 下状态 s_i 的期望出现次数；如果在求和过程中除去 $t=T$ 这一项，就得到了在观察序列 O 下，由状态 s_i 转移到其他状态的期望次数。类似地，将 $\gamma_t(i)$ 对下标 t 从 1 到 $T-1$ 求和，就可以得到在观察序列 O 下，由状态 s_i 转移到状态 s_j 的期望次数，即：

$\sum_{t=1}^{T-1}\gamma_t(i)=$由状态 s_i 转移出的期望次数

$\sum_{t=1}^{T-1}\xi_t(i)=$由状态 s_i 转移至 s_j 的期望次数

利用以上所描述的公式和概念，可以给出如下一组隐马尔科夫模型的参数重估公式：

$$\pi_i=\text{在时刻 } t=1 \text{ 时位于状态 } s_i \text{ 的期望次数}=\gamma_t(1)$$

$$a_{ij}=\frac{\text{由状态 } s_i \text{ 转移至状态 } s_j \text{ 的期望次数}}{\text{由状态 } s_i \text{ 转移出的期望次数}}=\frac{\sum_{t=1}^{T-1}\xi_t(i,j)}{\sum_{t=1}^{T-1}\gamma_t(i)}$$

$$b_j(v_k)=\frac{\text{由状态 } s_j \text{ 输出观察向量 } v_k \text{ 的期望次数}}{\text{位于状态 } s_j \text{ 的期望次数}}=\frac{\sum_{s.t.ot=v_k}^{1\leqslant t\leqslant T}\gamma_t(i)}{\sum_{t=1}^{T-1}\gamma_t(i)}$$

从一个初始模型 $\lambda=(A,B,\pi)$ 开始，可以利用上面的一组重估公式得到新的模型 $\lambda=(A,B,\pi)$ 来代替原模型。如此不断迭代，新的模型 $P(O \mid \lambda)$ 将不断变大，直到抵达局部的极值点。最终获得的隐马尔科夫模型被称为极大似然模型，该模型使产生观察序列 O 的概率最大化。解决了上述三个基本问题，隐马尔科夫模型就可以用于解决实际问题。

3　基于深度学习的预测方法

大数据时代背景下，如何对纷繁复杂的数据进行有效分析，让其价值得以体现和合理的利用，是当前迫切需要思考和解决的问题。此外，在大数据环境下，训练数据不充足的瓶颈已经突破，大数据内部隐藏的复杂多变的高阶统计特性也正需要深度结构这样的高容量模型来有效捕获。因此，大数据与深度学习是必然的契合，互为助力，推动各自的发展。

3.1 基于深度学习的预测方法研究现状

许多研究表明，为了能够学习表示高阶抽象概念的复杂函数，解决目标识别、语音感知和语言理解等人工智能相关的任务，需要引入深度学习。深度学习架构由多层非线性运算单位组成，每个较底层的输出作为更高层的输入，可以从大量输入数据中学习有效的特征表示，学习到的高阶表示中包含输入数据的许多结构信息，是一种从数据中提取表示的好方法，能够用于分类预测、回归预测等特定问题中。

2006年，Hinton等人提出了用于深度信任网络(deep belief network, DBN)的无监督学习算法，解决了深度学习模型优化困难的问题。从具有开创性的文献发表之后，大量的研究人员都对深度学习进行了广泛的研究，其中许多应用于图像识别中。

梁淑芬等人提出一种在非限制条件下的人脸识别算法，将LBP纹理特征作为深度信念网络DBN的输入，通过逐层贪婪训练网络，获得有效的网络参数，并用训练好的网络对测试样本进行预测；谭文学等人为了实时地预警果蔬病害和辅助诊断果蔬疾病，设计了深度学习网络的果蔬果体病理图像识别方法，基于对网络误差的传播分析，提出弹性动量的参数学习方法，以苹果为例进行果体病理图像的识别试验；许素萍在硕士学位论文中针对深度图像的人体描述子方面，将深度学习方法引入深度图像的人体检测中，通过稀疏自编码(SAE)来学习人体的深度特征，并对图像的深度信息进行重新编码，从而实现图像的特征提取；陈先昌通过借鉴自适应增强(Adaboost)的思想，构建了一个多列卷积神经网络模型，并将其应用在交通标示识别实际应用问题中，通过对数据进行预处理，训练卷积神经网络，实现卷积神经网络对交通标示的高性能识别。

深度学习除了能够利用训练好的学习方法对测试样本进行预测，从而达到图像识别的目的，也可以利用这种方法进行语言、语音识别等。例如，黎亚雄等人利用受限玻尔兹曼机RBM语言模型不同于N-gram语言模型的特征，对RBM语言模型进行了改进，根据递归受限玻尔兹曼机神经网络RNN-RBM的基础来预测长距离信息，同时也探讨了根据语言中语句的特性来动态地调整语言模型；陈达等人针对推荐系统中传统推荐算法在处理较稀疏数据效果表现不佳的问题，将深度玻兹曼机的模型和传统最近邻的方法相结合，利用深度玻兹曼机对高维数据的特征抽象表达能力和最近邻直观而快速的打分预测能力，组成了一个新的推荐模型算法；李鑫鑫采用深度神经网络联合学习方法来处理中文多序列标注问题，该方法通过共享多个单序列标注模型的字向量表示层来促进问题间的信息交互，深度神经网络联合学习方法能在一定程度上提高模型的预测性能；王宝勋给出了基于深度置信网络的问句核心词语生成模型，从而能够根据指定的文本信息自动预测相应问题的主要内容，再根据简单的模板将生成的核心词语组织成问句；杨钊采用卷积神经网(Convolutional Neural Networks, CNN)对相似汉字自动学习有效特征并进行识别，并采用来自手写云平台上的大数据来训练模型以进一步提高识别率。

深度学习的优越性在一定程度上可以有效提高预测效率，通过特征选择，深度学习算法可以有效提高分类器的准确率等，从而提高预测效果。例如，刘祎洋通过将深度学习算法与SVM、决策树、朴素贝叶斯、RBF神经网络等四种适用于医学数据的分类预测方法利用医学上多个大数据集进行了对比实验，发现深度学习方法预测的正确率比其他方法提升了1%～10%；陈耀洪使用自动编码器技术训练三层的深层架构网络，利用基于局部泛化误差模型启发式后向搜索的特征选择算法有效提高分类器的准确率；谭梦羽在金融大数据的背景下，第一次将深度信任网络用于金融数据的分类预测；林锦波针对负荷用电行为模式识别，建立了基于负荷曲线分类的深度学习模型，并通过交叉验证模型在预测集准确度为76.91%，显示了深度学习模型通过自学习方式训练隐含层的优势；董华松通过深度学习方法对多井采热、单井采热和采热趋势变化进行回归预测；苏鹏宇引入了深度学习理论进行风速预测研究，可以有效提高预测精度。

虽然深度学习尚属于起步阶段，但深度学习的理论意义和实际应用价值已经崭露头角。因此，本小节对深度学习理论与方法作了较为详尽的介绍，为进一步深入研究深度学习在预测方面的应用奠定一定的基础。

3.2 深度学习理论与方法

深度学习是新兴的机器学习研究领域，旨在研究如何从数据中自动地提取多层特征表示，其核心思想是通过数据驱动的方式，采用一系列的非线性变换，从原始数据中提取由低层到高层、由具体到抽象、由一般到特定语义的特征。

深度学习起源于对神经网络的研究，20 世纪 60 年代，受神经科学对人脑结构研究的启发，为了让机器也具有类似人一样的智能，人工神经网络被提出用于模拟人脑处理数据的流程。最著名的学习算法称为感知机。但是人们对人工神经网络的发展持乐观态度，曾掀起研究的热潮，认为人工智能时代即将到来。但随后人们发现，两层结构的感知机模型不包含隐层单元，输入是人工预先选择好的特征，输出是预测的分类结果，因此只能用于学习固定特征的线性函数，而无法处理非线性分类问题。Minsky 等指出了感知机的这一局限，由于当时其他人工智能研究学派的抵触等原因，使得对神经网络的研究遭受到巨大的打击，陷入低谷。直到 20 世纪 80 年代中期，反向传播算法（back propogation，BP）的提出，提供了一条如何学习含有多隐层结构的神经网络模型的途径，让神经网络研究得以复苏。

由于增加了隐层单元，多层神经网络比感知机具有更灵活且更丰富的表达力，可以用于建立更复杂的数据模型，但同时也增加了模型学习的难度，特别是当包含的隐层数量增加的时候，使用 BP 算法训练网络模型时，常常会陷入局部最小值，而在计算每层节点梯度时，在网络低层方向会出现梯度衰竭的现象。因此，训练含有许多隐层的深度神经网络一直存在困难，导致神经网络模型的深度受到限制，制约了其性能。

20 世纪 90 年代开始，机器学习领域中兴起了对核机器和基于概率方法的图模型的研究。核机器具有一套完善的数学理论基础，且模型易于训练，并能获得令人满意的实际使用效果，因此机器学习研究人员大多转向对其的研究，而对神经网络的研究再次搁浅。2006 年，加拿大多伦多大学的 Hinton 等在《Science》上发表了一篇使用极度深的神经网络模型实现数据降维的论文，相对于传统的主成分分析（principal component analysis，PCA）数据降维方法，该模型获得了非常显著的效果，由此拉开了深度学习研究热潮的序幕。紧接着，蒙特利尔大学、纽约大学、斯坦福大学等机构的研究人员先后发表了对深度结构模型的研究成果。由于深度学习在各应用领域中取得的突出成绩，很快引起了学术界和工业界的广泛关注。

3.2.1 浅层结构与深度结构

浅层结构模型通常包含不超过一层或两层的非线性特征变换，如高斯混合模型（Gaussian mixture model，GMM）、条件随机场（conditional random fields，CRF）、支持向量机（support vector machine，SVM）及含有单隐层的多层感知机（multilayer perceptron，MLP）等。理论上，只要给定足够多的隐层单元节点，任何复杂函数都可以通过含有单隐层的非线性变换模型拟合。但随着函数复杂度的增加，所需参数数目相对于输入数据维度呈指数增长，因此在实际应用中难以实现。而深度结构通过分层逐级地表示特征，有效降低了参数数目。因而，在处理计算机视觉、自然语言处理、语音识别等人工智能的复杂问题时，深度结构比浅层结构更易于学习表示高层抽象的函数。

深度结构模型具有从数据中学习多层次特征表示的特点，这与人脑的基本结构和处理感知信息的过程很相似，如视觉系统识别外界信息时，包含一系列连续的多阶段处理过程，首先检测边缘信息，然后是基本的形状信息，再逐渐地上升为更复杂的视觉目标信息，依次递进。因此，在学习大数据内部的高度非线性关系和复杂函数表示等方面，深度模型比浅层模型具有更强的表达力。

3.2.2 三种构造深度结构的模块

无监督逐层特征学习方法是深度学习最初提出时的核心思想：深度结构模型的低层输出作为高层的输入，无监督地一次学习一层特征变换，并依次将学习到的网络权参数堆叠成为深度模型的初始化权值。由于权参数被初始化在接近输入数据的流行空间内，降低了模型训练过程中陷入局部最小值的可能，相当于一种正则化约束。无监督的特征学习方法主要适用于训练数据集中有标签数据较少而无标签数据较多的情况，其中主要的三个基本组成模块是受限玻尔兹曼机(Restricted Boltzmann Machine，RBM)、自编码模型(Auto-Encoder，AE)和稀疏编码(Sparse Coding)。

1) 受限玻尔兹曼机(Restricted Boltzmann Machine，RBM)

RBM是一类无向概率图模型，由可视层(输入层 v)和隐藏层(输出层 h)构成，且两层模型内，只有层间有连接，而同层内无连接。如果假设所有的节点都是随机二值变量节点(只能取0或1)，同时全概率分布 $p(v, h)$ 满足Boltzmann分布，我们称这个模型为RBM模型。

因为这个模型是二部图，所以在已知 v 的情况下，所有的隐藏节点之间是条件独立的(因为节点之间不存在连接)，即 $p(h|v)=p(h_1|v)\cdots p(h_n|v)$。同理，在已知隐藏层 h 的情况下，所有的可视节点都是条件独立的。同时又由于所有的 v 和 h 满足Boltzmann分布，因此，当输入 v 的时候，通过 $p(h|v)$ 可以得到隐藏层 h，而得到隐藏层 h 之后，通过 $p(v|h)$ 又能得到可视层，通过调整参数，我们就是要使得从隐藏层得到的可视层 v_1 与原来的可视层 v 如果一样，那么得到的隐藏层就是可视层另外一种表达，因此隐藏层可以作为可视层输入数据的特征，所以它就是一种深度学习方法。

2) 自编码模型(Auto-Encoder，AE)

AE由编码部分(encoder)和解码部分(decoder)两部分组成。Encoder将输入数据映射到特征空间，decoder将特征映射回数据空间，完成对输入数据的重建。通过最小化重建错误率的约束，学习从数据到特征空间映射的关系。为了防止简单地将输入复制为重建后的输出，需增加一定的约束条件，从而产生多种AE的不同形式。

AE的变体有多种，这里主要简单提出两个，稀疏自动编码器(Sparse AutoEncoder)和降噪自动编码器(Denoising AutoEncoders)。稀疏自动编码器是在自编码模型的基础上加上一些约束条件，如限制每次得到的表达码尽量稀疏。因为稀疏的表达往往比其他的表达要有效(人脑好像也是这样的，某个输入只是刺激某些神经元，其他大部分的神经元是受到抑制的)。降噪自动编码器DA是在自动编码器的基础上，训练数据加入噪声，所以自动编码器必须学习去除这种噪声而获得真正的没有被噪声污染过的输入。因此，这就迫使编码器去学习输入信号的更加鲁棒的表达，这也是它的泛化能力比一般编码器强的原因。DA可以通过梯度下降算法去训练。

3) 稀疏编码(Sparse Coding)

Sparse Coding是用于学习输入数据的过完备基，并组成字典。输入的数据x可以通过字典中少量的基向量重建或线性表示出来，其线性组合系数 z 具有稀疏的分布。通俗地说，就是将一个信号表示为一组基的线性组合，而且要求只需要较少的几个基就可以将信号表示出来。稀疏性的意思是为表示向量中的许多单元取值为0。对于特定的任务需要选择合适的表示形式才能对学习性能起到改进的作用。当表示一个特定的输入分布时，一些结构是不可能的，因为他们不相容。例如在语言建模中，运用局部表示可以直接用词汇表中的索引编码词的特性，而在句法特征、形态学特征和语义特征提取中，运用稀疏分布表示可以通过连接一个向量指示器来表示一个词。

稀疏编码算法是一种无监督学习方法，它用来寻找一组过完备基向量来更高效地表示样本数据。虽然形如主成分分析技术(PCA)能使我们方便地找到一组完备基向量，但是这里我们想要做的是找到一组过完备基向量来表示输入向量(也就是说，基向量的个数比输入向量的维数要大)。过完备基的好处是它们能更有效地找出隐含在输入数据内部的结构与模式。然而，对于过完备基来说，系数 z 不再由输入向量唯一确定。因此，在稀疏编码算法中，我们另加了一个评判标准稀疏性来解决因过完备而导致的退化问题。

3.2.3　典型深度学习模型

典型的深度学习模型有卷积神经网络(Convolutional Neural Networks)、深度信任网络(Deep

Belief Networks)和堆栈自编码网络(Stacked Auto-encoder Network)模型等,下面对这些模型进行描述。

1) 卷积神经网络模型

卷积神经网络是人工神经网络的一种,已成为当前语音分析和图像识别领域的研究热点。它的权值共享网络结构使之更类似于生物神经网络,降低了网络模型的复杂度,减少了权值的数量。该优点在网络的输入是多维图像时表现得更为明显,使图像可以直接作为网络的输入,避免了传统识别算法中复杂的特征提取和数据重建过程。卷积网络是为识别二维形状而特殊设计的一个多层感知器,这种网络结构对平移、比例缩放、倾斜或者其他形式的变形具有高度不变性。

卷积神经网络是受早期的延时神经网络(TDNN)的影响。延时神经网络通过在时间维度上共享权值降低学习复杂度,适用于语音和时间序列信号的处理。卷积神经网络是第一个真正成功训练多层网络结构的学习算法。它利用空间关系减少需要学习的参数数目以提高一般前向 BP 算法的训练性能。卷积神经网络作为一个深度学习架构提出是为了最小化数据的预处理要求。在卷积神经网络中,图像的一小部分(局部感受区域)作为层级结构的最低层的输入,信息再依次传输到不同的层,每层通过一个数字滤波器去获得观测数据的最显著的特征。这个方法能够获取对平移、缩放和旋转不变的观测数据的显著特征,因为图像的局部感受区域允许神经元或者处理单元可以访问到最基础的特征,如定向边缘或者角点。

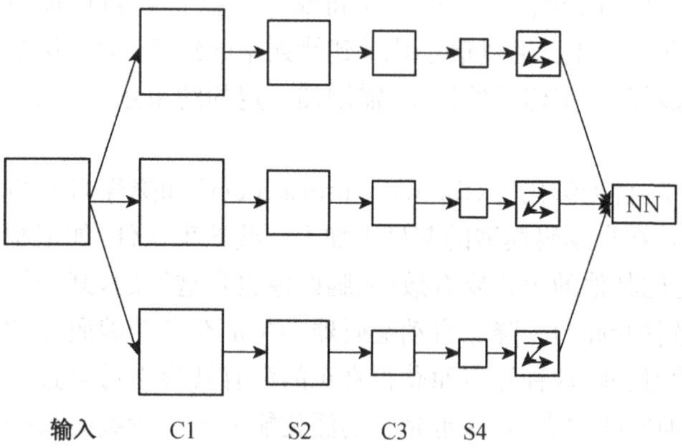

图 4-4　卷积神经网络的概念示范

卷积神经网络是一个多层的神经网络,每层由多个二维平面组成,而每个平面由多个独立神经元组成。输入图像通过和三个可训练的滤波器和可加偏置进行卷积,滤波过程如图 4-4,卷积后在 C1 层产生三个特征映射图,然后特征映射图中每组的四个像素再进行求和,加权值,加偏置,通过一个 Sigmoid 函数得到三个 S2 层的特征映射图。这些映射图再进过滤波得到 C3 层。这个层级结构再和 S2 一样产生 S4。最终,这些像素值被光栅化,并连接成一个向量输入传统的神经网络,得到输出。

一般地,C 层为特征提取层,每个神经元的输入与前一层的局部感受野相连,并提取该局部的特征,一旦该局部特征被提取后,它与其他特征间的位置关系也随之确定下来;S 层是特征映射层,网络的每个计算层由多个特征映射组成,每个特征映射为一个平面,平面上所有神经元的权值相等。特征映射结构采用影响函数核小的 sigmoid 函数作为卷积网络的激活函数,使得特征映射具有位移不变性。此外,由于一个映射面上的神经元共享权值,因而减少了网络自由参数的个数,降低了网络参数选择的复杂度。卷积神经网络中的每一个特征提取层(C-层)都紧跟着一个用来求局部平均与二次提取的计算层(S- 层),这种特有的两次特征提取结构使网络在识别时对输入样本有较高的畸变容忍能力。

卷积神经网络本质上实现一种输入到输出的映射关系,能够学习大量输入与输出之间的映射关系,不需要任何输入和输出之间的精确数学表达式,只要用已知的模式对卷积神经网络加以训练,就可以使网络具有输入输出之间的映射能力。卷积神经网络执行的是有监督训练,在开始训练前,用一些不同的小随机数对网络的所有权值进行初始化。卷积神经网络的训练分为两个阶段。

第一阶段,向前传播阶段。从样本集中取一个样本(X, Y_p),将 X 输入网络,信息从输入层经过逐级的变换,传送到输出层,计算相应的实际输出 O_p。

$$O_p = F_n(\cdots\{F_2[F_1(X_p W^{(1)})W^{(2)}]\cdots\}W^{(n)})$$

第二阶段，向后传播阶段。首先，计算实际输出 O_p 与相应的理想输出 Y_p 的差。然后，按极小化误差的方法反向传播调整权矩阵。

$$E_p = \frac{1}{2} \sum_j (y_{pj} - o_{pj})^2$$

卷积神经网络主要用来识别位移、缩放及其他形式扭曲不变性的二维图形。由于卷积神经网络的特征检测层通过训练数据进行学习，所以在使用卷积神经网络时，避免了显式的特征抽取，而隐式地从训练数据中进行学习；再者由于同一特征映射面上的神经元权值相同，所以网络可以并行学习，这也是卷积神经网络相对于神经元彼此相连网络的一大优势。卷积神经网络以其局部权值共享的特殊结构在语音识别和图像处理方面有着独特的优越性，其布局更接近于实际的生物神经网络，权值共享降低了网络的复杂性，特别是多维输入向量的图像可以直接输入网络这一特点避免了特征提取和分类过程中数据重建的复杂度。

2）深度信任网络(Deep Belief Networks)模型

深度信任网络 DBN 是一个贝叶斯概率生成模型，由多层随机隐变量组成，上面的两层具有无向对称连接，下面的层得到来自上一层的自顶向下的有向连接，最底层单元的状态为可见输入数量向量。DBN 由多个限制玻尔兹曼机(Restricted Boltzmann Machines)层组成，一个典型的神经网络类型如图 4-5 所示。这些网络被限制为一个可视层和一个隐层，层间存在连接，但层内的单元间不存在连接。隐层单元被训练去捕捉在可视层表现出来的高阶数据的相关性。

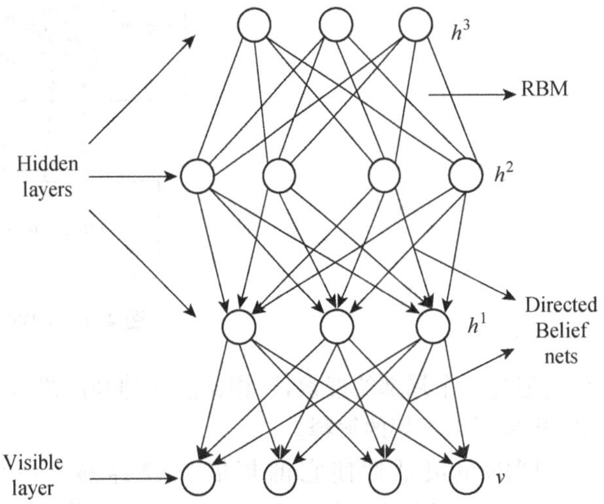

图 4-5 典型 DBN 结构

先不考虑最顶构成一个联想记忆(Associative Memory)的两层，一个 DBN 的连接是通过自顶向下的生成权值来指导确定的，RBMs 就像一个建筑块一样，相比传统和深度分层的 sigmoid 信念网络，它能易于连接权值的学习。通过一个非监督贪婪逐层方法去预训练获得生成模型的权值，非监督贪婪逐层方法被 Hinton 证明是有效的，并被其称为对比分歧(Contrastive Divergence)。

在这个训练阶段，在可视层会产生一个向量 $\boldsymbol{v}$，通过它将值传递到隐层。反过来，可视层的输入会被随机的选择，以尝试去重构原始的输入信号。最后，这些新的可视的神经元激活单元将前向传递重构隐层激活单元，获得 h(在训练过程中，首先将可视向量值映射给隐单元；然后可视单元由隐层单元重建；这些新可视单元再次映射给隐单元，这样就获取新的隐单元。执行这种反复步骤叫作吉布斯采样)。这些后退和前进的步骤就是吉布斯 Gibbs 采样，而隐层激活单元和可视层输入之间的相关性差别就作为权值更新的主要依据。

训练时间会显著的减少，因为只需要单个步骤就可以接近最大似然学习。增加进网络的每一层都会改进训练数据的对数概率，我们可以理解为越来越接近能量的真实表达。这个有意义的拓展和无标签数据的使用，是任何一个深度学习应用的决定性的因素。

在最高两层，权值被连接到一起，这样更低层的输出将会提供一个参考的线索或者关联给顶层，这样顶层就会将其联系到它的记忆内容。而我们最关心的，最后想得到的就是判别性能，例如分类任务里面。

在预训练后，DBN 可以通过利用带标签数据用 BP 算法去对判别性能作调整。在这里，一个标签集将被附加到顶层(推广联想记忆)，通过一个自下向上的，学习到的识别权值获得一个网络的分类面。这个性能会比单纯的 BP 算法训练的网络好。这可以很直观地解释，DBN 的 BP 算法只需要对权值参数

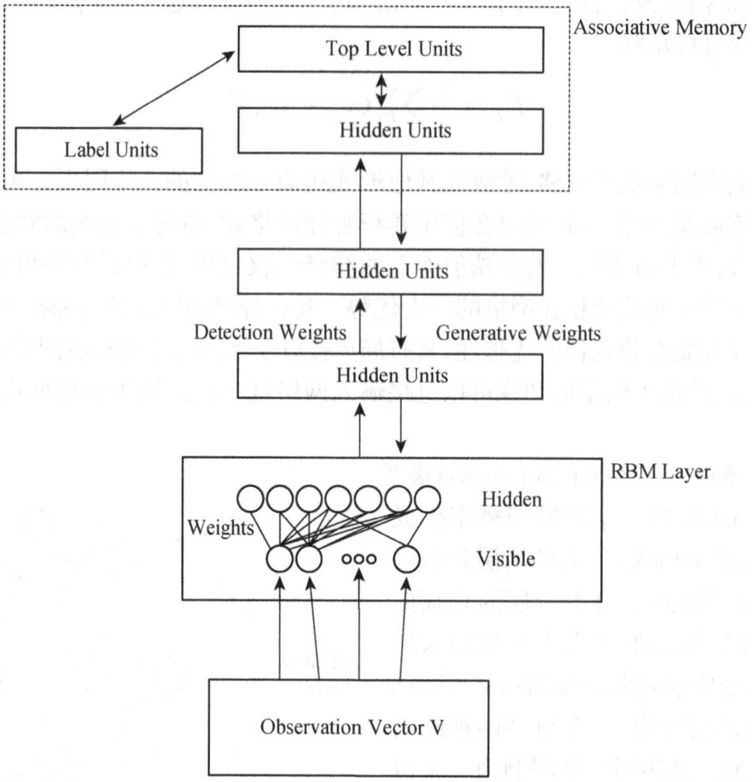

图 4-6 DBN 网络框架的解释

空间进行一个局部的搜索，这相比前向神经网络来说，训练是要快的，而且收敛的时间也少。图 4-6 是对 DBN 网络框架的解释。

DBN 的灵活性使它的拓展比较容易。一个拓展就是卷积 DBN（Convolutional Deep Belief Networks，CDBN）。DBN 并没有考虑到图像的二维结构信息，因为输入是简单地从一个图像矩阵一维向量化的。而 CDBN 就是考虑到了这个问题，它利用邻域像素的空域关系，通过一个称为卷积 RBM 的模型区达到生成模型的变换不变性，而且可以容易变换到高维图像。DBN 并没有明确地处理对观察变量的时间联系的学习上，虽然目前已经有这方面的研究，如堆叠时间 RBM，以此为推广，有序列学习的 dubbed temporal convolution machines，这种序列学习的应用，给语音信号处理问题带来了一个让人激动的未来研究方向。

目前，和 DBN 有关的应用有堆叠自动编码器，它是通过用堆叠自动编码器来替换传统 DBN 里面的 RBM。它可以通过同样的规则来训练产生深度多层神经网络架构，但它缺少层的参数化的严格要求。与 DBN 不同，自动编码器使用判别模型，这样这个结构就很难采样输入采样空间，这就使网络更难捕捉它的内部表达。但是，降噪自动编码器却能很好地避免这个问题，并且比传统的 DBN 更优。它通过在训练过程添加随机的污染并堆叠产生场泛化性能。训练单一的降噪自动编码器的过程和 RBM 训练生成模型的过程一样。

3）堆栈自编码网络（Stacked Auto-encoder Network）模型

堆栈自编码网络的结构与 DBN 类似，由若干结构单元堆栈组成，不同之处在于其结构单元为自编码模型（Auto-encoder）而不是 RBM。

自编码模型是一个两层的神经网络，第一层称为编码层，第二层称为解码层。如图 4-7 所示，训练该模型的目的是用编码器 $c(\cdot)$ 将输入 x 编码成表示 $c(x)$，再用编码器 $g(\cdot)$ 从 $c(x)$ 表示中解码重构输入 $r(x)$。因此，自编码模型的输出是其输入本身，通过最小化重构误差 $L[r(x), x]$ 来执行训练。当

隐层是线性的，并且 $L[r(x), x] = \| r(x) - x \|^2$ 是平方误差时，$c(x)$训练网络将输入投影到数据的主分量空间中，此时自编码模型的作用等效于主成分分析 PCA；当隐层非线性时，与 PCA 不同，得到的表示可以堆栈成多层，自编码模型能够得到多模态输入分布。重构误差的概率分布可以解释为非归一化对数概率密度函数这种特殊形式的能量函数，意味着有低重构误差的样例对应的模型具有更高的概率。给定 $c(x)$，将均方差准则推广到最小化重构负对数似然函数的情况：

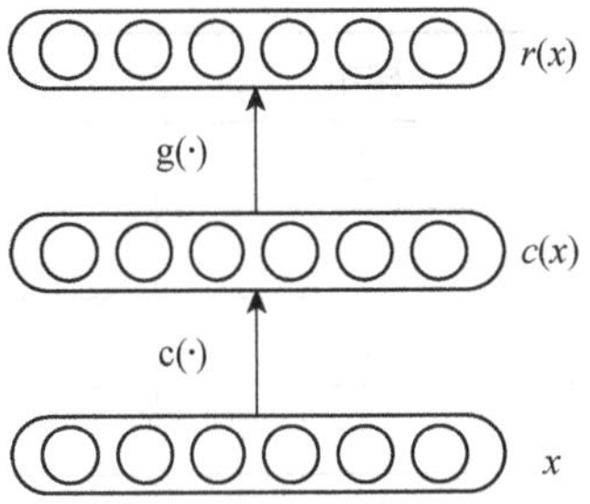

图 4-7　自编码模型结构

$$RE = -\log p[x \mid c(x)]$$

能量函数中的稀疏项可用于有固定表示的情形，并用于产生更强的保持几何变换不变性的特征。当输入 X_i 是二值或者二项概率时，损失函数为：

$$-\log p[x \mid c(x)] = -\sum_i x_i \log g_i[c(x)] + (1 - x_i)\log\{1 - g_i[c(x)]\}$$

$c(x)$并不是对所有 x 都具有最小损失的压缩表示，而是 x 的失真压缩表示，因此学习的目的是使编码 $c(x)$为输入的分布表示，可学习到数据中的主要因素，使其输出成为所有样例的有损压缩表示。

堆栈自编码网络的结构单元除了上述的自编码模型之外，还可以使用自编码模型的一些变形，如降噪自编码模型和收缩自编码模型。降噪自编码模型避免了一般的自编码模型可能会学习得到无编码功能的恒等函数和需要样本的个数大于样本的维数的限制，尝试通过最小化降噪重构误差，从含随机噪声的数据中重构真实的原始输入。降噪自编码模型使用由少量样本组成的微批次样本执行随机梯度下降算法，这样可以充分利用图处理单元(graphical processing unit, GPU)的矩阵到矩阵快速运算使得算法能够更快地收敛。收缩自编码模型的训练目标函数是重构误差和收缩罚项的总和，通过最小化该目标函数使已学习到的表示 $c(x)$尽量对输入 x 保持不变。与其他自编码模型相比，收缩自编码模型趋于找到尽量少的几个特征值，特征值的数量对应局部秩和局部维数。

4　大数据分析实例

4.1　大数据背景下决策树预测购买行为分析

4.1.1　案例背景

目前，企业的观念正逐渐变成以客户为中心，为客户提供有针对性的营销和服务变得越来越重要。特别是随着网络通信的迅猛发展，企业可以收集到海量的关于客户的信息和数据，应用这些数据去获得有价值的信息，以对客户购买行为预测，实现客户关系管理都是企业急需攻克的难题。对于客户购买行为的预测的研究，数据挖掘中有很多的方法，如 RFM 模型、SMC 模型、BG/NBD 模型等。研究发现，这三种方法有很多的不足和缺陷。王英双采用决策树和关联规则结合的方法实现了客户购买行为的预测。决策树模型不局限于单纯分析客户购买行为方面，而是对客户的各方面的信息进行分析，然后对客户进行分类，以帮助企业对客户的购买行为进行预测，而且决策树模型不需要人为地设置一些约束条件或者限制，能更好、更实际的处理问题。

4.1.2　模型分析

1) 基于 ID3 的决策树模型构建

在研究大数据问题之前，首先从小数据开始。针对决策树模型在使用过程中出现的问题，以 ID3 算法的优化为例进行分析。如表 4-1 所示的 24 组样本数据，有三个属性，分别是收入、是否工作和个人信用，结果是是否持有信用卡，要利用决策树模型和这组数据来对客户是否持有信用卡作出预测。

表 4-1 某银行信用卡客户信息表

样本	收入	工作与否	信用	是否持有信用卡
1	高	工作	优	是
2	中	工作	不好	否
3	高	不工作	不好	否
…	…	…	…	…
24	低	工作	不好	否

首先，建立一个样本数据集。其次，要通过一定的方法，把这些数据有效的分类出来，这里要用到信息熵的概念，最终要得到各个属性的信息增益。具体算法如下。

设样本 M 中的属性有 D 个样例，共有 F 个类，M_i 样例出现的概率 $N_i=\frac{|M_i|}{|Y|}$，信息熵 $Q(M)=-\sum_{i=l}^{D}N_i\log_2(N_i)$，信息增益 $P(M,属性)=Q(M)-\sum_{r\in 属性}\frac{|M_r|}{|m|}Q(M)$，其中 M_r 是属性中取值为 r 的样例。

收入的信息增益：

$$P(M,收入)=Q(M)-\sum_{r\in 收入}\frac{|M_r|}{|M|}Q(M)=-\left(\frac{12}{24}\log_2\frac{12}{24}+\frac{12}{24}\log_2\frac{12}{24}\right)+\frac{5}{24}\times\left(\frac{3}{5}\log_2\frac{3}{5}+\frac{2}{5}\log_2\frac{2}{5}\right)+\frac{10}{24}\times\left(\frac{3}{10}\log_2\frac{3}{10}+\frac{7}{10}\log_2\frac{7}{10}\right)+\frac{9}{24}\times\left(\frac{3}{9}\log_2\frac{3}{9}+\frac{6}{9}\log_2\frac{6}{9}\right)=0.0861$$

用这个方法可以计算工作与不工作、信用好与信用不好的信息熵。比较得知，信用的信息增益最大，所以应该把信用作为根节点进行分类。如图 4-8 所示。

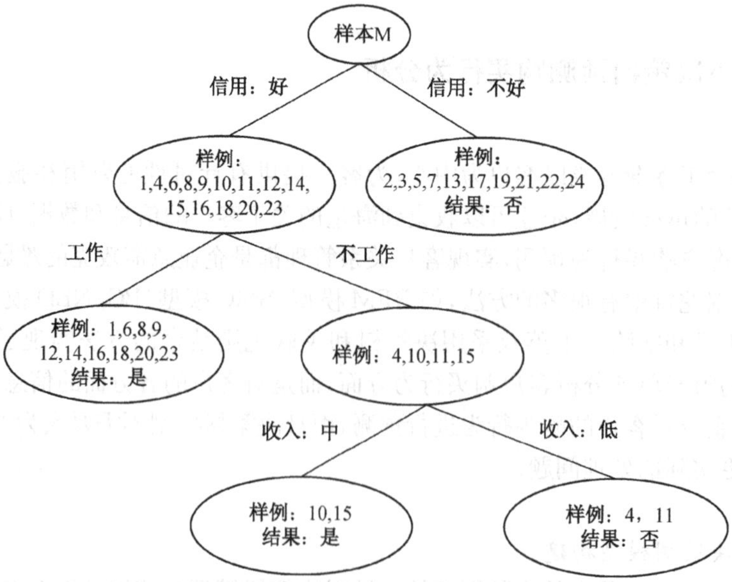

图 4-8 最终生成的决策树

传统的ID3算法只能从局部最优来考虑每一步下的最优情况。但是,因为例如噪音数据的影响等,往往不能得到全局最优,所以可引用核的概念来考虑优化问题。通过计算可以得到图4-9的决策树,并可以得到7条决策规则,从而可以通过这些规则对客户购买行为进行预测。

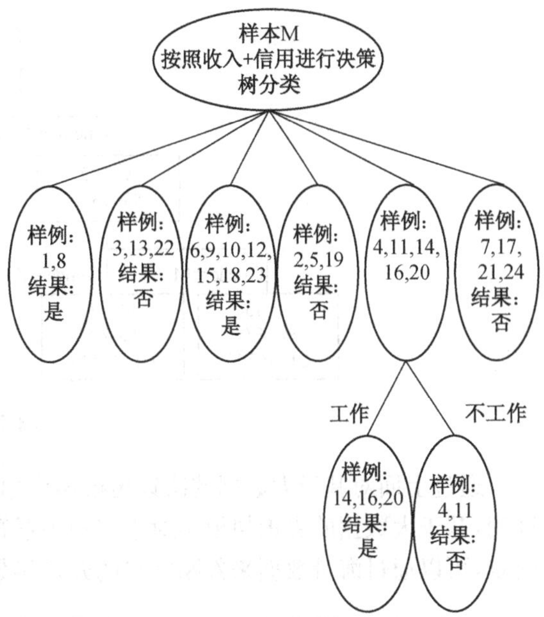

图4-9 基于改进的ID3优化算法建造出的决策树

通过比较可以发现,利用ID3算法作出的决策树模型一般高度很大,但是宽度很小,这样会让决策树变的繁杂,解读起来也不方便。优化后算法作出的决策树能够兼顾决策树的高度和深度,能让人更好地理解决策树的结果,因而更能满足企业对客户的购买行为进行预测的实现需要。

2) 大数据下基于改进决策树的客户购买行为预测

决策树可以处理小数据的问题,而且在处理小数据方面有令人惊喜的效果。大数据背景下的决策树模型其原理和算法是相同的。在大数据背景下,一般都需要借助于其他的平台来计算决策树模型,因为大数据下决策树模型要处理的信息量、数据量特别巨大,也很复杂,人工计算很难解决问题。

第一,数据预处理。

以关于判断客户银行开户年数的数据为例进行分析,共700多组,包括有客户的年龄、收入、小孩的个数、所在城市、结婚与否、性别等客户的相关信息。

可选择用收入、年龄、性别和小孩的个数作为输入变量,银行开户年数作为输出变量。利用输出变量对客户的开户年数作出预判,通过对客户开户年数作出预判,就能更好地了解客户,能更好地处理对客户的放贷、融资等业务。

对残缺数据进行处理,有两种处理方法。一种是直接删除残缺数据,另一种就是按照相关信息去补填残缺数据,再者是清除重复数据,将数据的格式统一化,使得软件可以直接处理这些数据。如果用软件进行数据处理的时候数据量过大,还可以采取数据归约的方法来进行预处理,数据归约能使得数据量变小,但是数据的类型、结构以及完整度与原数据相同。因此,不妨碍计算结果的准确性。

第二,大数据环境下的决策树模型建造。

可以使用Teradata平台建造决策树。因为决策树输入属性里面包含了收入这个连续性属性,所以要注意选择算法。Teradata平台决策树模型中有四种算法:一是信息增益算法,二是基尼系数法,三是回归树算法,四是Chaid算法。一般采用信息增益和基尼系数算法,再者是控制决策树的节点个数、树的深度,这样能给管理者带来方便,因为数据量大的时候如果不控制节点个数和树的深度,那么决策树会很大很深,无法给人明确的信息。

可以先在数据库中寻找到事先储存的数据,然后利用选择输入属性,输出属性,在这里,要自己手动处理的是按照什么顺序来选择输入属性,因为,输入属性的先后决定了软件处理数据依据属性的先后,这里输出变量选择的是银行开户年数,输入变量选择的依次是收入、年龄、性别。之后是设置分析参数,我们设置最大数为50,决策树的最大的层数是9层,选择的算法是基尼系数。

第三,基于大数据的决策树结果分析。

由于计算结果比较复杂,这里我们选取其中的一部分进行详细说明。如图4-10所示,在分枝2中,$N=57$代表的是数据里面有57个数据可以归到此分类,%=7.6说明这些数据占所有数据的百分比是7.6,这个分枝的结果就是收入小于或等于519.5的。

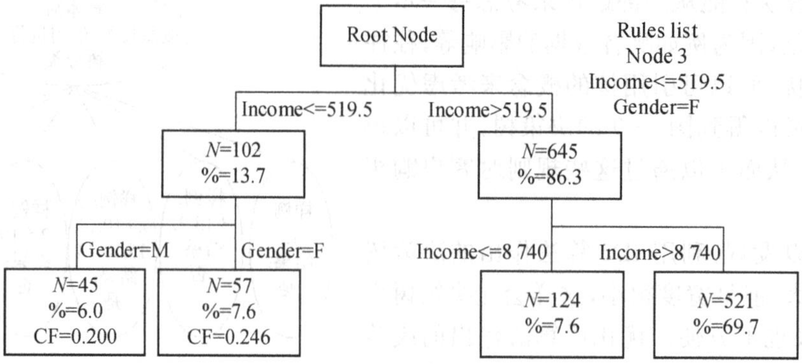

图 4-10　结果分析

通过上面对基于大数据的决策树模型应用的介绍,可以看到决策树在大数据的背景下的情况,毫无疑问,基于大数据的决策树模型对于客户关系管理有着不可取代的作用,它在商业上也有着巨大的应用前景,可以通过海量数据来判断客户的开户年数,进而实现对客户的放贷、融资等业务的更好的掌控。

4.2　粗糙神经网络在客户消费分类中的应用

4.2.1　案例背景

1) 客户消费属性及分类

马斯洛的需求理论认为:需要是一种促使客户采取行动来达成特定目的或改善不满的状态,是由客户特性和市场及外部环境特性决定;消费是在具备达成特定目的或改善不满状态所需的条件之后,想要获得的最大满足程度的一种期望,是客户内外环境背景起决定因素。具体消费主体,则最终是以实际产品的选择、交易和消费行为及满意结果来达成消费目的。

客户消费分类模型是通过对已知类别的客户群集中进行特征归纳,找出各类的特征属性,建立客户"类"与消费"属性"之间对应关系,并以这些属性为依据对新客户进行"类"区分的过程。分类模型研究中分类问题分析、建立模型、模型运用是三个关键内容。目前的研究和应用多采用先进技术和方法,如数据挖掘技术、统计技术、智能学习技术等,充分利用历史积累的丰富的客户数据,发现或建立客户消费目的驱动下其消费行为及变化特征中的规律、关系及模式。

随着学术和业界对影响客户消费的特征研究的深入,不难发现被纳入分析、观察、推理预测的变量,已从关注某时刻相对静态消费特征,如基本人口统计变量(集)、产品选择特征变量(集)、交易契约变量(集)、产品满意评价变量(集)等,拓展至以某时段相对动态消费特征,如产品使用背景和经历、消费行为变化趋势、产品选择的调整参数等。时至今日,反映客户消费属性的特征包括:基本特征、使用(消费)环境特征、使用(消费)能力特征、使用(消费)经历特征、使用(消费)产品选择特征、使用(消费)产品交易特征、使用(消费)产品消费特征、使用(消费)产品咨询特征等数据项。对于具体行业或市场,每个消费属性有特定语义和数据特性,包括定性/定量、精确/模糊、连续/离散等多种表现形式。

面对客户消费属性多维性、相关性特点,消费特征与归类存在着较为普遍的非精确的状态,即客户消费"属性"和"类"难以用"非此即彼"的简单分类规则来反映客观事实。如:有一组相同消费(条件)属性值的客户群,决策属性不同;或不同消费(条件)属性值的客户群,却具有相同的决策属性。另外,众多的消费属性对于分类判断,也并不是同等重要,甚至某些属性是冗余的。从这个意义上讲,发现客户"类"与客户消费"属性"之间关系,以及据此建立分类模型之前,有必要在保留关键信息前提下,筛选核心属性,生成可支持分类模型的精简知识表达空间,以减低分类资源的浪费。

2) 消费决策表及粗糙集特性

给定客户数据记录以二维关系表来表达,表中每一行记录一个客户"对象",表中列描述"对象"特征两大类属性：消费特征的条件属性和给定“类”的决策属性。

定义 1：设“消费分类”决策表 $S=\langle U, C, D, V, f\rangle$，$U$ 为客户“对象”的非空有限集，也称论域，C 为消费属性集合；D 为决策属性集合 $(D\notin\Phi)$，V 为所有属性的值域集合；设 $O=C\cup D$，$f: U\times O\rightarrow V$ 是一个信息函数，为每个客户“对象”每个属性赋予一个信息值，即 $\forall o\in O,\ x\in U,\ f(x, o)\in V_o$ 的值域。

粗糙集理论中“决策表”为反映分类本质的知识空间，用等价关系诠释分类概念，表中一个属性对应一个等价关系，表可以看作是定义的一簇等价关系。由此，运用粗糙集理论，R 为论域 U 中客户“对象”之间的等价关系，则 $X_i=[x]_R$ 表示 x 的 R 等价类，$U/R=\{X_1, X_2, \cdots, X_n\}$ 表示 R 的所有等价类族；R 的所有等价类构成一个划分，划分块与等价类相对应。

定义 2：“消费分类”决策的论域 U，$x\subseteq U$，且 R 为一等价关系，若 X 为某些 R 基本范畴的并集时，则 R 是可定义的，称为 R 精确集；否则 X 为 R 不可定义的，称为 R 非精确集或粗集，客户“对象”和等价关系 $IND(R)$，包含于 X 中的最大可定义集和包含的最小可定义集，都是根据 R 能够确定的，前者称为 X 的下近似集，记为 $R_-(X)$，后者称为 X 的上近似集，记为 $R^-(X)$。其形式表达如下：

$$R_-(X)=U\{x\in U\backslash IND(R)\subseteq X\}$$

$$R^-(X)=U\{x\in U\backslash IND(R)\cap X\neq\Phi\}$$

所以，$BN_R(X)=R^-(X)-R_-(X)$ 称为 X 的 R 边界；$POS_R(X)=R_-(X)$ 称为 X 的 R 正域；$NEG_R(X)=U-R^-(X)$ 称为 X 的 R 负域。现实客户消费数据反映出的分类论域属性中，大量 X 处于 $BN_R(X)$ 的范围之中，$R_-(X)\neq R^-(X)$，具有典型的粗糙集特性。

3) 消费属性约简

粗糙集理论中针对决策表的属性约简是指从条件属性集合中发现部分必要的条件属性，使根据必要的条件属性形成的相对于决策属性的分类和所有条件属性所形成的相对于决策属性的分类一致，即和所有条件属性相对于决策属性 D 有相同的分类能力，此乃约简的概念。依据给定分类问题，决策属性为“类”区分变量，因此，本节仅对“消费分类”决策表中消费属性进行约简。

定义 3：设给定“消费分类”决策表 S，对于消费属性集 $A\subseteq C$，D 均为 U 上等价族集；若 $r\in A$，$OS_{\{A-\{r\}\}}(D)=POS_A(D)$，则称消费属性 r 在 A 中关于 D 是可省的；否则，属性 r 在 A 中关于 D 是不可省的。

在本节中消费属性约简算法采用基于可辨识矩阵和逻辑运算的约简算法。最后得到新“消费分类”决策信息表如表 4-2 所示，所有属性值均为该表的核值，所有记录均可推出客户消费分类的最简规则 Rule，以及规则的可信度（详见定义 5）。

表 4-2　消费决策信息表

规则序号 (Rule)	记录数	条件(核心属性)				决策属性
		C_1	C_2	…	C_N	D
1	t_1	a_{11}	a_{12}	…	a_{1n}	d_1
2	t_2	a_{21}	a_{22}	…	a_{2n}	d_2
…	…	…	…	…	…	…
m	t_m	a_{m1}	a_{m2}	…	a_{mn}	d_n

对于客户消费分类中不能简单地用“非此即彼”的规则表达的问题，粗糙集理论作如下定义。

定义 4：若 S 为“一致性”消费决策表，则当客户“对象”记录在消费属性集上取值相同时，决策属性值也必定相同，从一致决策表中得到的决策规则都是确定的；若 S 为“不一致”消费决策表，则至少存在两个客户"对象",在消费条件属性集上取值相同,但其决策属性值却不相等,在不一致决策表中必定存在不确定性规则。

定义 5:基于粗集方法提取的规则形式表达: $Rule_m$: $if\ A$ then B。其中前件 A 为消费条件属性子集: $A=a_{11}\wedge a_{12}\cdots\wedge a_{1n}$,后件 D 为决策属性: d_1,则规则可信度为:

$$CF(Rule)=CF(D,A)=\frac{|Y\cap[X]_R|}{[X]_R}$$

其中,Y 为满足决策结论为 D 的决策表记录集合,x 为满足消费条件属性的任一条记录,因此等价类 $[x]_R$ 表示所有满足消费条件属性 A 的记录集合。显然 $0\leqslant CF(D,A)\leqslant 1$。

4) 消费分类的粗糙神经网络初始拓扑结构

神经网络是利用非线性映射的思想和并行处理的方法,以网络结构表达输入与输出关联知识的隐函数关系。针对客户消费分类面临的新问题,采用粗糙神经网络技术,基本思路为:以 BP 网络结构为基础,遵循由粗糙集方法得到的一组分类规则等知识,构建出粗糙神经网络初始拓扑结构,如图 4-11 所示。

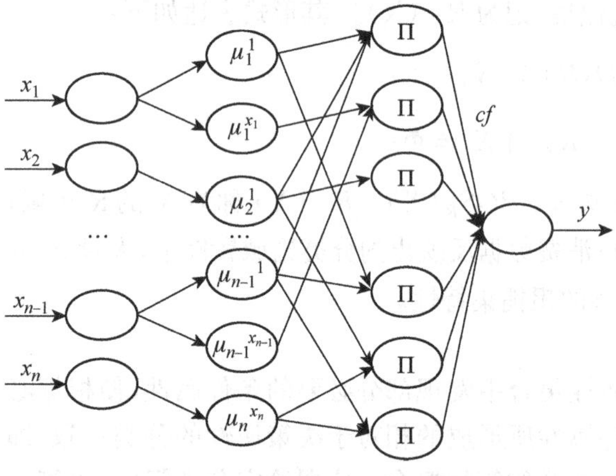

图 4-11 客户消费分类粗糙集神经网络

第 1 层:输入层,该层神经元数 n 为由前置消费属性约简处理得到核心属性项数。输入向量 $X=(x_1,x_2,\cdots,x_i,\cdots,x_n)^T$,对应一组核心属性项,核心属性值来源于给定的样本数据库的子集,经过数据预处理和数据约简后所形成的新学习样本集。

第 2 层:粗糙隶属层,该层神经元与第 1 层神经元的连接表示消费分类规则的条件部分。第 1 层的第 i 个神经元与该层的一组 r_i 个神经元(r_i 为 x_i 离散化区间数)连接,设置该层神经元数 $j=\sum r_i(i=1,2,\cdots,n)$ 其作用函数确定为粗糙隶属函数,神经元输出: $N_{ji}=u_{\lambda ji}(x_i)=u_i^j$,式中 N_{ji},其含义是与在第 i 个分量相关的分类中的第 j 个等价类; A_{ji} 为 x_i 与 N_{ji} 之间的粗糙隶属函数值连接权,含义为第 j 个类所代表的等价类。

第 3 层:分类规则层,其中每一个神经元代表 1 条规则,规则的获取和描述的理论依据是粗糙集理论,该层神经元和第 2 层、第 4 层神经元的连接关系,由分类规则的前件和后件来决定,假设有 $m(m\leqslant n)$ 条分类规则,该层神经元本身完成规则的适应度计算,第 t 个神经元 R_t 输出: $\pi_t=u_{1t}u_{2t}\cdots u_{nm}=\Pi u_{jt}$,$(t=1,2,\cdots,m,j=1,2,\cdots,\sum r_i)$,式中 u_{jt} 为与第 t 神经元连接的第 2 层的第 j 神经元的输出量。

第 4 层:输出层,该层的节点数为 1 个,为分类变量,与第 3 层的每个节点(规则结论)连接权值 w_i 的初始值预先设为各规则可信度 cf_t。该层节点的输出:

$$y=cf_t\pi_t,(t=1,2,\cdots,m)$$

4.2.2 模型建立

基于粗糙集神经网络的客户消费分类建模系统包括用于分类的知识空间约简预处理、建立消费分类网络模型、分类模型应用三个子系统。

1) 知识空间约简预处理子系统

该阶段主要是生成构建分类模型的最小知识空间(学习样本集)及一组相应的分类规则:数据预处理。客户消费属性数据类型多属于连续数值型,粗糙方法只能处理离散的数据,因此,要首先进行数据离散化的转换处理。这里采用非监督离散化的等频率方法，对每个连续型属性作如下处理：根据属性在所有 m 个对象上取值从小到大进行排列，征询业内专家意见确定划分区间 k，把 m 个对象记录平均划分成段，每段中 talk 个对象记录，即得到一个断点集。最后，形成由离散数据所组成的客户消费分类数据表。

消费属性约简。采用基于可辨识矩阵和逻辑运算的属性约简方法，首先，根据客户消费分类数据表 $S=\langle U,A,V,f\rangle$，消费属性集合 $A=C\cap D$，D 为决策属性集，则定义相应的可辨识矩阵为：

$$C_{ij}=\begin{cases}0,\text{其他}\\ a\mid a\in C,\ f(x_i,\ a)\neq f(x_j,\ a),\ (x_i,\ x_j)\notin IND(D)\text{。}\end{cases}$$

消费属性约简的方法为：①计算出客户消费分类数据表的可分辨矩阵 C_D。②对于可辨识矩阵中所有取值为非零，非空集合的元素 q，建立相应的析取逻辑表达式 L_{ij}，使 $L_{ij}=\bigcup\limits_{a_i\in C_{ij}}L_{ij}$。③将所有的析取逻辑表达式进行合取运算，得到一个合取范式 L，使 $L=\bigcap\limits_{C_{ij}\neq 0,\ C_{ij}\neq\Phi}L_{ij}$。将合取范式 L 转换为析取范式的形式，得 $L'=\bigcup\limits_{i}L_i$。④输出属性约简的结果。析取范式中的每个合取项就对应一个消费属性约简的结果，每个合取项中包含的属性组成约简后的条件属性集合。

提取分类规则。在属性约简基础上，属性值约简是可选步骤（该过程针对每一条分类规则，去掉表达该规则的冗余属性值），与属性约简一样，经过约简后得到的新表，所有属性值均为该表的核值，由此得到客户消费分类的最简规则以及规则的可信度。

2）建立分类网络模型子系统

这个系统生成并检验可用于消费分类的粗糙集神经网络模型，主要处理过程为：①粗糙神经网络初拓扑结构设计及初始化。在提取出来的样本数据的简化知识表达空间（分类规则）基础上，遵循分类规则，设置神经网络的输入和输出神经元节点数，隐含层数目及隐含层神经元节点数，并定义相应节点之间的作用函数和权值连接特性的初始值，构建粗糙神经网络初始拓扑结构。②学习样本数据预处理。为了避免各个变量在树枝上的较大差异对网络训练的准确度带来影响，先根据公式 $x_i=\dfrac{x_i-x_{\min}}{x_{\max}-x_{\min}}$ 将所有输入值归一化，并将学习样本集分为训练样本（80%）和检验样本（20%）两个数据子集。③粗糙神经网络训练。通过训练样本数据，神经网络仍然采用 tansig 型函数。通过训练样本数据，采用神经网络的反向 BP 算法迭代来进行训练，在输入和输出通过神经网络进行定量逼近，连接的权值进行自学习和自调整过程，网络需要调节的权值参数、等价类划分层的类中心 c_{ij} 与方差 δ_{ij}，最后得到反映分类网络的输入空间与输出空间的映射关系模型。对误差的计算采用了广义的 δ 规则。④粗糙神经网络检验和评价。检验方法是将检验样本数据输入模型，将得到的分类预测结果与实际的分类进行比较，若模型输出结果反映出实际分类结果的 85%以上，认为偏差控制已在可以接受的范围之内，模型通过检验。

3）分类预测应用子系统

运用分类模型，对根据新客户的消费属性，对客户进行归类及行为预测。主要步骤为：①将来源于客户基本特征数据、产品交易数据、消费数据、服务数据等的不同数据库中的数据，进行以核心属性为依据的数据提取和转换处理，生成客户消费属性数据表。②将客户消费属性数据表中作为分类模型输入端的输入变量值，经过模型归类处理，得到客户隶属于的消费“类”。③生成客户预期出现消费“类”特征报告，成为采取不同的营销策略决策的重要依据。

4.2.3 实际数据处理

1）样本数据、消费属性变量即数据预处理

样本数据为某公司客户群体中的 2 100 个客户某年 3 个月的数据宽表，如表 4-3，表结构包括 22 个描述消费属性的数据项和 1 个描述决策属性的数据项。通过对数据进行冗余和遗漏检查，剔除 113 条数据记录；采用等频率区间分法，连续型属性数据项离散化方法，得到数据转换后的客户消费决策变量。

表 4-3　某企业客户消费决策信息表

	变量名	1	2	3	4	5
	客户识别类型	属性值已经是离散的，不需要再离散化				
客户基本特征	客户行业					
	客户接入类型					
	优惠类型					
客户关系特征	消费时间	[*, 16)	[16, 45)	[45, 48)	[48, 59)	[59, *)
	总费用	[*, 57.2)	[57.2, 101.69)	[101.69, 164.82)	[164.82, 327.42)	[327.42, *)
	…	…	…	…	…	…
	长途电话费	[*, 4.97)	[4.97, 20.85)	[20.85, 50.94)	[50.94, 141.39)	[141.39, *)
	互联网费用	[*, 0.03)	[0.03, 8.5)	[8.5, 29.38)	[29.38, 96.32)	[96.32, *)
	总费用波动	[*, 0.05)	[0.05, 0.11)	[0.11, 0.18)	[0.18, 0.29)	[0.29, *)
	…	…	…	…	…	…
客户需求衍生变量	月租费用比例	[*, 0.1)	[0.1, 0.18)	[0.18, 0.32)	[0.32, 0.57)	[0.57, *)
	长话费用比例	[*, 0.01)	[0.01, 0.09)	[0.09, 0.22)	[0.22, 0.41)	[0.41, *)
	本地费用变化趋势	[*, −4.11)	[−4.11, −0.16)	[−0.16, 0.52)	[0.52, 6.14)	[6.14, *)
	…	…	…	…	…	…

2) 提取消费属性约简及分类规则

运用粗糙集处理软件 ROSETTAV1.4.41，对客户消费决策信息表中冗余消费属性进行约简，保留了影响分类的 8 个核属性，分别为：总费用变化趋势，本地费用变化趋势，长话变化趋势，本地通话费用，长话费用，总费用波动，长话波动，长话费用比例，生成“消费分类”决策表；进而对分类规则进行约简，共得到约简属性 9 371 组，并由此可得到客户分类规则 893 条，选择出可信度大于 0.65 的规则；最后产生 53 条分类规则以及生成相应的学习样本数据集。

3) 建立客户消费分类模型

(1) 确定 RS—NN 模型为四层神经网络结构，输入层神经元数确定为 8 个；隶属层神经元 40 个（设计依据每个属性值域离散区间）；规则层神经元 53 个（设计依据约简得到 53 条分类规则）；输出层神经元为 1 个，输出变量为客户“类”区分值。

(2) 传递函数采用 tansig 型函数。训练函数为基于改进的 BP 算法的训练函数，该算法在学习规则上选取了动量因子算法规则，学习速率采用了自适应学习速率。训练参数确定如下：目标误差为 0.01；学习率为 0.1；训练次数为 1 000 次。

(3) 学习样本总量共 1 987 组，随机抽取 200 组样本作为测试数据，其余 1 787 组数据作为训练样本，对模型进行训练。将训练样本的 8 个核心消费属性数据依次输入分类模型的输入端，对网络进行训练，经过 350 次迭代训练之后，网络达到收敛。网络收敛之后，网络的映射规则提取完毕，分类模型即已确定。

将随机抽取的 200 个检验样本逐一输入网络模型中，检验模型的分类精度。经过 MATLAB 的处理之后，将得到的结果的预测值与实际值之间的误差转化为误差图。结果发现，大部分预测误差都在 0 附近，只有 6 个样本的误差超过 1，即分类错误。分类的正确度达到了 97%，可以说明分类模型的精确度很高，符合实际情况。

4.3 隐马尔科夫模型在文本分类中的应用

4.3.1 案例背景

近些年来随着网络的不断发展,各种信息的增长速度越来越快,其中文本信息占有重要地位,面对这些越来越多的数据信息,如何快速而有效地进行组织、管理以及使用是当今信息处理的一个重要课题,而这也促进了文本分类技术的发展。文本分类就是将未分类的文本根据一定的分类算法分配到正确的类别中。文本分类的应用十分广泛,在搜索引擎、信息过滤、文本识别、数字图书馆等方面均已成为关键技术之一。文本分类发展至今,已经产生了很多种模型和算法。在文本分类中比较常用的分类算法有 SVM 算法、KNN 算法、朴素贝叶斯算法以及神经网络算法等。还有很多算法是基于上述算法的改进模型和算法。

统计学理论在分类中具有非常重要的地位,目前大多数的分类算法都是以统计学理论为基础的。基于统计学的算法的缺陷就是没有考虑语法与语义方面的信息,因为到目前为止,自然语言的理解在语法和语义方面还没有很好的解决办法。隐马尔科夫模型是一种用参数表示的用于描述随机过程统计特性的概率模型,是一个双重随机过程,它由两部分组成:马尔科夫链和一般随机过程。这里我们将待分类文本的词频融入 HMM。分类之前,先对每个类构建 HMM、HMM 的观察值,输出是统计出的词频。该模型的状态转换可以看作是对该类别的特征词按照某一特定顺序进行遍历查看的过程。模型对训练集加以学习得到每个类别的 HMM,计算待分类文本与各个类别 HMM 的生成概率,将其分给概率最大的类别。

4.3.2 建立模型

目前,在信息处理领域,向量空间模型是文本表示的主要模型。文本需要先经过分词、去除停用词等预处理操作。模型分类器训练步骤在下面进行介绍。

1) 类别特征选择

文本通过预处理操作之后,向量的维数很大,有的甚至有几十万维,为了便于后续计算的需要对这些向量进行特征词选择那些具有代表性的词语,达到降维的目的。常用的特征选择算法有信息增益,互信息,χ^2 检验,文档频率等方法。

在构建类别特征词集时,本节选择 χ^2 检验来获取不同类别 $\{c_1, c_2, \cdots, c_k\}$ 的类别特征词集 $\{W_1, W_2, \cdots, W_k\}$,即类 c 有类别特征集 W_c。

$$\chi^2(t, c) = \frac{(AD - BC)^2}{(A+B)(C+D)}$$

式中,A 表示包含特征词条 t 且属于类别 c 的文本频数;B 表示包含特征词条 t 但不属于类别 c 的文本频数;C 表示属于类别 c 但不包含特征词条 t 的文本频数;D 表示既不属于类 c 也不包含特征词条 t 的文本频数。

χ^2 是通过计算特征词条 t 和类别 c 间的依赖程度来完成提取。它表示了特征词 t 和文本类别 c 之间的关联程度,并是基于特征词 t 和文本类别 c 之间符合 χ^2 分布这一假设的。特征词 t 对于某一个类的 χ^2 统计值越高,它与该类之间的相关程度就越高,携带的类别鉴别信息也越多。通过设定阈值,可以得到该类别的类别特征词集 $W_c = \{W_{c1}, W_{c2}, \cdots, W_{ck}\}$。

2) 分类器模型及参数学习

文本是由一系列的词汇组成,不同类别的文本包含的词汇也会不尽相同,即使相同,词频也会不同,因此本节针对每个类别的文本集均构建一个相应的隐马尔科夫模型。统计模型下的文本是由特征词和词频组成的,词频是离不开词汇的,但是如果不考虑词频,在目前特征选择算法还没有达到理想时,还是会有很多相同的词汇,会容易错分,因此需要用词频来进一步区分,所以 HMM 中应该也以两者为基础来构建。

类别特征词集是构建马尔可夫过程的基础，将其与待分文本的相交词集作为马尔可夫过程中的状态(可视为相交词集的一种排列，理解为对词集的遍历过程)，而将待分文本中对应的词频作为状态的输出符号。同时词频也链接着权重的计算。

对每个类别构建如下 HMM，状态集合为 $S=\{S_0, S_1, \cdots, S_i\}$。其中，$S_0$ 和 S_i 是开始状态和结束状态，S_i 对应着该类别特征词集中的第 i 个特征词 W_i，$1 \leqslant i \leqslant |c|$，即以特征词集中特征词的顺序构建状态序列。状态的转换表示特征词集的遍历过程。每个状态以特定概率产生输出符号。本节的输出符号就是特征词的词频 k，k 的大小不超过待分类文本中的特征词的总词频。在中间状态 S_i(除开始和结束以外的状态)下，c 类的观察值分布由下式计算而得，即 $b_i^{(c)}(k)=P\{k \mid w_i\}=TFIDF_c(w_i)$。

$FIDF_c(i)$ 则是对应着 c 类中类别特征词集中的第 i 个特征词。$FIDF_c(i)=\dfrac{D_c(i)}{\sum\limits_C D_c(i)} \dfrac{N_c(i)}{\sum\limits_C N_c(i)}$，$D_c(i)$ 指的是 c 类中包含 w_i 的文档数；$N_c(i)$ 指的是 c 类中特征词 w_i 出现的词频。$TFIDF_c(i)$ 从文档数和词频两方面限制特征词 w_i 在 c 类中出现的概率，这样就不会出现文档过于分散在文档集中或者词频过于集中在某些文档中的情况。在此，对观察值分布作些改进，得到新的"分布"：

$$B_i^{(c)}(k)=TFIDF_c(w_i)W_c(w_i)W(w_i)[1+IG(i)]$$

$W(w_i)$是特征词 w_i 的权重：$W(w_i)=tf_i(d)\ln\left(\dfrac{N}{n}\right)$，式中，$N$ 是所有文本的总数；包含特征词 w_i 的总文本数；$W_c(w_i)$ 是 c 类中特征词 w_i 的权重；$tf_i(d)$ 是在 c 类中包含特征词 w_i 的所有文本的 w_i 平均词频；$W(w_i)$是待分类文本 d 中的特征词 w_i 的权重；$tf_i(d)$ 是特征词 w_i 在待分类文本 d 中的词频，并且 $W(w_i)$中的 N 是所有文本的总数加 1(待分文本)，同样 n 也是包含特征词 w_i 的总文本数加 1。

$IG(i)$ 指的是类特征词集中第 i 个特征词的信息增益。公式 $b_i^{(c)}(k)=P\{k \mid w_i\}=TFIDF_c(w_i)$。将信息增益作为特征词输出比重的一个影响因子的原因是：针对区分类别贡献大的特征词，词频可能比较低，增大其输出比重，有利于在待分类文本中出现这些词频低而贡献大的特征词时，增大此类词的输出概率，使被分为该类的概率增大：

$$IG(w)=P(w)\sum_{i=1}^{c} P(c_i \mid w)\ln\frac{P(c_i \mid w)}{P(c_i)}+P(\bar{w})\sum_{i=1}^{c} P(c_i \mid \bar{w})\ln\frac{P(c_i \mid \bar{w})}{P(c_i)}$$

新的"分布"并非统计意义上的概率分布，因为值并不一定小于 1。当然，也可以通过必要的标准化操作将其限制在[0, 1]内。这其中 $IG(w)$ 是作为某个特征词的影响因子，$IG(w)$ 大表明该词在分类时的贡献也大，因此在输出时应根据 $IG(w)$ 的大小有区别地调整各个特征词的输出概率，因为增大 $IG(w)$ 大的特征词的输出概率会增大整个序列属于某类的概率，而这在实际上有利于将待分类文本分向更准确的类别。

显而易见，c 类的 HMM 有 k 个状态，文本状态只能由第一个状态 S_0 开始，转移到下一个状态，直到最后一个状态 S_i，因此状态转移矩阵为 $a_{ij}=1$，如果 $j=i+1$；否则，$a_{ij}=0$；c 类状态转移矩阵 A_c 为 $|c| \times |c|$ 状态矩阵。同时，初始状态分布 $\pi=\{1, 0, \cdots, 0\}$。这样，c 类的 HMM 可以表示为 $\lambda=\{\pi, A_c, B_c\}$。对于一个待分类文本 d，按以下步骤进行分类：

(1) 首先，对待分类文本 d 进行分词、去除停用词等预处理操作。得到待分类文本 $W_d=\{w_1, w_2, \cdots, w_d\}$。然后，对文本中的所有词汇统计词频信息，得到 $W_d=\{(w_1, n_1), (w_2, n_2), \cdots, (w_d, n_d)\}$，$n_i$ 就是 w_i 的词频。

(2) 设 c 类文本的类别特征词有 C_i 个，并与待分文本 d 有 k 个相同的特征词，则对应有 k 个状态(不包括开始和结束状态)，即 S_i 对应着相同特征词中的第 i 个。将 W_d 中的特征词和词频与 k 个状态进行映射，S_i 的输出符号就是待分类文本中该词的词频。这样就得到了一个关于待分类文本关于 c 类的输出序列 Q。

(3) 然后，计算每个词语的观察值，并按照从大到小的顺序进行排序，得到新的排列序列 Q'。这样可以避免由于前面的数值很小导致在利用前向或后向算法计算结果时出现错误分类结果的情况，这样做将会使得计算结果最大化。而词语的排列顺序可以看作是马尔可夫过程(一种遍历顺序)。

(4) 利用前向或后向算法计算 $P\{Q' \mid \lambda\}$，λ 指的是构建的 c 类的分类器 HMM。

(5) 将 $P\{Q' \mid \lambda\}$ 标准化处理：$P\{d \mid c\}=P\{Q' \mid \lambda\}\dfrac{count(w)k_w}{\sum k_w}$，式中，$P\{d \mid c\}$ 表示待分类文本 d 属于 c 类的概率；$count(w)$ 表示在类别特征词集 W_c 和文本 W_d 中相同词的个数；k_w 表示特征词 w 的输出词频；分母是步骤(1)中所有词汇的词频之和，对于某一确定的文本来说分母是个常数。待分类文本和类别具有的相同特征词越多，而且词频越接近，两者就越接近。但某些少数词频较高或贡献较大的词汇的组合，可能会比其他组合，如多数词频较低的词汇或者贡献较低的词汇等情况的概率更大，而实际上后者更接近该类，因此标准化的目的就是降低前者影响，使分类更加准确。

(6) 计算出 W_d 与所有 HMM 的 $P\{d \mid c\}$，待分类文本的类标号就是 $\max[P_i\{d \mid c\}]$ 所指向的类。这里将特征词与词频同时融入 HMM 中，使得分类更加准确。本节所描述的基于 HMM 的文本分类方法是一种非监督的分类方法。可以说是一种最近邻的分类算法，HMM 将计算与所有类别特征词集的“相似度”，并将待分文本分于相似度最大的类别，在这里可以将类别特征词集看作是一个文本，这个文本除了特征词与词频、文档数量外还应有每个词对应的 IG，即满足公式“$B_i^{(c)}(k)=TFIDF_c(w_i)W_c(w_i)W(w_i)[1+IG(i)]$”需要的各个计算量。每个类别对应一个类别特征词集，即对应着一个“文本”。因此，每次分类只需要将待分文本依次和这 c 个“文本”计算相似度，将其分给最大的类别即可。

4.3.3 数据分析

实验中使用 KNN 算法将每个待分类文本需要和其他 6 800 个训练文本分别计算，而本节中的 HMM 算法只需和类别个数(实验中是 4 个)文本分别计算，KNN 算法中过多的磁盘 I/O 占据了绝大多数时间(随着训练文本的增多时间会更长)，实验中发现在文本数达到一定量的情况下(比如实验中的 6 800)，KNN 算法对长文本和短文本的分类时间差别不是很大，待分类文本中最短文本分类时间比最长文本分类时间快不超过 10%(最长待分类文本经分词、去停用词后约 2 200 个不重复词语；最短待分类文本经分词、去停用词后有 66 个不重复词语)；但是 HMM 算法对于长文本和短文本的差别分类时间差别较大，长文本花费时间较长，短文本分类较快，待分类文本中分类时间最大可以相差 34 倍，这是因为文本数量少，HMM 运算量大，运行时间主要集中在数值计算上而非磁盘 I/O，因此改变 HMM 算法中类别特征选择的阈值(实验中是 100)，也会得到不同的时间花销，而且待分类文本中最长的文本使用 HMM 分类的时间要比使用 KNN 分类的时间快 38%，并且实验中的 HMM 算法还有进一步优化的空间。

当然，HMM 分类的前提是已经获得所有的类别特征词和词的信息增益值，这些在预处理阶段就已完成，但是随着待分类文本和训练文本的不断变化，这些信息也会随之变化，可以在一段时间之后重新计算获取即可。因此，HMM 算法分类时间有效缩短，而且也提升了准确率。但是，由于是基于统计的模型，词汇之间的独立性也导致了语义关系的缺失，虽然状态之间隐含着一定的语义关系，但其带来的影响可以忽略，因此该模型有待在语义上作进一步探索。

实验采用复旦大学的文本分类语料库进行验证。从训练语料库和测试语料库中选取 4 个文本个数都超过 1 000 的类别：C19 计算机，C31 环境，C39 体育，C38 政治，并将训练和测试合并，进行分词、去停用词和统计词频等预处理并去除噪音文档之后，从合并后的四个类别中各取 2 000 篇文档，其中 1 700 篇作为训练文档，剩余 300 篇作为测试文档。采用 ICTCLAS 进行分词。使用 KNN 算法和本节中的算法进行实验，其中 $K=30$，采用余弦来计算文本相似度。结果如表 4-4 所示。

表 4-4 两种分类算法的比较

类别	KNN			HMM		
	查全率	查准率	F1	查全率	查准率	F1
C19	0.977	0.971	0.964	0.997	0.984	0.99
C31	0.97	0.993	0.981	0.987	1	0.993
C38	0.98	0.933	0.956	0.98	0.958	0.969
C39	0.927	0.979	0.952	0.953	0.976	0.964

由表 4-4 可以看出，本节描述的基于 HMM 的文本分类算法有较高的准确率。但是在实际使用中发现，对于一篇文档来说，包含的词语数可能不止数百个，而且观察值分布值差距较大，简单地说，就是在计算结果有可能出现计算机无法表示的数如无穷大等，也可能出现非常相近，由于计算机的忽略导致错分，这时需要对每个观察值用一个“适应值”来进行必要的“收缩”或“放大”，达到控制计算数值，从而找到最佳分类结果，而这个“适应值”需要不断去尝试，就如同 KNN 中的 K 一样，不同的“适应值”分类结果不一样。准确地说，每个类都有各自的“适应值”，不尽相同，但是多个不同的“适应值”显然不适合进行分类操作，因此从这些“适应值”中找到一个折中的“适应值”来进行分类，不过会降低分类精度。

关于观察值(词频)的分布，本节中考虑的并不是待分文本中特征词词频，而是从类别这个整体上来考虑，若某一文本属于某类则其中特征词的词频应服从泊松分布 $P_w(X=k)=\frac{e^{-\lambda}\lambda^k}{k!}$，泊松分布适合描述单位时间内随机事件发生的次数。在这里“单位时间”指的是一个文本；“随机事件”指的是某一词语 w；“次数”则是该词语的词频。也就是在一个文本中出现词频是 k 的词语 w 的概率为 $P_w(k)$。将泊松分布引入观察值分布之后，在和表 4-4 使用相同的数据情况下，经计算总体分类准确率达到了 91.3%，低于表 4-4 中 HMM 的 97.2%和 $K=30$ 时 KNN 的 95.7%(分类准确率是测试文档中分类正确的文本数与测试文档总数之比，测试文档与表 4-4 中的相同)。从概率上说，满足泊松分布的样本数量要足够大(实验中也将每个类别的训练文本数量提高到了 1 700)，实验中的数量还是不足以得出更好的精确度，因此要检验泊松分布的准确性需要更大的语料库。

4.4 基于深度信念网络的 PM2.5 预测

有学者提出一种基于深度信念网络的区域 PM2.5 日均值预测方法，讨论了训练数据选择方式，并优化了 DBNs 参数设置。通过相关实验并与基于径向基神经网络和反向传播神经网络方法比较，验证了基于 DBNs 方法的可行性和预测精度。实验结果表明：基于 DBNs 的方法，区域(西安市)预测PM2.5 日均值与观测日均值之间均方差为 $8.47\times10^{-4}\ mg^2/m^6$；而采用相同数据集，基于 RBF 和 BP 的方法均方差为 $1.30\times10^{-3}\ mg^2/m^6$ 和 $1.96\times10^{-3}\ mg^2/m^6$。比较分析表明：基于 DBNs 的方法能较好预测区域整体 PM2.5 的日均值变化趋势，显著优于基于神经网络和径向基网络方法的预测结果。

1) *数据获取与预处理*

所采用空气质量数据均来自西安市环境监测站官方公布数据。囊括了 13 个监测站点 2013-01-01 至 2013-08-28 共 240 d 的日均值数据。所采用的实时气象数据(包括天气、风向、风力、最高气温、最低气温)来自大型天气预报网“天气网”，其中对于天气和风力的数据需要编码。对天气的编码原则是计算不同气象数值对应的 PM2.5 平均值，按照平均值由小到大依次赋值 1, 2, …, n。例如“中雨”所对应 PM2.5 平均值为 56.5 $\mu g/m^3$，小于“小到中雨”所对应 PM2.5 平均值为 59.4 $\mu g/m^3$，故“中雨”排在“小到中雨”之前。对于风力的编码原则按照风力由小到大依次赋值 1, 2, …, n。编码后对应的编码表如表 4-5 和表 4-6 所示。

表 4-5 天气编码表

编码	天气	编码	天气
1	阵雨	7	多云
2	中雨	8	阴
3	小到中雨	9	小雪
4	雷阵雨	10	雨夹雪
5	小雨	11	浮尘
6	晴	12	小到中雪

表 4-6 风力编码表

编码	风力/级
1	≤3
2	3～4
3	5～6

由于 PM2.5 沉降慢，其日均值受之前若干天影响，但离当前时间越远，影响随之减小。因此在将数据归一化前，先采用如下衰减模型进行处理：

$$Z_i = e^{-(i-1)} C_i$$

其中，C_i 指衰减处理前，预测当天第 i 天前的各项指标（气象和空气质量数据）($1 \leqslant i \leqslant k$)；$Z_i$ 指衰减后该天的各项指标；k 是滑动窗口大小。为使以上所有不同维度和区间的数据保持一致，数据在衰减处理后输入预测模型前需要进行归一化。文中将 NO_2、SO_2、CO、O^3、PM2.5、PM10、天气、风向、风力、最高气温、最低气温的 240 维向量归一化到[0，1]范围内，其归一化公式为：

$$x'_i = (x_i - x_{\min}) / (x_{\max} - x_{\min})$$

在 DBNs 系统完成并输出预测结果后，按照下面的式子对所得预测数据去归一化，然后进行结果分析后评价。

$$x_i = x'_i \times (x_{\max} - x_{\min}) + x_{\min}$$

上面两个式子中，x'_i，x_i，分别指归一化后和归一化前的数据，$x_{\max}$ 和 $x_{\min}$ 分别指归一化前该数据所在列的最大值和最小值。

为了更直观地反映 PM2.5 的预测效果，本研究按《中华人民共和国国家环境保护标准》将 PM2.5 日均值分为 6 个等级，如表 4-7 所示。

表 4-7 PM2.5 级别划分

级别	Ⅰ	Ⅱ	Ⅲ	Ⅳ	Ⅴ	Ⅵ
等级范围/($\mu g \times m^{-3}$)	0～35	36～75	76～115	116～150	151～250	>250

2) 预测方法详述

为使 DBNs 深度信念网络更适应于 PM2.5 预测，本研究对样本数据特征数量/d、滑动窗口数量/d 和 DBNs 隐层进行了讨论，并通过大量实验验证，最后选择最佳设置预测 PM2.5 日均值。样本数据特征数量指的是训练或预测某天 PM2.5 日均值所用到之前特征数据的数量；滑动窗口数量即是训练样本所包含的数量；DBNs 隐层包括隐层的数目及各隐层的神经单元数量。

本研究首先使用经典的 DBN 隐层设置，讨论样本数据特征数量和滑动窗口数量对 PM2.5 预测精度的影响。样本数据特征数量取 2^n ($n=0, 1, \cdots, 5$)，滑动窗口数量取 20^n ($n=1, 2, \cdots, 8$)，采用 MSE/($mg^2 \times m^{-6}$)作为评价指标，其公式如下：

$$MSE = \frac{1}{m}\sum_{i}^{m}(R_i - P_i)^2$$

式中，i 指测试样本点编号；m 指待预测的总天数；R_i 指测试样本点实际 PM2.5 日均值，$mg \cdot m^{-3}$；P^i 测试样本点预测 PM2.5 日均值 $mg \cdot m^{-3}$。实验结果见表 4-8。其中，y 轴走势表明当特征数量固定时，PM2.5 日均值预测均方差随着滑动窗口的增加而减少。当滑动窗口数量达到 128 附近时，预测均方差开始趋于稳定。这符合 DBNs 深度信念网络的特性，训练样本数据越丰富，越能学习到更多特征，预测结果越好。当抽取到足够特征后，预测结果趋于稳定。x 轴走势表明当滑动窗口所包含训练样本数据量较小时(滑动窗口小于 100)，预测均方差随着样本特征数量增加有上升趋势，特征数量达到 15 附近时，预测均方差开始趋于稳定。而当训练样本数据较大(滑动窗口大于 130)时，预测均方差趋于稳定，不随样本特征数量变化。通过表 4-8 数据的趋势分析，当样本特征数量取 1，滑动窗口数量取 160 时预测 PM2.5 均方误差为全局最优值。

表 4-8　样本特征和滑动窗口参数表

样本特征数量/d	滑动窗口数量/d	MSE/($mg^2 \times m^{-6}$)	样本特征数量/d	滑动窗口数量/d	MSE/($mg^2 \times m^{-6}$)
1	20	0.024 9	8	20	0.023 1
1	40	0.023 0	8	40	0.021 7
1	60	0.006 0	8	60	0.006 5
1	80	0.004 7	8	80	0.006 0
1	100	0.003 0	8	100	0.001 8
1	120	0.001 4	8	120	0.003 6
1	140	0.000 9	8	140	0.001 3
1	160	0.001 3	8	160	0.001 2
2	20	0.019 2	16	20	0.036 7
2	40	0.022 9	16	40	0.014 8
2	60	0.010 0	16	60	0.006 9
2	80	0.004 4	16	80	0.004 7
2	100	0.002 6	16	100	0.002 3
2	120	0.001 7	16	120	0.001 6
2	140	0.001 2	16	140	0.001 5
2	160	0.001 4	16	160	0.001 2
4	20	0.060 5	32	20	0.028 7
4	40	0.016 5	32	40	0.012 3
4	60	0.022 3	32	60	0.004 3
4	80	0.003 9	32	80	0.001 9
4	100	0.004 6	32	100	0.001 6
4	120	0.002 6	32	120	0.002 3
4	140	0.001 5	32	140	0.001 0
4	160	0.001 4	32	160	0.001 0

表 4-9　DBNs 隐层数量和各隐层单元数量参数表

DBNs 隐层数量	各隐层单元数量	$MSE/(mg^2\times m^{-6})$	DBNs 隐层数量	各隐层单元数量	$MSE/(mg^2\times m^{-6})$
1	15	0.001 4	5	15 13 11 9 7	0.001 6
2	15 13	0.000 8	6	15 13 11 9 7 5	0.001 5
3	15 13 11	0.001 4	7	15 13 11 9 7 5 3	0.002 0
4	15 13 11 9	0.002 0	8	15 13 11 9 7 5 3 1	0.003 6

设置样本特征数量和滑动窗口数量为全局最优值 1 和 160，讨论 DBNs 隐层数量和各隐层的神经单元数量对预测精度的影响。仍采用预测均方误差 MSE 作为评价指标，实验结果如表 4-9 所示。当隐层数量为 2 时，预测均方误差取得最小值 $8.47\times10^{-4}\,mg^2/m^6$。

5　小　　结

本章首先简要说明了大数据分类分析方法的由来。介绍了三种传统典型数据分类分析模型方法，这三种方法各自具有其分析传统数据的优势，且分别对大数据某些特性（海量、多类型等）有较好的处理效果，但对大数据实际问题进行分类分析时有所欠缺。其次介绍基于深度学习的预测方法。最后通过四个大数据分析实例，对大数据分析方法进行实证，解决了传统数据分类方法在大数据环境中应用的不足。

思　考　题

1. 什么是大数据分析？大数据分类分析方法相比于传统的分类方法有哪几个方面的优势？
2. 设计决策树算法时，其核心是什么？请简要描述。
3. 请问人工神经网络的基本原理是什么？
4. 隐马尔科夫模型在解决文本分类问题时需要首先解决哪几个问题？
5. 深度学习的基本模型有哪些？
6. 列举说明生活中涉及的大数据分析的应用案例。

参 考 文 献

[1] 郭清溥，张功富. 大数据基础[M]. 北京：电子工业出版社，2020.
[2] 李燕. 数据挖掘及其应用[M]. 中国铁道出版社，2019.
[3] 经管之家；曹正凤. 从零进阶：数据分析的统计基础（第 2 版）[M]. 北京：电子工业出版社，2016.
[4] 李继光，杨迪. 大数据背景下数据挖掘及处理分析[M]. 青岛：中国海洋大学出版社，2019.
[5] 田启川，王满丽. 深度学习算法研究进展[J]. 计算机工程与应用. 2019，55(22)：25-33.
[6] 梁淑芬，刘银华，李立琛. 基于 LBP 和深度学习的非限制条件下人脸识别算法[J]. 通信学报，2014，(06)：154-160.
[7] 谭文学，赵春江，吴华瑞，等. 基于弹性动量深度学习的果体病理图像识别[J]. 农业机械学报，2015，01.
[8] 许素萍. 深度图像下基于特征学习的人体检测方法研究[D]. 厦门大学，2014.
[9] 陈先昌. 基于卷积神经网络的深度学习算法与应用研究[D]. 浙江工商大学，2014.
[10] 黎亚雄，张坚强，潘登，胡惮. 基于 RNN-RBM 语言模型的语音识别研究[J]. 计算机研究与发展，2014，(09)：1936-1944.
[11] 陈达，高升，蔺志青. 基于受限波兹曼机的推荐算法研究[J]. 软件，2013，12：156-159，185.
[12] 李鑫鑫. 自然语言处理中序列标注问题的联合学习方法研究[D]. 哈尔滨工业大学，2014.
[13] 王宝勋. 面向网络社区问答对的语义挖掘研究[D]. 哈尔滨工业大学，2013.

[14] 杨钊. 面向图像分类和识别的视觉特征表达与学习的研究[D]. 华南理工大学,2014.
[15] 刘祎洋. 面向健康评估的疾病风险自动预警技术研究[D]. 东北大学,2013.
[16] 陈耀洪. 基于 L-GEM 的深度学习特征提取[D]. 华南理工大学,2013.
[17] 谭梦羽. 基于支持向量机回归与学习的金融数据预测与分类[D]. 西安电子科技大学,2014.
[18] 林锦波. 聚类融合与深度学习在用电负荷模式识别的应用研究[D]. 华南理工大学,2014.
[19] 董华松. 油井地热开发的数值模拟与回归预测研究[D]. 中国地质大学(北京),2014.
[20] 苏鹏宇. 考虑风速变化模式的风速预报方法研究[D]. 哈尔滨工业大学,2013.
[21] 刘臣,田占伟,于晶,单伟. 在线社会网络用户的信息分享行为预测研究[J]. 计算机应用研究,2013,(4):1017-1020.
[22] 田占伟,刘臣,王磊,隋玚. 基于模糊 PA 算法的微博信息传播分享预测研究[J]. 计算机应用研究,2014,1(1):51-54.
[23] 王英双,周玉芹,黄岚. 基于 CRM 的汽车客户行为预测研究[J]. 吉林大学学报(信息科学版),2008,26(6):586-592.
[24] 杜刚,黄震宇. 大数据客户购买行为预测[J]. 管理现代化,2015(1):40-42.
[25] 王映红,胡万平,曹小鹏. 基于粗糙神经网络的客户消费分类模型研究[J]. 管理工程学报,2011,25(2):142-148.
[26] 刘晓飞,邸书灵. 基于隐马尔科夫模型的文本分类[J]. 管理工程学报,2011,25(2):142-148.
[27] 郑毅,朱成璋. 基于深度信念网络的 PM2.5 预测[J]. 山东大学学报(工学版),2014,06:19-25.
[28] 孟栋,樊重俊,李旭东,卜宾宾. 混沌遗传神经网络在空气质量预测中的应用[J]. 安全与环境学报,2014,14(4):246-250.
[29] 秦欢,门业堃,于钊,叶宽,侯宇程,孙致远. 基于隐马尔科夫和主成分分析的电网数据词典构建[J]. 电力大数据,2019,22(01):16-21.

第 5 章

大数据分析与数据挖掘

20 世纪末至今，“大数据”一词受到越来越广泛的关注，大数据技术已经开始渗透到社会、经济和个人生活的方方面面，今天的每个组织、每个人无不受到大数据的冲击和影响，而且在可以预见的未来，大数据对人类的影响将更加深远和强烈。大数据是继工业革命以来给人类带来巨大冲击，引起社会重大变革和发展的又一起“大事件”。工业革命使人类步入了现代化的进程并一直延续到今天。20 世纪中叶兴起的信息技术革命，可以说是人类智能化的起步，而智能化无疑是未来的发展方向。如果说，工业革命的核心是动力革命，那么信息技术革命的核心是什么呢？从目前的情况看，数据是信息技术的根本，而大数据将是智能化的核心。

数据挖掘包括的内容较多，本章首先概述传统数据挖掘，简要介绍传统数据挖掘的定义和研究对象，以及常用的方法和工具，提出传统数据挖掘面临的问题及其发展趋势。其次探讨大数据时代下的数据挖掘，就会发现数据挖掘的内容总是集中在关联、聚类、分类、预测等方面。最后详述目前广泛关注的文本挖掘、语音挖掘、图像识别、空间以及 Web 数据相关挖掘技术及模型的发展与应用。

1 传统数据挖掘

1.1 数据挖掘的定义

从广义上说，数据挖掘是指从大量的、无规律、复杂的、实际获得的数据中发掘隐含其中的有潜在应用价值的信息和知识的过程。在实际研究的时候，人们通常从商业角度和技术角度两个方面来定义数据挖掘的概念。

1.1.1 数据挖掘的商业含义

在商业意义上，数据挖掘是一种新的商业信息处理技术。它的主要特点是对商业数据库中的大量业务数据进行抽取、转换、分析和其他模型化处理，从中提取出对于商业决策有帮助的关键性知识。现在，由于各企业业务自动化的实现，商业领域产生了大量的业务数据，这些数据不再是仅仅为了理论研究而搜集的，而是由于业务处理操作而获取和积累的。将数据挖掘与商业数据仓库相结合，以适当的形式将挖掘结果展示给企业经营管理人员。

对于数据挖掘的应用不仅依靠良好的算法建立模型，而且更重要的是解决如何将数据挖掘技术集成到信息技术应用环境中。同时，还要有数据分析人员参加，因为数据挖掘技术不具备人所有的经验和直观，不能区分哪些挖掘出的模式在现实中是否有意义。因此，数据挖掘分析人员的参与是必不可少的。

因此，商业角度的数据挖掘可以描述为：按企业既定业务目标，对大量的企业数据进行探索和分析，揭示隐藏的、未知的或验证已知的规律性，并进一步将其模型化的先进有效的方法。

1.1.2 数据挖掘的技术含义

谈到数据挖掘，必须提到另外一个名词：数据库中的知识发现(KDD)，就是将原始大量的含有噪声等的数据转换为有用信息的整个过程。KDD首次出现是在第十一届国际人工智能联合会议的专题讨论会上。随后,KDD专题讨论会逐渐发展壮大,涉及的范围也更广,包括数据挖掘与知识发现(DMKD)的基础理论、新的发现算法、数据挖掘与数据仓库及OLAP的结合、可视化技术。

关于KDD和Data Mining的关系,有许多不同的看法。我们可以从这些不同的观点中了解数据挖掘的技术含义。

1) *KDD是数据挖掘的一个方面*

早期的观点及文献研究认为数据库中的知识发现仅是数据挖掘的一个方面,因为数据挖掘系统可以在关系数据库、事务数据库、数据仓库、空间数据库等多种数据组织形式中挖掘知识。从这个意义上来讲,数据挖掘就是从数据库、数据仓库以及其他数据存储方式中挖掘有用知识的过程。

2) *数据挖掘是KDD不可缺少的一部分*

这种观点将KDD看作是一个广义的范畴,包括数据清理、数据集成、数据选择、数据转换、数据挖掘、模式生成及评估等一系列步骤。将KDD看作是有一些基本功能构件组成的系统化协同工作系统,而数据挖掘则是这个系统中的一个关键部分。源数据经过清理和转换等步骤成为适合挖掘的数据集,数据挖掘在这种具有固定形式的数据集上完成知识的提炼,最后以合适的知识模式用于进一步的分析决策工作。将数据挖掘作为KDD的一个重要步骤看待,可以使我们更容易看清楚研究重点,预测事情的发展变化,有效解决问题。

为了统一认识,Fayyd和Piatetsky等在《知识发现与数据进展》中将KDD重新定义为:KDD是从数据中辨别有效的、新颖性、潜在有用的、最终可理解的模式的过程。数据挖掘是KDD中通过特定的算法在可接受的计算效率限制内生成特定模式的一个步骤。

3) *KDD与数据挖掘的含义相同*

另一种观点认为KDD与数据挖掘只是对同一个概念的不同叫法。在很多文献中也出现这两个术语混用的现象。对于KDD和数据挖掘的应用范围也是众说纷纭。

实际上,数据挖掘的概念有广义和狭义之分。广义的说法是,数据挖掘是从各种大型数据集中挖掘隐含在其中对决策有用的知识的过程。狭义的定义是,数据挖掘是从特定形式的数据集中提炼知识的过程。

综上所述,数据挖掘的概念可以从不同的技术层面上来理解,但是其核心都是表示从数据中挖掘知识。所以,也称之为知识挖掘。

1.2 数据挖掘的对象

数据挖掘中数据来源的范围非常广泛,包括商业数据、经济学数据、科学处理产生的数据等。数据结构也各不相同,可以是层次的也可以是网状的。总结起来,数据挖掘的对象主要涉及以下几种。

1.2.1 关系数据库

关系数据库是表的集合,每个表都赋予一个唯一的名字。每个表包含一组属性(列或字段),并通常存放大量元组(记录或行)。关系中的每个元组代表一个被唯一的关键字标识的对象,并被一组属性值描述。关系数据库是数据挖掘最流行的、最丰富的数据源,是数据挖掘研究的主要数据形式之一。

关系数据可以通过数据库查询访问。数据库查询使用SQL这样的关系查询语言,或借助于图形用户界面书写。当借助于图形用户界面书写时,用户可以使用菜单指定包含在查询中的属性和属性上的限制。一个给定的查询被转换成一系列关系操作,如连接、选择和投影,并被优化,以便有效地处理。查询可以检索数据的一个指定的子集。

1.2.2 事务数据库

一般地说,事务数据库由一个文件组成,其中每个记录代表一个事务。通常一个事务包含一个唯一的事务标识号和一个组成事务的项的列表。事务数据库可能有一些与之相关联的附加表,如事务的日期等。

1.2.3　数据仓库

数据仓库的发展经历了漫长的过程，对其定义的说法也比较多。Inmon W. H.认为：数据仓库是一个面向主题的、集成的、随时间变化的非易失性数据的集合，用于支持管理层的决策过程。还有学者认为数据仓库是一种体系结构，一种独立存在的不影响其他已经运行的业务系统的语义一致的数据仓储，可以满足不同的数据存取、文档报告的需要。后续的研究显示数据仓库用多维数据库结构建模。其中，每一维对应于模式中的一个或一组属性，每个单元存放某个聚集度量值。数据仓库的实际物理结构可以是关系数据存储或多维数据立方体。它提供数据的多维视图，并允许预计算和快速访问汇总的数据。

1.2.4　高级数据库系统

随着数据库技术的发展，必须开发各种高级数据库系统，以适应新的数据库应用需要。新的数据库应用包括处理空间数据（如地图）、工程设计数据（如建筑设计）、超文本和多媒体数据（包括影像、图像和声音数据）、时间相关的数据（如历史数据或股票交易数据）和 Web 数据等。这些应用需要有效的数据结构和可伸缩的方法，处理复杂的半结构化或非结构化的数据，具有复杂结构和动态变化的数据库模式。虽然这样的数据库或信息存储需要复杂的机制以便有效地存储、检索和更新大量复杂的数据，但它们也为数据挖掘提供了基础，提出了挑战性地研究和实现问题。

1.3　数据挖掘的步骤

数据挖掘是通过自动或半自动的工具对数据进行探索和分析的过程，其目的是发现其中有意义的模式和规律。从数据挖掘的流程来看，目前还没有统一的模型来描述其究竟应该包含哪些基本的步骤。在发展过程中，比较权威的有 SPSS 的 5A 法和 SAS 的 SEMMA 法以及 CRISP-DM 模型，CRISP-DM 即“跨行业数据挖掘标准流程”。

CRISP-DM 模型定义了六个阶段，分别是商业理解、数据理解、数据准备、建立模型、模型评估和结果部署。

(1) 定义商业问题。这个阶段的主要任务是理解项目目标和从业务的角度理解需求，同时将其转化为数据挖掘问题的定义和实现目标的初步计划。

(2) 数据理解。数据理解阶段从最初的数据收集开始，通过一些活动的处理来熟悉数据，识别数据的质量问题，发现数据的内部属性，或是探测引起兴趣的子集去形成隐含信息的假设。

(3) 数据预处理。数据准备阶段包括从未处理的数据中构造最终数据集的所有活动。这些数据将是模型工具的输入值。这个阶段的任务有的需要执行多次，没有任何规定的顺序。这些任务包括表、记录和属性的选择，以及为模型工具转换和清洗数据。

(4) 建立模型。在这个阶段，可以选择和应用不同的模型技术，模型参数被调整到最佳的数值。由于不同的技术解决的问题不同，因此需要经常跳回到数据准备阶段。

(5) 模型评价和解释。经过第(4)步，已经从数据分析的角度建立了一个高质量的模型。在部署模型之前，需要彻底地评估模型，检查构造模型的步骤，确保模型可以完成既定的业务目标。这个阶段的关键目的是确定是否有重要业务问题没有被充分考虑。在这个阶段结束后，将决定一个数据挖掘结果是否可以付诸使用。

(6) 实施部署。建立模型的作用是从数据中找到知识，获得的知识需要以方便用户使用的方式重新组织和展现。根据需求，产生简单的报告，或是实现一个比较复杂的、可重复的数据挖掘过程。

以上六个步骤并非完全按照既定的顺序来执行。在应用时，应该针对不同的应用环境和实际情况作出必要的调整。

1.4　数据挖掘常用方法与工具

数据挖掘是从机器学习发展而来的，因此机器学习、模式识别、人工智能领域的常规技术，如聚类、决策树、统计等方法经过改进,大都可以应用于数据挖掘。数据挖掘的常用技术有决策树、神经网络、可视化等。

1.4.1 数据挖掘的常用方法

(1) K 均值聚类算法:这是一种迭代求解的聚类分析算法,其步骤是随机选取 K 个对象作为初始的聚类中心,然后计算每个对象与各个种子聚类中心之间的距离,把每个对象分配给距离它最近的聚类中心。

(2) C4.5 算法:该算法是由 Ross Quinlan 开发的用于产生决策树的算法。该算法是对 Ross Quinlan 之前开发的 ID3 算法的一个扩展。C4.5 算法产生的决策树可以被用作分类目的,因此该算法也可以用于统计分类。

(3) 支持向量机(SVM):是一类按监督学习方式对数据进行二元分类的广义线性分类器(generalized linear classifier)。

(4) Apriori 算法:该算法是第一个关联规则挖掘算法,也是最经典的算法。它利用逐层搜索的迭代方法找出数据库中项集的关系,以形成规则,其过程由连接(类矩阵运算)与剪枝(去掉那些没必要的中间结果)组成。

(5) 最大期望算法(EM):是一类通过迭代进行极大似然估计的优化算法。

(6) K-最近邻算法:是数据挖掘分类技术中最简单的方法之一。所谓 K 最近邻,就是 k 个最近的邻居的意思,说的是每个样本都可以用它最接近的 K 个邻居来代表。

(7) PageRank:网页排名,又称网页级别、Google 左侧排名或佩奇排名,是一种由根据网页之间相互的超链接计算的技术。

(8) 分类和回归树(CART)算法:在给定输入随机变量 X 条件下输出随机变量 Y 的条件概率分布的学习方法。

(9) Adaboost 算法:是一种迭代算法,其核心思想是针对同一个训练集训练不同的分类器(弱分类器),然后把这些弱分类器集合起来,构成一个更强的最终分类器(强分类器)。

(10) 朴素贝叶斯(Naive Bayes)算法:贝叶斯方法是以贝叶斯原理为基础,使用概率统计的知识对样本数据集进行分类。

采用上述技术的某些专门的分析工具已经发展了大约 10 多年的时间,不过这些工具所能处理的数据量通常较小。如今,用于数据挖掘的方法远不止这些,出现多种方法结合来进行分析。

1.4.2 数据挖掘的工具

(1) 基于神经网络的工具。神经网络主要用于分类、特征挖掘、预测和模式识别。人工神经网络仿真生物神经网络,本质上是一个分散型或矩阵结构,它通过训练数据的挖掘,逐步计算网络连接的加权值。由于对非线性数据具有快速建模能力,基于神经网络的数据挖掘工具现在越来越流行。其实施过程基本上是将数据聚类,然后分类计算权值。神经网络很适合分析非线性数据和含噪声数据,所以在市场数据库的分析和建模方面的应用很广泛。

(2) 基于规则和决策树的工具。大部分数据挖掘工具采用规则发现或决策树分类技术来发现数据模式和规则,其核心是某种归纳算法。这类工具通常是对数据库的数据进行开采,产生规则和决策树,然后对新数据进行分析和预测。主要优点是规则和决策树都是可读的。

(3) 基于模糊逻辑的工具。该方法应用模糊逻辑进行数据查询、排序等。它使用模糊概念和“最近”搜索技术的数据查询工具,可以让用户制定目标,然后对数据库进行搜索,找出接近目标的所有记录,并对结果进行评估。

(4) 综合多方法的工具。不少数据挖掘工具采用了多种开采方法,这类工具一般规模较大,适用于大型数据库(包括并行数据库)。这类工具开采能力很强,但价格昂贵,并要花很长时间进行学习。

1.5　数据挖掘面临的问题

考虑挖掘方法、用户交互、性能和各种数据类型，迄今为止数据挖掘主要存在如下几个问题。

(1) 挖掘方法和用户交互问题。这反映所挖掘的知识类型、在多粒度上挖掘知识的能力、知识的使用、特定的挖掘和知识显示。

(2) 数据挖掘算法的有效性、可伸缩性和并行处理等性能问题。数据挖掘算法的有效性和可伸缩性是指为了有效地从数据库中提取信息，数据挖掘算法必须是有效的和可伸缩的，即对于大型数据库，数据挖掘算法的运行时间必须是可预计的和可接受的。从数据库角度，有效性和可伸缩性是数据挖掘系统实现的关键问题。数据量大、数据广泛分布和一些数据挖掘算法的计算复杂性促使开发了并行和分布式数据挖掘算法。这些算法将数据划分成各部分，这些部分可以并行处理，然后合并每部分的结果。此外，将增量算法与数据库更新结合在一起，不必重新挖掘全部数据。这种算法渐增地进行知识更新，修正和加强先前已发现的知识。

(3) 关于数据库类型的多样性问题。由于关系数据库和数据仓库的广泛使用，所以开发对应有效的数据挖掘系统是很重要的。然而，其他数据库可能包含复杂的数据对象、超文本和多媒体数据、空间数据、时间数据或事务数据。由于数据类型的多样性和数据挖掘的目标不同，指望一个系统挖掘所有类型的数据是不现实的。为挖掘不同类型的数据，应当构造不同的数据挖掘系统。

局域网和广域网(如 Internet)连接了许多数据源，形成了庞大的、分布式的和异种的数据库。从具有不同数据语义的结构化的、半结构化的和非结构化的不同数据源发现知识，对数据挖掘提出了巨大挑战。数据挖掘可以帮助发现多个异种数据库中的数据规律，这些规律多半难以被简单的查询系统发现，并可以改进异种数据库的信息交换和互操作性。Web 挖掘发现关于 Web 内容、Web 使用和 Web 动态情况的有趣知识，已经成为数据挖掘的一个非常具有挑战性的领域。

以上问题是数据挖掘技术未来发展的主要需求和挑战。在近来的数据挖掘研究和开发中，一些挑战业也受到一定程度的关注，并考虑到了各种需求，而另一些仍处于研究阶段。

1.6　数据挖掘的发展趋势

正如前面所说的，数据挖掘方法、用户交互、数据类型的多样性，给数据挖掘提出了许多挑战性的课题。目前数据挖掘研究人员、系统和应用开发人员所面临的主要问题有数据挖掘语言的设计、高效有用的数据挖掘方法和系统的开发、交互和集成的数据挖掘环境的建立以及应用数据挖掘技术解决大型应用问题等。下面描述一些数据挖掘的发展趋势，它反映了面对这些挑战的应对策略。

(1) 应用的探索。早期的数据挖掘应用主要集中在帮助企业提升竞争能力。随着数据挖掘的日益普及，数据挖掘也日益探索其他应用范围，如生物医学、金融分析和电信等领域。此外，随着电子商务的飞速发展，数据挖掘也在不断地扩展其在商业领域的应用。

(2) 可伸缩的数据挖掘方法。与传统的数据分析方法相比，数据挖掘必须能够有效地处理大量数据，而且，尽可能是交互式的。由于数据量的激增，针对单独的和集成的数据挖掘功能的可伸缩算法显得尤为重要。

(3) 数据挖掘与数据库系统、数据仓库系统和 Web 数据库系统的集成。数据库系统、数据仓库系统和 WWW 已经成为信息处理系统的主流。保证数据挖掘作为基本的数据分析模块能够顺利地集成到此类信息处理环境中，是十分重要的。我们知道，数据挖掘系统的理想体系结构是与数据库和数据仓库系统的紧耦合方式。事务管理、查询处理、联机分析处理和联机分析挖掘集成在一个统一框架中，将保证数据的可获得性，数据挖掘的可移植性，可伸缩性，高性能以及对多维数据分析和探查的集成信息处理环境。

(4) 数据挖掘语言的标准化。标准的数据挖掘语言或其他方面的标准化工作将有助于数据挖掘的系统化开发，改进多个数据挖掘系统和功能间的互操作，促进数据挖掘系统在企业和社会中的教育和使用。

(5) 可视化数据挖掘。可视化数据挖掘是从大量数据中发现知识的有效途径。系统研究和开发可视化数据挖掘技术将有助于推进数据挖掘作为数据分析的基本工具。

(6) 复杂数据类型挖掘的新方法。复杂数据类型挖掘是数据挖掘中一项重要的前沿研究课题。虽然在地理空间挖掘、多媒体挖掘、时序挖掘、序列挖掘以及文本挖掘方面取得一些进展，但它们与实际应用的需要仍存在很大的距离。对此需要进一步的研究，尤其是把针对上述数据类型的现存数据分析技术与数据挖掘方法集成起来的研究。

(7) 数据挖掘中的隐私保护与信息安全。随着数据挖掘工具和电信与计算机网络的日益普及，隐私保护和信息安全将是数据挖掘要面对的一个重要问题。需要进一步开发有关方法，以便在适当的信息访问和挖掘过程中确保信息安全。

(8) 特定领域的数据挖掘工具，包括金融、零售和电信业、科学与工程、入侵检测和预防，以及推荐系统。基于应用领域的研究把特定领域的知识和数据分析技术结合起来，并提供了特定用途的数据挖掘解决方案。

2 大数据与数据挖掘

2.1 从数据分析到数据挖掘

从本质上来讲，数据分析和数据挖掘都是为了从收集来的数据中提取有用信息，发现知识，而对数据加以详细研究和概括总结的过程。在很多情况下，这两个概念是可以互换的。它们之间最大的不同在于数据本身的数据量和数据类型的不同。数据分析通常是存储在数据库或者文件中，一个应用的数据数量级在 MB 或者 GB，而数据挖掘的应用数据在 TB 甚至 PB。另外，数据挖掘的对象包括文本，音频、视频和图片等其他规范化和不规范数据。

数据分析主要采用的是统计学的技术。在统计学领域，我们可以将数据分析划分为两大类：探索性数据分析和验证性数据分析。探索性分析是指为了形成值得检验的假设而对数据进行分析的一种方法，是对传统统计学假设检验手段的补充。探索性数据分析方法是由美国著名统计学家约翰·图基(John Tukey)命名，侧重于在数据之中发现新的特征。验证性分析方法侧重于对已有假设的证实，是定性数据分析，又可称为定性资料分析或者定性研究。在做验证性数据分析时，我们往往已经有了一个假设，需要数据分析来帮助确认。这个方法在进行分析之前已经有预设的概率模型，只需把现有的数据套入到模型中即可。

这两种方法在商业环境中的作用都比较普遍，和它们的名称相对应，探索性数据分析方法主要用于对商业数据的探索，而验证性数据分析方法是在某一个模型之上把商业数据加入进来进行验证。统计学的分析方法主要有各种数学运算、快速傅里叶变换、平滑和滤波、基线和峰值分析。

由此可见，一般的数据分析主要用来对数值进行处理，通常无法对词语、图像、观察结果之类的非数值型数据进行分析，但是如果需要，我们可以把这些数据以量化的方式转化或组织起来形成能够分析的数据形式。从数据组织上来讲，数据分析相对比较简单，数据一般以文件的形式或是单个数据库的方式组织。

不同于数据分析有明确目标的特点，数据挖掘是一个知识发现的过程，是运用机器学习算法解决问题的过程。数据挖掘强调对大量观测到的数据做处理，它是涉及数据管理、人工智能、机器学习、模式识别及数据可视化等学科的边缘学科。

数据挖掘可以基本保证数据的科学性。然而，海量数据不是普通数据库能够存储和处理的。所以数据挖掘必须建立在数据仓库或是分布式存储的基础之上且对数据量和数据挖掘的实时性要求有所提高。

2.1.1　大数据分析的五个方面

(1) 可视化分析。不管是对数据分析专家还是普通用户，数据可视化是数据分析工具最基本的要求。可视化可以直观地展示数据，让数据自己说话，让观众听到结果。

(2) 数据挖掘算法。可视化可用肉眼看到，而数据挖掘过程无法看到。集群、分割、孤立点分析还有其他的算法让我们深入数据内部，挖掘价值。这些算法不仅要处理大数据的量，也要处理大数据的速度。

(3) 预测性分析能力。数据挖掘可以让分析员更好地理解数据，而预测性分析可以让分析员根据可视化分析和数据挖掘的结果作出一些预测性的判断。

(4) 语义引擎。由于非结构化数据的多样性带来了数据分析的新的挑战，我们需要一系列的工具去解析，提取，分析数据。语义引擎需要被设计成能够从"文档"中智能提取信息。

(5) 数据质量和数据管理。数据质量和数据管理是一些管理方面的最佳实践。通过标准化的流程和工具对数据进行处理，可以保证一个预先定义好的高质量的分析结果。

2.1.2　大数据处理流程

(1) 采集。大数据的采集是指利用多个数据库来接收发自客户端(Web，App 或者传感器形式等)的数据，并且用户可以通过这些数据库来进行简单的查询和处理工作。

(2) 导入/预处理。虽然采集端本身会有很多数据库，但是如果要对这些海量数据进行有效的分析，还是应该将这些来自前端的数据导入一个集中的大型分布式数据库，或者分布式存储集群，并且可以在导入基础上作一些简单的清洗和预处理工作。也有一些用户会在导入时使用来自 Twitter 的 Storm 来对数据进行流式计算，来满足部分业务的实时计算需求。

(3) 统计/分析。统计与分析主要利用分布式数据库，或者分布式计算集群来对存储于其内的海量数据进行普通的分析和分类汇总等，以满足大多数常见的分析需求。统计与分析这部分的主要特点和挑战是分析涉及的数据量大，其对系统资源，特别是 I/O 会有极大的占用。

(4) 挖掘。与前面统计和分析过程不同的是，数据挖掘一般没有什么预先设定好的主题，主要是在现有数据上面进行，基于各种算法的计算，从而起到预测的效果，并实现一些高级别数据分析的需求。其特点和挑战主要是用于挖掘的算法很复杂，并且计算涉及的数据量和计算量都很大，另外，一些常用的数据挖掘算法是以单线程为主。

2.2　大数据时代的数据挖掘

为了有别于过去传统的数据挖掘分析，蕴含大数据技术的数据分析称为大数据分析。与传统的数据分析相比，大数据分析有其本质性优势，是传统数据分析所不具备的本质特征。目前，传统数据挖掘技术正在过渡到大数据的数据挖掘技术，且目前的大数据挖掘技术也处于幼稚阶段，但是，大数据挖掘的技术先进性毋庸置疑。

大数据时代的数据挖掘技术至少在四个方面完全超越传统的数据分析。

(1) 大数据挖掘是用数据的整体代替传统的抽样数据样本，具有更高的客观性：数据量越多越大，其得出的结果就越有价值。数据挖掘技术能达到数据内在的本质深度，能找出规律性的特征和本质关联，且达到很高的精确度。

(2) 数据挖掘技术具有处理海量数据的能力：大数据挖掘能够处理复杂的非结构化数据，利用大数据挖掘技术，以确保挖掘出具有价值的信息。

(3) 数据挖掘技术处理海量数据的速度能满足社会和市场的需求。

(4) 与数据挖掘结果相比,数据挖掘技术具有很高的市场竞争力。

这四个方面体现了大数据挖掘与传统数据分析之间的本质区别。简而言之,大数据的数据挖掘是智能的、高速的、海量的大数据处理系统。它的作用和功能是传统的数据分析无法做到的。

2.3 大数据对传统方法的挑战

大数据对分析和可视化提出了更高的要求,要求数据分析从联机分析处理和报表向数据发现转变,从企业分析向大数据分析转变,从结构化数据向多结构化数据转变,要求分析和可视化能够支持对PB级以上的大数据进行分析,要求能够支持对关系型、非关系型、多结构化、机器生成的数据做分析,要求能够支持重组数据成为新的复杂结构数据并进行分析和可视化,如图分析、时间/路径分析,要求大数据的分析支持更快、更适应性的迭代分析,要求分析平台能够支持广泛的分析工具和编程方法,如C++、Java等。

在传统数据环境下,通过采样,可以把数据规模变小,以便利用现有的关系数据库系统和数据仓库手段进行数据管理和分析。然而在某些应用领域,采样将导致信息的丢失。商业组织积累了大量的交易历史信息,企业的各级管理人员希望从这些数据中分析出一些模式,以便从中能够发现商业机会,分析人员可以开发针对性的分析软件,对时间序列数据进行分析,寻找有利可图的交易模式,经过验证之后,操作人员可以使用这些交易模式进行实际的交易,获得利润。但是,在全量数据上进行分析,意味着需要分析的数据量将急剧膨胀和增长。

在大数据环境下,典型的OLAP数据分析操作已经不能满足要求了,需要引入路径分析、时间序列分析、图分析以及复杂统计分析模型。例如,社交网络虚拟环境在大数据领域的行业应用中,需要在传统平台上扩展数据分析与统计功能。除了一般的分析功能还需要增加数据挖掘功能,例如Teradata Aster增加了很多新的分析功能,比如统计、文本挖掘、图像、情感分析等。又如,IBM Netezza则加入对于R语言的支持,可以支持R的各类包,如并行运算算法包、矩阵相关包。

3 大数据挖掘

3.1 大数据挖掘的定义

在本节中,大数据挖掘主要是指在大数据的基础上如何进行大规模数据集的“数据挖掘”与应用的过程。

虽然从数据量级上来说,我们已经进入了大数据时代,但如今的数据分析和数据使用量却已经明显跟不上数据发展的脚步。视频、图片、音频等非结构化媒体数据的应用越来越频繁,社交网络不断增长和壮大,而同时相对传统的结构化数据的个体容量和数量也在迅速增长。数据表明,在2012年,数据挖掘行业中有约3%的业者已经在最大量级为100PB或者以上规模的数据上进行数据挖掘工作。

美国市场研究公司IDC发布的报告表示企业中大数据的出现在部分程度上要归功于以下三个硬件方面的原因:计算机硬件成本的降低;与此同时,随着计算机内部存储设备的成本降低,企业比以往任何时候都更适合在“内存”中同时保有和处理更多的数据;更重要的是,将服务器连接成集群拼接超级计算机(系统)的方式比以往简单很多。

在不久的将来,数据肯定更成为最大的一类交易商品。未来的大数据将会像如今的公共设施一样,有数据提供方、管理方、数据运营方、第三方服务商和监管方。数据的定量供应和处理将会形成一个新的大产业链。

3.2 大数据挖掘的国内外应用

大数据挖掘作为近年来新兴的一门计算机边缘学科，其在国内外引起了越来越多的关注。并且随着大数据挖掘技术的不断改进和挖掘工具的不断完善，大数据挖掘必将在各行各业中得到广泛的应用。

3.2.1 大数据挖掘的国内应用

1）智慧交通

目前各中心城市用地布局已经基本确定，在中心道路不允许大规模扩建和改造的前提下，唯有依靠智能交通系统(ITS)，对城市交通进行更有效的控制和管理，提高交通的机动性、安全性，最大限度地发挥现有道路资源的效率。

大数据挖掘在交通领域中的具体应用为：可以用来识别道路通行的能力并可用作未来车流量的预测依据，把抽样的数据进行类比分析得出隐藏在数据中的发展趋势，预测道路车辆流量的发展，并根据预测的结论来管理交通。同时，可以研究各种与交通存在潜在关系的对象的数据，来识别这些影响道路运营的因素，同时演算测出各个因素的影响度，最终的目的是利用这些挖掘出来的高价值信息，精确地指导交通，为城市服务。

国内的智慧城市建设虽然起步较晚，但经过政府的大力支持，也取得了一定的成就。北京、杭州、上海等城市均建成了较为完善的应用系统，青岛的智慧交通建设中，应用数据挖掘技术的主要为“交通信号控制系统”及“交通执法系统”两大子系统。

2）智慧环保

目前，环境形势十分严峻，环保部门存在人员缺乏、监管能力不足等问题，利用现代科学技术提高环境监管能力迫在眉睫。我们以数据挖掘技术为指导，提升综合决策能力，通过环境时空数据挖掘分析，开展环境经济形势联合诊断与预警分析，以及基于“社会经济发展—污染减排—环境质量改善”的环境预测模式；开展环境形势分析与预测，识别经济社会发展中的重大环境问题；开展环境规划政策模拟分析，探索建立各类政策模拟分析模型系统；开展环境经济政策实施的成本分析；开展环境风险源分类分级评估、环境风险区划等工作，支撑环境风险源分类分级分区管理政策的制定。

3）智慧安防

对于“安防”行业来讲，在平安城市、智能交通管理、环境保护、危化品运输监控、食品安全监控，包括政府机构、大企业工作场所等与网络连接的设备系统都将可能成为最大的数据资源。随着智慧城市等工程的建设，监控摄像头已经遍布大街小巷，安防监控对高清化、智能化、网络化、数字化的要求越来越高，随之而来的是数据量的迅速增加。数据挖掘技术在面对“安防”行业所产生的大量非结构化数据时需要解决视频浓缩检索技术、视频图像信息库建设和海量数据的处理、分析、检索核心三个核心的技术问题。

4）智慧能源

智慧能源是近几年兴起的一个比较新的概念。响应国家节能减排号召，我们要实现能源的安全、稳定、清洁和永续利用，帮助政府实现低碳目标。利用大数据挖掘可以对节能监测系统的运行状态进行数据监测与分析。

3.2.2 大数据挖掘的国外应用

1）智慧经济

在智慧经济方面，首先大数据在商业上得到了很好运用，它会分析用户的购物行为，很多公司通过分析找到最佳客户，例如淘宝平台上的淘宝数据魔方，则通过其“数据魔方”平台，商家可以直接获取行业宏观情况、自己品牌的市场状况、消费者行为情况等，以此作出经营决策。

美国一家投资公司通过分析全球 3.4 亿微博账户留言，判断民众情绪，以此决定公司股票的买入或卖出，获得良好的效果。IBM 日本公司建立了一个经济指标预测系统，从互联网新闻中搜索影响制造业的480项经济数据，计算出采购经理人指数PMI预测值。印第安纳大学学者利用Google提供的心情分析工具，对270万用户在2008年3～12月所张贴的970万条留言，挖掘出用户happiness，kindness，alertness，sureness，vitality和calmness等六种心情，进而对道琼斯工业指数的变化进行预测，准确率达到87%。利用大数据分析可实现对合理库存量的管理，华尔街对冲基金依据购物网站顾客评论分析企业产品销售状况，华尔街银行根据求职网站岗位数量推断就业率。

2）智慧治理

电信运营商拥有大量的手机数据，通过对手机数据的挖掘，不针对个人而是着眼于群体行为，可从中分析：实时动态的流动人口的来源及分布情况；出行和实时交通客流信息及拥塞情况。利用手机用户身份和位置的检测可了解突发性事件的聚集情况。MIT的Reality Mining项目，通过对10万多人手机的通话、短信和空间位置等信息进行处理，提取人们行为的时空规则性和重复性，进行流行病预警和犯罪预测。

3）环境监测

对城市的河流进行采样，通过卫星发布，收集采样的数据，依据庞大的数据量判别城市中有没有污染。

4）智慧医疗

无论是药品的研发还是商业模式的开发运用，都能够用到大数据挖掘技术。医院里大量的病例，就对应着大量的数据，传统的普通病例很难挖掘数据，现在变成电子化有利于更高数据挖掘，数据的挖掘有利于发现医疗知识。另外，谷歌公司与美国疾病控制和预防中心等机构合作，依据网民搜索内容分析全球范围内流感等病疫传播状况，准确率很高。

社交网络为许多慢性病患者提供了临床症状交流和诊治经验分享平台，医院借此也可获得足够多的临床效果统计。

5）舆情监测

大众传播发展得很快，这里包含着大量的数据，例如微博传播具有裂变性、主动性、即时性、便捷性、交互性，每个微博用户既是“服务器”，也是“受众”。

6）精准营销

美国信用营销分析专家在大数据分析的应用上，美国政府和大公司领先新兴国家至少20年。15年前，美国的信用卡公司就可以进行数据挖掘实现精准营销：在合适的时间，通过合适渠道，把合适的营销信息投送给每个客户。

7）犯罪预警

随着智能电话和电脑网络的普及，美国政府和大公司把自己的触角伸到个人生活的每个方面。美国个人的一切在线行为数据有被收集存储，再加上已被机关掌握的个人信用数据、犯罪记录和人口统计等数据，有关公司和政府结构可以运用数据挖掘的方法，监控和预测个人的行为，并作出相关决策。

大数据挖掘是智慧城市建设与管理的无形生产资料。可以看出，随着数据挖掘技术应用范围的不断扩展，人类社会的方方面面几乎都会被数据挖掘涉足。尽管数据挖掘原本是作为一项技术出现的，但由于数据挖掘本身独有的理念给人们处理解决各类问题都提供了一个新的思路和方法，在这一点上数据挖掘在一定程度上等同于一种方法论，在未来的一段时期里必将对人类生产生活产生重大影响。

3.3 大数据挖掘与高级分析技术

3.3.1 关联规则分析

1）概述

频繁模式是频繁地出现在数据集中的模式。频繁模式可分为频繁项集、频繁子序列和频繁子结构三种类型。例如，一个序列，如果它频繁地出现在购买历史数据库中，则是一个（频繁）序列模式；子结构可能涉及不同的结构形式,如子图、子数或子格,它可能与项集或子序列结合在一起。如果一个子结构频繁地出现,则称为(频繁)结构模式。

频繁模式挖掘是搜索给定数据集中反复出现的联系。发现这种频繁模式是挖掘数据之间的关联、相关和许多其他有趣联系的基础,对数据分类、聚类和其他数据挖掘任务也有帮助。因此,频繁模式的挖掘就成了一项重要的数据挖掘任务和数据挖掘研究关注的主题之一。

关联规则挖掘是在频繁模式挖掘的基础上实现的,是数据挖掘中最活跃的研究方法之一,最早是由Agrawal等人提出的。最初的动机是针对购物篮分析问题提出的,其目的是为了发现交易数据库中不同商品之间的联系规则。随着大数据的发展,很多的研究人员对关联规则的挖掘问题进行了大量的改进研究,以处理大规模数据集,如并行关联规则挖掘、数量关联规则挖掘、加权关联规则挖的发现等,这些方法能提高挖掘规则算法的效率、适应性。

2) 关联规则分析在大数据挖掘中的应用

关联规则分析在大数据挖掘中的应用主要有以下几个方面:

(1) 大数据时代对数据挖掘的技术和应用提出了更高的要求,关联规则算法作为数据挖掘的一个主要方向,能够在大量数据中发现频繁项集和关联知识,然而传统的关联规则算法在大数据应用下存在一定的缺点。杨秀萍对经典的Apriori算法在大数据下应用的缺点提出改进的方法,并结合用户收视行为的海量数据对改进后的算法进行应用,提高了数据挖掘的效率并得到较好的挖掘效果,同时她的这种方法为后续的应用提出新的课题,起到较好的借鉴作用。

(2) 为了提高关联规则挖掘算法处理大数据集的能力,陈云亮等在基因表达式编程进化算法(Gene Expression Program-Ming)的基础上,提出了一个新的挖掘强关联规则的算法框架,在此基础之上提出并实现了基于小生境技术的基因表达式编程进化算法NGEP,以用于挖掘关联规则。NEGP算法首先进行小生境演化,融合小生境并剔除同构的优秀个体,然后对小生境解进行笛卡儿交叉,以产生更好的结果。陈云亮等还通过实验加以验证,实验结果表明,与同类优秀的算法对比,NGEP算法的种群多样性与精确度都有很好的结果,并且在提取有效规则的效率上也有较大的提高。

(3) 关联规则算法中FP-Growth算法虽不产生候选集,但由于算法高度依赖于内存空间,阻碍了算法在大数据领域的发挥,李伟亮等对FP-Growth算法进行改进,首先创建支持度计数表,避免了算法对条件模式基的第一次遍历,减少了对数据库的扫描次数;其次利用剪枝策略删去了大量沉余的非频繁项集;最后将算法并行化,利用Hadoop平台优势极大地提高数据处理的效率,同时解决了算法占用内存的瓶颈问题。

(4) 协同过滤是互联网推荐系统的核心技术,桑治平等针对协同过滤推荐算法中推荐精度和推荐效率以及数据可扩展性问题,采用灰色关联相似度,设计和实现了一种基于Hadoop的多特征协同过滤推荐算法,使用贝叶斯概率对用户特征属性进行分析,根据分析结果形成用户最近邻居集合,并通过Hadoop中的MapReduce模型构建预测评分矩阵,最后基于邻居集和用户灰色关联度形成推荐列表。这个算法提高了推荐算法的有效性和准确度,而且能有效支持较大数据集。

(5) 张昆明等在考虑大数据挖掘的效率,负载平衡、节点状态、运行环境等基础上提出新的并行数据挖掘算法:各个并行计算单元之间采用全局通信模式Master Worker模式来进行互相通信,降低了并行数据挖掘的通信成本,提高了挖掘的效率,缩短了挖掘的时间;最后,通过Worker节点和Master节点的实验,采用一多属性的大数据量的数据库,将实验结果与串行算法进行了比较,实验结果验证了该算法的有效性以及在大数据集挖掘应用中的优越性。

(6) 王玉荣等为了解决并行关联规则挖掘中各节点间通信量巨大以及全局频繁项集难以准确、快速得到等问题,提出了一种新的基于客户机/服务器模式的并行关联规则挖掘算法。该算法中,各客户机只需要和服务器之间传递少量的信息,而无需和其他客户机通信,降低了通信成本;服务器端利用了数据库的触发器机制,使全局频繁项集得到的过程能够自动快速实现。该算法可以使大数据集的挖掘从不可行到可行，从困难到容易。

3.3.2 聚类分析

1）概述

聚类分析源于许多研究领域，包括数据挖掘、统计学、机器学习、模式识别等。它是数据挖掘中的一个功能，但也能作为一个独立的工具来获得数据分布的情况，概括出每个簇的特点，或者集中注意力对特定的某些簇作进一步的分析。此外，聚类分析也可以作为其他分析算法的预处理步骤，这些算法在生成的簇上进行处理。

大数据挖掘技术的一个突出的特点是处理巨大的、复杂的数据集，这对聚类分析技术提出了特殊的挑战，要求算法具有可伸缩性、处理不同类型属性、发现任意形状的类、处理高纬数据的能力等。根据潜在的各项应用，数据挖掘对聚类分析方法提出了以下多个方面的不同要求。

(1) 可伸缩性：指聚类算法不论对于小数据集还是大数据集，都应是有效的。在很多聚类算法当中，数据对象小于几百个的小数据集和鲁棒性很好，而对于包含上万个数据对象的大规模数据库进行聚类时，将会导致不同的偏差结果。研究大容量数据集的高效聚类方法是数据挖掘必须面对的挑战。

(2) 具有处理不同类型属性的能力：既可处理数值型数据，又可处理非数值型数据，既可以处理离散数据，又可以处理连续域内的数据，如布尔型、序数型、枚举型或这些数据类型的集合。

(3) 能够发现任意形状的聚类。许多聚类算法经常使用欧几里得距离作为相似性度量方法，但基于这样的距离度量的算法趋向于发现具有相近密度和尺寸的球状簇。对于一个可能是任意形状的簇的情况，提出能发现任意形状簇的算法是很重要的。

(4) 输入参数对领域知识的弱依赖性。在聚类分析当中，许多聚类算法要求用户输入一定的参数，如希望得到的簇的数目等。聚类结果对于输入的参数很敏感，通常参数较难确定，尤其是对于含有高纬对象的数据集更是如此。要求用人工输入参数不但加重了用户的负担，也使得聚类质量难以控制。

(5) 对于输入记录顺序不敏感。一些聚类算法对于输入数据的顺序是敏感的。例如，对于同一个数据集合，以不同的顺序提交给同一个算法时，可能产生差别很大的聚类结果。研究和开发对数据输入顺序不敏感的算法具有重要的意义。

(6) 挖掘算法应具有处理高维数据的能力。很多聚类算法擅长处理低维数据，一般只涉及两维到三维。但是，高维数据聚类结果的判断就不那样直观了。数据对象在高维空间的聚类是非常具有挑战性的，尤其是考虑到这样的数据可能高度偏斜并且非常稀疏。

(7) 处理噪声数据的能力。在现实应用中，绝大多数的数据都包含了孤立点、空缺、未知数据或者错误的数据。如果聚类算法对于这样的数据敏感，将会导致质量较低的聚类结果。

(8) 基于约束的聚类。在实际应用当中可能需要在各种约束条件下进行聚类。既要找到满足特定的约束，又要具有良好聚类特性的数据分组是一项具有挑战性的任务。

(9) 挖掘出来的信息是可理解和可用的。

2）聚类分析在数据挖掘中的应用

聚类分析在数据挖掘中的应用主要有以下几个方面：

(1) 聚类分析可以作为其他算法的预处理步骤。利用聚类进行数据预处理，可以获得数据的基本概况，在此基础上进行特征抽取或分类就可以提高精确度和挖掘效率；也可将聚类结果用于进一步关联分析，以进一步获得有用的信息。

(2) 可以作为一个独立的工具来获得数据的分布情况。聚类分析是获得数据分布情况的有效方法。例如，在商业上，聚类分析可以帮助市场分析人员从客户基本资料数据库中发现不同的客户群，并且用购买模式来刻画不同的客户群的特征。通过观察聚类得到的每个簇的特点，可以集中对特定的某些簇作进一步分析。

(3) 聚类分析可以完成孤立点挖掘。许多数据挖掘算法试图使孤立点影响最小化，或者排除它们。

然而孤立点本身可能是非常有用的,如在欺诈探测中,孤立点可能预示着欺诈行为的存在。

3) 聚类分析算法的概念

聚类分析的输入可以用一组有序对(X, s)或(X, d)表示,这里 X 表示一组样本,s 和 d 分别表示度量样本间相似度或相异度(距离)的标准。聚类系统的输出是对数据的区分结果,即 $C=\{C_1, C_2, \cdots, C_n\}$,其中 $C_i (i=1, 2, \cdots, n)$ 是 X 的子集,且满足如下条件:

$$C_1 \cup C_2 \cup \cdots \cup C_n \mid X; C_i \cap C_j = \Phi, i \neq j$$

C 中的成员 C_1, C_2, $\cdots$, C_n 称为类或者簇。每一个类可以通过一些特征来描述。通常有如下几种表示方式:通过类的中心或类的边界点表示一个类;使用聚类数中的节点图形化地表示一个类;使用样本属性的逻辑表达式表示类。

用类的中心表示一个类是最常见的方式。当类是紧密的或各向分布同性时,用这种方法非常好。然而,当类是伸长的或各向分布异性时,这种方式就不能正确地表示它们了。

4) 聚类分析算法的分类

聚类分析是一个活跃的研究领域,已经有大量的、经典的和流行的算法涌现,例如 K-平均、K-中心点等。采用不同的聚类算法,对于相同的数据可能有不同划分结果。很多文献从不同角度对聚类分析算法进行了分类。

第一,按聚类的标准划分。

按照聚类的标准,聚类算法可分为如下两种。

统计聚类算法。统计聚类算法基于对象之间的几何距离进行聚类。统计聚类分析包括统计系统聚类法、分解法、加入法、动态聚类法、有序样品聚类、有重叠聚类和模糊聚类。这种聚类算法是一种基于全局比较的聚类,它需要考虑所有的个体才能决定类的划分。因此,它要求所有的数据必须预先给定,而不能动态地增加新的数据对象。

概念聚类算法。概念聚类算法基于对象具有的概念进行聚类。这里的距离不再是传统方法中的几何距离,而是根据概念的描述来确定的。典型的概念聚类或形成方法有 COBWEB、OLOC 和基于列联表的方法。

第二,按聚类算法所处理的数据类型划分。

按照聚类算法所处理的数据类型,聚类算法可分为三种类型:数值型数据聚类算法、离散型数据聚类算法和混合型数据聚类算法。

数值型数据聚类算法。数值型数据聚类算法所分析的数据的属性为数值数据,因此可对所处理的数据直接比较大小。目前,大多数的聚类算法都是基于数值型数据的。

离散型数据聚类算法。由于数据挖掘的内容经常含有非数值的离散数据,近年来人们在离散型数据聚类算法方面做了许多研究,提出了一些基于此类数据的聚类算法,如 K-模、ROCK、CACTUS、STIRR 等。

混合型数据聚类算法。混合型数据聚类算法是能同时处理数据值数据和离散数据的聚类算法,这类聚类算法通常功能强大,但性能往往不尽如人意。混合型数据聚类算法的典型算法为 K-原型算法。

第三,按聚类的尺度划分。

按照聚类的尺度,聚类算法可被分为以下三种。

基于距离的聚类算法。距离是聚类分析常用的分类统计量。常用的距离定义有欧式距离和马氏距离。许多聚类算法都是用各式各样的距离来衡量数据对象之间的相似度,如 K-平均、K-中心点、BIRCH、CURE 等算法。

基于密度的聚类算法。从广义上说,基于密度和基于网格的算法都可算作基于密度的算法。此类算法通常需要规定最小密度门限值。算法同样可用于欧几里得空间和曼哈坦空间,对噪声数据不敏感,可以发现不规则的类，但当类或子类的粒度小于密度计算单位时，会被遗漏。

基于互联性的聚类算法。基于互联性的聚类算法通常基于图或超图模型。它们通常将数据集映像为图或超图，满足连接条件的数据对象之间画一条边，高度连通的数据聚为一类。然而这类算法不适合处理太大的数据集。当数据量大时，通常忽略权重小的边，使图变稀疏，以提高效率，但会影响聚类质量。

第四，按聚类算法的思路划分。

按照聚类分析算法的主要思路，聚类算法主要可以归纳为五种类型：划分法、层次法、基于密度的算法、网格的算法和基于模型的算法。

第一种是划分法。给定一个 n 个对象或者元组的数据库，划分方法构建数据的 k 个划分，每个划分表示一个簇，并且 $k \leqslant n$。也就是说，它将数据划分为 k 个组，同时满足如下的要求：每个组至少包含一个对象；每个对象必须属于且只能属于一个组。

该属性的聚类算法有：K-平均、K-模、K-原型、K-中心点、PAM、CLARA、CLARANS 等。

第二种是层次法。层次方法对给定数据对象几何进行层次的分解。根据层次的分解方法，层次方法又可以分为凝聚的和分裂的。

分裂的方法也称为自顶向下的方法，一开始将所有的对象置于一个簇中，在迭代的每一步中，一个簇被分裂成更小的簇，知道每个对象在一个单独的簇中，或者达到一个终止条件。

聚类的方法也称为自底向上的方法，一开始就将每个对象作为单独的一个簇，然后相继地合并相近的对象或簇，直到所有的簇合并为一个，或者达到终止条件。

第三种是基于密度的算法。基于密度的算法与其他方法的一个根本区别是：它不是用各式各样的距离作为分类统计量，而是看数据对象是否属于相连的密度域，属于相连密度域的数据对象归为一类。

第四种是网格的算法。基于网格的算法首先将数据空间划分为有限个单元的网格结构，所有的处理都是以单个单元为对象的。这样处理的一个突出优点是处理速度快，通常与目标数据库中记录的个数无关，只与划分数据空间的单元数有关。但此算法处理方法较粗放，往往影响聚类质量。代表算法有 STING 等。

第五种是基于模型的算法。基于模型的算法给每一个簇假定一个模型，然后去寻找能够很好地满足这个模型的数据集。这样一个模型可能是数据点在空间中的密度分布函数或者其他函数。它的一个潜在的假定是：目标数据集是由一系列的概率分布所决定的。通常有两种尝试方案：统计的方案和神经网络的方案。基于统计学模型的算法有 COBWEB，Autoclass，基于神经网络模型的算法有 SOM。

5）聚类算法中距离与相似性的度量

一个聚类分析过程的质量取决于对度量标准的选择，因此必须仔细选择度量标准。

为了度量对象之间的接近或相似程度，需要定义一些相似性度量标准。这里我们用 $s(x, y)$ 表示样本 x 和样本 y 的相似度。当 x 和 y 相似时，$s(x, y)$ 的取值是很大的；当 x 和 y 不相似时，$s(x, y)$ 的取值是很小的。相似性的度量具有自反性，即 $s(x, y)=s(y, x)$。对于大多数聚类算法来说，相似性度量标准被标准化为 $0 \leqslant s(x, y) \leqslant 1$。

在通常情况下，聚类算法不计算两个样本间的相似度，而是用特征空间中的距离作为度量标准来计算两个样本间的相异度的。对于某个样本空间来说，距离的度量标准可以是度量的或半度量的，以便用来量化样本的相异度。相异度的度量用 $d(x, y)$ 来表示，通常称相异度为距离。当 x 和 y 相似时，距离 $d(x, y)$ 的取值很小；当 x 和 y 不相似时，$d(x, y)$ 的取值很大。

按照距离公理，在定义距离测度时需要满足距离公理的四个条件：自相似性、最小性、对称性以及三角不等性。下面介绍四种常用的距离函数。

第一，明可夫斯基距离。

假定 x_i，y_i 分别是样本 x 和 y 的第 i 个特征，$i=1, 2, \cdots, n$，n 是特征的维数。x 和 y 的明可夫斯基距离度量的定义如下：

$$d(x, y)=\left[\sum_{i=1}^{n} | x_i-y_i |^r\right]^{\frac{1}{r}}$$

当 r 取不同的值时，上述距离度量公式演化成为一些特殊的距离测度：

当 $r=1$ 时，明可夫斯基距离演变为绝对值距离：

$$d(x, y)=\sum_{i=1}^{n} | x_i-y_i |$$

当 $r=2$ 时，明可夫斯基距离演变为欧氏距离：

$$d(x, y)=\left[\sum_{i=1}^{n} | x_i-y_i |^2\right]^{\frac{1}{2}}$$

第二，二次型距离。

二次型距离测度的形式如下：

$$d(x, y)=[(x-y)^T A(x-y)]^{\frac{1}{2}}$$

当 A 取不同的值时，上述距离度量公式可演化为一些特殊的距离测度。

当 A 为单位矩阵时，二次型距离演变为欧氏距离。

当 A 为对角阵时，二次型距离演变为加权欧氏距离，即

$$d(x, y)=\left[\sum_{i=1}^{n} a_{ii} | x_i-y_i |^2\right]^{\frac{1}{2}}$$

当 A 为协方差矩阵时，二次型距离演变为马氏距离。

第三，余弦距离。

余弦距离的度量形式如下：

$$d(x, y)=\frac{\sum_{i=1}^{n} x_i y_i}{\sqrt{\sum_{i=1}^{n} x_i^2 \sum_{i=1}^{n} y_i^2}}$$

第四，二元特征样本的距离度量。

上面几种距离度量对于包含连续特征的样本是很有效的，但对于包含部分或全部不连续特征的样本，计算样本间的距离是比较困难的。因为不同类型的特征是不可比的，只用一个标准作为度量标准是不合适的。下面介绍几种二元类型数据的距离度量标准。假定 x 和 y 分别是 n 维特征，x_i 和 y_i 的取值为二元类型数值{0, 1}。则 x 和 y 的距离定义的常规方法是先求出如下几个参数，然后采用 SMC、Jaccard 系数或 Rao 系数。

假设：a 是样本 x 和 y 中满足 $x_i=1$ 和 $y_i=1$ 的二元类型属性的数量；b 是样本 x 和 y 中满足 $x_i=1$，$y_i=0$ 的二元类型属性的数量；c 是 x 和 y 中满足 $x_i=0$ 和 $y_i=1$ 的二元类型属性的数量；d 是 x 和 y 中满足 $x_i=0$ 和 $y_i=0$ 的二元类型属性的数量。

则简单匹配系数 SMC(Simple Match Coefficient)的定义为：

$$S_{smc}(x, y)=\frac{a+b}{a+b+c+d}$$

Jaccard 系数定义为：

$$S_{jc}(x, y)=\frac{a}{a+b+c}$$

Rao 系数定义为：

$$S_{rc}(x, y)=\frac{a}{a+b+c+d}$$

6）聚类方法实例研究

(1) 改进的共享最近邻算法。共享最近邻聚类算法在处理大小不同、形状不同以及密度不同的数据集上具有很好的聚类效果，但该算法还存在 3 个不足：时间复杂度为 $O(n^2)$，不适合处理大规模数据集；没有明确给出参数阈值的简单指导性操作方法；只能处理数值型属性数据集。李霞等对共享最近邻算法进行了改进，使其能够处理混合属性数据集，并给出参数阈值的简单选择方法，改进后算法运行时间与数据集大小呈近似线性关系，适用于大规模高维数据集。

(2) 局部方差优化的 K-medoids 聚类算法。针对 K-medoids 聚类算法对初始聚类中心敏感、聚类结果依赖于初始聚类中心的缺陷，谢娟英、高瑞提出一种局部方差优化的 K-medoids 聚类算法，以期使 K-medoids 的初始聚类中心分布在不同的样本密集区域，聚类结果尽可能地收敛到全局最优解。在这个算法中引入局部方差的概念根据样本所处位置的局部样本分布定义样本的局部方差，以样本局部标准差为邻域半径，选取局部方差最小且位于不同区域的样本作为 K-medoids 的初始中心，充分利用了方差所提供的样本分布信息。实验结果也验证了这种算法具有聚类效果好、抗噪性能强的优点，而且适用于大规模数据集的聚类。

(3) 快速自适应相似度聚类方法。相似度聚类方法（Similarity-based clustering method, SCM）因其简单易实现和具有鲁棒性而广受关注。但由于内含相似度聚类算法（Similarity clustering algorithm, SCA）的高时间复杂度和凝聚型层次聚类（Agglomerative hierarchical clustering, AHC）的高空间复杂度，SCM 不适用大数据集场合。针对这个问题，钱鹏江等从 SCM 和核密度估计问题的本质联系入手，通过快速压缩集密度估计器（Fast reduced set density estimator, FRSDE）和基于图的松弛聚类（Graph-based relaxed clustering, GRC）算法提出了快速自适应相似度聚类方法（Fast adaptive similarity-based clustering method, FASCM）。相比于原 SCM，该方法有两个主要优点：其总体渐近时间复杂度与样本容量呈线性关系；不依赖于人工经验的干预，具有了自适应性。

(4) 并行化遗传 K-means 算法。为了提高遗传 K-means 算法时间效率和聚类结果的正确率，贾瑞玉等用遗传算法的粗粒度并行化设计思想，提出了在 Hadoop 平台下将遗传 K-means 算法进行并行化设计，将各个子种群编号作为个体区分，个体所包含的各个聚类中心和其适应度作为值共同作为个体的输入；在并行化过程中，设计了较优的种群迁移策略来避免早熟现象的发生。实验对不同的数据集进行处理，结果表明，行化的遗传 K-means 算法在处理较大数据集时比传统的串行算法在时间上和最后的结果上都具有明显的优越性。

(5) 基于 Hadoop 平台的分布式改进聚类协同过滤推荐算法。孙天昊等提出一种基于 Hadoop 平台的分布式改进聚类协同过滤推荐算法。该算法能够改善协同过滤推荐算法在大数据下的稀疏性和可扩展性问题。在分布式平台下，离线对高维稀疏数据采用矩阵分解算法预处理，改善数据稀疏性后通过改进项目聚类算法构建聚类模型，根据聚类模型和相似性计算形成推荐候选空间，在线完成推荐。

3.3.3 分类分析

1）概述

分类是一种重要的数据挖掘技术。分类的目的是根据数据集的特点构造一个分类函数或分类模型（也常常称作分类器），该模型能把未知类别的样本映射到给定类别中的某一个。分类和回归都可以用于预测。和回归方法不同的是，分类的输出是离散的类别值，而回归的输出是连续或有序值。

构造模型的过程一般分为训练和测试两个阶段。在构造模型之前，要求将数据集随机地分为训练数据集和测试数据集。在训练阶段，使用训练数据集，通过分析由属性描述的数据库元组来构造模型，假定每个元组属于一个预定义的类，由一个称为类标号属性的属性来确定。训练数据集中的单个元组也称为训练样本，一个具体样本的形式可为：$(u_1, u_2, \cdots, u_n; c)$；其中 u_i 表示属性值，c 表示类别。由于提供了每个训练样本的类标号，该阶段也称为有指导的学习，通常，模型用分类规则、判定树或数学公式的形式提供。在测试阶段，使用测试数据集来评估模型的分类准确率，如果认为模型的准确率可以接受，就可以用该模型对其他数据元组进行分类。一般来说，测试阶段的代价远远低于训练阶段。

为了提高分类的准确性、有效性和可伸缩性，在进行分类之前，通常要对数据进行预处理，包括数据清理、相关性分析、数据变换。

2) 分类分析算法在数据挖掘中的应用

分类分析算法在数据挖掘中的应用主要有以下几个方面：

(1) 传统的分类算法在对模型进行训练之前，需要得到整个训练数据集。然而在大数据环境下，数据以数据流的形式源源不断地流向系统，因此不可能预先获得整个训练数据集。卢惠林研究了大数据环境下含有噪音的流数据的在线分类问题。将流数据的在线分类描述成一个优化问题，提出了一种加权的 Naive Bayes 分类器和一种误差敏感的(Errot Adaptive)分类器。误差敏感的分类器算法在系统没有噪音的情况下分类预测的准确性要优于相关的算法；此外，当流数据中含有噪音时，误差敏感的分类器算法对噪音不敏感，仍然具有很好的预测准确性，因此可以应用于大数据环境下流数据的在线分类预测。

(2) 在大数据环境下，当利用机器学习算法对训练样本进行分类时，训练数据的高维度严重制约了分类算法的性能。许烁娜等应用 L1 准则的稀疏性，提出了一种在线特征提取算法，且利用公开数据集对算法的性能进行了分析，结果表明，提出的在线特征提取算法能准确地对训练实例进行分类，因而能更好地适用于大数据环境下的数据挖掘。

(3) 针对现在大规模数据的分类问题，张永等将监督学习与无监督学习结合起来，也提出一种基于分层聚类和重采样技术的支持向量机(SVM)分类方法。这个方法首先利用无监督学习算法中的 k-means 聚类分析技术将数据集划分成不同的子集，然后对各个子集进行逐类聚类，分别选出各类中心邻域内的样本点，构成最终的训练集，最后利用支持向量机对所选择的最具代表样本点进行训练建模。这个方法可以大幅度降低支持向量机的学习代价，其分类精度比随机采样更优，而且可以达到采用完整数据集训练所得的结果。

(4) Palit 等提出两种利用 MapReduce 框架来实现的并行提升算法，即 ADABOOST 和 LOGITBOOST.PL，这两种算法可以使多个计算节点同时参与计算，并且可构造出一个提升集成分类器。这两种算法在分类准确率、加速比和放大率方面都取得较好的效果。

(5) 随着遥感技术的发展，高分辨率大容量遥感数据的应用，对图像处理效率提出了更高的要求。网格计算因具有分布式、高性能和充分的资源共享性，为海量遥感图像的处理提供了有效的解决途径。张雁等针对遥感图像分类，提出基于网格环境的遥感影像并行模型，分析构建此模型的网格服务机制，设计网格服务及任务调度的算法流程。搭建网格实验测试平台，采用封装的 SVM 分类服务，实现了遥感图像并行分类处理。

(6) 图像数据是组成大数据的重要部分，蕴含着丰富的知识，且图像分类有着广泛的应用。然而，利用传统分类方法已经无法满足实时计算的需求，所以，张晶等提出并行在线极端学习机算法解决此问题。这个算法的主要步骤是：首先利用在线极端学习机理论得到隐层输出权值矩阵；其次根据 MapReduce 计算框架的特点对该矩阵进行分割，以代替原有大规模矩阵累乘操作，并将分割后的多个矩阵在不同工作节点上并行计算；最后将计算节点上的结果按键值合并，得到最终的分类器。在保证原有计算精度的前提下，再将这个算法在 MapReduce 框架上进行拓展。实验证明这个算法能够针对大数据图像进行较快速、准确的分类。

(7) 内存限制使得单机环境下的 P2P 流量识别方法只能对小规模数据集进行处理，并且，基于朴素贝叶斯分类的识别方法所使用的属性特征均为人工选择，因此，识别率受到了限制并且缺乏客观性。单凯等基于以上问题的分析提出云计算环境下的朴素贝叶斯分类算法并改进了在云计算环境下属性约简算法，结合这两个算法实现了对加密 P2P 流量的细粒度识别。这种方法可以高效处理大数据集网络流量，并且有很高的 P2P 流量识别率，处理数据的结果也具备客观性。

3.3.4 时间序列分析

时间序列分析是一种广泛应用的数据分析方法，主要用于描述和探索现象随时间发展变化的数量规律性。近年来，时间序列挖掘在宏观经济预测、市场营销、金融分析等领域得到应用。时间序列分析通过研究信息的时间特性，深入洞悉事物发展变化的机制，成为获得知识的有效途径。

时间序列分析的目的是不同的，它依赖于应用背景。一般地，时间序列被看作是一个随机过程的实现。分析的基本任务是揭示支配观测到的时间序列的随机规律，通过所了解的这个随机规律，我们可以理解所要考虑的动态系统，预报未来的事件，并且通过干预来控制将来事件。上述即为时间序列分析的三个目的。Box 和 Jenkins(1970)的专著 *Time Series Analysis：Forecasting and Control* 是时间序列分析发展的里程碑，他们的工作为实际工作者提供了对时间序列进行分析、预测，以及对 ARIMA 模型识别、估计和诊断的系统方法，使 ARIMA 模型的建立有了一套完整、正规、结构化的建模方法，并且具有统计上的完善性和牢固的理论基础，这种对 ARIMA 模型识别、估计和诊断的系统方法简称 B－J 方法。对于通常的 ARIMA 的建模过程，B－J 方法的具体步骤如下：

(1) 关于时间序列进行特性分析。一般地，从时间序列的随机性、平稳性和季节性三方面进行考虑。其中平稳性和季节性更为重要，对于一个非平稳时间序列，若要建模首先要将其平稳化，其方法通常有三种：①差分，一些序列通过差分可以使其平稳化。②季节差分，如果序列具有周期波动特点，为了消除周期波动的影响，通常引入季节差分。③函数变换与差分的结合运用，某些序列如果具有某类函数趋势，我们可以先引入某种函数变换将序列转化为线性趋势，然后再进行差分以消除线性趋势。

(2) 模型的识别与建立，这是 ARMA 模型建模的重要一步。首先需要计算时间序列的样本的自相关函数和偏自相关函数，利用自相关函数分析图进行模型识别和定阶。一般来说，使用一种方法往往无法完成模型识别和定阶，并且需要估计几个不同的确认模型。在确定了模型阶数后，就要对模型的参数进行估计。得到模型之后，应该对模型的适应性进行检验。

(3) 模型的预测与模型的评价。B－J 方法通常采用了线性最小方差预测法。一般地，评价和分析模型的方法是对时间序列进行历史模拟。此外，还可以做事后预测，通过比较预测值和实际值来评价预测的精确程度。

时间序列分析早期的研究分为时域分析方法和频域分析方法。所谓频域分析方法，也称为“频谱分析”或者“谱分析”方法，是着重研究时间序列的功率谱密度函数，对序列的频率分量进行统计分析和建模。对于平稳序列来说，自相关函数是功率谱密度函数的 Fourier 变换。但是由于谱分析过程一般都比较复杂，其分析结果也比较抽象，不易于进行直观解释，所以一般来说谱分析方法的使用具有较大的局限性。时域分析方法是分析时间序列的样本自相关函数，并建立参数模型(例如 ARIMA 模型)，以此去描述序列的动态依赖关系。时域分析方法的基本思想是源于事件的发展通常都具有一定的惯性，这种惯性使用统计语言来描述即为序列之间的相关关系，而这种相关关系具有一定的统计性质，时域分析的重点就是寻找这种统计规律，并且拟合适当的数学模型来描述这种规律，进而利用这个拟合模型来预测序列未来的走势。时域分析方法最早可以追溯到 1927 年，英国统计学家 G.U.Yule 提出了自回归(Autoregressive)模型。后来，英国数学家、天文学家 G. T. Walker(1931)在分析印度大气规律时引入了移动平均(Moving Average)模型和自回归移动平均(Autoregressive Moving Average)模型。这些模型奠定了时间序列分析中时域分析方法的基础。相对于频域分析方法,时域分析方法具有比较系统的统计理论基础,操作过程规范,分析结果易于解释。随着研究的深入和计算技术的发展,时域方法和频域方法之间的鸿沟已趋消失。但是,相对于频域分析方法,时域分析方法具有比较系统的统计理论基础,操作过程规范,分析结果易于解释。

计算技术的飞速进步极大地推动了时间序列分析的发展。线性正态假定下的参数模型得到了充分的解决,计算量较大的离群值分析和结构变化的识别成为时间序列模型诊断的重要部分。非线性时间序列分析也得到充分的发展,实际上,我们常常会遇到理论上和数据分析上都不属于线性的。在这种情况下,我们需要引入非线性时间序列。Tong(汤家豪,1980)利用分段线性化构造模型的思想提出了门限自回归模型开创了非线性时间序列分析的先河。门限自回归模型的特征恰好刻画了自然界的突变现象,例如在经济领域,许多指标受到多种因素的影响,使某些观测序列呈跳跃式变化,在水文、气象等领域中也有诸多类似的现象。Tong 和 Lim (1980)认为这类模型是一个非常实用的模型,可以解决很多线性模型不能解决的问题。

在时间序列分析方法的发展历程中,商业、经济、金融等领域的应用始终起着重要的推动作用,时间序列分析的每一步发展都与应用密不可分。随着计算机的快速发展,时间序列分析在商业、经济、金融等各个领域的应用越来越广泛,经济分析涉及大量的时间序列数据,如股票市场中的综合指数、个股每日的收盘价等。从经济学的角度来说,个人为了获得最大利益,总是力图对经济变量作出最准确的预期,以避免行动的盲目性。在股票市场上,每个人都想正确地预期到股票将来的价格。由于股票市场属于"不对称信息"(Asymmetric Information)市场,投资者往往无法准确地获取各种充分的信息,只能凭借历史的和不完整的信息来推测,因此,如何准确地分析、预测股票价格变动的方向和程度大小成为股市投资的基础和重点。

4 文本挖掘

4.1 文本挖掘的概念

文本挖掘大致可以定义为一个知识密集型的处理过程,在此过程中,用户使用一套分析工具处理文本集。与数据挖掘类似,文本挖掘旨在通过识别和检索令人感兴趣的模式,进而从数据源中抽取有用的信息。但在文本挖掘中,数据源是文本集合,令人感兴趣的模式不是从形式化的数据库记录中发现,而是从文本集合中的非结构化文本数据中发现。文本挖掘的很多想法和研究方向来源于数据挖掘的研究。由此发现,文本挖掘系统和数据挖掘系统在高层次结构上会表现出许多相似之处。例如,这两种系统都取决于预处理过程、模式发现算法以及表示层元素。此外,文本挖掘在它的核心知识发现操作中采用了很多独特的模式类型,这些模式类型与数据挖掘的核心操作不同。

由于数据挖掘假设数据已采用了结构化的存储格式,因此它的预处理很大程度上集中于清除数据噪声和规范数据,以及创建大量的连接表。而文本挖掘系统预处理操作以自然语言文本特征识别和抽取为重点。这些预处理操作负责将存储在文本集合中的非结构化数据转换为更加明确的结构化格式,这点和数据挖掘系统有明显的不同。此外,文本挖掘还借鉴了其他一些致力于自然语言处理的计算机学科,如信息检索等技术和方法。

4.2 文本挖掘产生的背景

(1) 数字化的文本数量不断增长。Web 中 99%的可分析信息是以文本形式存在的。Web 网页总量已达数百亿,每天新增网页数千万,截至 2008 年年底,中国网页总数超过 160 亿个(数据来自中国互联网络信息中心)。一些机构内90%的信息以文本形式存在,如数字化图书馆、数字化档案馆、数字化办公。

(2) HTML网页是带有结构标记的文本,为文本挖掘带来机会和挑战。随着Internet的迅速发展和深入应用,对信息的使用也逐渐向深层次发展,即由结构化信息(数据库)转向半结构化信息(HTML)处理,这种半结构化形式的文档无论从逻辑结构还是语义关系都为信息的检索等深层次应用提供了良好的基础。经过结构信息抽取可将半结构化文本转换为结构化文本。

(3) 新一代搜索引擎的需要。搜索引擎的发展可分为两个阶段:初级阶段是目前已经实现和普及的万维网(Www)阶段,它以Web资源的链接和传递为主要特征;高级阶段则是语义网(semantic Web)阶段,其主要特征体现在Web资源可被机器理解和自动处理,能够更好地支持人机协同工作。

(4) 互联网内容安全。近些年来,国内外对网络与信息安全投入了极大的热情,使网络与信息安全技术得到了极大的发展,尤其是加密技术、防火墙技术、入侵检测技术等,都已经相对成熟。但是,承载在通信网络上的信息内容安全却有许多空白,相对不足。信息内容安全问题就是"理解信息内容",分为三类:第一类是判断"信息是否为可读语句",称为语句分类(句法分析);第二类是判断"由可读语句表达的信息是否属于所关注的安全领域",称为领域分类(主题分类);第三类是判断"落入此领域的信息是否符合所定义的安全准则",称为安全分类(倾向分类)。这三类也是信息内容安全由形式到内容,最后到价值的三个层次。这也正是文本挖掘的过程。

4.3 文本挖掘与数据挖掘的区别

文本挖掘是从文本数据中推导出模式。它与数据挖掘在研究对象、对象结构、目标所用方法和应用时间上都有所不同。

(1) 研究对象不同:数据挖掘的研究对象是用数字表示的、结构化的数据,而文本挖掘时无结构或者半结构化的文本,包括新闻文章、研究论文、书籍、期刊、报告、专利说明书、会议文献、技术档案、政府出版物、数字图书馆、技术标准、产品样本、电子邮件消息、Web页面等。

(2) 对象结构不同:数据挖掘的对象是关系型数据库,而文本挖掘是自由开放的文本。

(3) 目标不同:数据挖掘的目标是抽取知识,预测以后的状态,而文本挖掘的目标是检索相关信息、提取意义、分类。

(4) 所用方法不同:数据挖掘的分析方法主要有归纳学习、决策树、神经网络、粗糙集、遗传算法等,文本挖掘主要通过标引、概念抽取、语言学、本体。

(5) 应用时间不同:数据挖掘从1994年开始得到广泛应用,文本挖掘自2 000年之后才开始得到应用。

4.4 文本挖掘结构模型

文本挖掘的过程是通过文本分析、特征提取、模式分析的过程来实现的,主要技术包括分词、文本结构分析、文本特征提取、文本检索、文本自动分类、文本自动聚类、话题检测与追踪、文本过滤、文本关联分析、信息抽取、半结构化文本挖掘等。

搜索引擎是文本挖掘的重要领域,包括分类式和关键词索引式搜索引擎。分类式搜索引擎室将网络上的信息,包括网页、新闻组等按主题进行分类,由用户选择不同的主题来对网络上的信息进行过滤。关键词索引式引擎的核心是一个关键词索引文件,该索引文件时一个倒排文件,倒排文件时一个已经排好序的关键词的列表,其中每个关键词指向一个倒排表,该表中记录了该关键词出现的文档集合以及在该文档中的出现为止。自动搜索引擎是能够自动划去网络上的信息,他们依靠爬虫程序在网络中不停地爬行和搜索,一旦发现新的信息,边自动对其进行分类,或用关键词对其进行索引,并将分类或索引结构加入到搜索引擎之中。智能搜索引擎在获取信息时要采用自动分类及自动索引等技术。这些技术均属于自然语言处理和理解技术。文本挖掘一般处理过程如图5-1所示。

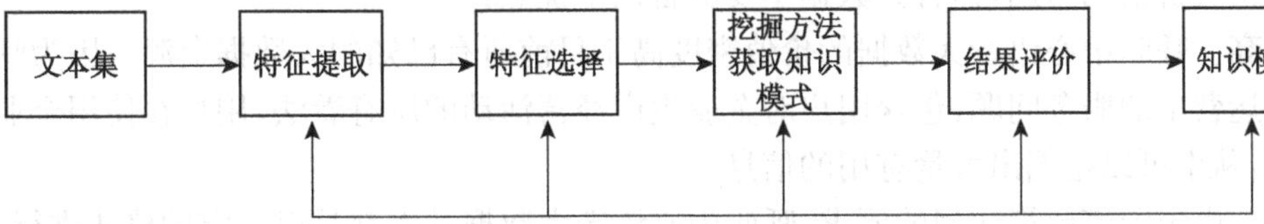

图 5-1　文本挖掘一般处理过程

5　语音大数据挖掘

5.1　语音数据挖掘概述

语音识别就是让机器通过识别和理解过程把语音信号转变为相应的文本或命令。在实际应用中，语音识别通常与自然语言理解、自然语言生成及语音合成等技术相结合，提供一个基于语音的自然流畅的人机交互系统。语音识别技术的研究始于 20 世纪 50 年代初期，迄今为止已有近 70 年的历史。1952 年，贝尔实验室研制了世界上第一个能识别十个英文数字的识别系统。20 世纪 60 年代最具代表的研究成果是基于动态时间规整的模板匹配方法，这种方法有效地解决了特定说话人孤立词语音识别中语速不均和不等长匹配的问题。

20 世纪 80 年代以后，基于隐马尔科夫模型的统计建模方法逐渐取代了基于模板匹配的方法，基于高斯混合模型-隐马尔科夫模型的混合声学建模技术推动了语音识别技术的蓬勃发展。在美国国防部高级研究计划署的赞助下，大词汇量的连续语音识别取得了出色成绩，许多机构研发出了各自的语音识别系统甚至开源了相应的语音识别代码，最具代表性的是英国剑桥大学的隐马尔可夫工具包(HTK)。2010 年之后，深度神经网络的兴起和分布式计算技术的进步使语音识别技术获得重大突破。2011 年，微软的俞栋等将深度神经网络成功应用于语音识别任务中，在公共数据上词错误率相对降低了 30%。其中基于深度神经网络的开源工具包，使用最为广泛的是霍普斯金大学发布的 Kaldi。

语音识别技术主要包括特征提取、模式匹配准则及模型训练三个方面。在训练阶段，用户将词汇表中的每个词依次洗一遍，并且将其特征矢量作为模型存入模板库。在识别阶段，将输入语音的特征矢量以此与模板库中的每个模板进行相似度比较，将相似度最高者作为识别结果输出。

在语音识别的研究发展过程中，相关研究人员根据不同语言的发音特点，设计和制作了汉语(包括不同发言)、英语等各类语言的语音数据库，这些语音数据库可以为国内外有关的科研单位和大学进行汉语连续语音识别算法研究、系统设计及产业化工作提供充分、科学的训练语音样本。例如，MIT Media Lab Speech Dataset(麻省理工学院媒体实验室语音数据集)、Pitch and Voicing Estimates for Aurora2(Aurora 2 语音库的基因周期和声调估计)、用于测试盲源分离算法的语音数据等。

现今，大数据的研究逐渐引起学术界和运营商的重视。如何从新技术的开发和应用角度在现有业务系统中引入大数据处理技术，使学术研究的成果转化成实际的商业价值，是值得探索的问题。而音频作为信息表达的基础方式之一，如何从音频信息中获得有商业价值的信息，是大数据研究的重要方向。

5.2　语音大数据的价值

语音大数据指个人或企业在生产经营活动中产生以音频为载体的信息资源，广泛存在于各类传统呼叫中心、互联网、移动互联网等各类业务系统中。相比以文本为载体的信息，这类信息目前的应用研究还不充分。而在各种语音大数据中，呼叫中心存储的语音数据最具备研究和挖掘价值，可以为企业生产经营活动提供有价值的帮助，语音大数据主要具备以下优点：

价值密度高。呼叫中心语音大数据的价值密度高于目前所有已知的大数据资源。因为呼叫中心解决企业在产品运营中的服务问题，包含用户对企业生产经营活动的所有看法、用户在使用企业产品过程中的所有问题，从中可以挖掘出大量有用的信息。

使用方便。由于国家政策法规的要求，呼叫中心语音大数据基本都是以一定的格式进行保存，在具体的应用研究中，不存在来源、格式不统一的情况。

存在一定的信息标注。呼叫中心语音大数据除音频本身外，还包含其产生的时间、大概主题（来源于呼叫中心的电话小结）、产生者标记（如拨打者和坐席服务者）、大概质量评价（如服务完成后用户的评价）等。

存在对应的以文本为载体的知识内容对应关系。呼叫中心语音大数据基本都是围绕呼叫中心知识库中存储的服务内容产生的。虽然没有明确定义，但通过记录坐席在服务过程中的浏览轨迹，基本能获得其与用户对话过程中的音频与其正在浏览信息之间的一个对应关系，而对这个对应关系的研究还没有开展。

5.3　语音大数据需解决的问题

通过对这些以音频形式存在的大数据进行分析和挖掘，可以形成各类新的应用。以呼叫中心语音大数据作为具体的实例分析，通过语音大数据分析技术来分析语音文件中的关键词、情绪、情感等，通过对这些特征进行统计及专业化分析可以完成以下功能。

坐席预质检：可用于呼叫中心服务质量提升。传统的呼叫中心质检由人工质检完成，具备高级技能的质检人员对呼叫中心每天产生的大量录音进行规制抽取，之后评价每个抽取录音的服务情况，对服务人员提出改进建议。但是由于成本的限制，一般只能做到0.5%～1%的抽检率。通过语音大数据挖掘的方法，可获得服务质量不高的服务录音模型，通过这个模型对语音大数据进行预处理，使抽检的准确程度更高，抽检率更高，进而提高呼叫中心的整体服务水平。

热点信息挖掘：通过对呼叫中心一段时间内的录音文件进行分析和挖掘，可以获得某一个时间段内出现频次最高的关键词或信息概念，得到当前用户所关注的热点问题。

新产品市场评价：通过对呼叫中心一段时间内的录音文件进行分析和挖掘，可以分析某一个主题下用户关注的内容、反馈，进而得到企业推出新产品的市场评价报告。

企业形象用户评价分析：通过对企业产品相关音频大数据的分析，可以获得企业所推出产品、整体形象、市场认可、用户评价等统计指标。

营销机会：呼叫中心在对用户进行服务的过程中，针对用户的需求，可以发现企业经营产品的潜在用户，并可以通过与CRM相结合，发现潜在的、新的营销机会。

竞争情报：呼叫中心语音大数据中，通过有针对性的分析整理，还可以挖掘出有关竞争对手的信息，如用户提到竞争对手的产品功能更完备、费用更加低廉等。

对于语音大数据的处理技术发展，在业界也处于刚起步的阶段。以上信息的整理、统计、提炼，传统上需要耗费大量的人工时间及经济成本，如果能自动地在录音数据中进行挖掘，哪怕并不十分完备，都将对企业的生产经营活动产生有益影响。目前该领域主要关注的技术有语音大数据信息的实时处理、基于大数据集的语音识别、模型训练、语音文件热点信息感知和知识提取、基于内容理解的音频挖掘等关键技术。如果要达到较好的分析效果，各种统计分析所对应的知识体系表达及分析体系也需要建立，面向应用的知识本体表达和研究也需要建立.并进行应用完善。

5.4　语音大数据研究及开发的关键技术

音频数据作为大数据重要的组成部分，急需认真研究和挖掘。因此语音识别技术是解决语音大数据实际应用问题的重要技术。为达成语音大数据的分析目标，必须对语音识别技术的实现方式、技术架构进行分析，同时归纳整理语音大数据的分析目标，反作用于语音识别技术的研发体系，使底层的基础算法更加面向业务实现的研究和演进。

5.4.1 语音识别技术

科研工作者从20世纪50年代开始就进行语音识别技术的研究。AT&T-Bell实验室实现了第一个可识别10个英文数字的语音识别系统（Audry）；60年代，动态规划（DP）和线性预测（LP）分析技术，实现了特定人孤立词语音识别；70年代、80年代语音识别研究进一步深入，HMM模型和人工神经网络（ANN）在语音识别中成功应用；90年代后，语音识别在细化模型的设计、参数提取和优化、系统的自适应方面取得关键性进展，语音识别技术开始真正走向商业应用。从技术角度归结语音识别的应用有以下几类。

中小词汇量、孤立词识别系统。系统以词语为基元建立模板，没有次音节、音节单元，也没有上层的语句语义层，每个词条命令就是识别的最终结果。这种系统可以认为语音、语言的知识都包含在以词组为单元的模板中。电信的识别系统如AT&T用于电话查询的系统。

以词语为识别基元、连续或连续词的语音识别系统。系统为每一词条建立模板，最终任务是按一定的语法规范将词语识别结果依次连缀成句子，这类系统往往用于特定任务（航班查询、电话查询等），具有明显的语句识别层次。

以全音节为基元模型建立的识别系统。使用算法逐次获得前N个最好的候选单元（无调、有调音节），再按词性、句法、语法网络信息得到最后识别结果。这种方案多用于汉语大词汇量、连续语音识别系统。

语音识别技术架构主要由以下六个部分构成。物理接口层：声音进入系统的物理接口，输入语音信号。特征提取层：提取声学特征矢量，提供特征矢量序列。音节感知层：声韵母因素单元结构，提供音节候选序列及可信度，把声韵母或因素合并成为音节单元，推断合理音节，提供词语候选序列及可信度。词语识别层：音字转换，推断词语单元，提供语句候选序列及可信度。语句识别层：推断语句候选单元及可信度。语义应用层：分析语义，映射应用，由任务语法约束。

以上从逻辑层面分析了语音识别具体技术应用的几个层次，具体到与业务结合，即系统如果提供语音识别某一类业务的实例应用时，还需要针对这个业务领域的基本语料素材，以实现具体应用领域的语言模型。

5.4.2 基于语音识别进行语音大数据分析的关键技术

(1) 文本转写。即语音、音频信息转换文本的过程是所有分析的基础。语音识别文本转写的准确程度与语言模型密切相关，需要完成具体所涉及的专有名词、术语的语料素材收集，并在此基础上构建有针对性的语言模型。

(2) 关键词提取。从本质上看这项功能与文本转写十分类似，但为了提高处理速度及准确性，系统可以只完成一些配置的关键词，只针对这些关键词的出现位置（时间点）、频次进行统计，并不需要进行完整的文本转写。

(3) 声纹识别。需要完成语音大数据中不同角色的区隔，与文本转写相结合，可以在区分对话者的基础上，了解不同对话者的对话内容。声纹识别技术具体的应用还有说话者确认、说话者辨认等。

(4) 语音情绪识别。根据目前的研究结果，基音频率可以作为识别情绪的主要声学特征，其他的一些特征还包括能量、持续时间、语速等。综合来说，情绪对语音的影响主要表现在基音曲线、连续声学特征、语音品质三个方面。这三种语音品质的类型在某种程度上是相关的。在相对理想的条件下，语音情绪识别涉及的各类参数都是可测量的，可以对底层的语音识别引擎功能模块进行独立封装，这样业务系统在获得各类参数后就可以进行标准计算，获得业务系统所需的基础数据。

(5) 语义理解。事实上把语义理解技术作为语音识别技术的一个子集并不合适，这里为了面向业务应用语音大数据处理体系架构的完善，把其归为实现语音大数据的一个环节。此外，在文本转写的过程中，为了实现较高的转写准确程度，已经应用了基本的语义理解技术，实现连续语音的准确识别。在语音大数据的开发过程中，为了准确地挖掘出语音大数据的特征，必须有面向业务领域的语义理解技术，以解决针对同一对象的不同描述问题，即解决特征的归类和聚类问题。

5.4.3 面向语音大数据的技术处理架构

业界针对海量数据进行处理的技术架构已经进行了充分研究，并有大量实践案例。从技术特征来看主要分为两个层次：一个是面向海量数据的操作，应用系统如何对大数据集进行面向业务应用的底层数据操作、存储、归并、清洗、转化；另一个是如何应用先进技术发现大数据的特征价值，其可以与第一个层次有限度地融合，也可以在第一个层次基础上针对已经形成的数据集进行处理，处理结果是方便业务系统进行调用、查询、展现，或分析系统更有效地提取数据特征，进行相应的分析。我们关注在语音大数据中如何发现业务系统所需的特征，挖掘大数据中的价值，如图 5-2 所示。

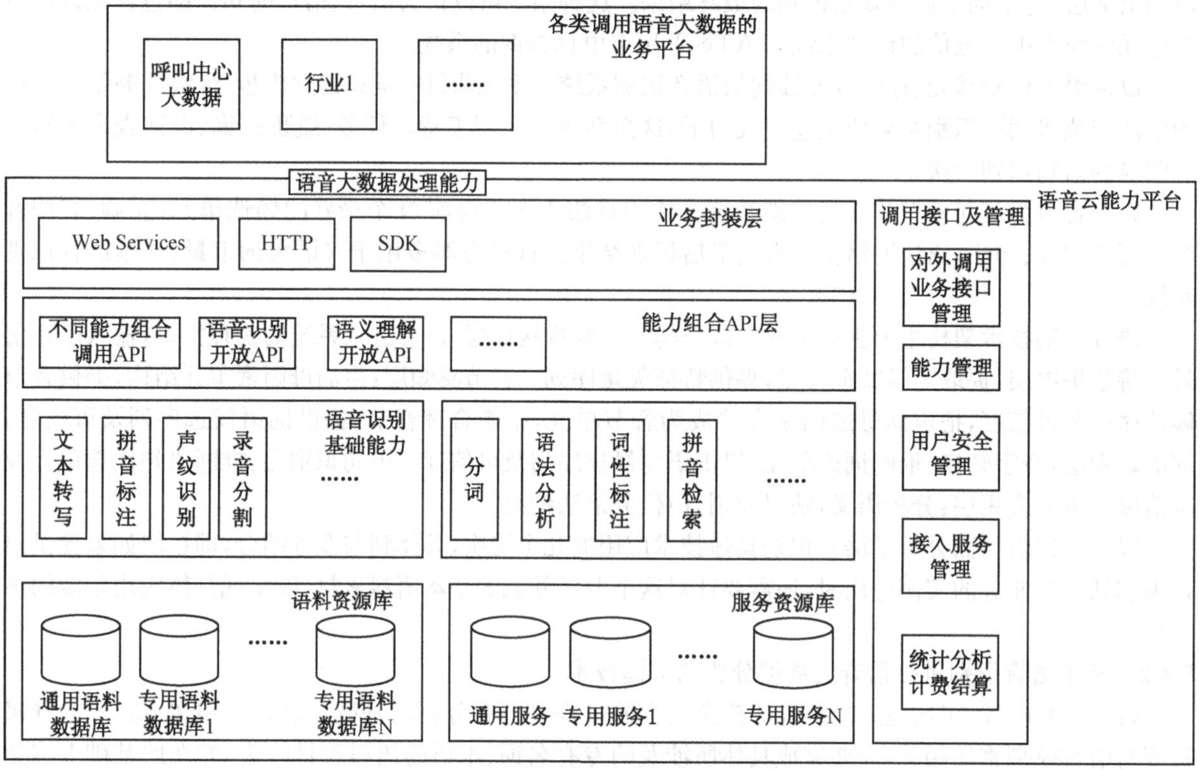

图 5-2 语音大数据处理基础架构

此构架的思路，是把语音识别技术（含语义理解及文本挖掘技术等）细分并模块化，通过定义针对语音信息的处理目标定义，使其能服务于业务需求，并适应大数据的处理架构。从体系架构上分为五大部分。

语料部分：分为语料资源库及服务资源库，存储语音识别的语言模型及语义理解特征提取、语义聚类、语义归类所需的行业语料。

基础能力层：语音识别及语义理解的细分模块，提供标准的输入输出调用接口及相应参数定义。

能力组合层：把能力层的语音识别、语义理解各类细分能力模块分别组合，形成不同的标准调用服务接口，针对特定的服务打包特定的能力。

业务封装层：适应各类调用需求、访问方式的再封装。

调用管理部分：整体平台对外提供能力的管理及维护。

架构的核心是把语音大数据需要处理的各类基础能力进行模块化区分,并定义各类模块化对外服务接口,使语音大数据的处理更加面向应用的软件系统、分析系统的业务需求,使大数据中蕴含的价值能被充分地挖掘。需要说明的是,语义理解技术在大数据挖掘中也是核心技术,事实上单纯的语音识别技术如果不与语义理解技术进行充分融合,语音大数据挖掘及应用的效果将大打折扣。

6 图像识别与分析

6.1 大数据下图像识别技术的研究背景

移动互联网、智能手机以及社交网络的发展带来了海量图片信息,根据 BI 5 月份发表的一篇文章,Instagram 每天图片上传量约为 6 000 万张;2015 年 3 月份 WhatsApp 每天的分享图片量达到 7 亿多张,国内的微信朋友圈大多数也是以图片分享为驱动。不受地域和语言限制的图片逐渐取代了繁琐而微妙的文字,成为传达意思的主要媒介。图片成为互联网信息交流主要媒介的原因主要在于两点:从用户读取信息的习惯来看,相比于文字,图片能够为用户提供更加生动、容易理解、有趣及更具艺术感的信息;从图片来源来看,智能手机为我们带来方便的拍摄和截屏手段,帮助我们更快的用图片来采集和记录信息。

但伴随着图片成为互联网中的主要信息载体,各种各样难题也随之而来。当信息由文字记载时,我们可以通过关键词搜索轻易找到所需内容并进行任意编辑,而当信息是由图片记载时,我们却无法对图片中的内容进行检索,从而影响了我们从图片中找到关键内容的效率。图片给我们带来了快捷的信息记录和分享方式,却降低了我们的信息检索效率。在这个环境下,计算机的图像识别技术就显得尤为重要。

图像识别是计算机对图像进行处理、分析和理解,以识别各种不同模式的目标和对象的技术。识别过程包括图像预处理、图像分割、特征提取和判断匹配。简单来说,图像识别就是计算机如何像人一样读懂图片的内容。借助图像识别技术,我们不仅可以通过图片搜索更快地获取信息,还可以产生一种新的与外部世界交互的方式,甚至会让外部世界更加智能的运行。百度李彦宏在 2011 年提到“全新的读图时代已经来临”,现在随着图形识别技术的不断进步,越来越多的科技公司开始涉及图形识别领域,这标志着读图时代正式到来,并且将引领我们进入更加智能的未来。

6.2 图像识别的两个阶段

6.2.1 初级阶段

在这个阶段,用户主要是借助图像识别技术来满足某些娱乐化需求。例如,百度魔图的“大咖配”功能可以帮助用户找到与其长相最匹配的明星,Facebook 研发了根据相片进行人脸匹配的 DeepFace;雅虎收购的图像识别公司 IQ Engine 开发的 Glow 可以通过图像识别自动生成照片的标签以帮助用户管理手机上的照片。

这个阶段还有一个非常重要的细分领域——光学字符识别,是指光学设备检查纸上打印的字符,通过检测暗、亮的模式确定其形状,然后用字符识别方法将形状翻译成计算机文字的过程,就是计算机对文字的阅读。语言和文字是我们获取信息最基本、最重要的途径。在比特世界,我们可以借助互联网和计算机轻松地获取和处理文字。但一旦文字以图片的形式表现出来,就对我们获取和处理文字平添了很多麻烦。这一方面表现为数字世界中由于特定原因被存储为图片格式的文字;另一方面是我们在现实生活中看到的所有物理形态的文字。所以我们需要借助 OCR 技术将这些文字和信息提取出来。

另外，图像识别技术仅作为我们的辅助工具存在，为我们自身的人类视觉提供了强有力的辅助和增强，带给了我们一种全新的与外部世界进行交互的方式。我们可以通过搜索找到图片中的关键信息；可以随手拍下一件陌生物体而迅速找到与之相关的各类信息；可以将潜在搭讪对象拍下提前去她的社交网络了解一番；也可以将人脸识别作为主要的身份认证方式。这些应用虽然看起来很普通，但当图像识别技术渗透到我们行为习惯的方方面面时，我们就相当于把一部分视力外包给了机器，就像我们已经把部分记忆外包给了搜索引擎一样。

这将极大地改善我们与外部世界的交互方式，此前我们利用科技工具探寻外部世界的流程可以这样进行：人眼捕捉目标信息、大脑将信息进行分析、转化成机器可以理解的关键词、与机器交互获得结果。而当图像识别技术赋予了机器"眼睛"之后，这个过程就可以简化为人眼借助机器捕捉目标信息、机器和互联网直接对信息进行分析并返回结果。图像识别使摄像头成为解密信息的钥匙，我们仅需把摄像头对准某一未知事物，就能得到预想的答案。就像百度科学家余凯所说，摄像头成为连接人和世界信息的重要入口之一。

6.2.2 高级阶段

目前的图像识别技术是作为一个工具来帮助我们与外部世界进行交互，只为我们自身的视觉提供了一个辅助作用，所有的行动还需我们自己来完成。而当机器真正具有了视觉之后，它们完全有可能代替我们去完成这些行动。目前的图像识别应用就像是盲人的导盲犬，在盲人行动时为其指引方向；而未来的图像识别技术将会同其他人工智能技术融合在一起成为盲人的全职管家，不需要盲人进行任何行动，而是由这个管家帮助其完成所有事情。

图像识别技术还决定着人工智能中机器视觉，《人工智能：一种现代方法》这本书中提到，在人工智能中，感知是通过解释传感器的响应而为机器提供它们所处的世界的信息，其中它们与人类共有的感知形态包括视觉、听觉和触觉，而视觉最为重要，因为视觉是一切行动的基础。Chris Frith 在《心智的构建》中也提到，我们对世界的感知不是直接的，而是依赖于"无意识推理"，也就是说，在我们能感知物体之前，大脑必须依据到达感官的信息来推断这个物体可能是什么，这构成了人类最重要的预判和处理突发事件的能力。而视觉是这个过程中最及时和准确的信息获取渠道，人类感觉信息中的 80%都是视觉信息。机器视觉之于人工智能的意义就是视觉之于人类的意义，而决定着机器视觉的就是图像识别技术。

更重要的是，在某些应用场景，机器视觉比人类的生理视觉更具优势，它更加准确、客观和稳定。人类视觉有着天然的局限，我们看起来能立刻且毫无费力地感知世界，而且似乎也能详细生动地感知整个视觉场景，但这只是一个错觉，只有投射到眼球中心的视觉场景的中间部分，我们才能详细而色彩鲜明地看清楚。偏离中间大约 10 度的位置，神经细胞更加分散并且智能探知光和阴影。也就是说，在我们视觉世界的边缘是无色、模糊的。因此，我们才会存在"变化盲视"，才会在经历着多样事物发生时，仅仅关注其中一样，而忽视了其他样事物的发生，而且不知道它们的发生。而机器在这方面就有着更多的优势，它们能够发现和记录视力所及范围内发生的所有事情。比如应用最广的视频监控，传统监控需要有人在电视墙前时刻保持高度警惕，然后再通过自己对视频的判断来得出结论，但这往往会因为人的疲劳、视觉局限和注意力分散等原因影响监控效果。但有了成熟的图像识别技术之后，再加以人工智能的支持，计算机就可以自行对视频进行分析和判断，发现异常情况直接报警，带来了更高的效率和准确度；在反恐领域，借助机器的人脸识别技术也要远远优于人的主观判断。

许多科技巨头也开始了在图像识别和人工智能领域的布局，Facebook 签下的人工智能专家 Yann LeCun 最重大的成就就是在图像识别领域，其提出的 LeNet 为代表的卷积神经网络，在应用到各种不同的图像识别任务时都取得了不错效果，被认为是通用图像识别系统的代表之一；Google 借助模拟神经网络"助模拟神经网络"，在通过对数百万份 YouTube 视频的学习自行掌握了猫的关键特征，这是机器在没有人帮助的情况下自己读懂了猫的概念。值得一提的是，负责这个项目的 Andrew NG 已经转投百度并领导百度研究院，其一个重要的研究方向就是人工智能和图像识别。这也能看出国内科技公司对图像识别技术以及人工智能技术的重视程度。

7　空间数据挖掘

7.1　空间数据挖掘概述

空间数据挖掘技术作为当前数据库技术最活跃的分支与知识获取手段，在地理信息系统中的应用推动着 GIS 朝着智能化和集成化的方向发展。

空间数据挖掘是指从空间数据库中抽取没有清楚表现出来的隐含的知识和空间关系，并发现其中有用的特征和模式的理论、方法和技术。

7.1.1　空间数据来源和类型

空间数据来源和类型繁多，概括起来主要可以分为地图数据、影像数据、地形数据、属性数据和元数据五种类型。

(1) 地图数据：这类数据主要来源于各种类型的普通地图和专题地图，这些地图的内容非常丰富。

(2) 影像数据：这类数据主要来源于卫星、航空遥感，包括多平台、多层面、多种传感器、多时相、多光谱、多角度和多种分辨率的遥感影像数据，构成多元海量数据，是空间数据库最有用、最廉价、利用率最低的数据源之一。

(3) 地形数据：这类数据来源于地形等高线图的数字化，已建立的数据高程模型(DEM)和其他实测的地形数据。

(4) 属性数据：这类数据主要来源于各类调查统计报告、实测数据、文献资料等。

(5) 元数据：这类数据主要来源于各类通过调查、推理、分析和总结得到的有关数据。

7.1.2　空间数据的表示

空间数据具体描述地理实体的空间特征、属性特征。空间特征是指地理实体的空间位置及其相互关系；属性特征表示地理实体的名称、类型和数量等。空间对象表示方法采用最多的是主题图方法，即将空间对象抽象为点、线、面三类。数据表达分为矢量数据模型和栅格数据模型两种。矢量数据模型用点、线、多边形等几何形状来描述地理实体。栅格数据模型将主题图中的像素直接与属性值相联系，比如不同的属性值对应不同的颜色。

7.1.3　空间数据的特征

空间数据库与关系数据库或事务数据库之间存在着一些明显的差异，具有空间、时间和专题特征。

(1) 时间特征：空间数据总是在某一特定时间或时间段内采集得到或计算得到的。

(2) 空间特征：空间特征是地理信息系统或者说空间信息系统所独有的。空间特征是指空间地物的位置、形状和大小等几何特征，以及与相邻地物的空间关系。空间位置可以通过坐标来描述。

(3) 专题特征：专题特征也指空间现象或空间目标的属性特征，是指除了时间和空间特征以外的空间现象的其他特征，如大气污染度等。这些属性数据可能为一个地理信息系统派专人采集，也可能从其他信息系统中收集，因为这类特征在其他信息系统中都可能存储和处理。

7.2　空间数据挖掘过程

数据挖掘和知识发现的过程可分为：数据选取、数据预处理、数据转换、数据挖掘、模式解释和知识评估等阶段。

(1) 数据选取即定义感兴趣的对象及其属性数值。

(2) 数据预处理一般是滤除噪声、处理缺失值或丢失数据。

(3) 数据变换是通过数学变换或降维技术进行特征提取,使变换后的数据更适合数据挖掘任务。

(4) 数据挖掘是整个过程的关键步骤,它从变换后的目标数据中发现模式和普遍特征。

(5) 模式的解释和知识评估采用人机交互方式进行,尽管挖掘出的规则和模式带有某些置信度、兴趣度等测度,通过演绎推理可以对规则进行验证,但这些模式和规则是否有价值,最终还需由人来判断,若结果不满意则返回到前面的步骤。

数据挖掘是一个人引导机器、机器帮助人的交互理解数据的过程。

空间数据挖掘的过程与大多数数据挖掘和知识发现的过程相同,同样可分为数据选取、数据预处理、数据转换、数据挖掘、模式解释和知识评估等阶段。由于空间数据的存储管理和空间数据本身的特点,在空间数据挖掘过程的数据准备阶段(包括数据选取、数据预处理和数据变换)与一般数据挖掘相比具有如下特点:

(1) 空间数据挖掘粒度的确定。在空间数据库中进行数据挖掘,首先要确定把什么作为处理的元组,我们称为空间数据发掘的粒度问题。根据空间数据表示方法、数据模型的特点,可以把空间数据的粒度分为两种:一种是在空间对象粒度上发掘;另一种是直接在像元粒度上发掘。空间对象可以是图形数据库中的点、线、面对象,也可以是遥感影像中经过处理和分析得到的面特征和线特征。像元主要指遥感图像的像元,也指栅格图形的单元。

空间数据挖掘粒度的确定取决于数据发掘的目的,即发现的知识做什么用,也取决于空间数据库的结构。以空间对象作为数据挖掘的对象,可以充分利用空间对象的位置、形态特征、空间关联等特征,得到空间分布规律、广义特征规则等多种知识,可用于 GIS 的智能化分析和智能决策支持,也可用于遥感图像分类。这样的分类规则用于遥感图像分类时,必须先用其他分类方法形成线特征和面特征,才可以进一步应用规则分类。以像元为粒度,可以充分利用像元的位置、多光谱等具体而详细的信息,得到的分类规则精确,适合于图像分类,但不便于用于 GIS 智能化分析和决策支持,可以作为它们的中间过程。两种数据挖掘粒度各有优缺点。像元粒度的数据挖掘无法利用形态,很难利用空间关联等信息,空间对象粒度难以利用对象内部更详细的信息。两种粒度的数据挖掘要根据情况选用或结合起来使用。

(2) 空间数据泛化。空间数据不同粒度可以通过空间泛化过程实现,以空间数据为例。根据土地的用途,将一些细节的地理点泛化为一些聚类区域,如商业区、农业区等。这种泛化需要通过空间操作,如空间聚类方法,把一组地理区域加以合并。聚集和近似是实现这种泛化的重要技术。在空间合并时,不仅需要合并相同的一般类中的相似类型的区域,而且需要计算总面积、平均密度或其他聚集函数,而忽略那些对于研究不重要的具有不同类型的分散区域。其他空间操作,如空间重叠等也可以将空间聚集或近似用作空间泛化操作。

(3) 粒度属性的确定。确定了空间数据挖掘的粒度或元组后,需要确定元组的属性,在一般的关系数据库中学习的属性直接取自字段或经过简单的数学或逻辑运算派生出的学习用的属性。空间数据库中的几何特征和空间关系等一般并不存储在数据库中,而是隐含在多个图层的图层数据中,需要经过 GIS 专有的空间运算、空间分析、空间立方体 OLAP 操作才能得到数据挖掘用的属性。这些空间运算和空间分析,有些以栅格形式进行。空间对象粒度的数据挖掘更多地用到矢量格式的运算和分析,而像元粒度的数据挖掘更多用到栅格的运算和分析,这实际上是对图形或图像数据的特征提取过程,也是空间数据挖掘区别于一般关系数据库和事务数据库数据挖掘的主要特征。

确定了数据发掘的粒度并提取它和计算出元组的属性后,关系数据库数据挖掘的算法就可以应用了。

8　Web 数据挖掘

8.1　Web 数据挖掘定义

Web 数据挖掘是数据挖掘技术在 Web 环境下的应用，是涉及 Web 技术、数据挖掘、计算机技术、信息科学等多个领域的一项技术。Web 数据挖掘是指从大量的 Web 文档集合中发现蕴涵的、未知的、有潜在应用价值的、非平凡的模式。它所处理的对象包括静态网页、Web 数据库、Web 结构、用户使用记录等信息。

8.2　Web 数据挖掘的分类

在 Web 环境中，文档和对象一般都是通过链接由用户访问的，Web 数据挖掘可以利用数据挖掘技术从 Web 文档和服务中自动发现和获取信息，对 Web 上的有用信息进行分析。Web 数据挖掘包括 Web 内容挖掘、Web 结构挖掘和 Web 使用模式挖掘等。Web 挖掘的分类如图 5-3 所示。

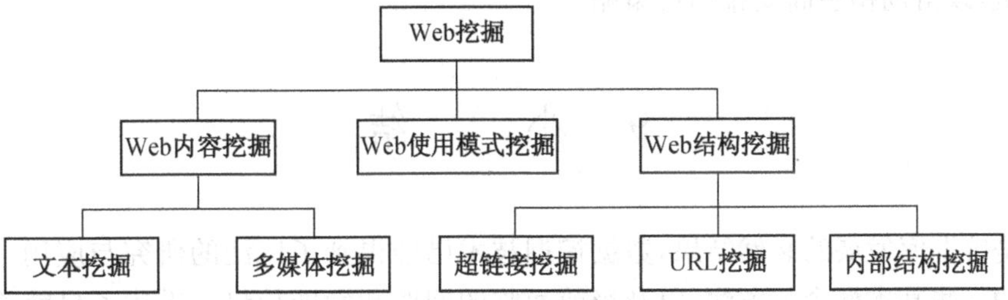

图 5-3　Web 挖掘的分类

(1) WEB 内容挖掘是指对 Web 上大量文档集合的“内容”进行总结、分类、聚类、关联分析以及利用 Web 文档进行趋势预测等，是从 Web 文档内容或其描述中抽取知识的过程。Web 上的数据既有文本数据，也有声音、图像、图形、视频等多媒体数据；既有无结构的自由文本，也有用 HTML 标记的半结构数据和来自数据库的结构化数据。目前的研究主要集中在利用词频统计、分类算法、机器学习、元数据、部分 HTML 结构信息发现、数据间隐藏的模式并生成抽取规则，并从页面中分离出概念(Concept)和实体(Entity)数据。此外，文本挖掘也可以认为是 Web 内容挖掘的组成部分之一。

(2) Web 结构挖掘通常用于挖掘 Web 页上的超链接结构，从而发现那些包含于超文本结构之中的信息。这些链接包含大量的潜在信息，从而可以帮助自动推断出那些权威网页。一般创建一个网页的作者，在设置网页的链接时就考虑了所指向网页的内容及相关性和重要性。由互联网上不同作者对同一个网页的链接考虑(结果)就表明了该网页的重要性，从而很自然地获得有关的权威网页。因此大量因特网链接信息就为相关性、质量和因特网内容结构提供了丰富的信息，从而成为 Web 挖掘的丰富资源。在这方面工作的技术代表有 PageRank 和 CLEVER。

(3) Web 使用挖掘主要通过分析用户访问 Web 的记录了解用户的兴趣和习惯，对用户行为进行预测，以便提供个性化的产品信息和服务。挖掘的数据是用户与 Web 交互过程中留下的用户访问过程的数据。Web 使用记录数据除了服务器的日志记录外还包括代理服务器日志、浏览器端日志、注册信息、用户会话信息、交易信息、Cookie 中的信息、用户查询、鼠标点击流等一切用户与站点之间可能的交互记录。

Web 使用挖掘可以分为两类：一类是将 Web 使用记录的数据转换并传递进传统的关系表里，再使用数据挖掘算法对关系表中的数据进行常规挖掘；另一类是将 Web 使用记录的数据直接预处理，再进行挖掘。

根据数据来源、数据类型、用户数量、数据集合中的服务器数量等可以将 Web 使用挖掘分为个性挖掘、站点修改、系统改进、WEB 特征描述、商务智能五类。

个性挖掘：针对单个用户的使用记录对该用户进行建模，结合该用户基本信息分析的使用习惯、个人喜好，目的是在电子商务环境下为该用户提供与众不同的个性化服务。

站点修改：通过挖掘用户的行为记录和反馈情况为站点设计者提供改进的依据，比如页面连接情况应如何组织、哪些页面应能够直接访问等。

系统改进：通过用户的记录发现站点的性能缺点，以提示站点管理者改进 Web 缓存策略、网络传输策略、流量负载平衡机制和数据的分布策略。此外，可以通过分析网络的非法入侵数据找到系统弱点，提高站点安全性，这在电子商务环境下尤为重要。

Web 特征描述：通过用户对站点的访问情况统计各个用户在页面上的交互情况，对用户访问情况进行特征描述。

智能商务：电子商务销售上关心的重点是用户怎样使用 Web 站点的信息，用户一次访问的周期可分为被吸引、驻留、购买和离开四个步骤，Web 使用挖掘可以通过分析用户点击流等 Web 日志信息挖掘用户行为的动机，以帮助销售商安排销售策略。

9 小 结

数据挖掘是数据库发展的必然结果，数据挖掘技术已经得到了广泛的研究与应用。本章主要介绍了大数据挖掘的一些基本概念与方法，以及当前面临的问题和发展趋势。讲述了目前关注较多的语音大数据、图像数据、空间数据、WEB 数据的基本概念、分析技术等，力求通过对大数据挖掘的介绍，对其研究与发展情况有比较全面的认识。但大数据挖掘是一个很大的课题，我们不可能通过简单的介绍就能覆盖全部，关于大数据挖掘的研究与应用也不断有新的变化和发展，同时也有诸多问题急需解决。

思 考 题

1. 聚类和分类有什么不同？
2. 结合大数据背景，对当前国内外大数据挖掘有哪些应用？
3. 请简要说明大数据挖掘与传统数据挖掘的区别。
4. 当前研究较多的大数据挖掘类型有哪些？请一一简要说明。
5. 数据挖掘处理的对象有哪些？

参 考 文 献

[1] 杨秀萍.大数据下关联规则算法的改进及应用[J].计算机与现代化，2014(12)：23-31.
[2] 陈云亮，李欣，杨捷，等.用于关联规则挖掘的一种基于小生境技术的 GEP 算法[J].计算机科学，2009，36(11)：224-227.
[3] 李伟亮，马传香，彭茗菁.基于 MapReduce 并行处理的轨迹模式[J].物联网技术，2014(10)：69-71.
[4] 桑治平，何聚后.基于 Hadoop 的多特征协同过滤算法研究[J].计算机应用研究，2014，31(12)：3621-3624.
[5] 张昆明，甘文丽，李元臣.Master-Worker 模式的并行关联规则挖掘算法[J].计算机测量与控制，2013，21(4)：

1008-1010.
[6] 王玉荣,钱雪忠.基于客户机/服务器模式并行关联规则的研究与实现[J].计算机工程与设计,2010,31(22):4827-4830.
[7] 李霞,蒋盛益,史忠植.改进的共享最近邻聚类算法[J].计算机工程与应用,2011,47(8):138-142.
[8] 谢娟英,高端.Num-近邻方差优化的 K-medoids 聚类算法[J].计算机应用研究,2015,32(1):30-32.
[9] 钱鹏江,王士同,邓赵红.基于稀疏 Parzen 窗密度估计的快速自适应相似度聚类方法[J].自动化学报,2011,37(2):179-187.
[10] 贾瑞玉,管玉勇,李亚龙.基于 MapReduce 模型的并行遗传 k-means 聚类算法[J].计算机工程与设计,2014,35(2):657-660.
[11] 孙天昊,黎安能,李明,等.基于 Hadoop 分布式改进聚类协同过滤推荐算法研究[J].计算机工程与应用.
[12] 卢慧林.基于加权 Bays 分类器的流数据在线分类算法研究[J].计算机科学,2014,41(5):227-229.
[13] 许烁娜,曾碧卿,熊芳敏.面向大数据的在线特征提取研究[J].计算机科学,2014,41(9):239-242.
[14] 张永,浮盼盼,张玉婷.基于分层聚类及重采样的大规模数据分类[J].计算机应用,2013,33(10):2801-2803.
[15] Palit I, Reddy C K. Scalable and Parallel Boosting with MapReduce. IEEE Trans on Knowledge and Data Engineering, 2012,24(10): 1904-1916.
[16] 张晶,冯林,王乐,等.MapReduce 框架下的实时大数据图像分类[J].计算机辅助设计与图形学学报,2014,26(8):1263-1271.
[17] 单凯,高仲合,李凤银.云计算环境下的 P2P 流量识别[J].计算机工程与应用,2014:1-6.
[18] 张雁,吴保国,王晓辉,等.基于网格环境的遥感图像并行分类[J].计算机应用于软件,2015,32(2):194-197.
[19] 杨震,徐敏捷,刘璋峰,等.语音大数据信息处理架构及关键技术研究[J].电信科学,2013,(11):1-5.
[20] 谭磊.New Internet 大数据挖掘[M].北京:电子工业出版社,2013.
[21] 孟东海,宋宇辰.大数据挖掘技术与应用[M].北京:冶金工业出版社,2014.
[22] 赵刚.大数据:技术与应用实践指南[M].北京:电子工业出版社,2013.
[23] 周宝曜,刘伟,范承工.大数据:战略技术实践[M].北京:电子工业出版社,2013.
[24] 李爱国.数据挖掘原理、算法及应用[M].西安:西安电子科技大学出版社,2012.
[25] 苏新宁.数据挖掘理论与技术[M].北京:科学技术文献出版社,2003.
[26] 林筑英,林建勤.数据挖掘技术及其所面临的问题[J].贵州师范大学学报(自然科学版),2003,21(3):19-24.
[27] 邵峰晶.数据挖掘原理与算法[M].北京:中国水利水电出版社,2005.
[28] 袁光辉,樊重俊,张惠珍,等.一种改进的粒子群新算法[J].计算机仿真,2014,31(7):251-254.
[29] 杨飞,樊重俊,何蒙蒙,等.大数据时代下机场客户关系分析与实施模式研究[J].电子商务,2014(9):16-17.
[30] 孟栋,樊重俊,吴天魁.混沌粒子群神经网络在非线性函数拟合中的应用研究[J].计算机与应用化学,2014,31(5):567-570.
[31] 朱小栋,樊重俊,杨坚争.面向机场场区管理的数据挖掘系统[J].计算机工程,2012,38(3):224-227.
[32] 李文波,吴素研. 数据挖掘十大算法. 北京:清华大学出版社,2013.
[33] 史蒂芬·卢奇,丹尼·科佩克. 人工智能(第 2 版)[M]. 北京:人民邮电出版社,2018.
[34] 史忠植. 人工智能[M]. 北京:机械工业出版社,2018.
[35] 梁星星, 冯旸赫, 马扬, 程光权, 黄金才, 王琦, 周玉珍, 刘忠. 多 Agent 深度强化学习综述[J/OL]. 自动化学报, 2019, 5(1): 1-21.
[36] 于洪, 何德牛, 王国胤, 李劼, 谢永芳. 大数据智能决策[J/OL]. 自动化学报, 2019, 4(3): 1-19.
[37] 亿欧智库. 2019 全球人工智能科技创新 50 报告[R]. 2019.
[38] 德勤科技. 2019 全球人工智能发展白皮书[R].2019.
[39] 王哲. 2020 年中国人工智能产业发展形势展望[J]. 机器人产业, 2020.

第 6 章

大数据与云计算

云计算是大数据分析与处理的一种重要方法，云计算强调的是计算，而大数据则是计算的对象。如果数据是财富，那么大数据就是宝藏，云计算就是挖掘和利用宝藏的利器。云计算以数据为中心，以虚拟化技术为手段来整合服务器、存储、网络、应用等在内的各种资源，形成资源池并实现对物理设备集中管理、动态调配和按需使用。借助云计算的力量，可以实现对大数据的统一管理、高效流通和实时分析，挖掘大数据的价值，发挥大数据的意义。云计算为大数据提供了有力的工具和途径，大数据为云计算提供了有价值的用武之地。将云计算和大数据结合，人们就可以利用高效、低成本的计算资源分析海量数据的相关性，快速找到共性规律，加速人们对客观世界有关规律的认识。

1 云计算概述

1.1 云计算的发展现状

云计算(Cloud Computing)是一种基于互联网的计算方式，通过这种方式，共享的软硬件资源和信息可以按需求提供给计算机和其他设备。云计算并不是对某一项独立技术的称呼，而是对实现云计算模式所需要的所有技术的总称，包括分布式计算技术、虚拟化技术、网络技术、服务器技术、数据中心技术、云计算平台技术、存储技术等。从广义上说，云计算技术几乎涉及了当前信息技术中的绝大部分。

云计算是继 20 世纪 80 年代大型计算机到客户端服务器的巨大转变之后的又一巨变。云计算描述了一种基于互联网的新的 IT 服务增加、使用和交付模式，这种模式提供可用的、便捷的、按需的网络访问和可配置的计算资源共享池(包括网络、服务器、存储、应用软件和服务)。这些资源能够被快速提供，用户只需投入很少的管理工作，或与服务供应商进行很少的交互。用户可以通过浏览器、桌面应用程序或是移动应用终端来访问云的服务。云计算使得企业能够更迅速地部署应用程序，并降低管理的复杂度和维护成本，通过 IT 资源的重新分配来应对企业需求的快速改变。

云计算通过虚拟化有效地聚合各类资源，通过网络化按需供给资源，通过专业化提供丰富的应用服务，这种新型的计算资源组织、分配和使用模式，有利于合理配置计算资源并提高资源利用率、降低成本，实现绿色计算。云计算发展的技术基础主要包括互联网、网络计算、虚拟化技术、服务计算，以及按需付费机制。云计算发展的目的是为用户提供基于虚拟化技术的按需服务，提供形式主要分为基础设施服务(IaaS)，平台服务(PaaS)和软件服务(SaaS)。依据底层基础设施提供者与使用者的所属关系，云计算平台可以分为公共云、私有云和混合云。

云计算技术作为一项涵盖面广且对产业影响深远的技术，未来将逐步渗透到各个信息产业的诸多方面，并将深刻改变产业的结构模式、技术模式和产品销售模式，深刻影响和改变着人们的生活。云计算将会逐步成为人们生活中必不可少的技术。同时移动互联网和移动终端的发展使云计算应用走向了人们的指间，推动了云计算技术的应用发展，今后云计算将随时、随地、随身为我们提供服务。云计算的出现为信息产业的发展提供无限的想象空间，使应用的创新能力得以深入发展。

1.1.1 全球云计算市场规模总体呈稳定增长态势

2018年，以laaS、PaaS和SaaS为代表的全球公有云市场规模达到1 363亿美元，增速23.01%。未来几年市场平均增长率在20%左右，预计到2022年市场规模将超过2 700亿美元。

IaaS市场保持快速增长。2018年，全球IaaS市场规模达325亿美元，增速为28.46%，预计未来几年市场平均增长率将超过26%，到2022年市场份额将增长到815亿美元。

PaaS市场增长稳定，但数据库管理系统需求增长较快。2018年，全球PaaS市场规模达167亿美元，增速为22.79%，预计未来几年的年复合增长率将保持在20%以上。其中，数据库管理系统虽然市场占比较低，但随着大数据应用的发展，用户需求明显增加，预计未来几年将保持高速增长(年复合增长率超过30%)，到2022年市场规模将达到126亿美元。

SaaS市场增长减缓，各服务类型占比趋于稳定。2018年，全球SaaS市场规模达871亿美元，增速为21.14%，预计2022年增速将降低至13%左右。其中，CRM、ERP、办公套件仍是主要SaaS服务类型，占据了3/4的市场份额，商务智能应用、项目组合管理等服务增速较快，但整体规模较小，预计未来几年SaaS服务的市场格局变化不大。

1.1.2 我国云计算市场保持高速增长

2018年，我国云计算整体市场规模达962.8亿元，增速39.2%。其中，公有云市场规模达到437亿元，相比2017年增长65.2%，预计2019—2022年仍将处于快速增长阶段，到2022年市场规模将达到1 731亿元；私有云市场规模达525亿元，较2017年增长23.1%，预计未来几年将保持稳定增长，到2022年市场规模将达到1 172亿元。

我国IaaS依然占据公有云市场的主要份额。2018年，IaaS市场规模达到270亿元，比2017年增长了81.8%。PaaS市场规模为22亿元，与去年相比上升了87.9%。未来几年企业对大数据、游戏和微服务等PaaS产品的需求量将持续增长，PaaS市场规模仍将保持较高的增速。SaaS市场规模达到145亿元，比2017年增长了38.9%，增速较稳定。

我国云计算市场份额方面。据中国信息通信研究院2018年调查统计，阿里云、天翼云、腾讯云占据公有云IaaS市场份额前三，光环新网、UCloud、金山云(排名不分先后)处于第二集团；阿里云、腾讯云、百度云位于公有云PaaS市场前三；用友、金蝶、畅捷通位居公有云综合SaaS能力第一梯队；中国电信、浪潮、华为、曙光则处于政务云市场前列。

1.2 云计算的基本特征

互联网上的云计算服务特征和自然界的云、水循环有一定的相似性，因此，云是一个相当贴切的比喻。根据美国国家标准和技术研究院的定义，云计算服务应该具备如下几条特征。

(1) 资源使用的可扩展性。云计算系统的一个重要特征就是资源的集中管理和输出，这就是所谓资源池。从资源低效率的分散使用到资源高效的集约化使用是云计算的基本特征之一。分散的资源使用方法造成了资源的极大浪费，计算机的大量时间都处于等待或处理低负荷的任务，而资源集中后，将会大大提高资源利用效率。云计算可以根据用户的需求动态地分配与回收处于不同地理位置的不同软硬件资源。当用户提出一个新的计算请求时，云计算系统动态地分配给该请求一个可利用的资源，当用户的需求已经满足或结束时，系统及时、合理地回收该用户所占用的资源，以分配给下一时段其他用户的请求，从而实现整个网络资源利用的扩展性，极大地提高了资源使用的效率。资源池的弹性扩张能力是云计算系统的一个基本要求，云计算系统只有具备了资源的弹性化扩张能力才能有效地应对不断增长的资源需求。

(2) 按需提供资源服务。云计算服务可以敏捷地适应用户对资源不断变化的需求，云计算系统实现按需向用户提供资源，可以节省用户的硬件资源开支，用户不需要自己购买并维护大量固定的硬件资源，只需根据实际消费的资源量来付费。按需提供资源服务使应用开发者在逻辑上可以认为资源池的大小是不受限制的，应用开发者的主要精力只需要集中在自己的应用上。

(3) 云计算的普遍性与自动性。互联网将云计算的处理单元和各种资源连接在一起，用户通过网络与计算提出请求，云计算同样通过网络将处理的结果送回给用户。互联网使得云计算所能提供给用户的服务无处不在，使云计算具有了最大范围的普遍性。而且这种服务是由云系统自动完成的，不需要用户与服务提供者进行任何的交互，使用起来方便快捷。

(4) 虚拟化。现有的云计算平台的一个重要特点是利用软件来实现硬件资源的虚拟化管理、调度和应用。通过虚拟平台用户使用网络资源、计算资源、数据库资源、硬件资源、存储资源等，在云计算中利用虚拟化技术可大大降低维护成本和提高资源利用率。

1.3 云计算的主要优势

云计算的发展实施具有很多的优势，改变着现在信息行业格局。其主要优势有以下几个方面。

(1) 优化产业布局。进入云计算时代后，IT 产业过去自给自足的作坊模式转化为具有规模效应的工业化运营模式，一些小规模公司独有的数据中心被淘汰，取而代之的是大规模、充分考虑资源合理配置的大规模数据中心。IT 产业从过去分散、高耗能的模式转变为集中、资源友好的模式，优化了产业布局。

(2) 推进专业分工。通过云计算服务提供商，一些中小企业不需要投入大量的基础设施服务，甚至可以不必建立自己的数据中心，只需要通过互联网访问云技术服务提供商提供的服务即可，自己也不需要考虑成本投入、维护投入等。云服务提供商会提供大量的专业人员和科研团队来完成这些工作，因此带来专业分工的优势。这里云服务提供商的优势是相对于中小企业而言，云服务提供商更专业，更有优势，且成本更低。云服务提供商提供了软件管理方面的专业化，使工作效率更高。

(3) 提高资源利用率。云计算提供商通过服务器虚拟化，可以达到最大化利用资源，提高投入产出比，带来更高效益。使用云技术服务的方式可以节省很多成本，用户只需要为正在使用的资源付费，对没有使用的资源不必付费。

(4) 降低管理成本。云计算提供商本身提供给客户一些方便的管理功能，内置部分自动化管理。应用管理的自动化、动态、高效率是云计算的核心。因此，当用户创建一个服务时，云计算要保证用最短的时间和最少的操作来满足需求，当用户停用某个服务操作时，云计算需要提供自动完成停用的操作，并回收相应资源。由于虚拟化技术在云计算中的大量应用，提供了很大的灵活性和自动化，降低了用户对应用管理的开销。云计算平台会根据用户的需求，动态地增减资源分配，完成资源的动态管理，并对用户增减模块时进行自动资源配置、自动释放资源等操作，包括自动的冗余分配、安全性能和宕机的自动恢复等。

1.4 我国云计算发展热点分析

(1) 云管理服务开始兴起，助力企业管云。企业上云成为趋势，但非坦途。自去年工信部《推动企业上云实施指南(2018—2020 年)》推出以来，国内企业上云成为一个不可阻挡的趋势。然而，企业在上云过程中并非坦途，随着业务系统向云端迁移，企业会面临各种各样的问题。例如，企业是将业务完全放在云上，还是部分业务上云，如何保证系统在迁移过程中的稳定性，如何统一管理复杂的多云和混合 IT 环境等等。要解决这些问题，就必须由“专业的人来干专业的事”，因此一个新的服务领域——云管理服务提供商(Cloud Management Service Provider，简称云 MSP)随之诞生。

(2) “云+智能”开启新时代，智能云加速数字化转型。智能云是智能化应用落地的引擎，缩短研究和创新周期。人工智能技术能够帮助企业实现降本增效，激发企业创新发展动能。然而，人工智能技术能力要求高且资金投入量大，在一定程度上限制了人工智能的落地进程。因此，企业希望"云＋智能"共同为产业赋能，根据各类业务场景需求匹配，以云的方式获得包括资源、平台以及应用在内的人工智能服务能力，降低企业智能化应用门槛。

(3) 云端开发成为新模式，研发云逐步商用。云端开发成为软件行业主流。传统的本地软件开发模式资源维护成本高，开发周期长，交付效率低，已经严重制约了企业的创新发展。采用云端部署开发平台进行软件全生命周期管理，能够快速构建开发、测试、运行环境，规范开发流程和降低成本，提升研发效率和创新水平，已逐渐成为软件行业新主流。

(4) 云边协同打造分布式云，是物联应用落地的催化剂。物联网技术的快速发展和云服务的推动使得边缘计算备受产业关注，在各个应用场景中，虽然边缘计算发展如火如荼，但只有云计算与边缘计算通过紧密协同才能更好地满足各种需求场景的匹配，从而最大化体现云计算与边缘计算的应用价值，云边协同已成为主流模式。在智能终端、5G网络、云计算、边缘计算等新技术的应用越来越广泛的时代，云＋边＋协同的分布式云方便了最终物联应用的管理和部署，作为物联网场景中各种技术的纽带，将成为实现物联网时代的最后拼图。

2 云架构与云计算技术

2.1 云架构的基本层次

根据云计算服务的部署方式和服务对象范围，可以将云架构的基本层次分为三类：私有云、公有云(也称公共云)、混合云。

2.1.1 私有云

云设施为一个单独的组织所独享，组织内部可能有多个用户(比如不同的业务部门)。此类云可以由该组织或第三方，或者两者的联合体所拥有、管理和运行。私有云专为客户单独使用而构建的，因而对数据的安全性和服务质量提供最有效的控制。该组织拥有基础设施，并可以在此基础上控制部署应用程序的方式。私有云可部署在企业的数据中心，也可以部署在一个主机托管场所。私有云可以由组织内部构建也可由云服务提供商进行构建。

2.1.2 公有云

公有云是指云设施向公共开放使用，它可能由商业机构、学术机构、政府机构，或者它们的联合体所拥有、管理和运行。因此，也可以说公有云是由第三方运行，不同客户提供的应用程序会在云的服务器、存储系统和网络上混合。公有云通常在远离客户建筑物的地方托管，它们通过提供灵活或临时的扩展，降低客户风险和成本。公有云的优点之一是能够根据需要进行伸缩，并将基础设施风险从企业转移到云提供商。

将公有云的部分模块划分出去可以产生一个虚拟专用数据中心，客户不仅可以处理虚拟机映像，而且可以处理服务器、存储系统、网络设备和网络拓扑。利用位于同一场所的所有组件创建一个虚拟专用数据中心，充足的带宽可以缓解由于位置问题造成的数据压力。

2.1.3 混合云

混合云是由上述两种或多种不同云设施组成的混合体。这类云中不同云设施分别保持独立，但是借助于标准的或者私有的技术，云中的数据和应用程序可以在其间迁移。

混合云把公有云模式与私有云模式结合在一起。混合云有助于提供按需的、外部供应的扩展。利用公有云的资源来扩充私有云的能力,可以在工作发生负荷快速波动时维持服务水平。这在利用存储云支持 Web2.0 应用程序时最常见。混合云也可用来处理预期的工作负荷高峰。

混合云引出了如何在公有云与私有云之间分配应用程序的复杂性问题,在分配应用时需要考虑数据和处理资源之间的关系。当数据量小或应用程序无状态时,与必须把大量数据传输到一个公有云中进行小量处理相比,混合云则有较多的优势。

2.2 云架构的服务层次

云服务提供商主要提供以下三类别的服务:基础设施服务(Infrastructure as a Service,IaaS)、软件服务(Software as a Service,SaaS)和平台服务(Platform as a Service,PaaS)。如图 6-1 所示。

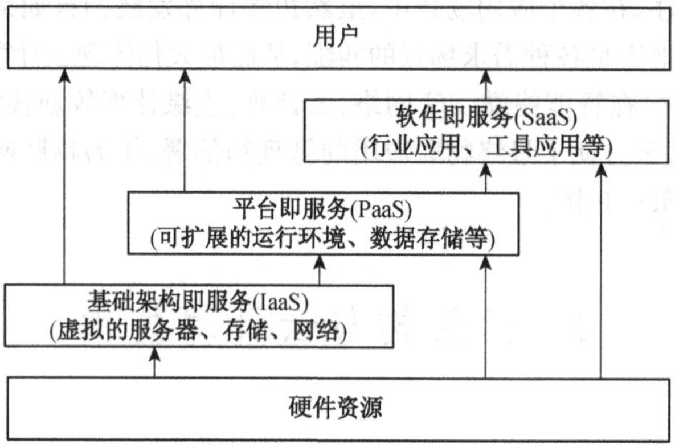

图 6-1 云计算按层次分类

2.2.1 基础设施服务层(IaaS)

IaaS 位于云计算三层服务的最底层,即以服务形式提供基于服务器、存储设备、网络设备等硬件资源的可高度扩展和按需变化的 IT 能力。一般会按照用户使用资源量进行收费。

IaaS 层提供的是基本的计算和存储能力,以计算能力的提供为例,其提供的基本单元就是服务器,包含 CPU、内存、存储、操作系统及一些软件。为了让用户能够定制自己的服务器,需要借助服务器模板技术,即将一定的服务器配置与操作系统和软件进行绑定,来提供定制的功能。

2.2.2 平台服务层(PaaS)

PaaS 位于云计算三层服务的中间层,它提供给终端用户基于互联网的应用开发环境,包括应用编程接口和运行平台等,并提供应用从创建到运行的整个生命周期所需的各种软硬件资源和工具。该层服务提供商提供的是经过封装的 IT 能力和一些逻辑的资源,比如数据库、文件系统和应用运行环境。

PaaS 层又可以细分为开发组件服务和软件平台服务。开发组件服务是指提供一个开发平台和 API 组件,并根据不同的需求定制化服务,具有更大的弹性。其用户一般是应用软件开发商或独立开发者,他们在在线开发平台上利用 API 组件开发出自己的 SaaS 产品或应用。软件平台应用是指提供一个基于云计算模式的软件平台运行环境及一些支撑应用程序运行的中间件,使应用软件开发商或独立开发者能够根据负载情况动态地提供运行资源。

PaaS 层面涉及两个核心技术。一是基于云的软件开发、测试及运行技术。PaaS 服务主要向软件开发者提供了在线开发工具,开发者无须在本地安装开发工具,可直接通过浏览器、远程控制台等技术直接远程开发应用;也可以向开发者提供本地开发工具和云计算的集成技术,开发者可以通过本地开发工具直接将开发好的应用部署到云计算环境中,且能够进行远程调试。二是大规模分布式应用运行环境是指利用大量服务器构建可扩展的应用中间件、数据库及文件系统。在此环境下,应用可以充分利用云计算中心的海量计算能力和存储资源进行充分扩展,突破单一物理硬件的资源瓶颈,满足互联网上百万级用户量的访问要求。

2.2.3　软件服务层(SaaS)

SaaS位于云计算服务的顶端，是最常见的云计算服务。用户通过标准的Web浏览器来使用Internet上的软件。服务供应商负责维护和管理软硬件设施，并以免费或按需租用方式向最终用户提供服务。这类服务既有面向普通用户的，如Google Calendar和Gmail等；也有直接面向企业团体的，用于帮助人力资源管理、客户关系管理和业务管理等，如IBM Lotus Live。

在SaaS层面，服务提供商提供的应用直接面向最终消费者和各种企业用户。这一层面主要涉及如下技术：Web 2.0、多租户和虚拟化。Web2.0中的AJAX等技术的发展使得Web应用的易用性越来越高，它把一些桌面应用中的用户体验带给了Web用户，从而让人们容易接受从桌面应用到Web应用的转变。多租户是指一种软件架构，在这种架构下多个客户组织之间共享一套硬件和软件架构，可以减少每个客户的资源消耗，降低客户成本。与多租户不同，虚拟化技术可以支持多个客户共享硬件基础架构而不共享软件架构。

这三层服务，每层都有相应的技术支持提供该层的服务，比如弹性伸缩和自动部署等。每层云服务可以独立成云，也可以基于其下层的服务提供云服务。

2.3　云计算技术

当前IT行业正面临着空间和成本等资源的巨大压力。随着这些需求的日益增长，在行业中出现了一类全新的解决方案，旨在通过云计算技术对数据中心进行改造。要获得云计算的优势，必须在IT基础设施中部署一套明确定义的开放标准。

2.3.1　虚拟化技术

虚拟化是表示计算机资源的逻辑组(或子集)的过程，这样就可以从原始配置中获益的方式访问它们。这种资源的新虚拟视图不受时限、地理位置或底层资源等物理配置的限制。从被虚拟的资源类型来看，一般可以将虚拟化技术分成软件虚拟化、系统虚拟化和基础设施虚拟化三类。

(1) 软件虚拟化。软件虚拟化是针对软件环境的虚拟化技术，应用虚拟化就是其中的一种。应用虚拟化分离了应用程序的计算逻辑和显示逻辑，即界面抽象化，而不是在用户端安装软件。当用户要访问被虚拟化的应用程序时，用户端只需要把用户端人机交互的数据传送到服务器，由服务器来为用户设置独立的会话去运行被访问的应用程序的计算逻辑，服务器再把处理后的显示逻辑传回给用户，从而使用户获得像在本地运行应用程序的使用感受。

(2) 系统虚拟化。系统虚拟化是指使用虚拟化软件在一台物理主机上虚拟出一台或多台相互独立的虚拟机。服务器虚拟化就属于系统虚拟化，它是指在一台物理机上面运行多个虚拟机(Virtual Machine，简称VM)，各个虚拟机之间相互隔离，并能同时运行相互独立的操作系统，这些客户操作系统通过虚拟机管理器(Virtual Machine Monitor，简称VMM)访问实际的物理资源，并进行管理。

(3) 基础设施虚拟化。一般包含存储虚拟化和网络虚拟化等。存储虚拟化是指为物理存储设备提供抽象的逻辑视图，而用户能通过这个视图中的统一逻辑接口去访问被整合在一起的存储资源。网络虚拟化是指将软件资源和网络的硬件整合起来，为用户提供虚拟的网络连接服务。网络虚拟化的典型代表如虚拟专用网(VPN)和虚拟局域网(VLAN)。

目前普遍使用三种虚拟机技术，分别为VMware Infrastructure、Xen和KVM。

VMware Infrastructure能创建自我优化的IT基础架构，VMware Infrastructure作为一个虚拟数据中心操作系统，可以将离散的硬件资源统一起来创建共享动态平台，同时实现应用程序的内置可用性、安全性和可扩展性，其优点是：通过服务整合降低IT成本，并能够提高灵活性；减少停机状况以改进业务的连续性；可以运行较少的服务器，并能动态关闭不使用的服务器。

在VMware Infrastructure的帮助下，企业实施云计算的过程成本被降低，而灵活性、效率和性能都获得提升。同时,整合技术缩短了数据中心向一个更易管理、更高收益的虚拟平台转变的过程。通过VMware Infrastructure 整合资源,使基础架构自动化,计算能力得以按需分配。

Xen 是一个开源 GPL 项目,由 XenSource 所管理。Xen 是 openSUSE 和 Novell 主要支持的虚拟化技术,其能够创造更多的虚拟机,每个虚拟机都是运行在同一个操作系统上的实例。

KVM 是指基于 Linux 内核(Kernel-based)的虚拟机(Virtual Machine),也称内核虚拟机。

2.3.2　数据存储技术

为了保证高可用、高可靠和经济性,云计算采用分布式存储的方式来存储数据,采用冗余存储的方式来保证存储数据的可靠性,即为同一份数据存储多个副本。云计算的数据存储技术主要有谷歌的非开源的 GFS(Google File System)和 Hadoop 开发团队开发的 GFS 的开源实现 HDFS(Hadoop Distributed File System)。大部分 IT 厂商,包括雅虎、英特尔的"云"计划采用的都是 HDFS 的数据存储技术。

云计算的数据存储技术未来的发展将集中在超大规模的数据存储、数据加密和安全性保证和继续提高 I/O 速率等方面。

1) Google 文件系统(GFS)

GFS 是一个管理大型分布式数据密集型计算的可扩展的分布式文件系统。它使用廉价的硬件搭建系统并向大量用户提供容错的高性能的服务。

GFS 系统由一个 Master 和大量块服务器构成。Master 存放文件系统中的所有元数据,包括名字空间、存取控制、文件分块信息、文件块的位置信息等。GFS 中的文件切分为 64 MB 的块进行存储。在 GFS 文件系统中,采用冗余存储的方式来保证数据的可靠性。每份数据在系统中保存 3 个以上的备份。为了保证数据的一致性,对于数据的所有修改需要在所有的备份上进行,并用版本号的方式来确保所有备份处于一致的状态。

客户端不通过 Master 读取数据,可避免大量读操作使 Master 成为系统瓶颈。客户端从 Master 获取目标数据块的位置信息后,直接和块服务器交互进行读操作。

2) Hadoop 分布式文件系统(HDFS)

HDFS 是一个为普通硬件设计的分布式文件系统,是 Hadoop 分布式软件架构的基础部件。

HDFS 被设计为部署在大量廉价硬件上的,适用于大数据集应用程序的分布式文件系统,具有高容错、高吞吐率等优点。HDFS 使用文件和目录的形式组织用户数据,支持文件系统的大多数操作,包括创建、删除、修改、复制目录和文件等。HDFS 提供了一组 Java API 供程序使用,并支持对这组 API 的 C 语言封装。用户可通过命令接口 DF-SShell 与数据进行交互,以流式访问文件系统的数据。HDFS 还提供了一组管理命令,用于对 HDFS 集群进行管理,这些命令包括设置 NameNode,添加、删除 DataNode,监控文件系统使用情况等。

3) 键值存储

键值存储系统的目的是存储海量半结构化和非结构化数据,应对数据量和用户规模的不断扩展。对于传统的关系数据库存储系统来说,这种目标是可望而不可即的。键值存储系统的目标并不是最终取代关系数据库系统,而是弥补关系数据库系统的不足。

键值存储系统和关系数据库系统从根本上是不同的,键值存储系统在需要可扩展性的系统中和需要进行海量非关系数据查询处理的环境中具有优势。

键值存储系统是云计算模式的补充。云计算模式需要灵活地应对用户对可伸缩性的需求键值存储系统的可伸缩性的特点正好满足了用户的需求。

键值存储系统提供了相对廉价的存储平台,并拥有巨大的扩充潜力。用户通常只需根据自己的规模进行相应的配置即可,当需求增长时配额也能随之增加。同时,键值存储系统一般运行在便宜的 PC 服务器集群上,避免了购买高性能服务器的昂贵开销。

与关系数据库相比，键值存储系统也存在明显的不足。例如，关系数据库的约束性需要数据在最低层次拥有完整性，违反完整性约束的数据无法存在于关系数据库系统中，而键值存储系统一般都不同程度地放宽了对一致性和完整性约束的要求。另外，各种键值存储系统之间并没有像关系数据库具有标准接口。这都是键值存储面临的挑战。

2.3.3 资源管理技术

云系统的出现使软件供应商对大规模分布式系统的开发变得简单。云系统为开发商和用户提供了简单通用的接口，使开发商能够将注意力更多地集中在软件本身，而无需考虑底层架构。云系统依据用户的资源获取请求，动态分配计算资源。

1）资源的统一管理

资源管理主要针对所有物理可见的网元设备包括服务器、存储、网络（设备、IP、VLAN）、物理介质、软件资源以及经过虚拟化技术形成的资源池（计算资源、存储资源、网络资源、软件资源）进行抽象和信息记录，并对其生命周期、容量和访问操作进行综合管理，同时对系统内重要配置信息发现、备份和检查等。

对于物理可见的网元设备和软件，按其类型可分为服务器类资源设备（包括计算服务器等）、存储类资源设备（包括 SAN 设备、NAS 设备等）、网络类资源（包括交换机和路由器等）、软件类资源等。对于服务器类资源设备，实现对服务器设备的自动发现、远程管理、资源记录的创建、修改、查询和删除，以及物理机容量和能力的管理。对于存储类资源设备，为上层服务提供数据存储空间（包括文件、块和对象）的生命周期管理接口，对存储空间的提供者（存储设备）进行信息记录和综合管理。对于网络类资源，提供对路由器、交换机等网络设备的查询和配置管理。对于软件类资源，对软件名称、软件类型、支持操作系统类型、部署环境、安装所需介质、软件许可证等信息进行获取和管理。

2）资源的统一监控

资源监控是保证运营管理平台流程化、自动化、标准化运作的关键模块之一。它利用下层资源管理模块提供的各类参数，进行有针对性分析和判断后，为上层的资源部署调度模块提供了必要的输入，实现负载管理、资源部署、优化管理的基础。一般认为，资源监控包括故障监控、性能监控和自动巡检三个方面的内容。

故障监控屏蔽了不同设备的差别，对被管资源提供故障信息的采集、预处理、告警展现、告警处理等方面的监控。首先，可以对物理机、虚拟机、网络设备、存储设备、系统软件主动发出的各种告警信息进行分析处理。其次，可以对系统主动轮询采集到的 KPI 指标，定义各种告警类型、告警级别、告警条件，支持静态门限值和动态门限值，同时以告警监视窗口、实时板等多种告警方式展现。另外，支持告警确认、升级等功能，并能把特定级别的告警信息转发给上一级管理支撑系统。

性能监控实现对采集到的数据，通过分析、优化和分组，以图表等形式，让管理员在单一界面对虚拟化环境中的计算资源、存储资源和网络资源的总量、使用情况、性能和健康状态等信息有明确、量化的了解，同时还可以为其他模块提供相关监控信息。

自动巡检则实现每天登录资源作例行检查的工作，实现任务的自动执行和巡检结果的自动发送。

3）资源的统一部署调度

资源的部署调度是通过自动化部署流程将资源交付给上层应用的过程。主要分为两个阶段。第一阶段，在上层应用出发需要创建相应基础资源环境需求流程时，资源部署调度模块进行初始化的资源部署；第二阶段，在服务部署运行中，根据上层应用对底层基础资源的需求，进行过程中的动态部署与优化。调度管理实现弹性、按需的自动化调度，能够根据服务和资源指定调度策略，自动执行操作流程，实现对计算资源、网络、存储、软件、补丁等集中地自动选择、部署、更改和回收功能。

4）负载均衡

负载均衡是资源管理的重要内容，数据中心管理和维护时应做到负载均衡，以避免资源浪费或形成系统瓶颈。负载不均衡主要体现在以下几个方面。

(1) 同一服务器内不同类型的资源使用不均衡,如内存已经严重不足,但 CPU 利用率仍很低。导致这种问题的原因一般是由于在购买和升级服务器时没有很好地分析应用对资源的需求。对于计算密集型应用,应为服务器配置高主频 CPU;对于 I/O 密集型应用,应配置高速大容量磁盘;对于网络密集型应用,应配置高速网络。

(2) 统一应用、不同服务器间的负载不均衡。Web 应用往往采用表现层、应用层和数据层的三层架构,三层协同工作处理用户请求。同样的请求对这三层的压力往往是不同的,因此要根据业务请求的压力分配情况决定服务器的配置。如果应用层压力较大而其他两层压力较小,则要为应用层提供较高的配置;如果仍然不能满足需求,可以搭建应用层集群环境,使用多个服务器平衡负载。

(3) 不同应用之间的资源分配不均衡。数据中心往往运行着多个应用,每个应用对资源的需求是不同的,应按照应用的具体要求来分配系统资源。

(4) 时间不均衡。用户对业务的使用存在高峰期和低谷期,这种不均衡具有一定的时间规律,如对于在线游戏来说。晚上的负载大于白天,节假日的负载大于工作日。而且,从长期来看,随着企业的发展,业务系统的负载往往呈上升趋势。与其他不均衡不同,时间不均衡只能通过动态调整资源来解决,而不能通过静态配置的方式来解决,这给系统的管理和维护工作提出了更高的要求。

总之,有效的资源管理方式能提高资源利用率,合理的资源分配能够有效地均衡负载,减少资源浪费,避免系统瓶颈的出现,保障系统的正常运行。

2.3.4　云计算中的编程模型

1) 分布式计算

分布式计算是一门计算机科学,研究如何把一个需要非常巨大的计算能力才能解决的问题分成许多小的部分,并由若干相互独立的计算机进行协同处理,以得到最终结果。分布式计算使几个物理设备上独立的组件作为一个单独的系统协同工作,这些组件可以是多个 CPU,或者网络中的多台计算机。

分布式系统通常会面临的问题是如何将应用程序分割成若干个可并行处理的功能模块,并解决各功能模块间的协同工作。这类系统一般有两种体系结构:一是以 C/S 结构为基础的三层或多层分布式对象体系结构,把表示逻辑、业务逻辑和数据逻辑分布在不同的机器上;二是采用 Web 体系结构。其中基于 C/S 架构的分布式系统可以借助 CORBA、EJB、DCOM 等中间件技术解决各模块间协同工作的问题。而基于 Web 体系架构(或称为 Web Service)的分布式系统,则通过基于标准的 Internet 协议来支持不同平台和不同应用程序间的通信。Web Service 是未来分布式体系架构的发展趋势。对于数据密集型问题,可以采用分割数据的分布式计算模型,把需要进行大量计算的数据分割成小块,由网络上的多台计算机分别计算,然后对结果进行组合得出数据结论。MapReduce 是分割数据型分布式计算模型的典范,在云计算领域被广泛采用。

2) 并行编程模型

为了使用户能更轻松地享受云计算带来的服务,让用户能利用编程模型编写简单的程序来实现特定的目的,云计算上的编程模型必须十分简单,必须保证后台复杂的并行执行和任务调度向用户和编程人员透明。

云计算大部分采用 MapReduce 编程模型。MapReduce 不仅仅是一种编程模型,同时也是一种高效的任务调度模型。MapReduce 编程模型不仅适用于云计算,在多核和多处理器、cell processor 以及异构机群上同样有良好性能。该模型仅适合于编写任务内部松耦合、能够高度并行化的程序。如何改进该编程模型,使程序员能够轻松地编写紧耦合的程序,运行时能高效地调度和执行任务,是 MapReduce 编程模型未来的发展方向。

MapReduce 是 Google 开发的一种简化的分布式模型和高效的任务调度模型,用于用户大规模数据集(1TB)的并行计算。MapReduce 模型的主要思想是将需要执行的问题分解成 Map(映射)和

Reduce(归约)的方式,先通过 Map 程序将数据切割成不相关的区块,分配(调度)给大量计算机处理,达到分布式运算的效果,再通过 Reduce 程序将结果汇总输出。

MapReduce 仅为编程模型的一种,是一种较为流行的云计算编程模型,但基于它的开发工具 Hadoop 并不完善,改进 MapReduce 的开发工具,包括任务调度器、底层数据存储系统、输入数据切分、监控云系统等方面是将来的发展方向。

2.3.5 云监测技术

为了更好地体现云计算强大的处理海量数据的能力,检测和分析云计算机系统,虚拟机显得尤为重要和关键。

1) 大规模检测系统 Chukwa

Chukwa 是建立在 Hadoop 上的数据收集系统,用来监测和分析大规模分布式系统。它还包括一个可扩展的功能强大的工具集,可以显示监测和分析的结果。

Chukwa 有广泛的适应范围,适用于 Hadoop 用户、运营商、管理员和开发者等。Hadoop 用户可以利用它监测其工作的进程,掌握设备的使用状况,同时可以获得相关的日志信息;运营商可以用来监测设备的性能、发现故障;管理员利用它分析设备的使用情况,并预测和判断未来的需求;Hadoop 开发者可以利用 Chukwa 了解 Hadoop 的运行性能,用来指导设计和开发。

为了满足应用的需求,Chukwa 需要弹性且自动可控的数据源,高性能大规模的存储系统和一个可分析大量数据的体系结构。Chukwa 体系结构如图 6-2 所示。

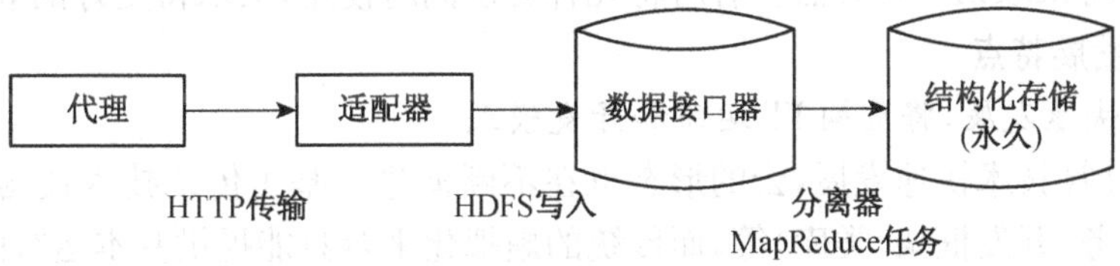

图 6-2 Chukwa 体系结构

在 Chukwa 系统中自动可控制的数据源称为适配器。适配器用于收集日志信息,应用程序数据和系统信息等。

2) 虚拟机内部监测法

云计算提供商为云用户提供大量资源,云用户在使用这些资源时,需要将自已的操作系统镜像上传到云设施计算机中,这样云计算环境允许用户在云供应商的硬件上执行任意代码。因此云用户面临很多安全的挑战,恶意用户可利用供应商的硬件发动攻击,这种攻击能破坏供应商的信誉,同时影响服务其他客户的能力。这就要求云供应商利用虚拟机内部监测方法来检测用户恶意行为,从而保证虚拟机的正常工作,确保云用户不会受到恶意攻击。

从监控虚拟机事件的范围和干预具体事件的能力、对被监护虚拟机影响的程度、健壮性三个方面对基于主机代理、检测点和回滚、陷阱和检查、体系结构监控四种内部监测方法进行了对比分析,结果如表 6-1 所示。

表 6-1 内部监测技术能力测试

内部监测法	能力	影响度	健壮性
基于主机代理	较好	较差	好
检测点和回滚	好	差	较差
陷阱和检测	好	较好	差
体系结构监控	较差	较好	好

从表 6-1 中可看出四种方法各有优劣,适用于不同的应用场景。

(1) 基于主机代理。基于主机代理的方法是通过运行在被监测虚拟机上的一个应用程序实现的,其可能位于用户空间或一个内核模块中。这是一种主动注入的方法,对被监控的虚拟机有很大的影响。这种方法的健壮性和监控事件的能力是由代理的设计和操作系统的特点决定的,不同的操作系统不可能为系统的监控提供完全兼容的 API 包,如果 API 没有提供足够的监控事件的能力,代理可通过增加内核代码来弥补这种缺陷。因此,这种方法的健壮性和监控事件的能力相对较好。

(2) 检测点和回滚。这种内部监测方法是对主机代理方法的一个扩展和深入,当虚拟机监控器监测到有异常行为时,会将系统回滚到以前设置的检测点的位置。这种方法对被监控的虚拟机的影响较小,监控虚拟机事件的范围及干预事件的能力较强,但在健壮性方面有待加强。

(3) 陷阱和检查。与基于主机代理的方法相比,此方法防止对代码的篡改,避免对虚拟机执行的冲突,对被监控的虚拟机的影响较小。

(4) 体系结构监控。这种方法的原理是监控那些有明确定义不易改变的接口。该方法具有很强的健壮性,由于接口稳定,攻击者很难实时地对其进行改变。这种方法没有在操作系统镜像中插入陷阱,其只是被动地监控硬件事件,因此在监控虚拟机事件的范围、干预能力方面比前面三种监测方法略差,但是对云监控来说已经足够了。

通过几种方法的比较分析可以看出,就健壮性和对被监控虚拟机影响的程度来看,体系监控方法有很好的性质,通过设计体系结构监控方法,能使其监控操作系统更多的方面。如果用户信任安装在虚拟机上的监控代理,也可采取第一种方法。有时将几种方法同时使用,会取得更好的效果。

2.3.6　云计算技术发展特点

1) 云原生技术快速发展,将重构 IT 运维和开发模式

过去 10 年,云计算技术快速发展,云的形态也在不断演进。基于传统技术栈构建的应用包含了太多开发需求(后端服务、开发框架、类库)等,而传统的虚拟化平台只能提供基本运行的资源,云端强大的服务能力红利并没有完全得到释放。云原生理念的出现在很大程度上改变了这种现状。云原生是一系列云计算技术体系和企业管理方法的集合,既包含了实现应用云原生化的方法论,也包含了落地实践的关键技术。云原生专为云计算模型而开发,用户可快速将这些应用构建和部署到与硬件解耦的平台上,为企业提供更高的敏捷性、弹性和云间的可移植性。经过几年的发展,云原生的理念不断丰富,正在行业中加速落地。

2) 智能云技术体系架构初步建立,从资源到机器学习使能平台

人工智能技术正在逐渐实现从理论、概念到场景落地的转变,然而其高学习门槛、对资源的高要求以及复杂的场景需求定位使大多数企业用户望而却步。当前,以云计算使能人工智能应用为理念的智能云技术体系逐渐成形,在此背景下,中国信息通信研究院制定了《智能云服务技术能力要求》系列标准,对智能云体系作了详细剖析,将智能云体系划分为基础资源、使能平台、应用服务三大部分进行了详细的描述,并提出了相应的技术要求。

3) DevOps 进入实践阶段,行业开始探索智能化运维

DevOps 从概念炒作向落地实践演进。IT 行业与市场经济发展紧密相连,而 IT 配套方案能否及时、快速地适应市场变化,已成为衡量组织成功与否的重要指标,提倡持续高效的交付使 DevOps 成为一种趋势,正在企业中加速落地。中国信息通信研究院 DevOps 能力成熟度评估结果显示,DevOps 的敏捷开发和持续交付阶段已经在互联网、金融行业、运营商和制造业等行业得到广泛的落地实践。随着敏捷开发理念在企业的深入实践,借助容器、微服务等新技术支撑,以及目前市场已具备相对成熟的 DevOps 工具集,协助企业搭建协作、需求、构建、测试和部署一体化的自服务持续交付流水线,加速 DevOps 落地实践。对应持续交付各阶段市场上的 DevOps 主流工具包括:用于协作和需求管理的 JIRA.Confluence,用于代码编译和构建阶段的 GitHub、Maven、Gradle、Apache,测试阶段的 JMeter、

Junit，部署阶段的 Docker. Puppet、Ansible 等 DevOps 基本工具，借助具备良好兼容性和插件功能的自研平台或持续集成工具 Jenkins，创建完整可视化的 pipeline，实现代码提交后的全自动化构建、打包、自动化验证、测试、分发部署等功能，促进企业向云化的进一步转型，打造 DevOps 研发运营一体化生态圈。借助 DevOps 工具集打造持续交付流水线的同时，企业也需切实加强自身实力。据《中国 DevOps 现状调查报告(2019 年)》显示，DevOps 落地实践的企业普遍存在自动化测试投入不足、度量可视化与驱动改进能力薄弱等问题，未来企业亟待解决这些问题。未来，采用容器技术、提升微服务架构采用率和 DevSecOps 将是重点发展方向。

4) 云边协同技术架构体系不断完善，协同管理是关键

边缘计算从初期概念到现阶段的进阶协同，边缘计算关键技术正在逐步完善。

网络层面，5G 数据通信技术作为下一代移动通信发展的核心技术，围绕 5G 技术的移动终端设备超低时延数据传输，将成为必要的解决方案；计算层面，异构计算将成为边缘计算关键的硬件架构，同时统一的 API 接口、边缘 AI 的应用等也将充分发挥边缘侧的计算优势；存储层面，高效存储和访问连续不间断的实时数据是存储关注的重点问题，分布式存储、分级存储和基于分片化的查询优化赋予新一代边缘数据库更高的作用；安全层面，通过基于密码学方法的信息安全保护、通过基于访问控制策略的越权防护、通过对外部存储进行加解密等多种技术保护数据安全。

边缘计算技术的逐步完善，使云边协同能力要求成为新的需求。结合云边协同在线协同、高效访问、方便连接、高兼容性的技术特点，在应用中，只有在有效协同两者的前提下，才能满足部分场景在敏捷连接、实时业务、数据优化、安全与隐私保护等方面的计算需求。

5) 云网融合服务能力体系逐渐形成，并向行业应用延伸

随着云计算产业的不断成熟，企业对网络的需求也在不断变化，这使得云网融合成为企业上云的显性刚需。云网融合是基于业务需求和技术创新并行驱动带来的网络架构深刻变革，它是使云和网高度协同，互为支撑，互为借鉴的一种概念模式，同时要求承载网络可根据各类云服务需求按需开放网络能力，实现网络与云的敏捷打通、按需互联，并体现出智能化、自服务、高速、灵活等特性。

3 大数据走向云端

云计算和大数据是一个硬币的两面，云计算是大数据的 IT 基础，而大数据是云计算的应用。云计算和大数据的结合，最先影响到的是科学研究界；在商业领域，大数据也具备极大的想象空间。从本质上看，云计算与大数据是静与动的关系；云计算强调的是计算，这是动的概念；而数据则是计算的对象，这是静的概念。但两者并非毫无关系，大数据需要处理数据的能力(数据获取、清洁、转换、统计等能力)，其实就是强大的计算能力。

3.1 云计算与大数据的联系

云计算强调的是计算能力；而大数据强调的是处理和计算的对象。两者并不是孤立存在的，而是相互关联的。大数据所提供给用户的服务需要对数据的处理，然后得到处理后的结果，主要工作还是在于对数据的加工方面；云计算的重要组成部分中的基础设施主要是数据存储设备，所以两者密不可分。

云计算的处理能力和它的分布式结构为大数据的商业模式的实现提供了可能。大数据要求能够处理几乎所有类型的海量数据，如文档、图片、视频、音频、电子邮件等，要求的处理速度也是非常高，几乎是实时的。而且这种大量数据的计算要求必须是面向最普通的用户的，因此必须是廉价的，它所应用的基础硬件设施都是最低成本的。而云计算正是利用了这些价格低廉的基础设施，使得用户能够按照需求获得相应的服务，云计算的分配机制完全满足了大数据系统中海量、多种数据类型的数据的处理和存

储要求。云计算技术使大数据的实现成为可能。

如今大多数的大型业务系统，如银行系统、电子商务系统等使用的数据库系统仍然是传统的关系型数据库系统，包括 SQL Server、Oracle 系统等。云计算模式进入这些大型业务系统的数据管理以后，这些系统的数据库结构必然发生质的变化，过去基于传统关系型数据库的大型系统所提供的服务，必将被一种全新模式的云计算数据库所替代，当然云计算数据库是在传统的关系型数据库基础之上发展而来的。云计算数据库提供了强大的海量数据的存储与处理功能，同时还具有在线分析处理和在线事物处理的能力。

3.1.1　云与大数据的联系

1）*云计算是实现大数据运用的重要途径*

大数据处理技术正在改变目前计算机的运行模式，正在改变着这个世界。大数据时代的超大数据体量和占相当比例的半结构化和非结构化数据的存在，已经超越了传统数据库的管理能力，大数据技术将是 IT 领域新一代的技术与架构，它将帮助人们存储管理好大数据并从大体量、高复杂的数据中提取价值，相关的技术、产品将不断涌现，将有可能使 IT 行业开拓一个新的黄金时代。它能处理几乎各种类型的海量数据，无论是微博、图片、电子邮件、文档、音频、视频，还是其他形态的数据；它工作的速度非常快速：实际上几乎实时；它具有普及性：所用的都是最普通低成本的硬件，而云计算将计算任务分布在大量计算机构成的资源池上，使用户能够按需获取计算力、存储空间和信息服务。云计算及其技术给了人们廉价获取巨量计算和存储的能力，云计算分布式架构能够很好地支持大数据存储和处理需求。这样的低成本硬件、低成本软件和低成本运维，更加经济和实用，使得大数据处理和利用成为可能。

2）*大数据的存储和管理是云数据库发展的必然*

很多人把 NoSQL 叫作云数据库，因为其处理数据的模式完全分布于各种低成本服务器和存储磁盘中，它可以帮助网页和各种交互性应用快速处理过程中的海量数据。它采用分布式技术与一系列技术相结合，对海量数据进行实时分析，满足了大数据环境下一部分业务需求。但这无法彻底解决大数据存储管理需求。

云计算对关系型数据库的发展将产生巨大的影响，而绝大多数大型业务系统（如银行、证券交易等）、电子商务系统所使用的数据库还是基于关系型的数据库，随着云计算的大量应用，势必对这些系统的构建产生影响，进而影响整个业务系统及电子商务技术的发展和系统的运行模式。基于关系型数据库服务的云数据库产品将是云数据库的主要发展方向，云数据库（CloudDB）提供了海量数据的并行处理能力和良好的可伸缩性等特性，提供同时支持在线分析处理（OLAP）和在线事务处理（OLTP）能力，提供了超强性能的数据库云服务，成为集群环境和云计算环境的理想平台。它是一个高度可扩展、安全和可容错的软件，客户能通过整合降低 IT 成本，提高所有应用程序的性能和实时性作出更好的业务决策服务。

这样的云数据库要能够满足以下要求。

（1）海量数据处理：对类似搜索引擎和电信运营商级的经营分析系统这样大型的应用而言，需要能够处理 PB 级的数据，同时应对百万级的流量。

（2）大规模集群管理：分布式应用可以更加简单地部署、应用和管理。

（3）低延迟读写速度：快速的响应速度能够极大地提高用户的满意度。

（4）建设及运营成本：云计算应用的基本要求是希望在硬件成本、软件成本以及人力成本方面都有大幅度的降低。

云数据库必须采用一些支撑云环境的相关技术，比如数据节点动态伸缩、对所有数据提供多个副本的故障检测、转移机制、容错机制、SN（Share Nothing）体系结构、节点对等处理和数据压缩技术以节省磁盘空间同时减少磁盘 IO 时间等。云数据库的发展是基于传统数据库不断升级，更好地适应云计算模式，如自动化资源配置管理、虚拟化支持以及高可扩展性等，在未来将会发挥不可估量的作用。

3.1.2　云计算和大数据的不同之处

云计算与大数据的不同之处在于应用的不同，主要在三个方面。

第一，在概念上两者有所不同，云计算改变了IT，而大数据则改变了业务。然而大数据必须有云作为基础架构，才能得以顺畅运营。

第二，大数据和云计算的目标受众不同，云计算是技术和产品，是一个进阶的IT解决方案。而大数据的决策者是业务层。由于能直接感受来自市场的压力，他们必须在业务上以更有竞争力的方式战胜对手。

第三，目的不同，大数据的目的是充分挖掘海量数据中的信息；云计算的目的是通过互联网更好地调用、扩展和管理存储方面的资源和能力。

3.2　数据向云计算迁移

数据的迅猛增长带来了数据存储、处理、分析的巨大压力，大数据技术的引入，不但满足了系统功能和性能的要求，带来良好的资源扩展性，降低企业成本，而且扩展了数据智能分析的应用领域。在当今发展快速、数据爆炸的时代，大数据技术成为企业提升竞争力的有力工具。

大数据技术与云计算的发展密切相关，大数据技术是云计算技术的延伸。大数据技术涵盖了数据的海量存储、处理和应用等多方面的技术，包括海量分布式文件系统、并行计算框架、NoSQL数据库、实时流数据处理以及智能分析技术如模式识别、自然语言理解、应用知识库等。

3.2.1　迁移过程

数据向云计算迁移的关键之一便是强化身份管理技术及相关流程，而云计算所带来的安全风险无疑使这个目标不进反退。企业可以将目录服务验证扩展到组织环境外，以处理云服务中的应用程序或系统，可是如果第三方系统受到攻击，验证系统也可能会连带受到攻击。企业也可采用新的解决方案：在云服务和现有基础设施之间设置隔离带，这种方法的缺点是不得不整合多种身份管理和访问管理系统，因此这种繁琐的方法并不受欢迎。目前已有云供应商开始解决这个问题。谷歌提供的新功能可以将谷歌应用程序整合进现有的单点登录工具，既提高了安全性又简化了管理流程。

3.2.2　数据的丢失与备份

数据的存放、权限和安全性一直备受关注，但除了软件服务供应商外，其他云服务供应商缺乏长期处理敏感数据的经验。由于数据在云服务中是共享存储的，数据的安全性存在潜在风险，因此需要对数据访问的风险和利益进行评估，判断哪些数据可以转移到云服务中，以及如何保护数据，并需要了解并核实供应商的标准，判断是否可以对其进行修改。在使用云服务时，企业可对运行的操作系统、应用程序或数据库管理系统进行数据加密。而在使用其他服务（如应用程序托管）时，需要在开发程序时确保在程序中内置安全程序（如数据加密）。

3.2.3　管理和监控

企业的信息安全团队往往需要投入大量时间监控漏洞邮件列表，给系统安装补丁，完善系统安全措施。企业在使用云系统时，企业可在操作系统、数据库和应用程序层上应用安全措施，但归根结底企业仍依靠供应商来保证网络、存储和虚拟基础设施的安全。

虽然云服务的客户不能自行给系统安装补丁或者监控漏洞，但仍需自己进行风险管理。客户必须评估出需要保护的资产，并探究保护资产的方法，例如，在云基础设施周围设置分层安全保护措施。客户必须要求云服务供应商提供监控功能，以监控访问数据的人员。供应商有责任根据客户需求对部分数据加密，或者只将不接触敏感数据的应用程序设置在云服务中。

3.3　云计算与大数据机遇与挑战并存

大数据与云计算相结合所释放出的巨大能力，几乎将波及所有的行业，而信息、互联网和通信产业首当其冲。大数据与云计算有望成为其加速转型的动力和途径，将在五大领域带来新的机会。

(1) 提高网络服务质量。随着互联网和移动互联网的发展，网络更加繁忙，用于监测网络状态的信令数据也快速增长。大数据的海量分布式存储技术，可以更好地满足存储需求；智能分析技术，能够提高网络维护的实时性，预测网络流量峰值，预警异常流量，有效防止网络堵塞和宕机，为网络改造、优化提供参考，从而提高网络服务质量，提升用户体验。

(2) 更加精准的客户洞察。客户洞察是指在企业或部门层面对客户数据的全面掌握，并在市场营销、客户联系等环节的有效应用。通过使用大数据分析、数据挖掘等工具和方法，能够整合来自各部门的数据，从各种不同的角度全面了解自己的客户，对客户形象进行精准刻画，以寻找目标客户，制定有针对性的营销计划、产品组合或商业决策，提升客户价值。判断客户对企业产品、服务的感知，有针对性地进行改进和完善。通过情感分析、语义分析等技术，可以针对客户的喜好、情绪，进行个性化的业务推荐。

(3) 提升行业信息化服务水平。智慧城市的发展以及教育、医疗、交通、环境保护等关系到国计民生的行业，都具有极大的信息化需求。而随着社会、经济的发展，用户对于智能化的要求将逐步强烈，因此将大数据技术整合到行业信息化方案中，帮助用户通过数据采集、存储和分析更好地进行决策。

(4) 基于云的数据分析服务。大数据和云计算相结合，使得数据分析也可以作为一种服务进行提供。目前的云计算服务主要还是以提供数据中心等资源为主。下一步，云服务商可以在数据中心的基础上，搭建大数据分析平台，通过自己采集、第三方提供等方式汇聚数据，并对数据进行分析，为相关企业提供分析报告。

(5) 保障数据安全。大数据也有大风险，其中之一就是用户隐私泄露及数据安全风险。由于大量的数据产生、存储和分析，数据保密和隐私问题将在未来几年内成为一个更大的问题，企业必须尽快开始研究新的数据保护措施。云计算大数据时代的到来使得全社会日益成为一个整体，在这一体系中个人隐私的保护已经成为社会信用体系建设的重要基础。虽然提倡创新发展，但也应该看到任何国家对云计算大数据的使用和公开都是有选择、有目的的，不是无原则地开放，这不仅受到法律和规则的限制，也与一个国家的整体发展规划和全球战略密切相关。这不仅对每个社会成员隐私的保护，更是对国家安全和社会长期持续健康发展的保护。

同时大数据也面临着诸多挑战。现在各类机构的数据正在快速增长，这些数据每天都在其系统内流动；同时，云中的数据也在日益增加。随着数据量的增加，实时处理这些数据的能力已成为大数据的重要挑战之一。公司企业将面临越来越多的数据质量与数据安全的压力。随着云计算应用部署的加快，大数据带来的挑战将更加严峻。

4　云计算下的大数据工程

4.1　云计算的基本思想

云计算是信息领域的重大创新，是解决信息社会数据处理问题切实可行的方案。就技术而言，云计算表达出一种组织的思想，即组织资源以进行服务，通过大量物理上分布的资源集中起来，以逻辑上统一的形式，对外提供服务，将压力分解到大量计算资源中，然后针对资源的管理、调度过程中出现的各种问题，组织各种技术进行解决。

因此在云计算发展的过程中，云计算形成了一套针对大规模系统的科学管理办法，即“机器管理机器”，也形成弹性、透明、积木化、通用、动态和多租赁六大技术思想，以“系统工程”的思路解决“大”问题。

云计算创新性地将大量的计算资源组织在一起，协同工作，意味着云计算必须在信息技术的层面，给出一种针对大规模系统的科学管理方法。云计算采取了一种自动化管理的办法，即机器管理机器，解决在大规模系统时人工计算效果不佳的情况。因此一个大数据中心只需少数人员的管理即可完成所有的日常维护工作。

4.2 云计算的实现

云计算平台的具体实现的三个根本技术思想为：弹性、透明、状态机。为了实现这三点，云计算平台还包含另外三个技术思想：动态、通用和多租赁。

4.2.1 弹性

弹性思想意味着云计算平台必须解决三个问题：将大量计算资源组织起来协同工作；确保资源的变化会实时反映到系统性能上；平衡各节点压力。

云计算平台所采取的实现方式为：控制损耗、状态感知和动态均衡。

1）控制损耗

企业或机构通过组织结构和责任分工来进行资源调度，推动工作的进行，但如果要集中人的力量来工作，保证目标的统一性，还需要沟通和协调。

沟通是一个信息传递并获知反馈的双向过程，具有一定成本。在小规模情况下，完成沟通较为容易；大规模时难以达到通畅和信息共享。因此，如果要实现大规模集中，就必须形成一套机制，即保证通信的效率。树状结构的通信方式可以将损耗降到理论上的最低点，解决了效率问题。如图 6-3 所示。

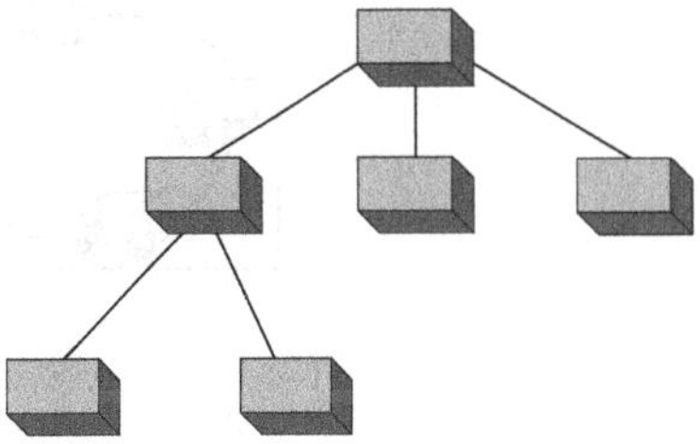

图 6-3 树状结构图

在网络通信中，通信可以由逻辑地址，而非物理地址完成。在云计算平台中，多个计算节点可根据层级分成群组，共用一个逻辑地址（组名）。通信在逻辑地址间进行，然后信息在群组内共享。

树状结构的每个中心节点都对应一个由群组构成的虚拟节点，对外有一个逻辑地址。群组通过选举机制选举出一个中心节点充当“领导人”的角色，负责控制度以及其他节点沟通的问题。当中心节点在失效时，会通过选举机制选出一个节点接替其“管理”工作，这是冗余机制。如果在中心节点进行工作时，同时有其他节点，接受中心节点的工作继续进行，这即是多活体机制。这样就通过冗余避免了单点失效问题，以多活体解决单点瓶颈问题。于是给出如图 6-4 所示的多活体结构。

在多活体机制下，系统要保证决策由一个组织发出，并且组织内部信息一致共享（即保持信息的原子性，所有人都收到某个消息，或所有人都没收到），对外消息统一有序，使群组中大家接受消息的顺序是相同的。这样，只要计算机听到的指令是一致的，就会严格执行。云计算平台使用了消息顺序机制来解决这个问题。

针对以上损耗控制、群组间沟通、单点失效和保证信息一致性的问题，云计算平台分别采取不同方法进行解决，而体现在技术应用即为一种新的通信机制—群组通信（group comm）。

2）状态感知

在云计算平台中，群组通信模式要求每个新节点加入时，都向一个管理节点汇报自己的加入，并询问其他节点的情况，从而保证每个节点都可以在看到全局视图的情况下，只和有限节点进行有限通信，减少了内部消耗，又能支持大规模部署。

3）动态均衡

在云计算平台上，对于新进节点既要分担工作压力，又不能对现有工作流程造成不良的影响，如何平衡是现在要解决的问题。在云平台上，是将用户数据转换成键值，把空间横向切分存放于不同数据库表，以分担服务器访问压力。

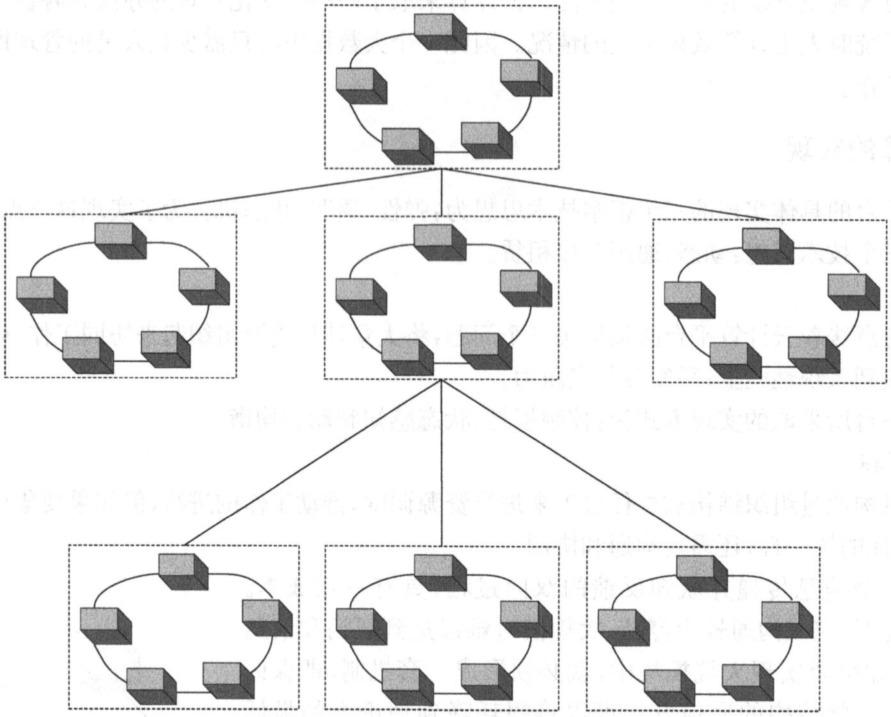

图 6-4 多活体结构图

4.2.2 透明

透明有两层含义：一是运用冗余等方式，保证系统底层架构的节点发生任何变化都不会对系统的整体运行（如性能等）造成影响；二是用户无需关心底层的实现方式，只需要专注于上层的业务逻辑。

云平台通常采用自容错，自管理和跨平台互操作性来实现透明。

1）自容错性

自容错主要解决单点出状况的可能。前面已介绍了多活体和冗余两个机制。多活体可以解决单点能力瓶颈问题，而冗余为云计算中解决可靠性的唯一正确的方法。

冗余通常是指通过多重备份来增加系统的可靠性，利用的是“小概率事件”的原理。没有任何事情存在百分之百的可能性，这意味着无论多么可靠的硬件，都可能出问题。如果想要极大地降低出错的概率，通常可以考虑两种方式：一是把硬件的可靠性做得非常高；二是通过冗余的方式进行多重备份。

第一种方式下，企业可极大地提高机器性能，降低出错率，假设正常的出错率为万分之一，而部分高性能机器则可将出错率降至百万分之一，但随之而来的是高昂的成本；第二种情况下，如果一台机器的出错率为万分之一，则两台机器同时出错的概率为亿分之一，接近于零，这种方式成本相对会较低，而且有时间去维护出问题的机器。在云计算平台中，第一种方式体现为会话复制技术，通过群组通信将用户的会话数据复制到集群中的某几个节点上，根据可靠性的要求可选择一个或一个以上额外的节点来保存状态信息。这种技术要求当任意一个应用服务器修改会话数据时，都要将这些修改发送到其他的节点上，实现数据冗余。

第二种方式下，将节点的内容连接成一个全局共享的内存数据库空间，提高高速的会话数据存取服务，然后通过冗余等机制保证数据不会丢失，这样所有的应用服务器相当于共享了一个巨大的内存池，一旦某一节点出故障，其他节点可以从这个内存池中读取状态数据并重建会话。这样，当某一个节点出现宕机情况时，系统即可及时发现节点退出，然后完成会话的状态迁移（State Transfer）。

2) 自管理

云计算平台逻辑上有一个管理中心和各类控制节点，管理中心可控制系统状况，并根据既定策略定义全体工作节点的职责决策——包括权力范围和工作内容，控制节点负责细节调度和管理，即进行基于策略的自动化管理。通过群组通信机制，系统能对整个系统的运行状况进行实时或近实时的监控。

云平台的"透明"表现之一，在于一旦发生状况，能立刻确知这是一个"事件"，然后针对事件按照既定策略进行相应动态调度现有资源或添加新资源(又会产生新的事件)等，以保证系统的正常运转。

但是，节点执行进程中如果节点没有合适的运行配置或格式，则无法执行相关进程任务。在云计算平台中，节点获知调度命令后，会首先确认自己有适当的运行配置或格式来完成任务，如果没有就向一个被称为软件仓库的节点反馈。软件仓库会先判断其角色性质，判断是否有权利运行，如果有就准予下载，然后定义成运行所需的统一配置或格式。这样，云计算平台通过自动监测和反馈，可动态感知系统状况，基于既定策略作出实时或近实时响应，调动有合适执行能力的计算资源完成任务，保证系统正常运行。

3) 跨平台操作性

云计算平台的技术思想之一是通用。通用既包括用户的通用，也包括平台层、应用的通用。

用户的通用是指支持"多租户、多场景和多终端"。其中多租户是指应用程序能通过单一的软件实例来满足多个租户的需求，而且租户们在使用多租户服务时相互间也实现了虚拟隔离，租户间无法看到彼此的数据，保证了信息的安全和绝缘。多场景和多终端，则指用户随时随地以任何终端通过互联网接入。

平台层的通用包含硬件、系统和应用平台三方面。云计算平台要能运行于 IBM、苹果、HP 等多种品牌机器上，还要支持 Windows，Linux 等多种系统，并可以把网络设备、存储设备都连接起来；此外，应用开发平台能支持 Java、C++、Python 等语言，在接口方面支持 WebService 等。

应用的通用指计算机的存储、通信和计算应用都能实现。在数据层面，可以通过多个数据引擎的访问实现访问数据库、文件系统和硬盘；通信方面，既可以使用特定的通信协议，还可以访问传输控制协议(Transmission Control Protocol, TCP)、用户数据包协议(User Datagram Protocol, UDP)等；在计算时，可以通过提供一个通用的计算框架，使用 Mapreduce、信息传递界面/接口(Message Passing Interface, MPI)等计算模型。

针对平台层的通用问题，云计算平台通过将操作系统层抽象和将开发运行环境抽象，在不同的平台(硬件平台和系统平台)之上，开发出一个通用访问层(即虚拟层)，屏蔽底层硬件资源的差异，来实现对硬件芯片的支持。针对应用的通用问题，云计算平台开发出一个通用的接入层，来支持计算、存储等应用，使彼此间可以使用固定的协议进行沟通和交换数据。云计算平台通过这种方式实现了跨平台互操作性，可以根据任务策略及事件处理机制，调动相关计算资源完成任务。

4.2.3 状态机

状态机(state machine)是描述流程的抽象架构，而流程图是用图形的方式，把状态机描绘出来。因此，计算机和人的所有工作基本都可以用状态机来描述。在实际中，通常会再用一些语言来描述状态机，将状态机转换成机器可以理解的语言，如 XML 语言写成的配置文件等。

在云计算平台中，通过对状态机的描述所转换出的编程语言，如果经由一个分布式工作流引擎(distributed workflow engine)进行读取，则系统即可按流程图的指示来执行指令。在云计算平台系统中可以通过定义良好的接口和契约将系统的应用和资源联系起来，然后根据需求进行分布式部署、组合和使用，使这些应用和资源转变为可共享的标准服务，实现这些服务模块的"即插即用"。

除以上三种，云计算平台还有另外三个技术思想：动态、通用和多租赁。动态是指当组织内个体情况发生变化时，可以及时察知信息，进行调整，确保系统设计的正常运行；通用意味着，针对不同的业务性质，底层系统都能提供支撑，即使需要调整，也不必进行大的改动；而多租赁则保证在底层系统所构建的“云”上，可以支持各种应用，且应用支持大量客户。

5　云计算下大数据的应用

随着社会的发展，人们日常生活与工作产生的数据量越来越大，人类已经步入了大数据时代。而云计算作为这个大数据时代的主流技术，对于大数据的应用管理有着较大影响。

5.1　云与大数据

互联网时代，尤其是社交网络、电子商务与移动通信把人类社会带入一个以“PB”为单位的结构与非结构数据信息的新时代，这就是“大数据”时代。大数据是云计算发展的重要驱动力，对于企业来说，持续访问这些大批量数据以及有效地分析这些数据，对于成功地实现业务目标是至关重要的，对于企业也是重要的挑战。云计算帮助企业克服这些挑战，由于数据在任何地方通过各种设备被访问和消费，令实时业务洞察力的需求日益增大。

云性能以及大数据分析是两种创新的融合，这两种趋势的影响还有待探索。传统的计算机设计与软件都是以解决结构化数据为主，对于非结构化数据要求一种新的计算架构。大数据和云计算正逐步改变着 IT 环境。

5.2　云计算的价值实现

爆炸性增长的数据为企业带来了新的机遇和挑战。一方面，数据的不断更新扩张给数据存储、管理和分析带来了挑战；另一方面，这些包括个人信息、消息记录在内的海量数据当中，蕴含着大量有价值的信息，可以为企业经营、管理提供参考。

在这些数据中包含消费者的消费习惯、市场变化、产品走势以及大量的历史数据，这些数据对于企业和组织的后续运营和发展至关重要。企业在大数据与移动互联时代，最大的挑战不是提供基本的计算，而是如何提供一个分布式的企业 IT 服务，让企业和用户可以在任何地方工作，这就需要建立云计算环境。企业在部署云计算还应该考虑如下问题：

首先，是复杂系统的压力。企业信息系统规模越庞大、越复杂，企业信息化部门越难以进行管理，系统的安全性等问题也给企业带来巨大挑战。特别对于机构庞大、分布广泛、业务复杂的大型企业来说，如何保障信息系统正常稳定地运行显得尤为重要。

其次，海量存储和智能分析的挑战。基于云计算的信息化系统必须保障有强大稳定的网络，还需要具有信息化、自动化、互动化的特征，海量存储、智能分析也是云计算系统需要具备的功能。

再次，多元化与标准化的矛盾。企业组织结构复杂、现有的信息系统过于分散，业务系统体系、信息管理体系复杂，企业在部署信息系统时需要制定标准化的规则。

最后，统一系统管理体系。集中化管理信息系统将大幅改善现有系统的能力和效率，实现低成本、高效益和更好地服务。

5.3　大数据的经济意义

“数据资产”这一概念是由信息资源和数据资源的概念逐渐演变而来的。信息资源是在 20 世纪 70 年代计算机科学快速发展的背景下产生的，信息被视为与人力资源、物质资源、财务资源和自然资源同等重要的资源，高效、经济地管理组织中的信息资源是非常必要的。

数据资源的概念是在 20 世纪 90 年代伴随着政府和企业的数字化转型而产生，是有含义的数据集结到一定规模后形成的资源。数据资产在 21 世纪初大数据技术的兴起背景下产生，并随着数据管理、数据应用和数字经济的发展而普及。

中国信通院在2017年发布了《数据资产管理实践白皮书》，其中将"数据资产"定义为"由企业拥有或者控制的，能够为企业带来未来经济利益的，以一定方式记录的数据资源"。这一概念强调了数据具备的"预期给会计主体带来经济利益"的资产特征。

企业中数据资产的概念边界随着数据管理技术的变化而不断拓展。在早期文件系统阶段，数据以"文件"的形式保存在磁盘之上，初步实现了数据的访问和长期保存，数据资产主要指这些存储的"文件"。随后的数据库与数据仓库阶段，数据资产主要指结构化数据，包括业务数据和各类分析报表等，被用来支撑企业的经营和高层各项决策。在大数据阶段，随着分布式存储、分布式计算以及多种AI技术的应用，结构化数据之外的数据也被纳入数据资产的范畴，数据资产边界拓展到了海量的标签库、企业级知识图谱、文档、图片、视频等内容。

大数据为云计算大规模与分布式的计算能力提供了应用的空间，解决了传统计算机无法解决的问题。同时这个领域的计算标准与软件刚刚起步，为全世界新型软、硬件及应用创新提供了前所未有的机会。

海量的数据需要足够存储来容纳它，快速、低廉价格、绿色的数据中心部署成为关键。近年来，谷歌、Facebook、Rackspace等公司都在纷纷建设新一代的数据中心，大部分都采用更高效、节能、定制化的云服务器，用于大数据存储、挖掘和云计算业务。

数据中心正在成为新时代的"信息电厂"，成为知识经济的基础设施。从海量数据中提取有价值的信息，数据分析使数据变得更有意义，并将影响政府、金融、零售、娱乐、媒体等各个领域，带来革命性变化。

大数据将丰富我们对世界的认识。从定量、结构的世界，到不确定、非结构的世界。这个转变，使我们得以了解真实信息，提高决策水平，当社会对自然的数据有较为完善、随时分析能力时，我们对事件的把握及预测能力便增强。以云计算为基础的信息存储、分享和挖掘手段为知识生产提供了工具，通过对大数据分析、预测会使得决策更为精准。

对电信运营商而言，在当前智能手机和智能设备快速发展，移动互联网广泛使用的情况下，大数据技术可以为运营商创造新的机会。大数据在运营商中的应用可以涵盖多个方面，包括企业管理分析，如战略分析、竞争分析；运营分析，如用户分析、业务经营分析等；网络管理维护优化，如网络信令监测、网络运行质量分析；营销分析，如个性化推荐、精准营销等。

国际权威机构Statista在2019年8月发布的报告显示，预计到2020年，全球大数据市场的收入规模将达到560亿美元，较2018年的预期水平增长约33.33%，较2016年的市场收入规模翻一倍。随着市场整体的日渐成熟和新兴技术的不断融合发展，未来大数据市场将呈现稳步发展的态势，增速维持在14%左右。在2018—2020年的预测期内，大数据市场整体的收入规模将保持每年约70亿美元的增长，复合年均增长率约为15.33%。

5.4 大数据时代下的云计算应用部署

在云端部署大数据应用时，企业有各种各样的选择，而且选择的数据还在不断增加中，这给企业信息化的部署带来很多便捷之处。厂商配置了设备，拥有大数据分析深入直接的经验，并将设备和合适的存储、内存、带宽、软件结合在一起，而企业的信息部门则不需要必须确定如何配置这个系统。

此外，云平台和大数据工具还提供了管理软件和维护服务，厂商不再只是关注设备硬件，而是协助企业配置符合业务目标的平台。但大数据工具也有一些潜在的缺点，如安全问题，性能可能会受阻等。大数据厂商典型的提供泛型平台，可能对于企业的唯一应用不会优化，平台仍有很多支持和维护问题。因此，企业需要把程序放在合适的地方备份，在改变时迁移数据。

边缘计算是云计算向边缘侧分布式拓展的新触角。欧洲电信标准化协会认为边缘计算是在移动网络边缘提供IT服务环境和计算能力，强调靠近移动用户，以减少网络操作和服务交付的时延，提高用户体验。Gartner 认为边缘计算描述了一种计算拓扑，在这种拓扑结构中，信息处理、内容采集和分发均被置于距离信息更近的源头处完成。维基百科认为边缘计算是一种优化云计算系统的方法，在网络边缘执行数据处理，靠近数据的来源。边缘计算产业联盟认为边缘计算是在靠近物或数据源头的网络边缘侧，融合网络、计算、存储、应用核心能力的开放平台，就近提供边缘智能服务，满足行业数字化在敏捷联接、实时业务、数据优化、应用智能、安全与隐私保护等方面的关键需求。开放雾计算联盟认为雾计算是一种水平的系统级架构，可以将云到物连续性中的计算、存储、控制、网络功能更接近用户。

上述边缘计算的各种定义虽然表述上各有差异，但基本都在表达一个共识：在更靠近终端的网络边缘上提供服务。以物联网场景举例。物联网中的设备产生大量的数据，数据都上传到云端进行处理，会对云端造成巨大的压力，为分担中心云节点的压力，边缘计算节点可以负责自己范围内的数据计算和存储工作。同时，大多数的数据并不是一次性数据，那些经过处理的数据仍需要从边缘节点汇聚集中到中心云，云计算做大数据分析挖掘、数据共享，同时进行算法模型的训练和升级，升级后的算法推送到前端，使前端设备更新和升级，完成自主学习闭环。同时，这些数据也有备份的需要，当边缘计算过程中出现意外情况，存储在云端的数据也不会丢失。

云计算与边缘计算需要通过紧密协同才能更好地满足各种需求场景的匹配，从而最大化体现云计算与边缘计算的应用价值。同时，从边缘计算的特点出发，实时或更快速的数据处理和分析、节省网络流量、可离线运行并支持断点续传、本地数据更高安全保护等在应用云边协同的各个场景中都有着充分的体现。

6　小　　结

本章通过对云计算概念、基本特征、基本层次以及云服务的类型的解释，详细介绍了云计算的基本知识，并分析了云计算技术，以及云计算和大数据的异同。

云计算是基于互联网的相关服务的增加、使用和交付模式，云计算的处理能力和它的分布式结构为大数据的商业模式的实现提供了可能，而大数据能够处理几乎所有类型的海量数据，两者的结合为信息技术带来变革。云结构的基本层次分为公有云、私有云和混合云。从服务模式上看又分为基础设施服务、平台服务、软件服务，每层都有相应的技术支持提供该层的服务，具有云计算的特征，比如弹性伸缩和自动部署等。每层云服务可以成云，也可以基于下面层次的云提供服务。每种云可以直接提供给最终用户使用，也可以只用来支撑上层的服务。目前云计算的技术主要有虚拟化服务、数据存储服务、资源管理技术、云计算编程、能耗管理技术和云监测技术。

云计算是引领信息社会创新的关键战略性技术手段，云计算的普及与运用将引发未来新一代信息技术变革。云计算将改变 IT 产业，也会深刻地改变人们工作和生活的方式。通过本章的学习，希望读者在了解云计算的概念、熟悉云计算关键技术与安全知识的基础上，对自己的工作与生活有所启发和帮助。

思 考 题

1. 简述云计算的基本特征与云架构的三种服务层次。
2. 列举云计算的类型及实例。
3. 简述云计算的三种服务模式及功能。
4. 简述大数据与云计算的关系。
5. 结合自己的专业，谈谈对云计算发展的看法。

参考文献

[1] 中国信息通信研究院. 云计算发展白皮书[M]. 2019.

[2] 汤兵勇，李瑞杰，陆建豪，等. 云计算概论[M]. 北京：化学工业出版社，2012.

[3] 王鹏，黄焱，安俊秀，等. 云计算与大数据技术[M]. 北京：人民邮电出版社，2014.

[4] 张德丰. 大数据走向云计算[M]. 北京：人民邮电出版社，2014.

[5] 程克非，罗江华，兰文富. 云计算基础教程[M]. 北京：人民邮电出版社，2013.

[6] 姚宏宇，田溯宁. 云计算：大数据时代的系统工程[M]. 北京：电子工业出版社，2013.

[7] 杨云鹏，樊重俊，袁光辉，等. 自贸区空港物流综合信息云平台建设问题探讨[J]. 物流工程与管理，2014(8)：47-48.

[8] 娄岩. 大数据技术概论[M]. 北京：清华大学出版社，2017.

[9] 朱晓峰. 大数据分析概论[M]. 南京：南京大学出版社，2018.

第 7 章

大数据与电子商务

大数据已经在很多方面引领了人们生活的发展,相比较于传统行业,电子商务的发展势如破竹,它本身就具有很强的时代性和创新性。对网络的依赖程度很大,而网络的数据资源是支撑电商发展的重要手段。近些年数据呈现爆炸性增长趋势,电子商务正好在数据变革浪潮的风口浪尖上,大数据所带来的不仅是新鲜的群体,还有第一手创新资料和优质的商业资源。大数据作为"互联网+"发展产生的大数据技术集成,可以实现各类数据的汇聚、挖掘和交融,为电子商务的发展带来新的机遇。同时,数据平台化建设成为新型电商竞争的重要条件。比如,京东耗资 40 亿元投建两大云计算数据中心,阿里巴巴也将云计算作为集团最重要的业务。如今,数据资源已经成为电子商务的核心资源和新的发展趋势。

本章通过对大数据背景下电子商务发展的新机遇、新特点以及新应用的分析,以及相关大数据的技术在电商领域的应用,可以发现对大数据的分析运用将给电商领域带来更多服务模式的革新,可以给消费者带来更多更好的服务体验。

1 电子商务应用大数据的新机遇

所谓电子商务,通常是指在全球各地广泛的商业贸易活动中,在开放的网络环境下,买卖双方不谋面地进行各种商贸活动,实现消费者的网上购物、商户之间的网上交易和在线电子支付以及各种商务活动、交易活动、金融活动和相关的综合服务活动的一种新型的商业运营模式。其实质就是以互联网为平台进行的一种贸易活动。

在全球经济保持平稳增长和互联网宽带技术迅速普及的背景下,世界主要国家和地区的电子商务市场保持了高速增长态势。纵览全球电子商务市场,各个地区发展情况并不平衡,以美国为首的发达国家,仍然是世界电子商务的主力军,而中国等发展中国家电子商务异军突起,正成为国际电子商务市场的重要力量,市场潜力巨大;从平均每个用户的网络购买支出来看,美国高居榜首,是中国的 50 多倍;从用户规模增长预期来看,中国和印度的网络购物用户规模潜力惊人;从交易额方面来看,2012 年世界网络零售交易额达到 1.09 万亿美元,比 2011 年增长了 21.1%。2014 年全球电子商务交易额远超 1 万亿美元,电子商务为世界各国国内生产总值增长所做的贡献越来越大。其中以欧洲为例,欧洲 8.2 亿居民中有 5.3 亿互联网用户,2.59 亿在线购物用户。电子商务为欧洲贡献了大约 5%的 GDP,欧盟已经决定在 2015 年之前将这一数字增加 1 倍。

近年来,我国电子商务继续保持快速发展的势头,市场规模不断扩大,网上消费群体增长迅速。2018 年,中国电子商务交易规模持续扩大,稳居全球网络零售市场首位,国家统计局数据显示,2018 年全国电子商务交易额达 31.63 万亿元,同比增长 8.5%(见图 7-1)。而 2018 年全国网上零售额 9.01 万亿元,同步增长 23.9%。而网络购物占比有小幅度提升。在新技术和模式创新驱动下,电子商务通过各种渠道广泛渗透到国民经济的各个领域,已成为我国重要的社会经济形式和流通方式,在国民经济和社会发展中发挥了日益重要的作用。图 7-1 为 2011—2018 年中国电子商务市场交易总额。

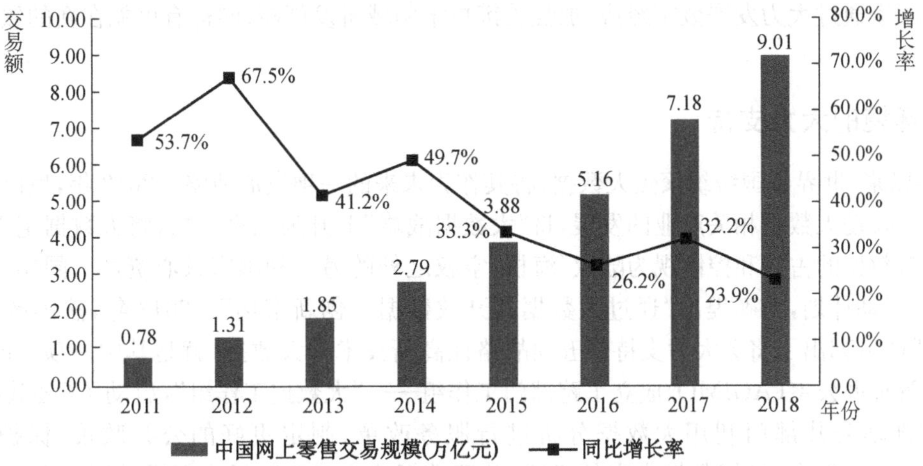

图 7-1 2011—2018 年中国电子商务市场交易总额

数据来源:国家统计局。

电子商务的迅猛发展带来的是数据量的激增。据统计,淘宝网每日新增的交易数据达 10 TB;eBay 分析平台日处理数据量高达 100 PB,超过了美国纳斯达克交易所全天的数据处理量;亚马逊每秒钟处理 72.9 笔订单。由此可见,电子商务网站的数据正是典型的大数据。可以说,电子商务在经历了“基于用户的时代”和“基于销量的时代”之后,已经进入了一个全新的“基于数据的时代”。但是,海量的数据信息不仅会使用户手足无措,也会给电子商务的继续发展带来不小的阻碍,如果能对海量的用户行为数据进行快速分析,分析出用户阶段性的需求,将极大地提高商家的销售额。大数据应运而生,通过后台的数据分析与挖掘,大数据为电子商务创造了巨大商机。

未来对大数据挖掘分析技术的需求也将逐步增大。随着人民生活水平不断提高,来自互联网和移动智能设备的数据信息还会进一步增多,亟须对信息进一步挖掘、处理、分析和利用,这将进一步刺激和扩大了电子商务企业对大数据挖掘处理分析的需求。电子商务企业在开发利用大数据的市场上拥有着巨大的发展前景。阿里巴巴推出阿里云,亚马逊构建云服务,总之,优秀的电子商务企业都纷纷开始推出云计算和大数据应用平台,将其运用到整个电子商务交易的全流程,从技术架构到供应链,从引流到面向用户的销售。这对行业的数据利用来说是机遇也是挑战。

数字贸易是由于信息技术对贸易影响的进一步深化所产生的概念。相比电子商务的概念,数字贸易更突出数字化的产品和服务贸易,但国际上对数字贸易的讨论和谈判大多仍在电子商务框架基础上展开。目前,各国对数字贸易的认识尚不统一。美国认为数字贸易是指“不仅包括网上消费产品的销售和在线服务的供应,还包括使全球价值链成为可能的数据流、使智能制造成为可能的数字服务以及无数其他平台和应用”。澳大利亚政府认为数字贸易不只是在线上购买商品和服务,还包括信息和数据的跨境流动。经合组织认为数字贸易是指数字技术赋能于商品和服务贸易,同时涉及数字的和物理的传输。

数字贸易可能为发展中国家带来新的发展机遇。数字贸易将推动全球化向更高阶段发展,降低贸易门槛、带来新的分工、创造新的发展机会,发展中国家也可能从中获益。一是为发展中国家中小企业融入全球市场提供机会。贸易方式数字化使得国际贸易的开展更为便利高效,降低了贸易的成本,发展中国家中小企业将有更多的机会将其商品出口到国际市场,这些国家参与全球化的程度将进一步提升。二是为发展中国家经济社会数字化转型提供助力。数字贸易发展有助于发展中国家引进全球范围内的优质数字服务,加快本国数字化转型进程,提升产业国际竞争力。三是为发展中国家提供参与数字化分工机会。随着微笑曲边变得更陡峭,价值链前后端的数字服务将产生更多的分工机会,发展中国家有望更广泛地参与数字服务的全球分工,带来新的经济增长。四是为发展中国家换道超车提供了新的可能。当前,5G、大数据、云计算、人工智能等关键数字技术和服务方兴未艾,对经济社会各领域的影响不断加大。发展中国家通过大力发展数字经济，加强关键技术领域研发创新，同样有可能在新的领域中取得一定优势。

1.1　政策环境的大力支持

2012年以来，世界各国纷纷聚焦大数据，将其作为未来的一项发展战略。2012年，奥巴马政府宣布投资2亿美元拉动大数据相关产业的发展，将"大数据战略"上升为国家战略，将大数据定义为"未来的新石油"，把对数据的占有和控制视为陆权、海权、空权之外的另一种国家核心资产。同年，日本总务省发布2013年行动计划，明确提出"通过大数据和开放数据开创新市场"。2013年，法国政府发布了其《数字化路线图》，列出了将会大力支持的五项战略性高新技术，"大数据"就是其中一项。同年，澳大利亚政府信息管理办公室（AGIMO）成立了跨部门工作组——"大数据工作组"，启动了《公共服务大数据战略》，旨在推动公共部门利用大数据分析进行服务改革，制定更好的公共政策，保护公民隐私。2013年年底，英国发布《把握数据带来的机遇：英国数据能力战略》，旨在促进英国在数据挖掘和价值萃取中的世界领先地位，为英国公民、企业、学术机构和公共部门在信息经济条件下创造更多收益。联合国也早在2012年发布的大数据政务白皮书中提出，大数据对于联合国和各国政府来说是一个历史性的机遇。

良好的政策环境促进了大数据在各行各业广泛而深入的应用，"大数据＋"成为各行业创新发展的风向标，首先试水的便是掌握最大数据资源的互联网行业和电子商务企业。

顺应时代发展，近年来，我国也将大数据产业看作为战略性产业，成立了"大数据专家委员会"。2012年以来，国家发改委、科技部、工信部等部门在科技和产业化方面支持了一批大数据相关项目，推进技术研发取得积极效果。2014年《政府工作报告》明确提出，设立新兴产业创业创新平台，在大数据等方面赶超先进，引领未来产业发展。

各个地方政府在政策层面更是给予大数据产业以高度重视。很多地方政府已启动大数据产业推动计划，并取得初步成效，积累了有益经验。比如广东已专门成立了省大数据管理局，专门负责推进政府部门的信息采集、整理、共享和应用，消除信息孤岛，在体制创新上开创国内先河。天津拟打造国家数据聚集区，将建设1个占地2.5万平方米的大数据产业基地和3个产业园区，与北京、河北联合建"京津冀大数据走廊"。重庆计划将大数据培育成重要战略性新兴产业，加快建设两江云计算产业园100万台服务器运算能力的数据中心集群，并在其发布的政策配套文件中强调，到2017年形成500亿元大数据产业规模，建成国内重要的大数据产业基地。陕西、湖北等地提出建设大数据产业基地的计划。北京市政府已经制定了全市大数据发展战略规划，并强调要创造数据资产的社会价值和商业价值。上海、重庆、广东等地政府已启动大数据战略。而且上海市已在地理位置、道路交通、公共服务、经济统计、资格资质、行政管理等领域开发了数据产品和应用，并计划在3年内选取医疗卫生、食品安全、终身教育、智慧交通、公共安全、科技服务六个有基础的领域，建设大数据公共服务平台。

国内大数据发展环境的不断完善，无疑也为大数据与电子商务的进一步融合发展提供了机遇。在国家及地方政策层面的大力推动之下，有关大数据的发展应用已逐步进入实际操作阶段。大数据专家委员会强调，未来大数据将首先在互联网和电子商务方面得到很好的应用，并且其发展势头将会十分强劲。互联网企业方面，国内百度、阿里、腾讯三大互联网公司的大数据处理集群达到5 000台左右，数据存储规模达到200～1 000 PB，规模达到世界先进水平；目前，正在打通内部数据系统，构建统一的企业数据仓库，积极应用大数据改善既有服务，并利用大数据资源和技术开展互联网金融等跨界融合业务。

电子商务企业方面，亚马逊获得"预期递送（anticipatory shipping）"新专利，使该公司甚至能在客户点击"购买"之前就开始递送商品，亚马逊此项专利借助于大量用户数据的分析；阿里巴巴推出的C2B电子商务模式也是借助于对大量用户定制信息的处理分析。

以“宝宝树”为例，作为国内最大的母婴电商，“宝宝树”通过一款数据可视化分析软件永洪BI，实现了对海量数据的快速分析，对不同需求的快速响应，进而生成复杂的数据报表。宝宝树在永洪BI平台上，通过拖拉拽操作，生成关联不同指标的分析模型，包括环比、同比、用户快照分析、沉睡率、唤醒率、平均回购周期等。有了这些关键数据后，宝宝树的业务团队再来作更进一步的分析，包括新增用户数量、新产品营收入、各渠道引流占比、用户回购情况以及平均回购周期等等。基于对这些问题的全面回答，制定和调整产品和销售战略。正是对大数据的应用使得宝宝树发现了空气净化器的商机，现在空气净化器市场基本被母婴电商垄断。

1.2 相关技术的不断突破

大数据分析、挖掘技术在电子商务领域的广泛应用与推广离不开相关技术的创新与发展。技术的发展作为更有力的支撑手段，近年来，云计算技术、便携式智能设备技术、物联网技术等的创新都为大数据时代的到来提供了保障。2013年，云计算在电子商务领域的快速渗透，作为信息基础设施的基础作用开始凸显。阿里巴巴、京东、苏宁等服务商将云计算作为战略方向，微软、IBM、亚马逊先后进入中国市场提供云计算服务，极大地促进了我国信息基础设施升级。电子商务平台企业“云计算”应用进一步普及，如“阿里云”为阿里巴巴“双11”购物节产生的海量交易提供了强大支持。此外，人工智能技术的快速发展，推动中国人工智能与电子终端和垂直行业加速融合，涌现出了智能家居、智能汽车、可穿戴设备、智能机器人、无人机、大数据分析等一批人工智能产品，例如华为的Hilink、小米的SmartThings，海尔的U+等均通过云端数据交互，实现各智能终端之间的互联互动，从而搭建智能家居生态。

企业跨境贸易方式的数字化。信息技术对传统国际贸易最直接的影响就是信息传输方式的改变，外贸企业间信息传输效率和质量大幅提升。从信息获取角度看，网络搜索引擎、数字广告已经成为外贸企业获取国际市场信息的重要渠道。传统模式下，企业新进入某一个国家的市场或与新的客户开展贸易需要提前进行市场调研，以便充分了解市场行情、政策波动、客户资信等信息，降低外贸风险。信息技术的发展，使企业能通过网络获取海外全方位的资讯，走出去的信息搜索成本大幅降低。从信息输出角度看，网络为企业提供了更廉价和高效的市场宣传方式，外贸企业纷纷投放线上广告和开设虚拟网店，打造通往国际市场的跳板。物理时空的空间到场硬约束与固定时间规制硬约束被打破，买卖双方不再需要在规定时间、规定现实地点完成交易，国际贸易出现无限可能。截至2019年6月，阿里巴巴国际站在全球有超过2 000万的活跃买家，有超过200万的支付买家，有14万的中国供应商。

电子商务企业利用搜索引擎技术，通过ETL工具进行数据整合，借助大数据挖掘技术，对电子商务交易数据进行深入的分析，从而为正确的电子商务应用决策提供强有力的支持和可靠的保证。对应大数据处理应用的各个不同环节，相应的支撑技术还包括很多，如表7-1所示。

表7-1 大数据各处理环节的技术支撑

数据采集	数据存取	基础架构	数据处理	数据分析	模型预测	结果预测
ETL工具	关系数据库、NOSQL、SQL	云存储、分布式文件存储	NLP	统计分析方法、数据挖掘方法	预测模型、机器学习、建模仿真	云计算、标签云、关系图

除此之外，以手机为代表的移动设备的发展可以实现对用户的地理位置的感知，电子商务企业可以更实时地掌握用户的消费行为数据，启动相应的营销策略。

眼球追踪技术的发展使得电子商务可以通过被动的方式去掌握消费者的行为数据。早期的眼球追踪技术不仅设备繁重，而且会影响消费者的自然性。现在，眼球追踪设备有了很大的改进，通过安装在摄像头上，直接红外线追踪消费者眼球瞳孔的转移，来挖掘视觉聚焦热点。当这种眼球追踪技术更优化之后，消费者便可以方便地佩戴，电子商务企业也能够更完整地掌握消费者一天当中非常自然的所有行为,甚至还可以实现与用户之间的互动。

类似的,“电子鼻”的发展可以帮助电子商务了解消费者所处的环境,甚至利用生物技术把握消费者的情绪波动,通过脉搏、体温、体表等了解消费者情绪波动的变化。结合调查人员巧妙的问题设计,就能够很清晰地了解消费者的消费行为。

未来,获得消费者真正的“口碑”,而不是网上书写的口碑将成为电子商务企业收集用户反馈的一种新尝试。苹果公司的语音识别系统 Siri,即是极具前瞻性的一种应用。Siri 的背后是一个非常庞大的语音识别智能系统。它从手机用户的提问当中识别用户需求,再通过背后的搜索引擎向手机用户推送所需信息。电子商务企业可以将这种语音识别技术运用到消费者口碑研究中。通过消费者的直接口头表达获得口碑信息更具便捷性和即时性,这亦是一种被动式的数据采集方式。

电子商务企业利用图像识别技术可以实现对消费者情绪的解读,如悲伤、害怕、惊奇等。尽管消费者会有不一样的肤色,说不一样的语言,但是其表情背后所代表的感情是有其特定的代码在里面的。虽然目前有关挖掘和解读消费者的心智的研究仍处于实验阶段,但在未来这都将可能实现。

总之,与大数据技术相关的一系列周边技术的不断发展会突破以往的局限,带来更多更全面的数据获取,众多复杂的技术手段共同构成了大数据分析、挖掘、应用的必备工具库。技术的创新发展是大数据时代到来的先决条件,正是这些技术的不断突破创新才使大数据在各个行业领域的应用成为可能。

1.3 消费市场的潜力挖掘

贝恩公司曾经联合市场调研机构 Kantar Worldpanel,对中国 40 000 户家庭购买 26 个快速消费品类的真实购物行为进行了深入研究,并总结出了对相关企业和品牌具有深远意义的观点。该研究得出的最重要的结论就是:中国消费者没有品牌忠诚度。事实也确实如此,2014 年 6 月 30 日,北京埃森哲发布的中国消费者洞察研究显示,近七成(69%)中国城市消费者在购买行为中愿意尝试不同品牌。约 40%在过去 1 年中曾换过零售商。2013 年中国市场由于消费者更换供应商所形成的交易规模达到近 1.2 万亿美元,占中国消费者年度可支配收入的 23%。这使中国成为世界第二大“换商经济体(switching economy)”。也就是说,在相同的购买场合或消费需求下,消费者是“三心二意”的,某一品牌的高频率购买者通常也是其竞争对手的高频率购买者。这表明随着人口结构变化、城镇化深入、社会价值观的演变,以及数字化生活方式的普及,企业想要在日趋复杂的消费者市场中胜出将面临更大挑战。

消费者的“多品牌偏好”在电子商务领域表现得尤为明显。2008 年才初创的淘宝品牌“韩都衣舍”今天已经达到日订单 8 000 单,但是“韩都衣舍”的忠实客户往往同时也是另一个淘宝品牌“七格格”的大客户。消费市场的这一特征给予电子商务企业们一个公平竞争的机会,没有永远的“忠实客户”,只要能够让客户喜欢企业的产品,就会有客户购买。对于期望赢得消费者青睐的品牌方而言,集中制定策略以赢得消费者的关注便成为重中之重。

电子商务市场既充满挑战,也蕴含着机遇,消费者的“无品牌忠诚度”决定了这个市场的潜力无穷。目前一个企业是否有竞争力已不再完全取决于它的产品和生产运作效率,而在很大程度上取决于它是否建立和保持良好的客户关系。过去由于技术的限制,企业信息系统的开放性不足,因此全方位了解顾客,把握客户的特征与需求只能是一种理想。而在网络科技的快速发展条件下,加上日益成熟的大数据仓库和大数据挖掘技术,企业拥有的数据量急剧增大,使得企业能更有效地掌握客户的行为及需求,获取吸引消费者注意的相关信息,帮助电子商务企业更好地挖掘消费市场潜力。埃森哲研究建议,电子商务企业应该针对不同的消费者特征制定各种不同的策略。投入数据分析能力建设被作为专门的一点提列出来。

1.4　大数据技术的支撑发展

1.4.1　大数据技术实现电子商务精准营销

据统计，一个销售人员为准备交易而寻找相关信息所花费的平均时间占工作时间的24%，而这些时间和心血可以转化为巨大的收入。要做到“低成本、高效率”的营销，电子商务企业必须基于大数据的分析，挖掘出营销过程中的每一分潜在的价值，从而节约成本、战胜对手、占领市场。

腾讯公司在2012年智慧峰会中特别强调，大数据时代背景下，网络媒体正在从单纯的内容提供方进化成开放生态的主导者，大数据时代的社会化营销重点是理解消费者背后的海量数据，挖掘用户需求，并最终提供个性化的跨平台的营销解决方案。基于大数据技术的电子商务将会更快捷地捕捉到潜在客户，从而更精准地进行销售预测。

随着电子商务的发展和大数据时代的到来，全球信息呈现出指数性的增长，然而消费者获取、过滤、筛选、分析信息的能力却没有得到相应的提高，这必然会导致消费者淹没在浩瀚的信息海洋中。因此，个性化和精准的商品推荐将成为未来电子商务发展的新方向。在产品推荐、洞察挖掘用户需求、分析购买行为等环节，大数据都起到了重要的作用。电子商务企业在后台通过对海量用户数据的挖掘分析，可以实现针对不同用户推荐最佳产品，促进销售额的同时，极大地提高了用户体验。从京东“6·18”到天猫“双11”，两大网络购物狂欢节到处充斥着大数据的影子。数据显示，“双11”当日天猫10分钟交易额达2.5亿；1分钟支付宝交易成功笔数为9.2万笔，增长了49%。顾客的结构、流量、点击率、购买的周期以及兴趣，都会在电子商务平台上产生大量的数据，通过对大数据的收集、整合和分析，电商可以对消费者的品位和消费意愿进行准确识别，主动为其提供个性化和精准的销售产品和服务，提高销售额和利润率。在电商领域，亚马逊通过个性化技术为用户进行智能导购，大幅度地提升了用户的体验与销售业绩。

今后很长的一段时间里，大数据热潮仍不会冷却，它将成为电子商务运营的主引擎，并在电子商务营销、互联网金融等方面产生更大推力，最终成为电子商务竞争的重要指标。

1.4.2　大数据技术创新电子商务营运模式

大数据的重要趋势就是数据服务的变革，把人分成很多群体，对每个群体甚至每个人提供针对性的服务。消费数据量的增加为电商企业提供了精确把握用户群体和个体网络行为模式的基础。电商企业通过大数据应用，可以探索个人化、个性化、精确化和智能化地进行广告推送和推广服务，创立比现有广告和产品推广形式性价比更高的全新商业模式。同时，电商企业也可以通过对大数据的把握，寻找更多更好地增加用户粘性，开发新产品和新服务，降低运营成本的方法和途径。

实际上，国外传统零售巨头早已开始大数据的应用和实践。Tesco是全球利润第二大零售商，其从会员卡的用户购买记录中，充分了解用户的行为，并基于此进行一系列的业务活动，例如，通过邮件或信件寄给用户的促销可以变得更个性化，店内的上家商品及促销活动也可以根据周围人群的喜好、消费时段更加有针对性地设计，从而提高货品的流通性。这样的做法为Tesco获得了丰厚的回报，仅在市场宣传一项，就能帮助其每年节省3.5亿英镑的费用。显然，电商企业对比传统零售企业在这方面会更有优势，因为电商企业本身就是通过数据平台为用户提供零售服务的。

从国内来看，我国电商企业均积极在大数据领域进行布局和深耕，已逐步认识到大数据应用对于电商发展的重要性。电子商务的发展也促进了大数据技术在线下物流配送环节的渗透利用。电子商务的超速发展对快递业务提出了更高的要求。2018年，基于数据挖掘等大数据技术的智能化物流系统成为主流发展方向。京东在物流、配送上投入大量精力，推出极速达、夜间配等多样化服务，在面临订单量激增的情况下，仍然能够为平台保驾护航。未来，无论是阿里巴巴的“菜鸟”，还是京东的“亚洲一号”，结合大数据、云计算、GIS等技术的智能化物流的对抗成为电子商务竞争的主旋律。

最后，近年来电子商务的发展也促进了互联网金融发展，呈现出“百家齐放”的良好态势。2013年全年，支付机构共处理互联网支付业务 153.38 亿笔，金额 9.22 万亿元，同比分别增长 56.1%和48.6%。随着 2013 年，阿里巴巴推出余额宝，百度推出百度理财的大火，2014 年各种互联网金融手段纷纷涌现，形成对公和对私业务两翼齐飞的局面。然而，互联网金融的繁荣发展也同样带来另一个问题，即网络欺诈等不良行为的发生，众多的电子商务网站、电子支付门户网站都成了这种犯罪行为实施的重灾区。而基于机器学习的大数据技术，可以为严加防范网络欺诈行为提供有力的帮助。通过对网站的海量用户数据展开挖掘分析，识别网络欺诈的多种可能模式，以实现对未知模式也能采取防范工作，化被动为主动防御。在这一领域做得比较好的有 SiftScience 公司，该公司正在努力发挥大数据分析挖掘技术的优势，帮助客户摆脱网络欺诈行为的纠缠。

1.4.3　大数据技术实现 APP 高效质量评估

《中国移动互联网用户行为统计报告》中显示，48%的移动互联网用户每天花大概 1～4 个小时，甚至全天化地使用互联网。移动浏览网页、移动支付、移动购物各环节的打通促使用户大量从 PC 转移到手机，从打车软件的直接补贴到后面的各种 APP 下载免费游景区、返现等各种活动足以证明移动端已进入激烈的竞争时代。

2013 年以来，中国移动购物市场规模快速发展，从 2 681.7 亿元增长至 2017 年的 46 416.4 亿元，5 年间增长了 43 734.7 亿元，年均复合增长率为 104%。相较于 PC，移动设备轻便易携、碎片化、娱乐化特征明显，可随时随地满足用户的即时性消费需求，由此，移动端日渐成为用户网上购物的重要选择。同时，移动购物和生活场景相互交融，偶发性和冲动型消费快速滋长，电子商务情境化趋势日益彰显。据 iiMedia Research（艾媒咨询）数据显示，2019 年中国移动电商用户预计增至 7.13 亿元，如图 7-2 所示。

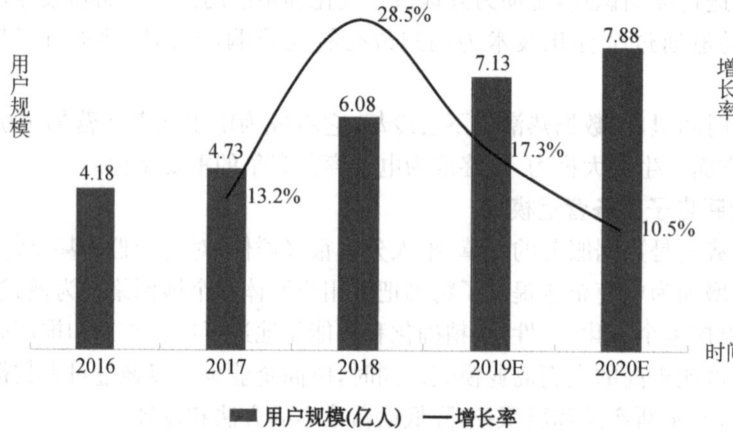

图 7-2　2016—2020 年中国电商用户规模及预测

数据来源：艾媒。

移动网络购物的日趋流行与移动应用软件的爆发式增长互为促进，移动电子商务进入高速发展阶段。据不完全统计，APP 已经成为主要的移动互联网流量入口。然而，对开发者而言，意图让自己的 APP 脱颖而出，就必须深入了解用户对该软件及同类产品的评价意见，以利于软件的不断优化与完善。传统获取评价数据的方法是参考应用商店里的用户评价和评分数据，这种方法存在明显不足。比如评分标准及区分度模糊，不能有效区分软件差别；文字评价更客观地反映了用户意见，但是传统方法的文字分析工作主要依靠人力，很繁琐，又耗时耗力等。而基于大数据挖掘技术的新型软件能够通过一种爬虫算法（获取相关数据的策略）实时抓取应用商店数百万用户的评价和星级评分，获取的数据被用于十个方面评价指标数字的最终确定，从而得出精密的软件评分榜单。

另外，全球跨境电子商务保持高增长态势。信息通信技术推动传统货物贸易方式升级改造，跨境电商平台、智慧物流、智能监管等新模式和业态给国际贸易注入了新的活力。以跨境网络零售为例，根据阿里研究院预测，2018 年全球跨境电商 B2C 市场规模达到 6 750 亿美元，预计 2020 年将达到 9 940 亿美元，年平均增速接近 30%，远超传统货物贸易增长速度。

1.4.4　大数据技术助推电子商务差异化建设

当前，我国电子商务发展面临的两大突出问题是成本和同质化竞争。而大数据时代的到来将为其发展和竞争提供新的出路，包括具体产品和服务形式，通过个性化创新提升企业竞争力。

阿里巴巴通过对旗下的淘宝、天猫、阿里云、支付宝、万网等业务平台进行资源整合，形成了强大的电子商务客户群及消费者行为的全产业链信息，造就了独一无二的数据处理能力，这是目前其他电子商务公司无法模仿与跟随的。同时，它也将电子商务的竞争从简单的价格竞争提升了一个层次，形成了差异化竞争。目前，淘宝已形成的数据平台产品，包括数据魔方、量子恒道、超级分析、金牌统计、云镜数据等 100 余款，功能包括店铺基础经营分析、商品分析、营销效果分析、买家分析、订单分析、供应链分析、行业分析、财务分析和预测分析等。

总之，随着电子商务的繁荣发展及应用规模的日渐扩大，其庞大的数据量和复杂的站点结构不仅给商家的数据管理工作带来挑战，往往也会使客户手足无措，迅速且准确地找到自己需要的商品、服务或信息成为难题。如何从冗余的、不准确的数据中发现有价值的信息和知识，了解顾客的喜好和购买倾向，为客户提供个性化的服务已经成为各个企业面临的关键问题。大数据时代的到来为电子商务的发展带来新机遇和新思路，怎样抓住大数据的机遇，迎接海量数据时代的挑战是每个电子商务企业必须考虑的问题。

2　大数据背景下的电子商务新特点

与传统商务形式相比，电子商务具有高效性、方便性、集成性、可扩展性、安全性、协调性等特点。而如今，一个大规模生产、分享和应用数据的时代正在开启——社交网络、电子商务与移动通信把人类社会带入了一个以 PB(1 024 TB)为单位的，结构与非结构数据信息交织的新时代。使得一切皆可量化，一切皆为数据。电子商务的竞争更大程度上变成大数据的竞争。大数据时代背景下，电子商务具有了新的特点，包括更详尽、实时的用户数据反馈，更精准、有价值的用户数据的获得，更多样化的数据采集方式以及更多维度、多层次的数据处理与分析等。无论是 B2B 还是 B2C 的电子商务企业都在积极采取行动来收集数据、分析数据并试图驾驭数据。可以说，电子商务具有利用大数据的天然优势，大数据的应用将贯穿整个电子商务的业务流程，成为公司的核心竞争力。

2.1　更详尽的用户数据反馈

随着大数据时代的到来，相对于传统的线下销售企业来说，爆炸性增长的数据已成了电子商务企业非常具有优势和商业价值的资源，大数据将成为企业未来的核心竞争力。电子商务构建的各类型数据库可以轻而易举地记录全部用户的各类访问数据，其中包括所有注册用户的浏览、购买消费记录，用户对商品的评价、在其平台上商家的买卖记录、产品交易量、库存量以及商家的信用信息等等，快速捕获、实时监控、精准分析，实现数字化生产和管理。而传统商家要想做到这一点，一方面成本高昂；另一方面可靠性和精准性上难有保证。

电子商务行业作为网络时代的核心产业，基于互联网的数据能力，使其在与实体企业的竞争中，能够迅速全面地获取用户行为信息和需求，更快的作出反应。特别是在大数据时代下，近乎实时的反馈数据，信息详尽并具有跟踪性，这对于电子商务网站优化决策提供了巨大价值。

以淘宝网为例，数据显示，2019 年 12 月 12 日，《汇桔网 · 2019 胡润品牌榜》发布，淘宝以 3 000 亿元品牌价值排名第四。在建立了庞大的数据库后，企业可利用云计算、企业数据仓库等技术对数据进行采集、多维分析、挖掘、服务开发，将企业各类数据进行有效整合，为企业决策提供支持。而传统的零售企业则很难获取用户的消费数据，获取信息的成本也较大；同时，通过对数据的处理能够给出精确的效果评估。例如，电子商务网站的页面设计、产品分类，传统的零售企业只能是依靠经验优化自身的店铺设计；此外，能够快速生成实时的数据报告，帮助卖家决策，而传统零售企业在此方面则相对匮乏。

2.2　更精准的用户数据获得

互联网媒体在用户数据收集上相对传统媒体有天然的优势，移动互联网、社交技术的发展，为电子商务提供了持续处理海量数据，并在复杂碎片化的数据关系中提取价值信息的可能性。大数据时代之前，电子商务了解市场的数据采集方式多为主动式的数据采集方式，即调查者问，被访者答。大数据时代的全面到来，让被动式的数据采集方式成为可能，并将逐步发展成为未来的主流方式。利用数字化研究工具去“聆听”“观察”“感受”“记录”“追踪”消费者，使电子商务网站比一般的互联网媒体无论是数量上还是种类上都拥有更加海量、精准的数据。这种被动的数据采集方式的优势在于：

(1) 数据的准确性得到提高。主动的数据采集以问答形式进行，往往是依据消费者的记忆状况。而且，消费者有时候又过于“理性”，隐藏真实的想法。数据的准确性和真实性无法保障。而被动式的数据采集，依靠的是消费者自发的或无意识的数据提供，能够提升所收集数据的准确性。

(2) 非介入式的方式使得消费者更具自发性。电子商务是去“观察”而非“干扰(提问)”消费者，这样结果便更具自发性。

(3) 快速和即时性。被动式的数据采集方式可以在消费者行为发生的当下，去捕捉其表现和状态，具有高度的实时性。

(4) 经济性。被动式的数据采集方式相较于主动式的数据采集方式更具经济性，可以起到节约数据处理成本的效果，实现更经济的目的。

总之，大数据环境下，这种被动的数据采集方式使电子商务网站能够获得足够多的、更真实的用户购买需求、搜索习惯、购买路径和购买历史等一系列具有商业价值的精准数据。一方面，可以利用大数据技术，按照兴趣、价值观、娱乐和生活方式等共同的行为方式来重新划分人群。另一方面，通过用户行为可以无限地接近、近乎准确地判断每一个人的属性，这些属性不单单包括人口自然属性，还包括兴趣爱好、行为轨迹、购买经历等，因而可以更精确地预测用户的消费需求，进而推送满足消费者需求的产品，促进消费行为的产生。

目前，通过新浪、微博等社交平台，已经可以了解消费者的互动对象、消费者之间的影响方式、消费者的想法等。益普索集团自主研发的数字研究解决方案——“社群聆听(Social Listening)”工具，就可以从定量和定性两个方面探寻社交媒介消费者数字之音。以 Pinterest 网站为例，社交网络的发展，使得消费者可以随时随地表达他们的喜好。他们通过发表各种评论、打分等，更加直白地表达他们的喜好。使我们得以在一个更大的环境下了解消费者喜好。互联网上的神奇之处就在于，不仅可以追踪到消费者购买了什么，还能追踪到购买前的浏览和购买路径。已经有一些网站把这种被动的数据转换成“推荐”，告诉浏览者当你浏览到这个页面或者你点选这个产品的时候，可能有百分之多少其他的类似用户也在看。电子商务企业还可以利用 APP 技术，去整体监控消费者移动终端设备的使用，形成一套被动监测系统，从而了解消费者的数字行为。

另外，全球化分工呈现精准化、精细化趋势。信息通信技术使得市场更加公开、透明，信息流转更为迅捷，全球价值链中的各个国家的定位分工、分配关系均可能出现不同程度的变化。WTO 研究报告指出，数字技术正在将供应链管理从一种线性模型(供应商—生产商—分销商—消费者)转变为一种更综合的信息向多个方向同时流动的模型。目前，新的数字技术对全球价值链的影响仍不明确。一种可能是生产过程重塑，自动化生产、3D 打印、人工智能等技术降低了国家间分工协调的需求，价值链长度缩短，发展中国家参与全球价值链的机会降低；另一种可能是数字技术降低了协调和匹配成本，如正在蓬勃发展的跨境电子商务为很多中小企业创造了走出去的机会,从而强化全球价值链。报告中数据显示,2008全球金融危机以来,全球价值链的参与度逐步恢复,其中高收入国家比在中等收入国家恢复得更快。在高收入国家,特别是东欧高收入国家,全球价值链的前向参与比后向参与增长得更快,意味着全球价值链生产活动的更快升级,以及跨国生产共享活动复苏带来的产品内专业化的深化。而一些亚洲发展中经济体在全球价值链的前向和后向参与度都有所下降,例如,印度、中国、印度尼西亚和菲律宾等国。不同收入水平的不同表现,可能正是源于数字技术带来的两种效应。

2.3 更多样的数据采集方式

大数据时代,电子商务网站的数据来源可以大致分为四种:网站内部数据、站外引导性数据、直接访问数据和无线端数据。网站内部数据的产生与买卖双方的交易密不可分,包括内部搜索、站内社区、页面浏览与点击、购买与交易数据、后台管理数据以及即时通信数据等信息,直观而全面地反映用户的心理及行为,具有很高的价值;站外引导性数据主要是通过广告点击、搜索引擎上的搜索数据、SNS上的推荐与链接及关联软件的操作与推荐等;直接访问数据主要来源于浏览器访问,软件访问等的直接访问数据,这部分数据能够有效洞察出用户的网络购物入口偏好及行为;无线端的数据又构成了海量的数据阵容,能够全面反映出无线用户的特征,对数据的分析和运用有着巨大的指导作用。大数据背景下,针对不同的数据来源采取多元化的数据采集方式,可以实现对数据的全面获取。

2.3.1 主动登记的用户、商家和产品信息

用户、商家想要在电子商务网站展开交易,第一步就必须注册登记相关信息。对于用户而言,需要填写姓名、性别、邮箱、联系方式等详细信息。对于企业用户来说更需要通过一系列的认证。另外,用户若绑定支付工具、申请诚信认证等服务项目,也会生成新的数据项目,而这些数据随着用户使用时间不断累积。同样,产品信息作为消费者了解产品的最重要来源,同样得到了电子商务网站严格的控制,包括产品名称、产品关键词、产品类目、产品图片、产品组、产品说明等都有可循的规范可依。可以说,这些由用户、商家提交的数据信息构成了电子商务网站的基础信息库。

2.3.2 通过系统智能抓取用户行为数据

一般而言,电子商务网站可以通过智能系统抓取用户的IP地址登录信息、E-mail地址、密码、计算机和连接信息(例如浏览器类型版本、时区设置、浏览器插件类型版本、操作系统、平台)、购买历史、URL点选流向(如何进入、经过路径、离开去向,包括时间日期)、cookie number、浏览和搜索的产品、打800电话所用的电话号码等数据信息。

2.3.3 通过反馈、调研方式采集数据

一方面,电子商务网站的客服系统会收集用户和商家的意见和建议,同时建立产品评价体系,鼓励用户向商家反馈、向其他用户分享自身的购物体验;另一方面,还会主动组织面向用户、商家的问卷调查和深度访谈等调研活动。通过反馈、调研等方式有针对性地收集数据和信息,帮助企业决策。

2.3.4 主动购买、积极共享商业数据

以“慧聪网”为例,在搜索领域,慧聪网与搜狗、百度等搜索网站进行合作。基于“中国搜索”,慧聪网成立“中国搜索联盟”,并与3721、新浪网、搜狐网、新华网等网站结成战略伙伴,实行数据共享。此外,慧聪网还与商务部、信产部、统计局等政府机构及各行业协会建立了较为深厚的合作关系,获取了大量的行业数据。

最近,在2015中国电子商务峰会上,“块数据”理念被第一次提出,同样给电子商务的数据收集带来新的思路。所谓块数据,即在一个物理空间或者行政区域形成的涉及人、事、物等各类数据的总和。举例来说,以往一名用户既在微信、微博上有信息流,同时还有线下医保、社保、交通出行等数据,要准确地了解这名用户,需要对各种数据关联起来处理。“块数据”则让以往的这些“数据孤岛”连成一片,通过对不同类型、来源信息的集成、挖掘、清洗,极大地改变信息的生产、传播、加工和组织方式,使数据实现了

流动、共享、交易,有利于寻找、培育、发展新的商业模式和新的增长点,有利于革新、替代过去粗放式的营销模式,使每一个流量价值都发挥到极致。

2.4 更多层次的数据处理与分析

大数据时代背景下,电子商务网站将收集到的数据经过汇总与整合之后,通过一系列的筛选机制形成种类不同、作用不同的数据,并按照一定的维度进行了不同层面的处理与分析。

2.4.1 多样化数据分类,确立不同的分析维度

数据在经过汇总与整合之后会通过一系列的筛选机制形成种类不同、作用各异的数据,并按照一定的维度进行不同层面的储存、分析与应用。一般来讲,电子商务网站的数据可以分为三类:第一,按照常规分类来讲,可以分为以"用户"为主体的"会员数据",以"商品"为主体的"商品数据"和以"交易行为"为主体的"交易数据";第二,按照用途来划分,分为对消费者的个性化推荐数据,能够提升卖家销量的市场发展、行业竞争及消费数据,提供给第三方机构,帮助其了解电子商务企业的行业数据等;第三,从技术层面来讲,数据又分为日志型数据、结构化和非结构化数据以及关系型数据等。

同时,数据的分析维度则也是多种方面的,比较常用的维度是角色特征、心理特征、行为特征、地域特征、时段特征、关注度、销售指数特征等主要维度。

2.4.2 建立数据库并开放数据的数据处理方式

一方面,电子商务网站会将分类好的数据创建为规范、统一、权威的数据库。一般而言,所有指标库中的数据,不论是各类业务实体明细属性,还是各类统计、分析和数据挖掘的指标,其中文命名是规范且通俗的、英文字段名是统一且唯一的、算法说明是权威且清晰可见的,从而很好地支持上层数据开放和数据产品研发。如亚马逊建立的 Amazon Simple DB 数据库、淘宝的 Oracle 数据库都是如此。

就数据的开放来说,部分电子商务网站会通过 Open API 和 Open File 两种方式开放数据。任何第三方开发者都可以通过 API 接口访问电子商务网站的数据,提供可以"安装"在网络页面上的应用。2010 年 3 月 30 日,淘宝正式对外宣布将面向全球开放数据,商家、企业及消费者将在未来分享到其海量原始数据,涉及电子商务行业的宏观数据,以及让消费者了解最新消费风向标的数据,淘宝将实行免费开放策略;涉及各个行业市场情况、消费者行为研究等商业数据,淘宝将通过商业方式开放;涉及消费者个人隐私、企业商业隐私数据,淘宝绝对保护,防止任何泄露。通过开放数据,第三方机构可以通过对这些数据的挖掘与分析,针对不同的需求群体提供打造不同的数据产品与工具,满足各类群体对于电子商务数据产品工具的需求。

2.4.3 智能分析与人工处理相结合的数据分析方式

通常,电子商务网站会通过智能分析以及人工处理相结合的方式来处理数据,达到数据的多层次、深度化分析。大型的电子商务网站几乎都有自己的数据处理平台或工具。如亚马逊的数据处理平台 Amazon Web Services,并基于此推出了数量众多的云计算服务。在这个平台上,亚马逊对数据进行自动抓取,智能收集,以及有弹性的储存。此外,亚马逊还会通过强大的算法,自动对数据进行整理和分析,并且运用等。

虽然计算机能够自动处理一些信息,但是人产生的数据和信息很多是计算机无法识别和计算处理的,这个时候人工处理成为数据处理的一种重要补充。与此同时,电子商务网站拥有自己的数据分析团队和专门的数据分析师。例如,eBay 设在中国上海的技术支持中心里每天有上千人的团队为 eBay 全球提供技术支持,而数据分析部门则是其中最主要的团队;又如淘宝的技术平台部建立了淘宝数据产品化团队,根据团队中具体职能的不同又划分为产品研发、实时计算、数据开发、数据挖掘、数据中间层、UED、可视化实验室等,在淘宝网海量数据库与大数据处理技术的基础之上进行专业的海量数据挖掘。

3 大数据在电子商务中的新应用

2010年后"云数据"概念打破了数据的时间、空间限制，大数据时代的大门开启。电子商务本质上是一种零售模式，与线下相比它具有更容易获取消费者数据、商品数据的特点，国内几家大型的电子商务网站都有着超过千万级别的活跃用户，京东每天的平均交易额超过1亿，订单量超过50万，企业内部有着复杂的运营流程，这些都应该是数据可以发挥重大作用的环节，对数据的充分利用可以在效率、成本节约上发挥重要作用。

艾瑞咨询对近1 200家企业的调查显示，97.9%的企业认为数据分析对于电子商务运营很重要。但事实上，企业对数据的利用程度还远远不够，2011年，麦肯锡的报告称，整个零售行业只有21%的企业在使用大数据。

然而不可否认，"大数据"意识正在电子商务企业中慢慢普及，据统计，近半数的电子商务企业计划全面启动大数据战略，与此相对的是有超过半数的被调查企业认为自身电子商务数据分析能力欠缺。海量数据被企业用来做加减乘除法，比率、趋势、绝对值是使用最频繁的方式，数据被分的七零八落，抽象性、局限性没有得到突破，没有进行数据的分散存储、整合、非结构分析等深层次利用，数据在各个运营环节中还没有发挥出其应有的价值和作用。造成这种现状的原因很多，可能是企业发展阶段不同，也可能是相关人力资源不足，但对企业来说，无论是何种原因，浪费了如此重要的数据资源都是一项重大损失，数据领域的创新亟待改观。

大数据时代的到来，为管理者观念转变和数据利用方法创新提供了新的思路。数据的使用将与企业运营发展更好地结合。大数据分析、挖掘技术应该受到电子商务管理者足够的重视，也应该在电子商务运营中的得到更为深入和广泛的应用。为了最大化的利用数据，电子商务网站针对买家和卖家提供不同的数据产品和服务，并且不断提升自身的内部建设、外部优化，实现对数据的多维度(如图7-3)利用。

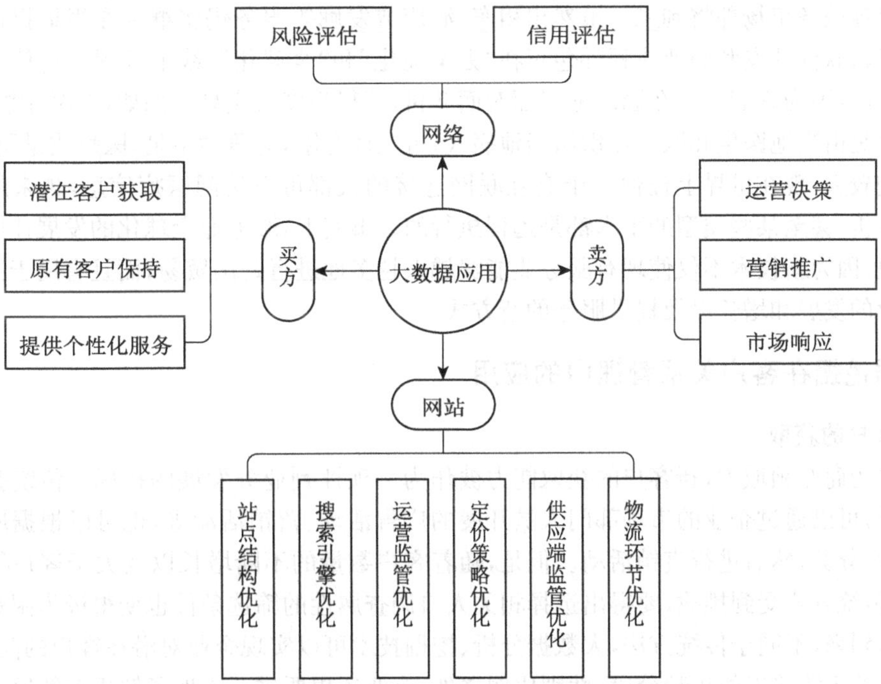

图7-3 大数据在电子商务中的多维度应用

信息技术的发展,使一些产品和服务开始以数字的形式存储、传输和交易,超越物理的束缚,可贸易程度大大提升。数字经济时代,云、网、端发展正改变服务业不可贸易、难贸易的局面。一是服务存储载体的演进,磁盘、光盘、移动硬盘等传统的数字化存储设备正在被虚拟的、线上的云存储所取代,推动存储成本的降低、存储方式的优化和存储服务的演进。二是服务传输渠道的改善,全球网络普及率、速率稳步提升,网络使用价格持续下降,形成一个高效的数字化航道,数字化的产品和服务从云端通过网络快速流入千家万户。三是服务输入、输出设备的升级,从台式计算机、笔记本电脑到现在的智能手机、车载智能终端,硬件和终端设备快速升级迭代,为更优质、更丰富的数字产品服务提供了可能。由于数字产品和服务本身具有零边际成本的特性,可贸易程度的提升将进一步促进相关产业与贸易的发展。这主要是由于以下几点原因:

数据要素成为新的贸易产品。数据成为新的关键生产要素。20 世纪 90 年代以来,数字化技术飞速发展,人类 95%以上的信息都以数字格式存储、传输和使用,同时数据计算处理能力也提升了上万倍。由网络所承载的数据、由数据所萃取的信息、由信息所升华的知识,正在成为企业经营决策的新驱动、商品服务贸易的新内容、社会全面治理的新手段,带来了新的价值增值。相比其他生产要素,数据资源具有的可复制、可共享、无限增长和供给的禀赋,打破了传统要素有限供给对增长的制约,为持续增长和永续发展提供了基础与可能。全球大数据产业稳步发展。有机构研究显示,2018 年大数据市场总体价值约 420 亿美元,其中大数据软件市场价值约 140 亿美元。美国、英国、荷兰、瑞典、韩国、中国等多个国家提出大数据相关战略,通过加大技术研发投资、强化基础数据库、推动数据开放共享等途径促进大数据产业发展。全球数据流通规则博弈加剧。2018 年 3 月,美国通过《澄清域外合法使用数据法》,默认美国政府能够直接从全球各地调取所需数据,达到美国法律覆盖在全球运营的美国企业的效果。2018 年 5 月,欧洲联盟出台《通用数据保护条例》,对企业数据使用方式进行了限定,任何收集、传输、保留或处理涉及欧盟所有成员国内的个人信息的机构组织均受该条例的约束。

越来越多的服务变得可以贸易。WTO 报告预测,2040 年服务贸易在世界贸易中的比重将上升至 1/3,相比现在增长约 50%。在过去,生产、物流、金融技术的变革降低了跨境有形货物贸易的成本,催生了全球化的制造业。21 世纪,信息通信技术发展应用不断深化,迅速降低了跨境服务贸易的成本,一个高效率的全球服务市场即将到来。虽然出租车、酒店或发廊等服务仍将继续在当地提供和需要实体存在;但是零售、软件开发和商业流程外包正在"去本地化"和"全球化",线上远程交付使许多曾经不可交易的服务部门(因为它们必须在固定地点面对面交付)变得高度可交易。例如,在医疗领域,以往大多数医疗服务都是由当地医生和医院提供给当地病人,可及性有限,竞争性不足,医疗质量受国家、地区甚至社区的影响较大;现在世界上任何一个有互联网连接的人都可以访问医疗信息,越来越多的医疗程序,如诊断、分析,甚至某些类型的手术都是远程执行的。事实上,服务业全球化的发展速度可能比预期的还要来得快,因为新技术不仅使现有服务业能够越来越多地进行跨国贸易,而且有助于推动尚未想象到的新服务业的发展和增长以及提供服务的新方式。

3.1 大数据挖掘在客户关系管理中的应用

3.1.1 潜在客户的获取

在大多数的商业领域中,新客户的获取能力被作为一项评判业务发展的指标。传统获取新客户的方法有很多种,可以通过企业的市场部门人员开展的广告活动、营销活动等,也可以根据所了解的目标客户群,将他们分类,然后进行直销活动。但是,随着客户数量的不断增长以及关于客户行为细节因素的急剧增多,传统方式受到挑战,要得出选择相关人口调查属性的筛选条件也变得极为困难。然而随着大数据时代的到来,不同于传统方法,大数据分析、挖掘技术可以实现企业对潜在客户的高效筛选。

除了了解关于消费者的年龄分段、性别比例之外,企业还想要进一步地了解更多能够诱发消费者的购买行为的复杂的元素。不久前,一家在线的英国零售商进行了一次有趣的而且是非常规的网络数据分析。他们发现，家庭主妇们往往是在她们的丈夫在玩球赛的时候进行网上购物。这可能并未包括更为广泛的消费人群的消费行为，但这也确实发现了一些看似无关的事件与消费者购买行为之间潜在的联系，给了这家公司一定的显著竞争优势。

现如今，越来越多的企业都早已超越了开始与大数据和传统分析打交道的第一阶段。企业开始需要形成锐化的见解，企业的营销人员已经不再满足于仅仅获得一线消费者的一般性的统计数据（例如，消费者的住址、年龄分段、性别比例）。他们想要进一步地了解更多能够诱发消费者的购买行为的复杂的元素，哪怕这些消费行为是他们在观看球赛转播时发生的。

如果 IT 部门是为了支持这些深层次的分析，那么更多相互关联的因素的存在便是为了市场上的相关工具，这些工具可以在大数据积累的基础上在其数据库中进行定位，所以可以以新的创新方法质疑这些数据。

比如，利用分类技术可以实现对 Web 上的客户访问信息进行挖掘，从而找到未来的潜在客户。依据用户行为差异，使用者可以先对已经存在的访问者进行分类，并以此分析老客户的一些公共属性，筛选出他们分类的关键属性及相互之间的关系。对于一个新的访问者，通过在 Web 上的分类发现，识别出这个客户与已经分类的老客户的某些公共的描述，从而对这个新客户进行正确的分类。然后从它的分类中判断这个新客户是有利可图的客户群，还是无利可图的客户群，决定是否要把这个新客户作为潜在的客户来对待。客户的类型确定后，可以对客户动态地展示 Web 页面，页面的内容取决于客户与销售商提供的产品和服务之间的关联。若为潜在客户，就可以向这个客户展示一些特殊的、个性化的页面内容。

3.1.2 原有客户的保持

二八定律认为企业 80%的业务收入来自其 20%的客户，然而随着行业中的竞争愈来愈激烈，获得一个新客户的开支也在增大，是保持原有客户成本的数倍甚至数十倍，所以相较之下，在努力减少获取新客户的成本的同时，保持原有客户的工作显现愈来愈有价值。

电子商务模式消除了客户与销售商之间的空间距离，传统的营销模式不再适用，琳琅满目的商品信息和复杂的网站结构常常使客户迷失其中。这就要求电子商务网站应当转变“利润中心”观念，转而“以客户为中心”实施营销活动。

针对自己的原有客户，企业在客户关系管理的实施中，应该实时地对客户信息进行分析，通过预测处理，找出可能会流失的客户，并分析出主要有哪些因素导致他们想要离开，在此基础上，有针对性地挽留那些有离开倾向的客户。

事实上，影响客户忠诚度的因素非常多，有客户自身方面的原因、企业方面的原因，还有客户和企业以外的其他因素，如社会文化、国家政策等。但除了企业自身外，其他都属于不可控或难控制因素。从这点出发，企业需从自身寻找影响客户忠诚度的原因。比如某个客户的忠诚度下降是因为他常买的某类商品的质量出现问题或价格过高，导致该客户转向了企业的竞争对手。对于这种情况，企业需要一种方法来对客户信息和营销数据的分析，找出哪些原因导致了客户的忠诚度下降，并且针对这些原因采取措施，挽回那些即将变为不忠诚的客户，大数据挖掘技术可以建立客户忠诚度分析模型，了解哪些因素对客户的忠诚度有较大影响，从而采取相应措施。因此基于大数据挖掘技术的客户忠诚度分析具有重要的应用价值。

比如，1 号店利用对大数据的分析给顾客发送个性化邮件营销 EDM(Email Direct Marketing)。若顾客曾经在 1 号店网站上查看过一个商品而没有购买，则有几种可能：①缺货；②价格不合适；③不是想要的品牌或不是想要的商品；④只是看看。若在顾客查看时该商品缺货则到货时立即通知顾客；若当时有货而顾客没有买就很有可能是因为价格引起的，则在该商品降价促销时通知顾客；同时，在引入和该商品相类似或相关联的商品时温馨告知顾客。另外，通过挖掘顾客的周期性购买习惯，在临近顾客的购买周期时适时地提醒顾客。

在互联网上，每一个销售商对于客户来说都是一样的，客户在某个销售商的销售站点上驻留时间的长短就决定了哪个销售商有更大的销售可能。这对销售商来说这既是一个挑战，也是一种机遇。为了使客户能在自己的网站上驻留更长的时间，销售商就必须能够全面掌握客户的浏览行为，知道客户的兴趣及需求所在，并能够根据需求动态地向客户做页面推荐，调整 Web 页面，提供特有的、商品信息和广告，提高顾客满意度，从而延长客户在自己的网站上的驻留时间。

实施客户关系管理战略，更重要的是能够通过数据挖掘为客户提供与众不同的个性化服务。基于大数据挖掘的电子商务推荐系统通过对客户的访问行为、访问频度、访问内容等信息进行挖掘，提取客户的特征，获取客户访问模式。据此创建个性化的电子商店，主动向客户提供商品推荐，帮助客户便捷地找到感兴趣的商品。这是一种全新的个性化购物体验。不仅容易使访问者转变成购买者，而且可根据客户当前购物车中的物品，向客户推荐一些相关的物品，提高站点企业的交叉销售量，甚至还可以根据需求动态地向客户作页面推荐，提供个性化的商品信息和广告，提高客户对访问站点的兴趣和忠诚度，防止客户流失。

比如“9 点优品”，该网站定位为“做最有品质的购物推荐”，网站主要针对 100 元以上品牌商品进行推荐，有较多针对摄影爱好者的权威推荐，优质正品推荐是该网站的最大优点，网站对产品的价格、销量、质量三方关注，同时附带个人评价，有一定的参考价值，另外有个“我勒个趣”的趣味推荐，主要发布新奇特推荐信息，比较吸引眼球。而“什么值得买”网站有网友对推荐信息的二度评价，帮助用户作出判断。这些个性化服务的措施都在一定程度上防止原有老客户的隐形流失。

3.1.3 提供个性化服务

如上所述，个性化的服务不仅有利于留住老顾客，创新性的个性化服务还将源源不断地吸引新的顾客的加入。标准化服务的最大弊端就在于，企业把所有顾客当作一个顾客来对待，而当顾客发现有其他可以满足自己需求的服务时，很容易转移到别的商家。相比之下，个性化服务在满足顾客多样化需求方面更具优势，但相应的具有更高的管理成本，至于高多少则要看个性化的程度。

针对客户独特需求的个性化服务可以作用在各行各业，但是能充分利用数据价值的依旧是与网络数字相关的产业和产品。其中最大的优势就是，企业可以通过技术支持实时获得用户的在线记录，并及时为他们提供定制化服务。2013 年 7 月中旬，爱奇艺 PC 客户端全面改版，新版最大的特点就是依靠数据分析，在首页为用户提供了全面的个性化视频内容推荐。也就是说，不同用户的 PC 客户端将显示不同的首页内容，而且都是自己感兴趣的。

2011 年 9 月 27 日，海尔和天猫在网上发起了用户定制电视活动。顾客可以在电视机生产以前选择尺寸、边框、清晰度、能耗、颜色、接口等属性，再由厂商组织生产并送货到顾客家中。这样的个性化服务受到广泛欢迎，2 天内 1 万台定制电视的额度被抢光。类似的定制服务还出现在空调、服装等行业，也都受到了顾客欢迎。

这些例子已经展示了未来商业的曙光——通过满足个性化需求使顾客得到更满意的产品和服务，进而缩短设计、生产、运输、销售等周期，提升商业运转效率。

电子商务最根本的就是做用户体验，尤其是 B2C 型电子商务，对消费者行为的研究观点众多，经济学界有很多种理论，比如跨期消费理论、行为理论、随机理论等，但这些基本是宏观层面的，电子商务手里有着大量的消费者购买行为的数据，微观领域的深入研究将是主要方向，甚至可以具体到某一个用户，包含区域购买力、商品区域化、客户分层、购物周期、购物偏向性、投诉原因等诸多数据指标的结合将为企业实行差异化战略和精准式营销提供重要依据，《蓝海战略》一书中曾经讲到差异化的一种识别方法——战略布局图，电子商务通过大数据分析可以有效地识别与竞争对手产生差异因素，开创新的蓝海并为消费者提供更适宜的购物体验。具体有以下三种方式。

1）*产品检索服务*

首先，电子商务网站往往会在数据库的基础上，按多种指标为用户提供不同的内容排序方式，比如按点击量、按评论数、按转发数、按下载量、按销量等,从而使页面呈现的内容更符合自己的需求,不同的排序显示方式将直接改变用户的购买路径。如在京东商城页面,当用户输入关键词、进入搜索页面后,会看到“销量、价格、评论数、上架时间”四种不同的排序方式,每一种排序方式都会提供完全不同的卖家,展示完全不一样的内容。

此外,各大电子商务网站为了提供更好的信息搜索体验,开发了不同的数据模型,不断优化站内搜索引擎。首先,用户在搜索关键词的时候能够实现智能联想,根据用户搜索的关键词热度进行联想,使得用户的搜索行为更加便捷、迅速。其次,网站的搜索系统会实时更新热搜词并进行页面的展示和推荐,让用户最快地找到热销商品。再次,网站的关键词系统还会对部分自营商品的搜索关键词进行筛选并加以优化更新,转化率低的关键词将被淘汰,新一批的关键词又会被补充进来。此外,商品的管理还与库存系统对接,一旦库存不足时,搜索系统将显示商品售罄的信息。最后,关键词的管理还与用户的搜索数据、浏览数据,以及竞争对手的商品上线情况相对接,以明确是否有用户喜欢但商家却未上架的商品,再考虑是否需要引进,以便新关键词及时上架。

另外,京东还会通过用户的历史评价生成搜索关键词,如很多用户在购买某一款产品后评价类似“送给岳母”这类关键词,系统会智能处理此类评价数据,分析出用户经常送给岳母的礼物是什么,因此当用户搜索“送岳母礼物”这个关键词后,搜索页面会按照热门程度、关联程度呈现商品,极大地方便了消费者。

2) 关联推荐服务

目前,推荐引擎主要有两种应用场景:一方面,当企业不知道用户具体关心哪些具体的内容和商品时(比如用户刚刚到达网站首页或者着陆页,或者只是进入了某个频道页,但未到达具体的文章页或商品页),完全基于用户过去的行为猜测他们可能会喜欢的内容和商品。这种推荐就是真正意义上的“个性化推荐”,如前所述;另一方面,当用户已经在关注某件具体的商品时,推荐出与该商品有某种关联的其他商品,这种推荐就是“关联推荐”。

通常,电子商务网站会参考用户“已经浏览、已经收藏、已经购买、已经打分”的商品来判断用户的兴趣爱好,然后向用户推荐更多可能感兴趣的商品。如果用户出现新的购买或打分记录,或者兴趣发生变化时,“为我推荐”也会随之更新。如果用户收到的推荐并不满意,可以随时修改这些推荐。这种推荐行为贯穿于用户浏览、挑选、结算的整个过程,用户消费行为越多,网站推送给用户的选择越精准。总而言之,一个好的推荐系统可以大幅提升网站浏览转化率,为网站带来新的销售机会,既能提高电子商务网站的交叉销售能力,同时还能改善顾客对电子商务网站的忠诚度。

3) 购前参考服务

目前,很多电子商务网站会将行业数据与用户进行分享,帮助用户了解流行购物趋势,进行购物指导。如 2011 年淘宝网上线的官方免费数据分享平台——淘宝指数,通过展现淘宝平台上的人群指数、热销指数、价格指数、搜索指数、成交指数、热销指数、喜好度等与电子商务相关的数据来反映行业的各项指标,呈现出当下流行购物趋势;京东也推出了 3C 网络购物行为指数(简称京东指数),指数分为品牌指数、产品关注指数及消费指数三大类,数据来源于消费者在京东商城的实际点击率及订单数据。为消费者消费行为的变化提供参照,消费者可根据京东指数,了解当前市场最为热门的产品、型号及品牌,为消费者购买 3C 产品提供参考。

3.2 大数据挖掘在卖方经营决策中的应用

3.2.1 运营决策

通过大数据挖掘,可以分析顾客的将来行为,容易评测市场投资回报率,得到可靠的市场反馈信息。不仅大大降低卖方的运营成本,而且便于经营决策的制定以及制定产品营销策略和优化促销活动。比如,通过对商品访问和销售情况进行挖掘,企业能够获取客户的访问规律,针对不同的产品制定相应的营销策略。

利用大数据挖掘技术可实现不同商品优惠策略的仿真。根据数据挖掘模型进行模拟计费和模拟出账，其仿真结果可以揭示优惠策略中存在的问题。并进行相应的调整优化，以达到促销活动的收益最大化。

如今，在大数据时代背景下，越来越多的专业化电子商务平台会向网站上的卖方商家提供专业的数据解读与分析报告服务。这里的数据分析主要包括需求挖掘、订单分析、买家分析、售后服务与运营支撑分析、供应链分析、商品优化分析、营销效果分析以及店铺基础运营分析等。大数据技术实现了对企业资源信息的实时、全面、准确地掌握。比如通过分析历史的财务数据、库存数据和交易数据，可以发现卖方企业资源消耗的关键点和主要活动的投入产出比例等，从而为企业资源优化配置提供决策依据，例如降低库存、提高库存周转率、提高资金使用率等。

通过专业化的数据产品应用和可视化的数据图表展示，卖方能够清晰地发现自身运营背后存在的问题，同时数据产品能够提供专业的解决方案，帮助卖家科学决策，而不是盲目地凭借主观经验制定运营策略，进而达到提高店铺流量，提升产品排名，提高订单转化率的目的。

“中粮我买网”作为一家专业的食品 B2C 网站。密集的广告推广和活动促销带来了流量的快速增长，同时也导致用户的上网体验快感下降、后台处理工作量加大等问题。“我买网”从当当和卓越亚马逊的购物流程上受到启发，将原来三步到四步的操作缩减到一步，这一改变使“我买网”的订单转化率提高了 30%。订单的增加除了依靠会员的自然增长，还与网站商品的优化有很大关系。在线营销部会分析来自各个渠道的信息以及会员的相关购买数据，例如，通过深入分析某次参与促销的 200 种商品能够带来的销售额，进而分析首页上的推荐，那些销售量较小的商品将被替换掉，这些分析也会用于对会员的商品推荐，分析结果最终将反馈到商品采购环节。此外，“我买网”还通过网络公关进行舆情监测，从各类 SNS 渠道上收集分析用户的评论和建议，以此优化并调整网站的商品品类。

3.2.2 营销推广

如何运用大数据分析、挖掘技术来实现卖家的营销优化。一个简单的例子就是美国的运通公司(American Express)，该公司拥有一个数据量达到 54 亿字符的数据库，主要用于记录信用卡业务。据调查，其数据量仍在随着业务的进展而不断更新。运通公司通过对这些数据进行挖掘，制定了“关联结算(Relation ship Billing)优惠”的促销策略，即如果一个顾客在一个商店用运通卡购买一套时装，那么在同一个商店再买一双鞋，就可以得到比较大的折扣，这样既增加了商店的销售量，也增加了运通卡在该商店的使用率。

然而不是所有的电子商务卖方都具备自助采集、分析和挖掘海量数据的能力。专业化的大型电子商务平台却具备这种能力。如今已经有越来越多的电子商务大平台和第三方研发机构共同合作推出针对中小型卖方的营销推广产品，主要包括会员营销、促销工具、互动营销、店铺推广和导购展示等几大类别，实际上，电子商务平台针对卖家的营销推广很大程度上都是指流量推广，如何最大限度地将站内、站外流量引入目标店铺成为其最重要的职能。

例如，淘宝网能够基于买家的搜索关键词数据掌握买家需求，通过 Tanx-ADX(竞价交易平台)实时推送关联推荐产品，能够极大地引导目标用户流量，促进销售。此外，阿里巴巴也推出了“网销宝”关键词竞价工具、“流量推广”站外引流工具等营销推广产品。表 7-2 展示了淘宝、阿里巴巴、京东为其网站平台上的卖家提供的数据产品。

表 7-2 淘宝、阿里巴巴、京东提供的数据产品

产品类别	电子商务网站	数据产品
数据分析	淘宝	数据魔方、小艾分析、量子恒道、淘宝指数等
	阿里巴巴	生意参谋、访客热点、量子恒道、生意宝、数据分析大师等
	京东	聚合数据平台、京东数据通、数据分析大师、E店宝等

（续表）

产品类别	电子商务网站	数 据 产 品
营销推广	淘宝	Tanx-ADX竞价平台、淘宝客、网销宝、钻石展位等
	阿里巴巴	网销宝、一键营销、流量推广、小A短信、超级卖家等
	京东	销售联盟、DSP广告平台、促销大师、红萻提、网聚宝等

除此之外，利用大数据挖掘技术也可以实现对网络广告组合的优化投放。通过对大量消费者的消费行为、浏览模式以及不同的消费需求进行综合分析，可以达到精确评价各种广告手段整体营销效益的良好效果。根据评价的结果，企业可以确定最佳的商品广告宣传组合方式。产品的广告形式和位置也依据顾客对商品的关注度不同而有所差异。从而最终达到增加广告的针对性，提高广告整体收益的目的。

Google的AdSense通过对顾客的搜索过程和其对各网站的关注度进行大数据分析、挖掘，在其联盟内的网站追踪顾客的去向，从而及时有效地推出和顾客潜在兴趣相匹配的广告，进行精准化营销，提高广告效益的转化率。

3.2.3 市场响应

大数据挖掘也有利于提高企业对市场变化的响应能力和创新能力。通过快速提取商业信息，大数据挖掘技术能使企业准确地把握市场动态，最大限度地利用人力资源、物质资源和信息资源，合理协调企业内外部资源的关系，产生最佳的经济效益，促进企业发展的科学化、信息化和智能化。

亚马逊在这方面已经有了很大发展，每天会有大量的基于运营的报表和数据处理，运营策略、市场推广策略的改变主要是看数据，它自行定义的自动补货模型就是基于时间序列和极值的原理而形成的，有效地解决了完全依靠人工的订货、补货模式，提升了库存管理的效率。

3.3 大数据挖掘在网站内部优化中的应用

电子商务网站是企业开展电子商务的基础设施和信息平台，事实是电子商务的公司或商家与服务对象的交互界面，是电子商务系统运转的承担者和表现者。因此电子商务网站的设计是否合理，运营机制是否健全，用户使用是否满意，安全是否得到保障是企业实现电子商务成败的关键。

3.3.1 站点结构优化

一个较为成功的站点，一定是保持较高回头率和较长客户驻留时间的站点，针对这一特征，除了站点信息的自身质量问题外，要解决的问题主要是站点和页面的合理布局问题，这正如超市商品摆设一样，摆放在一起有助于销售。利用关联规则发现有用的信息，动态调整站点结构，使客户访问的有关联文件之间的链接能够比较直接，让客户更容易访问到想访问的页面。根据用户访问习惯，将页面信息合理地呈现在眼前也是站点优化任务之一，这正如顾客经常进入统一商场购买常买的商品一样，购买行为给他可能有两种感觉一样：方便和不方便，对于他来说要是他常买的商品摆放在商场入口将会给他的购买活动带来很大的方便。利用聚类分析将众多的访问行为分类，最大可能呈现给用户的是用户常用的信息。

合理的网站结构设计有利于信息的有效传递，方便访问者快速查找信息，也便于网站正式运行后的更新与维护，网站的结构包括网站的目录结构和网站的链接结构。目录结构是一个容易忽略的问题，目录结构的好坏，不仅会影响浏览者访问网站的效率，还对站点以后的上传维护、内容扩充和移植有着重要的影响。在规划网站目录结构时，应注意以下几点：一是所有文件不要存放在根目录下；二是按栏目内容建立子目录；三是每个主目录下都建立独立的存放图片的子目录；四是目录的层次不要太深；五是不要使用中文目录和过长的目录，且要尽量使用意义明确的目录。

网站的链接结构是指页面之间相互链接的拓扑结构，它建立在目录结构基础之上，但可以跨越目录。链接并非越多越好，因为并不是每一个链接都会被用户经常访问，这样太多低效的链接会使网站拓扑结构复杂凌乱，不利于网站维护和优化。研究网站的链接结构的目的在于用最少的链接，获得最优的浏览效率。

对网站站点的链接结构的优化可从三方面来考虑。

(1) 通过对 Web Log 的挖掘，发现用户访问页面的相关性，从而对密切联系的网页之间增加链接，方便用户使用。

(2) 利用路径分析技术判定在一个 Web 站点中最频繁的访问路径，可以考虑把重要的商品信息放在这些页面中，改进页面和网站结构的设计，增强对客户的吸引力，提高销售量。

(3) 通过对 Web Log 的挖掘，发现用户的期望位置。如果在期望位置的访问频率高于对实际位置的访问频率，可考虑在期望位置和实际位置之间建立导航链接，从而实现对 Web 站点结构的优化。

3.3.2 搜索引擎优化

通过对网页内容的挖掘，可以实现对网页的聚类和分类，实现网络信息的分类浏览与检索；通过用户使用的提问式历史记录分析，可以有效地进行提问扩展，提高用户的检索效果；通过运用 Web 挖掘技术改进关键词加权算法，可以提高网络信息的标引准确度，改善检索效果，优化网站组织结构和服务方式，提高网站的效率；通过挖掘客户的行为记录和反馈情况为站点设计者提供改进的依据，进一步优化网站组织结构和服务方式以提高网站的效率。

站点的结构和内容是吸引客户的关键。站点上页面内容的安排和连接如同超市中物品在货架上的摆设一样，把具有一定支持度和信任度的相关联的物品摆放在一起有助于销售。比如，利用关联规则的发现，可以针对不同客户动态调整站点结构，使客户访问的有关联的页面之间链接更直接，让客户很容易地访问到想要的页面。这样的网站往往能给客户留下好印象，提高客户忠诚度，吸引客户不断访问。

3.3.3 运营监控优化

在电子商务网站后台，各部门都可以清晰地看到系统对于各项业务数据的详细记录，通过数据分析找出问题的解决方法，例如通过分析网站流量大小和来源、新上线的产品点击率、同比环比的数据比较、某品牌的销量上升或下降等，探索出背后的原因，对网站各环节的运营起到指导作用。通过数据的收集与分析，实现了在后台对整体运营过程的实时监控，以便及时调整运营状态，推动其他环节的有序运行，从而更好地参与市场竞争。

如 1 号店通过“潘多拉”系统和“运营仪表盘”监管系统两大系统，使各个部门的员工能够及时查看网站运营过程中有价值、有意义的关键指标，帮助管理层迅速作出相应决策，推动了 1 号店的有序发展。

3.3.4 定价策略优化

电子商务相较于实体店的一大优势是价格，因此如何制定既便宜实惠又有利可图的商品价格成为了很多电子商务自营商品销售的重要环节。通常来讲，首先自营电子商务网站会通过价格智能系统实现对其他主流电子商务网站的商品价格信息的实时抓取、储存；其次由专门负责比价和定价的团队根据采购成本、顾客需求、利润和抓取的价格数据来建立价格模型，最终确定商品价格。同时，商品的价格还能够实现实时调整，确保价格的灵活性和竞争力。

如“当当网”建立了“比价系统”，该系统能够通过互联网每天实时查询所有网上销售的图书音像商品信息，一旦发现其他网站商品价格比当当网的价格还低，将自动调低当当网同类商品的价格，保持与竞争对手的价格优势。

3.3.5 供应端监管优化

在电子商务产业链中，供应商处在上游的位置，是否能对这一环节实现高效管理，是所有具备自营商品经营能力的 B2C 电子商务都要解决的问题。在商品采购环节，针对供应商们制定了严格的商品有效期制度，并通过采购管理系统对商品的采购、调拨、收获等环节进行监管。这样一来，就能够以“人工＋系统”的方式双向保证供应商的商品在进入仓储环节时拥有详尽的包括生产日期在内的各项数据，并对商品进行实时监控。

如1号店推出的PMS(采购管理系统),它能对采购物流和资金流的全部过程进行有效的双向控制和跟踪,完善企业的物资供应信息管理。

3.3.6 物流环节优化

电子商务企业会将不同的商品按照关联程度和热销程度进行分类存放。商品之间关联度越大就摆放得越近,而畅销商品也会离包装区更近,以便拣货人员快速拣货。在拣货环节,由于用户订单数据经过系统处理会形成全新的拣货任务。之后,拣货员的数据采集器上会出现相应的指令,告知他该去仓库的什么位置提取哪些商品,大大减少了拣货时间,提升了工作效率。

为了最高效的方便物流运输,某些自建物流电子商务公司,如京东推出了GIS(Geographic Information System,地理信息)物联网信息系统,使物流管理者在后台,可以实时看到物流运行情况,如车辆位置信息、车辆的停留时间、包裹的分拨时间、配送员与客户的交接时间等,这些都会形成原始数据。经过分析之后,可以给管理者提供优化流程的参考,比如:怎样合理使用人员、怎样划分配送服务人员的服务区域、怎样缩短每个订单的配送时间等。另外,通过对一个区域的发散分析,可以看到客户的区域构成、客户密度、订单的密度等。

3.4 大数据挖掘在网络环境规范中的应用

低劣的信用状况是影响商业秩序的突出问题,已经引起世人的广泛关注。由于网上诈骗现象层出不穷,企业财务"造假"现象日益严重,信用危机也严重制约着电子商务的发展和繁荣。电子商务在进行过程中如何有效地防止网络诈骗现象是未来电子商务领域需要尽快解决的一个重要问题。

发达的社会信息水平作为发展电子商务的基础,一切数据皆为信用数据,大数据可为信用评估所有。金融部门通过偏差分析,监控企业统计数据和历史记录或标准之间的差别,包括结果与期望的偏离以及反常实例等特征,为其构建完善的安全体系,可以有效地防范信贷风险。采用大数据挖掘技术可以有效挖掘出在偿还中起决定作用的主导因素,进而制定相应的金融政策等。电子商务则可以采用大数据挖掘技术对电子银行、网上商店交易用户的日志进行分析,从而有效地防止非法密码的获取。同时还能够有效地防止黑客攻击,以及诈骗等不良现象的发生。

银行或商业上经常发生诈骗行为,如恶性透支等,这些给银行和商业带来了巨大的损失。对这类诈骗行为进行预测,哪怕是正确率很低的预测,都会减少发生诈骗的机会,从而减少损失。进行诈骗甄别主要是通过总结正常行为和诈骗行为之间的关系,得到诈骗行为的一些特性,这样当某项业务符合这些特征时,可以向决策人员提出警告。为强化网站中的网上交易行为的安全,应对网络进行全程的监控。运用大数据挖掘技术对交易历史数据进行挖掘,发现客户的交易数据特征,在此基础上,建立客户信誉度级别,有效地防范和化解信用风险,提高企业信用甄别与风险管理的水平和能力。通过对客户偿还能力以及信用的分析,来对客户进行分类评级,从而可减少放贷的盲目性。通过对海量数据的分析还可以发现洗黑钱以及其他的犯罪活动。

例如,美国申请信用卡,姓名有可能全部小写,也有可能全部大写,这在我们看来信用是完全不一样的,一个人如果能知道何时大小写他的姓名,从某种程度来说姓名指数更好,跟教育背景形成正相关。又如,开本田雅阁和开尼桑350Z的人从一定程度来说,风险偏好程度往往不一样:开尼桑往往更激进,还款程度更快一些。

国内大数据信用评估公司We cash闪银,整合了大数据信用分析技术与机器学习算法,借助精简化的传统银行信用审核模型,让繁冗的信用评估流程不用再提供工作、收入证明等物料,而是依赖于用户社交网络数据和搜索引擎海量抓取的信息,整个流程也变成在20分钟之内就可以完成。

同样用大数据来作风险评估和信用评估的还有美国P2P借贷行业的翘楚Lending Club。除了充分利用信用统计的数据以外,Lending Club还会要求借款人提供很多其他信息,包括为什么要借贷、希望的额度、教育背景、职业等。第三方的评分包括他的邮件、电话号码和住址、计算机IP地址等,这些都在网上操作。

而互联网随时变化的数据能为信用评级提供的不仅仅是一个静态的分数这么简单。利用大数据做信用评估主要观察两个方面：第一有没有还款意愿；第二有没有还款能力，但两者之间并不能完美协调。原因很简单，因为它有滞后，而解决的办法是把离散的评分变成连续的，希望最终版本是根据不同数据源产生的，每分每秒改变，不是等两三个月后信息才改变一次。

4 小　结

电子商务是现代信息技术发展的必然结果，也是未来商业运作模式的必然选择。在全球经济一体化的形势下，应该加强网络基础设施建设，积极推动企业的电子商务化进程，健全电子商务的安全立法和完善物流配送体系建设，为电子商务的发展营造一个良好的环境。同时，加强多媒体数据挖掘、文本数据挖掘和网络数据挖掘等研究，解决数据质量、数据安全与保密，以及数据挖掘与其他商业软件的集成等问题。利用数据仓库和数据挖掘等现代信息技术，充分发挥企业的独特优势，促进管理创新和技术创新，使企业在电子商务的潮流中立于不败之地。

大数据时代为中国电子商务发展带来新的发展机遇。首先，国家及地方政策方面的大力支持与推动，为电子商务应用大数据营造良好环境。其次，大数据相关技术不断突破创新，为大数据时代电子商务的新发展提供了保障。再次，中国消费者的“无品牌忠诚度”催生数据挖掘竞争，利用大数据技术展开同行竞争，使出各种招数赢得消费者的关注成了重中之重。最后，大数据技术在电子商务中的应用将有利于完善新时期电子商务企业的健康高速发展，体现在实现电子商务精准营销、帮助传统产业转型升级、实现 App 高效质量评估以及助推电子商务差异化建设上。

不同于传统的商务模式，随着大数据时代的到来，现代电子商务拥有更全面的使用用户数据，而且借助大数据分析、挖掘技术，电子商务更易获得精准且具商业价值的用户数据，以实现精准的个性化营销。大数据背景下，针对不同的数据来源电子商务企业为了实现对数据的全面获取，采取多元化的数据采集方式，进行多层次的数据处理与分析。

大数据时代的到来，为电子商务管理者转变观念和数据利用方法创新提供了新的思路。为了最大化的利用数据，电子商务网站针对买家和卖家提供不同的数据产品和服务，并且不断提升自身的内部建设，实现对数据的多维度利用，即在客户关系管理中的应用、在卖方运营决策中的应用、在网络环境规范中的应用和在网站内部优化中的应用。

数字经济的蓬勃发展，给经济社会带来了颠覆性影响。无论是从生产组织形式，还是从生产要素等方面来看，数字经济都是一种与农业经济、工业经济截然不同的经济形态。尤其是数字经济的数据化、智能化、平台化、生态化等特征，深度重塑了经济社会形态，引发了数字经济治理的根本性变革。传统的治理理念、治理工具等，均面临前所未有的挑战，而且这些挑战是全球数字经济治理面临的共同难题。在此背景之下，寻找数字经济治理的准确定位，构建适应全球数字经济发展趋势的治理体系，具有极大的紧迫性与必要性。

思考题

1. 大数据时代背景下，电子商务具有哪些新特点？
2. 谈谈中国电子商务应用大数据挖掘的必要性与可行性。
3. 大数据挖掘可以在电子商务领域有哪些应用？
4. 思考一下，在大数据的时代背景下，电子商务将会遇到哪些机遇和挑战？

5. 你还能提出哪些大数据挖掘在电子商务领域的可能的应用？说说你的理由。

参考文献

[1] 谭磊，大数据挖掘[M].北京：电子工业出版社，2013.
[2] 毛国君，段立娟，王实，石云.数据挖掘原理与算法[M].北京：清华大学出版社，2007.
[3] 郭昕，孟晔.大数据的力量[M].北京：机械工业出版社，2013.
[4] 邓鲲鹏，周延杰，严瑜筱.数据挖掘与电子商务[J].商场现代化，2014，94：514.
[5] 张冬青.数据挖掘在电子商务中应用问题研究[J].现代情报，2005.
[6] 韩泽华.数据挖掘技术在电子商务管理中的应用[J].企业改革与管理，2014：245.
[7] 张宗亚，张会彦.Web数据挖掘技术在电子商务中的应用研究[J].产业经济，2014.
[8] 王芳.电子商务平台中的Web数据挖掘应用探讨[J].科技创新与应用，2014：10.
[9] 唐生，樊重俊. 中国电子商务发展报告 2017—2018[R]. 2018.
[10] 李平，樊重俊，杨云鹏. 基于全程供应链和电子商务的钢铁企业信息化建设[J].电子商务，2017(7)：63-64.
[11] 张春前，樊重俊，徐飞，等."互联网+"协同研发技术在钢铁企业中的实施思路和方法[J]. 电子商务，2017(4)：54-55.
[12] 浦东平，胡笳，樊重俊，杨云鹏. 移动商务在我国机场中应用初探[J].电子商务，2016(8)：60-61.
[13] 杨云鹏，杨坚争，张璇. 跨境电商贸易过程中新政策法规的影响传播模型[J].中国流通经济，2018，32(1)：55-66.
[14] 杨维新，杨云鹏，杨坚争.产业互联网背景下电子商务学科人才培养体系研究[J].电子商务，2019(11)：60-61.
[15] 李君昌，樊重俊，杨云鹏，王来. 基于系统动力学的移动电子商务产业演化研究[J].科技管理研究，2018，38(3)：168-178.
[16] 商务部电子商务和信息化司. 中国电子商务报告 2018[R]. 2019.
[17] 唐生，樊重俊，杨云鹏. 中国电子商务发展报告 2018—2019[R]. 2019.
[18] 中国产业信息网. 2018年中国电子商务行业发展现状及趋势分析[EB/OL]. 2018.
[19] 朱玥，樊重俊，赵媛. 全球电子商务：发展现状与趋势[J]. 物流科技，2020，43(1)：85-87.
[20] 刘薇，樊重俊，臧悦悦. 我国各地数字经济发展情况分析[J]. 改革与开放，2019(23)：12-15.
[21] 郭皓月，樊重俊，李君昌，等. 考虑内外因素的电子商务产业与大数据产业协同演化研究[J]. 运筹与管理，2019，28(3)：191-199.
[22] 蒋雨桥，樊重俊. 中国跨境电子商务发展分析[J]. 物流科技，2019，42(12)：57-59.

第 8 章

大数据可视化分析

数据是抽象的，有时也可以是异常美丽的。可视化技术为大数据分析提供了一种更加直观的挖掘、分析与展示手段，有助于发现大数据中蕴含的规律，在各行各业均得到了广泛的应用。可视化和可视分析利用人类视觉认知的高通量特点，通过图形和交互的形式表现信息的内在规律及其传递、表达的过程，充分结合人的智能和机器的计算分析能力，是人们理解复杂现象、诠释复杂数据的重要手段和途径。

数据可视化是大数据的主要理论基础，也是大数据的关键技术，已经成为当前大数据分析的重要研究领域。因此，大数据可视化能力是大数据领域的科学家、工程技术人员的核心竞争力之一。本章概述了大数据可视化的发展历程，介绍了多种数据可视化工具和技术，利用这些工具和技术，能够分析业务数据，发现未知的趋势、行为和异常。

1 大数据可视化概述

1.1 大数据可视化简介

大数据可视化(BDV)是关于数据之视觉表现形式的研究的集合，其中，这种数据的视觉表现形式被定义为一种以某种概要形式抽提出来的信息，包括相应信息单位的各种属性和变量。数据可视化主要旨在借助于图形化手段，清晰有效地传达与沟通信息。但是，这并不就意味着，大数据可视化就一定因为要实现其功能用途而令人感到枯燥乏味，或者是为了看上去绚丽多彩而显得极端复杂。为了有效地传达思想观念，美学形式与功能需要齐头并进，通过直观地传达关键的方面与特征，从而实现对于相当稀疏而又复杂的数据集的深入洞察。然而，设计人员往往并不能很好地把握设计与功能之间的平衡，从而创造出华而不实的数据可视化形式，无法达到其主要目的，也就是传达与沟通信息。大数据可视化与信息图形、信息可视化、科学可视化以及统计图形密切相关。当前，在研究、教学和开发领域，大数据可视化是一个极为活跃而又关键的方面。

1.2 大数据可视化发展历程

数据可视化领域的起源可以追溯到 20 世纪 50 年代计算机图形学的早期。当时，人们利用计算机创建出了首批图形图表。1987 年，由布鲁斯·麦考梅克、托马斯·德房蒂和玛克辛·布朗所编写的美国国家科学基金会报告《Visualization in Scientific Computing》(意为“科学计算之中的可视化”)，对于这一领域产生了大幅度的促进和刺激。这份报告之中强调了新的基于计算机的可视化技术方法的必要性。随着计算机运算能力的迅速提升，人们建立了规模越来越大，复杂程度越来越高的数值模型，从而造就了形形色色体积庞大的数值型数据集。同时，人们不但利用医学扫描仪和显微镜之类的数据采集设备产生大型的数据集，而且还利用可以保存文本、数值和多媒体信息的大型数据库来收集数据。因而，就需要高级的计算机图形学技术与方法来处理和可视化这些规模庞大的数据集。

短语“Visualization in Scientific Computing”(意为“科学计算之中的可视化”)后来变成了

"Scientific Visualization"(即"科学可视化"),而前者最初指的是作为科学计算之组成部分的可视化,也就是科学与工程实践当中对于计算机建模和模拟的运用。更近一些的时候,可视化也日益关注数据,包括那些来自商业、财务、行政管理、数字媒体等方面的大型异质性数据集合。20 世纪 90 年代初期,人们发起了一个新的,称为"信息可视化"的研究领域,旨在为许多应用领域之中对于抽象的异质性数据集的分析工作提供支持。因此,21 世纪人们正在逐渐接受这个同时涵盖科学可视化与信息可视化领域的新生术语"数据可视化"。2003 年,本·什内德曼指出,该领域已经由研究领域之中从稍微不同的方向上崭露出头角。同时,他还提到了图形学、视觉设计、计算机科学以及人机交互和新近出现的心理学和商业方法。

自那时起,大数据可视化就是一个处于不断演变之中的概念,其边界在不断地扩大。因而,最好是对其加以宽泛的定义。大数据可视化指的是技术上较为高级的技术方法,而这些技术方法允许利用图形、图像处理、计算机视觉以及用户界面,通过表达、建模以及对立体、表面、属性和动画的显示,对数据加以可视化解释。与立体建模之类的特殊技术方法相比,大数据可视化所涵盖的技术方法要广泛得多。

1.3 大数据可视化相关领域

大数据之热度,已无需多言。业内众多关于大数据可视化应用领域的声音与讨论,大多集中在数据应用领域,比如数据采集、数据分析、数据治理、数据管理和数据挖掘等。

(1) 数据采集。数据采集(DAQ 或 DAS)又称为"数据获取"或"数据收集",是指对现实世界进行采样,以便产生可供计算机处理的数据的过程。通常,数据采集过程之中包括为了获得所需信息,对于信号和波形进行采集并对它们加以处理的步骤。数据采集系统的组成元件当中包括用于将测量参数转换成为电信号的传感器,而这些电信号则是由数据采集硬件来负责获取的。

(2) 数据分析。数据分析是指为了提取有用信息和形成结论而对数据加以详细研究和概括总结的过程。数据分析与数据挖掘密切相关,但数据挖掘往往倾向于关注较大型的数据集,较少侧重于推理,且常常采用的是最初为另外一种不同目的而采集的数据。在统计学领域,有些人将数据分析划分为描述性统计分析、探索性数据分析以及验证性数据分析;其中,探索性数据分析侧重于在数据之中发现新的特征,而验证性数据分析则侧重于已有假设的证实或证伪。数据分析的类型包括:①探索性数据分析是指为了形成值得假设的检验而对数据进行分析的一种方法,是对传统统计学假设检验手段的补充。该方法由美国著名统计学家约翰·图基命名。②定性数据分析又称为"定性资料分析""定性研究"或者"质性研究资料分析",是指对诸如词语、照片、观察结果之类的非数值型数据(或者说资料)的分析。

(3) 数据治理。数据治理涵盖为特定组织机构之数据创建协调一致的企业级视图(enterprise view)所需的人员、过程和技术;数据治理旨在:增强决策制定过程中的一致性与信心;降低遭受监管罚款的风险;改善数据的安全性;最大限度地提高数据的创收潜力;指定信息质量责任。

(4) 数据管理。数据管理又称为"数据资源管理",包括所有与管理作为有价值资源的数据相关的学科领域。对于数据管理,DAMA 所提出的正式定义是:"数据资源管理是指用于正确管理企业或机构整个数据生命周期需求的体系架构、政策、规范和操作程序的制定和执行过程。"这项定义相当宽泛,涵盖了许多可能在技术上并不直接接触低层数据管理工作(如关系数据库管理)的职业。

(5) 数据挖掘。数据挖掘是指对大量数据加以分类整理并挑选出相关信息的过程。数据挖掘通常为商业智能组织和金融分析师所采用;不过,在科学领域,数据挖掘也越来越多地用于从现代实验与观察方法所产生的庞大数据集之中提取信息。数据挖掘被描述为"从数据之中提取隐含的,先前未知的,潜在有用信息的非凡过程",以及"从大型数据集或数据库之中提取有用信息的科学"。与企业资源规划相关的数据挖掘是指对大型交易数据集进行统计分析和逻辑分析,从中寻找可能有助于决策制定工作的模式的过程。

2 大数据可视化技术

2.1 可视化数据挖掘

大多数业务数据都以表的形式组织其信息结构，一张表包含有限的字段和一行或多行的数据。然而，在开始介绍可视化工具和技术之前，有必要对业务数据集作简短的说明。表 8-1 显示了一个天气信息(数据)的简单的业务数据集的例子。

表 8-1 天气业务数据

CITY	DATE	TEMPERATURE	HUMIDITY	CONDITION
Athens	01-MAY-2014	97.1	89.2	Sunny
Chicago	01-MAY-2014	66.5	100.0	Rainy
Paris	01-MAY-2014	71.3	62.3	Cloudy

关于天气(WEATHER)主题业务数据集的信息。解释如下。

WEATHER 是一个文件，或者一张表，或者数据集的名称。一个城市在某一天的天气情况是 WEATHER 要表达的主题。

CITY，DATE，TEMPERATURE，HUMIDITY 和 CONDITION 是数据集的 5 列。这些字段描述了保留在数据集中的各种类型的信息——关于每个城市天气的属性。

Athens，01-MAY-2014，97.1，89.2，Sunny 是数据集中的一条详细的记录(record)或行(row)。每个唯一的数据集(数据事实)都应该有自己的记录(行)。对这一行而言，CITY 字段的数据值是“Athens”，天气测量的日期 DATE 是“01-MAY-2014”，华氏温度(TEMPERATURE)是“97.1”，湿度(HUMIDITY)的数据值是“89.2”，天气条件(CONDITION)是“Sunny”。细节的层次或者数据事实的粒度在城市(CITY)级别上。

2.2 可视化数据类型

在一个数据集(表或文件)中，字段(column)包含的数据值有两种类型——离散型(discrete)和连续型(continuous)。一个离散字段(discrete column)也称为种类变量(categorical variable)，是指相应的数据值(记录或行在该字段对应的值)的个数是有限的，并且值与值之间是分离的、不连续的。举例而言，数据类型为字符串、整数或者将连续的数据值分成若干组的字段可以看作离散字段。离散字段数据的值域通常有一个到上百个不同值。如果离散字段的数据值有内在的顺序关系，这种字段也称为顺序变量(ordinal variable)。例如，一个离散字段只有 SMALL(小)、MEDIUM(中)或 LARGE(大)三个值，则可以将它看作为顺序变量。

连续字段(continuous column)，通常也称为数学变量(numeric variable)或者日期变量(date variable)，如果一个表的字段称为连续字段，那么这个字段的值域通常在一个数字值的完整区间内，它可能有不确定的值，也具有不确定的值的个数。举例而言，连续字段的数据通常是日期、双精度数或浮点数。连续字段的值域通常有上千个或无限个不同的值。

2.3 可视维与数据维

注意，不要混淆术语可视维(Visual dimension)和数据维(Data dimension)。可视维和空间坐标系有关，数据维和业务数据集中字段的数目有关。可视维是指空间坐标系中图形的 x，y 和 z 轴，或者指图形对象的颜色、透明度、高度和尺寸。数据维指包含在业务数据集中地离散或连续字段或者变量。

如果我们以表 8-1 的业务数据集作为例子，天气数据集的数据维是字段 CITY，DATE，TEMPERATURE，HUMIDITY 和 CONDITION。为了创建一个二维或三维的天气数据集的图表，这个图形的数据表将业务数据集中字段的值映射成空间坐标系中 x，y 和 z 轴的相应的数据点。

数据可视化工具被用来创建业务数据集的二维或三维的图形。有些工具甚至能够动态改变一个或多个数据维来展示图形。简单的可视化工具已经使用几个世纪了，比如折线图、柱形图、条形图和饼图。然而，许多行业依靠传统的“green-bar”表格式的报表，来表达大量的信息以及满足交流的需要。近年来，随着新的可视化技术的开发，许多业务人员发现利用很少的可视化图就能取代原先可能需要上百页表格式的报表。有些业务人员也利用可视化视图来扩充和概括传统的报表。可视化工具和技术的使用导致了快速的商业决策部署，以及更快地获得业务洞察，并且更易于就这些洞察和其他人沟通和交流。

2.4 多维数据可视化图表

最普通的数据可视化图表示那些对多维数据进行图形展示的图表。多维数据可视化图表能够让用户直观地在空间坐标系上比较一个数据维(字段的值)和其他数据维之间的关系。图表是数据可视化的常用手段，其中又以基本图:柱状图、折线图、饼图等最为常用。以下则是比较常用的六种基本图的简要介绍。

2.4.1 柱状图

柱状图(Bar Chart)是最常见的图表，也最容易解读。它的适用场合是二维数据集(每个数据点包括两个值 x 和 y)，但只有一个维度需要比较。年销售额就是二维数据，“年份”和“销售额”就是它的两个维度，但只需要比较“销售额”这一个维度。

柱状图利用柱子的高度，反映数据的差异。肉眼对高度差异很敏感，辨识效果非常好。柱状图的局限在于只适用中小规模的数据集。通常来说，柱状图的 X 轴是时间维，用户习惯性认为存在时间趋势。如果遇到 X 轴不是时间维的情况，建议用颜色区分每根柱子，改变用户对时间趋势的关注。2018—2019 年度英超联赛各球队积分榜如图 8-1 所示。

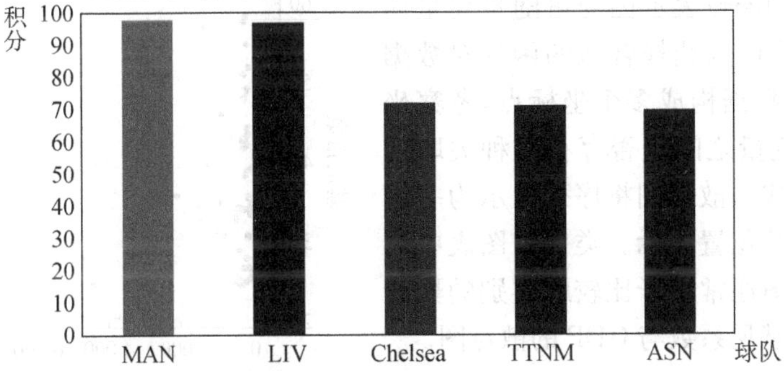

图 8-1 英超联赛积分柱状图(Premier League Wins 2018—2019 年)

2.4.2 折线图

排列在工作表的列或行中的数据可以绘制到折线图(Line Chart)中。折线图可以显示随时间(根据常用比例设置)而变化的连续数据，因此非常适用于显示在相等时间间隔下数据的趋势。在折线图中，类别数据沿水平轴均匀分布，所有值数据沿垂直轴均匀分布。折线图适合二维的大数据集，尤其是那些趋势比单个数据点更重要的场合。它还适合多个二维数据集的比较。折线图用于显示随时间或有序类别而变化的趋势，可能显示数据点以表示单个数据值，也可能不显示这些数据点。在有很多数据点并且它们的显示顺序很重要时，折线图尤其有用。2013—2017 年上海春考报名人数变化折线图如图 8-2 所示。

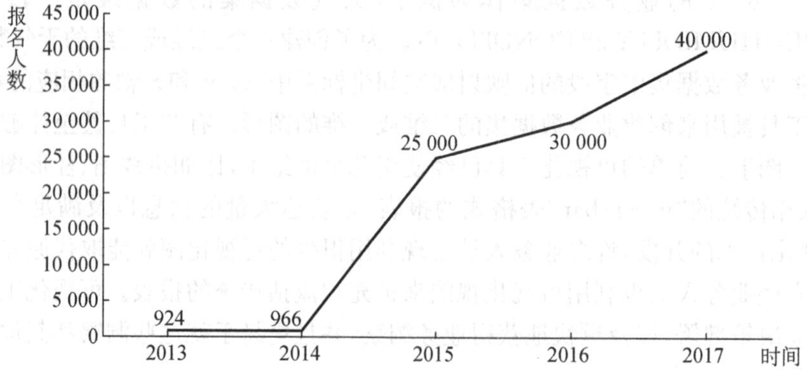

图 8-2　2013—2017 年上海春考报名人数变化折线图

2.4.3　饼图

饼图(Pie Chart)是将排列在工作表的一列或一行中的数据可以绘制到圆形图中。饼图显示一个数据系列(数据系列：在图表中绘制的相关数据点，这些数据源自数据表的行或列。图表中的每个数据系列具有唯一的颜色或图案，并且在图表的图例中表示。可以在图表中绘制一个或多个数据系列。饼图只有一个数据系列)中各项的大小与各项总和的比例。饼图中的数据点(数据点：在图表中绘制的单个值，这些值由条形、柱形、折线、饼图或圆环图的扇面、圆点和其他被称为数据标记的图形表示。相同颜色的数据标记组成一个数据系列)显示为整个饼图的百分比。图 8-3 是一家餐饮公司午餐销售情况饼图。

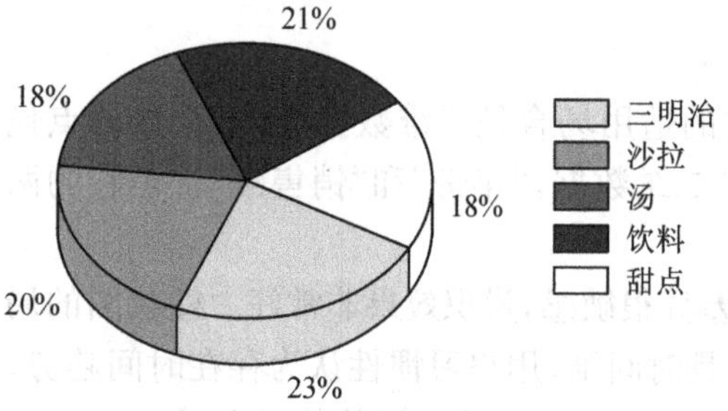

图 8-3　午餐销售情况饼图

2.4.4　散点图

散点图(Scatter Chart)表示因变量随自变量而变化的大致趋势，据此可以选择合适的函数对数据点进行拟合。用两组数据构成多个坐标点，考察坐标点的分布，判断两变量之间是否存在某种关联或总结坐标点的分布模式。散点图将序列显示为一组点。值由点在图表中的位置表示。类别由图表中的不同标记表示。散点图通常用于比较跨类别的聚合数据。图 8-4 显示了基尼系数与 GDP 的散点图。

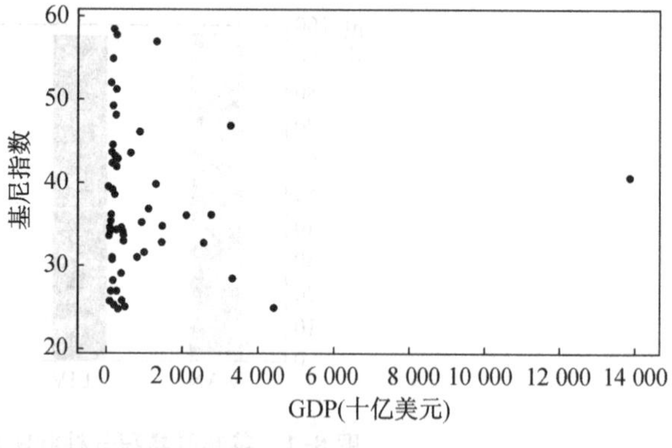

图 8-4　基尼指数与 GDP 的散点图

2.4.5　气泡图

气泡图(Bubble Chart)是散点图的一种变体，通过每个点的面积大小，反映第三维。如果为气泡加上不同颜色(或文字标签)，气泡图就可用来表达四维数据。图 8-5 是飓风卡特里娜的风力强度气泡图。

2.4.6　雷达图

雷达图(Radar Chart)又可称为戴布拉图、蜘蛛网图(Spider Chart)，是财务分析报表的一种。即将一个公司的各项财务分析所得的数字或比率，就其比较重要的项目集中画在一个圆形的图表上，来表现一个公司各项财务比率的情况，使用者能一目了然地了解公司各项财务指标的变动情形及其好坏趋向。

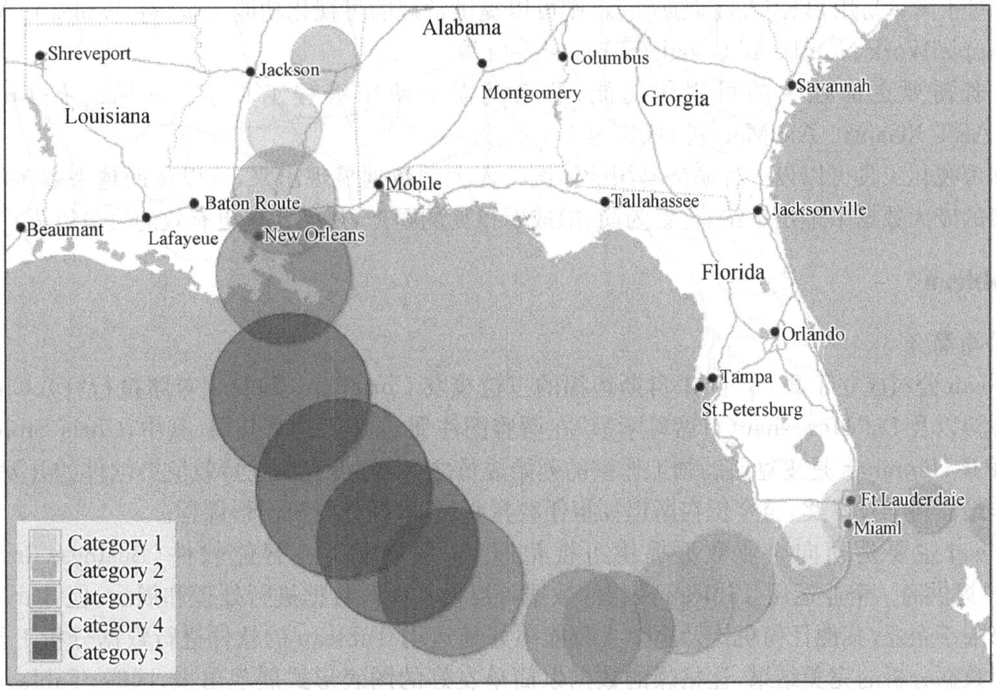

图 8-5　飓风卡特里娜(Hurricane Katrina)的风力强度气泡图

雷达图适用于多维数据(四维以上),且每个维度必须可以排序(国籍就不可以排序)。但是,它有一个局限,就是数据点最多 6 个,否则无法辨别,因此适用场合有限。面积越大的数据点,就表示越重要。需要注意的是,用户不熟悉雷达图,解读有困难。使用时尽量加上说明,减轻解读负担。图 8-6 是燃烧电池机动车的重点研发领域雷达图。

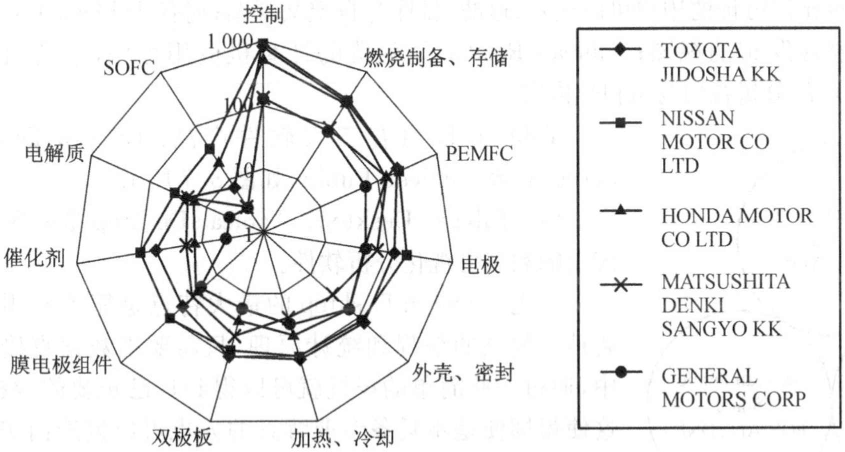

图 8-6　燃料电池机动车的重点研发领域雷达图

3　大数据可视化工具

数据可视化是大数据生命周期管理的最后一步,也是最重要的一步。要实现合适的数据可视化,不仅要掌握其方式,更要学会选择工具。可视化功能工具大体有两个选择方向。

(1) 对于简单易用,只需关注数据而言,则可以提供常规的可视化功能工具,有 Tableau、Microsoft Excel、AppleiWork Numbers、Google Spreadsheets 等。

(2) 若需要更加强大的可视化功能,那么就需要使用编程工具了。常见的有 Processing、VARCHART XGantt、AnyMap 和 D3.js 等。

数据可视化工具可以以一种简洁易用的体例将庞大的数据显现出来,可以帮助越来越多的企业从浩如烟海的庞大数据中理出头绪,化繁为简,酿成看得见的财产,从而实现更有效的决策历程。

3.1 Tableau

3.1.1 公司简介

Tableau 公司成立于 2003 年,来自斯坦福的三位校友 Christian Chabot(首席执行官)、Chris Stole(开发总监)以及 Pat Hanrahan(首席科学家)在西雅图注册成立了这家公司,其中,Chris Stole 是计算机博士;Pat Hanrahan 是皮克斯动画工作室的创始成员之一,曾负责视觉特效渲染软件的开发,两度获得奥斯卡最佳科学技术奖,至今仍在斯坦福担任教授职位,教授计算机图形课程。

Tableau 主要是面向企业数据提供可视化服务,是一家商业智能软件(Business Intelligence Software)提供商。企业运用 Tableau 授权的数据可视化软件对数据进行处理和展示,但 Tableau 的产品并不仅限于企业,其他任何机构乃至个人都能很好地运用 Tableau 的软件进行数据分析工作。数据可视化是数据分析的完美结果,让枯燥的数据以简单友好的图表形式展现出来,同时,Tableau 还为客户提供解决方案服务。

3.1.2 产品介绍

Tableau 是桌面系统中比较简单的商业智能工具软件,不需要编写自定义代码,新的控制台也可完全自定义配置。在控制台上,不仅能够监测信息,而且还提供完整的分析能力。Tableau 控制台灵活,具有高度的动态性。它将数据运算与图表结合在一起,程序很容易上手。Tableau 软件的理念是让用户界面上的数据更容易操控,使用户进一步透彻了解自己所在业务领域,并作出正确决策。拥有 Tableau Interactor 许可证的用户可以交互、过滤、排序与自定义视图;拥有 Tableau Viewer 许可证的用户可以查看与监视发布的视图;Tableau Reader 是免费的计算机应用程序,帮助用户查看内置于 Tableau Desktop 的分析视角与可视化内容。

图 8-7 Tableau 目前的软件产品

Tableau 目前有三大软件产品:Tableau Desktop、Tableau Server 以及 Tableau Public,如图 8-7 所示。

(1) Tableau Desktop。Tableau Desktop 是一款 PC 桌面操作系统上的数据可视化分析软件。

首先,Tableau Desktop 的最大特点是简单易用。使用者不需要精通复杂的编程和统计原理,只需要把数据直接拖放到工具簿中,通过一些简单的设置就可以得到自己想要的数据可视化图形,这使得即使是不具备专业背景的人也可以创造出美观的交互式图表,从而完成有价值的数据分析。所以,它的学习成本很低,这无疑对于日渐追求高效率和成本控制的企业来说具有巨大的吸引力。其特别适合于日常工作中需要绘制大量报表、经常进行数据分析或需要制作精良的图表以在重要场合演讲的人。简单、易用并没有妨碍它的性能,其不仅能完成基本的统计预测和趋势预测,还能实现数据源的动态更新。图 8-8 是Tableau Desktop 简洁美观的操作界面。

其次,Tableau Desktop 极其高效,其数据引擎的速度极快,处理上亿行数据只需几秒钟的时间就可

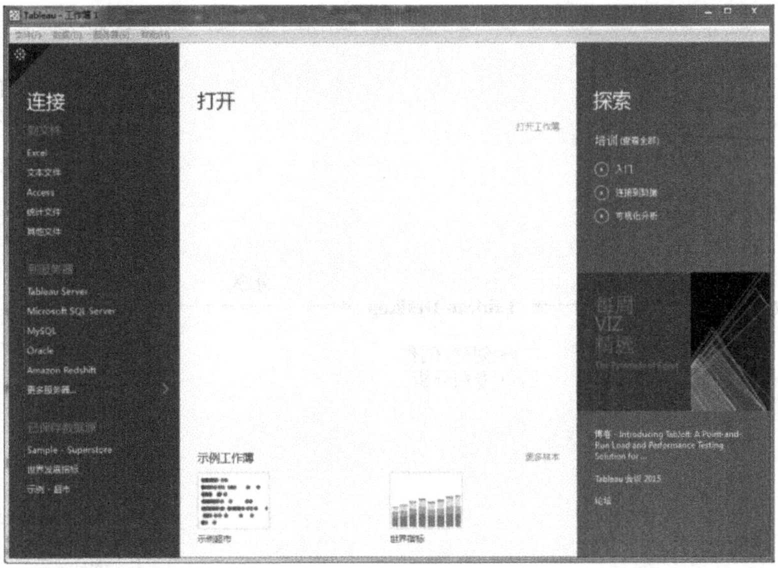

图 8-8　Tableau Desktop 简洁美观的操作界面

以得到结果。

而且，Tableau Desktop 具有完美的数据整合能力，可以将两个数据源整合在同一层，甚至还可以一个数据源筛选为另一个数据源，并在数据源中突出显示，这种强大的数据整合能力具有很大的实用性。

Tableau Desktop 还有一项独具特色的数据可视化技术，就是嵌入了地图，使用者可以用经过自动地理编码的地图呈现数据，这对于企业进行产品市场定位、制定营销策略等有非常大的帮助。图 8-9 是 Tableau Desktop 体系结构。图 8-10 是 Tableau Desktop 应用模式。

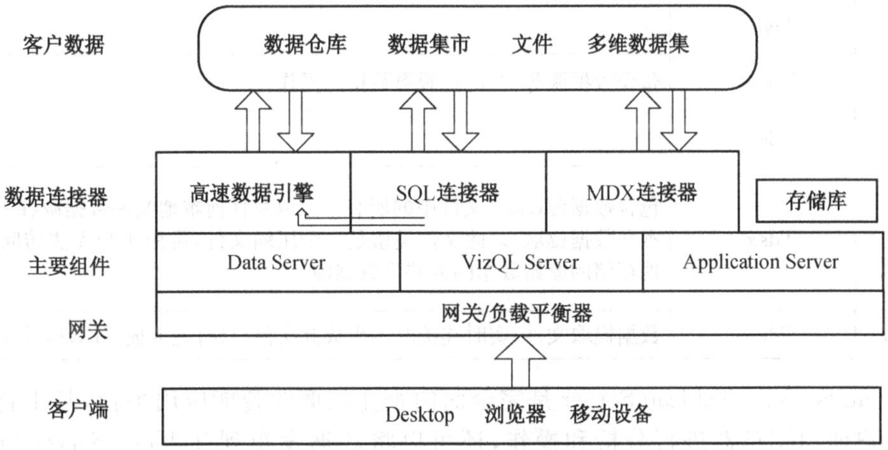

图 8-9　Tableau Desktop 体系结构

Tableau Desktop 分 Tableau Desktop Personal（个人版）和 Tableau Desktop Professional（专业版）两个版本，用户可以根据自己的需求选择不同的版本，价格也不一样。两者主要的区别在于所能够连接的数据源，具体如下。

① Tableau Desktop Personal。个人电脑使用，能够实现快捷的数据分析和制作美观的报表、动态仪表盘；可以连接到 Excel，Access，text files，OData，Windows Azure Marketplace Datamarket 和 Tableau Data Extracts 格式的数据源；分析结果可以发布为图片、html、Excel、Tableau Reader 等格式。

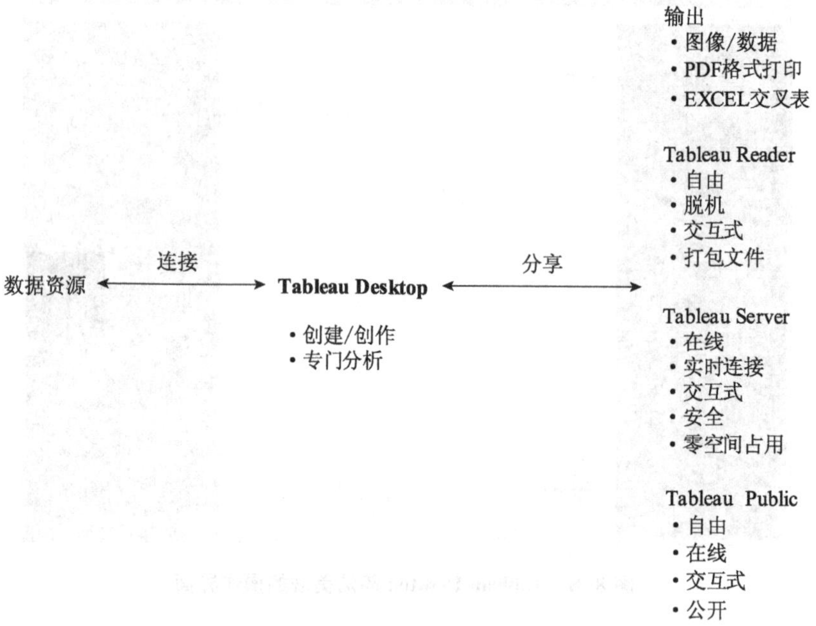

图 8-10 Tableau Desktop 应用模式

② Tableau Desktop Professional。除 Desktop Personal 的所有功能之外，数据源支持更加丰富，能够连接到几乎所有格式的数据和数据库，包括以 ODBC 方式连接到数据库；可连接到 Tableau Server。Tableau Desktop 相关数据文件如表 8-2 所示。

表 8-2 Tableau Desktop 相关数据文件

文件类型	文件扩展名	说明
工作簿	Twb	—
数据源	Twbx	包含数据源等文件，可脱离数据源操作。
数据源	Tds	—
打包数据源	Tdsx	包含数据源(.tds)文件中的所有信息以及任何本地文件数据源(Excel、Access、文本和数据提取)。此文件类型是一个压缩文件，可用于与无法访问您计算机上本地存储的原始数据的人共享数据源。
数据提取文件	Tde	数据提取文件，实时连接时不生成此文件，只有提取成 TDE 时才生成此文件。

(2) Tableau Server。Tableau Server 是完全面向企业的商业智能应用平台，基于企业服务器和 Web 网页，用户使用浏览器进行分析和操作，还可以将数据发布到 Tableau Server 与同事进行协作，实现了可视化的数据交互，其根据企业中用户数的多少或企业服务器 cpu 的数量来确定收费标准。

Tableau Server 还是一种可移动式的商业智能，用 iPad、Android 平板也可以进行浏览和操作。其工作原理是，由企业的服务器安装 Tableau Server，并由管理员进行管理，将需要访问 Tableau Server 的任何人(无论是要进行发布、浏览还是管理)都作为用户来添加。而且，还必须为用户分配许可级别，不同的许可级别具有不同的权限，为可以自定义视图并与其进行交互的用户提供 Interactor 许可证，为只能查看与监视视图的用户提供 Viewer 许可证。具体如表 8-3 所示。

表 8-3 Tableau Server 许可级别说明

许可级别	说明
未许可	用户无法登录到服务器。默认情况下，所有用户都以未许可级别添加。
查看着	用户可以登录和查看服务器上的已发布视图，但无法与这些视图交互。拥有此级别的用户仅有权查看、添加注释以及查看注释，不能与快速筛选器交互或者对视图中的数据进行排序。
交互者	用户可以登录、浏览服务器，可以与已发布的视图交互。请务必注意，可能已使用限制用户功能的权限添加特定的视图、工作簿和项目。可由工作簿作者或管理员编辑权限设置。
来宾	来宾许可级别用于允许的服务器上没有账户的用户查看嵌入式视图并与其交互。如果启用此级别，用户不登录就可以加载包含嵌入式视图的网页。只有基于内核的服务器提供此选项。

被许可的用户就可以将自己在 Tableau Desktop（只支持专业版）中完成的数据可视化内容、报告与工作簿发布到 Tableau Server 中，与同事共享，他们可以查看你共享的数据并进行交互，通过你共享的数据源以极快的速度进行工作。这种共享方式可以更好地管理数据安全性，用户通过 Tableau Server 安全地共享临时报告，不再需要通过电子邮件发送带有敏感数据的电子表格。

Tableau Server 的特点如下。

① 交互式仪表盘。使用 Tableau Server，可以将数据整合在一张仪表上，可以将它在发布到网络上，因而在浏览器里就可以过滤，突出和钻取数据；也可以把它嵌入到网络站点上或通过电子邮件发送一个链接。可以获取实时的更新。通过 Tableau Server，只需点击几下鼠标，就可以实现从报表到交互式视图到仪表盘的变动。

② 移动商务智能（BI）。Tableau 实现移动 BI 的独特方式强调的是可用性。用户可以容易地寻找和使用经过优化的 iPad 和 Android 应用程序。

③ 无需专业 IT 团队。Tableau Server 是 B/S(Browser/Server，浏览器/服务器模式）结构的商业智能平台，适用于任何规模的企业和部门。用户可以借助 Tableau Server 分享信息，实现在线互动。

（3）相对于前两种产品，Tableau Public 是完全免费的，不过用户只能将自己运用 Tableau Public 制作的可视化作品发布到网络上即 Tableau Public 社区，而不能保存在本地，每个 Tableau Public 用户都可以查看和分享，而且 Tableau Public 所能支持的接入数据源的类型和大小都有所限制，所以 Tableau Public 更像是 Tableau Desktop 的功能阉割版和公共网络版，重在体验和分享。

Tableau 的主要受众人群是非技术人员，使得他们可以轻易地对已有的数据进行可视化、可交互的即时展示与分析。可视化是 Tableau 的核心技术，主要包括以下两方面：

第一，VizQL 可视化查询语言和混合数据架构。它是一个集复杂的计算机图形学、人机交互和高性能的数据库系统于一身的跨越领域的技术。Tableau 的初创合伙人是来自斯坦福的数据科学家，他们为了实现卓越的可视化数据获取与后期处理，并不是像普通数据分析类软件简单地调用和整合现行主流的关系型数据库，而是革命性地进行了大尺度的创新。

第二，用户体验上对易用性的完美呈现。Tableau 提供了一个非常新颖而易用的使用界面，使在处理规模巨大的、多维的数据时，也可以即时地从不同角度和设置下看到数据所呈现出的规律。Tableau 通过数据可视化方面技术，使得数据挖掘变得平民化；而其自动生成和展现出的图表，也丝毫不逊色于互联网美工编辑的水平。正是这个特点奠定了广泛的用户基础（用户总数每年均增 126%）和高续订率（90%的用户选择续订其服务）。

3.1.3 产品应用范围

Tableau 可应用于销售、财务、制造、市场、后勤、客服、人力、网页、经营模拟等方面。其中，销售上可用于订单、销售额、单价折扣、数量、销售预估与达标率等；财务上可用于营收损益、成本费用、GAP 分析、利润预估与达标率等；制造上可用于采购成本分析、良率、质量与技术分析等；市场上可用于市占率、营销有效度、选战分析(政党势力之消长)等;后勤上可用于交货数、交货模式及天数、库存、未交订单等;客服上可用于叫修数、完成数、完修时间、客户满意度等;人力上可用于流动率与员工满意度、职缺与人力储备、工作绩效等;网页上可用于访客流量、存续时间、产品点击数等;经营模拟上可用于汇率变动、销售策略变更等。

3.1.4 产品特性总结

(1) 极速高效。在数分钟内完成数据连接和可视化。Tableau 独特的 Architecture-aware(结构意识,Tableau 数据引擎可以高效地管理在硬盘和内存之间压缩文件中数据的转移)能够在较少的硬件上处理更多的数据。

(2) 简单易用。任何 Excel 用户都能很容易地使用 Tableau。无需编程即可深入分析;点击几下鼠标就可以连接到所有主要的数据源;仅仅通过拖放就可以创建出仪表盘和报告,并可以随时修改;在页面上提供交互功能,比如向下钻取和过滤数据。

(3) 任何数据。无论是电子表格、数据库还是 Hadoop 和云服务,Tableau 都可助您轻松分析其中的数据。

(4) 瞬时共享。只需数次点击,即可在仪表板中发布数据,从而在网络和移动设备上实时共享。

(5) 智能仪表板。Tableau 可以把多个视图合并到一个仪表盘中,可以嵌入到网页和文档,可以突出显示和过滤相关数据。

3.1.5 应用案例

某航空公司利用 Tableau 建立了系统架构图。航空公司在购买的 Tableau Server 账户里导入成兆的数据,有 5 亿笔资料。Tableau 总部会提取这些资料并加以分析,然后反馈到该公司的 Tableau Server 账户。如图 8-11 所示,虚线框里是数据库,通过建立 VPN(虚拟专用网络)来对它进行分析。用户来源有:航空公司总部 200 个浏览器用户、中国网点 600 个浏览器用户、海外 100 浏览器用户以及执行用户。

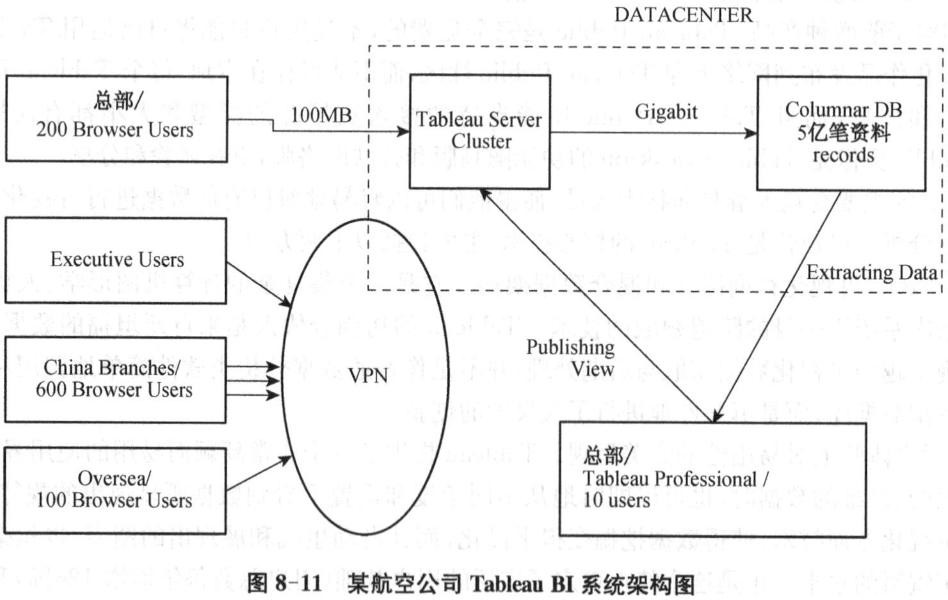

图 8-11　某航空公司 Tableau BI 系统架构图

3.2 Excel

3.2.1 Excel 简介

Excel 是典型的入门级数据可视化工具,同时它也支持三维的可视化展示。微软发布了一款名为

GeoFlow 的插件,它是结合 Excel 和 Bing 地图所开发出来的三维数据可视化工具。GeoFlow 的概念最早提出于 2011 年 6 月,据悉可以支持的数据行规模最高可达 100 万行,并可以直接通过 Bing 地图引擎生成可视化三维地图。曾经引起广泛讨论的 Power Map (原名为 GeoFlow) 进行了更新,三维视觉可视化插件如今已经成为 Microsoft Power BI in Excel 核心商业智能功能。新版本 Power Map 提供 Bing 地图自动数据采集,并可生成更为人性化的细节分类。Power Map 已经开放 Create Video 功能,可以将三维画面演示过程记录下来。

3.2.2 Power Map 的使用

Power Map 已集成在 Excel 2016 中。启动 Excel 后,可在插入菜单的"演示"功能区中,选择"三维地图"功能,启动 Power Map 窗口。该窗口是一个含有三维世界地图的空白区域。若使用该地图,则需要加载所要显示的数据。与以往 Excel 的图表绘制风格类似,数据来自 Excel 的表格或区域。

1) 窗口组成

Power Map 窗口包括五个主要部分。

(1) 地图可视化区域。这是 Power Map 的核心功能,在这里可以展现和分析带有地理图形的数据。

(2) 任务面板。在这个区域中,将设定地理数据和用于展现的各类数据。

(3) 演示编辑区。这个部分可以将多个场景制作成幻灯片、电影或者视频。

(4) PowerMap 功能区。主要提供地图显示的各类选项,加入各类元素来增强效果。该部分包括演示、场景、图层、地图、插入、时间、视图等功能模块。其中,演示包括播放演示、创建视频和捕获屏幕功能:场景包括新场景、主题和场景选项功能;图层包括刷新数据和形成功能;地图包括地图标签、平面地图、查找位置和自定义区域功能;插入包括二维图表、文本框和图例功能;时间包括日程表、日期和时间功能;视图包括演示编辑器、图层窗格和字段列表功能。

(5) PowerMap 信息条。主要提供地图表示过程中的时间进度、计算情况等状态。

2) 数据加载

数据由 Excel 加载到 Power Map 的步骤如下。

(1) 在打开 Power Map 的窗口后,在 Excel 的 Sheet 中选择所要进行可视化的数据。

(2) 单击"三维地图"下方的"将选定数据添加到三维地图"功能项,将数据加载到地图区域中。这时,在三维地图中的字段列表中,就可以看到所要可视化的字段。

(3) 将地理位置字段拖动到"任务面板"的"位置"框内,或者在"位置"框内点击添加字段,选择所要添加的地区。并在地区后的位置下拉列表中,选择经度、纬度、x 坐标、y 坐标、城市、国家/地区、县市、省/市/自治区、街道等某选项。若是经度和纬度等多项地理位置坐标,可继续添加字段。

(4) 在任务面板的"高度"框内,选择所要可视化的数值字段。

(5) 若所要表达的数据中有"类别"和"时间"信息,可在任务面板的"类别"和"时间"框内,继续添加字段。

当然,出于数据筛选的需要,可以在任务面板中对某一个字段添加筛选器。由于 PowerMap 采用图层方式管理和展现数据,因此可以根据数据的实际情况添加图层,同时,可以设置所在图层的大小、不透明度、颜色、显示值等属性。

3) 数据显示

Power Map 提供了五种类型的图表来显示数据,包括堆积柱形图、簇状柱形图、气泡图、热度地图和区域图等。

(1) 堆积柱形图。通过一个三维柱形的高度来表示多个数据值之和,一般数据值越大,高度越高。

(2) 簇状柱形图。通过多个三维柱形的高度来对比表示数据值,一般数据值越大,高度越高。

(3) 气泡图。通过简单的圆形来表达数据值,数据值越大,圆的半径越大。

(4) 热度地图。通过气泡的颜色强度和阴影来表达数据值。

(5) 区域图。按照地区或区域显示数据,通过颜色来表达数据值的大小。

4) 动态显示

若 Power Map 所获取的数据字段中有日期、时间类型的数据,可以将这些数据拖动到“时间”框中,就可以在地图可视化区域内形成一个时间进度条。单击“播放”按钮,则可按照时间将数据的变化情况逐一显示出来。

5) 地图可视化区域控制

在该区域中,可以利用鼠标单击箭头实现三维地球的转动,也可以利用+和-按钮,实现三维地球的放大和缩小。另外,通过地图功能模块中的“平面地图”功能,可将三维球状模式的地图改为平面模式的地图,以便数据的观察。

3.3 Processing

3.3.1 Processing 简介

Processing 项目开始于 2001 年春天,并于同年 8 月在日本的一家工作室首次使用。Processing 由最初为美术工作者和设计者创建的指定域的 Java 插件,演化成后来全面的设计和原型工具,用于大规模安装工程、动画美工和复杂数据可视化领域。Processing 提供一个简单的编程环境,这样便于开发强调动画的视觉方向的应用程序,用户也能够用过程交互得到及时的反馈信息。在过去 14 年中 Processing 的功能得到了很多扩展,它已经被应用于更高级的产品项目中。这个项目的重要目标之一是让更多的读者能接触到这种类型的编程,因此 Processing 是免费下载、免费使用和开源的,使用 Processing 环境开发的项目和核心库都可以以任何目的使用。这个模型和 GCC(GNU 编译器集合 GNU Complier Collection)相同,GCC 和它关联的库(比如 libc)是在 GNU 公众许可(GPL)下开源的,规定了对源码的修改必须是可得的。然而,基于 GCC 创建的程序并非它们自己要求开源的。

Processing 由以下四部分组成。

(1) Processing 开发环境(PDE),当你双击 Processing 图标的时候会运行这个软件。PDE 是一个拥有最小功能集的集成开发环境,它简要介绍了如何编程,或者测试临时产生的思路。

(2) 一个命令集(也称为功能或方法集),它创建了“核心”编程界面或 API(Application Programming Interface,应用程序编程接口),以及支持更多新功能的库,比如使用 OpenGL 画图,读取 XML 文件,以及将复杂图形保存成 PDF 格式。

(3) 一个语法,和 Java 大致相同,但是也有些修改。

(4) 一个活跃的在线社区:HTTP://processing.org。

Processing 基本架构如图 8-12 所示。

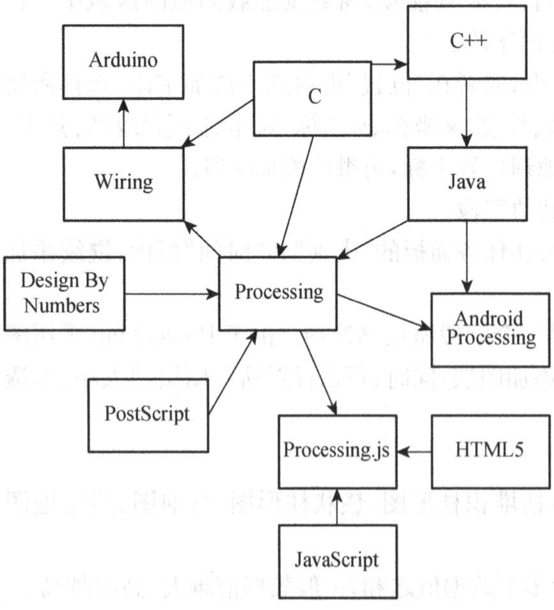

图 8-12 Processing 程序基本架构

3.3.2 Processing 功能

(1) 草图功能。Processing 的一个程序叫 sketch,它的意思是让 Java 方式的编程感觉起来更像脚本编程,采用脚本编程的方法来快速编写代码。Sketch 程序存放在 sketchbook 里面,它是一个默认存放你所有工程的文件夹。当你运行 Processing 的时候,上次的 sketch 程序会自动打开。如果是第一次启用 Processing(或者是 sketch 程序不再可用)，一个新建的 sketch 程序会打开。

(2) 导出和发布你的项目。Processing 最重要的特性之一就是它能够通过轻轻一点，就将你的 sketch 程序绑定到一个 applet 或应用程序上。选择 File→Export 将你的 sketch 程序打包成一个 applet 程序。这样会在你的 sketch 文件夹里面新建一个名为 applet 的文件夹。打开 applet 文件夹中的 index.html 文件，sketch 程序会在浏览器中启动。Applet 文件夹能够被完整地拷贝到一个网页上，只要系统上安装了 Java，用户就能查看到这个文件夹。

(3) 示例和参考。Processing 软件下载包里面包括了大量表现不同环境和 API 特性的示例。这些示例可以通过 File→Examples 菜单得到。依据功能的不同，将它们划分为几个类(比如 Motion，Typography 和 Image)，或者是依据使用的库不同，对它们精心分类(比如 PDF，Network 和 Video)。Processing API 函数如表 8-4 所示。

表 8-4　Processing API 函数

获取	loadStrings( )，loadBytes( )
分析	Split( )
过滤	For( )，if (item[i].startsWith( ))
挖掘	Min( )，Max( )，abs( )
表示	Map( )，beginShape( )，endShape( )
修饰	Fill( )，strokeWeight( )，smooth( )
交互	mouseMoved( )，mouseDragged( )，keyPressed( )

3.4 VARCHART XGantt

3.4.1 公司简介

德国 Netronic 公司成立于 1975 年，是一家甘特图、网络图和树状图开发商。该公司致力于开发项目管理和生产计划的产品，拥有 40 年计划编制图表研发的经验。1991 年开始开发 VARCHART 甘特图系列产品，VARCHART XGantt 是全球最大、功能最强的甘特图控件，它能够以甘特图、柱状图的形式来编辑、打印以及图形化的表示数据，在极短时间内实现甘特图效果。VARCHART XGantt 基于独特设计、灵活操作性，可在不同环境下生成各种应用程序，如项目规划、资源管理、过程控制、个人计划等。该控件具有完全支持中文显示、支持多种开发语言、功能体系庞大、适应性强的特性。

甘特图系列产品发展历程如下。

(1) 1998 年 XGantt 的第一个商用版本 XGantt ActiveX Edition 诞生，最开始是从 COM 组件发展起来的。

(2) 2000 年完善了产品线，推出了 JAVA 平台下的一个版本，VARCHART JGantt(JavaBean)，率先使用丰富的设计时，非常易用，节约了开发者直接写代码的难度。

(3) 2004 年，Net Winform Edition 版本诞生，加入了资源调度模块，加入了 APS 功能的控件。

(4) 2005—2006 年，Asp.Net JSF 推出了基于 Ajax 的 Web 版本，并支持跨多个平台。

(5) 2009 年，4. 3 版诞生，支持 64 位操作系统，更多界面特效，加强设计时，更多丰富的运行对象。

领域应用：生产计划和控制、后勤、项目管理、服务管理、物流调度等。

3.4.2 产品应用范围

支持 ActiveX 控件集成的开发环境，比如：Visual Basic/VBA、Visual C++、Progress、Delphi、PowerBuilder、Centura 或包含 VBScript 的 HTML。可适用于项目管理与计划/甘特图，包括 ActiveX、

NET WinForms 以及 ASP、NET WebForms,同时也提供了用于 java 环境的 JGantt。

3.4.3 产品主要特性

(1) 横道图(Bars)。项目管理软件一个最突出的特点就是能根据输入数据迅速动态地制作出包括横道图在内的各种图表。XGantt 可以通过横条、符号和位图以图形化的方式来表现任务、日期、持续时间、完成度等数据,并且可以设置其显示样式或者为它们添加标签。

VARCHART Gantt 图表提供了用于条上注释的大量位置选项。你可以把注释放在条的顶部、底部、开头或结尾,条的外面或里面。甚至符号和图像也可以加入注释中。这个动画片示范了在条上选择各种不同的注释位置。

(2) 分组布局(Grouped Layout)。可以在你的 Gantt 图表中安排活动或事件顺序,通过使用数据域对它们分组实现。甚至多层次的分组也是轻而易举的。汇总组时,使用组标题和汇总条。可以通过任一准则,对组和它们的活动进行排序。为了节省空间,可以折叠组,单行显示一个组的所有活动。

(3) 分级布局(Hierarchical Layout)。使用 VARCHART Xgantt 的分级布局选项,通过你的数据中得到的结构化代号域,显示活动或事件顺序。各层次自动缩进,单击鼠标就可以展开或折叠它们。

(4) 时间刻度(Time Scale)。可以根据客户的特定要求,指定合适的时间刻度。时间刻度的单位可以是秒和年之内的任何时间单位。客户还可以为时间刻度添加多个不同的时间条,时间条可以用任何语言书写的月份名或者日期名来标注。在同一图表中可以利用不同比例的部分时间刻度来显示特定范围内的细节。例如,在图表中部分用小时或分钟为单位来显示(更具体),部分用月或日为单位来显示(更抽象);还可以通过收拢非工作日历时段来节省屏幕空间。

(5) 日程表(Calendar Grid)。XGantt 中的日程表可用于确定项目中各个任务的工作时间,并能用于计算项目的进度计划,关键路径等。不同的日程可以指派给 Gantt 图表的任何一个组或者任何一个活动。这样,它就能显示这个组或活动个体时间模式的工作和闲暇周期。

(6) 表格(Table)。客户可以按照需要来配置表格列。表格的字段可以由任何数据格式(甚至是符号或者位图)的数据组成。通过使用映射图和过滤器,客户能根据自己的数据来为表格配置背景颜色、字体、字体颜色等等。

(7) 柱状图(Histogram)。XGantt 可以自动适应目前的规划情形,通过柱状图显示项目的工作量和容量。通过柱状图不仅能快速显示目前的工作量和可用的容量,并且超负荷和欠负荷也可以用几种不同的方式显示。

(8) 排序和过滤。XGantt 提供了简易的用户接口,可以方便地利用过滤功能快速找出自己寻找的项目数据,并按自己所希望的顺序排列数据,从而抓住关键信息,快速作出决策。

(9) 图表标注。可以使用标题和图例来标注客户的应用程序中的甘特图,甚至还可以将客户的商标添加到图表中去。标题和图例中文本的设定既可以在设计时进行也可以在运行时进行。图表内的标注框可以显示在任意位置,其内容可以是文本或者图片。

(10) 内置的调度器。可以使用 VARCHART XGantt 内置的调度器来计算任务开始日期、结束日期、总浮动时间和自由浮动时间,并可套用工期计算的各种规则。调度即可以在数据编辑完成之后自动启动,也可以手动触发。

(11) 实时交互。基于用户交互来调整屏幕显示效果并能在运行时动态地创建修改呈现的基本数据。

(12) 跨平台支持。XGantt 支持目前最流行的技术标准,包括 ActiveX、.NET WinForms 以及 ASP.NET WebForms,同时也提供了用于 java 环境的 JGantt。

(13) 丰富的接口。灵活的规划需要灵活的接口。凭借其大量选项,XGantt 控件让开发人员可以专注于用户需要,控件拥有超过 60 个的层级结构化对象类型、540 个属性、260 个方法以及 100 个事件。

3.4.4 VARCHART XGantt 经典案例:Apper 的芬兰公共交通系统

Apper Systems Oy 是芬兰拉赫蒂一家 IT 商业经验的软件咨询公司,主要咨询内容包括 Java,.NET 平台开发和 CA Plex &CA 2E 开发,而 XGantt 可以完整地嵌入 CA Plex & CA 2E 应用程序中以增强该应用程序的甘特图形功能。在芬兰公共交通系统的规划中,Apper 使用 VARCHART XGantt ActiveX 进行交互式甘特图表的开发,成功实现了对其复杂系统的可视化管理。

项目描述:芬兰公共交通系统资源规划包括规划本地和长途运输,出租和旅游服务,涉及的人员和交通工具非常复杂,人员和车辆的调度工作非常困难。现需要一个自动操作系统对复杂数据进行处理,更有效地实现人员和车辆的调度。经过研究,Apper 决定选择 VARCHAR XGantt ActiveX 进行交互式甘特图表的开发,创建可视化任务排程图表和实现对可视化任务排程图表进行快速简单的修改。

实施方案如下。

(1) 交互式甘特图用于交通运输工作的轮换排班。根据员工和车辆的运行和休息时间,路线的开始结束等限定条件自定义创建一个周期的规范的可视化的轮班计划,对员工和车辆进行排班。使用不同的颜色符号来表示不同的休息时间、交通线路安排情况等,可以很直观地看到现在的交通运行情况,方便进行控制和调整。在有新的运行需求时,可视化的轮班计划让规划者很快速就筛选到可以执行的司机和车辆,并通过简单的拖拽就可以完成任务的分配和修改。筛选范围是限定在工作时间内且在这个运行需求的时间范围内没有运行计划的司机和车辆。在进行修改之后,将轮班计划甘特图进行实时更新。

轮班计划甘特图的视觉选项包括如下几个方面:①自定义一个规范的工作和休息时间周期;②在正在工作的司机组中筛选执行线路计划;③根据拖拽之后的情况重新计算更新图表;④不同的色彩符号表示不能工作的模式,一些特许的情况和当地交通安排的情况。

(2) 交互式甘特图用于交通运输任务分配。规划人员可以通过图表上拖拽线路,将任务分配给特定团队中的人员或车辆;还可以对拖拽的线路的开始、休息和结束的时间等数据进行加载和修改,每一次修改都会更新可视化计划图表。

(3) 交互式甘特图用于交通运输工时计算。XGantt 通过对员工和车辆运行的线路进行链接,可以计算员工或车辆某个时间段的工作小时数和运行的路程等。计算的结果可用于对员工和车辆的工作负荷情况的掌握和调整,以及员工的工资核算等。

3.5 ECharts

3.5.1 产品简介

商业级数据图表(Enterprise Charts, ECharts)是个纯 Javascript 的图表库,目前最高版本为 ECharts 3。ECharts 软件通过在 Web 页面中引入该库,可在 PC 和移动设备的浏览器中以表、图等方式绘制数据。

该库底层依赖于轻量级的 ZRender (Zlevel Render) 类库,通过其内部 MVC(Stroage (M)、Painter (V)、Handler (C))封装,实现图形显示、视图渲染、动画扩展和交互控制等,从而为用户提供直观、生动、可交互、可高度个性化定制的数据可视化图表。在图形的表示中,ECharts 支持柱状图(条状图)、折线图(区域图)、散点图(气泡图)、K 线图、饼图(环形图)、雷达图(填充雷达图)、和弦图、力导向布局图、地图、仪表盘、漏斗图、孤岛图等 12 类图表,同时提供标题、详情气泡、图例、值域、数据区域、时间轴、工具箱等 7 个可交互组件,支持多图表、组件的联动和组合展现。

3.5.2 主要特性

ECharts 具体有以下特点。

(1) 可支持直角坐标系、极坐标系、地理坐标系等多种坐标系的独立使用和组合使用。

(2) 对图表库进行简化,实现按需打包,并对移动端交互进行优化。

(3) 提供了 legend、visualMap、dataZoom、tooltip 等组件，增加图表附带的漫游、选取等操作，提供了数据筛选、视图缩放、展示细节等功能。

(4) 借助 canvas 的功能，支持大规模数据显示。

(5) 配合视觉映射组件，以颜色、大小、透明度、明暗度等不同的视觉通道方式支持多维数据的显示。

(6) 以数据为驱动，通过图表的动画方式展现动态数据。

3.6 其他大数据可视化工具

(1) iCharts 提供了一个用于创建并呈现引人注目图表的托管解决方案。有许多不同种类的图表可供选择，每种类型都完全可定制，以适合网站的主题。iCharts 有交互元素，可以从 Google Doc、Excel 表单和其他来源中获取数据。iCharts 的免费版只允许用基本的图表类型，如私人图表、自定义模板、上传图片和图标、下载高清图片、无线实时数据库连接、调查数据集、大型数据集、图表报告、数据收集、品牌图表渠道等。

(2) jsDraw2DX 是一个标准的 JavaScript 库，用来创建任意类型的 SVG 交互式图形，可生成包括线、矩形、多边形、椭圆形、弧线等等图形。

(3) Cube 是一个开源的系统，用来可视化时间系列数据。它是基于 MongoDB、NodeJS 和 D3.js 开发。用户可以使用它为内部仪表板构建实时可视化的仪表板指标。例如，可以使用 Cube 去监控网站流量，统计每 5 分钟的请求数量等。

(4) Gantti 是一个开源的 PHP 类，帮助用户即时生成 Gantt 图表。使用 Gantti 创建图表无需使用 JavaScript，纯 HTML5-CSS3 实现。图表默认输出非常漂亮，但用户可以自定义样式进行输出(SASS 样式表)。

(5) Smoothie Charts 是一个十分小的动态流数据图表库。通过推送一个 WebSocket 来显示实时数据流。Smoothie Charts 只支持 Chrome 和 Safari 浏览器，并且不支持刻印文字或饼图。它很擅长显示流媒体数据。

(6) Envision.js 是个基于 Flotr2 和 HTML5 的 JavaScript 库，用来简化、快速创建交互式的 HTML5 可视化图表。它包括两个图表类型：时序图和 Finance，提供 API 给开发者，用户可以直接自定义创建图表。

(7) BirdEye 是一个开源的 Adobe Flex 图表制作组件。用于创建多维数据分析可视化界面。

(8) Arbor 是一个利用 Web Works 和 jQuery 创建的可视化图形库，它为图形组织和屏幕刷新处理提供了一个高效的、力导向的布局算法。

(9) Gephi 是一款开源免费跨平台基于 JVM 的复杂网络分析软件，其主要用于各种网络和复杂系统，动态和分层图的交互可视化与探测开源工具。可用作：探索性数据分析、链接分析、社交网络分析、生物网络分析等。Gephi 是一款信息数据可视化利器。

(10) HighChartjs 是由纯 JavaScript 实现的图标库，能够很简单便捷地在 Web 网站或是 Web 应用程序上创建交互式图表。HighChartjs 支持多种图表类型，比如直线图，曲线图、区域图、区域曲线图、柱状图、饼状图、散布图等。兼容当今所有的浏览器。

(11) JavaScript InfoVis Toolkit 是一个在 Web 上创建可交互式的数据图表的 JavaScript 库。该库有许多独特时髦的动画效果，并且可以免费使用。

(12) Axiis 是一个开源的数据可视化框架。Axiis 让开发人员通过简洁直观的标记，清晰明白地定义数据可视化方式。Axiis 在设计上非常强调代码优雅，可以让你的代码像输出的图形一样美观。Axiis 既提供了开箱即用的可视化组件，也提供了抽象布局模式和渲染类，可实现自定义可视化。

(13) Protovis 是一个使用 JavaScript Canvas 元素实现的可视化组件。开发者可以利用简单的标记如线条和圆点＋数据来绘制自定义图表。

(14) HumbleFinance 是 HTML5 数据可视化编译工具。作为交互式图形的范本,与 Flash 工具类似,工具本身是用 JavaScript 编译的,使用 Prototype 和 Flotr 库,它可以用于显示实际数值共享一个轴的任意两个 2D 数据集。

(15) Dipity 是一款基于 Timeline 的 Web 应用软件,用户可以将自己在网络上的各种社会性行为(Flickr、Twitter、YouTube、Blog/RSS 等)聚合并全部导入自己的 Dipity 时间轴上。

(16) Kartograph 是一个用于创建无人操控、交互式地图(如:谷歌地图)的框架。它由两个库组成:一个是 Python 库,从形式函数或 Post GIS 中提出矢量地图,并把它们转换成 SVG 格式;另一个是 JavaScript 库,将这些 SVG 格式转换成交互式地图。

(17) Timeflow 是一个用于时态数据的可视化工具。它提供了四种不同的显示视图:时间轴试图、日历试图、条形图、表试图。

(18) R 语言最初的使用者主要是统计分析师,但后来用户群扩充了不少。它的绘图函数能用短短几行代码便能将图形画好,通常一行即可。

R 语言主要的优势在于它是开源的,在基础分发包之上,人们又做了很多扩展包,这些包使统计学绘图(和分析)更加简单。通常 R 语言生成图形,然后用插画软件精制加工。在任何情况下,如果在编码方面是新手,而且想通过编程来制作静态图形,R 语言都是很好的起点。

(19) AnyMap 是一款灵活的 Adobe Flash 地图控件,并且完全支持"跨平台"和"跨浏览器",支持大多数主流数据库。它可以为应用程序添加交互式的地图,AnyMap 是控件 AnyChart 的扩展,不过该产品也可以作为单独的控件使用,它能够让你可视化地理相关的数据。

4　可视化案例

4.1　"自如"

4.1.1　业务挑战

作为国内 O2O 长租公寓的领头企业,自如的业务涵盖 PC、APP、微信全渠道,涉及分布在 9 座一线和二线城市逾 160 万客户。居住是每个人都有的需求,自如的各个线上渠道会产生出海量的数据。这些持续累积的数据需要得到进一步分析,才能挖掘出其背后的规律,指导业务和公司战略的制定。但大数据分析涉及众多人力和物力,在没有搭建具体的数据可视化平台以前,自如存在如下的业务挑战:

(1) 数据层面:自如的数据部门需要配合业务需求反复进行表格导出,报表开发占用大量时间和人力。

(2) 管理层面:如何更高效地将公司战略逐级传达,确保员工间能够很好地理解与落地实施,这对于拥有 10 000 多员工的自如来说也并非一件易事。

4.1.2　解决方案

自如部署 Tableau 平台,从成立到现在 6 年多的历史数据得到了深度挖掘,并且发现了业务的季节性规律。业务部门由此能够合理地进行布局,提前招聘人员和准备库存,在合适的时机投入相应的营销费用。通过将 Tableau 与业务洞察结合,业务部门在市场预测方面获得了全新的发现,并由此优化了业务节奏,提升了公司的整体营业收入。实现了三个方面的价值:①它能够极大地减少沟通成本;②它可以很快缩短报表的开发周期;③Tableau 不仅是一个可视化工具,而且是一个很好的分析工具。

4.2　"Mondelez International"

4.2.1　业务挑战

Mondelez International, Inc. 是全球最大的饼干、巧克力和糖果产品生产商,净收入超过 200 亿美元，产品遍及 160 多个国家/地区，其中包括 Oreo、ChipsAhoy、BelVita、Toblerone、Lacta、Milka、Trident 等产品。在过去，Mondelez 公司使用传统采购后流程，没有统一的数据存储和分析平台，主要有以下几个业务挑战。

(1) 旧系统中的财务和采购数据相互隔离。团队必须在系统之间构建接口才能提取数据。分析需要很长的时间，并且只能在电子表格中进行；因此，全球采购数据分析团队无法有效地为利益相关者提供服务，也无法自由地选择能够提高用户采用率和满意度的数据结构。

(2) 缺乏统一的交易数据分析框架。没有相关的基础架构和可视化的页面。

4.2.2 解决方案

信息系统部门的团队和主要合作伙伴开始探寻一种能够实现以下目标的数字化全球解决方案：实现单一数据存储库和单一分析平台，提高业务流程效率以降低成本，以及开发敏捷分析模型。全球采购数据分析团队成立中央数据存储库，利用可视化分析工具来支持支出分析。采购组织现在可以查看所有支出数据，并通过端到端的数据整合来建立可持续分析模型，同时减少依赖性和报告时间。Mondelez International 在采购流程中进行数字化转型，借此整合 160 多个数据字段、2.8 万个供应商，并节省数百万美元的成本。通过实现这种数字化转型，该公司有不断扩大的可视化分析的职能团队，同时保持与内部和外部利益相关者的持续协作，他们获得了利益相关者的一致好评。

4.3 "U.S. Gun Deaths"

"U.S. Gun Deaths"是美国因枪支而死亡的人的网站。其中，每一条线的灰色代表是一个人原来可以活到多少岁，但因为枪支却提前死亡了，死之前用桔色表现。一开始只是一两条线来让用户说明线条的含义，然后突然加快速度若干线线条一起出现，每条线条的颜色汇集在一起，从而直观地表现出因为枪支死亡的是中青年。

可以想象，如果只是用简单一些折线图来表现，对观看者的触动小，从而达不到提醒人们对枪支管理进行反思的意义。

5 可视化发展趋势

5.1 商业公司预测可视化发展趋势

大数据可视化分析决策系统服务商数字冰雹公司，向大众展示了大数据可视化分析决策系统的新趋势：大数据可视化不再仅是静态的仪表盘，不再仅是数据的图形展现，而是开启了通过数据交互，与数据对话的新时代。数据在大数据可视化系统的作用不再仅仅是呈现，而是被赋予了发现的价值。最新的大数据可视化趋势包括以下三点：

趋势一：多视图整合，探索不同维度的数据关系。

通过专业的统计数据分析系统设计方法，厘清海量数据指标与维度，按主题、成体系呈现复杂数据背后的联系；将多个视图整合，展示同一数据在不同维度下呈现的数据背后的规律，帮助用户从不同角度分析数据、缩小答案的范围、展示数据的不同影响。具备显示结果的形象化和使用过程的互动性，便于用户及时捕捉其关注的数据信息。

趋势二：所有数据视图交互联动。

将数据图片转化为数据查询，每一项数据在不同维度指标下交互联动，展示数据在不同角度的走势、比例、关系，帮助使用者识别趋势，发现数据背后的知识与规律。除了原有的饼状图、柱形图、热图、地理信息图等数据展现方式，还可以通过图像的颜色、亮度、大小、形状、运动趋势等多种方式在一系列图形中对数据进行分析，帮助用户通过交互，挖掘数据之间的关联。并支持数据的上钻下探、多维并行分析，利用数据推动决策。

趋势三：强大的大屏展示功能。

支持主从屏联动、多屏联动、自动翻屏等大屏展示功能，可实现高达上万分辨率的超清输出，并且具备优异的显示加速性能，支持触控交互，满足用户的不同展示需求。可以将同一主题下的多种形式的数据综合展现在同一个或分别展示在几个高分辨率界面之内，实现多种数据的同步跟踪、切换；同时提供大屏幕触控屏，作为大屏监控内容的中控台，通过简单的触控操作即可实现大屏展现内容的查询、缩放、切换，全方位展示企业信息化水准。

5.2　中国计算机协会(CCF)预测可视化发展趋势

2018 年 12 月 6 日，中国计算机学会(CCF)大数据专家委员会(以下简称大专委)在 2018 年中国大数据技术大会(BDTC)的开幕式上，正式发布了 2019 年大数据十大发展趋势预测。作为自 2012 年起就持续开展的一项活动，大专委“大数据发展趋势预测”已经形成了良好的品牌效应。本次趋势预测结果一经发布，就引发了国内各大媒体的广泛传播。

本次大数据发展趋势预测面向大专委的正式委员和通讯委员，经历了候选项征集和正式投票两个环节。2018 年委员们对趋势预测的参与热情有了显著提升，投票人数创历史新高。在候选项征集环节，有 47 位委员对候选项的设立积极建言献策，笔者团队根据大家的意见对 2019 年趋势预测的候选项进行了大幅度的修订，补充了若干体现大数据领域最新进展的候选项，调整和删除了一些过时选项，最终形成的预测选项包括 60 项发展趋势选项和 9 项专项调研选项。在正式投票环节，通过微信、邮件等方式共收回选票 130 份。通过对这些选票的汇总和整理，形成了对 2019 年发展趋势的预测。通过与 2018 年大数据发展趋势预测结果的对比可以发现，2019 年度大数据发展的十大趋势如下。

趋势一：数据科学与人工智能的结合越来越紧密。

该项是在本次候选项征集阶段，根据委员们反馈的意见新增的项目。一个候选项首次出现就成为趋势预测的冠军，这在历次调研中都没出现过，可见本预测项受欢迎的程度。数据科学与人工智能虽然目前是两个独立的学科，但两者均与计算机、数学(特别是统计学)有密切的联系，问题空间也有一定的重合度。近年来，人工智能已经成为推动数据科学发展的核心驱动力，许多委员从事与两个学科相关的工作，例如为了应用人工智能技术而借助数据科学的理论和方法进行数据管理，或者为了挖掘数据的价值而借助人工智能技术进行数据分析。相信随着应用场景的拓展，两者之间的界限也会越来越模糊。

趋势二：机器学习继续成为大数据智能分析的核心技术。

该项在连续两年拔得头筹后，终于走下冠军宝座，以微弱劣势屈居亚军。这种连续排名靠前的阵势，本身就说明了大家对机器学习的认可。大数据的价值是潜在的，不具备表象性。管理大数据的价值在于利用大数据，而如果没有机器学习技术对大数据进行分析，大数据的利用将无从谈起。随着机器学习与数据科学家的关系越来越紧密，对于数据科学领域的职业发展而言，掌握机器学习的基础技能将成为一种必需的技能。在大数据时代，依靠大数据管理和高性能计算的支持，机器学习将成为大数据智能分析的核心技术。

趋势三：大数据的安全和隐私保护成为研究和应用热点。

该项目是本次新增的候选项。在往年的调研中，趋势项“大数据的安全持续令人担忧”，曾经连续 5 年入选十大趋势预测。2018 年笔者根据候选项征集结果，对该项目进行了扩展，补充了与隐私保护相关的内容，调整后的项目依然延续了往年的热度，成为排名第 3 位的趋势项，这也说明大家对数据安全是一贯重视的。2018 年，一个标志性的事件使得数据安全与隐私保护成为政府、学术界和产业界共同关注的焦点，这就是欧盟《通用数据保护条例(GDPR)》的推出。GDPR 引发了全球各行各业，特别是互联网巨头的高度关注。GDPR 中的相关条款(如适用范围的扩大、对数据主体权利的提升、对数据控制者和处理者严格的问责制度、对数据画像的特别限制等)对现有的数据安全机制提出了更高的要求，这也使人们对数据安全和隐私保护问题的关注度得到了提升。

趋势四：数据科学带动多学科融合。

基础理论研究受到重视，但未见突破该项是 2018 年预测结果趋势项第 3 条“数据科学带动多学科融合”与趋势项第 4 条“数据学科虽然兴起，但是学科突破进展缓慢”的合集。由于本次投票中两个趋势项得票相同、内容相关，故在这里合并为一个趋势项。这两个趋势项的排名与去年类似，依然是较为靠前的趋势项。在大数据时代，许多学科表面上看来研究的方向大不相同，但是从数据的视角来看，其实是相通的。随着社会的数字化程度逐步加深，越来越多的学科将在数据层面趋于一致，可以采用相似的思想进行统一的研究。“数据科学发现范式”成为多学科通用的研究范式，因此数据科学对多学科融合的推动作用受到了委员们的认可。作为一门与数学、计算机等学科相关的交叉学科，虽然数据科学已经初具规模，国内也出现了相关的专业设置、课程设置、标准教材，但数据科学自身仍然缺少突破性的理论成果。对科学问题的认识和求解需要一个过程且有不确定性，近期仍然很难取得重大突破。该趋势项的产生说明大专委的专家对大数据学科建设的矛盾心理依然存在。

趋势五：基于知识图谱的大数据应用成为热门应用场景。

该项首次出现在 2018 年大数据发展趋势预测的结果中，2019 年预测结果的排名由 2018 年的第 10 位大幅攀升至第 5 位，说明人们对知识图谱的关注度有了进一步的提升。知识图谱是一种以符号形式描述物理世界中的概念、实体及其关系的网状知识结构。基于知识图谱建立大数据表述的实体间的关联关系，并以此为基础开展各类个性化的应用成为发展趋势。当前知识图谱技术主要应用于智能语义搜索（如 Knowledge Vault）、移动个人助理（如 Google Now、Apple Siri）以及深度问答系统（如 IBM Watson、Wolfram Alpha）等。随着智能音箱、语音助手、智能客服、知识问答等应用的成熟，普通人在日常生活中已经不知不觉地享受到知识图谱带来的种种便利，预期未来基于知识图谱的大数据应用将会渗透到更多的领域和场景。

趋势六：数据的语义化和知识化是数据价值的基础问题。

该项在近 3 年的趋势调研中连续出现，每年的排名变化不大，由 2018 年的第 7 位上升至 2019 年的第 6 位。该趋势项可以看作趋势五“基于知识图谱的大数据应用成为热门应用场景”背后的理论基础。数据语义化是通过符号变换将文档转换成机器可“理解”的符号的过程；数据知识化是在语义化的基础上，进一步挖掘并展示数据深层含义的过程，这两个过程是知识自动发现和挖掘的基础。从大数据中获得知识和价值是人们利用大数据的一个基本需求。在当前热门的大数据应用中，从知识图谱到多种自然语言问答应用的出现，可以推断广大用户在大数据时代获取信息时，越来越需要数据和信息的知识化组织和语义关联。

趋势七：人工智能、大数据、云计算将高度融合为一体化的系统。

该项也是在候选项征集阶段，根据大专委委员们反馈的意见新增的项目。本趋势项集齐了“ABC (artificial intelligence、big data、cloud computing)”三大热门技术，这使它首次出现便跻身最终的预测项中。该项主要体现了工业界的发展趋势。当前无论是公有云还是专有云，云服务提供商都倾向于提供一体化的平台，为用户提供统一的人工智能分析建模、大数据计算以及资源分配与共享管理功能，从而增加便利性、降低使用成本、丰富业务场景。反映在云服务内容上，无论是国外亚马逊的 AWS、微软的 Azure、谷歌的 GoogleCloud，还是国内的阿里云、腾讯云，都已经不满足于仅仅提供基础设施即服务(infrastructure as a service, IaaS)层虚拟化的能力，而是更多地提供大数据存储及智能分析的软件即服务(softwareasaservice, SaaS)能力，这将大大加快云用户在此基础上拓展业务能力的步伐。

趋势八：基于区块链技术的大数据应用场景渐渐丰富。

与区块链相关的趋势项首次出现在预测结果中。区块链不是一项“新兴”的技术，它已经存在了很多年；区块链也不是一项“热门”的技术，事实上在近期咨询机构的报告中，区块链已经渐渐走下巅峰，有了降温的趋势。但在区块链火热的时候，该选项从来没有出现在预测结果中，反倒是在这个时间点上被更多的委员们认可，这反映了专家们对新事物的冷静判断力。2018 年 CCF 区块链专业委员会正式成立，致力搭建产业界和学术界互动的专业平台，这也推动了本项目成为 2019 年的趋势项之一。区块链具有去中心化、难以篡改、记录可溯源等优点，这使得它在交易、认证、流程管理等领域具有广泛的应用场景。相信随着更多的应用驱动，更多的基于区块链的大数据应用将会涌现。

趋势九：大数据处理多样化模式并存融合，基于海量知识仍是主流智能模式。

该项是两个趋势项“大数据处理多样化模式并存融合”与“基于海量知识仍是主流智能模式”的合集，同样也是由于得票相同的原因进行了合并。其中，趋势项“基于海量知识仍是主流智能模式”在 2018 年趋势预测中排名第 8 位，在 2019 年的趋势预测中微调至第 9 位，变化趋势不明显。在大数据处理模式方面，专家们认为批量计算、流式计算和内存计算等多种大数据计算模式将同时存在，一些技术将趋于融合。现实中的需求是多样化的，不同业务场景中数据的量级、产生的速度、对时延的容忍度、计算的模式(历史、近线、实时)等差异巨大，这就需要有多样化的模式满足差异化的需求。在数据工程领域，知识是更高层次的数据，海量知识来源于对海量数据的语义挖掘、信息抽取和知识库构建。通过从数据中提炼信息和知识，可以消除原始数据中的不确定性、补充信息的上下文、降低特定问题搜索空间。在海量知识的基础上进行检索和推理，是当前火热的各类“智能助手”背后的核心技术，这也是该趋势项能够持续入选的主要原因。

趋势十：关键数据资源涉及国家主权。

该项首次入选十大趋势，说明专家们已经不仅仅局限在从个人、机构的视角考虑数据安全问题，而是开始站在国家层面思考数据安全问题。在信息时代，数据已经像石油一样，成为重要的战略资源。但是在数据主体方面，有相当一部分数据资源掌握在各类企业中，这是与传统自然资源相比最大的差异。一些互联网巨头掌握的数据资源非常多，如果其丧失数据权属，可能会危及社会秩序和国家安全。为此，国家互联网信息办公室于 2017 年制定了《关键信息基础设施安全保护条例(征求意见稿)》，将一旦遭到破坏、丧失功能或者数据泄露，可能严重危害国家安全、国计民生、公共利益的信息系统，纳入了关键信息基础设施保护范围，这也推动了委员们对数据权属问题的高度重视。

6 小 结

可视分析是大数据分析的重要方法，能够有效地弥补计算机自动化分析方法的劣势与不足。大数据可视化分析将人面对可视化信息时强大的感知认知能力与计算机的分析计算能力优势进行有机融合，在数据挖掘等方法技术的基础上，综合利用认知理论、科学可视化以及人机交互技术，辅助人们更加直观和高效地洞悉大数据背后的信息、知识与智慧。

本章首先介绍了大数据可视化的概念和发展历程，然后介绍了大数据挖掘技术。重点介绍了大数据可视化工具：Tableau、Excel、Processing、VARCHART XGantt、ECharts 等，并且还有一些应用的案例。在第 4 节中我们介绍了 IBM 的三个可视化案例。最后，列出了商务公司与行业协会对可视化发展趋势的预测，也表示了我们对于各界对可视化发展趋势见解的公平与公正。

思 考 题

1. 如何理解可视化在大数据技术中的地位?
2. 介绍 Tableau 如何从数据源获取数据?
3. 举例说明 IBM 可视化优势。
4. 根据商业公司和 CCF 对可视化发展趋势的预测，谈谈你对大数据前景的看法。

参考文献

[1] 陈为,张嵩,鲁爱东. 数据可视化的基本原理与方法[M]. 北京:科学出版社,2013.

[2] 娄岩. 大数据技术概论[M]. 北京:清华大学出版社,2017.

[3] 何光威,刘鹏,张燕. 大数据可视化[M].北京:电子工业出版社,2018.

[4] 周涛,潘柱廷,程学旗. CCF 大专委 2019 年大数据发展趋势预测. 大数据,2019.

[5] 周涛,卞超轶,潘柱廷,等. CCF 大专委 2018 年大数据发展趋势预测[J]. 大数据,2018(1):77-84.

[6] Wei Yang, Dongxiao Zhang, Gang Lei. Experimental study on multiphase flow in fracture-vug medium using 3D printing technology and visualization techniques[J]. Elsevier B. V., 2020.

[7] 曾强. WebGIS 在智能电网大数据可视化中的应用与分析[J]. 华电技术,2020,42(02):17-21.

[8] 薛伟莲,赵娣,张颖超. 室内定位研究综述[J]. 计算机与现代化,2020(05):80-88.

[9] 刘合翔. 可视化应用的评估方法研究综述[J]. 现代情报,2020,40(04):148-158.

[9] 孙雨生,雷晓芳. 国内可视化搜索引擎研究进展:核心内容[J]. 现代情报,2020,40(02):160-167.

第 9 章

大数据在各行业的应用

新一代信息技术的快速发展、信息化程度的不断提升、全球网民及移动电话用户数的不断增加以及物联网的大规模应用等使人类不可避免地进入了大数据时代,现在我们每天的衣食住行都与大数据有关。在电子商务、智慧城市、两化融合、智能制造等浪潮的推动下,政府机构、公司企业、科研部门、教育医疗、互联网行业等沉淀了大量的数据资源。大数据的广泛应用开启了一个全新的大智能时代。云计算、物联网与大数据技术深度融合,有效地提升了大数据采集、存取、计算等环节的技术水平,使大数据应用的门槛降低、成本减少;而自然语言理解、机器学习、深度学习等人工智能技术与大数据技术融合,有效地提升了数据分析处理能力、知识发现能力和辅助决策能力,让大数据成为人类认识世界、推动智能化的有效工具。因为蕴含着社会价值和商业价值,大数据已成为一项重要的生产要素,大数据应用也由互联网领域向制造业、医疗卫生、金融、商业等各个领域渗透,对产业和传统商业模式的升级起到关键作用。

首先,本章介绍了大数据催生的新应用需求,并且在前人研究的基础上梳理了大数据应用的业务处理流程及其价值。其次,归纳了各行各业的大数据应用及其个性化的需求。最后,总结了企业中大数据应用的共性需求。

1 大数据应用的流程及价值

大数据应用,就是利用大数据分析的结果,为企业提供有效信息,发挥潜在价值的过程。本节从大数据带来的新的应用入手,简要介绍了大数据给各行各业带来的新业务应用,接着对大数据应用的处理流程作了简单的梳理,简明阐述了大数据从无价值变得有价值的过程,最后从企业应用的角度说明了大数据价值的驱动作用。

1.1 大数据催生新应用

大数据的到来,使企业应用有了挑战新应用领域的能力,企业在意识到自己收集的数据有巨大价值之后,纷纷开拓新的业务应用。

1.1.1 基于推荐系统的应用

现在大部分的推荐系统都是基于内容或者基于协同过滤。基于内容的系统是根据大数据分析用户行为特征,以此来衡量用户的兴趣倾向并向用户推荐具有相似特征的内容。根据用户的行为数据如用户基本信息、用户交易记录以及用户购买过程等数据,来进行用户行为的相似度分析,为用户推荐产品,包括浏览这一产品的用户还浏览了哪些产品、购买这一产品的用户还购买了哪些产品等等。最先应用基于内容的推荐系统的是亚马逊,这为亚马逊增加了近 1/3 的盈利。

基于协同过滤的系统是对有相似兴趣的人群的行为特征进行分析,并据此为用户推荐其感兴趣的信息。这一推荐系统主要是基于用户社交行为的分析,通过对用户在微博、微信等社区的关注、兴趣等特征进行数据分析，为用户推荐其感兴趣的、用户所处社交圈流行的，甚至是与用户具有相似特征的同一类人购买的产品。目前基于协同过滤的推荐系统除了在电子商务公司应用比较广泛之外，在互联网金融企业也较为普及。

1.1.2　基于预测的应用

预测应用是通过揭示客观事实未来发展的趋势和规律，来帮助管理者根据不同环境进行决策。利用数据挖掘技术对众多的变量进行筛选，挑选出特定情形下最适合的预测变量或变量组合，并运用机器学习等方法对变量大小进行自适性调整。另外，很多预测应用都带有风险与敏感性评估，以便决策者能够快速知晓重要决策的影响因素。

目前，大数据预测已经应用于基于社区热点的趋势预测、基于客户异常行为的客户流失预测、基于员工特定心理行为的员工绩效预测和基于时间敏感度的商品价值预测等等。同时，大数据预测已经开始慢慢地在各行各业中崭露头角。例如，美国圣克鲁斯警察局是警界最早应用大数据进行预测分析的，其试用的预测系统成功预测了 25％的入室抢劫案发生地点；大通银行通过大数据预测来判断哪些用户会提前还款，由此节约了数亿美元；Google 通过在线搜索各种病症关键词的出现频率，帮助医院提前 7～10 天预测需要收治的流感患者数量。

1.1.3　基于预警的应用

预警应用是通过大数据挖掘技术识别异常行为，在危机发生之前对组织进行预测报警。广义地说，预警应用是组织的一种信息反馈机制。预警大多是基于实时监控某一活动的数据，而且随着网络数据、传感器数据等琐碎数据不断增加，预警分析的情形涉及数百甚至数千个业务维度，大数据的深入发展使这一方面的应用越来越精准。

预警应用源于军事，但随着社会发展的需要，预警应用越来越多地应用于经济、教育、医疗等社会领域。例如，持续监视金融交易，以识别出那些可能存在诈骗的行为，这种预警一般应用于信用卡、活期存款以及保险理赔等方面；或者持续监控传感器和 RFID 等数据，以识别产品实际运行超出标准线的情形。

1.1.4　基于标准的应用

基于标准的应用是指将某一环节数据与指标相比较，以便更好地判断目前形势。常用的标准有行业标准、历史标准、竞争对手数据等。大数据的出现使标准的应用更加广泛。比如，某一企业想知道某一营销活动今年的绩效，就需要实时跟踪当天所有的销售额，并与之前营销活动数据进行比较；电子商务平台借助大数据技术自动帮助商家了解行业宏观情况、自己品牌的市场状况等比较信息。

1.1.5　基于归因的应用

基于归因的应用是针对某一特定事件对整个事务的影响作用进行评估。现在各个行业的业务维度越来越复杂，事务流程越来越多，对于每一环节所起到的效果与价值很难评定。大数据技术使这一应用范围越来越广泛。医疗卫生组织可以使用大数据判断不同治疗和药物在某种临床试验中的效果；市场营销者可以凭借大数据分析某个特定的营销环节在多渠道营销中起到的作用。

以上几点简单列举了目前大数据的新应用需求。随着大数据研究的不断深入，人们在各行各业都有能力开拓业务领域，大数据应用的范围与深度会越来越大。

1.2　大数据应用的流程

大数据的来源非常广泛，但一般来说，大数据应用的基本处理流程大都是一致的。目前，中国人民大学网络与移动数据管理实验室（WAMDM）开发了一个学术空间“Scholar Space”，孟小峰在此基础上总结出大数据处理的一般流程为：数据抽取与集成、数据分析和数据解释。而本书认为大数据应用的业务流程也大致如此，包括数据生成、数据采集、数据分析、数据利用四个阶段，如图 9-1

所示。

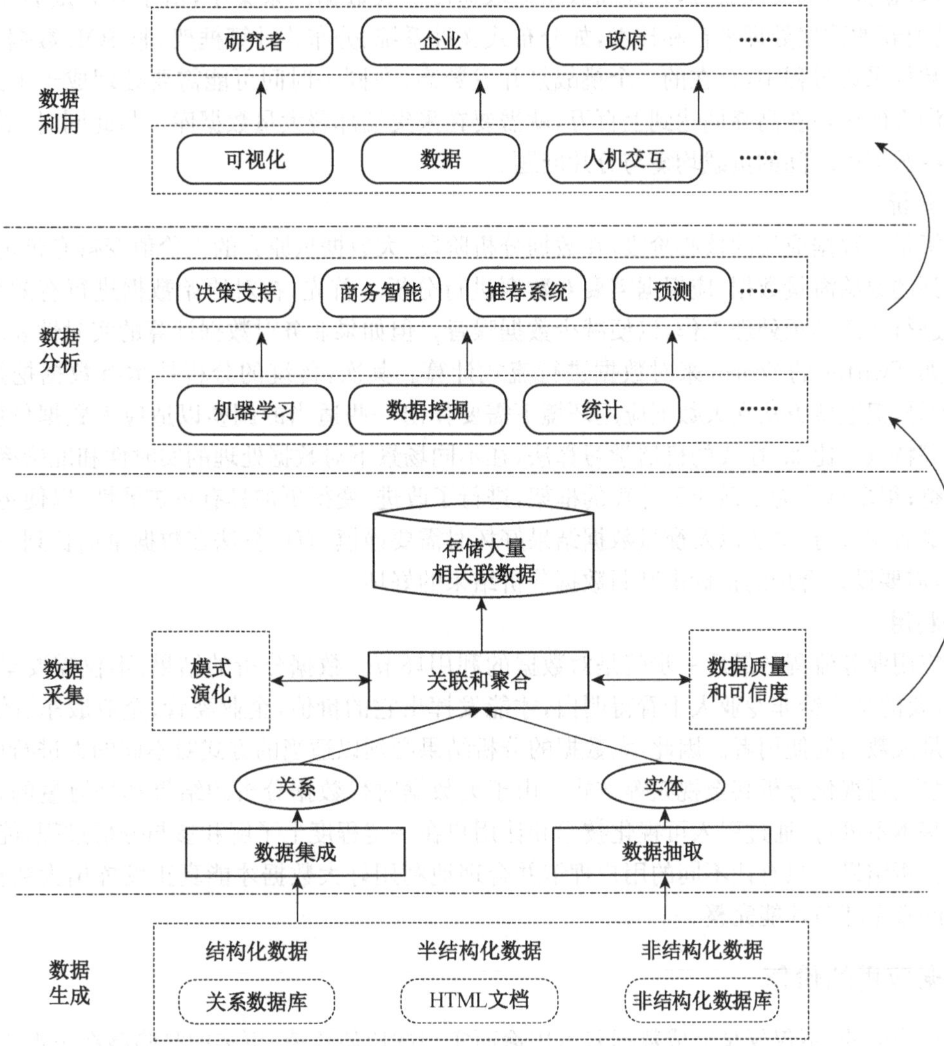

信息来源：孟小峰，慈祥.大数据管理：概念、技术与挑战[J].计算机研究与发展，2013,50(01).

图 9-1 大数据应用业务流程

1.2.1 数据生成

对于企业而言，在日常经营管理中，企业内部各个业务信息系统中会产生大量的结构化数据。同时，在企业的视频监控、产品内置传感器、门户网站以及各种 APP 中会产生各种各样的非结构化数据。这些结构化、非结构化以及半结构化数据共同构成了企业内部数据。同时，大量行业网站、电子商务交易平台、电子采购平台，甚至外部各种传感器数据、社区网站数据等构成了丰富的企业外部数据。这些内部数据与外部数据共同创造了企业大数据应用的数据源。另外，生活中数字化的驱动、各种智能化设备的出现、社交网站的繁荣发展，造成了生活中数据源的大爆炸。大量数据源的存在是大数据应用的基础，是大数据应用中发现潜在价值的源头，没有这些数据源的存在，大数据应用就是无源之水，无本之木。

1.2.2 数据采集

大数据的一个重要特点就是多样性，要处理数据类型繁多的大数据，首先，必须从数据源中抽取和集成数据，从中提取出关系和实体，并将这些结构复杂的数据转化为单一结构、便于处理的数据。其次，在抽取数据时要对数据进行清洗，以保证数据的质量与可信度。最后，将这些整理好的数据进行存储与集成，将这些数据分门别类地放置，以提高数据提取速度。大数据的采集中，由于有大量的非结构化数据的集聚，需要新的数据处理平台和技术，如分布式文件系统、分布式计算框架、非 SQL 数据、流计算技术等。在大数据采集过程中，存在的一个挑战是并发数高，在同一时间可能需要处理成千上万的数据，如同时访问淘宝的用户在高峰期达到上百万，就需要在采集端部署大量数据库。与此同时，需要合理思考并设计这些数据库之间的负载均衡与分片问题。

1.2.3 数据分析

数据分析是大数据应用的核心阶段，在数据分析阶段，大数据从原先的无价值变得有价值。对通过数据采集得到的原始海量数据，应根据需要对数据进行分析。首先，在对原始数据进行有效分析之前，必须对数据进行清洗等预处理工作，以便减少数据噪音。但如果业务对数据计算的实时性要求非常高，可以利用诸如 Twitter 的 Storm 来对数据进行流式计算。其次，传统的分析技术有数据挖掘、机器学习、统计分析等，但这些方法在大数据应用环境下需要作出一些适当的调整以适应大数据价值稀疏性、应用实时性等特点。比如，在线的机器学习算法，在不同场景下对数据处理的实时性和准确率进行了一定的平衡调整；很多算法为了适应云计算的框架，进行了改进，变得更加具有可扩展性，以便更加适合处理大数据。最后，在选择算法以及衡量数据结果好坏时需要谨慎，有些算法在数据量增长到一定规模之后就会失效，需要设计合理的指标来判断数据分析结果的好坏。

1.2.4 数据利用

大数据应用业务流程的最后一步就是对数据的利用环节。数据分析的结果，不仅需要呈现给数据分析专家，重要的是让给非专业人士看得明白，才能发挥出它的价值，企业高管、企业股东、政府甚至是社会公众都是大数据的使用者。因此，大数据的分析结果必须以适当的方式对不同的人进行解释，可以采用图表、报告、可视化分析甚至视频等方式。由于大数据时代数据分析的结果都是海量的，传统的数据解释方法基本不可行，通过引入可视化技术和让用户在一定程度上了解和参与分析过程，能够帮助用户理解数据分析结果。只有让不同的用户理解并合理地利用好大数据才能真正发挥出大数据的价值，大数据应用的整个环节才能完整。

1.3 大数据应用的价值

数据是有价值的，不仅仅是完成数据基本用途而实现的原始价值，更多的是隐藏在数据内部的隐形价值。就如海上的冰山，肉眼所能够看到的仅仅是漂浮在海面之上的冰山一角，大部分冰山都隐藏在海面之下。大数据的价值亦是如此，大部分大数据价值都隐藏在数据内部，需要人们在利用数据的过程中挖掘和实现。正是在大数据背后隐藏价值的驱动下，政府、企业界、学术界都对大数据研究与应用投入了大量资源。

大数据价值的驱动带动了各行各业大数据的大发展、大应用。大数据的应用能够使企业提高对数据的管理能力，揭示数据背后的商业价值，使企业从宏观层面上更好地洞察企业竞争力。并且，大数据应用还能切切实实为人们生活带来舒适与便利，使人们生活智能化、工作便捷化。在大数据时代，合理而有效地利用大数据，才能给人们带来更多的价值，滥用大数据只能产生更多的数字垃圾。大数据应用的价值主要体现在商业价值、分析价值、安全价值和未来价值四个方面。

1.3.1 商业价值

大数据在商业领域的应用价值促进了大数据技术与方法的快速发展。正如麦肯锡公司所说，数据已经成为企业生产过程中的基本竞争要素，就如同企业的固定资产和人力资源一样。信息时代的竞争，不再是单纯的劳动生产率的竞争，而是知识生产率的竞争。数据是信息的来源，知识的源泉，数据已经成为提高生产率和为消费者提供创造性服务的关键性因素。

企业更加注重以事实为基础的决策，通过收集企业运行各个环节和流程数据，运用数据分析技术，优化企业业务流程和重组，将业务流程与重组过程中潜在的价值挖掘出来，从而达到节约成本、探索商业价值的目标。综观利用大数据应用的案例，最经典的应该就是沃尔玛“啤酒与尿布”的商业案例。这一经典案例让企业看到了数据的确是有商业价值的，能够给企业带来创造性收入。因此，大数据应用可以帮助企业获得更多的商业价值。

1）实现精准营销策略

任何营销都需要花费大量的人力与物力，而没有收益的广告成本无异于对企业财产的浪费。随着社交网络和移动设备的快速兴起，用户的消费习惯、行为方式、爱好特征等都以文字、图片或者视频等形式存在于网络中，从而形成了实时动态的大数据。企业可以利用大数据技术对用户行为特征进行挖掘与分析，从海量的数据中发掘出用户的购物意向，进而有针对性地进行精准营销。精准营销既不会打扰到用户，让用户对产品产生反感，又大大提高了企业广告的效果，帮助企业实现盈利。

目前，大数据应用帮助企业实现了精确化营销和精细化运营。例如，移动行业通过对用户通话时间、业务类型等数据的分析后，帮助营销人员极大地提高了营销效率。又如，针对用户漫游费比较高的特点，向用户推荐合适的漫游套餐；对经常上网的用户，推荐流量套餐。用户各式各样的数据为企业实现精准营销提供了数据和信息支持，而大数据技术平台实现了对用户行为实时地记录与挖掘，大大地提高了企业精准营销的效率。

2）推动企业业务创新

企业面对海量的数据，已经无法直接用手工的方式完成对业务的分析，企业想要了解现有的运营情况，就必须借助已有的数据，运用大数据分析平台。另外，企业基于大数据对顾客的需求分析，有利于推动企业业务上的创新。随着社交网络以及电子商务的发展，用户对产品或服务的质量、功能等的评价会及时地反映在网络平台上，企业需要通过数据采集将这些信息汇集起来分析，并根据顾客提出的问题与建议来改善产品或服务，提高企业业务层面的创新意识。

大数据除了可以帮助企业更好地了解企业现有业务情况，还能通过预测分析，帮助企业发现未来的业务机会。通过大数据分析，企业可以在已有的产业链中发掘出未来可能更需要发展哪个产业，寻找企业产业链中的商机。例如，福特公司曾经利用大数据分析帮助企业实现由濒临倒闭状态到重新获得新的商机，21世纪的第一个10年福特经历了一个困难时期，为此，福特公司高层跳出旧的思维模式，在公司层面组建了数据分析团队。同时，福特的市场部门和信贷部门也组建了数据分析团队，强大的数据分析团队为福特公司迎接大数据并利用大数据发现产业链上的新价值带来了智慧的翅膀，通过对内部产生的大量数据，包括来自业务运营、汽车产品研究以及互联网客户的数据进行分析，并将分析结果反馈给设计部门从而设计出满足用户体验的汽车，发现了新的汽车产业链需求。

3）帮助管理层决策

管理层的决策关系到企业的整体发展，而决策的制定需要准确的数据分析作为辅助。大数据分析帮助企业管理层深度观察并了解企业目前的现状，并从这些分析中发现企业的风险点以及需要改进的地方，从而作出合理的决策。大数据分析的结果更能有效地说服管理层对现有的企业模式进行改变，使企业以更好的企业模式适应未来的发展。移动互联网、物联网等技术的发展使企业非常容易获取用户的信息数据，将这些数据综合起来分析可以得到用户的行为喜好等特征。通过对这些数据的分析，可以帮助管理层更好地了解用户需求，合理作出决策。

同时，随着智能化的发展，企业逐步实现对产品制造全过程的监控和管理，产品的生产制造全生命周期可以全程实现数据化、信息化、智能化。利用大数据对产品的设计、运营管理等进行智能分析，通过数据的整合与挖掘，可以为企业管理层决策提供数据与技术的支持，从而更好地优化产品流程。

1.3.2 分析价值

对大数据的分析是发现价值的方式，利用和应用大数据才会给企业真正地带来价值。如果企业只是将数据收集并存储起来，而不能很好地利用数据，那么这些数据对企业来说仅仅是占用了企业的资源，是“堆放的垃圾”。当今企业需要合理地分析数据并应用数据，从海量数据中寻找大数据应用的价值，变废为宝。随着统计学和云计算的发展、大数据时代的到来，数据分析与挖掘技术已经成为目前和未来应用最广泛的技术。随着商务智能的发展，未来可视化数据展现技术将占有广阔的市场，特别是能提供很好的视觉展现效果、图形化的形象等可视化分析工具将得到业界的广泛应用。

大数据的分析将帮助人们实现如下目标：指导企业发现新的业务机遇；引导企业管理变革；发现企业数据背后的商业价值；发现人们生病的缘由；发现交通拥堵的原因、路段、时间等；发掘用户行为特征；进行相关性预测，比如可能发生交通拥堵的时段、天气下雨的时间、发生地震的时间、商品销量会大增的时间等。另外，大数据分析还能帮助企业产生巨大的经济价值。例如，美国家庭能源数据分析公司Opower使用数据分析来提高消费用电的效率，通过展示美国各个家庭用电费用并将之与周围邻居家的情况进行对比，每月给其服务的家庭提供一份对比的报告，报告显示每个家庭用电费用在整个区域或全美类似家庭所处水平，从而有意识地鼓励家庭用户节约用电。这一应用取得了显著效果，产生了巨大的经济价值，此项家庭用电费用分析每年为美国消费用电节约大约 6 亿美元。未来大数据分析价值将更好地为企业、政府、医药、通信、交通等领域服务，用分析实现数据价值。

1.3.3 安全价值

在互联网时代，人们工作、生活的大部分数据都暴露在网络和通信中，数据安全已经引起企业、政府、法律界等的高度关注。随着法律越来越健全，个人信息逐渐得到了法律的保护。在高度信息化的时代，人们通过聊天工具、社交网络、银行业务、通信应用等将自身的很多数据存储在互联网、通信平台、数据库、社交网站上，如何防止这些信息被非法利用，防止欺诈事件的发生，成了人们需要关注的问题。面对这些切实存在的数据安全风险，政府、企业和科技研发机构都提高了数据安全防范技术，加大投入，保障客户信息安全、商业信息安全以及国家信息安全。

如果人们忽视数据安全，将有可能付出巨大代价，甚至造成巨大的损失。比如，数据信息泄露导致个人信息被诈骗人员利用；数据库存储出现问题，导致数据被破坏；数据没有加强通信安全，机密信息被监听，商业数据被对手截获等；数据没有防病毒安全机制，被病毒破坏；数据管理没有严格规范化，数据用户权限设置简单，被黑客破坏用户密码，数据被黑；数据没有定期维护，人为造成数据被破坏；数据没有灾备系统，如银行实时交易的业务系统，没有灾备系统，当业务系统出现故障，将严重影响银行业务处理，银行的声誉也将受到严重的影响。

以上事实已经或正在发生，为防止数据泄露、加强大数据应用安全，应从国家层面和管理层面加强数据安全意识。要加强数据安全重要性宣传，高度重视道德教育，提高数据法律安全意识等。要加大数据安全研发投入，加大数据安全管控策略，天天重视数据安全，时时重视数据安全，做到万无一失。数据安全如今已经引起了各行各业的重视，未来数据安全在科技产业链这一环中将得到更好的发展机遇。数据安全是一个永恒的话题，无论何时都要把数据安全放在第一位，没有数据安全，就没有大数据的未来。数据安全将为大数据时代保驾护航。

1.3.4 未来价值

目前，各行各业可能已经对大数据的投资与研发花费了很多人力、物力等，但从长远看，大数据分析与应用将创造巨大的价值。大数据应用的未来价值主要体现在：大数据应用可以让企业超前规划；大数据的行业应用将广泛地解决现实中遇到的问题；帮助企业了解未来产业链的变化；促进大数据存储技术的发展，如非格式化数据存储技术的发展；促进相关行业的合作，在合作中发掘创新点；发现行业生态链条上的新机遇；数据安全技术将得到更好的发展，研究数据安全的专业公司将获得更多的收益。

大数据未来价值不可估量，目前已经在互联网、交通、金融等领域得到了很好的应用与发展。这些行业大数据应用的实际效果让人们真正体会到第四次科技革命浪潮的到来。

2　互联网与大数据

大数据应用已成为一项学术界、企业界和政界都很关注的战略任务，大数据能够对全球经济大整合时代的商务产生深远的影响，与此同时，大数据在公共服务领域也具有广阔的应用前景。互联网作为一个数据集散地，聚集了海量的数据，人们可以借助大数据方法和技术，分析其中隐藏的丰富内容、发现其中存在的基本规律，以便为互联网行业今后实现更好更快的持续发展提供定量化的依据。

互联网是大数据应用的引领者之一，互联网的飞速发展也是大数据产生的重要原因。而大数据是互联网的重要资产，其数据量与用户量呈正比，用户增加越多数据增加越快。2017 年 11 月发布的年度报告《衡量信息社会报告》显示，全世界上网人数比例为 48%，互联网普及率在过去十年翻了一番。另外，世界上多数家庭现在可以访问互联网(53.6%)。根据中国互联网网络信息中心(CNNIC)统计，截至 2019 年 6 月，我国网民规模达 8.54 亿人，较 2018 年年底增长 2 598 万人，互联网普及率为 61.2%，较 2018 年年底提升 1.6 个百分点。

目前最主要的互联网服务和应用包括网络新闻、搜索引擎、网络购物/网上支付、网络广告、旅行预订、社交网络、微客微博、网络视频、网络游戏等。大数据分析在互联网方面的一个重要应用就是基于用户的各种海量在线行为来分析用户的兴趣和需求，从而更好地实现推荐系统、广告追踪、点击流分析等应用。对于互联网当中的许多服务和应用，大数据的新方法、新技术都有了用武之地，将有助于互联网服务和应用得到更好的发展，从而实现互联网与大数据两大新兴领域的有机结合。

2.1　社交网络中的大数据应用

社交网络是大数据应用的重要领域之一，社交网络大数据应用最基本的是用户基本信息分析和用户详细行为分析，基于这些分析进而实现个性化服务、精准广告、口碑式营销等。通过收集社交网络甚至是移动社交网络上的用户基本资料，利用大数据技术对这些信息进行整合分析，全方位地刻画用户的喜好特征等。另外，通过鼠标点击、移动终端、键盘输入等方式采集到用户各色各样的行为数据(包括位置信息、活动信息、情感文本等)，利用大数据技术分析这些数据可以更好地进行个性化服务和指导产品开发等。总之，社交网络大数据应用离不开对用户的分析，利用大数据技术对用户数据及用户行为数据进行推导分析，就可以得到有价值的数据。

2.1.1　实时在线服务

实时在线服务是社交网络大数据应用的重要需求之一。目前，全球互联网用户总量超 40 亿，2017 年 Facebook 月活跃用户达到 13.5 亿，2018 年微信月活跃用户增长 7%，突破 11 亿，QQ 月活跃用户破 7 亿。每天都有大量的用户同时访问社交网站，保证社交网站能够快速有效地处理这些数据就成为社交网络大数据应用需求之一。为了满足用户对实时信息的要求，各大社交网站推出了自己的解决方案。Facebook 是利用 Hbase 和 Hadoop 对数据进行实时处理；腾讯是基于在线实时计算平台，运用流式计算的方法实时处理数据。

2.1.2　增值业务创新

腾讯每年 90%的收入来自增值业务，包括互动娱乐、网络媒体、电子商务、即时通信等业务。腾讯通过对自己拥有的大数据进行分析与利用，不断开发符合用户需求的增值服务以便获得利润。除了投放网络广告，增值业务是社交网络获得收益的主要来源，因此，社交网络大数据应用的一个关键需求就是对增值业务进行创新开发。另外，社交网络可以通过提供增值服务，吸引更多的用户或加深用户对社交网站的黏性。

2.1.3 用户喜好分析

数据和用户是社交网络最大的资本，通过社交网络上的图片、语义、音频、视频以及用户在社交网络上访问行为等数据，可以挖掘出这些数据背后的商业价值。比如，根据社交网络实时数据和历史数据，利用大数据技术深度挖掘出用户个体或者群体的喜好与习惯，进而推荐用户感兴趣的信息或商品。又如，通过分析微博或微信用户活跃的时间，发现用户在上下班途中、吃饭时间、睡觉前这几个时间段比较活跃，于是商家可以在这几个时间段有针对性地投放广告或者信息。

2.1.4 网民情绪分析

社交网络的传播有其独特的性质，其传播的快速性与广泛性使某个信息或者话题很有可能以“蝴蝶效应”的爆炸性方式传播出去。通过对社交网络中用户数据的分析，可以掌握目前用户关心的热点话题、了解民众对某个事件的情感变化，从而更好地进行舆情分析、情感分析，为提升社会公共服务、智慧化调整产业提供参考性建议。

2.1.5 地理位置分析

现在很多社交媒体中加入了GPS定位服务，用户将当前的位置信息通过移动设备上传，便产生了签到数据。将这些签到数据与其他行业数据结合起来进行分析，可能会发现新的销售或者服务的机会。例如，将用户的位置信息与银行信用卡的消费信息结合起来分析，可以根据用户当前所在位置与消费喜好，为其推荐周边购物或者餐饮的优惠信息。

2.1.6 产品口碑分析

社交网络上用户口碑传播是一种高效的传播方式。通过对社交网络上用户评价、留言等信息进行分析，商家可以了解消费者对不同产品特征的倾向性，从而更好地改善产品设计等。另外，通过社交网络掌握用户的社交关系，利用社交好友对产品的口碑向用户推荐产品。已有的研究证明，用户更容易购买社交好友推荐或喜欢的物品，目前淘宝销售的一个重要推动就是好友推荐，而Facebook早在2013年就推出了搜索“我朋友喜爱的餐厅”的功能。

2.2 电子商务中的大数据应用

近年来，淘宝、京东等网络零售第三方平台和电子商务网站蓬勃发展，聚集了大量的经营者、消费者和商品、服务，并因此而衍生出了大量的数据，利用大数据理论和技术，对网络购物、网络消费、网络团购、网络支付等数据进行深度挖掘、深入分析，发现有价值的信息与统计规律，对布局和推动今后中国互联网经济的健康有序发展、对进一步规范经营者和消费者的电子商务活动、加强国家对该领域的宏观调控和监管等，均将产生积极的影响。

2.2.1 针对最终消费者的个性化推荐

建立个性化推荐是电子商务行业大数据的一个重要应用。个性化推荐是指根据用户的兴趣特点和购买行为，向用户推荐用户感兴趣的信息和商品。电子商务平台目前主要通过积累和挖掘用户消费过程的行为数据，来为消费者提供商品推荐服务。某些电子商务平台还将时间、地理位置、社交网络等因素融入用户行为数据中，进一步进行精准推荐。在实际的推荐系统中，主要利用的是机器学习、自然语言理解、大数据分布式存储和并行处理等技术。

个性化推荐在电子商务企业中的应用已经非常广泛。例如，亚马逊和当当就利用用户消费过程中行为数据的相关性分析为用户提供相关书目的推荐服务。推荐系统是基于用户购买行为数据，利用在学术领域被称为“客户队列群体发现”的基本算法，用链接在逻辑和图形上表示客户队列群体，推荐系统分析很多都涉及特殊的链接分析算法。推荐系统分析具有多元化维度，既可以根据客户的购买喜好为其推荐相关书目，也可以根据客户的社交网络进行推荐。而在传统的推荐分析方法下，需要先选取客户样本，将客户与其他客户对比找到相似性再进行推荐，但是传统推荐系统的准确性较低。现在的推荐系统采取大数据分析技术后，大大提高了分析的准确性。

2.2.2 针对商家的推荐

电子商务平台针对的用户主要分为两类:一类是最终消费者;另外一类就是商家,然而目前针对商家的大数据应用服务还较少。一方面,相对于最终消费者,商家更注重数据的隐私性,对于某些数据他们是不愿意被第三方获知的;另一方面,商家的许多商业行为并不都是在线上完成的,有很多是在线下完成的,平台难以获得较为全面的数据。促使商家开放数据或者部分数据,需要在数据安全、数据使用的商业模式和技术等多个层面的创新以及观念的改变,还需要一定的时间。然而,针对商家数据的分析的确具有很高的价值。例如,通过对商家进货、库存、销售、客户关系等多方位数据的获取和分析,可以有效地为商家推荐优质的上下游业务,帮助商家建立起上下游的产业链关系;可以通过平台数据的分析为商家推送有关税收、融资、法律等与企业经营相关的专业服务,帮助商家更好地发展,帮助政府更好地对企业进行监管和扶持。目前,国内专注于企业领域的一些公司在大力开展这方面的工作。

2.2.3 网络广告

利用大数据方法和技术,可深入分析网络广告的效果及其对商品销售等的影响、广告"读者"的反应等。比如,现在网站一般都记录包括每次用户会话中每个页面事件的海量数据。这样就可以在很短的事件内完成一次广告位置、颜色、大小、用词和其他特征的试验。当试验表明广告中的这种特征更改促成了更好的点击行为,这个更改和优化就可以实施。

2.3 其他互联网服务中的大数据应用

除了社交网络、电子商务两个典型的互联网应用之外,互联网还有搜索网站、网络新闻、网上视频和网络游戏等应用项目,大数据时代的到来给这些互联网应用带来了新的机遇与挑战。

2.3.1 基于用户行为分析的网络信息推荐

利用大数据理论方法和技术,通过对用户网络阅读和搜索内容、习惯、爱好、行为、关键词等的深入分析,可为新闻门户网站的建设、搜索引擎技术的改进、互联网舆情的监控与引导等提供依据。另外,通过对用户访问行为的分析也可以为网络新闻、搜索引擎提升服务提供参考意见。用户行为分析可以从行为载体和行为效果两个维度进行。分析用户行为主要包括如下几点。

(1) 鼠标点击和移动行为分析。互联网上最多的用户行为基本都是通过鼠标来完成的,分析鼠标点击和移动轨迹是用户行为分析的重要部分。目前国内外很多大公司都有自己的系统,用于记录和统计不同程度的用户鼠标行为。此外,据了解,目前国内的很多第三方统计网站也可以为中小网站和企业提供鼠标移动轨迹等记录。

(2) 移动终端的触摸和点击行为。随着新兴的多点触控技术在智能手机上的广泛应用,触摸和点击行为能够产生更加复杂的用户行为,有必要对此类行为进行记录和分析。

(3) 键盘等其他设备的输入行为。键盘等设备主要是为了适应不能通过简单点击等进行输入的场景,如大量内容输入。键盘的输入行为不是用户行为分析的重点,但键盘产生的内容却是大数据应用中内容分析的重点。

(4) 眼球、眼动行为。基于此种用户行为的分析在国外有较多的应用,目前在国内的很多领域也有用户研究类的应用,通过研究用户的眼球移动和停留等,可以更容易了解界面上哪些元素更受到用户关注,哪些元素设计得合理或不合理等。

用户对待不同的信息可以产生千奇百怪、形形色色的行为,可以通过对这些行为的数据记录和分析更好地指导新闻门户网站的建设、搜索引擎技术的改进等。通过对这些网站数据进行建模和推导分析,可以得出有价值的数据结果,进而更好地分析出用户的喜好、需求以及关注点,并据此推荐相关信息给用户。

2.3.2 基于大数据分析的网络娱乐服务

网络视频、网络游戏、网上预订等为互联网时代的民众带来了新的娱乐形式和生活方式，带动了经济增长，利用大数据方法和技术对此进行深入分析，可更好地发现民众新的娱乐形式和爱好、掌握网民的网络习惯和上网规律，为更好地推出网络娱乐和网络预订产品与服务、推动全社会经济发展，同时也为保障青少年上网安全等提供依据。

越来越多的游戏厂商意识到了大数据分析的重要性，特别是对于游戏的研发和运营中的三个重要环节的作用，即降低用户获取成本、提高用户留存、提高用户付费率和付费额。它们开始建立实时大数据平台以收集用户在游戏中的行为数据，通过分析、理解每个用户如何玩游戏、他们的动机和潜在价值，来调整游戏的设计，并对这些用户进行实时自动地营销，以更好地满足这些用户的需求。例如，基于游戏内用户行为，利用数据挖掘和机器学习算法对每个用户进行评估和分类，然后可以基于这些细分的用户类别，推送及时、相关和个性化的消息（如促销信息）来留住用户。同时基于行为数据对用户细分后，还可以进行跨游戏的用户营销，对不同类型的用户推送不同类型的游戏。

然而，面向游戏的大数据分析仍面临三个挑战：第一个挑战是数据质量，不同的游戏之间或者不同玩家的数据的预处理面临的问题是：接口不规范、杂乱无章导致数据质量比较差，如何能够从中选出高质量的数据？第二个挑战是在用户的隐私和个性化之间找到一个平衡点，这对互联网上的用户行为分析来说是有挑战的问题，这个挑战不光是技术上的，还有政策法规方面的。第三个挑战是未来跨设备、跨平台、跨应用的手机游戏、网页游戏和电视游戏将为用户提供更加无缝的娱乐体验，如何收集用户的完整的行为数据以了解他们的需求将是挑战性的任务。

另外，网上预订旅行产品、旅行行程、车票机票等，已成为一项非常重要的互联网服务和应用，并因此聚集了大量的有关游客/乘客、景区/景点、宾馆/饭店等的数据，利用大数据方法和技术对此作深入、精细分析，可为更好地推动我国旅游经济和假日经济的发展、更好地为游客提供旅游产品和旅游服务、更好地建设景区和景点等提供参考和依据。

总之，通过对新兴的大数据理论和技术对互联网应用的分析，企业能够掌握行业现状、发现潜在问题、谋划未来发展，推动互联网和大数据这两大新兴领域的融合、互动，推动两者的共同繁荣。

3　金融业与大数据

金融行业应用系统的实时性要求很高，积累了非常多的客户交易数据，金融行业大数据的应用目前主要体现在金融业务创新、金融服务创新和金融欺诈监测等方面。

3.1 金融业务中的大数据应用

随着全球金融行业竞争的进一步加剧，金融创新已成为影响金融企业核心竞争力的主要因素。有关数据显示，95%的金融创新都极度依赖信息技术，因此金融业对信息技术的依赖性很大。大数据可以帮助金融公司分析数据，寻找金融创新机会。

3.1.1 金融业务创新

互联网金融是当前金融业务中的一种开拓创新，即利用互联网技术、大数据思维进行的金融业务再造。这种创新主要表现在两个方面：一是金融机构依靠现代互联网技术和思维进行自我变革，如商业银行逐渐拓展的互联网金融业务；二是互联网企业跨界开展金融服务，如阿里金融、腾讯金融、百度金融、京东金融等。金融机构是将其金融业务逐步搭载在互联网平台上，而互联网企业是以互联网技术平台为优势加载金融业务，两者的业务不断趋同，但各有优势。

新兴的互联网金融机构源源不断涌现，并推动着金融业在更大空间、更广领域进行着深刻而有效的金融创新，促使金融业由量变到质变。而金融业面临众多前所未有的跨界竞争对手，市场格局、业务流程将发生巨大改变，未来的金融业将开展新一轮围绕大数据的 IT 建设投资。据悉，目前中国的金融行业数据量已经超过 100 TB，非结构化数据迅速增长。分析人士认为，中国金融行业正在步入大数据时代的初级阶段。

优秀的数据分析能力是当今金融市场创新的关键，资本管理、交易执行、安全和反欺诈等相关的数据洞察力，成为金融企业运作和发展的核心竞争力。因此，互联网金融不仅是互联网、大数据等技术在金融领域的应用，更是基于大数据思维创造出的新的金融形态。

3.1.2 改善营销模式

大数据改善了传统营销模式。对于当今的金融机构来说，能够利用大数据准确快速地分析客户特征，进而区别于传统营销模式，快速锁定商机。例如，银行对客户的分层往往是依据客户交易作粗略的划分，如存款超过 50 万元人民币者为 VIP 客户。但这种分类不够细致，根据这种简单的分类对客户所做的广告并没有起到很好的营销作用，而且客户还有一种被"强迫推销"的感觉。

IBM 中国研究院提出，按照客户亲朋好友的投资动态来提供产品建议，以此来鼓励客户购买更多的金融产品。IBM 运用的是人类的"社交同理心"，但要激起客户的同理心，前提是得先了解他们的社交模式。因此，系统先从银行各个经销渠道收集客户的个人身份（如年龄、性别和婚姻状态）和事务数据（如存款和投资金额），经过清理和汇总后进行深入的分析对比，找出客户群体中有哪些人属于相同的社交圈，以及不同客户在不同的社交圈中扮演着什么样的角色。通过大数据分析描绘出客户群体的关系之后，分析客户近期的购买倾向，以及已购买产品的绩效，以辅助营销。通过更加细致的分类，客户被分成了不同背景、环境、经济条件的群体。

3.1.3 金融智能决策

除了利用大数据思维对金融业务进行再造、利用大数据方法对客户行为进行分析，近几年商务智能也排到了金融行业 CIO（首席信息官）的议程表上，这说明了智能决策的重要性。金融行业高度依赖信息数据，可以应用大数据方法与技术收集、处理、分析金融数据，并对数据进行挖掘提取，寻找其中有价值的信息，从而帮助公司作出及时准确的决策。

对于银行这样的金融机构，影响公司的盈利的一项决策就是对于是否发放贷款的判断。一般银行在放款前，会先调查贷款人的信用状况、职业和收入，再决定是否贷款给对方。然而我国很多中小企业从银行贷不了款，因为它们没有担保。为此，阿里巴巴公司就利用大数据分析技术基于淘宝网上的交易数据情况筛选出财务健康和诚信的中小企业，对这些企业贷款不需要担保。目前阿里巴巴已放贷 300 多亿元，坏账率仅为 0.3%。

另外一个典型的案例来自美国创业公司 ZestCash，其主要业务是给那些信用记录不好或者没有信用卡使用历史的人提供个人贷款服务。ZestCash 的创办人 Douglas Merrill 是谷歌前首席信息官，ZestCash 和一般银行最大的不同在于其所依赖的大数据处理和分析能力。FICO 信用卡记录得分是美国个人消费信用评估公司开放出的个人信用评级，大多数美国银行依靠 FICO 分析作出贷款与否的决策，这个 FICO 分析的评估依据大概只有 15～20 个变量，诸如信用卡的使用比率、有无未还款的记录等，而 ZestCash 分析的却是数千个信息线索，这形成了它独特的竞争力。例如，如果一个顾客打来电话，说他可能无法完成一次还款，大多数银行会把他视为高风险贷款对象，但是 ZestCash 经过客户相关数据分析发现，这种顾客其实更有可能全额付款，ZestCash 甚至还会考察顾客在提出贷款之前在 ZestCash 网站上停留的时间，准确地利用大数据处理和确定客户的信用情况。

3.2 金融服务中的大数据应用

除了利用大数据技术与方法对金融业务进行创新之外，对金融中的服务也可以利用大数据方法与技术进行优化，从而改善客户满意度。比如，花旗银行通过收集客户对信用卡的质量反馈和功能需求，来进行信用卡服务满意度的评价。质量反馈数据可能是来自电子银行网站或者呼叫中心的关于信用卡安全性、方便性、透支情况等方面的投诉或者反馈,功能需求数据可能是关于信息卡在新的功能、安全性保护等方面的新诉求,基于这些数据,花旗银行建立了质量功能来进行信用卡满意度分析,并用于服务的优化和改进。

3.2.1 客户行为分析

对于金融机构来说,利用大数据方法与技术对客户行为特征进行分析,从而更好地提供个性化服务,不但可以增强客户满意度,还可以从中获益。例如,招商银行利用对客户刷卡、存取款、电子银行转账、微信评论(连接到腾讯公司的数据)等行为数据的研究,每周给顾客发送针对性广告信息,里面有顾客可能感兴趣的产品和优惠信息,从而增加客户消费。

另外,花旗银行在亚洲有超过250名的数据分析人员,并在新加坡创立了一个"创新实验室",进行大数据相关的研究和分析。花旗银行所尝试的领域已经开始超越自身的金融产品和服务的营销范畴。比如,新加坡花旗银行会基于消费者的信用卡交易记录,有针对性地给他们提供商家和餐馆优惠信息。如果消费者订阅了这项服务,他刷了卡之后,花旗银行系统将会根据此次刷卡的时间、地点和消费者之前的购物、饮食习惯,为其进行推荐。比如,在接近午餐时间,如果某个消费者喜欢意大利菜,花旗银行就会发来周边一家意大利餐厅的优惠信息,更重要的是,这个系统还会根据消费者采纳推荐的比率,来不断学习从而提升推荐的质量。通过这样的方式,花旗银行保持着客户的高黏性,并从客户刷卡消费中获益。

除花旗银行外,一些全球信用卡组织也加快了利用大数据的进程。在美国,信用卡企业 Visa 就和休闲品牌商 Gap 合作,给在 Gap 店附近进行刷卡的消费者提供折扣优惠。美国信用卡企业 MasterCard 通过分析信用卡用户交易记录,预测商业发展和客户消费趋势,并利用这些结果策划市场营销策略,或者把这些分析结果卖给其他公司。

3.2.2 加快理赔速度

对于金融机构,另外一个可以明显改善客户满意度的环节就是保险的理赔速度。保险公司的理赔审核机制高度依赖人为的判断和处理时间,审核人员得仔细留意申请案件是否有诈保迹象,若发现可疑案件还得转给其他部门进一步评估。这就导致理赔流程拉得很长,影响保户满意度。

IPCC 是一家汽车保险公司,为了遏制诈领保险金的增长趋势,它决定运用一套根据事故数据预测分析机制来加强诈保侦测,提升理赔的速度、效率和准确率,从而改进理赔服务。在新的理赔系统中,IPCC 仿效信用审核评分的方法,建立起一套专门评估理赔申请案件"诈保率"的评分机制,一旦发现可疑案件,系统就会按照事先设定的业务规则,把案件转交给负责调查的人员。由于新系统的实施,IPCC 把阻止诈保的成功率从 50%提高到 88%。另外,IPCC 也从收到保户通报事故数据的第一时间着手,运用演算模型,在事故发生当下就把理赔申请分门别类,让有问题的案件尽早被调查,不需要调查的案件当事人可以立刻获得给付。因此,IPCC 在第一时间就能排除 25%需要后续调查的案件,省下了不少案件往来的时间和费用。同时,IPCC 还采用文本挖掘技术,分析警方对交通事故的调查报告、伤者医疗记录和其他文件中的内容,检查描述上有何矛盾或可疑之处。总之,IPCC 利用大数据分析方法大幅度提高了理赔的审理速度和准确度。

3.3 金融欺诈监测中的大数据应用

金融欺诈监测对银行的业务至关重要,直接关系到银行策略的制定。例如,通过对客户的教育水平、收入情况、居住地区、负债率等进行大数据分析,可以评估用户的风险等级,将贷款发放给风险等级较低的客户。

3.3.1 金融欺诈行为监测和预防

账户欺诈会对金融秩序造成重大影响。在许多情况下,可以通过账户的行为模式监测到欺诈,在某些情况下,这种行为甚至跨越多个金融系统。例如,使用"空头支票"需要钱在两个独立账户之间来回快速转账。特定形式的经纪欺诈牵涉两个合谋经纪人以不断抬高的价格售出证券，直到不知情的第三方受骗购买证券，使欺诈的经纪人能够快速退出。金融网站链接分析也能帮助监测电子银行的欺诈。

保险欺诈是全球各地保险公司面临的一个切实挑战。无论是大规模欺诈，如纵火，还是涉及较小金额的索赔，如虚报价格的汽车修理账单，欺诈索赔的支出每年可使企业支出数百万美元的费用，而且成本会以更高保费的形式转嫁给客户。南非最大的短期保险提供商 Santam 通过采用大数据、预测分析和风险划分帮助公司建立欺诈监测模式，从受理的索赔案件中获取大数据，根据已经确定的风险因素评估每个索赔，并且将索赔划分为 5 个风险类别，将可能的欺诈索赔和更高风险与低风险案例区分开。

3.3.2　金融风险分析

为评价金融风险，很多数据源可以调用，如来自客户经理、手机银行、电话银行等方面的数据，也包括来自监管和信用评价部门的数据。在一定的风险分析模型下，利用这些数据可以帮助金融机构预测金融风险。例如，一笔预测贷款的风险的数据分析，数据源范围就包括偿付历史、信用报告、就业数据和财务资产披露内容等。

3.3.3　风险预测

征信机构益百利根据个人信用卡交易记录数据，预测个人的收入情况和支付能力。中英人寿保险公司根据个人信用报告和消费行为分析，来找到可能患有高血压、糖尿病和抑郁症的人，发现客户健康隐患。

4　交通业与大数据

社会经济的飞跃式发展促使了城市车辆的大幅增加，从而打破了原来城市道路的均衡发展状态，原有的交通管理与规划方法难以满足现在复杂的交通需求，交通堵塞问题日益严重。城市交通部门从宏观和微观的角度提出了许多措施，但这些措施只在短期内缓解了区域性交通拥堵问题。大数据技术与方法为缓解交通拥堵问题打开了新思路：通过对交通流量的监控、交通诱导系统以及交通需求预测等，帮助城市缓解交通拥堵问题。

目前交通业的大数据应用需求主要是通过大数据的实时分析功能来进行智能交通管理和预测分析，而交通系统中的大数据具有下面两个突出的特性。

(1) 复杂性，涉及多方面多类型的数据。交通系统中人、车、路、环境这四个要素之间的数据错综复杂，不确定性大。此外，交通状况的数据遍布道路网络，具有随机、时变的特征。同时，交通系统里面的数据还受到外界环境、社会状况和经济条件等其他信息的影响，比较复杂。

(2) 动态性，数据实时处理要求高。交通系统每时每刻都在发生着变化，而且随时都有可能突发一些意想不到的变化，因此，公众对交通信息发布的时效性要求高，交通服务系统需将准确的信息及时提供给具有不同需求的主体。

鉴于交通系统中的大数据复杂、易变的特征，可以通过大数据技术为交通系统提供解决方案。下面从客运和货运的角度简单列举大数据在交通行业应用的几个方面。

4.1　智慧交通中的大数据应用

城市的交通拥堵问题已经严重阻碍了城市发展，对居民的生活质量和幸福感指数都产生了一定的影响。交通大数据庞大的数量、多样化的类型以及存储的分散性，都给处理与分析数据带来了困难，更何况许多交通问题的处理需要数据分析具有实时性。为此，大数据技术对于数据的集成能力、存储能力以及对数据处理的实时性能够帮助城市改善交通管理与运转效率。下面从智慧驾驶、城市智慧公共服务和停车诱导三个方面对利用大数据缓解交通堵塞问题作介绍。

4.1.1 智慧驾驶

所谓智慧驾驶，指的是驾驶者在出行前可以获取相关的路线、道路拥堵情况以及到达目的地所需时间等信息，驾驶者在驾驶时能够根据自己的需求实时地调整路线安排，享受导航服务，以便驾驶者一直行驶在最佳路线上。为了实现智慧驾驶，国内外学者们通过众包这一基于大数据挖掘大众智慧的方法，对人类活动的位置大数据进行建模分析，获得群众关于驾驶路线的最优选择，从而为驾驶者更好地导航服务。

智慧驾驶的方式除了较好地为驾驶者进行导航服务，还在一定程度上缓解了交通拥堵问题，提高了交通运转效率。智慧驾驶利用大数据可以提前预测前方路线中由于天气、交通事故等各种原因造成的拥堵情况，告诉驾驶者最佳的备选行驶路线，并合理组织安排私家车路线，进而提高交通运输效率。例如，云南省推出的“七彩云南、智慧出行”系统就以多种方式向驾驶者发布相关交通信息，如各条道路的道路情况、气象信息等，使驾驶者能够有效地避开拥堵路段，转向空闲道路行驶，从而提高了道路交通的运转效率。另外，智慧驾驶还能有效地提高驾驶的安全性，如美国俄亥俄州运输部利用 INRIX 的云计算分析处理大数据，了解和处理恶劣天气下的道路状况，减少了冬季连环撞车发生的概率。同时，驾驶者还可以通过车载装置等，实时监测驾驶者是否酒精超标、疲劳驾驶等，从而促进安全驾驶。

4.1.2 智慧公共服务

城市居民出行除了驾驶私家车就只能选择公共交通服务，比如公交车、地铁和出租车等。提高公共交通服务的运行效率，让城市居民体会到公共交通的便捷性，从而减少选择私家车出行，对缓解交通堵塞问题、空气污染问题等均有很大的帮助。因此，各个城市现在都在积极探讨利用大数据实现智慧公共交通的建设，如镇江智能公交、昆山智能公交等。它们将原来的铁皮公交站牌换成了电子站牌，通过电子站牌实时地滚动播放车辆运行状态，可以换乘的信息等；甚至可以通过电脑、手机在家查询公交车的行驶状况、车内客流情况以及推送从出发点步行到车站所需时间等，帮助居民避开高峰期，减少户外等候公交的时间。另外，大数据的实时性确保了公共交通服务的连贯性，一旦某个路段出现问题，居民能够立马知晓情况，快速根据有关情况进行调度处理。

4.1.3 停车诱导

停车诱导就是为了缓解各大城市停车位日益紧张的现状，利用各种技术与方法实现智慧停车功能，如停车场空闲车位查询、停车泊位预约、计费支付等功能。停车诱导通过实时地提供一定区域内的所有停车场的车位空缺情况，为停车者提供停车场地理位置以及可利用的车位数量等信息。例如，如果车辆前方进入堵塞地段，停车诱导系统就可提前告知驾驶员附近的免费停车位，驾驶员可以停车换乘地铁等公共交通以避免拥堵。例如，武汉市就建设了武汉智慧停车公共服务平台，实时地帮助停车者停车泊位，为停车者选择停车线路进行导航，并且实时地监控周边道路信息、明确标注了每个停车场的收费标准，智能地为停车者停车泊位提供帮助。

4.2 货物运输中的大数据应用

城市交通拥堵问题除了会影响居民的正常出行之外，对于物品在城市中的流动效率也会有很大的影响，这非常不利于城市的经济发展。同时，城市内部的物流规划混乱无序、配送路线杂乱无章，也会让货物运输效率大打折扣。城市物流系统拥有货物运输过程中所有的物流数据以及相关数据，利用大数据技术对这些数据进行智能化分析、从整体的角度作出最优路线规划、有效缓解城市货物运输效率低下的问题，便有了智慧物流。

4.2.1 智能路径规划

车辆的配送路线规划问题是提升货物运输效率的最关键问题。在货物配送过程中，通过无线传感器实时收集车辆的行驶路线、油耗等信息，并且根据对交通流量的监控分析线路的堵塞状况，实时地调整配送路线。同时,收集到的数据还能作为历史数据,为之后安排配送路线提供一定的参考。比如,UPS利用传感器等设备帮助调度中心监督并优化行车路线,根据过去积累的大数据制定最佳行车路线。当前,学术界也利用物联网大数据对货物运输的路线运用优化算法进行了改进。例如,李瑞强基于物联网采集到的运输车辆的数据,提出了一种云配送调度算法,针对多目标货物的运输线路进行了优化;陈丰照提出基于物联网实现快速采集数据、实时传输,并运用改进的 Dijkstra 算法对配送路线进行优化。

4.2.2 智能调度优化

智能调度主要是指利用大数据、物联网技术对车辆、人员以及货物进行智能化调配,根据当天的配送计划以及配送车辆的存储条件等信息,利用机器学习方法建立车辆调度的优化模型,并且在确定了车辆配送路线之后,对货物按先进后出的原则,对车载方案进行优化。另外,也可以利用大数据对货物数据的分析和预测结果,提前对车辆和车载率进行合理规划,从而增加客户满意度或者避免物流高峰期。例如,亚马逊根据消费者的习惯与鼠标点击行为预测消费者的购买行动,在消费者下单之前就将货物发出,从而提高顾客服务满意度。此外,通过无线传感器对货物信息和车辆信息的采集,调度中心实时地了解货车的装载率以及货物的配送情况,并且结合交通和天气情况实时地对货车和人员进行合理分配。

4.2.3 实现可视化

为了提升货物的运输效率,除了进行智能的路线规划、智能的调度优化,还需要对货物运输的整个环节进行实时可视化监控,来提高货运物流的稳定性和安全性。例如,宁波智慧物流平台为企业搭建了可感知的供应链平台,实时跟踪提供人、车、货的可视化服务以及智能分析与优化服务。比如,用户购买高档牛肉,从牛在农场的宰杀冷冻、运输过程到最终到达卖场,整个过程都是可视化、可追溯的,从而保证了食品的品质,也提高了货运的稳定性。此外,对于危险品行业,实时的可视化操作也保证了其运输的安全性。对于危险化学品的运输,事故具有巨大的危害,因此需要实时地全景监控,实现人、车、货、道路环境等多角度的一体化监控,从而保证运输的安全性以及提供主动预警服务,以便对事故能及时采取应急处理措施。

5　政府与大数据

政府对大数据应用的需求目前有三大方面:一是基于政府数据收集的优势,提供大数据服务,推进政府信息公开;二是基于公众或者企业行为分析,分析和预测经济形势、民主选情、公共服务质量、公共安全监管水平等;三是基于城市物联网数据,对城市基础设施、交通管理、公共安全等方面进行智能化分析和管理。

5.1 基于大数据的政府信息公开

纽约市政府数据开放建设长期处于世界领先水平,2012 年 3 月,纽约市政府颁布《开放数据法案》,该文件对纽约市政府数据开放网站平台作出了全方位的规划,要求市政府各个部门协调配合,共同推进政府数据建设。同年 9 月,纽约市政府又颁布了《开放数据政策和技术标准手册》,对开放数据的标准及技术作出了详细规定。

2011 年 10 月,纽约市政府数据开放平台正式上线,域名为 data.cityofnewyork.us,其目的主要在于增强纽约市政府的透明性及责任感,提高政府治理水平。在数据开放总量方面,截至 2017 年 8 月底,纽约市政府数据开放网站 data.cityofnewyork.us 上线数据类型涵盖了教育、环境、健康社会服务等多个方面,纽约市政府还根据公众的反馈不断扩大政府数据的开放范围。在数据格式方面,该网站规定数据开放平台上线的每一项数据集的格式必须包括 XML/JSON/CSV 三种机器可读格式及 PDF/RDF/XLS/

XLSX 四种人机可读格式，以供用户根据使用目的选择合适的格式进行下载。在数据公开的时效性方面，纽约市政府要求信息技术部门对每类数据公开以及更新的时间作出详细规定，并要求数据公开方案也必须于每年 7 月 15 日之前及时更新。

通过出台相关的政策法规以及科学的战略规划逐步推进政府数据开放工作。纽约市政府通过成立专业的信息机构以及招聘专业的人才负责政府数据开放的具体事务。此外，纽约市在政府数据开放过程中十分注重政民互动。这些因素是促成纽约市政府数据开放建设长期处于世界先进水平的关键因素。

同时，政府推动大数据开放，能够带动更多相关产业飞速发展，产生经济效益，增加就业岗位。为有效利用不同领域的庞大数据资料，2018 年韩国政府宣布将正式建立大数据平台，称之后 3 年将进行 1 516 亿韩元投资，建立 10 个大数据平台、100 个大数据中心，积极利用采集的数据推出全新服务。以政府为主导，让中小型企业绕过巨头的垄断，对大数据进行利用和挖掘，或者直接从政府的数据中心中购买服务，用作提升生产效率、营销效率、用户服务等等。同时，韩国政府还加大了对数据服务类中小型企业的投资和支持，让它们可以在巨头的挤压下获得更多生存空间，吸引足够的人才。

5.2　基于大数据的公众行为分析

5.2.1　宏观经济形势的分析和预测

联合国引用美国数据分析软件公司 SAS 的研究数据，以爱尔兰和美国的社交网络活跃度增长作为失业率上升的早期征兆。在社交网络上，网民们更多地谈论“我的车放在车库已经快 2 周了”“我这周只去了一次超市”“最近要改坐公交和地铁上班”这些话题时，表明他们可能面临着巨大的失业压力，这些指标是失业预测的领先性指标；当网民开始讨论“我要出租房屋”“我这个月买了一点点保健品”“我准备取消到夏威夷的度假”这些话题时，表明他们可能已经失业，面临巨大的生存压力，这些指标是失业后的之后滞后性指标。通过对这样的数据进行分析，可以帮助政府判断失业形势，促进政府提供更多失业救助的政策。

谷歌公司研发的 Google Trend（谷歌趋势）可以预测房地产、旅游等诸多经济活动领域；高盛利用 Fintech 公司 Kensho 产品将国际劳工局的数据汇编成定期摘要，分析就业市场变化和预测股市走向——这一模式可以在国际劳工局发布数据后几分钟内通过模型呈现结果，除了帮助高盛的销售部门应对客户咨询，Kensho 产品还可以帮助研究人员完成一些初级工作。

用政务智能替代或辅助人工决策，可以在纷繁复杂的数据中自动识别出不一致、错误和虚假的信息，减少出错成本和福利管理中的诈骗，缩小税收缺口。美国邮政（USPS）的计算机系统能够自动扫描邮件的相关数据（存放位置、派送路线、重量、体积等信息），通过与数据库中近 4 千亿条数据的比较，甄别出“用邮欺诈”的邮件。扫描一封邮件只需要 50～100 毫秒。一旦检测出“异常”——如包裹邮资不足或者邮票重复使用等情况，系统就会对信件实施实时拦截，再由分拣人员对其进行特殊处理。有趣的是，该项目竟然由此形成了“威慑效应”。自开始实施此项目起，“用邮欺诈”行为减少了很多。

5.2.2　民主选情分析

2012 年，奥巴马利用社交网络和大数据技术预测和分析选民投票动向和竞选走势。奥巴马的数据分析团队此前曾在关键州收集数据，并建立了 4 条投票数据流，用于拼凑出当地选民的详细数据模型。在 1 个月的时间内，数据分析团队在俄亥俄州就获得了约 2.9 万人的投票数据，这一数字几乎已经占到了总体选民数的 1%，因此奥巴马的数据分析团队可以更清楚地了解每类人群和地区选民在任何时刻的投票倾向，这为奥巴马带来了巨大优势。

从奥巴马参加总统大选开始，大数据在整个总统大选过程中的应用已经越来越深入，从大选筹资阶段开始，精准的筹资邮件筛选、选情实时分析、选民人群精准定位、结果预测各个环节都已经开始数据化，整个总统大选变成了一个典型的数据驱动的业务决策过程。不难看出，美国的政治已经全面进入了大数据时代。

特朗普在英国投资的一家技术公司帮助特朗普争取到了约 2 000 万张“摇摆选票”，该公司拥有多名数据科学家，号称可以根据选民个性、价值观的不同投放不同的宣传词。这家公司基于选民在脸书的“点赞”信息，结合投票记录、人口统计数据和消费支出确定了约 2 000 万张“摇摆选票”，然后向他们推送有特定心理目标的信息。

5.2.3　公共安全监测和分析

美国国家安全局和联邦调查局棱镜计划(PRISM)通过进入微软、谷歌、苹果、雅虎等九大网络巨头的服务器，监控美国公民的电子邮件、聊天记录、视频及照片等资料，名义是保障公共安全、反恐怖。另据报道，美国国家安全局拥有一套基于大数据的新型情报收集系统，名为“无界爆料”系统，该系统以 30 天为周期从全球网络系统中接收 970 亿条信息，通过比对信用卡或通信记录等方式，可以几近真实地还原重点人群的实时状况。

5.3　基于大数据的城市智能化管理

5.3.1　城市基础设施实时监测与分析

大数据还被应用于城市交通道路、大气环境等的预测性分析和诊断，比如根据交通道路传感器获得的大量数据预测分析常见故障，并根据监测数据比对结果进行交通道路维护。视频监控技术已经被广泛地应用在交通管理、社区安保等城市生活的各个方面。视频监控设备所采集的海量视频数据记录着城市中居民生活的分分秒秒，在数字空间中形成了对物理城市的虚拟“映像”。通过这种手段对采集到的数据进行分析和理解，感知城市的交通运行状况，为市民提供交通引导、导航、推荐等智能服务。通过对城市基础设施实时监测来感知城市的总体交通状况、分析全市交通的行为特征，建立分析模型，为具体的智能交通应用提供数据分析与交通状态评估支撑。

5.3.2　城市治安管理的电子化应用

大数据管理不是简单的计算机化管理，也不是应对信息挑战的技术解决方案，而是政府的一项战略。政府必须改变过时落伍的信息管理能力，通过大数据平台进行恰当地管理、建模、分享和转化，从中提取有效信息，并以最恰当的方式作出更具前瞻性的决策，为民生做好服务。比如，纽约市的社会治安曾一度是纽约市政府最棘手的问题，每年要花费大量财政经费在警察和警务装备上，而随着电子政务的进一步深化、详尽犯罪数据的进一步开放，纽约市不仅开发出了提示公众避免进入犯罪高发区域和提高警惕的手机应用，从而降低犯罪发生的概率，而且还能将犯罪记录信息和动态交通数据结合起来，指导调配警力。

6　其他行业与大数据

大数据应用除了在互联网、交通、金融和政府机构崭露头角，在医疗、电信和能源等行业也在逐渐普及。

6.1　医疗业中的大数据应用

在医疗行业，大数据应用在数据规模、多样性、处理速度等维度均出现了巨大的变化。首先，数据规模呈指数型增长。医疗数据规模由 2005 年的 130 艾字节上升至 2015 年的 7 910 艾字节，并于 2020 年达到 35 泽字节。其次，医疗数据的多样性也给管理和应用带来了很大困难，其中大多数医疗数据为非结构化数据，包括医疗档案、手写遗嘱、出入院记录、纸质处方、放射、核磁共振和 CT 影像等。另外，还有来源于遗传学和基因组学研究、社交媒体、康复健身设备等的结构和非结构化数据流混杂在一起，很难直接利用计算机进行存储与管理。最后，医疗数据正以更快的速度源源不断地产生，因此要求数据的采集、分析、比较和决策从较慢的批处理方式向实时处理方式转变。目前，医疗行业大数据应用主要体现在医学研发数据分析、疫情和健康趋势分析、医疗电子健康档案等方面。

中国的医疗信息化建设持续推进。从面向医院的管理信息化(HIS)，到以患者和医疗过程为核心的医院临床管理医疗信息化(如PACS、LIS、RIS、EMR等)，再到区域医疗服务信息化(GMIS)，广覆盖的医疗信息化建设项目累积了海量数据，为健康医疗大数据业务的开展奠定了坚实基础。健康医疗大数据将从当前简单的"大"走向"精准"，通过获取更高质量、更精准的数据，助力健康医疗服务的提升。

6.1.1 医学研发数据分析

医药公司在新药物的研发阶段，可以通过数据建模和分析，从而配备最佳资源组合。预测模型基于药物临床试验阶段之前的数据集及早期临床阶段的数据集，尽可能及时地预测临床结果，评价因素包括产品的安全性、有效性、潜在的副作用和整体的试验结果。通过预测建模可以降低医药产品公司的研发成本，在通过数据建模和分析预测药物临床结果后，可以暂缓研究次优的药物，或者停止次优药物上昂贵的临床试验。

除了研发成本，医药公司还可以更快地得到回报。通过数据建模和分析，医药公司可以将药物更快地推向市场，生产更有针对性的药物、有更高潜在市场回报和治疗成功率的药物。原来新药从研发到推向市场的时间大约为13年，使用预测模型可以帮助医药企业提早3～5年将新药推向市场。

使用统计工具和算法，可以提高临床试验设计水平，并使医药企业在临床试验阶段更容易地招募到患者。通过挖掘病人数据，评估招募到的患者是否符合试验条件，从而加快临床试验进程，提出更有效的临床试验设计建议，并能找出最合适的临床试验基地。

分析临床试验数据和病人记录可以确定更多的药品适应症和发现副作用。在对临床试验数据和病人记录进行分析后，可以对药物进行重新定位，或者实现针对其他适应症的营销。实时或者近乎实时地收集不良反应报告可以促进药物警戒(药物警戒是上市药品的安全保障体系，旨在对药物不良反应进行监测、评价和预防)，或者在临床实验暗示了一些情况但没有足够的统计数据去证明的情况下，基于临床试验大数据的分析可以给出证据。

6.1.2 疫情和健康趋势分析

谷歌公司在官网上有一个利用大数据进行疫情分析的案例。一个地区突然有更多的人通过谷歌来搜索某种疾病，说明这个地区可能处于这种疾病的蔓延期。基于这一假设，谷歌绘制的巴西登革热疫情预测数据与巴西卫生部提供的登革热实际疫情数据基本吻合，这充分说明了谷歌基于大数据对于疫情预测的准确性。在一家名为Zocdoc的网站上，求医的病人需要选择专科，Zocdoc则通过分析用户选择专科的数据，发现不同城市的居民在某个阶段居民对健康领域的关注点，如"皮肤""牙齿"等，以及其他一些信息，从而预测该阶段和该地区的健康趋势。例如，11月份是预约流感医生最频繁的时段，3月份是鼻科医生预约高峰期；洛杉矶、拉斯维加斯、凤凰城等城市的居民看急诊的比例(相比例行检查或者预防性治疗)高于其他城市；波特兰市看皮肤病的人最多而费城看牙医的人最多。

6.1.3 医疗电子档案

斯坦福大学把所有医院的电子病历及数据库，都转换成斯坦福大学数据中心的数据，基于许多不同的来源解析成堆的数据，试图发现那些对于解决问题来说最有用的模式，以便使管理人员更加全面地了解病人的各种需求。例如，对于一般心脏疾病的治疗，各地区诊所分布图与目前病人居住的地方其实是不重叠的。所以，就需要通过大数据来分析各种类型的病人都集中在哪个区域，以此来重新部署各诊所的分布，以满足不同患者的需求。

国内医疗电子档案的建立也在慢慢实施中。广东省中医院和IBM携手合作开发了一套"临床记录分析和共享"系统，该系统可以把横跨中西医的数据都整合成以单一患者为中心的标准电子病历。之后，广东省中医院又继续建立"医疗数据库分析和共享"系统，用于存储并整合匿名病人的数据，数据包含年龄、性别、是否患有如心脏病或糖尿病等其他病症。该系统在诊疗过程中帮助医生取得、过滤并整合其他相关病人的数据和类似的医疗行为,协助医生为病人量身定制个性化的治疗方案。

6.2 电信业中的大数据应用

电信大数据细分产业正在从“小圈子”走向“大生态”。“小圈子”的焦点是运营商自身业务能力和效率的持续提升,比如顺应业务集中化的趋势,运用大数据技术提升企业运营能力,实现集团—地方两级大数据架构的融合优化,加速 B-O-M 三域数据融合,应用 SDN/NFV 技术柔性改造网络,加速布局 5G 和 AI 等的新应用场景。“大生态”意指运营商既有能力的外部拓展和迁移,即通过对外提供领先的网络服务能力、深厚的数据平台架构和数据融合应用能力、高效可靠的云计算基础设施和云服务能力,打造新的、以运营商为核心的数字生态体系,加速非电信业务的变现能力。在网络时代,运营商是数据交换中心,运营商的网络通道、业务平台、支撑系统中每天都在产生大量有价值的数据,基于这些数据的大数据分析为运营商带来了巨大的机遇。目前来看,电信业大数据应用集中在客户行为分析、网络优化、商业智能应用等方面。

6.2.1 客户分析

运营商的大数据应用和互联网企业很相似,客户分析是其他分析的基础。基于统一的客户信息模型,运营商收集来自各种产品和服务的客户行为信息,并进行相应的服务改进和网络优化。例如,分析在网客户的业务使用情况和价值贡献,分析、跟踪成熟客户的忠诚度及深度需求,包括对新业务的需求,分析、预测潜在客户,分析新客户的构成及关键购买因素,分析、监控通话量变化规律及关键驱动因素,分析欲换网客户的换网倾向与因素,并建立、维护离网客户数据库,开展有针对性的客户保留和吸引。用户行为分析在流量经营中起着重要的作用,将用户的行为结合用户视图、产品、服务、计费、财务等信息进行综合分析,得出细粒度、精确的结果,实现对用户个性化的策略控制。

6.2.2 网络管理维护和优化

网络管理维护和优化是指进行网络信令监测,分析网络流量、流向变化、网络运行质量,并根据分析结果调整资源配置;分析网络日志,进行网络优化和故障定义。随着运营商网络数据业务流量快速增长,数据业务在运营商收入中的占比不断增大,流量与收入之间的不平衡也越发突出,智能管道、精细化运营成为运营商突破困境的共识。网络管理维护和优化成为精细化运营中的一个重要基础。面对信令流量快速增长、扩展困难、成本高的情况,采用大数据技术数据,存储量不受限制,可以按需扩展,同时可以有效处理 PB 级的数据,实时流处理及分析平台保证实时处理海量数据。智能分析技术在大数据的支撑下将在网络管理维护和优化中发挥积极作用,网络维护的实时性将得到提升,事前预防成为可能。比如,通过将历史流量数据与专家知识库相结合,生成预警模型,可以有效识别异常流量,防止网络拥塞或者病毒传播等异常。

6.2.3 商业智能应用

全球移动数据流量的爆炸式增长给电信运营商带来了前所未有的挑战,但基于这些数据的商业智能应用将会给运营商带来巨大的机遇。为此,中国联通、中国移动、中国电信三大运营商加速推进了大数据应用的商业智能应用。2012 年年末,中国联通已经成功将大数据和 Hadoop 技术引入移动通信用户上网记录集中查询与分析支撑系统,率先提供了用户上网记录的清单查询服务。同时,该大数据项目也为中国联通的移动互联网业务精细化运营、流量提升、移动网络规划和优化提供了有效支撑。另外,中国移动部署了分析型 PaaS 产品,利用 BC-Hadoop 构建大数据处理平台,同时建设了并行数据挖掘系统以及商务智能平台等大数据应用平台,为将来在大数据应用和服务市场作了充分准备。结合大数据技术,中国电信将深化互联网数据中心(IDC)服务以及智慧城市建设,并发掘移动互联网与之结合的商机,重塑转型之路。

6.3 能源行业中的大数据应用

高油价和高电价让可持续能源议题持续"发烧",也使大数据分析在能源产业的重要性与日俱增。能源行业涵盖从勘探、生产及运输石油与天然气等能源的公司,到负责发电和供电的电力公司,其中不少企业已经装备智能化的监测设备,实时收集大量的作业数据进行仿真分析,以提高生产力、降低成本,并评估设备稳定度,防止运作中断或发生事故。能源行业大数据应用的需求主要有智能电网应用、跨国石油企业大数据分析、石油勘探资料分析、能源生产安全监测分析等方面。

6.3.1 智能电网大数据应用

智能电网大数据应用主要有智慧电表和智慧发电系统两个方面。在智能电表系统中,以液晶显示器呈现用量的智慧电表,除了可以呈现每一户详细用电量的变化之外,还可以通过不同的电价方案,促使用电户自发降低电能使用,或选择在电费比较便宜的非高峰时段使用洗衣机或洗碗机等高耗电量的家电。另外,智慧电表不仅可以调节用电模式,还可以用于第三方开发新的消费应用。例如,帮助消费者在线进行用电管理,或是建立 GPS 和电表之间的联系,这样消费者就能在回家前 20 分钟发送指令,预先打开家里的空调。

智慧发电系统指将大量可再生能源,如风能、太阳能和水能投入电力系统,让发电端出现新的变量。如丹麦的风力发电机组厂商 Vestas Wind Systems A/S 是全球最大的风力发电机供货商,风力机的选址和配置却是非常棘手的问题,于是 Vestas 部署了一个新的超级计算机平台,运用专门处理大量结构和非结构数据的分析技术,让工程师可以更准确、更快速预测特定区域的气候模式,以找出发电量最高的位置。Vestas 利用大数据分析平台,加入卫星空照图、过去 10 年前后数据、全球森林砍伐指数及地理空间、月亮、潮汐变化等参数,分析变量暴增为好几百个,只需 3 天就能计算出选址结果。

6.3.2 跨国石油企业大数据分析

大型跨国石油企业业务范围广,涉及勘探、开发、炼化、销售、金融等业务类型,区域跨度大,油田分布在沙漠、戈壁、高原、海洋,生产和销售网络遍及全球,而其 IT 基础设施逐步采用了全球统一的架构,因此它们已经率先成了大数据的应用者。例如,雪佛龙公司面对海量大数据率先采用 Hadoop 等大数据技术,通过分类和处理海洋地震数据,预测出石油储备状况。另外,石油企业在石油开采的每一个环节都是信息密集的。以油气勘探为例,石油企业必须收集油气层上方每个位置的地质数据,经系统地整理,再利用已知点的数据推测位置点的特性,尽可能描述整个油气田的动态。业界也因而出现了"数字油田"的新名词,指的是在探钻过程中广泛收取和分析数据的新型营运模式。企业会在探勘设备和运输管线上大量安装传感器,以实时提取数据,并利用高速通信和数据挖掘技术,远程监控和随时调整钻井作业。

6.4 制造业中的大数据应用

制造业经常是带动一个社会发展转型的火车头,也是经济增长和就业市场的中流砥柱。在成本较低的新兴市场国家生产力跃进的情况下,制造业早已成为全球性的产业。近年来,由于资讯科技发达和贸易障碍减少,各厂商针对制造过程中某些环节发展专业能力,厂商为了节省成本,采用的跨国设计、采购、组装、制造、再制、营销和服务的生产网络,复杂度比以往更甚。若要进一步提升生产力,就必须设法利用数据来提升价值链的效率。因此,制造业大数据的分析主要是应用在产品研发与设计、供应链管理、生产过程以及售后服务等环节,以加强价值链。

6.4.1 产品研发与设计

在产品研发与设计环节,主要是根据历史数据对产品需求进行分析预测,以便提前对产品的设计作出改进。大数据在客户和制造企业之间流动,挖掘这些数据能够让客户参与产品的需求分析和产品设计,为产品创新作出贡献。例如,福特福克斯电动车在驾驶和停车时产生了大量数据。在行驶中,司机持续地更新车辆的加速度、刹车、电池充电和位置信息。这对于司机很有用,但数据也传回福特工程师那里,以使他们了解客户的驾驶习惯,包括如何、何时及在何处充电。这种以客户为中心的场景具有多方面的好处,因为大数据实现了宝贵的新型协作方式。司机获得有用的最新信息,而位于底特律的工程师汇总关于驾驶行为的信息,以了解客户,制订产品改进计划,并实施新产品创新。

6.4.2 供应链管理

在供应链环节,企业需要对供应链体系不断优化完善,通过对供应链上的大数据进行采集和分析,以市场链为纽带,以订单信息流为中心,带动物流和资金流的运动,整合全球供应链资源和全球用户资源。而且,企业需要根据供需预测,不断调整、改善供应链中的某些流程。日本一家照明用具制造商为了改善货物延误的状况,建立了一套全球整合的供需管理系统,利用大数据分析技术以简单的可视化方式呈现影响供需的各项因素以及非预期性的事件或意外等。韩国第二大饼干和糖果制造商海泰制果为了改善由于供需预测偏差而导致的存货过多问题,导入了一套可以在线分析处理数据的商业智能和分析平台,使其能够精准地预测销售量,而且可以随着市场需求和趋势的变动调整生产规划。

6.4.3 生产运营环节

在产品的生产运营环节,需要将人力、生产线等厂房管理的数据以及外部环境信息以简单的图、表或指标的方式呈现出来,以便管理人员及时掌握各个环节的绩效并快速地采取行动。对于生产管理过程来说,实时数据分析能力能让生产线上的各种蛛丝马迹都被纳入预测模型,并使预测过程不断进行实时优化,以减少重复错误所导致的成本与时间耗损。另外,运用机动性的任务规划和排程工具,以及先进的模拟技术,找出最恰当的排列组合方式,可以提高整体的生产效率和生产量。

6.4.4 售后服务

在产品的售后服务环节,无所不在的传感器技术的引入使对产品故障的实时诊断和预测成为可能。在波音公司的飞机系统测试中,发动机、燃油系统、液压和电力系统数以百计的变量组成了在航状态,不到几微秒钟就可测量和发送一次数据。这些数据不仅是未来某个时间点能够分析的工程遥测数据,而且还促进了实时自适应控制、零件故障预测,能有效实现故障诊断和预测。

7　大数据应用的共性需求

随着互联网技术的不断深入,大数据在各个行业领域中的应用都将趋于复杂化,人们亟待从这些大数据中挖掘到有价值的信息,而大数据在这些行业中应用的一些共性需求特征,能够帮助我们更清晰、更有效地利用大数据。大数据在企业中应用的共性需求主要有业务分析、客户分析、风险分析等。

7.1 业务分析

企业业务绩效分析是企业大数据应用的重要内容之一。企业从内部 ERP 系统、业务系统、生产系统等获取企业内部运营数据,从财务系统或者上市公司年报中获取财务等有利用价值的数据,通过这些数据分析企业业务和管理绩效,为企业运营提供全面的洞察力。

企业最重要的业务是产品设计,产品是企业的核心竞争力,而产品设计必须紧跟市场,这也是大数据应用的重要内容。企业利用行业相关分析、市场调查甚至社交网络等信息渠道的相关数据,利用大数据技术分析产品需求趋势,使产品设计紧跟市场需求。另外,企业大数据应用在产品的营销环节、供应链环节以及售后环节,帮助企业产品更加有效地进入市场,为消费者所接受。通过对企业内外部数据的采集和分析,并利用大数据技术进行处理,能够较为准确地反映企业业务运营的现状、差距,并对未来实现目标的概率进行提前预测和分析。

7.2 客户分析

在各个行业中，应用大数据大部分是为了满足客户需求，企业希望大数据技术能够更好地帮助企业了解和预测客户行为，并改善客户体验。客户分析的重点是客户的偏好以及需求，以达到精准营销的目的，并且通过个性化的客户关怀维持客户的忠诚度。赛智时代咨询公司的研究显示，企业基于大数据对客户进行分析主要表现在三个方面：全面的客户数据分析、全生命周期的客户行为数据分析、全面的客户需求数据分析。这些客户大数据分析可以帮助企业更好地了解客户，从而帮助企业进行产品营销、精准推荐等。

7.2.1 全面的客户数据分析

全面的客户数据是指建立统一的客户信息号和客户信息模型。通过客户信息号，可以查询客户各种相关信息，包括相关业务交易数据和服务信息。客户可以分为个人客户和企业客户，客户不同，其基本信息也不同。比如，个人客户登记姓名、年龄、家庭地址等个人信息，企业客户登记公司名称、公司注册地、公司法人等信息。同时，个人和企业客户都有客户基本信息和衍生信息，基本信息包括客户号、客户类型、客户信用度等，衍生信息不是直接得到的数据，而是由基本信息衍生分析出来的数据，如客户满意度、贡献度、风险性等。

7.2.2 全生命周期的客户行为数据分析

全生命周期的客户行为数据分析是指对处于不同生命周期阶段的客户的体验进行统一采集、整理和挖掘，分析客户行为特征，挖掘客户的价值。客户处于不同生命周期阶段对企业的价值需求有所不同，需要采取不同的管理策略，将客户的价值最大化。客户全生命周期分为客户获取、客户增加、客户成熟、客户衰退和客户流失五个阶段。在每个阶段，客户需求和行为特征都不相同，对客户数据的关注度也不相同，因此对这些数据的掌握，有助于企业在不同阶段提供差异化的客户服务。

在客户获取阶段，客户的需求特征表现得比较模糊，客户的行为模式表现为摸索、了解和尝试。在这个阶段，企业需要发现客户的潜在需求，努力通过有效渠道提供合适的价值定位来获取客户。在客户增加阶段，客户的行为模式表现为比较产品性价比、询问产品安装指南、评论产品使用情况以及寻求产品的增值服务等。这个阶段企业要采取的对策是把客户培养成为高质量客户，通过不同的产品组合来刺激客户的消费。在客户成熟阶段，客户的行为模式表现为反复购买、与服务部门进行信息交流，向朋友推荐自己所使用的产品。这个阶段企业要培养客户忠诚度和新鲜度并进行交叉营销，给客户更加差异化的服务。在客户衰退阶段，客户的行为模式是较长时间的沉默，对客户服务进行抱怨，了解竞争对手的产品信息等。这个阶段企业需要思考如何延长客户生命周期，建立客户流失预警，设法挽留住高质量的客户。在客户流失阶段，客户的行为模式是放弃企业产品，开始在社交网络给予企业产品负面评价。这个阶段企业需要关注客户情绪数据，思考如何采取客户关怀和通过让利挽回客户。

7.2.3 全面的客户需求数据分析

全面的客户需求数据分析是指通过收集客户关于产品和服务的需求数据，让客户参与产品和服务的设计，从而促进企业服务的改进和创新。客户对产品的需求是产品设计的开始，也是产品改进和产品创新的原动力。收集和分析客户对产品需求的数据，包括外观需求、功能需求、性能需求、结构需求、价格需求等。这些数据可能是模糊的、非结构化的，但对于产品设计和创新而言却是十分宝贵的信息。

7.3 风险分析

企业关于风险的大数据应用主要是指对安全隐患的提前发现、对市场以及企业内部风险的提前预警等。企业首先要对内部各个部门、各个机构的系统、网络以及移动终端的操作内容进行风险监控和数据采集，针对具有专门互联网和移动互联网业务的部门也要对其操作内容和行为进行专门的数据采集。数据采集需要解决的问题有：各经营活动中存在的风险；记录或采集风险数据的方法；风险产生的原因；

每个风险的重要性。其次要实时关注有关市场风险、信用风险和法律风险等外部风险数值，获得这些内外部数据之后，要对风险进行评估和分析，关注风险发生的概率大小、风险概率情况等。通过大数据技术对风险分析之后，就需要对风险进行减小、转移、规避等，选择最佳方案，最终将风险最小化。

8 小 结

各行各业的数据都越来越多，这给企业对数据的分析与应用带来了严峻的挑战，传统的分析方式和应用范围已经无法满足企业的需要。本章从企业大数据应用的流程与价值出发，简要说明在大数据应用背景下，企业如何对大数据进行分析和利用，发现其潜在的利用价值。本章第2部分通过典型案例详尽地列举了各大行业大数据的应用领域、应用现状，帮助读者了解目前大数据在各个行业的应用情况。本章最后总结了大数据在企业中应用的一些共性的业务需求。希望读者通过本章的学习，能够了解大数据应用的流程与价值，并通过各个行业大数据应用的学习，理解大数据分析对企业的价值，区分各个行业对大数据应用的个性与共性需求。

思 考 题

1. 大数据应用流程分为哪几个步骤？简要说明每个步骤的工作。
2. 结合你自己的理解简要说明应用大数据有哪些价值？
3. 大数据时代的来临给互联网行业带来了哪些机遇与挑战？
4. 大数据的产生给传统行业带来了哪些转变？结合自己的理解简要举一个例子。
5. 根据生活体验或者上网收集资料，列举几个新的大数据应用案例。
6. 企业在大数据的应用上有哪些共性需求？并结合你自己的理解指出企业大数据应用的不足之处。

参 考 文 献

[1] 推动企业上云实施指南(2018—2020年)[M]. 工业和信息化部，2018.
[2] 周浩著. 数据为王 企业大数据挖掘与分析[M]. 北京：电子工业出版社，2016.
[3] 大数据标准化白皮书[M]. 中国电子技术标准化研究院，2020.
[4] 车凯龙，铁茜. 国内外社交网络(SNS)大数据应用比较研究——以Facebook和腾讯为例[J]. 图书馆学研究，2014，18：18-23.
[5] 贺超波，汤庸，麦辉强，等. 在线社交网络挖掘综述[J]. 武汉大学学报(理学版)，2014(03)：189-200.
[6] 中国大数据技术与产业发展白皮书[M]. 中国计算机协会，2020.
[7] 王雅琼，杨云鹏，樊重俊. 智慧交通中的大数据应用研究[J]. 物流工程与管理，2015(05)：107-108.
[8] 奥巴马连任背后：政界大数据时代即将到来[EB/OL].[2012-11-08].
[9] Liang-an Huo, Lin T, Fan C, Liu C, et al. Optimal control of a rumor propagation model with latent period in emergency event[J]. Advances in Difference Equations, 2015(1)：1-19.
[10] 刘臣，田占伟，于晶，等. 在线社会网络用户的信息分享行为预测研究. 计算机应用研究，2013(4)：1017-1020.
[11] 刘臣，吉莉，唐莉. 基于二分网中心节点识别的产品评论特征——观点词对提取研究[J]. 计算机系统应用，2018，27(11)：9-16.
[12] 郭皓月，樊重俊，李君昌，等. 考虑内外因素的电子商务产业与大数据产业协同演化研究[J]. 运筹与管理，2019，28(3)：191-199.
[13] 刘臣，段俊. 基于改进SimRank的产品特征聚类研究[J].计算机应用研究，2019，36(7)：1951-1954.

[14] 李永欣,樊重俊. 共享经济背景下共享医疗发展分析[J]. 现代营销(下旬刊),2020(5):150-151.
[15] 李璟暄,朱人杰,樊重俊,叶春明. 大数据在医疗运作管理中的应用研究[J]. 电子商务,2020(4):48-49.
[16] 徐佩,黄爱国,陈震,等. 基于大数据的民政业务数据海平台规划与设计[J]. 电子商务,2020(2):68-69+90.
[17] 刘薇,樊重俊,臧悦悦. 我国各地数字经济发展情况分析[J]. 改革与开放, 2019(23):12-15.
[18] 刘臣,方结,郝宇辰. 融合情感符号的自注意力 BLSTM 平情感分析[J]. 软件导刊,2020,19(3):39-43.
[19] 董希淼. 大数据能为宏观经济分析做什么[N]. 证券日报, 2019-11-23(A03). http:/www.zqrb.cn/review/chanjingpinglun/2019-11-23/A1574444381398.html.
[20] 2019 中国大数据产业发展白皮书[R]. 大数据产业生态联盟, 2019.
[21] 大数据白皮书[M]. 中国信息通信研究院, 2019.
[22] 张涵,王忠. 国外政府开放数据的比较研究[J]. 情报杂志,2015,34(08):142-146+151.
[23] Liang-an Huo, Lin T, Fan C, Liu C, et al. Optimal control of a rumor propagation model with latent period in emergency event[J]. Advances in Difference Equations,2015(1):1-19.
[24] TalkingData 编著. 智能数据时代企业大数据战略与实战[M]. 北京:机械工业出版社, 2017.

第 10 章

大数据下的商业智能与平台架构

“人类正从IT时代走向DT时代”，如今的信息社会已经进入了大数据(BigData)时代。商业智能经过20多年的发展，极大地推动了企业的决策支持。但面对数据量、种类暴增的大数据时代，传统商业智能在数据处理上面临的挑战日益增多，传统商业智能的数据处理和分析技术所提供的决策支持，已经远远不能满足企业管理者对客户和公司的信息进行全面管控。

而大数据应用技术实现成本低、处理数据种类多、决策支持速度快的特点弥补了这一不足。大数据时代下商业智能有了新的发展模式，新型Hadoop与MPP数据库结合的新架构为公司提供更好的决策支持，商业智能在云中部署、多平台共同发展的一体机模式充分满足不同企业的数据分析和管理需求。

本章首先介绍传统商业智能的相关理论与技术、应用领域以及面临的挑战；其次介绍大数据时代下商业智能Hadoop+MPP新架构、云平台以及多平台共存的大数据一体机等新技术的应用；最后阐述大数据商业智能的发展优势。通过学习本章内容，有助于了解传统商业智能的基本理论与技术应用，掌握商业智能在大数据时代下的发展现状以及发展趋势。

1 传统概念下的商业智能

1.1 商业智能的相关概念

商业智能的前生可以追溯到1958年，当时IBM研究员Hans Peter Luhn在IBM内刊的一篇文章中首次提出了商业智能的概念。随着决策支持系统(DSS)的出现和发展，直到1990年商业智能的说法才开始流行。

卡耐基梅隆大学计算机科学教授赫伯特·西蒙(Herbert Simon)曾经这样预言：“在后工业时代，也就是信息时代，人类社会的中心问题将从如何提高生产率转变为如何更好地利用信息来辅助决策。”其中提及的“信息辅助决策”的观点被认为是商业智能的理论雏形，从根本上讲解了商业智能怎样将数据、信息转化为知识，扩大人类的理性，进行辅助决策的问题。

1.1.1 商业智能的定义

商业智能(Business Intelligence，简称BI)又称商业智慧或商务智能，是一套完整的解决方案，用来将企业中现有的数据进行有效的整合，快速准确地提供报表并提出决策依据，帮助企业作出明智的业务经营决策。这里的数据包括来自企业业务系统的订单、库存、交易账目、客户和供应商等，来自企业所处行业和竞争对手的数据，以及来自企业所处的其他外部环境中的各种数据。商业智能技术就是提供使企业迅速分析数据的技术和方法，包括收集、管理和分析数据，将这些数据转化为有用的信息(通常为各种报表)，然后分发到企业各处。

为了将数据转化为知识，需要利用数据仓库(DW，Data Warehouse)、联机分析处理(OLAP，On-Line Analytical Processing)工具和数据挖掘(Data Mining)等技术。因此，从技术层面上讲，商业智能不是什么新技术，只是数据仓库、联机分析处理和数据挖掘等技术的综合运用。

1.1.2　数据仓库的诞生

数据最早是存储在“运营式系统”中，是一个个商务流程的记录，目的为了提高工作效率，且只能用于查询，不能进行分析。但随着时间的推移，独立的系统越来越多，数据量也越来越大，传统的利用数据的方法显然不能满足业务的需求。以至于在 20 世纪 90 年代，管理大师彼得·德鲁克(Peter Drucker)曾经感叹：迄今为止，系统产生的还仅仅是数据，而不是信息，更不是知识！

从数据到知识，这个跨越，人类用了近半个多世纪。数据、信息和知识的演变如图 10-1 所示。

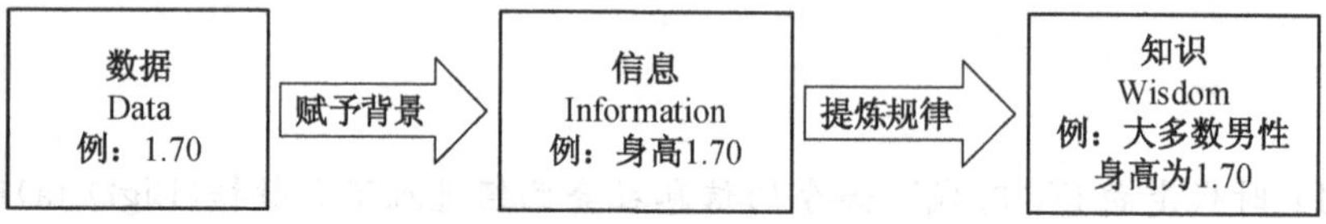

图 10-1　从数据到知识的演变

1983 年，世界上第一个数据仓库系统诞生。相比数据库而言，数据仓库主要用于为运营系统保存和查询数据，数据仓库以数据分析、决策支持为目的来组织存储数据。数据仓库是为企业所有级别的决策制定过程提供支持的所有类型数据的战略集合，它是单个数据存储，出于分析性报告和决策支持的目的而创建。为企业提供需要业务智能来指导业务流程改进和监视时间、成本、质量和控制。

1.1.3　联机分析处理

关系型数据库呈现信息的主要方式是报表。但传统的报表是一对一的查询，业务用户可能需要跨越多维度的，复杂的查询结果，这就对数据提出了新的要求——数据分析。

随着数据仓库的诞生，多维分析即联机分析处理也应运而生。联机分析处理是对数据进行多维度的分析，可以把多个数据库相连，能够帮助业务人员获得更深入的洞察。当今的数据处理大致可以分成两大类：联机事务处理(On-Line Transaction Processing，简称：OLTP)、联机分析处理(On-Line Analytical Processing，简称：OLAP)。联机事务处理主要用于基本的日常操作处理。而联机分析处理则是主要支持复杂的分析操作，为高级管理人员提供决策支持。两者具体情况比较如表 10-1 所示。

表 10-1　OLTP 和 OLAP 的区别

	OLTP	OLAP
用户	操作人员，低层管理人员	决策人员，高级管理人员
功能	日常操作处理	分析决策
DB 设计	面向应用	面向主题
数据	当前的，最新的细节的，二维的分立的	历史的，聚集的，多维的集成的，统一的
存取	读/写数十条记录	读上百万条记录
工作单位	简单的事务	复杂的查询
DB 大小	100 MB-GB	100 GB-TB

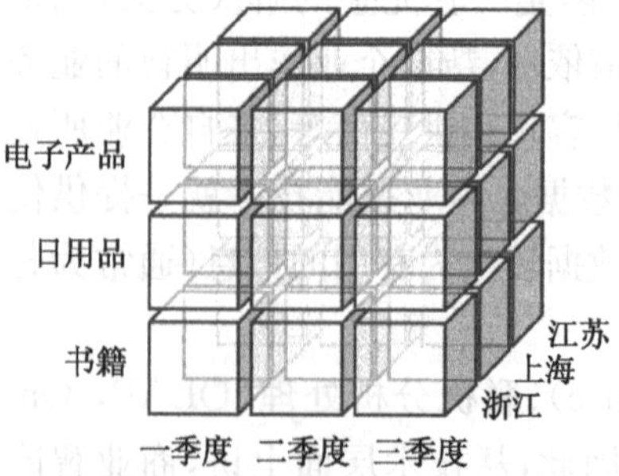

图 10-2　数据立方体图例

运用联机分析处理技术，用户可以随时创建自己所需要的报表。而技术人员只需要在后台预置多维度的数据立方体(如图 10-2 所示)，用户就可以在前端从不同维度、不同粒度(粒度是指数据仓库的数据单位中保存数据的细化或综合程度的级别，细化程度越高，粒度级就越小。)对数据进行分析，从而获得全面、动态、可随时加总或细分的分析结果。

OLAP 的多维分析操作包括：旋转(Pivot)、切片(Slice)、切块(Dice)以及钻取(Drill-down 和 Roll-up)。

旋转(Pivot):即维的位置的互换,就像是二维表的行列转换,比如图 10-3 中通过旋转实现产品维和地域维的互换。

切片(Slice):选择维中特定的值进行分析,比如图 10-3 中只选择电子产品的销售数据。

切块(Dice):选择维中特定区间的数据或者某批特定值进行分析,比如图 3-3 中选择第一季度到第二季度的销售数据。

钻取(Drill-down 和 Roll-up):向下钻取(Drill-down)为在维的不同层次间的变化,从上层降到下一层,或者说是将汇总数据拆分到更细节的数据,比如图 10-3 中通过对第二季度的总销售数据进行钻取来查看第二季度 4 月、5 月、6 月每个月的消费数据。向上钻取(Roll-up)为向下钻取的逆操作,即从细粒度数据向高层的聚合,如将江苏省、上海市和浙江省的销售数据进行汇总来查看江浙沪地区的销售数据。

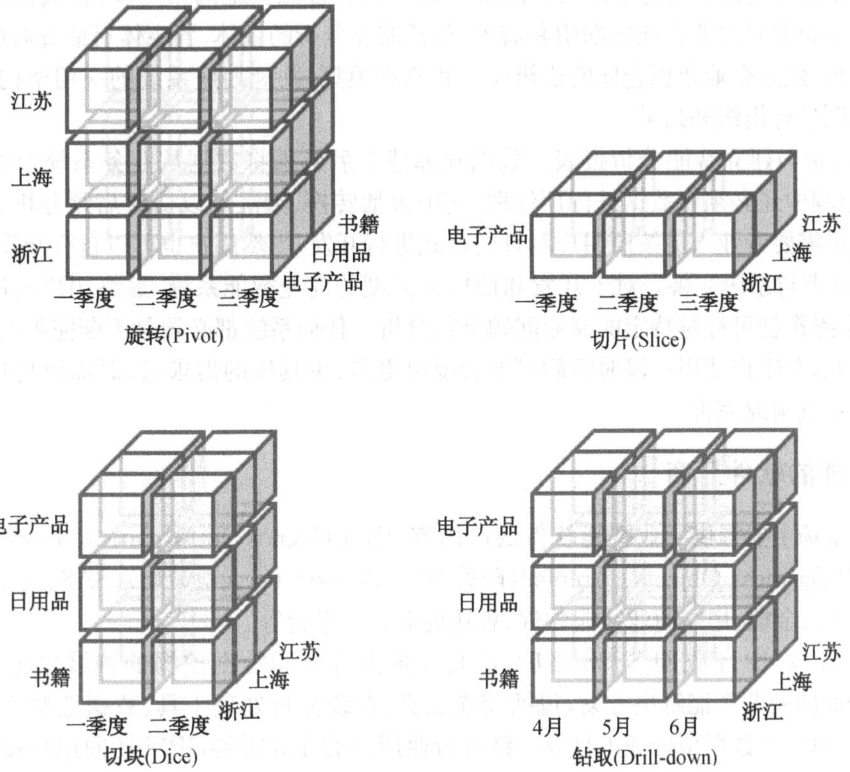

图 10-3 OLAP 多维分析操作图例

1.1.4 数据挖掘

1989 年首次提出了数据挖掘的概念,数据挖掘主要分为两类:一类是发现数据背后的规律,被称为描述性分析;另外一类是对未来的预测,被称为预测性分析。数据挖掘一般是指从大量的数据中通过相关算法来搜索隐藏于其中信息的过程。数据挖掘通常与计算机科学有关,并通过统计、在线分析处理、情报检索、机器学习、专家系统(依靠过去的经验法则)和模式识别等诸多方法来实现上述目标。目前全球最流行的三大数据挖掘工具分别为 SAS 公司的 SAS/EM(Enterprise Miner)、Oracle 公司的 Darwin、IBM 公司的 SPSS 中 Clementine。数据挖掘赋予了技术“智能”的内涵。

1.2 应用领域和实施步骤

目前,商业智能已经广泛应用于通讯、保险、金融、制造等众多行业中。比如在电信业中,商业智能可以用于对客户描述和定位及需求预测等方面;在保险行业中,商业智能可以根据投保人以及投保品种等历史数据，对储备金数额、保险金标准进行合理的设定，同时进行风险分析和损益判断，提供更好的个性化保险服务；在金融行业中，商业智能可用于客户收益分析，调整市场活动，建立信贷预警机制，进行更精确的组合业务评估；在制造业中，商业智能可以在销售、营销方面采取更主动的行动，进而吸引客户，进行需求预测、及时订货、优化调度、配送和运输等过程，从而实现低库存水平、实时了解供应商和代理商的情况等。总之，只要一个企业积累了历史数据，并且需要对这些数据进行分析得到知识信息，都有商业智能的用武之地。

然而，实施商业智能系统是一项非常复杂的系统工程，整个项目涉及企业管理、运作管理、信息系统、数据仓库、数据挖掘、统计分析等众多门类的知识。因此，用户除了要选择合适的商业智能软件工具之外，还必须按照正确的实施方法才能保证项目得以成功。商业智能项目的主要实施步骤可分为以下三步：

(1) 需求分析与建立数据仓库模型。需求分析是商业智能实施的第一步，在其他活动开展之前必须明确地定义该企业对商业智能的期望和需求，包括需要分析的主体，各主体可能查看的维度。通过对企业需求的分析，建立企业数据仓库的逻辑模型和物理模型，并规划好系统的应用架构，将企业各类数据按照分析主题进行组织和归类。

(2) 数据抽取与建立智能分析报表。数据仓库建立后必须将数据从业务系统中抽取到数据仓库中，在抽取的过程中还必须将数据进行预处理，其中包括转换、清洗等以适应后续分析的需要。商业智能的分析报表也需要专业人员按照用户制订的格式进行开发，当然用户也可以自行开发。

(3) 用户培训与系统完善。对于开发和使用分离型的商业智能系统，最终用户的使用是相当简单的，只需要点击操作就可针对特定的商业问题进行分析。任何系统都必须是不断完善的，商业智能系统更是如此。因此，在用户使用一段时间后可能会提出更多、更具体的需求，这时需要再按照上述步骤对系统进行进一步重构或完善。

1.3 商业智能的软件厂商

目前国内市场主要提供商业智能软件的厂商有：IBM Cognos、Informatica、Power-BI、ORACLE(甲骨文)、SAP Business Objects、Arcplan(阿普兰)、Microstrategy(微策略)、SAS、Sybase、Analyzer、Smartbi(思迈特)、金蝶、用友商业智能软件、思达商业智能平台等。

(1) IBM。在2010年收购SPSS之后，让其在数据分析和数据挖掘的领域也更加具有竞争力。IBM提供了全面的商业智能解决方案，包括前端工具、在线分析处理工具、数据挖掘工具、企业数据仓库、数据仓库管理器和数据预处理工具等。结合行业用户的业务需要，IBM还向用户提供面向政府、电力、金融、电信、石油、医疗行业的商业智能解决方案。IBM Cognos商业智能解决方案基于已经验证的技术平台而构建的，旨在针对最广泛的部署进行无缝升级和经济有效的扩展，能满足各类型用户的不同信息需求。Cognos10扩展了传统商业智能的功能领域，通过规划、场景建模、实时监控和预测性分析提供革命性的用户体验。该软件已将报表、分析、积分卡和仪表板汇集在一起，并支持用户在微软Office等桌面应用程序中分发商业智能数据，以及向移动智能终端(例如iPhone、iPad、安卓手机、BlackBerry等)交付相关信息。

(2) 微软。Microsoft商业智能工具能帮助您分析业务流程，找出需要改进之处，并迅速根据条件的更改作出调整。Microsoft Dynamics CRM能够提供可视化工具和报告。CRM即客户关系管理(Customer Relationship Management)，主要就是通过对客户详细资料的深入分析，来提高客户满意程度，从而提高企业的竞争力的一种手段。在整个企业和供应链范围内采集信息，并在集中统一的位置进行编辑；使用直观易用的仪表板实时查看重要的绩效指标；将CRM功能映射到特定模型上，如精益生产和准时制库存策略；将Microsoft Dynamics CRM解决方案与ERP、车间控制、存货、财务及销售订单处理等用户现有的系统进行整合；提供关于客户报价、订单以及服务查询的实时更新。

(3) 思迈特。Smartbi是国内领先的企业级商业智能应用平台，提供最全面的商业智能功能，具有仪表盘、灵活查询、电子表格、OLAP多维分析、移动BI应用、Office分析报告插件、自助分析、数据采集等功能模块，适用于领导KPI分析、财务分析、销售分析、市场分析、生产分析、供应链分析、风险分析、质量分析、客户细分、精准营销、业务流程等多个业务领域。

(4) 阿普兰。Arcplan是世界领先的纯第三方专业商业智能分析软件提供商。Arcplan是分析型报表和信息编辑技术开创者；以业界最好的前端展现和集成的分析，最突出的仪表盘驾驶舱、地图钻取分析，以面向对象的最方便简捷的"信息编辑器"著称，是全球最为专业的纯第三方BI软件平台。

2　传统商业智能面临的挑战

虽然商业智能传统的报表系统在技术上已经相当成熟，但是随着社会的不断发展，数据累积的数量不停地增长，传统商业智能工具处理数据的能力越来越局限，进一步制约了商业智能的应用。市场现状已经表明，当前许多商业智能厂商都在寻求着大数据方向的出路。传统商业智能面临的挑战主要表现在以下五个方面。

2.1　数据数量太大，分析困难耗时

中国是世界上人口最多的国家，以中国移动通信为例，仅我国一个省的用户数量就相当于一个欧洲中等国家的人口，产生的数据量相当之大。根据美国市场公司IDC(Internet Data Center，即互联网数据中心预测)，2010—2020年人类产生的数据量以指数级别增长，平均两年翻一番，预计2020年数据量达到35ZB，这意味着每过1分钟，全世界有1820TB的新数据产生。随着大数据时代的到来，数据量和规模越来越大，企业除了要处理内部的交易经营数据，还要面对大量的外部数据源，如互联网中人们之间的交互信息和位置信息、物联网中商品和物流信息、社交媒体信息等，其中大量的数据还是非结构化的，大大增加了处理这些数据的难度，同时增加了处理的时间。

2.2　交互分析很浅，数据关联不够

商业智能定制好的报表过于死板。例如，我们可以在一张表中列出我国不同地区、不同产品的销售份额，而在另一张表中列出不同地区、不同年龄段顾客的购买量。但是，这两张表却无法回答诸如"华东地区青年顾客购买智能手机类型产品的情况"等交叉性的问题。然而企业的业务问题经常需要从多个角度进行交互分析。

2.3　潜在信息不全，隐性价值很低

伴随着处理器和存储等计算技术的不断进步，数据处理的速度越来越快，在交互式的计算环境下，海量数据被实时创建，用户需要实时的信息反馈和数据分析，并将这些数据结合到企业自身高效的业务流程和敏捷的决策过程之中。商业智能的报表系统列出的往往是表面上的数据信息，但是海量数据的背后深处潜在的信息分析不够。比如，什么类型的客户对企业价值最大，不同生产产品之间的相互关联的程度情况。越是数据深层次的信息，对于决策支持的价值越大，但也越难挖掘出来。

2.4　追溯历史困难，易成数据孤岛

随着互联网、移动互联网、数码设备、物联网、传感器等技术的发展，数据生产量正在高速增长。这些信息作为战略资产、市场竞争和政策管制的要求，越来越多的数据需要被长期保存。政府和企业也越来越需要对各类数据进行长期保存，以进行用户行为分析、市场研究，信息服务企业则更是需要积累越

来越多的信息资源。企业的业务系统很多,不同的数据模块储存在于不同地方。时间过久的数据,往往就会被业务系统备份出去,从而导致进行宏观分析、长期历史分析难度加大。

2.5 总体上影响企业核心竞争力

商业智能面临的困难使得企业对市场状况、管理能力、客户沟通、创新能力,尤其是决策能力等事关企业核心竞争力的方方面面均不能得到有效提升。这些商业智能在企业应用过程中的瓶颈问题亟待解决,问题主要分为以下几点:

(1) 提供决策响应速度慢。由数据处理能力的局限性造成的决策延时不仅使企业错过了对市场需求预测的最佳判断,也不利于及时解决企业运营过程中隐藏的一些瓶颈问题,企业不能有效地建立市场竞争力和组织竞争力。

(2) 企业信息共享困难。企业信息难以实现共享,不仅不利于企业及时了解竞争对手和市场的重要信息,使企业不能根据现实环境的变化而及时改变战略部署,更使企业的创新能力受到影响,从而影响企业的核心产品和知识技术等竞争力的形成。

(3) 企业业务系统数据整合困难。面对中小企业无法有效使用商务智能的现状,再加上信息化过程中所浪费的企业人力、物力和财力等资源,使它们不能从事核心业务的发展,更无法实现相关企业业务系统数据的提取和整合。

(4) 操作界面可视化与人性化性能的欠缺。这些因素均导致其不能在企业中得到有效的推广和应用,影响企业技术能力的提升,所有与之相关的组织能力都局限在了一定的范围内,等等。

3 商业智能 Hadoop+MPP 新架构

商业智能的上钻、下钻、切片、切块等传统操作模式难以满足一些特殊企业的分析要求。如何保证外部数据的准确性、时效性和有效性是个重大的问题。在多媒体、智能手机和社交网站获取的非结构化信息,传统数据仓库的性能已经无法对其进行有效处理。因此,大数据将改变商业智能的传统布局,并成为向企业提供有价值的信息数据来源的一个不可或缺的部分。大数据技术让我们能够访问、处理和使用这些宝贵的、大规模数据集,进而以应对越来越复杂的数据分析和制定更好的商业决策。

大数据时代的商业智能在用户的需求下逐步从行式存储数据库转为列式存储数据库、磁盘数据库转向内存数据库、商用服务器结构也从对称多处理结构(SMP, Symmetric Multi-Processing)转为海量并行处理结构(MPP, Massively Parallel Processing),数据仓库实施从延时多维变为实时抽取等新发展。

3.1 列式储存和内存分析

列式储存:以列相关存储架构进行数据存储的数据库,主要适合于批量数据处理和即席查询。相对应的是行式数据库,数据以行相关的存储体系架构进行空间分配,主要适合小批量的数据处理,常用于联机事务型数据处理。

内存分析:计算机中的数据都被存储在随机存取存储器(以下简称 RAM)中,而不是硬盘中。内存分析数据的特点,是通过使用半导体存储媒介,而不是使用物理磁盘存储,数据读取和处理的速度更快;通过最小化或是避免机器读取和编写,各种运营的执行延迟时间将缩短;通过使用不同的和创新性的方式存储结构化与非结构化数据,处理大容量数据效率得到提高。

随着数据量的极速增长以及技术的完善成熟,企业对数据分析的需求达到了前所未有的高度,海量数据中蕴含的商业价值等待被挖掘。分析型数据库中的一个主要技术就是列式存储,将数据以列的方式存储在数据库当中，能够对数据进行更深度的压缩，控制数据量同时减少I/O，提升数据分析性能。在新一轮的数据分析浪潮当中，内存分析技术的崛起让列式数据库有了更广阔的发挥空间，压缩过的数据可以全部放到内存中进行分析，把数据库性能推向了极致。列式存储和内存分析在某种程度上已经成为新时代数据库的必备技术。

为应对海量数据带来的挑战，商业智能相关产品纷纷在性能方面做文章。内存分析和列式存储可以在商业智能大型厂商上看到应用。比如，IBM推出DB2 BLU技术，加速大数据分析；Oracle推出的内存数据库选件(in-memory database option)；SAP推出的HANA为典型代表，是一款基于内存、面向数据分析的内存数据库产品，包括应用软件(Business Suite、HCM)、在未来云计算以及移动等平台都将围绕HANA进行构建。

3.2　可扩展接口与Hadoop对接

Hadoop是一个分布式系统架构，它可以用来应对海量数据的存储，而这样的数据量往往是以PB甚至ZB来计算的。一个著名的分布式系统的例子是万维网(WorldWideWeb)，在万维网中，所有的一切看起来就好像是一个网页一样。Hadoop的框架最核心的设计就是海量的数据存储的HDFS(Hadoop Distributed File System)，以及为海量的数据计算的MapReduce方法。MapReduce遵循算法中的"分治法"，数据以KeyValue对来组织，用并行的方式来处理一个计算节点中分布在不同系统的数据。

同时，Hadoop具有按位储存和处理数据的高可靠性，计算机集群间的高扩展性，动态移动数据的高效性，数据多个副本的容错，开元项目软件的低成本的特点。因此，Hadoop得以在大数据处理应用中广泛应用得益于其自身在数据提取、转换和加载(ETL过程)方面上的天然优势。Hadoop的分布式架构，将大数据处理引擎尽可能地接近存储。对例如像ETL这样的批处理操作更为适合，因为类似这样操作的批处理结果可以直接走向存储。Hadoop的MapReduce功能实现了将单个任务打碎，并将碎片任务(Map)发送到多个节点上，之后再以单个数据集的形式加载(Reduce)到数据仓库里。

提供传统数据库和数据仓库的主流供应商，包括甲骨文、IBM、SAP(收购了Sybase)、微软等都在其数据库和数据仓库提供各种连接器，进而支持对Hadoop数据进行分析。比如，甲骨文推出了软硬一体的大数据库机，其中内置了与Oracle数据库的连接器来与Hadoop进行数据通信。在SAPSybase最新一代数据仓库SybaseIQ15.4中也同样配备了很多接口。通过这些接口可以同时访问SybaseIQ和Hadoop，或者用一个标准的SQL来访问Hadoop的数据。其实，以Hadoop为代表的大数据相关技术也在作出一些适应性变化。比如，Hive的出现，就是为了方便人们像使用SQL数据库一样，来直接调用Hadoop中的数据；而NoSQL的出现本质上也是借鉴传统SQL数据库来解决非结构化数据的管理问题。

3.3　由SMP转向MPP结构

对称多处理器结构(SMP，Symmetric Multi-Processing)，在这样的系统中，所有的CPU共享全部资源，如总线、内存和I/O系统等，操作系统或管理数据库的复本只有一个，这种系统有一个最大的特点就是共享所有资源。但由于每个CPU必须通过相同的内存总线访问相同的内存资源，因此随着CPU数量的增加，内存访问冲突将迅速增加，最终会造成CPU资源的浪费，使CPU性能的有效性大大降低。

海量并行处理结构(MPP，Massively Parallel Processing)，它由多个SMP服务器通过一定的节点互联网络进行连接的完全无共享结构，协同工作，完成相同的任务，从用户的角度来看是一个服务器系统。每个单元内的CPU都有自己私有的资源，如总线，内存，硬盘等。在每个单元内都有操作系统和管理数据库的实例复本。

Hadoop在处理如原始图片、声音等非结构化或半结构化数据时，表现出毋庸置疑的优秀计算能力，但在面对传统关系型数据复杂的多表关联分析、强一致性要求、易用性等方面时，其与基于面向对象的分布式关系型数据库还存在较大的差距。此时，最有效的大数据分析系统需要结合MPP数据库搭配构建。MPP关系型数据库具有以下优势：

(1) 采用分布式架构。与传统数据库相比，MPP最大的特点是采用分布式架构。传统数据库过于集中管理而造成大量数据堆积，需要大量存储数据的介质，从而导致服务器的回应下降乃至崩溃。而MPP是由许多松耦合处理单元组成的，每个单元内的CPU都有自己私有的资源，如总线、内存、硬盘等，每个单元内都有操作系统和管理数据库的实例复本。这种结构最大的特点是不共享资源。

(2) 处理数据量大。传统的数据库部署不能处理TB级数据，也不能很好地支持高级别的数据分析，而MPP数据库能处理PB级的数据。

(3) 更大的I/O能力：典型的数据仓库环境具有大量复杂的数据处理和综合分析需求，要求系统具有很高的I/O处理能力，并且存储系统需要提供足够的I/O带宽与之匹配。传统数据库采用集中式存储，数据库的诸多性能问题最终总能归咎于I/O，而MPP采用完全无共享的并行处理架构，完全避免了集群中各节点在并行处理过程中的CPU、I/O、内存、网络等的资源争夺，不会造成计算及存储资源瓶颈。

(4) 扩展能力好。MPP由多个节点构成，节点通过互联网络连接而成，每个节点只访问自己的本地资源(内存、存储等)，是一种完全无共享结构，扩展能力最好，理论上其扩展无限制，目前的技术可实现512个节点互联、数千个CPU。不管后台服务器由多少个节点组成，开发人员所面对的都是同一个数据库系统。

(5) 采用列式存储。将分布式数据处理系统中以记录为单位的存储结构变为以列为单位的存储结构，进而减少磁盘访问数量，提高查询处理性能；由于相同属性值具有相同的数据类型和相近的数据特性，以属性值为单位进行压缩存储的压缩比更高，能节省更多的存储空间。

众所周知，当大量复杂的数据处理下MPP服务器架构的并行处理能力更优越，更适合于复杂的数据综合分析与处理环境。当然，它需要借助于支持MPP技术的关系数据库系统来屏蔽节点之间负载平衡与调度的复杂性。另外，这种并行处理能力也与节点互联网络有很大的关系。显然，适应于数据仓库环境的MPP服务器，其节点互联网络的I/O性能应该非常突出，才能充分发挥整个系统的性能。

Hadoop和MPP数据库在大数据时代下作为两种热门技术，目前在各行业商业智能得到广泛应用，相应情况如表10-2所示

表10-2 Hadoop和MPP数据库国内外应用情况

平台	特点	应用
Hadoop	大数据量 分布式并发处理 设备集群性好 适合基于列的读写操作 不适合关系模型数据处理	Yahoo Facebook Ebay 淘宝 百度
MPP数据库	数据分布式存储 可在廉价机器节点上运行 内部采用高速网络通信 提供SQL接口 按列储存、查询快	NASDAQ FOX 淘宝 巨人网络 中信银行

3.4 大数据下商业智能新架构

新型商业智能不是仅仅买服务器、建云平台、上个Hadoop那么简单。新型商业智能模式真正做到了让数据说话，体现了传统架构向大数据架构的演变过程，实现了对海量结构化数据、非结构化数据的

综合分析处理，更加有效地帮助决策管理层人员快速理解数据信息。大数据的分析的重点和难点，既要满足海量数据的并行计算要求，又要满足前端应用查询的快速响应要求，因此，结合 Hadoop、MPP 关系型数据库、流计算、内存分析等多种技术组成的混搭架构来组建数据共享平台将更加适合企业的商业智能应用。

如图 10-4 所示，新型商业智能依托大量的结构化、半结构化和非结构化数据来源，借助智能化工具实现对海量数据预处理的抽取、转换、装载 ETL 过程。再经过流处理、Hadoop 平台、MPP 数据库的综合处理至数据共享平台，通过报表展示、即席查询、管理驾驶舱等 BI 应用进行可视化展现，更精准地为企业提供决策支持。

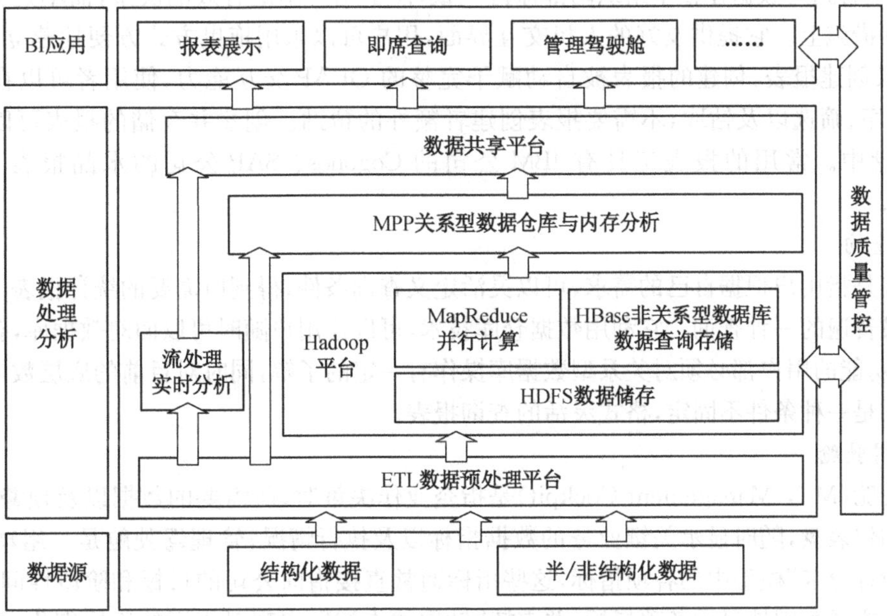

图 10-4　商业智能的新型逻辑架构

3.4.1　数据分析处理

1) ETL 数据预处理平台

ETL，即 Extract-Transform-Load，用来描述将数据从来源端经过萃取(extract)、转换(transform)、加载(load)至目的端的过程。统一数据处理平台从各外围系统中采集相关基础结构化、非结构化或半结构化数据，然后进行数据的清洗、转换和加载，并对整个处理流程的异常情况进行管控。

2) 流处理进行实时分析

流处理，即 Stream Computing，针对海量数据进行计算的，一般要求为秒级。在流数据不断变化的运动过程中实时地进行分析，捕捉到可能对用户有用的信息，并把结果发送出去。实时计算目前的主流产品：Yahoo 的 S4，即一个通用的、分布式的、可扩展的、分区容错的、可插拔的流式系统；Twitter 的 Storm，即一个分布式的、容错的实时计算系统，可用于处理消息和更新数据库(流处理)，在数据流上进行持续查询，并以流的形式返回结果到客户端(持续计算)，并行化一个类似实时查询的热点查询(分布式的远程过程调用协议，即 RPC，Remote Procedure Call Protocol)；Facebook 的 Puma，即 Facebook 使用 Puma 和 HBase 相结合来处理实时数据。

3) Hadoop 平台和 MPP 关系型数据库结合

经过 ETL 数据预处理的平台处理的数据可以将价值密度低的结构化数据、非结构化或半结构化数据用 Hadoop 平台处理，结构化数据用 MPP 关系型数据库处理。HBase 是非关系型数据库(not only SQL 即 NoSQL)，主要依靠横向扩展，通过不断增加廉价的 PC 服务器增加计算和存储能力，并通过数据挖掘等技术进行数据加工，形成信息和知识，为外部数据访问需求提供数据访问服务，满足 BI 应用开发的需要，支撑平台的自身发展。

3.4.2 BI 应用

1) 报表展示

报表展示是指向企业展示度量信息和关键业务指标(KPI)现状的数据虚拟化工具。报表以丰富和可交互的可视化界面为数据提供更好的使用体，在一个简单屏幕上联合并整理数字、公制和绩效记分卡。它们调整适应特定角色并展示为单一视角或部门指定的度量。对于业务用户来说，最好的报表软件无非是使他们能够随心所欲地处理信息的解决方案。也就是说，它使用户能够快速轻松地访问相关信息，保证用户看到的数据在整个组织内部保持一致，便于用户制定有效的决策，而不是将时间浪费在争论采取何种措施上。它提供友好的人机交互界面，用户可以采用拖曳方式方便地建立查询，在查询的基础上可以创建报表，创建的报表被自动赋予完整的 OLAP 交互能力，使用者可以在每张报表中进行旋转、排序、筛选以及钻取，不需要报表创建者额外的帮助。创建并存储的报表可以被自由组合集成到仪表盘中。常用的报表工具有 IBM 公司的 Cogonos、SAP 公司的水晶报表、SAS 公司的 PORTAL 等。

2) 即席查询

即席查询是指用户根据自己的需求，可以灵活定义查询条件，得到所需要的统计报表。即席查询是数据库应用最普遍的一种查询。它利用数据仓库技术，可以让用户随时可以面对数据库，获取所希望的数据，使用此功能的用户都必须对关系型数据库操作有一定的了解，同时对目前的底层数据库有比较深刻的认识。它是一种条件不固定，格式灵活的查询报表。

3) 管理驾驶舱

管理驾驶舱(MC，Management Cockpit)是指企业作决策时，所需要的数据以及预警的措施，就像汽车或飞机的仪表盘，随时显示关键业务的数据指标以及执行情况；管理驾驶舱是一组动态的 KPI 指标，包含“平衡计分卡”模型中的各项指标，这些指标通常直接指向公司的目标和阶段性问题；管理驾驶舱是以图表的方式直观地显示各项指标，并支持“钻取式查询”，实现对指标的逐层细化、深化分析。管理驾驶舱是基于 ERP 的高层决策支持系统，通过详尽的指标体系，实时反映企业的运行状态，将采集的数据形象化、直观化、具体化。

另外，管理驾驶舱还包含指标管理、多维分析、数据挖掘、预测优化、GIS 等功能，通过对分析功能和基础能力的集成，形成功能支撑单元，为应用功能层提供数据和功能支撑；各类分析应用包括基础分析应用、自主分析应用、挖掘分析应用、专题分析应用、实施分析应用等。

3.4.3 数据质量管控

数据质量容易出现问题，例如，属性缺失、数据不完整、数据处理不及时、数据不准确、数据重复、数据属性不一致等，从而影响数据信息不可靠，导致决策出现偏差。通过运用标准化的数据质量规范，实时监控，在线考评，强化数据质量事中控制，事后评价，降低因数据问题给企业造成的损失，提升决策分析依据的准确性和实用性，进一步完善数据质量监控应用和数据运维管理机制，逐步实现企业全程数据质量的监管。

3.5 新架构的功能表现和优势

3.5.1 功能表现

商业智能新架构允许用户在表格中借助强大的自助式商业智能发现、分析和呈现数据；允许在安全的托管环境中协作处理和分享报告及数据；借助可信赖的云服务缩短问题解决时间，并随时随地通过设备保持连接；快速生成分析解决方案并将其应用到企业中；从数据中发掘有价值的洞察力，不论其是结构化数据还是非结构化数据。新架构的商业智能模式的详细功能如下：

(1) 自助服务。新架构的商业智能提供全新的自助服务功能,并帮助用户发现、分析和直观地探究数据;通过HTML5和移动应用程序实现深入洞察、简化协作及随处访问;向企业用户提供全面的自助式BI功能,以便通过熟悉的表格环境进行报告和分析;快速操作和处理大量数据发现、建模、分析和可视化数据,从而获得业务见解。同时,通过共享平台,企业用户不仅可以共享他们的工作簿,而且还可以共享他们在表格中创建的原始数据查询,从而维护数据视图以供同事在他们自己的报告中使用,达到快速部署提供协作和共享报告环境的基于云的商业智能解决方案的目的。通过专为平板电脑提供的新HTML5支持和原生移动应用程序,实现对商业智能中报告的移动BI访问,从任何地方对报告进行移动访问。

(2) 仪表板和报告。新架构的商业智能提供一组完善丰富的仪表板和记分卡功能,包括高级筛选、引导式导航、交互式分析和可视化,可实现高清晰打印和基于浏览器查看的运营报告。它通过仪表板设计器构建记分卡并聚合来自多个源的内容,也可以使用高级筛选、引导式导航、交互式分析和可视化进行临时探索。从单个部署平台轻松地创建应用程序,聚合多源数据的仪表板,并跟踪符合业务战略的成功指标;提供集成的实时数据探索和可视化功能,以了解根本原因;通过直观的界面和各种格式加快报告创建,利用专业的报告工具满足复杂的报告需求,简化组织中的仪表板、记分卡以及报告交付和管理过程;使用具有统一体系结构的高度可用并且安全的集成平台实现横向和纵向扩展。

(3) 分析。为BI应用、报告、分析、仪表板和记分卡构建单一模型,可以向用户提供一致的数据视图。实施可帮助灵活设计和创建业务逻辑的强大模型,包括访问数据以完成实时分析BI语义模型是可以实施各种BI应用程序的强大且灵活的建模环境,进行基于行和列的建模。从个人和团队BI解决方案到完全由IT管理的企业BI解决方案的过渡模型,依靠数据仓库的性能和规模来满足苛刻的应用程序和用户要求,提供聚合数据交互式探索的全面的企业分析解决方案。

(4) 预测。使用丰富的创新算法,例如库存预测和最有效的客户身份识别,并发现非结构化数据中不直观的数据关系并找到趋势。通过直观且全面的预测性见解制定明智的决策,将预测功能集成到数据生命周期的每个步骤中,从而进行深入洞察。使用过程、预测模型、标记语言、算法和可视化自定义算法和可视化数据,扩展预测功能并增强数据挖掘功能以创建智能应用程序。利用高可用性、出色性能和可扩展性等企业级功能,进而结合简单且熟悉预测分析技术可提供非常高端的数据挖掘解决方案。

3.5.2 新型商业智能的架构优势

(1) 支持明细数据的快速加载和压缩:Hive的数据保存在HDFS上,因为HDFS是分布式文件系统,并行加载能有效利用网络和I/O,提高载入性能。Hadoop支持多种压缩格式。

(2) 详单查询:秒级响应,千级并发,对于实时查询,HBase能够提供较低时延的读写访问能力,并能承受高并发的访问请求,适合用于详单查询等应用。

(3) 明细数据多表关联查询:MPP数据库能较好地支持明细数据多表关联查询。Hadoop如果用Hive实现明细数据多表关联,性能不是很理想;如果用MapReduce实现多表关联,则可以针对应用进行优化,有可能取得较好的效果,但MapReduce编码较麻烦,只适用于特殊情况。

(4) 明细数据自定义查询:MPP数据库和Hadoop均支持明细数据自定义查询,但MPP数据库实时性更好,Hadoop仅支持非实时的明细数据自定义查询。

(5) 数据共享、开放模型:数据总线可以提供数据共享和开放模型服务。

(6) 明细数据并行计算:Hadoop和MPP数据库的处理机制是并行计算,因为并行计算能有效提高处理能力,常用于处理数据量较大的明细数据。

(7) 数据的高可靠性和系统的高可用性:Hadoop和MPP数据库均有较强的容错机制,包括数据容错和计算容错,通过多副本、任务失败重调等手段,保证数据的高可靠性和系统的高可用性。

(8) 支持横向和纵向扩展:Hadoop和MPP数据库均支持横向和纵向扩展,除了采用更强的硬件,均可以通过增加节点来提高集群的总体处理能力。

总之，在大数据时代依然需要小数据，比如做客户细分时，就要对小数据进行分类挖掘、建模，这方面在大数据时代之前商业智能已经做得非常成熟，因此可以将商业智能与大数据结合起来形成更好的互补作用。显然，过去的报表呈现和简易分析能力只是停留在"B"的阶段，要想达到"I"的阶段，就必须结合大数据来判断分析并给出真正有价值的信息和决策建议，这取决于企业能拿到多广多深的数据以及数据挖掘、分析和建模能力。把"I"做强，则向大数据迈进的脚步就会更加坚实。

4 商业智能与云平台

近几年，随着互联网的发展以及企业信息化进程的迅速推进，企业内部业务宽带数据量和种类呈指数级的增长，使得传统引的数据处理能力显得力不从心，以及对数据传输和储存的需求提高，其自身具有的一定程度上的封闭性以及带来的一系列问题也凸显出来。企业正急需要一个自动化的、可横向扩展的存储平台，进而催生出了一种较为经济的、新型数据管理模式——云。之所以说它较为经济，是因为消费者只为自己使用的那部分资源买单，而无需支付大笔的 IT 和人力费用。

云平台(cloud platforms)，这种平台允许开发者们或是将写好的程序放在"云"里运行，或是使用"云"里提供的服务，或两者皆是。至于人们对平台的称呼却不止一种，比如按需平台(on-demand platform)、平台即服务(PaaS，Platform as a Service)等。

我国云平台的发展速度也是非常惊人的。自从 20 世纪进入互联网时代以来，我国计算机信息技术发展速度惊人，百度、阿里巴巴、腾讯、华为等一批国内 IT 企业迅速发展起来，也在不断加入对云的使用和研究行业中来。

4.1 云计算、大数据和商业智能之间的关系

云计算(cloud computing)是云平台服务的重要技术，是指服务的交付和使用模式，它通过网络以按需、易扩展的方式获得所需的服务。这种服务可以是 IT 和软件、互联网相关的，也可以是任意其他的服务，它具有超大规模、虚拟化、可靠安全等特性。云计算是一个新兴的消费和交互模式，面向 IT 基础的服务，用户在其中只看到服务，并无需了解低层的技术或工具。云计算的海量存储、超强计算能力、虚拟化、高可靠性、通用性、高可扩展性、按需服务、低成本以及资源共享等特性，使得云为基础的商业智能在线服务成为全新的商业智能部署的主流方向。

在理论方面，相关学者也对此进行了定性研究。例如，David Gash 对云计算技术应用于传统 BI 的利益和风险进行了研究，并提出了一个系统框架，对其应用进行了评估：Shimaa Ouf 对云计算技术如何克服传统 BI 成本高、操作复杂不灵活以及未考虑企业业务数据不一致等的不足进行了研究。但就云计算带给传统 BI 技术和实践等方面的突破是如何影响企业竞争优势方面的研究尚缺乏关注。鉴于此，本节将对传统 BI 的应用及其存在的问题进行分析，进而对比分析云计算视角下 BI 的优势，在此基础上对云计算在 BI 中的应用及其对企业核心竞争力的影响途径作一些深层次的讨论。

在实际应用方面，尽管商业智能与云平台完美结合还面临许多问题，但随着相关研究的深入以及越来越多的企业将其业务应用置于云端，"在云中部署 BI"已经不是一个遥不可及的目标，其可行性也得到了越来越多学者和企业的认可。要实现企业商业智能应用的"云"化需要完成以下工作：利用虚拟化、数据存储和自动化等云计算关键技术整合现有硬件和软件资源；部署具有"云"模式的数据分析与商业智能平台：遵照"云"模式选择性地重构企业现有相关各类业务系统中(如 CRM、SCM 和 ERP 等)用到的数据提取、分析、展现与其他商业智能服务；将上述用户任务调度到云平台上进行计算，获得"云"模式带来的好处，等等。

大数据相当于海量数据的"数据库"，而且通观大数据领域的发展也能看出，当前的大数据处理一直

在向着近似于传统数据库体验的方向发展，Hadoop的产生使我们能够用普通机器建立稳定的处理TB级数据的集群，把传统而昂贵的并行计算等概念变得触手可及，但是其不适合数据分析人员使用(因为MapReduce开发复杂)。因此，在Google、facebook、twitter等前沿的互联网公司作出了很积极和强大的贡献后，PigLatin和Hive(分别是Yahoo！和Facebook发起的项目)的出现为我们带来了类SQL的操作。虽然，操作方式像SQL了，但是处理效率很慢，绝对和传统的数据库的处理效率有天壤之别，所以人们又在想怎样在大数据处理上不只是操作方式类SQL，而处理速度也能"类SQL"，Google为我们带来了Dremel/PowerDrill等技术，Cloudera(Hadoop商业化最强的公司，Hadoop之父Doug Cutting就在这里负责技术领导)的Impala技术也浮出水面。

总的来说，从云计算、大数据到商业智能这三者的关系上看，云计算是基础，负责资源整合与优化；大数据是支撑，负责海量数据收集与统计；商业智能是外在应用表现，负责BI智能分析与辅助决策。

4.2 云计算的服务形式

云计算主要通过以下三种方式提供服务，分别为：平台服务(PaaS，Platform as a Service)、软件服务(SaaS，Software as a Service)、基础设施服务(laaS，Infrastructure as a Service)。

具体情况如下：

(1) PaaS即把开发环境作为一种服务来提供。这是一种分布式平台服务，可以提供流畅的平台模块衔接。比如，厂商提供开发环境、服务器平台、硬件资源等服务给客户，用户在其平台基础上定制开发自己的应用程序并通过其服务器和互联网传递给其他客户。用户企业的综合管理，物流调度监控、工商信息协同等平台，都可以在此基础上进行部署。

(2) SaaS服务提供商将应用软件统一部署在自己的服务器上，用户根据需求通过互联网向厂商订购应用软件服务，服务提供商根据客户所定软件的数量、时间的长短等因素收费，并且通过浏览器向客户提供软件，如办公软件、服务安全软件等。

(3) IaaS即厂商把多台服务器组成"云端"基础设施，作为计量服务提供给客户。它将计算机基础设施如网络、内存、I/O设备、存储和计算能力整合成一个虚拟的资源池为整个业界提供所需要的存储资源和虚拟化服务器等服务。它通常通过虚拟化实现，以带有相关存储和网络连接的虚拟机(VM)形式存在，可使不同业务团队的多个应用无缝共享通用的基础物理资源。

4.3 云计算在商业智能中的运用优势

云计算所提供的服务模式能弥补传统商业智能在技术方面的缺陷，提高决策支持时效性、实现业务共享服务、相对降低决策成本等优势，具体如下：

(1) 提升决策支持时效性。目前，大部分企业并没有真正的实时分析的商业智能系统，所提供的信息还无法达到即时反馈的要求。传统商业智能在数据集成、数据分析以及战略决策的实施过程中都会产生延时，难以满足企业对信息实时性的要求。虽然数据仓库技术可以提升决策时效性，但其与云计算下的商业智能相比仍有不足的地方。云计算的PaaS平台所提供的分布式数据库存储技术、数据管理技术以及数据安全技术等为数据处理提供了强大的计算能力，让商务智能系统不再依赖于传统的操作系统平台，避免了封闭性，让其数据加工处理水平增强几十倍左右，真正具备复杂海量信息处理能力，达到智能化水准。同时，云计算下的商业智能可以随时加载分散于不同地理位置的业务数据，数据处理更加灵活自如，解决了企业决策时效性的需求。

(2) 实现业务共享服务。现实的企业运行情况表明，公司之间及公司内部协调性并不理想，共享服务亟待解决。企业的发展重心应该是其核心业务，而通过不同区域和国家的非核心业务进行共享合作，可以使不同部门实现更好的协同、规模效应和成本节约。云计算的SaaS服务模式将软件部署在服务器端，能将各企业商业智能的特定功能进行集成，通过强有力的信息共享、数据共享、计算共享等手段实现实体共享服务中心的功能。由于云计算下商业智能的共享性，它可以将分布在不同地区的信息资源和智力资源进行整合，能够使企业通过规模经济、流程再造、管理聚焦等手段提升企业的效率，促进企业各方面竞争力的提升。

(3) 相对降低决策成本。云计算的 IaaS 服务模式提供的硬件设施虚拟化以及网络宽带为传统商业智能的网络化提供了保证。通过 IaaS 企业可以得到所需的硬件设施，尤其使中小企业既省去了购买服务器的巨大成本又可以完成小型服务器无法实现的功能。企业不用再考虑自己搭建服务器的技术和费用问题，只需要购买物美价廉的专业的云服务，使自身的系统正常工作。另外，PaaS 平台提供的并行编程开发环境能使那些缺少资金的中小企业完全根据自身业务的需要开发出适合自身业务需求的商业智能，这些优势使得企业在减少信息化成本的同时，能促进客户关系管理(CRM)、绩效评估、产品创新、经营分析等各个业务运营方面的数据分析和决策能力。再者，云服务提供商还会提供售后维护等增值服务，这样使得企业不必再花费资金和时间来对商业智能系统进行维护，节省了时间，降低了整体的运营成本。

4.4 云计算在商业智能中的运用风险

BI 与云计算平台结合带来优势的同时也存在一定的风险：

(1) 产品质量问题。目前没有标准统一的云计算服务产品，而且产品的质量不能完全保证。同时，集群中的硬件资源可靠性不同，虚拟资源与独立资源相比更容易遭到破坏。

(2) 数据安全问题。数据是企业的生命，数据的丢失和泄露对企业来说是致命的。因此利用云计算带来便利的同时，也一定要考虑到给数据带来的风险。

(3) 环境的复杂化。虚拟化的本质是应用层只与虚拟层交互，隔离与真正的硬件接触。这就在造成便利的同时，也带来了风险。与硬件之间的联系被切断，使安全人员不能时刻注意到硬件设备的风险，服务器环境变得更加复杂，安全人员最终失去了获得硬件本身提供的稳定性的信息。

5 多平台共存的大数据一体机

大数据一体机(Big Data Appliance)是一种专为大量数据的分析处理而设计的软、硬件结合的产品，由一组集成的服务器、存储设备、操作系统、数据库管理系统以及一些为数据查询、处理、分析用途而特别预先安装及优化的软件组成，为中等至大型的数据仓库市场(通常数据量在 TB 至 PB 级别)提供解决方案。

5.1 大数据一体机的技术特点

从技术特点上看，大数据一体机的主要特征有以下两点：

(1) 采用全分布式新型体系结构，突破大数据处理的扩展瓶颈并保障可用性。采用全分布式大数据处理架构，将硬件、软件整合在一个体系中，采用不同的数据处理的架构来提供对不同行业应用的支撑。通过全分布式大数据处理架构和软硬件优化，使得平台能够随着客户数据的增长和业务的扩张，可通过纵向扩展硬件得到提升，也可通过横向增加节点进行线性扩展，即使在达到 4 000 个计算单元重载节点情况下，也还能够实现相接近线性的扩展性和低延迟、高吞吐量的性能，同时保证业务的连续性。

(2) 覆盖软硬一体全环节，满足个性化定制需求。采用软硬件一体的创新数据处理平台，针对不同应用需求融合硬件到软件的一系列的手段实现数据采集、数据存储、数据处理、数据分析到数据呈现的全环节覆盖，为用户提供整体方案，用户可以根据各自应用特点选择不同系列的产品，实现按需定制、安装即用。

除了以上两点之外，由于大数据产品的专业性和其不同于传统的解决方案，需要提供产品的厂商提供全方位、专业化的服务，帮助用户跨过应用门槛。针对用户在整个数据处理环节提供全方位、专业化的服务，帮助用户明确应用需求，选择适合的软硬件架构，提供开发方面的支持，并帮助客户把程序从原有的模式移植到大数据处理模式下，从调优直至上线，应用提供整体一条龙的服务。

5.2 大数据一体机的优势

(1) 缩短用户系统上线时间。大数据一体机能够大幅度缩短用户系统的上线时间。例如，一位客户如果需要一个定制化的系统，从需求分析、规划、选型到实施完成一般需要3～4个月时间。一体机可以减少时间流程，可能只需要10～15天就可以部署完成，为客户快速响应市场需求、上线新的应用提供了很大的便利。

(2) 最大限度地提高兼容性。另外，大数据一体机厂商在开发阶段，技术人员会对产品的每个细节进行调整，确保一体机的软硬件能够达到最佳组合状态。另外，一体机软硬件集成后，厂商可以提供完善的服务与技术支持，更容易与客户对接。

(3) 便捷的维护。大数据一体机能够提供便捷的维护，以减少企业的IT运维需求。一般情况下，企业实际上通常只有一两个人专门对IT进行运维，人力并不充足。如果信息系统的某一部分出现问题，可能会涉及四五个厂商，中间的协调和利益平衡等将耗费企业大量时间和精力，而且在解决问题的同时软件与硬件商可能会出现相互"踢皮球"的现象，往往问题得不到及时的解决。所以，一体机很好地解决了这个难题，产品出现问题只需找一家厂商解决即可，不会出现互相推卸责任的现象。

5.3 大数据一体机的不足

(1) 扩容问题。目前，数据已经从TB升级到PB时代，数据量不断地增加已经是不可避免的事情。假如客户要对大数据一体机扩容，那么只能增加他购买的特定厂商的一体机设备，一个机柜一个机柜的增加。而且，大数据一体机的软件高度集成，这套硬件设备无法改为他用，更不能重复利用。所以扩容已经成为大数据一体机不可避免的问题。

(2) 更容易被厂商捆绑。许多大数据一体机厂商在推出产品之后，都会对设备或软件制定一套解决方案。而这些方案虽然兼容性非常强，能够兼容其他厂商的设备，但是当客户真正的采购了一个提供商的软件或硬件设备的时候，往往会发现是很难改变一个提供商，尤其是在软件方面，很容易被一个提供商绑定。

(3) 相匹配软硬件较少。之前谈到大数据一体机是将软硬件集成的过程，将服务器、存储和网络融合在一起，需要一些特定的设备去保障能够正常运行。但从目前来看，市场中这样的硬件设备及软件相对较少。但在一些专家的角度来看，大数据一体机是未来趋势，做存储、网络交换的厂商会非常愿意合作，这个缺点相信在不久将会得到解决。

5.4 大数据一体机的适用领域

从目前来看，大数据一体机比较适合应用在大型的IT环境里。原因是，小型IT环境服务器较少，不像大型IT环境里有几百到上千台的服务器。大数据一体机应用在大型IT环境中的好处是能够简化内部的IT管理，更灵活地分配资源。而小型环境中架构比较简单，所以不会有将复杂架构简单化的管理需求。就市场而言，大数据一体机主要还是以行业市场为主，如金融、政府、大型互联网企业等。这些行业对大数据分析有着具体需求，而且对资金敏感度相对小一些。

(1) 互联网领域。对于大型门户网站、电子商务网站、社交网站、论坛来说，它们不仅仅要靠网站流量来赚取利润，用户的黏性更是至关重要的。面对当今海量互联网数据和复杂的网络社群关系，如何从中找到有价值的数据，为用户提供针对性产品来提高用户体验增加黏性，这是当前互联网共同面对的一个问题。例如，电子商务网站、社交网站是最需要大数据一体机的，原因是用户的消费行为是他们主要的关注点。

(2) 零售领域。在零售领域里，同样十分注重客户的黏性，企业常常通过电话、Web、电子邮件等所有联络客户渠道进行数据分析。面对海量而多样化的数据，一体机可以帮助商家针对销售额、定价、天气等数据进行分析，实时掌握市场动态，及时选择合适的产品上架，并对分析的数据判断商品减价的时机，为零售企业提供个性的购物体验，提高客户的黏性。

(3) 城市管理领域。据了解，每天城市运作将会产生大量来自不同渠道的数据，但是常常缺乏获取有用信息的能力，致使城市管理者无法进行实时的整理分析和下达相关的指令对各相关单位进行调动和指挥。例如，城市街道交通监管摄像头，每月产生的数据量高达几百 PB，如何将产生的数据安全、高效地存储起来，对于管理部门来说是个严峻的考验。然而大数据一体机可以切合城市管理者的重点需求，进行数据智能化分析，能够及时准确地传递数据信息，为管理者提供及时、准确、全面的数据支持。

5.5 大数据一体机的主要提供厂商

5.5.1 甲骨文 Exadata X3 大数据一体机

在大数据一体机领域，甲骨文堪称为鼻祖，从底层硬件到数据库再到应用软件，甲骨文提供了全面的产品线。在甲骨文大数据一体机家族里面 Exadata X3 拥有卓越的性能，对于大数据处理方面有着超凡的速度。甲骨文 Exadata X3 大数据一体机是由数据库软件、硬件服务器和存储设备组成的软件和硬件集成式系统，也是面向数据仓库、联机交易处理和数据库云应用的架构。另外，为满足广大用户的需求，Exadata X3 可提供全机架、半机架、1/4 机架和 1/8 机架配置。

在技术方面，Exadata X3 延续采用 Exadata 领先技术，包括可扩展的服务器和存储、InfiniBand 网络、智能存储、PCI 闪存、智能内存高速缓存和混合列式压缩等，为所有甲骨文数据库工作负载提供了极致的可用性。这些技术也促使 Exadata X3 拥有不凡的性能表现。闪存容量提升 4 倍，响应速度提升高达 40%，实现了 100 GB/秒的数据扫描速率。功耗和冷却需求降低高达 30%。这些性能表现可为薪酬管理、供应规划、现场库存、定价、路线规划、分类账会计等工作提供支持，使并行作业速度提高 10 倍。

甲骨文 Exadata X3 与前几代 Exadata 完全兼容，而且现有系统还可用甲骨文 Exadata X3 服务器进行升级。此外，在价格方面，新的 Exadata X3 将保持和 Exadata X2 一样的价格。

5.5.2 IBM PureData 大数据一体机

当甲骨文逐渐从广泛的数据中心转向为特定工作负载专门设计的服务器时，作为甲骨文老对手的 IBM 推出了 PureData 大数据一体机。PureData 大数据一体机作为 PureSystems 家族的第三位成员，被 IBM 定位为大数据时代的分析处理引擎，主要用于应对大数据中的结构化数据与系统现存数据。

在 PureSystem 产品家族中，PureFlex system 是一款基础架构系统，它由模块化的计算节点构成，并将服务器、网络、管理模块集中在一个 10U 的机箱内，具有集成转化和智能化管理软件，可以对系统进行实时更新，并进行监控。从硬件角度来看，PureData 大数据一体机可以提供多达 384 个处理器核心与 6.2TB 内存。而且 PureData 可以加入 19.2TB 固态存储和一个附加的 128TB 硬盘存储。在处理方面，PureData 可以在单一系统整合多种业务数据库，优化了大量处理任务。

另外，从系统安装配置方面来看，IBM PureData 能够将时间从 24 天立减至 24 小时，将复杂的分析从数小时骤降至数分钟，并且能够实现在单个系统上管理 100 多个数据库的卓越性能。

5.5.3 华为 FusionCube 一体机

华为曾在云计算大会上推出 FusionCube 一体机，针对 IT 系统进行整合与简化，帮助企业聚焦主营业务。华为 FusionCube 经过半年多的时间，在虚拟化、大企业数据仓库等领域取得了不错的成绩。

在华为 FusionCube 一体机创新的硬件平台上，融合了刀片服务器、分布式存储及网络交换机于一体，并整合力智能网卡、SSD 存储卡及 InfiniBand 交换模块，集成分布式存储引擎、虚拟化平台及云管理软件，资源则可按需调配、线性扩展。

另外，华为 FusionCube 一体机采用预集成系统，并在内部处理掉这些复杂的问题，让用户完全避开它，是一个融合了计算、存储、网络、虚拟化和管理平台的系统，在给用户提供基础设施虚拟化便利的同时，仍然保持了传统数据中心的高性能和维护效率。

值得一提的是，华为 FusionCube 不仅计算和存储刀片可以灵活配置，而且其提供 12U 的空间里，可以容纳 64 个 CPU 和 12.3TB 内存的计算能力，使其更适合高价算密度和虚拟化的工作场景，而且内部整合了存储和 SSD 缓存大幅度提升了数据库的性能。

最后，大数据一体机软件、硬件、应用的紧密整合能够带来对大数据的快速处理。但是不论在产品自身的不足，还是从接受概念到实际应用上，大数据一体机还有一段路要走。当前，在大数据一体机领域里，如何深度整合各厂商之间的产品是值得企业深入探讨的问题。

6　大数据商业智能的优势和发展趋势

6.1　大数据商业智能的发展优势

阿里巴巴集团曾提到，"很多人还没搞清楚什么是 PC 互联网，移动互联来了，我们还没搞清楚移动互联的时候，大数据时代又来了"。大数据是以处理和分析海量数据，发现数据背后的知识，为企业提供决策支持的目的而诞生。当今的数据来源总体可以归为三类，即企业内部的业务数据、公共服务机构的物联网相关数据、与互联网相关的数据(如网络日志、社交媒体等)。在这三类数据中，企业内部业务数据和部分公共服务机构数据的处理和分析基本是大数据时代之前的商业智能的主要研究对象，而如今互联网数据的处理和分析则是大数据技术的主要研究对象。其实，商业智能和大数据都要构建数据仓库、分析系统，之后进行数据挖掘，实现数据展示，运行机理和技术结构是一致的。但与商业智能不同，大数据处理的是杂乱的、非结构化的数据，大数据有自己的数据分析工具，建模要比商业智能复杂很多，数据呈现也不仅仅是通过用报表方式，所以大数据的价值更复杂厚重，能力也比商业智能强大得多。因此，在大数据促进了商业智能的新型 Hadoop＋MPP 架构、云平台、一体机模式，这些模式具有的优势有以下三点。

6.1.1　技术实现成本低

尽管随着技术的不断进步，商业智能日益平民化，如今基于 Excel 表也能在一定程度上实现商业智能的部分功能。但是，商业智能最经典的架构依然是通过搭建数据仓库(常常是专用设备)为基础，利用 ETL 工具对数据进行抽取、转化，建模，然后通过报表和驾驶舱等形式进行结果展示，整个过程的每个环节都需要大量时间和不菲的投资。因此，很长时间以来，商业智能被认为是大企业独有的。相对而言，大数据下的新模式主要用于一些互联网企业，采用通用硬件设备加上开源软件实现，成本低、量大、价值高、速度快是大数据鲜明的特点，而商业智能则表现得数据小、价值低。

6.1.2　数据处理种类多

商业智能采集的数据大多来自 ERP、CRM 等格式化的数据，但大数据下的新模式采集的数据种类远超过它，而且大部分是非结构化的数据，这就要求对数据处理在分析、算法上作出极大的改变，已经不能依赖以往的商业智能分析工具。其中，大数据应用的数据来源包括结构化数据，如各种数据库、各种结构化文件、消息队列和应用系统数据等，其次才是非结构化数据。非结构化数据又可以进一步细分为两部分：一部分是社交媒体，如 QQ、微信、微博等产生的数据，包括用户点击的习惯、发表的评论等特点，网民之间的社交关系等。另外一部分数据，是数据量比较大的物联网数据，比如机器设备以及传感器所产生的数据。结构化数据是大数据中含金量和价值密度最高的数据，而非结构化数据含金量高但价值密度低。因此，在 Hadoop 平台出现之前，很少有人谈论大数据，因为采用传统方法处理这些价值密度低的非结构化数据，被认为是不值得的。数据应用主要是来源于结构化数据，多采用 IBM、HP 等老牌厂商的小型机或服务器设备。Hadoop 平台出现之后，提供了一种开放的、廉价的、基于普通商业硬件的平台，其核心是分布式大规模并行处理，从而为非结构化数据处理创造条件。

6.1.3 决策支持速度快

决策速度是大数据时代下商业智能新发展的重要特征之一。在过去，商业智能支持小时级的决策就非常了不起了，但在大数据的支持下可以支持秒级甚至完全实时。以实时竞价（RTB，Real Time Bidding）广告模式为例，即消费者希望看到和自己相关的广告，同时广告主也希望能够用最经济划算的方式覆盖所希望覆盖的目标人群。这种面向网民的广告实时推送方式需要以毫秒级的速度分析海量数据，进而实现互联网广告的精准推送。实时竞价主要需解决人的需求和广告出价的问题，前者需要解读万亿量级的数据，对每个用户实施消费行为分析；后者则需要在 50 毫秒内计算每笔竞价的投资回报率（ROI，Return On Investment），进行高速决策并显示交易结果。聚集和瞬间分析如此庞大的数据，只有通过大数据技术才能实现。

6.2 大数据商业智能的发展趋势

6.2.1 无处不在的移动平台，动态信息可视化

在各类软件系统纷纷涉足移动的时代下，商业智能也必不会落伍，更何况如今用户对随时随地提交数据、获取分析报告的需求日益强烈。可见，移动平台应用将成为商业智能未来的爆发点。随着移动终端的骤增，以及用户对移动办公需求渴望度的提升，移动技术将会突破传统应用给商业智能系统注入新鲜血液，对企业进行实时动态管理。

并且，越来越多的用户不再满足于传统的报表和图表展现，基于地图的数据展示正日趋流行。除了这些广泛采用的技术，一些特殊的数据展现，需要特殊的可视化技术，如数据挖掘结果的特殊展现，结合生产工艺图等个性化展现，噪声数据展示等。满足各类个性化、可视化的私人定制要求，将是商业智能未来的发展趋势。

6.2.2 跨平台的不断融合，逐步演变成门户化

未来的商业智能趋势将是基于全面信息集成的服务，即一种企业跨部门运作的基础信息系统，可以联结企业各个岗位上的工作人员，可以联结企业各类信息系统和信息资源，真正实现跨平台，最后演变成门户化。在基于企业战略和流程的大前提下，商业智能可通过类似“门户”的技术对各个业务系统进行整合，使得商业智能与办公室自动化（OA，Office Automation）、客户关系管理（CRM，Customer Relationship Management）、企业资源计划（ERP，Enterprise Resource Planning）、供应链管理（SCM，Supply Chain Management）以及其他系统之间能实现融合集成，系统之间的结构化数据能通过门户管理平台互相调用、展现，全面提供决策支持、知识挖掘、商业智能等一体化服务，实现企业数字化、知识化、虚拟化。因此，未来的商业智能系统需要将企业外部信息融合到内部商业智能之中，实现内网与外网的互联互通，从而得到更全面、更科学的决策依据。

6.2.3 自助分析日益完善，充分体现人性化

企业的工作人员经常要求信息以一种即时、随机应变的方式来更有效地支持商业决策。因此，未来商业智能将更加强调人性化，自助分析将会依然是一种趋势，强调易用性、稳定性、开放性，强化人与人的沟通、协作的便捷性，重视对于众多信息来源的整合，并进一步完善拓展的管理支撑平台框架。今后的商业智能系统能让合适的角色在合适的场景、合适的时间里获取更合适的知识、数据，充分发掘和释放人的潜能，并真正让企业的数据、信息转变为一种能够指导人行为的能力。简单易用将是未来用户考核商业智能产品的一个重要指标之一，人性化的设计理念必然成为商业智能发展的方向。重沟

通、高协助、强自动等特性将实现价值信息的自主推送，让数据信息转变成为一种能够影响员工行为的动力。

6.2.4　云平台部署商业智能成为主流方向

随着企业处理存储数据的量级增大，很多企业都将应用和功能部署到了云上，其产生的大量数据也就存储在了云端。相比传统的存储运算，云存储和云计算有着更大的容量以及更快的处理速度。目前，云计算的重要性已经能够影响到各个商业智能厂商未来的生存线。从某种意义而言，只有产品是面向云规模架构设计并符合云运营模式的商业智能软件才能获得用户企业的青睐，在今后竞争中逐步取得成功。尽管商业智能向云迁移的过程中仍然面临许多的挑战，但随着越来越多的企业将其业务应用置于云端，在云中部署商业智能已不是一个可望不可及的理想目标。

7　小　结

大数据时代的来临给商业智能模式带来了严峻的挑战，商业智能在处理数据种类、数据分析、及时决策以及企业核心竞争力等方面都很难满足企业管理人员等需求。大数据技术有自己对数据量大和非结构化或半结构化数据的处理优势，也能为企业提供秒级甚至实时决策支持，恰恰弥补了商业智能的不足。

在大数据环境下，大数据有处理非结构化或半结构化数据的优势，而商业智能有大数据没有的近20年不断完善的数据采集、数据处理、数据存储、数据分析、数据可视化软件等等的完美的生态系统，大数据与商业智能应相互借鉴、补充，共同为企业管理人员提供服务。因此，在大数据环境下商业智能有了新的发展。比如，Hadoop＋MPP架构模式，同时也促进了内存计算、列式储存、流处理实时分析、Hadoop非结构化或半结构化数据储存分析和MPP结构化数据处理分析等新型技术的融合，形成更适合大数据时代的商业智能架构，从而进一步提高决策数据的高价值密度。

在企业需求的不断扩张下，也出现了为满足在海量数据下商业智能的业务共享、瞬时决策、降低运营成本等目的产生在云端中部署的商业智能，以及专为大数据商业智能特别定制的一体机模式，都可以看出商业智能在大数据环境下作出的改变和努力。当然，大数据与商业智能结合体现的方面可能会更多，比如有些学者提出了SMP＋MPP＋Hadoop结构等，都是值得各位读者继续深入探讨的问题。

思　考　题

1. 简述商业智能的概念。
2. 商业智能联机分析处理(OLAP)的具体操作有哪些？能否举例说明。
3. 商业智能在大数据环境下面临哪些挑战？
4. 简述大数据与商业智能的关系。
5. 大数据时代下，商业智能的架构主要由哪些技术构成？
6. 新架构的商业智能的功能表现在哪些方面？
7. 商业智能在云中部署的优势有哪些？
8. 举例说明大数据一体机的适用领域。
9. 在大数据环境下，商业智能新发展的优势有哪些？
10. 简述大数据商业智能的未来发展趋势。

参考文献

[1] 娄岩. 大数据技术概论[M]. 北京:清华大学出版社,2017.

[2] 何光威,刘鹏,张燕,大数据可视化[M]. 北京:电子工业出版社,2018.

[3] 周涛,潘柱廷,程学旗. CCF 大专委 2019 年大数据发展趋势预测. 大数据,2019.

[4] 周涛,卞超轶,潘柱廷,等. CCF 大专委 2018 年大数据发展趋势预测[J]. 大数据,2018(1):77-84.

[5] Wei Yang, Dongxiao Zhang, Gang Lei. Experimental study on multiphase flow in fracture-vug m edium using 3D printing technologv and visualization technimues[J]. Elsevier B. V.,2020.

[6] 曾强. WebGIS 在智能电网大数据可视化中的应用与分析[J]. 2020,42(2):17-21.

[7] 薛伟莲,赵娣,张颖超. 室内定位研究综述. 计算机与现代化,2020(5):80-88.

[8] 刘合翔. 可视化应用的评估方法研究综述[J]. 现代情报. 2020,40(4):148-158.

[9] 孙雨生,雷晓芳. 国内可视化搜索引擎研究进展:核心内容[J]. 现代情报,2020,40(2):160-167.

[10] 韩兵,李东明. 基于混合云技术的农业信息化平台架构的研究[J/OL]. 吉林农业大学学报:1-5[2020-08-06].

[11] 杜毅博,赵国瑞,巩师鑫. 智能化煤矿大数据平台架构及数据处理关键技术研究[J/OL]. 煤炭科学技术:1-8[2020-08-06].

[12] 何亚玲,王生荣. 大数据视角下的欠发达地区农产品电子商平台创新研究—以甘肃陇南为例[J]. 中国农业资源与区划,2020,41(3):271-277.

[13] 龚袠,廖金花. 区块链技术的城市智能交通大数据平台及仿真案例分析[J]. 公路交通科技,2019,36(12):117-126.

第 11 章

大数据时代的信息安全与个人隐私

大数据正成为继云计算、物联网之后信息技术领域的又一热点。然而,现有的信息安全手段已经远远不能满足大数据时代的信息安全要求。大数据时代的信息安全所涉要素中的性质、时间、空间、内容、形态等正在重构,信息犯罪也日益严重,并处于高发态势。数据安全不仅涉及个人利益也涉及国家利益。大数据时代在给信息安全带来挑战的同时,也为信息安全的发展提供了新的机遇。本章主要介绍了大数据时代信息安全面临的挑战、大数据时代的信息安全特征,以及大数据时代下个人隐私的新变化和面临的新问题,并提出了相应的建议。

1 大数据时代的信息安全及其特征

大数据已经渗透到各个行业、领域,逐渐成为一种生产要素,发挥着重要作用。大数据所含信息量较高,虽然相对价值密度较低,但是它蕴藏着价值高的潜在信息。随着快速处理和分析提取技术的发展,可以快速捕捉到这些有价值的信息以为决策提供参考。大数据掀起新的生产率提高和消费者盈余增加浪潮的同时,也带来了信息安全方面的挑战。

1.1 信息安全管理进入大数据时代

网络和信息化生活使犯罪分子更容易获取关于他人的信息,也有更多的骗术和犯罪手段出现。多项实际案例说明,无害的数据被大量收集后,也会暴露个人隐私。人们在互联网上的一言一行都尽在互联网商家的掌握之中,包括购物习惯、好友联络情况、阅读习惯、检索习惯甚至饮食起居习惯等等。

事实上,大数据安全含义更为广泛,人们面临的威胁并不仅限于个人隐私的泄露。与其他信息一样,在大数据产生、传输及存储等过程中存在着诸多安全风险,人们使用大数据时具有强大的数据安全与隐私保护的需求。而实现大数据安全与隐私保护,较以往安全问题(如云计算中的数据安全)更为棘手。这是因为在云计算中,虽然很多服务提供商控制了数据的存储与运行环境,但是用户仍然有办法保护自己的数据,如通过密码学的技术手段实现数据安全存储和安全计算,或者通过可信计算方式实现运行环境的安全等。而在大数据的背景下,Facebook、淘宝、腾讯等商家既是数据的生产者,又是数据的存储、管理者和使用者,因此,单纯通过技术手段限制商家对用户信息的使用,实现用户隐私保护是极其困难的事情。

同时,大数据颠覆了传统信息安全管理的范式,开启了信息安全管理的新阶段。大数据时代的国家信息安全正面临着大联网、大集中、大流动和大渗透这四个发展新趋势和与之相应的新挑战。随着大数据时代的发展,信息安全管理正在形成全新的形态:数据在线上与线下流动中融合、在政府与行业开放中分享、在万物与人体联接中跨域、在软件与硬件重叠中渗透、在协同与整合中汇聚,极大地增加了信息安全管理的复杂性、交织性、动态性和综合性,形成了前所未有的信息安全实践和挑战,人们对信息安全的认知正在重塑。习近平总书记在2014年2月中央网络安全和信息化领导小组第一次会议上提出了一体两翼的双轮驱动观:“网络安全和信息化是一体之两翼、驱动之双轮,必须统一谋划、统一部署、统一推进、统一实施。”这一新论断阐述了社会信息化趋势对网络安全的重要影响,揭示了大数据等新一代信息技术与网络安全之间的紧密关联性、互动性和协同性。

在线的、动态的、活性的大数据为信息安全管理既带来了空前的挑战,也带来了发现价值信息和积极主动预测预警应对方面的机遇。大数据所呈现的信息化已不局限于信息通信技术不断应用深化的层面,而是形成了信息化的升级版,使信息安全隐患面临着空前的巨大威胁,同时也带来了信息安全管理能力提升的新源泉;可将基于大数据的信息安全管理喻为“显微镜”和“望远镜”,使我们对信息安全能够进行更加宏观和深入的观察和认知,进行更为即时和准确的管控把握,进行更为精准的发展趋势和安全隐患分析,从而为大数据环境下的信息安全管理提供更加科学的政策和应对举措。

1.2 大数据时代的信息安全特征

20世纪80年代,在大数据时代来临前的20多年前,有学者就曾提出风险社会的概念和现代风险的特点,指出随着现代化的推进、科技的发展及经济全球化进程的加速,人类进入了一个风险频发的风险社会,而现代风险具有整体性、不可感知性、不确定性、全球性、自反性等传统风险所不具备的特性,科技和现代化发展得越快、越成功,风险便越多、越突出。这些分析对总结大数据时代的信息安全特点颇有启示意义。大数据在给人类社会带来诸多驱动、发现、转型与便捷的同时,也带来了前所未有的信息安全威胁与风险。与前大数据时代相比较,大数据时代的信息安全所涉要素中的性质、时间、空间、内容、形态等正在重构,信息安全正在形成新的特点,这些特点可以用规模安全、泛在安全、跨域安全、综合安全、隐性安全等五大特点加以总结和认知。

1.2.1 规模安全

大数据时代的一大特征就是万物互联与融合,形成了物物相联、物人相联、人物相联、人人相联的万物互联的信息传播新形态,公众、机构和政府都形成了互连互通的关系,数据通过全方位和立体化的来源形成了巨量和即时的增长,覆盖了各个领域与行业、融入了各类载体平台,为人们提供了进行分析和预测的源源不断的大数据源,而且这样的数据增长趋势还在不断发展。

巨量数据在云端平台和数据中心的汇集,使信息安全的风险规模和危害程度达到了前所未有的程度。传统信息安全多聚焦于政治、军事和外交领域,而大数据时代的到来,正在形成对个人信息安全的巨大威胁。

Gemalto的调查显示,2018年上半年全球发生的数据泄露事件有945起,丢失、被盗或被外泄的数据数量高达45亿条,与2017年同期相比增加了133%,每秒钟有超过291条记录被入侵或被泄露。医疗行业、社交媒体、酒店行业数据泄露事件频发,泄露数据量庞大。

1.2.2 泛在安全

在数据驱动时代,物物可感知,人人可上网,时时可链接,通过移动互联网和各类智能终端,人物互联的各类安全信息快速地渗透到各个国家、各个领域、各个行业、各个部门、各个流程环节,并呈现即时性,信息流、数据流如同水流向下流淌,无声无息并快速隐蔽地向各处渗透,可谓是无处不往、无时不在、无孔不入。

移动互联网的发展,推动着网络空间的治理从静态管理到动态治理的转变——信息安全的治理的时间维度从以往的年、月、日缩小到分、秒;从静止的一点一地管理到泛在化的空间动态治理。信息安全已进入了“U”(Ubiquitous)环境,即形成了无所不在的泛在安全的新特点。

数据驱动时代人们的工作模式和生活方式发生了变化,在社会信息化的持续推动下,许多人的工作场所已改变了固定物理空间模式,呈现出更多空间的自由、灵活和可选择性,移动互联网环境下的网状结构也给信息传递提供了新空间和新通道,给信息传递在短时间内多次转向并快速发酵提供了可能。

信息的多样化、灵活性和移动性使信息安全源形成了动态泛在的新特征，给信息安全源的测定带来了时间和空间上的各种可能性，也给信息安全的监测和管控带来了新的难题。

2015年4月，美国政府发布的一份报告显示，随着智能化程度的提高，飞机可能遭受攻击的风险正在变大。攻击者只需一台笔记本电脑就可能做到"征用"飞机、将病毒植入飞行控制计算机、通过控制机上电脑危及飞机飞行安全、接管报警系统甚至导航系统等；攻击者也有可能破坏防火墙、从驾驶舱侵入航空电子系统并可能导致飞机遭受攻击。这种航空信息安全的新威胁正是大数据环境下信息安全泛在特征的表现。

1.2.3 跨域安全

经济全球化和社会信息化带来了信息流、资金流、人才流、技术流、知识流的跨境巨量流动，跨国企业、跨境电商、全球传媒、网上丝绸之路……，这些数据传递新模式和新平台使中国与世界各国和地区的数据在网上实现了互连互通，传统的以国家为单位的信息管理和法律制度正在被更多的跨越国家的组织和机构所取代，传统陆域、海域、空域的边界已被打破，网络安全和网络空间安全正面临着跨域安全的挑战。2013年，美国斯诺登事件所披露的惊人内幕从一个侧面显示了大数据环境下数据跨域流动给各国所带来的国家信息安全的威胁已发展到了令人震惊的程度。

面对跨域安全的挑战，需要构建跨境数据流动监测预警体系，包括建立跨境数据流动风险传导与扩散模型，实时分析跨境数据流动风险传导和扩散的原因、机制及重要环节，并结合中国的实际情况研究跨境数据流动风险传导机制对中国信息安全管理的影响。跨境数据流动监测预警的模式可以有多种类型和层次，如单域控制模式、双域或多域控制模式、全域控制模式等，也可分为关键核心数据流动监控和外围一般数据流动监控等。需要结合中国的实际构建跨境数据流动监测预警体系，全面防范跨境数据流动产生的信息安全风险，保障国家安全。

1.2.4 综合安全

大数据时代的信息新环境使融合、交叉、跨界、协同、互联、整合、分享、共生、双赢、互动等成为热词，海量数据正在政务管理、产业发展、城市治理、民生服务等诸多领域不断产生、积累、变化和发展。2016年在中国杭州召开的二十国集团领导人第11次峰会的主题为"构建创新、活力、联动、包容的世界经济"，正体现了数据驱动环境下世界经济发展的新特点。

大数据使国家信息安全形成了综合安全的新特点，需要用总体安全观来加以认知。2014年4月15日，习近平总书记在他主持召开的中央国家安全委员会第一次会议上深刻地阐述了总体安全观：当前我国国家安全内涵和外延比历史上任何时候都要丰富，时空领域比历史上任何时候都要宽广，内外因素比历史上任何时候都要复杂，必须坚持总体国家安全观，以人民安全为宗旨，以政治安全为根本，以经济安全为基础，以军事、文化、社会安全为保障，以促进国际安全为依托，走出一条中国特色国家安全道路。习近平总书记在2019年国家网络安全宣传周作出重要指示，强调"国家网络安全工作要坚持网络安全为人民、网络安全靠人民，保障个人信息安全，维护公民在网络空间的合法权益"。

大数据环境下的综合安全特点在国内外均有典型的案例。例如，2015年11月14日法国巴黎发生的系列恐怖袭击事件就是综合安全的一个典型案例。这一事件折射出法国国家信息安全管理中所涉及的安全情报研判、移民难民政策、世界反恐联盟、地区政局动荡、世界发展平衡等诸多恐怖袭击发生的原因要素，国家信息安全已不能仅仅局限于"信息"层面，而需要结合大数据环境下综合安全的特点，以总体安全的新安全观，对所涉大数据进行全面的深度分析研究。又如，中国的互联网涉毒违法犯罪活动正日益猖獗，涉毒违法犯罪蔓延速度之快、涉及范围之广、社会危害之大，已倒逼包括信息安全在内的国家安全管理运用综合安全的理念提升治理能力。国家禁毒委员会于2015年5月成立了由中共中央宣传部、中共中央网络安全和信息化领导小组办公室、最高人民法院、最高人民检察院、公安部、工业和信息化部、国家工商行政管理总局、国家邮政局、国家禁毒办等9个部门组成的互联网禁毒工作小组。这是我国建立的第一个多部门参加的打击互联网违法犯罪活动长效工作机制。

1.2.5 隐私安全

大数据环境下的信息安全所体现的隐私安全主要表现在四个层面:①大数据带来了信息泛滥和信息冗余,产生了数量众多的所谓"脏数据",使有价值的信息淹没在信息的汪洋大海之中,需要进行信息管控和分析挖掘后才能有所发现。②巨量数据在实现了跨域的全联接之后,数量的变化带来了质量的提升,即原本各自分散的普通信息将上升为整合平台的特殊信息,原本个别碎片化的非价值信息将上升为聚合互联的有价值信息,原本非关联的一般的信息将上升为相互交织的具有价值链的战略情报,也给数据监控和信息获取提供了可能,既需要在国家信息安全管理中实施主题跟踪、关联挖掘、深度分析的新政策路径,也需要进行防监控网袭的各类技术设计。③大数据在移动信息技术的支持下,信息传递更具个性化和独体型特征,可以实现点对点、点对圈的信息传播。与传统的点对面的信息传播有所不同,这样更具有隐蔽性,但也带来了难以发现和难以预测的信息安全挑战。④大数据所涉及的一些线上新兴行业领域,如互联网电子商务、网络借贷、期货投资等,广大公众特别是老年和信息能力弱势群体对其尚处于了解认识阶段,而诈骗犯罪团伙借助专业技能,在线上犯罪的隐蔽性、欺骗性和诱惑性较强。

隐私安全在国与国之间关系中的最典型的案例就是 2014 年 5 月被披露的美国"棱镜门"事件,这是震惊世界的全球信息安全事件。2015 年,中国互联网新闻研究中心首次发布的《美国全球监听行动纪录》,列举了美国对全球和中国进行秘密监听的行径,美国每天收集全球各地近 50 亿条移动电话纪录、窃取数以亿计的用户信息等。美国以国家安全局为主的情报机构监控和获取互联网信息的手段和方法十分隐蔽,如从光缆获取世界范围内的数据、直接进入互联网公司的服务器和数据库获取数据、美国国家安全局的特别机构主动秘密地远程入侵他国网络获取数据、美国国家安全局通过"人力情报"项目以"定点袭击"的方式挖取他国机密等。

1.3 大数据带来的安全挑战

"棱镜门"事件的爆发引起了人们对个人隐私的高度关注。一方面,通过对大量用户数据的分析,公司、企业、政府都可以更好地了解用户行为、消费习惯等,从而可以提供更好的服务。但是另外一方面,这又不可避免地对用户的隐私构成威胁、挑战。很多人已经意识到,在数据的应用方面,相关法律法规的制定变得越来越重要。作为用户,需要明确界定自己在数据的使用方面具有什么权利和义务;作为企业和政府,需要定位清楚,在多大程度上可以并且用什么样的方式来使用用户的数据。与传统的信息安全问题相比,大数据安全面临的挑战性问题主要体现在以下几个方面。

1.3.1 大数据中的用户隐私保护

2018 年 3 月,《卫报》和《纽约时报》曝出英国政治咨询公司"剑桥分析"(Cambridge Analytica)在未获得用户授权的情况下,通过在线性格测验的方式获取了 8 700 万 Facebook 用户的个人信息,在 2016 年的美国总统大选中,这些数据被用于新闻或观点的精确投放,以帮助特朗普团队。事实上,早在 2011 年,美国 FTC 就发现 Facebook 未经用户授权将用户信息泄露给第三方。在"剑桥分析"事件之后,FTC 重启了对 Facebook 的调查,旨在探明其是否违反了和解令。经过一年多的调查,Facebook 接受 50 亿美元的罚款,并 FTC 另外签署新的和解令。

大量事实表明,大数据未被妥善处理会对用户的隐私造成极大的侵害。根据需要保护的内容不同,隐私保护又可以进一步细分为位置隐私保护、标识符匿名保护、连接关系匿名保护等。目前用户数据的收集、存储、管理与使用等均缺乏规范,更缺乏监管,主要依靠企业的自律。用户无法确定自己隐私信息的用途。而在商业化场景中,用户应有权决定自己的信息如何被利用,实现用户可控的隐私保护。例如,用户可以决定自己的信息何时以何种形式披露,何时被销毁,包括数据采集时的隐私保护,如数据精度处理;数据共享、发布时的隐私保护,如数据的匿名处理、人工加扰等;数据分析时的隐私保护;数据生命周期的隐私保护;隐私数据可信销毁等。

1.3.2　大数据的可信性

关于大数据，一个普遍的观点是：以数据说话，数据本身就是事实。但实际情况是，如果不加以甄别，数据也会欺骗用户，就像我们有时候会被眼见为实所欺骗一样。

大数据可信性的威胁之一是伪造或刻意制造的数据，而错误的数据往往会导致错误的结论。若数据应用场景明确，就可能有人刻意制造数据、营造某种"假象"，诱导分析者得出对其有利的结论。由于虚假信息往往隐藏于大量信息中，使人们无法鉴别真伪，从而作出错误判断。例如，一些点评网站上的虚假评论混杂在真实评论中使用户无法分辨，可能误导用户选择某些劣质商品或服务，由于当前网络社区中虚假信息的生产和传播变得越来越容易，其所产生的影响不可低估。用信息安全技术手段鉴别所有信息来源的真实性是不可能的。

大数据可信性的威胁之二是数据在传播中的逐步失真。失真的原因之一是人工干预数据采集过程可能引入误差，由于失误导致数据失真与偏差，最终影响数据分析结果的准确性。此外，数据失真还有数据版本变更的因素。例如，在传播过程中，现实情况发生了变化，早期采集的数据已经不能反映真实情况。例如，企业或政府部门电话号码已经变更，但早期的信息已经被其他搜索引擎或应用收录，所以用户可能看到矛盾的信息。

因此，大数据的使用者应该有能力基于数据来源的真实性、数据传播途径、数据加工处理过程等，了解各项数据可信度，防止得出无意义或者错误的结果。

1.3.3　大数据共享面临的挑战

目前，大数据被各大企业视为实现竞争力的有力武器，其原因是基于大数据能够应用数据挖掘技术，实现对海量数据的综合分析处理，帮助企业更好地理解和满足客户需求和潜在需求，更好地管理业务运营智能监控、精细化企业运营、客户生命周期管理、精细化营销、经营分析和战略分析等方面。企业实现大数据价值的前提是信息资源共享，但目前企业中普遍存在的现象是各类系统林立，不同的信息标准，使企业陷入在一个个信息孤岛中，无法对海量数据进行综合利用。因此解决信息孤岛问题，实现数据共享成为企业实现大数据共享首先要解决的问题。

在数据开放共享过程中必须高度重视数据安全这一涉及国家利益的重大问题。由于各种国家信息基础设施和重要机构承载着庞大数据信息，如由信息网络系统所控制的石油和天然气管道、水、电力、交通、银行、金融、商业和军事等，都有可能成为被攻击的目标。我国各级政府部门掌握大量能源、金融、电信和交通数据资源。这些数据的开放、交易涉及个人隐私、商业秘密、公共安全，乃至国家安全。

数据开放共享涉及若干重大问题，包括数据跨境流动和数据主权，数据开放安全风险，数据开放隐私保护，数据开放的体制机制保障要求、法律法规保障措施、资源配置模式、政策框架体系，以及在全球数据开放进程中我国数据开放的战略选择。

数据隐私及其保护是数据开放共享的基本权利。数据安全立法可以为数据开放共享"保驾护航"。目前，我国大数据方面的法治建设明显滞后，用于规范、界定"数据主权"的相关法律还有待进一步完善，有效的大数据思维和法律框架还有待进一步建设。一是对于政府、商业组织和社会机构的数据开放、信息公开的相关法律法规尚待进一步完善，目前缺乏企业和应用程序关于搜集、存储、分析、应用数据的相关法规。二是没有对保护本国数据、限制数据跨境流通等作出明确规定，证券、保险等重要行业在我国开展业务的外国企业将大量敏感数据传输、存储至其国外的数据中心，存在不可控风险。三是大数据技术应用与产业发展刚起步，与之配套的法律法规还存在较大政策缺口。

立法和安全保障是数据开放共享的首要前提。数据分析、数据安全、数据质量管理等技术标准，数据处理平台，开放数据集、数据服务平台类新型产品和服务态度的标准较为缺乏，急需制定。因此，尽快启动数据开放的相关立法、标准制定工作，建立公共基础数据资源的标准，完善数据资源采集、共享、利用和保密等相关制度，完善政务信息资源目录体系，扩大数据的采集和交换共享范围是最为紧迫的任务。

2 大数据信息安全应对模式与信息保障

2.1 大数据信息安全应对模式

大数据正在催生总体协同、精准管理的国家信息安全管理的新模式，要求国家信息安全管理在创新驱动中确立起总体安全观的新理念、新范式和新路径，健全数据开放、安全共享的国家信息安全管理新政策，形成去伪存真、自主可信的国家信息安全管理新路径。

以往的信息安全管理往往只是通过对单个人和单一机构或若干个人和若干个机构的监控来观察和分析信息安全的隐患，呈现的是经验式的管理模式，难以发现涉及信息安全的整体信息链之间的关联。大数据使更多数量、更多形式、更多角度的信息安全数据聚合在一起，为人们呈现并提供了万物互联、可视化、立体多样的丰富数据，这种多维多向数据的有机融合，能够把碎片化的单一信息更加完整地描述出来，能够打通安全防范系统，能够扫描信息安全的死角，从而实现精准管理信息安全的目的。如利用全域空间范围的新闻媒体、政府出版物、社交媒体等各种类型数据源，可深度发掘公众的情绪、态度变化，并最终预测大型公共事件可能发生的时间和地点。大数据对精准打击恐怖主义也具有特别重要的意义，如通过对人脸、声纹、语音数据、资本市场内幕交易等信息的分析，综合利用恐怖分子平时产生的各种信息，包括通话、交通出行、电子邮件、聊天记录、视频等，能够使官方对恐怖行为进行事前预警和事后分析排查。据报道，在波士顿马拉松爆炸案中，美国中情局通过采集移动基站的电话通信记录，附近商店、加油站、报摊的监控录像，以及志愿者提供的图片和影像资料等各种数据，最终锁定嫌疑犯并找到炸弹来源。如果说，前大数据时代也有精准管理的话，那么进入大数据时代，精准度具有更高的质量和更有说服力的基础。大数据的信息汇聚能提供以往中小数据量的集合所无法形成的价值信息，人们可以在数据的各种关联中挖掘、寻找数据之间的逻辑和隐性价值。

大数据时代的到来，对数据开放提出了更高、更紧迫的要求，对数据全方位主动推送、数据分享、互动联通形成了倒逼机制。受传统行业纵向分割管理体制的约束和信息技术基础设施等条件的限制，与信息安全管理相关的国家媒体管理、经济管理、技术管理、社会管理、法律管理、军事管理、外交管理、安全管理等各级政府部门之间的信息网络往往各自为政、画地为牢，呈孤岛型、碎片化、烟囱式的格局，行业系统间的信息数据在相当程度上处于静态的沉睡封闭状态，使我国原本极具信息安全管理价值的大数据白白地"静躺"在那里，严重阻碍了大数据在国家信息安全管理中的应用，给我国在国际信息安全的竞合中带来了更多的风险并使我国处于更为不利的局面。因此，形成数据开放、安全共享的国家信息安全管理新政策已刻不容缓，需要给静态的大数据插上动态的数据开放、安全共享的智慧翅膀，将具有巨量潜在价值的休眠数据予以激活，为信息安全管理带来创新转型的正能量。

大数据也为数据安全的发展提供了新机遇。大数据正在为安全分析提供新的可能性，对海量数据的分析有助于更好地跟踪网络异常行为，将实时安全和应用数据结合在一起进行预防性分析，可防止诈骗和黑客入侵。网络攻击行为总会留下蛛丝马迹，这些痕迹都以数据的形式隐藏在大数据中，从大数据的存储、应用和管理等方面层层把关，可以有针对性地应对数据安全威胁。

2.2 大数据存储安全策略

随着结构化数据和非结构化数据量的持续增长以及分析数据来源的多样化。以往的存储系统已经无法满足大数据应用的需要。对于占数据总量 80%以上的非结构化数据，分析人员通常采用 NoSQL 存储技术完成对大数据的抓取、管理和处理。虽然 NoSQL 数据存储易扩展、性能好，但是仍存在一些问题。例如，访问控制和隐私管理模式问题、技术漏洞和成熟度问题、授权与验证的安全问题、数据管理与保密问题等。而结构化数据的安全防护也存在漏洞,如物理故障、人为误操作、软件问题、病毒、木马和黑客攻击等因素都可能严重威胁数据的安全性。大数据所带来的存储容量问题、并发访问问题、安全问题、成本问题等,对大数据的存储系统架构和安全防护提出挑战。

目前,大数据的安全存储采用虚拟化海量存储技术存储数据资源,涉及数据传输、隔离、恢复等的问题。解决大数据的安全存储问题有两种方法。一是数据加密。在大数据安全服务的设计中,大数据可以按照数据安全存储的需求,被存储在数据集的任何存储空间,通过 SSL(安全套接层)加密,实现在数据集的节点和应用程序之间移动保护大数据。在大数据的传输服务过程中,加密为数据流的上传与下载提供有效的保护。应用隐私保护和外包数据计算,屏蔽网络攻击。目前,PGP 和 TrueCrypt 等程序都提供了强大的加密功能。二是分离密钥和加密数据。使用加密把数据使用与数据保管分离,把密钥与要保护的数据隔离开。同时,定义产生、存储、备份、恢复等密钥管理生命周期。三是使用过滤器。通过过滤器的监控,一旦发现数据离开了用户的网络,就自动阻止数据的再次传输。四是数据备份。通过系统容灾、敏感信息集中管控和数据管理等产品,实现端对端的数据保护,确保在大数据损坏情况下有备无患和安全管控。

2.3　大数据应用安全策略

随着大数据应用所需的技术和工具的快速发展,大数据应用安全策略主要从以下几方面着手:一是防止 APT 攻击。借助大数据处理技术,针对 APT 安全攻击隐蔽能力强、长期潜伏、攻击路径和渠道不确定等特征,设计具备实时检测能力与事后回溯能力的全流量“审计”方案,提醒隐藏有病毒的应用程序。二是用户访问控制。大数据的跨平台传输应用在一定程度上会带来内在风险,可以根据大数据的密级程度和用户需求的不同,将大数据和用户设定不同的权限等级,并严格控制访问权限。而且,通过单点登录的统一身份认证与权限控制技术,对用户访问进行严格的控制,有效地保证大数据应用安全。三是整合工具和流程。通过整合工具和流程,确保大数据应用安全处于大数据系统的顶端。同时,通过设计一个标准化的数据格式简化整合过程,也可以改善分析算法的持续验证。四是数据实时分析引擎。数据实时分析引擎融合了云计算、机器学习、语义分析、统计学等多个领域,通过数据实时分析引擎,从大数据中第一时间挖掘出黑客攻击、非法操作、潜在威胁等各类安全事件,第一时间发出警告响应。

2.4　大数据应用平台的安全管理策略

作为新的信息金矿,大数据所带来的价值正在影响着各个行业。当前很多运营商为了提高自身的竞争力,都纷纷加大了对大数据平台的建设投入,但同时,不断飙升的管理维护成本和安全架构复杂化也让大数据的运营发展面临巨大挑战:大数据时代的安全架构变得愈发复杂,各种威胁数据安全的案例层出不穷,管理大数据平台的安全需求也在持续增加,需要各种新技术应对新的风险和威胁;传统网管一般利用性能评价体系 KPI 对数据应用平台进行状况评估,特别在面对多个大数据平台时,不能真实反映平台的运行状态和性能状况;故障响应不及时,告警系统未智能化。大部分应用平台仅能将告警生成在各自的系统平台内,需要管理员定期去提取、查看,遇到故障也只能手工排除,可能会导致问题发现不及时,故障排查困难;据统计,在大数据平台中,结构化数据只占 15%左右,其余的 85%都是非结构化的数据,它们来源于社交网络、互联网和电子商务等领域,应提供关键安全策略以支持结构化与非结构化数据的管理。

针对上述市场需求,业内领先的信息安全技术公司提出了大数据应用平台的安全管理系统,运用智能化、流程化、自动化、可量化、可视化等安全战略手段,构建安全、高效、经济的监管体系,帮助用户准确地感知当前大数据平台的整体性能,实现大数据平台在操作、通信、存储、漏洞方面的全方位安全防护,达到提高工作效率、降低故障排除时间和维护成本的最终目的。同时,该类安全管理系统还在以下几方面呈现出亮点。

2.4.1　基于 Hadoop 架构下的统计分析和大数据挖掘技术

大数据平台是一个面向主题的、集成的、随时间变化的、不容易丢失的数据集合，支持各企事业单位管理部门的决策过程。采用基于 Hadoop 集群环境下的统计分析和大数据挖掘等技术，通过将各类日志资源和事件信息按照业务、地域、时间、涉密程度等多维性和内在联系，进行归纳、分类、关联性以及趋势预测等分析，从海量数据中寻找有用的、有价值的信息，为不同层面、不同业务系统提供信息支持。

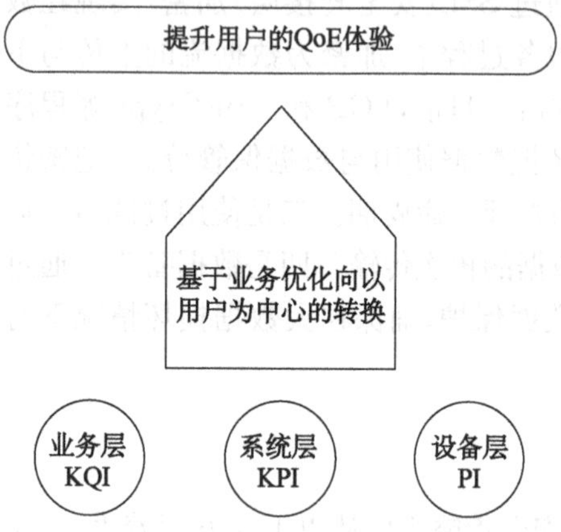

图 11-1　大数据平台质量体验

2.4.2　大数据平台的质量体验

用户体验质量 QoE 是用户端到端的概念，是指用户对大数据应用平台的主观体验，是从用户的角度感觉到的系统的整体性能。如图 11-1 所示，该安全管理系统以用户体验为中心，从 KQI（业务层）、KPI（系统层）、PI（设备层）多个维度出发，注重用户对业务的端到端主观体验（QoE），从用户的角度来感受系统的整体性能，对用户所使用的业务的关键参数进行端到端的业务探测，主动感知用户的体验，真实全面反映系统性能，以可量化的方式，从业务应用可用性角度来监测大数据应用平台的质量状况和运营状况。

2.4.3　全面的智慧安全

大数据时代，安全架构变得愈发复杂，安全需求也在持续增加，需要各种新兴技术应对新型风险和威胁。但这势必会增加企业管理的复杂度和投资的复杂度并造成技术成本压力。该系统采取深度防御策略，能主动对大数据应用平台进行漏洞扫描，并通过安全互联的方式实现全面整体的安全防御，实时获取安全信息，进行关联性分析，更快、更早地发现安全威胁。

2.4.4　安全基线自学习

为有效监测大数据应用平台的配置信息变更情况，安全管理系统采集大数据应用平台的配置信息，得出相应的安全基线。通过自动学习该基线，安管系统站在全局的角度对各大数据平台进行自动监测，并将监测结果与基线进行比对，以判断是否有配置变更，快速发现系统操作的异常行为。

2.4.5　故障快速定位及预警

该系统重视故障管理的主动性，通过多个维度（物理和虚拟服务器、网络设备、数据库、云资源以及业务平台的运行状况）的检测视图，在故障发生之前，能主动检测到系统平台关键要素的状态变化并发出预警，管理员便可准确并深度定位应用性能问题的根源，及时修复故障问题，以免服务中断或数据外泄造成不可挽回的损失。

2.4.6　策略集中配置并统一下发

该系统采用安全策略的集中配置及下发来对各大数据应用平台进行统一管理。此办法在面对管理多个大数据应用平台时优势明显。传统的策略配置是逐个“登录—配置”的过程，工作量成倍增大，且有可能造成安全策略冲突和形成漏洞。策略的统一配置下发扭转了该局面，如在安全系统上统一配置数据采集/存储策略、去隐私化策略、漏洞扫描规则、用户敏感信息行为处理规则、补丁管理策略，并分发至各个应用平台执行，大大简化了配置过程，避免了策略的重复配置操作，提高了运维管理能力等。

2.4.7　基于云计算架构的异构数据管理

云计算是一种基于互联网的、通过虚拟化方式共享资源的计算模式，存储和计算可以按需分配、动态部署、动态优化、动态收回。云数据服务通过总/分库的方式，利用分布数据库特性，将各类异构数据的存储和处理交给大量的分布式计算机（服务器），计算机承担了庞杂的分析、计算工作，以服务的方式提供分享和交互，加速了从数据共享到信息共享再到服务共享的提升，提高了资源的利用效率和数据的安全性,降低了开发人员的工作量和网络负担,实现了结构化数据和非结构化数据的全面整合,使各类数据有序联合起来,形成完整而统一的大数据信息资源。

3 大数据带来的个人隐私问题及其危害

在风起云涌的大数据时代,数据的收集、分析与利用逐渐变成企业运营的核心,除了自身提供服务获得的数据外,企业对数据的需求进一步向外围扩展,以买卖、共享为特征的数据利用、交易成为引人注目的商业现象。

从数据源来看,大数据类型丰富、来源广泛,其中既包括与个人紧密相关的数据,如行车位置数据、网络交易数据、健康医疗数据等;也包括与个人属性完全无关的数据,如天气气象、环境监测、地理测绘数据等。如数据涉及个人,相关的大数据应用将不可避免地遇到数据保护与隐私保护问题。

实际上,大数据应用所带来的隐私风险与隐患已经成为大数据政策的核心议题之一。有学者认为,大数据应用以及其催生的数据交易产生的数据商品化现象将给个人隐私带来极大伤害,并产生难以预计的信息安全问题,大范围失控的数据交易也将为违法活动提供温床。数据交易一旦合法化,凭借目前漏洞百出的数据监管措施,个人隐私、技术秘密等重要权益将完全失去应有的尊严和保护。甚至,不仅是隐私保护沦陷,大数据将导致失控的数据使用。最严重的后果是弱势群体受损害的常态化、社会不公的固化。

以大数据的典型应用——使用保险(UBI,Usage-based insurance)为例。UBI不同于传统车险的一个特点是,第一次把个人驾驶行为的"真实因果数据"(True Causal Data)引入了风险评估模型,据此量身定价,设置参保人的险费和保单理赔。UBI的风险评估模型所用的变量参数,从传统的数十上百个,一下飙升到100多万个。数据细微到时间,地点,公里数,急刹车的次数和用力强度,急转弯的次数和弧度,驾驶者是否听收音机、音量强度,是否接打电话、声调情绪;数据包括常规变量,如年龄、性别、婚姻状态、居住地、职业、受教育程度、健康状况、信用得分等;还包括环境变量,如区域天气、治安、路段事故发生频率等。有了这样精密的大数据分析,保险商就可以识别并预测各种差异细微的风险。

这也意味着应用UBI系统,参保人会失去隐私,被一刻不停地追踪记录。如果参保人被界定为高风险,参保人将缴纳高额保费,甚至被驱逐出保险市场。即使用全部隐私交换,被界定为低风险,UBI保险商也可利用其所掌握的用户信息,在保险条款上做文章,压缩参保人的实际受保护(即理赔)范围。美国州保险专员联席会议的2015年UBI研究报告直言不讳:从消费者和公共政策看,UBI走的是一条歧路,是市场的失败。

大数据急剧扩大了市场信息的不对称,建立在大数据分析之上的红利分配机制是弱肉强食的。除UBI外,Airtbnb租房定价、医疗保险定价算法都存在着利用用户隐私,却最终伤害消费者利益的隐患。

数据保护是发展大数据绕不开的一个关键性问题,只有妥善解决数据保护问题,大数据才能获得健康持久的发展基础。但同时,大数据也对现有的数据保护体系、制度工具带来了全面挑战。大数据代表了ICT技术业务的未来发展方向,世界各国和地区均将其视为未来竞争的核心领域,积极拥抱这一推动社会经济获得进步发展的历史性机遇。现有的数据保护体系,包括法律法规、监管机制都需要根据大数据的发展作出改革与调整,最大限度地平衡隐私保护与技术发展之间的关系。在促进大数据产业发展的同时,确保信息安全和加强隐私保护。

数据分析技术的快速进步也进一步增强了企业收集数据的动机,收集的数据越多越好,企业不仅收集现在能够利用的数据,也收集未来可能会利用的数据,数据收集无处不在,且能够被永久保留,这使人们的生活轨迹被收集、分析。这一切挑战了长久以来形成的隐私价值观念,同时也在质疑目前的"知情并同意"的法律框架的有效性。

基于此，社会仍然应当坚持以下五个方面的原则：坚守隐私价值，通过保护个人信息坚守隐私价值观，不仅要加强建立本国的隐私保护法律框架，还要推进全球隐私保护框架；积极和负责地教育，加强公众教育活动，让公众充分知晓大数据带来的裨益与风险；大数据和歧视，预防利用大数据的歧视行为；法律和法规执行和安全，确保大数据技术在法律和法规执行、公共安全和国家安全中得到负责的利用；大数据作为公共资源，大数据带来的潜能推动政府数据成为国家与地区的重要资源，并要求这一资源可供开放利用，以从中挖掘出更多价值。

综上所述，大数据对数据保护带来了全方位的挑战，甚至在潜移默化地改变和消减人们的隐私理念。在过去，个人数据多是被其他组织所收集，在今天，随着互联网应用的普及，更多的人自愿地将个人数据公开并分享，在微博、微信上公开照片、视频、位置信息等。“90后”和“00后”在隐私观念上已经有了显著的变化，更年轻的一代更加积极主动地拥抱网络，将自己的生活状态甚至心情感悟等日常生活的点点滴滴都公布于网络，并从中获得分享乐趣。新技术新业务正在以春雨润物细无声的方式，默默地影响甚至改造人们的隐私观念。然而虽然这是一个变化趋势，但并不意味着当下就可以轻易地丢弃隐私保护这基本价值导向。相反，在日益强大的技术能力面前，现实中更多的呼声是如何加强对个人信息的保护，如何对个人信息保护法规加以改革，以适应技术变革带来的新挑战和问题。而企业、市场对大数据的各种创新涉及个人数据收集与利用，不得跨越个人数据保护法规所确立的法律红线。

3.1　大数据时代个人隐私权的特点

3.1.1　隐私权保护范围的扩大化

隐私权保护的领域，本质上就是隐私界定的范围。隐私权保护的强度依赖于社会经济和技术的发展。传统的隐私权是指自然人依法享有的隐瞒、控制、使用与社会公共利益没有关系的个人信息、个人活动等秘密，避免他人或组织不法侵扰、探听、使用和传播等的一种人格权。而在大数据背景下，隐私更多地表现为隐私的自治。个人隐私带有很强的个人主观情感色彩，对隐私的认定会因个体的性别、年龄、身份、文化水平等不同而不同。同时，科学技术的发展使隐私信息与非隐私信息的边界越来越模糊。隐私范围变得更大，同时隐私信息的保护也在最大限度地向技术妥协。例如，个人的网上活动踪迹，如IP地址、浏览痕迹、消费记录，登录和使用的各种信用卡、上网账号和密码、交易账号和密码等这些隐私信息，服务商在合法授权的状态下可以使用相应隐私信息。在现有的隐私权保护框架下很难对隐私的范围有一个具体而详尽的定义。在大数据时代，隐私的利益进一步让位于对信息的利用，相应的隐私权保护也从消极的不作为转为积极的自我控制行为。同时加强了对第三者保管个人隐私信息不被滥用和泄露的责任。隐私权的含义很广，不仅涵盖了思想自由、独居、个人身体的自我控制、个人信息的自我控制、免受监视的自由、保护个人名誉与免受非法搜查及审讯等内容。它还被认定为一种权利集，仿佛是一条浮动的界限或一个可游走的点，在规范性与描述性概念之间，在身份与尊严之间自由移动与转换。

3.1.2　隐私权内容的复杂化

传统隐私权的宗旨是保护其隐私不被公开和传播，早期个体对隐私的状态有很强的保护能力且他人不易获得。而在大数据环境下个人的一切行为都可数字化。微博、微信、QQ等网络社交平台悄悄地记录了个人的生活轨迹，淘宝、京东、亚马逊等网络销售平台记录了个人的消费习惯并进行精准营销，Google、雅虎、百度等搜索引擎记录了个人网上的浏览痕迹等等。个人的隐私以多种多样的形式出现在个人不可控制的状态下，而且很多人在很大程度上是在无意识的状态中暴露了自己的隐私。个人很难控制其隐私信息不被收集、利用，因此现在比任何时候都需要依靠法律来保护个人的隐私。隐私权的内容也随之由消极的权利变为积极的权利，这需要在个人信息主体与个人信息控制者两者之间进行价值评判，以求达到平衡的状态。例如，数据控制者在收集个人信息时要在告知其收集的目的、用途、转让、共享等情况下取得个人信息主体明示的授权同意，否则就侵犯个人信息主体的知情权；个人信息主体享有删除权，数据控制主体有义务在对敏感信息进行匿名化处理之后将其永久删除；个人信息主体在授权同意后仍有撤回同意的权利;数据控制者要对敏感信息进行去标识化处理以保障个人信息主体获得信息安全保障权;个人隐私信息被侵犯,遭受损害时有权要求赔偿直接损失和间接损失;在法院处理隐私权诉讼中对侵犯隐私的举证责任开始倾向于举证责任倒置原则,让数据控制者证明其尽到了保护隐私的义务等。

3.2 大数据时代个人隐私与个人信息关系

关于个人信息的保护各界已经形成了共识,然而在个人信息保护方面,不同的国家采取了不同的方式。例如,美国将个人信息归属于隐私权进行保护,德国则将个人信息归属于一般人格权或直接作为个人信息权进行保护。在对个人信息的定义方面,不同国家的法律规定表述不尽相同。英国《数据保护法》对个人数据的定义是:有关一个活着的人的信息组成的数据,对于具体的人,可以通过该信息识别出来。个人数据的范围涉及个人的一切信息,从生理的到思想的,从个人自身的到社会关系方面的,还包括人们对他的评价。1995年《欧盟数据保护指令》将个人信息定义为:有关一个被识别或可识别的自然人的任意信息。在理论界有的学者将个人信息分为三类:一是能够直接反映个人的自然情况和日常生活等情况的个人数据资料;二是自然人以实名或匿名的身份所进行的网络行为而产生的活动轨迹与信息痕迹等数据资料;三是网络服务商通过对前两类个人信息数据资料的收集与挖掘、处理与分析而得到的个人信息资料,如相关个人的浏览习惯、消费习惯、购物偏好等再生数据资料。

关于个人隐私和个人信息两者的关系在理论界众说纷纭,大家都试图使隐私的保护更加适应时代的发展。其中主要的观点有:其一,个人信息与个人隐私之间不存在上下位阶的关系,而是在相互重合的基础上又互有区分;其二,个人信息包含个人隐私信息,个人隐私信息是个人信息的一个分支,如欧盟《数据保护指令》中保护的个人信息包括个人隐私。没有对个人信息与隐私进行严格区分。同时,理论界学者也一直努力区分个人隐私权与个人信息权的法律边界。主要观点有:其一,个人信息权是一项与隐私权并列且独立的具体人格权,所以隐私权不应当包含对个人信息的保护;其二,个人信息的人格利益应当由隐私法来保护,财产利益则应当由个人信息法来保护;其三,应当把大数据环境下的个人数据信息定性为公共物品,由公法如行政法来加以规制,从而可以与私法层面的隐私权划清界限。

在如何更好地保护个人隐私权方面,学者们一直在不断地探索。旧的理论不断地被新的理论所代替,新的理论也适应时代的发展不断地完善。综上所述,在理论界,传统的隐私权理论把公共—隐私二分法作为判断隐私权是否被侵犯的标准。只有在隐私信息或者隐私场所被不恰当地披露或侵扰时,才认为公民隐私权遭到侵害。人们普遍认为,对于不被视为"隐私"的信息,人们可以自由对其进行传送、交换、买卖等转移活动。然而,大数据收集信息的技术有"信息剖析""信息匹配""信息组合"和"信息挖掘"等,这些技术能将零碎的信息以及不同的信息源重新组合成带着复杂的图案信息的数据库。正如Jeffrey Reiman所观察的那样:"通过将公共场所获取的零碎信息组合在一起,你不仅可以得到有关一个人的私人生活的所有详尽信息,你可以知道他所有的朋友,他以何为生。"

在司法实践中。经过一百多年的发展,关于隐私权的理论和法律不断演进。随着人们对个人信息保护的意识日益增强,隐私权的信息自治理论得到普遍认可。即个人信息的公开与否由个体自主决定。为了在大数据时代实现个人隐私权的保护,孤立地区分个人信息与个人隐私信息的范围意义不大,往往导致两者边界不清,保护力度不够等问题。因为在大数据时代信息的收集便捷,信息的存储、分析、整合匹配高效且低成本。大数据技术已经能够达到在碎片化的信息中准确定位个人详细资料的程度,很难把个人信息单独地分离出来,将隐私信息与非隐私信息结合保护的原则,可以很好地保护个人信息安全,从而最大限度地保护个人的私生活的安宁和信息的自主权。例如,2017年,庞理鹏与北京趣拿信息技术有限公司等隐私权纠纷一案中,原告庞理鹏起诉被告北京趣拿信息技术有限公司侵犯隐私权。在审理过程中关于认定姓名和手机号是否属于隐私权保护的范围,法官的判决是:单独地看庞理鹏的姓名和手机号不属于隐私信息,然而当姓名、手机号和原告的行程信息(隐私信息)结合在一起时,整体信息也因包含了隐私信息(行程信息)而整体上成为隐私信息。将姓名、手机号和行程信息结合起来的信息归入个人隐私进行一体保护,符合信息时代个人隐私、个人信息电子化的趋势。大数据时代对隐私权的保护不仅是对被合理地期待为私密的或敏感的信息的收集、使用或流转加以阻止或限制,而是对法定管理权缺位的补充,从而在个人隐私保护和个人信息的利用之间寻求最大值。由于我国的现行民事法律已经确认了隐私权的事实,所以应当遵循"奥卡姆剃刀"原则,破除解决任一问题都要设立一项新权利的思路,尽量在原有的法律框架内解决个人隐私保护问题。

3.3 大数据对个人隐私保护带来的挑战

3.3.1 个人隐私信息的非法收集

点融网首席执行官称,基于AI(人工智能)大数据的经营方式,必须大量地收集个人隐私数据,并且在很大程度上会有过分收集的可能性,涉及个人每天上班和回家的位置信息、是否加班、有无迟到等林林总总的信息。各种网络平台、APP频频越轨收集用户个人信息,默认勾选式捆绑安装现象成为常态。这些现象引发社会质疑,加强用户隐私保护的呼声越来越高。

随着移动互联网的迅猛发展,各种手机应用软件数量激增。大量的手机APP都存在过度收集、违规利用个人隐私信息的行为,大量个人隐私信息被窃取,导致各种信息诈骗等刑事案件频发。

2017年12月,百度公司因涉嫌违法获取个人信息被江苏省消费者权益保护委员提起民事公益诉讼;支付宝年度账单中默认勾选我同意《芝麻服务协议》允许支付宝收集用户的信息,包括同意第三方保存信息,被网信办约谈要求作出专项整改;You Tube因允许广告商向儿童用户发布精准广告被多家机构指责触犯了《儿童在线隐私保护法案》。《移动金融用户个人信息安全测评报告》显示,在被测评的200款移动金融社交类APP产品中,有6成APP的"明示同意"过程很不规范。具体而言,有126款APP未提供相关文本协议就直接收集了用户的身份与财产信息;有28款APP显示了协议但没有勾选框,用户想使用该APP只能同意协议,没有拒绝的权利等。

3.3.2 个人隐私信息泄露事件频发

中国互联网协会公布的《2016中国网民权益保护调查报告》显示,有72%的受访网民表示身份信息(姓名、手机号、电子邮件、学历、住址和身份证号码等)遭到泄露;有54%的受调查网民表示网上活动信息(网购记录、网站浏览痕迹、IP地址、位置信息等)被泄露。数据泄露的方式越来越多样化,不仅有来自黑客的外部网络攻击,而且还有数据控制者内部监守自盗。数据泄露量呈井喷式增长,而且越来越多的隐私信息成为数据窃取的对象。

Identity Theft Resource Center和CyberScout的报告显示,2017年前11个月,数据泄露事件量持续猛增,数量增加到1 202起,比2016年全年的1 093起多出了10%。2019年7月8日,英国ICO宣布其拟就英国航空违反GDPR的行为对其处以1.83亿英镑的罚款。ICO的罚款源于英国航空牵涉的一起网络安全事件,在该事件中,访问英国航空网站的用户流量被导向了一个欺诈性网站,大约50万名消费者的姓名、电子邮件地址、信用卡等信息遭到泄露。2019年7月9日,ICO宣布就万豪国际违反GDPR的行为对其处以9 920万英镑的罚款。喜达屋酒店集团系统在2014年遭到破坏,致使3.39亿消费者的姓名、通信地址以及525万未加密的护照号码被窃取。尽管该案发生在万豪收购喜达屋之前,但正如英国信息专员Elizabeth Denham所指出的:"GDPR明确规定,组织必须对其所持有的个人数据负责,这包括在进行公司收购时进行适当的尽职调查,以及采取适当问责措施评估获取了哪些个人数据以及采取了何种方式保护个人数据。"

3.3.3 对个人信息的过度分析

大数据的核心功能是预测,通过对海量资料的分析预测未来。出于商业利用的目的,越来越多的主体都在记录和收集网上的个人信息,并对信息主体的行为偏好、消费方式、消费能力进行分析从而降低销售成本实现精准营销。然而过度的个人信息分析很容易关联个体的敏感信息,引发隐私风险,更为严重的是数据控制者会加深对数据的分析从而引发一场伦理问题，如预测个人是否会患心脏病从而增加其保费，预测贷款会不会成为呆账因而拒绝放贷，预测某人是否会犯罪从而先发制人。对个人信息的过度分析，往往会形成对数据的过度依赖，一旦所分析的数据有出现错误，将会严重影响预测的结果。这样，根据预测的信息就提前形成了歧视，否定个人的自由意志，严重影响社会的公平和正义。

3.3.4 个人信息自我决策失控

互联网上保留了人们在日常生活中所发生过的各种行为的痕迹。信息技术可以采用各种方法将他人的隐私信息进行扩散，网络信息技术对隐私权的影响是以往任何手段都不可能达到的。网络行业在保护个人隐私信息方面大都采用隐私政策这种做法。然而，面对繁冗复杂的格式条款，绝大多数网站访问者根本就不会阅读，更不用说理解这些条款。各类网站往往会保留更改其隐私政策的权利。隐私声明正在成为互联网上默示同意的法律拟制的基础，将给定的行为视作用户默许的信号，并因此而推定用户的默示同意。

同时，在大数据应用过程中，个人信息在不断地转让流通，可能几分钟之内数据就被进行了多次转让，导致个人信息被多种角色用户所接触，从而出现数据拥有者与管理者不同、数据所有权和使用权分离的情况。个人的网上活动不仅会在自己的电脑中生成记录，而且会在网络中生成记录，即使个人抹去网上留下的痕迹并注销用户号，其信息依然保存在运营商的服务器中。然后数据控制者或持有者就利用大数据分析挖掘技术重新利用个人隐私信息，由此不仅免去了获得个人信息主体的授权同意的程序，同时还获得永久免费使用权。数据脱离个人信息主体控制的情况会随着科技的进步进一步加重，从而带来数据滥用、权属不明确、安全监管责任不清晰等安全风险，导致个人隐私权遭受严重侵害。

4 大数据时代的个人隐私如何保护

4.1 我国个人信息保护政策措施现状

4.1.1 个人信息保护法律制度框架逐步形成

我国的个人信息保护立法属于分散模式，专门性的个人信息保护法尚未出台。现有立法通过“人格尊严”“个人隐私”“个人秘密”“保障信息安全”等范畴对个人信息实现直接或间接的保护。例如，《民法通则》《民法总则》《消费者权益保护法》《治安管理处罚法》《侵权责任法》《居民身份证法》等法律、行政法规中都涉及个人信息保护的相关条款。

近年来，在法规中直接对“个人信息保护”进行规定的趋势日益明显。2012 年年底，全国人大常委会通过了《关于加强网络信息保护的决定》(以下简称《人大决定》)，首次以法律的形式明确规定保护公民个人及法人信息安全，建立网络身份管理制度，赋予政府主管部门必要的监管手段，对进一步促进我国互联网健康有序发展具有重要意义。为落实《人大决定》的要求，2013 年 7 月，工业和信息化部出台了《电信和互联网用户个人信息保护规定》，该规定进一步明确了电信业务经营者、互联网信息服务提供者收集、使用用户个人信息的规则和信息安全保障措施等。

2016 年 11 月 7 日，全国人大常委会通过了《网络安全法》，并将个人信息保护纳入网络安全保护的范畴，《网络安全法》第四章“网络信息安全”也被称为“个人信息保护专章”。《网络安全法》总结了我国个人信息保护立法经验，针对实践中存在的突出问题，将近年来一些成熟的做法作为制度确定下来。一是统一了“个人信息”的定义和范围。《人大决定》将其保护的信息界定为“公民个人电子信息”；而 2013 年工业和信息化部的《电信和互联网用户个人信息保护规定》(第 24 号令)则采用了“用户个人信息”的表述。《网络安全法》中统一采用了“个人信息”的表述，并将个人信息定义为“以电子或者其他方式记录的能够单独或者与其他信息结合识别自然人个人身份的各种信息，包括但不限于自然人的姓名、出生日期、身份证件号码、个人生物识别信息、住址、电话号码等。"二是确立了个人信息收集使用的基本原则。《网络安全法》在《人大决定》和工信部第 24 号令的基础上，充分吸收国际个人信息保护通行规则，确立了个人信息收集使用的基本原则。三是规定了相关主体的个人信息保护义务。对于网络运营者，要求其在收集使用个人信息的时候遵守《网络安全法》规定的基本原则；未经被收集者同意，不得向他人提供个人信息；应当建立网络信息安全投诉、举报制度，及时受理并处理有关网络信息安全的投诉和举报；并积极配合网信部门和有关部门依法实施的监督检查。对于依法负有网络安全监督管理职责的部门及其工作人员，要求必须对在履行职责中知悉的个人信息、隐私和商业秘密严格保密，不得泄露、出售或者非法向他人提供。此外，任何个人和组织不得窃取或者以其他非法方式获取个人信息，不得非法出售或者非法向他人提供个人信息。四是规定了违反个人信息保护的法律责任，弥补了《人大决定》中没有罚则的不足。《网络安全法》第六十四条赋予了主管部门根据违法情节采取责令改正、警告、没收违法所得、罚款、责令暂停相关业务、停业整顿、关闭网站、吊销相关业务许可证或者吊销营业执照等层次分明的行政处罚的措施。同时，第七十四条也规定了违反本法规定应当依法承担民事责任、治安处罚和刑事责任。通过建立完善的法律责任体系，《网络安全法》为公民个人信息保护提供了强有力的保障，也为主管部门在个人信息数据管理执法提供了丰富的执法手段。

此外，《征信业管理条例》(2013 年)、《刑法修正案(九)》(2015 年)，以及司法解释《最高人民法院关于审理利用信息网络侵害人身权益民事纠纷案件适用法律若干问题的规定》(2014 年)、《最高人民法院、最高人民检察院关于办理侵犯公民个人信息刑事案件适用法律若干问题的解释》(2017 年)、《最高人民法院、最高人民检察院关于办理非法利用信息网络、帮助信息网络犯罪活动等刑事案件适用法律若干问题的解释》(2019)等也分别是行业监管立法、刑事立法、民事立法等方面进一步补充健全了我国的个人信息保护法律体系。

4.1.2 各行业在"互联网+"创新发展中不断强化个人信息保护要求

《网络安全法》等综合立法明确了各行业在"互联网+"应用下的个人信息保护义务，众多行业主管部门出台的规章、规范性文件中也对具体行业个人信息保护提出了要求。

在"互联网+电子商务"领域，《电子商务法》明确要求电子商务经营者收集、使用其用户的个人信息，应当遵守法律、行政法规有关个人信息保护的规定。电子商务经营者应遵守《网络安全法》等法规要求，在收集、使用个人信息过程中，应当遵循合法、正当、必要的原则，公开收集、使用规则，明示收集、使用信息的目的、方式和范围，并经被收集者同意，不收集与其提供的服务无关的个人信息，不违反法律、行政法规的规定和双方的约定收集、使用个人信息，并应当依照法律、行政法规的规定和与用户的约定，处理其保存的个人信息。

在"互联网+医疗健康"领域，医疗个人信息和隐私保护的法律规范分散于《侵权责任法》《精神卫生法》《传染病防治法》《网络安全法》等法律中。在产业政策和部门规章层面，2018 年国务院办公厅印发《关于促进"互联网+医疗健康"发展的意见》，明确提出"研究制定健康医疗大数据确权、开放、流通、交易和产权保护的法规。严格执行信息安全和健康医疗数据保密规定，建立完善个人隐私信息保护制度，严格管理患者信息、用户资料、基因数据等，对非法买卖、泄露信息行为依法依规予以惩处。"2018 年国家卫生健康委员会、国家中医药管理局印发的《互联网医院管理办法(试行)》第二十八条明确规定"互联网医院应当建立互联网医疗服务不良事件防范和处置流程，落实个人隐私信息保护措施，加强互联网医院信息平台内容审核管理，保证互联网医疗服务安全、有效、有序开展"。此外，在国家标准层面，2018 年 12 月，全国信息安全标准化技术委员会发布《信息安全技术 健康医疗信息安全指南》(征求意见稿)，对于医疗健康涉及的个人信息进行梳理归纳，并尝试提出全生命周期的保护要求。

在"互联网+智能家居"领域，全国信息安全标准化技术委员会在 2019 年 6 月发布了《信息安全技术 智能家居安全通用技术要求》(征求意见稿)，并向社会广泛征求意见。该标准规定了智能家居通用安全技术要求，包括智能家居整体框架、智能家居安全模型以及智能家居终端安全要求、智能家居网关安全要求、通信网络安全要求和应用服务平台安全要求。该标准研制目标是为政府及企业等实体智能家居安全能力建设及运维工作提供实施依据；为智能家居设备研发厂商、服务提供商在安全开发、安全防护及安全运营上提供指导要求；为第三方机构针对大数据平台的安全测评工作提供参考依据。在"互联网＋出行服务"领域，2016 年交通运输部、工信部等七部委出台的《网络预约出租汽车经营服务管理暂行办法》对于司乘个人信息保护提出相关规定。其中第二十六条明确提出"网约车平台公司应当通过其服务平台以显著方式将驾驶员、约车人和乘客等个人信息的采集和使用的目的、方式和范围进行告知。未经信息主体明示同意，网约车平台公司不得使用前述个人信息用于开展其他业务。网约车平台公司采集驾驶员、约车人和乘客的个人信息，不得超越提供网约车业务所必需的范围。除配合国家机关依法行使监督检查权或者刑事侦查权外，网约车平台公司不得向任何第三方提供驾驶员、约车人和乘客的姓名、联系方式、家庭住址、银行账户或者支付账户、地理位置、出行线路等个人信息，不得泄露地理坐标、地理标志物等涉及国家安全的敏感信息。发生信息泄露后，网约车平台公司应当及时向相关主管部门报告，并采取及时有效的补救措施。"此外，交通行业标准 JT/T 1068—2016《网络预约出租汽车运营服务规范》规定了网约车信息安全规范要求，包括信息安全制度、收集、使用、销毁等方面提出了规范要求。

此外，2019 年国家互联网信息办公室发布《儿童个人信息网络保护规定》，各行业"互联网＋"服务经营者还需要特别注意儿童个人信息保护问题，收集、使用、转移、披露儿童个人信息应当设置专门的儿童个人信息保护规则和用户协议，指定专人负责儿童个人信息保护。同时，确保以显著、清晰的方式告知儿童监护人收集、使用、转移、披露儿童个人信息的情况，征得儿童监护人的同意。

4.1.3　个人信息保护专项监督活动陆续开展

中央网信办等四部门开展"App 违法违规收集使用个人信息专项治理"。2019 年 1 月 25 日，中央网信办、工业和信息化部、公安部和国家市场监管总局等四部门联合发布《关于开展 App 违法违规收集使用个人信息专项治理的公告》，决定自 2019 年 1 月至 12 月，在全国范围组织开展 App 违法违规收集使用个人信息专项治理。在 App 专项治理行动中，四部门指导成立了 App 专项治理工作组，研究制定了《App 违法违规收集使用个人信息行为认定办法》等一系列个人信息保护相关技术指导文件和政策文件。

据中央网信办通报，截至 2019 年 9 月，已收到近 8 000 条举报信息，其中实名举报占到近 1/3，将 400 余款下载量大、用户常用 App 纳入了评估，向 100 多家 App 运营企业发送了整改建议函，评估发现的问题得到整改落实。工业和信息化部开展 APP 侵害用户权益专项整治行动。工信部于 2019 年 11 月 4 日发布《关于开展 APP 侵害用户权益专项整治工作的通知》，就 APP 违规收集个人信息、过度索权、频繁骚扰用户等侵害用户权益问题，开展信息通信领域 APP 侵害用户权益专项整治。工信部专项整治工作坚持问题导向，聚焦人民群众反映强烈和社会高度关注的侵犯用户权益行为，面向 APP 服务提供者和 APP 分发服务提供者两类主体对象，重点整治违规收集用户个人信息、违规使用用户个人信息、不合理索取用户权限、为用户账号注销设置障碍等四个方面的 8 类突出问题。专项整治行动针对存在问题的 APP，将依法依规予以处理，具体措施包括责令整改、向社会公告、组织 APP 下架、停止 APP 接入服务，以及将受到行政处罚的违规主体纳入电信业务经营不良名单或失信名单等手段，对于问题突出、严重违法违规、拒不整改的 APP 主体，将从严处置。

4.2　大数据时代我国隐私权保护存在的问题

我国对隐私权的保护制定较多的法律规定，但这些法律规定比较零散，没有形成一个完整的保护体系。相关保护隐私权的规定原则性较强，实践过程中操作性不强；在执法层面上缺乏较强的执行力度，处罚力度不足，导致侵犯隐私权的事件频频高发；在司法过程中由于对隐私权内涵的界定没有统一的规定，对隐私权纠纷的裁判不尽相同。公民在享受大数据带来的更多享受时，麻痹了对隐私权保护的意识。因此，从目前个人隐私权在法律保护的实际效果上来看，在立法方面、执法方面、司法方面以及公民的隐私权素养等方面还存在很多需要改进和完善的地方。

4.2.1 缺少明确可操作性的规定

法律被赋予保护隐私权的较高地位，因此制定了各种法律法规保护隐私权我国在《宪法》《民法通则》中都规定了隐私作为公民人格权进行保护做了相应的规定。《侵权责任法》第 2 条和第 22 条虽然对他人的隐私权和隐私权责任作出来明确规定，认为行为人应当就其公开他人私人信息和私人事务或者私人生活的行为对他人承担相应的责任，但是《侵权责任法》并没有规定行为人对他人承担隐私侵权责任的构成要件。这导致在司法实践中很难操作。而且，对隐私权的保护范围缺乏明确的规定。隐私权分为极其敏感的健康和基因方面的隐私还包括身体隐私以及家庭生活隐私、个人信息隐私，以及公共场所隐私和非公共场所隐私等。这些不同的隐私，因为类型上的差异，在权利的内容以及侵权的构成要件上，都有所差异。对于如此纷繁复杂的权利类型，缺乏明确具体的规定增加了相关权利主体的可操作性难度。

大数据时代数据的二次利用成为可能，并且在数据的二次利用过程中能创造更多的价值，因此个人信息控制者和第三方信息处理者往往会超出其初始收集信息的目的、扩大使用范围，导致个人信息主体在不知情的状况下被不特定的主体何种目的再次进行分析和整合。再加上存储能力的增强使得个人信息的保存期限变得难以确定，这些情况会导致个人信息在相当长的时间都有被处理和利用的可能。个人隐私权遭到潜在的威胁。

为了在保护个人隐私权和利用个人信息的行为之间取得最好的效果。一些法律都制定了知情同意、目的明确、目的限制等基本原则。然而在大数据技术下对个人信息的收集变得低价而密集，每一次信息收集都要取得个人信息主体的明示同意已不太可能。即便信息收集方提供了相关保护政策，但相关条款专业化术语众多晦涩难懂，而且文本繁琐冗长，个人信息主体很难一一认真阅读并理解其中的具体规则，还有“一揽子”要求用户授权的嫌疑。从个人信息管理者和使用者的主观动机看，由于个人信息价值的存在，其会努力收集尽可能多的个人信息。例如许多移动应用软件收集用户信息时往往超过其业务范围，而用户并不知情。这些给隐私权的保护带来了很严重的消极影响。

4.2.2 多头监管

国家层面，并没有明确规定个人信息保护由哪个部门负责，使隐私权处于多部门共同管理的情形。过多的行政机关对个人隐私保护都有一定的管理权。有些行政机关对公民个人隐私权保护意识不强，加上管理的强度和范围都没有明确的规定，导致相关部门只对个人基本信息进行保存或形式上的审查。比如档案部门，其只负责保存大量个人信息。虽然信息管理部门众多但实际对公民的个人隐私权没有很强的效果，甚至出现相互推诱的情形。这种多头监管的模式，由于缺乏统一的职能划分和必要的协调，常常导致多个管理主体对个人信息进行重复监管，有的个人信息被监管主体遗漏。这常常使隐私权的保护脱离监管主体的控制。造成隐私权侵害。因此，个人信息保护的多头监管的现状，不仅会在很大程度上造成宝贵的行政执法资源的浪费，而且会使某些非法收集和处理个人隐私信息的行为因为得不到有效的监管而愈演愈烈，对个人隐私保护的有效监管造成消极影响。

法律保护个人隐私信息安全的形式有很多，比如有民事及刑事的法律、最高法或最高检的司法解释及相关文件、行政法规、法规性文件、部门规章及相关文件、地方性法规与地方政府规章及相关文件多个层次，从范围上看法律涉及信息安全领域众多，包括保密及密码管理领域、网络与信息系统安全领域、信息内容安全领域、信息安全系统与产品领域、计算机病毒与危害性程序防治领域、金融等特定领域的信息安全领域、信息安全犯罪制裁等。虽然法律规定众多，但缺乏系统的研究，对隐私权的保护深度不够。

4.2.3 私法救济困难

个人隐私权受到侵犯，往往会通过民事诉讼维权。然而维权的难度和成本过高。首先，在举证责任上，数据控制者对数据的管理具有较强的专业性，公民很难举证证明是否由于数据控制者的原因导致个人隐私泄露,数据的保护程序复杂,或者不当使用,侵犯其隐私权;其次参加诉讼程序,往往需要花费较长的时间和精力,影响正常的工作和生活,维权成本较高;除此之外由于数据的流通转让可能会在分秒之间发生,个人很难确定侵犯隐私权的主体。因此个人通过诉讼程序维权的积极性不高,现实也是很少有人诉诸法律维护隐私安全。同时大量的诉讼会给司法机关带来负担。这样不仅加剧了公民的个人隐私权受到非法侵害的严重性,而且在很大程度上损害了相关法律的权威。

综上所述,我国对隐私权保护过程中,个人通过民事诉讼程序维权成本高昂;在执法上存在多头监管,导致执法资源浪费,监管不全面的问题,进一步加大了侵犯个人隐私权的风险性;在立法方面,法律规定缺乏完整性和系统性;而作为个人信息主体的个人和个人信息管理者的企业缺乏隐私权保护法律观念。正是因为我国个人信息安全法律保护仍然存在上述问题,因此有必要采取针对性措施,使大数据时代我国公民隐私权得到有效的保护。

4.3 国外对个人隐私权的保护

互联网应用服务领域的安全问题已经成了国际社会面临的重大挑战。欧美等互联网发展较早的国家,在互联网安全制度构建方面也较为领先,已从制度构建阶段步入到深化拓展阶段。整体来看,欧美等主要国家均通过基础性立法、针对性指导文件、安全审查、行业自律等综合性举措,以个人隐私保护为重点,逐渐加强治理和指引。

1. 管理制度:完备的基础性数据安全立法奠定监管基础

世界主要国家和地区以个人信息保护为切入点,抓紧出台和完善数据安全基础性和行业性法律。并且通过高压执法、强力处罚推动企业落实法律法规要求。美、欧等国保护消费者隐私和个人信息最主要的手段就是采取强制执法措施来制止违法行为,并要求企业采取积极整改措施。

2. 管理思路:重视产业链各环节主体的责任落实和协作

加拿大、美国、欧盟等国家和地区纷纷发布对个人隐私保护的指导意见,对产业链上的开发者、应用商店、终端制造商等相关主体提出细化要求。

3. 管理方式:行业组织多管齐下引导行业自律成共识

各国在监管实践中均重视多方治理,通过"政府主导+行业自律"混合模式,充分发挥行业协会、第三方机构和社会公众的作用。目前典型的做法主要有以下几种:一是通过制定标准指导企业开展自评估。二是通过认证或资金奖励鼓励企业加强数据保护。三是为用户提供技术软件保护用户个人信息。四是发布指引,引导企业自律,提高用户保护意识。

4.3.1 美国隐私权的发展与保护

由于美国一直崇尚市场经济与自由竞争体制,保护隐私主要依靠企业自治。然而随着互联网的突飞猛进,给产业的电子商务带来了长足的发展空间,为此改由行业者提出依靠行业自律方案来保护隐私信息。然而行业自律模式的弊端日益突出,由此美国开始采取积极的方式,制定法律来保护个人隐私权。目前美国对隐私权的保护采取立法保护和行业自律两种模式。

在立法方面,影响比较重大的法律有:1980 年的《隐私权保护法》(The Right to Privacy Protection Act of 1980)保护新闻隐私,1996 年《电讯传播法》(The Telecommunications Act of 1996)保护电讯传播消费者信息,1998 年《儿童线上隐私保护法》(Children Online Privacy Protection Act of 1998)详细规定了网站对 13 岁以下儿童个人信息的收集和处理,由家长担任第一线守护者的角色,以保护儿童在互联网环境中的隐私安全。《消费者隐私保护法》(Consumer Privacy Protection Act)其主要内容包括消费者享有知情权,避免过让人的过度侵扰;消费者享有自主决定选择个人信息是否公开;消费者享有安全保障权,消费者的隐私信息受到不法侵害有权禁止。该法转变了传统隐私保护的消极禁止行为,强调了个人对隐私权控制的积极行为。《学生隐私保护法》(Student Privacy Protection Act)、《雇员隐私保护法》(Employee Privacy Protection Act)等。通过一系列单独的立法形成了众多相互独立的隐私权保护法律。由此美国构建了以侵权行为法上的隐私权、宪法上的隐私权及特别法律的保障机制。

在行业自律方面，通常是各行业、组织联合在一起协商、制定统一的隐私保护标准作为行业内的隐私保护行为指导，参加该组织的成员必须保证将遵守保护网络隐私权为其行为指导原则。美国依靠行业自律来保护隐私权因其简单方便操作、高效而引以为傲。例如，My Space 的隐私默认值被定为“公众”，就能够保护隐私；网络隐私联盟就提出，网络行业正通过参与建立和利用自我管理来创造“一个值得信赖的环境，并且将实现网上和电子商贸中个人隐私权的保护”。网络隐私联盟在争取自我管理方面的行动“已经增强了支持者的信心，使他们相信放手不管的方式将是最好的网络管理政策。”在自我管理模式下，行业、政府和监督团体都可以参与到行业行为守则的谈判过程中。隐私权认证组织通过简单的“印章”形式使呈现在公众面前的信息得到简化。

2018 年，加州率先出台了《加州消费者隐私法案》(CCPA)。CCPA 的实施条例特别规定了企业在收集个人信息之时或之前向消费者履行的告知义务；关于选择退出出售个人信息之权利的告知义务(如设置“请勿出售”按钮)；关于为收集、出售或删除个人信息而可能提供的财务激励或者价格或服务差异的告知义务；以及企业隐私政策必须包含的内容。此外，它还强调了“无区别对待”原则。企业不得因消费者行使其在 CCPA 下的权利而区别对待该等消费者。但这不意味着企业不能提供差异化的价格或服务，前提是该等差异与相应消费者数据向企业提供的价值“直接相关”。

在 CCPA 的刺激下，伊利诺伊州、纽约州和华盛顿州都在筹备自己的个人信息保护法，层出不穷的立法使得科技公司开始支持联邦层面的统一立法。2019 年 11 月 26 日，多名民主党参议员联合提出了《消费者线上隐私权法》(COPRA)。这份综合性隐私法案由多位参议员联合发起，其将向个人授予对他们数据的广泛控制权、设置关于数据处理的新义务以及扩大美国联邦贸易委员会(FTC)在数字隐私方面的执法职能。

4.3.2 欧盟关于隐私权的发展与保护

欧盟成员国对公民的隐私保护倾向于采取自上而下的严格的立法方式。例如，1995 年《个人数据保护指令》中规定其成员必须在本国内的法律体系中体现对个人隐私权的保护。欧盟对于保护隐私权有一个鲜明的特点，就是非常具体的规定个人信息主体的权利内容和个人信息数据控制者的义务规定。

更为可贵的是，对于隐私权的保护可以根据实际需要进行实时调整的权利。欧盟对个人数据的定义是：任何一个已被识别的或可以被识别的自然人的任何资料。自然人可以通过号码、消费记录、身体、疾病、心理、教育或任何一个社会特征中的一个或几个信息而被准确的识别。这个定义的外延是非常广泛的，一旦某个人和某个数据或者某些数据产生了联系，这个数据就可以被认为是个人数据，比如地址、信用卡号、网页浏览记录、犯罪记录等。

2002 年，欧盟为适应数字时代保护隐私的需要，对信息的保护、传输数据的处理、垃圾邮件、cookies 等技术上导致的隐私安全问题，欧洲议会和理事会对 1995 指令进行了补充和完善，制定了《关于电子通信领域个人数据处理和隐私保护的指令》；2009 年 6 月，欧盟相关的监管机构加强对社交网站的行为规范制定了《社交网络用户隐私保护指导规则》，目的是希望通过用法律规则的方式促使社交网站规范自身行为，尊重和保护用户隐私，从而让用户在社交网站活动时不对自身的隐私安全性感到担忧；2010 年，谷歌以及脸谱等搜索引擎与社交网络平台遭到欧洲用户投诉，指责他们非法收集个人隐私信息。欧盟经过严格调查后，推出《欧盟范围内个人信息数据全面保护实施办法》。《实施办法》规定个人享有知情同意权、个人信息安全保障权、删除权等相关保护隐私的权利。欧盟通过法规和指令的方式构建起了一套比较完备的隐私权保护的法律体系，有着较为严格和严密的流程，还会根据社会和技术发展适时调整相关的保护办法，为用户、网络服务商、政府等各方面提供了清晰可循的准则。

欧洲联盟于 2018 年 5 月 25 日出台《一般数据保护条例》(GDPR)，为欧盟公民提供更多使用自己的个人资料的权力，加强数字服务提供者与他们所服务的人之间的信任，并为企业提供明确的法律框架，通过在欧盟单一市场上制定统一的法律来消除任何区域差异。

2019年7月10日,欧洲数据保护委员会(EDPB)和欧洲数据保护监督机构(EDPS)发表了一项联合评估,指出美国《澄清境外合法使用数据法案》的域外效力可能导致服务提供商"较易面临美国法律与GDPR及其他适用的欧盟法律或成员国国内法律之间的法律冲突"。两部门指出,GDPR第48条规定,非欧盟权力机构要求在欧盟以外转移个人数据的任何命令都必须得到司法互助条约("MLAT")等国际协议的承认,方才有效。因此,据两部门称,"欧盟企业通常应当拒绝直接的请求,并且请发出请求的第三国权力机构依照现行有效的法律互助条约或协议行事。"但在另一方面,这并不意味着GDPR与《CLOUD法案》绝对不相容,在保护生命或人身安全等个人"重要利益"的情形下,相关数据可以跨境传输。但这显然是不够的,两部门建议欧盟和美国就一项新的国际协议开展谈判,该协议应包含强有力的程序保障措施并保护基本权利,同时支持"双重犯罪"原则。

4.3.3 美国和欧盟的隐私权保护评析

法律有其自身滞后性且内容抽象和概括,对于保护个人隐私行业自律模式比立法规制模式更具有及时性和灵活性。法律在面对隐私权范围的变化、利用信息手段侵犯个人隐私的方式增多等诸多问题时,很多时候的调整显得滞后,针对性不强。而针对这点,行业自律模式的优越性则非常明显。与法律从业者相比,虽然具体行业的从业者的法律知识比较欠缺,但是他们具有很强的行业的专业性和丰富的行业实践经验。他们对于行业的发展趋势和发展变化有敏锐的觉察力,并且对于产生的问题也能更加灵活及时的解决。因此,在个人隐私保护问题上,行业的从业者能先知先觉,从而及时调整行业的策略,更好的及时保护个人隐私,避免损失。行业自律模式可以更高的效率实现对公民隐私权的保护。一部法律的制定到实施,需要投入大量的立法资源,包括人力、财力、物力。而法律在被遵守和施行时,也有着无形的消耗和巨大的负担。而行业自律模式不同,相关从业者通过制订行业自律规范对个人的隐私进行保护,这些耗费不仅成本少,关键是不需要国家和社会来承担,主要由行业自行解决。这无疑成为行业自律模式得以推行的重要原因。

然而,企业是追求利润的组织,其总是希望以最小的代价换取最大的利润。所以企业在运营过程中,首先会考量自身利益,害怕制定较严格的自我规制后,会承担过多的法律义务,从而造成企业运营成本负担过重。由此导致网络行业制定较弱的隐私权保护标准,使隐私权的网络保护远远落后于现实保护隐私的需求。隐私权的监督团体还未能对网络行业的行为产生重要影响,企业参与行业自律的积极性向不高,对行业知道的规定执行的不到位,缺乏有效的监督。缺乏强制力,企业在发现加入自律组织后付出的成本高于收获的利益,就会拒绝参加自律组织。因行业自律组织缺乏强制力不能强制企业加入,企业的隐私保护行为将处于不利的地位。隐私权认证组织的发展不足,只能为消费者提供简单易懂的标准化条款。对新出现的侵害隐私权的行为缺乏足够的应对措施。

欧盟对个人隐私保护实施严格的立法模式。通过一套完整的法律对人格权进行保护,而美国主要依靠单独的立法来确定隐私权的保护。从效力上来看欧盟的立法模式更有强制力和执行力。立法对隐私权主要包括1995年欧洲议会和欧盟制定通过的《关于涉及个人数据处理的个人保护以及数据流通的指令》和2002年通过的《关于电子通信领域个人数据处理和隐私保护的指令》其立法宗旨和保护规范逐步完成了由规范处理到人权保护的转变。欧盟对网络服务提供者搜集用户资料和信息相关的行为,通过具体的法律法规来进行明确的规定和严格的限制。一般来说,企业会根据具体的规则进行活动,良好的法律环境会大大增强个人的法律意识,从而实现数据控制者和数据主体之间对个人信息的有效利用。为大数据的发展提供良好的平台,实现可持续发展。2016年,欧洲会议通过更为严格《一般数据保护条例》(General Date Protection Regulation)取代了《欧盟数据保护指令》,统一了此前零散的个人数据保护规则。但是,欧盟严格的立法模式无疑会增加了网络服务提供者的法定义务和责任,增加了整个信息产业的运营成本,降低网络服务提供者的经营积极性,最终也许会损害信息产业的利益,对网络的健康长久发展带来负面影响。

4.3.4 美国和欧盟的隐私权保护对我国的启示

美国是通过具体的制定法来保护个人隐私权，而欧盟保护的个人隐私权属于基本人权中确定的隐私权。两者保护的核心价值目标是人的尊严和自由，并且都致力于在个人隐私信息使用和保护之间保持平衡。美国的自律模式的自我约束机制，对网络隐私权的保护充当了重要角色。自律模式的良好效果得力于美国经济模式和经济发展程度。我国的市场经济发展还不够充分，市场秩序还需要加强政府监管。民众的法律意识和维权意识也需要进一步提高。在这种情况下，完全按照美国行业自律模式保护隐私显然不符合实际，但是可以借鉴其优点，并结合我国的具体情况加以吸收。必能对我国的隐私权保护起到积极作用。

跟美国的模式相比，以欧盟为采取的立法保护模式更加符合我国目前的国情。通过法律保护隐私权，比依靠行业自律具有更强的执行力和强制力，其在政治经济社会生活各方面的作用，不是其他模式能替代的，也不能仅仅通过立法来保护个人隐私权。因为法律有其自身的局限性。首先，立法成本较高，一部法律的从制定到实施需要投入大量的人力、物力和财力；其次，法律具有滞后性，往往不能应对现实情况的变化。这些缺陷不是依靠立法技术的提高就能完全解决的。所以，在保护个人隐私权方面，较优的模式是，将欧洲的立法模式与美国的行业自律模式相结合，建立以立法模式为主导，行业自律模式相结合的网络隐私权保护机制。首先要订立较为严格与统一的保护标准，并在制定具体的法规时对不同主体的规定进行详细说明保护信息隐私，以立法的形式来保护个人隐私权；其次在政府的指导下制定行业隐私政策。同时提高公民的隐私权意识。以形成政府、网络行业以及个人互相认可的信息隐私保护规范，达到保护隐私权的目的。

4.4 大数据时代隐私权保护的探索

隐私权是现代法治社会中一项非常关键的人格权，可以这样说，隐私权的保护和发展已成为现代社会的重要特征之一。个人信息被过度收集、泄露、滥用，不仅干扰了许多人的生活秩序，甚至个人财产和生命安全也受到威胁。目前我国在保护隐私权方面缺乏操作性强的法律规范细则；另一方面，公民的个人隐私信息意识弱。个人隐私信息被不合理地公开甚至滥用的情形早已司空见惯。现实生活中，能够合法、合理掌握或保存个人信息的机构数不胜数，例如，公安司法机关、政府部门、医院、银行、学校等诸如此类。在大数据时代个人隐私权的侵犯遇到了前所未有的挑战，要想保护个人的隐私权必须通过完善的隐私权规范体系，政府加强监管与企业建立行业自律并行，增加侵犯隐私权的违法成本，加大执法力度，提高公民的隐私权素养等。

4.4.1 完善隐私权规范体系

隐私权旨在维护人的尊严与尊重人格自由发展，尽管国内现有立法，包括刑法、民法、民事诉讼法、行政法等法律都涉及了对隐私权的保护，但是国内现行法律以间接方式来保护公民的隐私权，具有很大的缺陷，这就使得中国公民隐私权的法律保护力度遭到极大的削弱。在人格权体系中，隐私权居于十分重要的地位，其不仅是一项重要的民事权利，而且从国际上隐私权的发展历程来看，隐私权逐渐从民事领域逐渐上升到宪政领域，演变为宪法性权利。隐私权的规范体系需要根据政治、社会、经济发展及科技进步而不断的调整与发展，从而确保“宪法上隐私权”所体现人之尊严及人格自由发展的理念，使个人的独处不受干扰，并对个人信息得有自决的权利。隐私权的法律规范系基于各部门的法律的共同协作。在刑法上设有“侵犯公民个人信息罪”，民法上，隐私权为私法上人格权的一种，给予被害人以侵权行为法的救济。

进一步明确侵犯隐私权的侵权责任。侵犯隐私权承担侵权责任的方式一般只是停止侵害；赔礼道歉；消除影响、恢复名誉。只有给当事人的经济损失或者精神造成严重损失才可以请求经济赔偿。大数据时代，隐私这种私人信息兼具维护主体个人尊严和财产利益的双重属性。因此，对隐私权的保护就应该考虑将这两种利益都进行保护。对于受害人因个人隐私受到侵害而产生的财产损失的赔偿，应当包括直接损失和间接损失。由于处罚力度不足,违法成本较低,导致个人隐私信息极易被滥用。目前对个人隐私信息的买卖已经形成一条有体系的灰色产业链。所以应加大违法成本,对违法行为起到一定的威慑作用。例如欧盟的《一般数据保护条例》对违反信息安全义务的主体给予巨额处罚的规定。对于不太严重的违法,罚款的额度上限为 1 000 万欧元或前 1 年全球营业收入的 2%,两值中取大者;对于严重的违法,罚款上限在两千万欧元和前 1 年全球营业收入的 4 010 之间取较大值。

对非法获取大量个人信息的黑客人员、数据管理人员内外勾结泄露个人信息的从严从重处理,对侵犯个人信息、电信网络诈骗等新型网络犯罪持续加大打击力度;同时推进法律适用和落实执行等配套机制,切实提升犯罪成本。尽管目前我国针对个人信息保护存在诸多法律规定,但基本都分散在效力层次不一的各种法律法规乃至规范性文件。对相应法律进行系统化梳理和整合形成体系完备具有较强操作性的隐私权规范体系。

4.4.2 推动行业自律

自信息安全被社会关注以来,加强立法被认为是解决信息安全问题的治本之策。近年来各国纷纷制定相关法律来保护个人隐私权。然而我国目前针对个人隐私保护的法律法规过于分散,且规定过于笼统、原则性较强。由于立法存在滞后性,针对个人隐私信息保护的特殊性,通过法律进行事后打击和治理,无法及时有效的处理社会发展带来的一些新问题。因此加强行业自律与制定行业标准是非常重要的措施,其能够在现有法律框架下对相关主体的行为进行有效指引。各国的许多机构、组织、个人都在探寻如何保障隐私权的问题。并纷纷制定了有关信息安全本国标准,在个人信息获取、存储、利用的合规化处理方面,产业界相对于政府部门,拥有更加专业化的技术能力,也具有更强的规则体系建设的驱动力。个人信息保护和合法使用,需要通过市场机制、社会共治的模式,充分发挥产业界技术优势和创新能力,通过产业界的自律和他律,促进健康有序的市场规范的形成。

现阶段面对大数据背景下个人信息被非法收集、传输、使用及转让等诸多问题。保护隐私权依靠法律规定与市场的共同努力。

首先,对整个信息的全流程要确立相应的规范,并严格规范各类数据采集及使用主体在信息处理方面的细则,明晰的界定各自的安全责任。收集数据过程中明确个人信息收集主体资格,信息收集渠道合法化,明确告知收集信息目的获得信息主体同意;信息存储过程中通过对个人信息的进行匿名化处理使得个人信息主体无法被识别,并且处理后的信息不可被还原。对个人信息的保存时间为实现目的的最短时间,超过规定期限必须进行匿名化处理并删除;在信息转让流通的过程中加强数据控制者对个人信息转让程序性的透明度,实现个人信息流通全程可追查,实现个人数据控制者和个人信息使用者脱离状态下的权责可视化。

其次,需要建立完善的内部安全管理制度和操作规程,加强数据控制者对数据收集传输、存储、共享、处理等安全活动意识,减少来自组织内部和外部的各种大数据安全风险。制定工作人员守则、安全操作规范和管理制度,经主管领导批准后监督执行;组织进行信息网络建设和运行安全检测检查,掌握详细的安全资料,研究制定安全对策和措施;负责信息网络的日常安全管理工作;定期总结安全工作,并接受公安机关公共信息网络安全监察部门的工作指导。

再次,由政府主管部门牵头,加速制定各个行业的统一标准,指导相关行业的不同领域,使其明确敏感信息基础设施的具体范围。同时构建个人信息的分级分类保护体系,加强个人隐私权的保护。完善对相关岗位工作人员的规范管理和有效监督,明确相关违法责任。完善统一的个人信息安全规范的国家标准,从数据控制者、数据处理者对个人隐私信息的收集、存储、流通、转让等各个环节进一步加强保护个人隐私信息的透明度和可追责性。

4.4.3 政府监管企业治理并举

根据《中国个人信息安全和隐私保护报告》,由于个人信息获取、存储和利用的环节众多,线下和线上传播具有隐蔽性和复杂性,获利空间巨大。个人通过民事诉讼途径来保护个人隐私,不仅难度大而且成本高。同时过度鼓励私力救济容易引发司法资源的浪费。行政监管机构进行监管是保护个人信息的一个非常重要的手段。

因此，应健全监管机制，特别是应强化消费者权益保护协会及检察机关公益诉讼的力度和广度；确定个人信息保护的主管机关，由专门的主管机关在法律指引下建立一个接收个人信息主体投诉、直接进行处理投诉、提供解决争议、落实赔偿和处罚的行政机制，让个人信息主体的救济权得到切实的保障。例如，2015 年，日本颁布实施《个人信息保护法》修正案，设置了个人隐私信息保护委员会这一专门机构，由该专门主管机构的专业人员根据第一手资料制定、实施个人信息保护细则。使个人隐私信息保护更好的落到实处。欧盟也在《通用数据保护条例》中规定了必须设立数据保护官的情形。与此同时还要加大对泄露、贩卖以及非法提供个人信息等行为的查处力度，建立健全信息泄露的公告和报告流程；相关职能部门定期开展专项活动对重点网络产品和服务的隐私政策进行分析梳理，例如，对淘宝、京东、苏宁等网络销售平台和微信、微博、QQ 等社交平台的隐私政策进行审查。通过评审和宣传形成良好的社会示范效应，带动行业整体个人隐私权保护水平的提升。多部门联合开展专项打击活动，整治各类恶意收集个人隐私的网站、同时加大力度治理网络黑客的攻击，执法部门要同网络管理中的优秀人才通力合作，坚决整治网络环境。让所有滥用隐私的企业和不法分子都受到很严重的惩罚。政府牵头搭建具有公信力的第三方合作平台，通讯、金融、互联网等行业发挥各自优势，共享整合安全能力，推动社会共治的全新模式，有效保障个声信息安全。强化政府综合管理，构建网络数据安全标准体系，完善个人隐私保护机制。

4.4.4 加强技术保护措施

加大隐私保护技术的开发与创新，可以从源头上杜绝网络数据安全漏洞。加快对网络隐私保护的技术发展，加强用户的隐私保障。密码设定是对个人电脑中的文件或上网通信的账号进行保护的最基本的技术，其简单易学可以对正常的数据安全起到一定保护作用；加密措施是保护网络传送的信息安全的通用的方法；对于网络用户与需要搜集个人信息的网站的相互联系，目前可以利用 P3P(隐私优先权平台)来保证互联网用户对个人隐私信息的安全流动与使用的控制权。主流的数据防泄露技术以数据加密为基础，例如，实时透明加解密技术、包括苹果、Twitter 在内的网络服务商推进双重认证；结合权限管理及审计，例如，数字版权管理；以及对文件全生命周期进行管控。积极采取防范网络攻击和计算机病毒、等危害网络安全行为的技术措施。因此必须加快架构数据安全管理平台，构建安全可控的信息技术体系，制定全面化数据保护解决方案。

4.4.5 提高个人隐私安全素养

个人隐私权保护对每个人都非常重要。为减少网上个人信息安全风险，最重要的还在于公民提高个人信息保护意识。培养全民信息安全自我保护和风险识别素养显得尤为重要。在大数据时代，我国公民的个人信息安全素养普遍堪忧。加重隐私权保护风险有很大程度上是因为个人取法隐私权保护意识而在无意识的情况下下主动提供或泄露的。信息安全素养是指人们在信息化条件下对信息安全的认识，以及针对信息安全所表现出的各种综合能力。因此在推进信息安全法规建设的过程中，国家的法律保障是前提，只有有法可依，才有可能得到更多的重视，才能促进信息安全教育的正规化建设。依法加强信息安全管理建立多层次的国民信息安全素养培养体系，政府应大力倡导和支持，充分发挥各类媒体的宣传作用，尤其是网站和论坛的作用，进行全民宣传教育，使隐私信息安全观念牢牢扎根于人们的大脑之中。政府还应培育良好的社会氛围。一个人人关注信息安全、人人思考信息安全的社会，一定会对这个社会中的人们起到潜移默化的引导作用。提高每个人对信息安全意识，能够促使不断的学习各种减少泄露个人信息的方法。例如，生活中我们要先销毁快递单上的个人信息再丢弃；减少在社交平台晒各种照片，尤其是家人的信息；减少随意点入陌生的网络链接；安装软件少点“允许”；及时关闭手机定位服务；慎重使用云存储；加密并尽量使用较复杂的密码；及时关闭手机 Wi-Fi 功能，在公共场所不要随便使用免费 Wi-Fi，谨慎对待网上各种诈骗信息等等。时刻规范自己的网络行为，减少暴露个人隐私的机会。这应该成为大数据时代每个公民的安全常识。我们与其把希望寄托于对违法犯罪的事后惩处，还不如提早加强自我防范。当我们无法绝缘于网络，无法彻底消灭个人信息安全威胁，作为公民，我们能做的只有加强自我信息保护和风险识别素养。

5　小　结

大数据是信息化时代的“石油”。大数据转化为信息和知识的速度与能力将成为这个时代的核心竞争力之一，而大数据面临的安全挑战却不容忽视。只有大数据技术和大数据安全协调发展时，大数据才可以真正成为这个时代的驱动性力量。同样，大数据时代下个人隐私泄露是一大难题，为了解决这一难题，应加强对个人信息的保护，对个人信息保护法规加以改革，适应技术变革带来的新挑战和新问题，在坚守的底线同时发挥大数据的强大作用。

思 考 题

1. 大数据对信息安全带来了哪些挑战？
2. 大数据时代如何确保信息安全，你会想到哪些措施？
3. 大数据时代下个人隐私有哪些新变化？
4. 大数据引起的个人隐私危机有哪些？
5. 国外保障信息安全的方法对我们有什么参考意义？

参 考 文 献

[1] 梁晓静. 用户数据商业使用的伦理问题——以华为腾讯的数据之争为例[J]. 河北企业，2019(05)：7-8.
[2] 谢浩，樊重俊，李岩，冉祥来. 基于GA-SVM的机场数据中心信息安全风险评估[J]. 信息安全与通信保密，2015，06：104-107.
[3] 谢浩，张卓剑，徐平，樊重俊，何蒙蒙，杨飞. 机场数据中心信息安全问题探讨[J]. 信息技术，2015，06：80-82.
[4] 袁光辉，樊重俊，熊红林，冉祥来. 基于贝叶斯方法的信息系统整合风险评估研究[J]. 上海理工大学学报，2014，36(1)：60-64.
[5] 王融. 大数据时代数据保护与流动规则[J]. 电信科学，2017(07)：196.
[6] 张丹丹. 大数据时代隐私权保护研究[D]. 扬州大学，2018.
[7] 周鸣争，陶皖等. 大数据导论[M]. 2018.
[8] 李媛著. 大数据时代个人信息保护研究[M]. 武汉：华中科技大学出版社，2019.
[9] 2019年世界数据治理十大事件回顾，http：//net.blogchina.com/blog/article/863924884.
[10] 移动应用(App)数据安全与个人信息保护白皮书[R/OL]，中国信通院，2019.
[11] 吴何奇. 大数据时代个人隐私保护的刑法路径——从医疗人工智能的隐私风险谈起[J].科学与社会，2020，10(2)：89-110.
[12] 闫立，吴何奇. 重大疫情治理中人工智能的价值属性与隐私风险——兼谈隐私保护的刑法路径[J]. 南京师大学报(社会科学版)，2020(2)：32-41.
[13] 杜荷花. 我国政府数据开放平台隐私保护评价体系构建研究[J]. 情报杂志，2020，39(3)：172-179.
[14] 姜盼盼. 大数据时代个人信息保护研究综述[J]. 图书情报工作，2019，63(15)：140-148.
[15] 张峰. 大数据时代隐私保护的伦理困境及对策[J]. 人民论坛·学术前沿，2019(15)：76-87.
[16] 丁红发，孟秋晴，王祥，蒋合领. 面向数据生命周期的政府数据开放的数据安全与隐私保护对策分析[J]. 情报杂志，2019，38(07)：151-159.

[17] 张涛. 欧盟个人数据匿名化的立法经验与启示[J]. 图书馆建设,2019(03):58-64.
[18] 项焱,陈曦. 大数据时代欧盟个人数据保护权初探[J]. 华东理工大学学报(社会科学版),2019,34(02):81-91.
[19] 吴卫华. 个人隐私保护的伦理反思与体系建构[J]. 中州学刊,2019(04):166-172.
[20] 王敏. 大数据时代如何有效保护个人隐私?——一种基于传播伦理的分级路径[J]. 新闻与传播研究,2018,25(11):69－92＋127－128.
[21] 严翠玲. 如何防止大数据时代个人隐私的“裸奔”[J]. 人民论坛,2018(16):82-83.

第 12 章

大数据主流厂商解决方案

在大数据时代，海量的信息数据主要来源于互联网和智能终端。随着人民生活水平的不断提高，来自互联网和移动智能设备的数据信息还会进一步增多，亟须对信息进行进一步挖掘、处理、分析和利用，这进一步刺激和扩大了企事业单位和个人对大数据进行挖掘、处理、分析的需求。而大数据技术则是实现对海量数据分析、处理的基础。Hadoop 作为大数据技术的核心，它具有成本低、可扩展性佳以及无需构建预定义模型就能灵活地处理任何数据等诸多优点。许多厂商已允许 Hadoop 或类似技术进入大数据领域。Hadoop 真正迈向主流的标志是 2011 年它得到了 5 家主要的数据库和数据管理厂商的积极接受，EMC、IBM、微软和甲骨文都纷纷进入 Hadoop 邻域展开竞争。Hadoop 取得的成功促使主流市场对其稳定性、成熟的管理等提出更高的要求。本章将对包括 EMC、IBM 和甲骨文等在内的九大主流厂商的大数据解决方案进行介绍，为读者选用商业化解决方案提供参考。

1 大数据主流厂商概述

在当前的互联网领域，大数据的应用已经十分广泛，尤其以企业为主，企业已成为大数据应用的主体。在业内，大数据作为比云计算还新兴的一个领域，被科技企业看作是云计算之后的另一个巨大商机，包括 IBM、微软、谷歌、亚马逊等一大批知名企业纷纷掘金这一市场；另外，很多初创企业也开始加入大数据的淘金队伍中，如 Cloudera、Clustrix 等都纷纷开拓了自己的大数据分析平台。

当前，全球具有大数据分析平台的供应商很多，总的来说，按专业范围的不同可以将主流的厂商分为四类，分别是超级供应商、范畴领导者、云供应商和开源供应商。各类的主要代表厂商如下。

超级供应商。IBM、甲骨文、SAP、微软和 HP 属于这一类，之所以称它们为超级供应商，是因为它们在大数据平台建设方面都已经发展得十分完备，无论是数据的整合、分析、还是数据仓库的管理上，都有十分细化的解决方案。

范畴领导者。相对于超级供应商而言，这一类的供应商可能只是在大数据处理的某个领域能力强大。比如，Informatica（大数据整合）、SAS（大数据分析）、Teradata（数据仓库）和 EMC（大数据存储）等供应商分别主导了特定技术范畴，并利用此种地位建设大数据平台。

云供应商。显然 Amazon 和 Google 无疑是该技术范畴内的大型供应商。因为其先天的优势，具备别的大数据供应商无法企及的海量数据资源。

开源供应商。尽管该技术范畴内有许多供应商，但 Pentaho 和 Talend 是其中的翘楚。本章将重点分析 9 个国内外主流厂商的大数据解决方案。其中，国外七大主流大数据平台供应商基本概况如表 12-1 所示。

表 12-1 七大主流大数据平台供应商

	分析平台	上线时间	总部地址	主要业务产品
IBM	Watson Foundations，SPSS	2014 年	美国纽约州阿蒙克市	服务器、软件、IT 服务、硬件系统、云计算、研发及相关融资支持等
SAS	SAS Information Management	1976 年	美国北卡罗来纳州的凯瑞	数据访问、数据管理、数据呈现、数据分析
Oracle	Oracle 大数据机	2010 年	美国加利福尼亚州的红木滩	数据库、应用软件以及相关的咨询、培训和支持服务
Microsoft	PDW； SQL Server2014 数据库平台	2011 年	美国华盛顿州雷德蒙市	电脑软件服务
SAP	SAP HANA	1972 年	德国沃尔多夫市	销售商业软件解决方案及用户许可证、相关的咨询、维护和培训服务
Sybase	Sybase IQ	2009 年	美国加利福尼亚州 Dublin 市	应用平台、数据库和应用软件
EMC	EMC Greenplum Unified Analytics Platform 大数据分析平台	2011 年	美国马萨诸塞州霍普金顿市	信息存储及管理产品、服务及解决方案

2 IBM 大数据解决方案

2.1 Watson Foundations 大数据分析平台

这是一个不折不扣的“大数据时代”。为了应对数据大爆炸的挑战，IBM 推出针对大数据的全面解决方案，彻底突破了传统数据仓库和单一的数据管理体系，能够为企业组织提供实时分析信息流和 Internet 范围内信息源的能力，实现更为经济、高效的大数据管理，并为在此之上的业务分析和洞察奠定坚实基础。

2014 年，IBM 正式宣布推出强大的大数据与分析平台 Watson Foundations。作为 IBM 对大数据分析能力全面整合的成果，Watson Foundations 在原有的 IBM 大数据平台上有了至关重要的提升。其最为显著的增强特性包括：能够基于 Soft Layer 部署，将 IBM 大数据分析能力升至云端；将 IBM 独有的大数据整合及治理能力延展至社交、移动和云计算等领域；让企业能够利用 Watson 分析技术快速、独立地发掘新功能。作为 IBM 大数据与分析领域的一大技术创新，Watson Foundations 将帮助企业实现阶段性的大数据能力部署，为企业打造迈入认知计算的通途。图 12-1 为 IBM Watson Foundations 大数据分析平台的概貌。

IBM Watson Foundations 大数据分析平台架构工作流程如图 12-2 所示，以图 12-2 显示的技术架构可以归纳出图 12-3。

针对不同的数据类型，IBM 提供不同的解决方案，如图 12-4 所示，InfoSphere Warehouse 针对持久化的传统数据，IBM InfoSphere BigInsights 针对持久化的非传统数据，InfoSphere Streams 针对一切传统、非传统的动态流数据，力求最大限度地集成所有可用数据信息，图 12-5 为三者之间作业关系的图释。

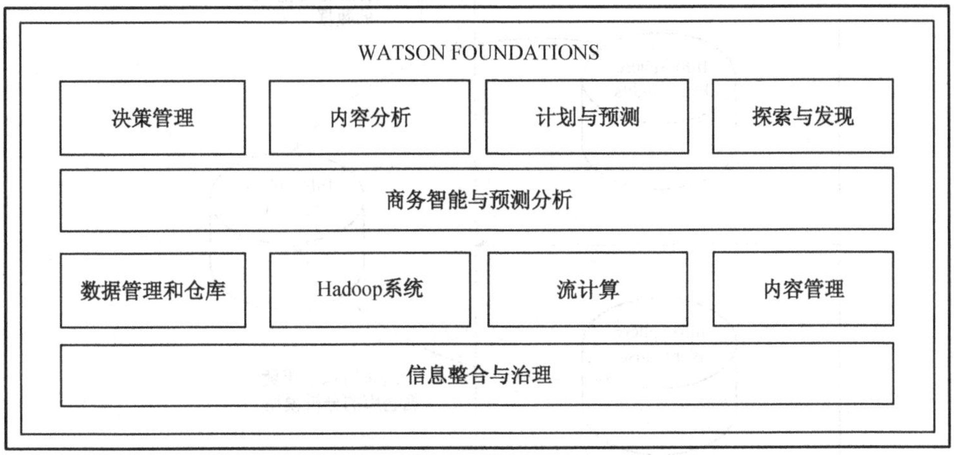

图 12-1　IBM Watson Foundations 大数据分析平台架构

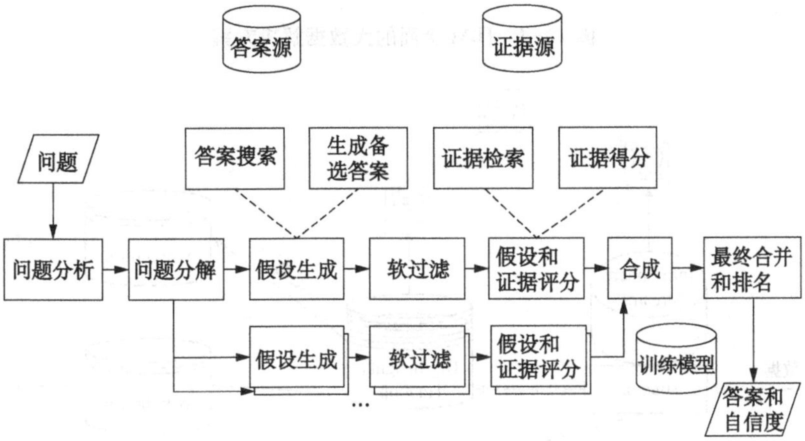

图 12-2　IBM Watson Foundations 大数据分析平台架构工作流程

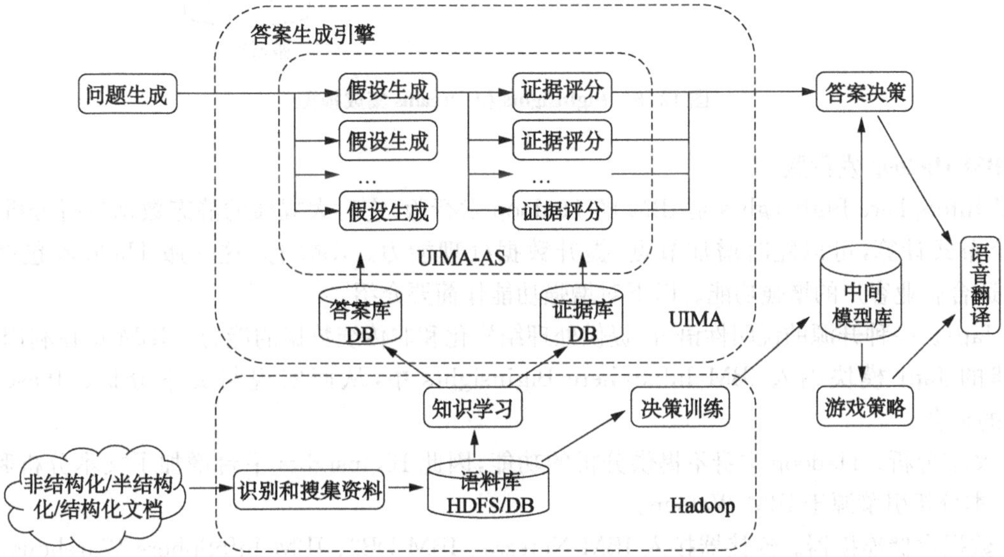

图 12-3　IBM Watson Foundations 大数据分析平台技术架构

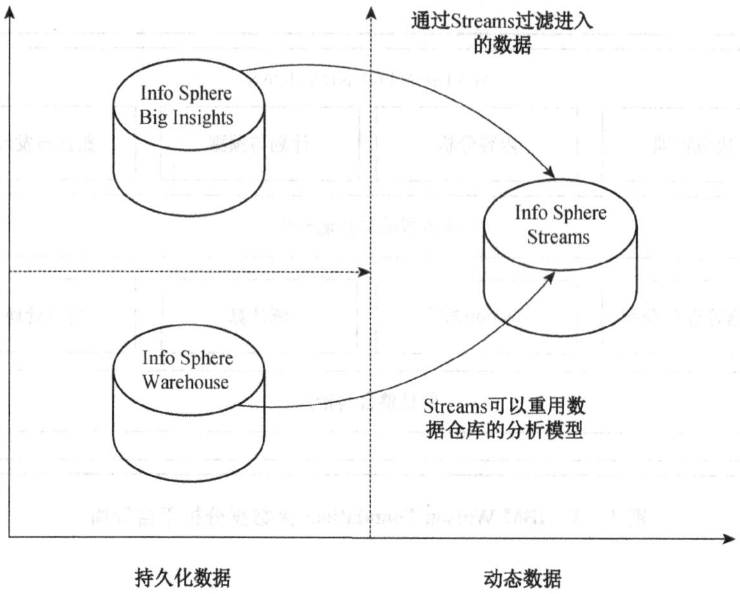

图 12-4 IBM全面的大数据解决方案

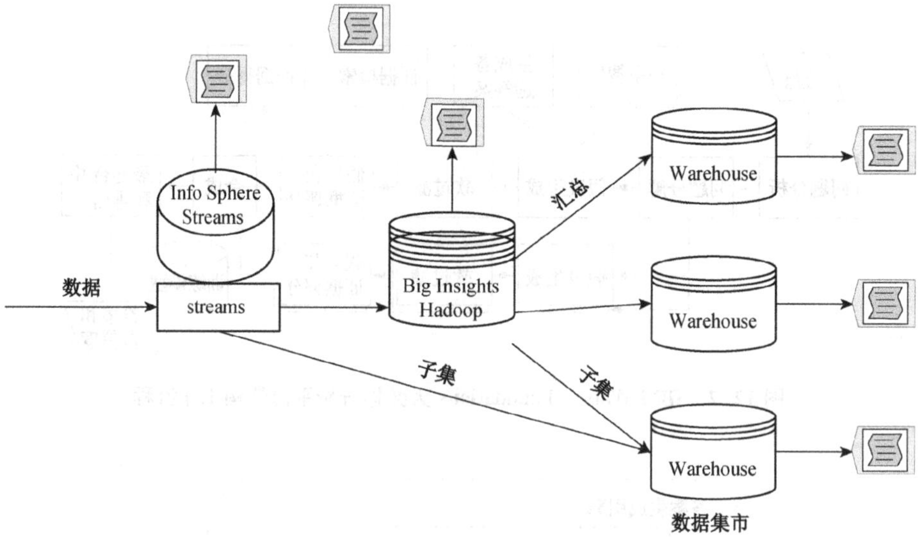

图 12-5 BigInsights和Streams集成模型

2.1.1 IBM Hadoop发行版

IBM InfoSphere BigInsights是IBM的Hadoop发行版，它对大规模的静态数据进行分析，提供多节点的分布式计算，可以随时增加节点，提升数据处理能力。IBM称，这一版Hadoop包括许多让Hadoop适合企业客户的增强功能。以下对增强功能作简要介绍。

(1) Jap1。一种开源的说明性语言，提供处理结构化和非传统数据的能力。IBM正在利用该能力，将预构建的Jap1模块纳入IBM InfoSphere BigInsights中，从而实现与文本分析、Hbase和IBM Netezza的整合。

(2) 文本分析。Hadoop本身不提供分析的功能，因此BigInsights平台增加了文本分析和统计分析工具。本分析引擎源于IBM Watson。

(3) 数据存储连接器。连接器接入IBM Netezza、IBM DB2、IBM InfoSphere Warehouse和IBM Smart Analytics System。此外，JDBC连接器还接入其他数据库。

(4) 认证。LDAP 认证可让管理员基于角色资格访问 IBM InfoSphere BigInsights。

(5) 授权。用户授权分为四个层次：系统管理员、数据管理员、应用管理员和非管理身份的用户。

(6) BigIndex。本机 Hadoop 索引基于 Apache Lucene，提供了大数据的搜索能力。

(7) BigSheets。作为一种可视化工具，可允许用户在 IBM InfoSphere BigInsights 中搜索数据，并创建无需运行代码的查询。

2.1.2 IBM 流计算(Streams Computing)

IBM 对流计算提供 InfoSphere Streams 产品。可以帮助组织利用大规模并行处理能力，分析动态数据。与将大量的结构化、非结构化和准结构化数据导入硬盘用于分析不同，IBM InfoSphere Streams 可将分析应用于动态数据。它的主要特点包括：对事件和变化的要求作出快速回应，处理时延在几百微秒的水平；持续对海量数据流进行分析，处理能力达到百万 msg/s；快速适应数据格式和类型变化，支持结构化和非结构化数据，支持多种数据源；为流数据处理提供可靠性、可扩展性和分布式的管理；为共享信息提供安全保障。InfoSphere Streams 的工作原理如图 12-6 所示。

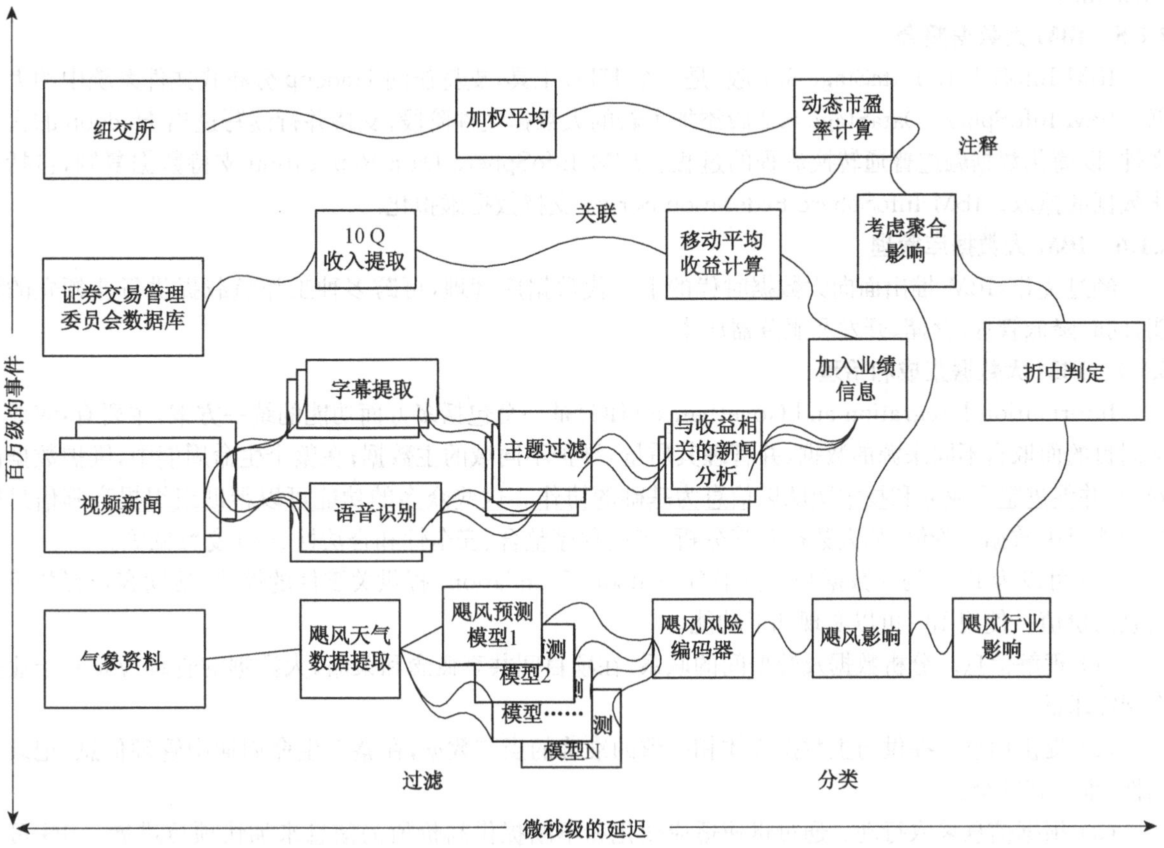

图 12-6　InfoSphere Streams 工作原理图

2.1.3 IBM 数据仓库

IBM 的数据仓库产品组合包括 IBM Netezza、IBM Smart Analytics System、IBM InfoSphere Warehouse。工作负载均衡的 MPP 架构，支持高性能的 OLAP 及混合型的操作和分析负载。

IBM Netezza 是一组支持对特大型数据集进行并行分析的数据仓库应用。IBM Smart Analytics System 提供了一个集数据管理、硬件、软件和服务于一体的产品组合，其能够模块化地交付各种各样的业务变更分析。IBM InfoSphere Warehouse 是一组基于 DB2 的数据仓储软件包，提供了一个综合性的数据仓库平台，支持实时访问结构化和非结构化的信息。

IBM Netezza 拥有已获得专利且已经验证的数据分析方法，该方法最小化数据移动，同时以物理速度对其进行处理，可实现大规模并行处理。在便于使用的数据仓库设备内部进行处理，处理速度飞快，成本低廉，并且允许客户运行先前不可能或者不实际的 BI 和高级分析。

IBM 的数据仓库一体机是为高速分析而建立的，其强大的功能并非来自最强劲最昂贵的 IT 组件，而是源于将合适的组件组装起来并将其性能发挥到极致。大规模并行处理（MPP）流将多核 CPU 与 Netezza 独特的 FPGA 加速流技术引擎（FASTTM）相结合，从而能提供连那些非常昂贵的系统都无法匹配甚至接近的性能。而且作为一个使用非常简单的设备，用户只需要输入指令，系统便能以令人惊讶的速度将结果直接反馈给用户，而不需要进行索引或对系统作出任何调整和优化。设备的简单性也使应用的开发简单化，使快速创新和高性能分析能力为广泛的用户和处理过程提供服务。

2.1.4 IBM 大数据剖析

IBM InfoSphere Information Analyzer 和 IBM InfoSphere Discovery 可作为信息治理项目的一部分，用于剖析数据，发现数据背后的信息。IBM 还收购了非结构化内容搜索和发现工具的供应商 Vivisimo。

2.1.5 IBM 大数据整合

IBM InfoSphere DataStage 8.7 版，是一个 ETL 工具，支持访问 Hadoop 分布式文件系统中的大数据。IBM InfoSphere DataStage 8.7 版添加了新的大数据文件阶段，支持并行读写进出 Hadoop 的大量文件，以简化数据融进普通转换流程的过程。IBM InfoSphere Data Replication 支持数据复制，包括变化数据的抓取。IBM InfoSphere Federation Server 支持数据虚拟化。

2.1.6 IBM 大数据库管理

经过优化，IBM 推出面向大数据时代的下一代数据库管理，可跨多种工作负载提供行业领先的性能，同时降低管理、存储、开发和服务器成本。

2.1.7 IBM 大数据集成和治理

Information Integration and Governance (IIG)是一套包括多方面功能的统一方案，主要有：集成为不同目的而取自不同来源的数据，并管理其质量，维护不同域的主数据；在整个生命周期中，维护数据的安全，并促进整个业务和技术团队以信息为基础的协作。这些众多的功能可以帮助组织提高其信息密集型项目中数据的价值，如大数据及其分析、应用程序整合、安全性和合法性、360 度意见等。

IIG 可以为 IBM 的大数据和分析平台 Watson Foundations 提供关键性的性能，帮助客户释放企业信息的价值。使用 IIG 可以实现如下功能。

(1) 理解信息。分析数据及数据间的联系，在项目间共享概念和策略，大数据的管理应是基于业务发展需求的。

(2) 提供信息。提供与主数据实体相一致的准确的当前数据，在整个生命周期中管理信息，记录其属性，维护其安全。

(3) 根据信息采取行动。通过迅速适应变化和不断提供高价值的信息来加快项目进展。IIG 可帮助客户将大的数据集成到企业，并确保数据的可信性和安全性。最新的创新帮助客户在大数据环境下，更好地信任彼此、制定策略和采取行动，推动实现更好的业务成果。

2.1.8 IBM 大数据分析与报告

(1) 分析。IBM SPSS 可分析数据集，开发更好的预测模型，在将数据人口统计学特征、偏好和细分市场方面与文本、社交媒体和点击流等结合起来。IBM Coremetrics 提供对个人如何与组织的网站，或与社交媒体等其他形式的数字进行互动的洞察(insights)。

(2) 报告。IBM Cognos 是公司针对报告、仪表板、积分卡、计划和实时监测的旗舰型平台。IBM Cognos Consumer Insight 是一个分析社交媒体内容的工具。该工具以包含特定搜索术语的碎片或文本“片段”的形式，分析可公开访问的网站的内容。用户可通过关键词、语气、日期和产品类目分析文本，提供对消费者情绪和态度方面更丰富的洞察。

(3) 营销活动管理。IBM Unica 支持跨渠道促销活动管理和营销资源管理。

2.1.9　IBM 大数据生命周期管理

IBM 已开发了强大的大数据生命周期管理平台。以下是平台的部分组件。

(1) 归档。IBM Smart Archive 包括 IBM 的软件、硬件和服务产品。该解决方案包括针对电子邮件、文件系统、Microsoft SharePoint、SAP 应用和 IBM Connections 等多种数据类型的 IBM Content Collector 系列,还包括 IBM Content Manager 和 IBM FileNet Content Manager 数据库。

(2) 电子证据展示。IBM eDiscovery Solution 可以让法律团队定义证据义务,与 IT、记录和业务团队合作,降低诉讼案件中生成大量证据的成本。该解决方案包括可让法律专家管理法律保留区工作流的 IBM Atlas eDiscovery Process Management。

(3) 记录和保留管理。IBM Records and Retention Management 帮助组织根据保留计划管理记录。该解决方案包括 IBM Global Retention Policy and Schedule Management,还包括 IBM Enterprise Records,后者用于管理对用户定义的记录管理政策的遵从度。

(4) 测试数据管理。IBM InfoSphere Optim Test Data Management Solution 优化测试环境的搭建和管理。

2.1.10　IBM 高性能基础架构

基础架构对于实现新的分析洞察水平和实现竞争优势而言至关重要。IBM Watson Foundations 由集成的高性能基础架构提供支持,这种基础架构包含核心服务器、安全、网络和系统软件技术,有助于降低 IT 复杂性,帮助企业随时随地开展分析。

1) IBM 安全智能与大数据

IBM 安全智能与大数据凭借深厚的安全专业知识和对大规模数据的分析判断,提供异常威胁和风险的检测工作,主要包括 IBM QRadar Security Intelligence Platform 和 IBM Big Data Platform 两大部分。

IBM 安全智能与大数据结合了 IBM QRadar Security Intelligence Platform 的实施安全检测和 IBM Big Data Platform 的客户数据分析。QRadar Security Intelligence Platform 负责执行实时关联、异常检测和突发性威胁检测的报告,并将这些丰富的安全信息数据发送到 IBM 的大数据产品,如 IBM InfoSphere BigInsights。

IBM 大数据产品分析浓缩了大量来自 QRadar 的安全信息以及来自非结构化和半结构化来源的数据,包括了未来安全与风险应用所需所有数据的种类和数量。信息随后又被返回到 QRadar,进行一个闭环的再分析过程。整个过程是一个集数据的收集、监测、分析、探讨和报告为一体的综合性智能解决方案,并且这一解决方案可以允许随时更改其中的产品或添加互补功能,一切均可根据需求的发展而设计。

其关键功能主要包括:

(1) 多样化的安全数据实时关联和异常检测;

(2) 安全情报数据的快速查询;

(3) 融合结构化和非结构化数据的灵活大数据分析——包括安全数据,电子邮件、文档和社交媒体的内容,完整的数据包捕获数据,业务流程数据,以及其他信息;

(4) 用于可视化和探索大数据的图形化前端工具;

(5) 深度取证。

2) 来自 IBM 云的基础架构即服务(IaaS)

IBM 提供多种强大的开放 IaaS 选择,充分利用云的速度和敏捷性,帮助客户实现产品和服务的灵活性、可控制、安全性、高性能和全球覆盖。

3) Power 系统开放创新,使数据发挥最大效用

2014 年 4 月,IBM 发布了全新的 POWER 8 系统。从构建云基础架构到实现对大数据的实时分

析，POWER8 系统能够满足各类新兴应用的严格要求。新系统采用一系列业内独有的技术，尤其适用于云计算及大数据等新兴应用工作负载。同时，基于 POWER8 处理器，IBM 首次构建了 Open POWER 基金会，开放 POWER 处理器微架构，为更广泛的应用场景实现全面开放和定制化解决方案。

2.2 SPSS 大数据分析平台

IBM SPSS 为统计人员和数据科学家提供了强大的工具。多年来，SPSS 平台已发生了演变，支持数据挖掘流程的所有阶段，包括模型开发、模型部署和模型刷新。过去两年，在 SPSS 中增加了处理大数据的新功能。与大数据集成的 SPSS 软件组件主要有 SPSS Modeler，PSS Analytic Server，PSS Collaboration and Deployment Services 和 PSS Analytic Catalyst。

2.2.1 SPSS Modeler

数据挖掘工作台，用于分析数据和部署分析资产。通过术语分析资产描述解决某个业务问题的一个操作集合。数据科学家在描述使用数据挖掘工具开发的资产时，通常会使用术语模型或预测模型。除了模型之外，SPSS 分析资产还可包含数据准备步骤和业务规则。图 12-7 显示了 SPSS Modeler 中开发的一个分析资产示例。在此示例中，我们使用一个决策树模型来执行贷款违约预测。具体执行以下操作：

(1) 合并来自 3 个历史数据源的数据；

(2) 使用一个 Type 节点识别用于模型预测的目标变量(Mortgage Default)；

(3) 构建一个基于 C 5.0 决策树算法的模型；

(4) 选择具有积极的贷款违约预测的记录；

(5) 将结果显示在一个表中。

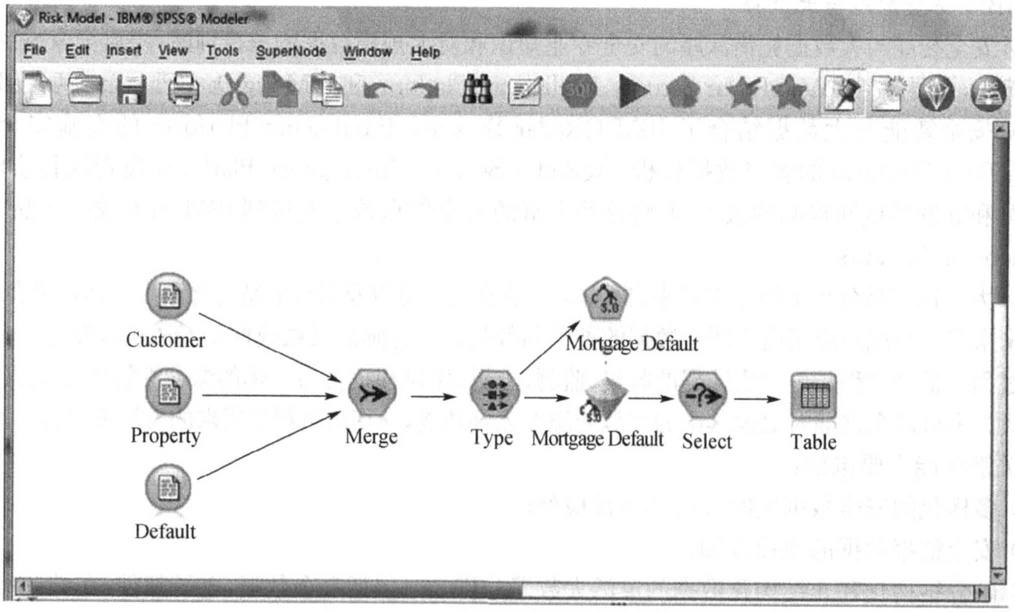

图 12-7 SPSS Modeler 中开发的分析资产

SPSS Modeler 是一个可视编程环境。分析资产可通过连接画布上的可视编程节点来创建；在运行时，节点按照连接箭头的方向执行。节点可按照相关功能进行组织：Sources、Record Operations、Field Operations、Modeling 等。Modeling 选项卡显示用于生成模型的算法，如图 12-8 所示。SPSS 发布了 27 个建模算法和整套的节点，对一个数据集运行多种算法并选择最佳的节点。除了所描述的可视节点之外，如果分析师希望扩展 SPSS Modeler 的基本功能，那么他们可以使用 SQL 函数、R 模型和自定义开发的节点。

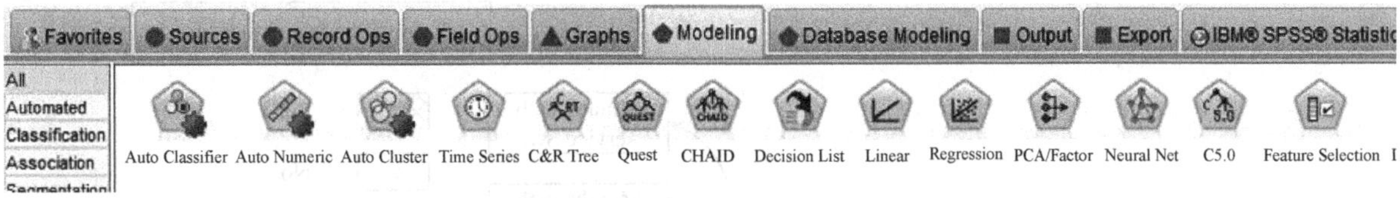

图 12-8 包含生成模型的算法的 Modeling 选项卡

分析师使用历史数据来构建模型。创建模型后，分析师会修改分析资产，以便对操作数据进行评分，如图 12-9 所示。我们不再需要 Mortgage Default 数据源，因为它包含历史数据。我们删除了 Type 和 Decision Tree 算法节点。C 5 决策树算法节点用于构建模型。创建的模型用金块图标表示(Mortgage Default)。分析师将 Table 节点替换为一个 Export 节点，这会将数据写入一个数据库表中。现在可以将这个分析资产用于对新贷款申请进行批量或实时评分。

图 12-9 显示了包含 Type、Decision Tree 并删除了 Mortgage Default 数据源的已修改模型。

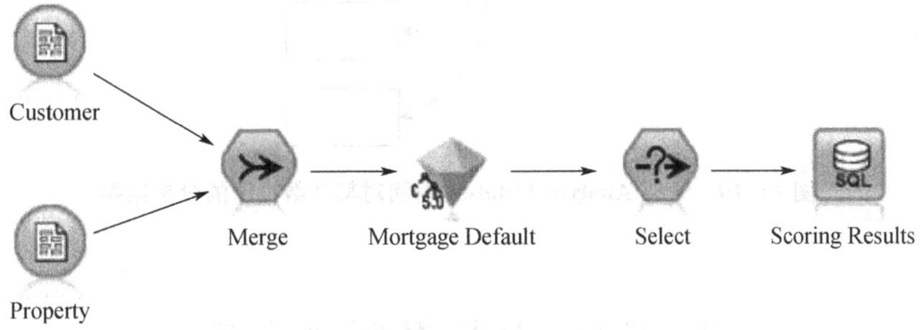

图 12-9 修改模型

2.2.2 SPSS Analytic Server

用于大数据的第二个 SPSS 组件是 SPSS Analytic Server。它管理对 Hadoop 数据源的访问，并设计一个 Modeler 流在 Hadoop 中的运行。Modeler 操作以 MapReduce 作业的形式在 Hadoop 中运行，得到一个提供了高性能和高可伸缩性的解决方案。

2.2.3 SPSS Collaboration and Deployment Services

用于大数据的下一个 SPSS 组件是 SPSS Collaboration and Deployment Services (C&DS)。C&DS 执行两种主要功能。

(1) 用作分析资产的存储库。在将某项资产存储在存储库中后，就可以使用它来设计批处理作业。该存储库还提供了与 InfoSphere Streams 的连接，以便实时更新 SPSS 模型。

(2) 提供一个接口来计划批处理作业，建模使用数据库和 Hadoop 数据源的刷新作业。

2.2.4 SPSS Analytic Catalyst

SPSS Analytic Catalyst 通过一种易于使用的 Web 接口来执行统计分析。它是为可能没有深入理解数据挖掘的业务用户设计的。SPSS Analytic Catalyst 对选定的数据源应用多种算法和统计分析技术。结果可以通过可视元素和纯语言解释来呈现。图 12-10 显示了一个 SPSS Analytic Catalyst 项目的示例输出。

SPSS Analytic Catalyst 分析在 Hadoop 中运行。与 Hadoop 中现有数据的数据源连接，由 SPSS Analytic Server 提供。几乎所有数据源都可以用在 SPSS Analytic Catalyst 中。较小的数据集可通过 Web 界面加载到 SPSS Analytic Catalyst 中。一个 Hadoop 发行版是安装 SPSS Analytic Catalyst 的一个必要软件，在安装之后，无需额外的集成即可对大数据执行分析。

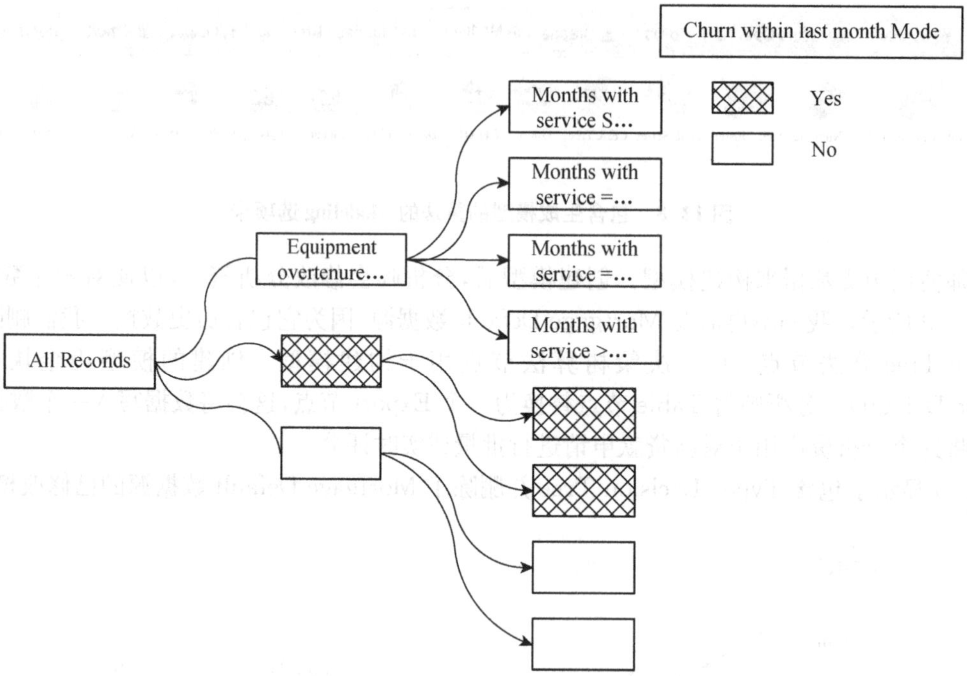

图 12-10　SPSS Analytic Catalyst 返回对某个数据源的分析结果

3　SAS 大数据解决方案

SAS 系统是由 SAS 研究所研制的一套大型集成应用软件系统，经过多年的发展，其用户规模已达到 300 多万人。SAS 是一个庞大的系统，它由 30 多个专用功能模块组成，每个模块分别完成不同的功能。主要分为以下四大类：数据库部分（SAS/Base），分析核心（SAS/STAT 等），开发呈现工具（SAS/GRAPH 等）和分布式处理支持（SAS/ACCESS 等）。其具有完备的数据存取、数据管理、数据分析和数据展现功能。尤其是创业产品——统计分析系统部分，由于其具有强大的数据分析能力，在数据处理和统计分析领域被誉为国际上的标准软件和最权威的优秀统计软件包，多次被评为建立数据库的首选产品。目前 SAS 广泛应用于政府行政管理、科研、教育、生产和金融等不同领域，发挥着重要的作用。

3.1　SAS 大数据整合

SAS Data Integration Studio 包括一组标准化的转换和一个可被 Hadoop 数据使用的工作流构造器。作为集成工作流的一部分，SAS Data Integration Studio 提供整合 Pig、MapReduce 和 HDFS 命令的能力。

3.2　SAS 大数据存储

越来越多的业务用户都在寻找自身业务问题的解决答案并希望深入了解当前的业务情况。然而传统数据存储系统并没有很好地解决业务问题。业务用户很难及时获得他们所需的数据，同时，IT 部门也因为资源和安全问题而疲于应付。SAS 智能数据存储解决方案提供了灵活的方法为大数据的分析应用提供支持，无论企业的数据量有多大，企业始终都能对数据进行快速提取、转换和加载。

作为SAS大数据平台的关键组件之一，SAS数据存储能够通过具有强大检索和报表功能的平台快速为用户检索到所需的数据，同时不会影响数据的可管理性和操作完整性，能帮助企业快速获得所需的业务信息和分析结果。因此，企业信息利用效率大大提高，在降低风险的同时促进了业务的提升。

可扩展、多线程、多 I/O 关系存储，旨在提高 SAS 解决方案和分析应用对数据的利用效率，在模型开发过程中实现更高水平的灵活性；通过降低客户机—服务器数据库管理系统的管理费用，企业能够通过多种数据分析应用提高大型、多用户社区数据存储的安全性和性能。用户可以快速访问非常大的表格的部分表格内容；多线程、可扩展而且开放的多维数据库能够以支持实时处理和报告的形式将汇总的数据快速提交至数据分析应用。

产品的主要优点有：通过面向分析处理而优化的存储解决方案，提高了信息检索效率，让用户能够更快地获得所需的答案；通过减少对数据的调整和维护工作以及数据量的下降，可以进一步降低企业的投入成本；通过在整个企业范围内建立一个集中的、高性能分析库，可以提高数据管理的可扩展性和灵活性；通过与 SAS 数据整合服务器平台进行整合，可以实现全面的数据加载。

3.3　SAS 大数据质量管理

SAS Information Management 包括 DataFlux Data Management Platform，该平台具备元数据、剖析、质量、监测、增强、主数据、参考数据和身份识别等方面能力。SAS Information Management 可利用 SAS Hadoop 集成，为 Hadoop 数据添加数据质量管理功能。Base SAS 的组件 SAS Metadata Server，可基于 Hadoop 中储存的数据提供生成元数据的能力。

3.4　SAS 大数据分析挖掘

SAS分析挖掘技术为预测性分析和描述性建模、数据挖掘、文本挖掘、预测、优化、模拟、实验设计等应用提供整合的环境。SAS分析挖掘技术解决方案提供广泛的数据收集、分类、分析和处理技术与流程，揭示数据模式和异常以及关键变量和关系，帮助企业决策层深入洞察企业信息，作出更好的决策。

SAS分析挖掘技术的组件主要包括：

(1) 数据和文本挖掘，建立描述性和预测性模型，并在整个企业内对结果进行部署；

(2) 数据虚拟化，通过动态数据虚拟化提高分析的有效性；

(3) 预测，根据以往模式，对未来结果进行分析和预测；

(4) 模型管理和部署，对分析模型的创建、管理和部署流程进行优化；

(5) 优化，通过运筹学、时序安排和模拟技术实现最佳结果；

(6) 质量改进，随着时间的推移，对质量流程进行确定、监督和衡量；

(7) 统计，利用统计数据分析结果作出切实的决策。

4　Oracle 大数据解决方案

2011 年 10 月甲骨文正式推出了 Oracle 大数据机(Oracle Big Data Appliance)为许多企业提供了一种处理海量非结构化数据的方法。如图 12-11 和 12-12 所示，Oracle 大数据机将 Oracle Sun 的分布式计算平台与 Cloudera 的 Apache Hadoop 发行版、Cloudera 管理器管理控制台、R 分析软件的开源发行版以及甲骨文 NoSQL 数据库组合起来，一体化提供给顾客使用。甲骨文解决方案还包括连接件 Oracle Big Data Connector，能让数据在大数据机与甲骨文内存计算平台 Exadata 或传统的甲骨文数据库部署环境之间来回传送。

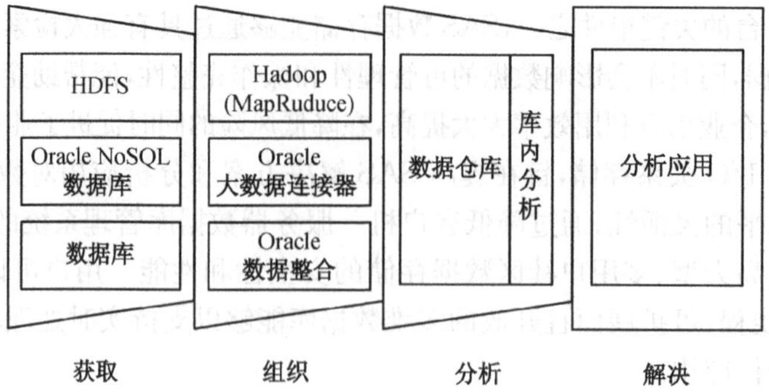

图 12-11　Oracle 的大数据解决方案

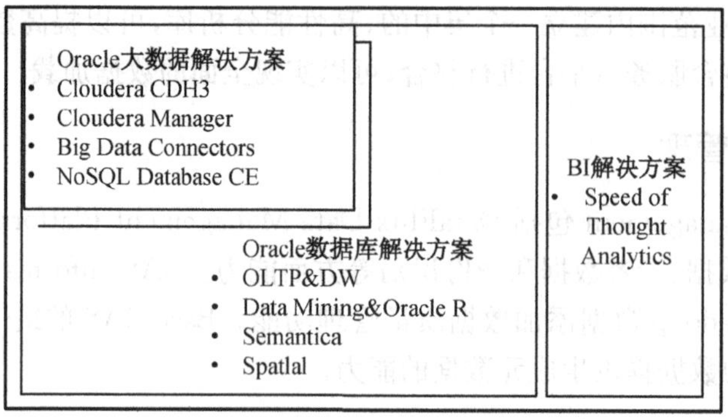

图 12-12　Oracle 的大数据解决方案

作为软件、硬件的集成系统，如图 12-13 所示，Oracle 大数据机涵盖了 Cloudera's Distribution Including Apache Hadoop 和 Cloudera Manager、开源 R、Oracle NoSQL 数据库社区版、Oracle HotSpot Java 虚拟机以及在 Oracle Sun 服务器上运行的 Oracle Linux。

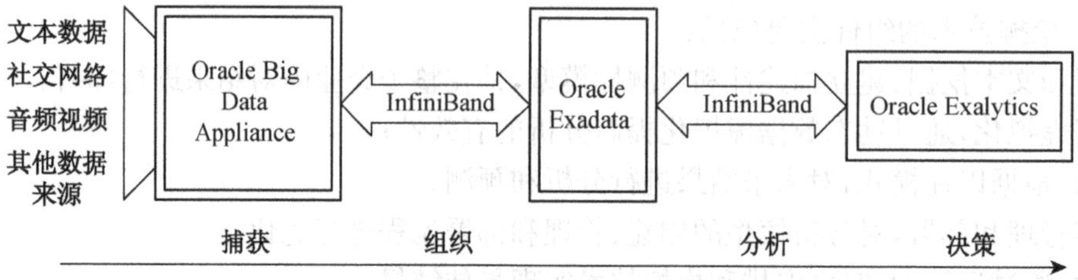

图 12-13　软件、硬件一体优化集成的 Oracle 大数据综合解决方案

表 12-2 总结了 Oracle 大数据机(Big Data Appliance)的性能系数。正是因为具备这样良好的性能，大数据机能够帮助 Oracle 处理海量非结构化数据。

表 12-2　大数据机性能

硬件部分	软件部分
1. 18Sun X4270 M2 服务器 2. 每台 2 CPUs * 6 核 3. 每台 48 GB 内存(可扩展) 4. 12 * 3 TB 磁盘空间	1. Oracle Linux 2. Oracle JDK 3. Cloudera Hadoop Distribution 4. Cloudera Manager 5. Open-source R distribution 6. Oracle NoSQL Database Community Edition

（续表）

网络部分	Oracle 大数据连接器
1. 40 Gb InfiniBand 2. 10 Gb 以太网 3. Raw Storage：648T 4. Core Count：216 核 5. Mem Count：864 G～2 592 G	1. ODI Adapter for Hadoop 2. Oracle Loader for Hadoop 3. Oracle Direct Connector for HDFS 4. Oracle R Connector for Hadoop

Oracle NoSQL 数据库是大数据机的一个关键部分，基于 Berkeley DB，面向海量非标准数据的用户，是公司的 Not Only SQL(NoSQL)版的键值数据库。Oracle 将 NoSQL 数据库的功能定位为抓取低延迟数据，以及对网络日志文件和 Twitter 消息等数据的快速查询。Oracle Times Ten In-Memory Database 是一个内存关系型数据库，针对需要快速响应的 OLTP 和 OLAP 应用而优化。具体包括如下五方面的特点。

(1) 数据模型简单。Key-Value 式的存储，其中 Key 由一级主要 Key 和二级次要 Key 组成，由 Java 写成，支持基于 Java API 的 Put、Delete 和 GET 操作。

(2) 扩展性强。支持自动地基于 hash 函数的数据分片策略，提供基于数据节点拓扑结构和访问延迟的智能控制，以提供最佳的数据访问性能。

(3) 行为可预测性。提供 ACID 的事务性支持，并且支持基于全局和单个操作的事务级别设置，通过 B-tree 数据结构构成的 Cache 层和高效的查询调度机制，提供可控的请求延时。

(4) 高可用性。没有单点故障，提供内置且可配置的数据复制备份机制，对单点或多点故障有很好的容错性，通过跨数据中心的数据备份提供数据的灾难恢复。

(5) 简单的管理与维护。除了命令行之外，还提供基于 Web 的界面管理工具，提供对系统及数据节点的控制，可以查看系统的拓扑结构、系统状态参数、当前负载情况、请求延迟记录、内部事件及通知等信息。

作为 Oracle 大数据机的一部分，Cloudera 技术进一步完善了 Oracle 端到端的大数据解决方案。甲骨文公司已将 Cloudera's Distribution Including Apache Hadoop(CDH)和 Cloudera Manager 集成到 Oracle 大数据机之中。Cloudera's Distribution Including Apache Hadoop 是一款企业就绪(enterprise ready)的、100%开源的 Apache Hadoop 软件。该软件源自多样化的开源社区创新，是最可靠、最安全并得到最广泛采用的商用企业级 Apache Hadoop 产品。

Oracle 大数据机是一个集成设计系统，旨在为企业级大数据提供高性能和可扩展的数据处理环境。甲骨文与 Cloudera 将在一个易于部署和使用的共同平台上，充分挖掘出 Hadoop 应用的全部价值。Oracle 大数据机和 Oracle Big Data Connectors 与 Oracle Exadata 数据库云服务器、Oracle Exalogic 中间件云服务器和 Oracle Exalytics 商务智能云服务器一起，为客户提供了在企业数据环境中获取、组织和分析大数据所需的一切条件。

Oracle Big Data Connectors。该系列软件产品能够帮助客户轻松地访问通过 Oracle 数据库 11g 集成存储在 CDH Hadoop 分布式文件系统(HDFS)或 Oracle NoSQL 数据库中的数据。

5　Microsoft 大数据解决方案

2011 年年初，微软发布了 SQL Server R2 Parallel Data Warehouse(PDW，并行数据仓库)，PDW 使用了大规模并行处理技术来支持高扩展性，它可以帮助客户扩展部署数百 TB 级别数据的分析解决方案。

2012 年上半年,微软又正式发布了 SQL Server2012 数据库平台,并添加了 Hadoop 的相关服务,逐渐将数据业务延伸到非结构化数据领域。而伴随 Window Azure Marketplace 和 SharePoint 等工具的推出,微软已经具备了打造端对端的大数据平台的能力。

5.1 Microsoft Hadoop 发布版

HDInsight 是微软应对大数据的解决方案。微软希望通过支持 Windows Server 和 Windows Azure 的 Hadoop 发布版,提供可移植、性能优越、安全且易部署等特性,促进 Hadoop 的应用。微软还将通过在 HDInsight 中集成 Active Directory 来增强 Hadoop 的安全性。此举将使 IT 部门能够将同样的一致性安全策略用于包括 Hadoop 集群在内的所有 IT 资产。此外,通过与 System Center 集成,HDInsight 简化了 Hadoop 的管理,并支持 IT 部门在同一面板上管理 Hadoop 集群、SQL Server 数据库和应用程序。

为实现与 Apache Hadoop 百分之百的兼容性,微软的 Hadoop 发布版 HDInsight 是基于 Hortonworks Data Platform(HDP)构建的。因此,客户能够将其 MapReduce 作业从自己的 Windows 服务器移到云中,甚至是移到运行在 Linux 上的 Apache Hadoop 发布版中。目前还没有其他厂商提供该功能。此外,在 Windows Server 和 Azure 平台上提供这些功能,也使客户能够利用熟悉的工具(如 Excel、PowerPivot for Excel 和 Power View)轻松地从数据中抽取可行的观点。微软的 Hadoop 发布版 HDInsight 也是由两项关键服务构成:采用 Hadoop 分布式文件系统(HDFS)的可靠数据存储服务,以及利用一种叫作 MapReduce 技术的高性能并行数据处理服务。

5.2 Microsoft 大数据库

SQL Server 是微软的关系型数据库管理系统。微软宣布可提供适用于 Microsoft SQL Server 的双向 Hadoop 连接器,实现两种环境间的数据迁移。

在帮助企业处理大数据集方面,SQL Server 2012 与 SQL Server 2008 最重要的区别之一就是与 Hadoop 的兼容性。Hadoop 允许用户处理大量的结构化和非结构化数据并快速从中获得观点,而且,因为 Hadoop 是开源的,成本较低。Hadoop 与 SQL Server 2012 兼容的特性是微软与 Hortonworks 合作开发的,微软最近也宣布 Microsoft HDInsight Server 和 Windows Azure HDInsight Service 已经可以预览,这些都使用户能够使用微软开发的 Hadoop 连接器来从数据中获得最好的观点。通过 Hive ODBC Driver 把 SQL Server 连接到 Hadoop,客户现在可以使用如 Power Pivot 和 Power View 等微软的 BI 工具在 SQL Server 2012 中分析各种类型的数据,包括非结构化数据。此外,利用 SQL Server 2012 中新的 Data Quality Services,客户可以通过将原始数据转换为适于建模的可靠且一致的数据来提高数据质量。

Microsoft 大数据整合。Microsoft SQL Server Integration Services(SSIS)是微软用于数据整合的 ETL 工具箱。SSIS 可紧密集成微软大数据平台的其他部分。

Microsoft 大数据仓库与数据集市。Microsoft SQL Server Parallel Data Warehouse 是微软 2008 年收购 DATAllegro 后获得的一个大规模并行处理数据仓库引擎。微软已宣布可提供适用于Microsoft SQL Server Parallel Data Warehouse 的双向 Hadoop 连接器,可实现两种环境间的数据迁移。

5.3 Microsoft 大数据分析与报告

基于 Hadoop 的 Windows 平台应用程序集成了如 Excel、Power View 和 PowerPivot 等微软的商业智能(BI)工具,可以很容易地分析大量的业务信息,从而创造独特的、差异化的商业价值。Microsoft SQL Server Reporting Services(SSRS)为用户提供创建报告的能力。Microsoft SQL Server Analysis Services(SSAS)是微软的旗舰型联机分析处理(OLAP)和数据挖掘工具。Microsoft Excel 是微软无处不在的电子表格应用,为全球数百万新老分析师所使用。Power View 是一个数据可视化工具,是

Microsoft SQL Server 2012 Reporting Service 的一部分。PowerPivot 是一款免费的附加产品，该产品通过允许用户从多个数据源输入数据，扩展了 Excel 中的 PivotTable 功能。

Excel 是微软平台上支持大数据分析的主要客户端工具之一。在 Excel 2013 中，我们的主要工具是数据建模工具 PowerPivot 和数据可视化工具 Power View，而且恰好它们都被吸收进来了，无需额外下载。这将支持各个层次的用户使用熟悉的 Excel 界面进行自助式 BI 分析。

通过 Excel 的 Hive 插件，我们的 HDInsight 服务很容易集成 Office 2013 中的 BI 工具，使用户能够用熟悉的工具轻松地分析海量的结构化或非结构化数据。

除了 Excel 之外，微软还提供了其他的大数据交互工具：BI 专业人员可以使用 BI Developer Studio 来设计 OLAP cube 或在 SQL Server Analysis Services 中设计可伸缩的 PowerPivot 模型。开发者可以继续使用 Visual Studio 来开发和测试用 NET 编写的 MapReduce 程序。最后，IT 运维人员可以使用他们目前所使用的 System Center 来管理 HDInsight 上的 Hadoop 集群。

微软的 Hive Open Database Connectivity（ODBC）驱动程序使 Microsoft SQL Server Analysis Services（SSAS）、Power View、PowerPivot 的用户可与 Hadoop 数据进行互动。此外，微软还针对 Excel的 Hive 附加产品，帮助用户与电子表格环境中的 Hadoop 数据实现互动。用户完成安装 Hive ODBC 驱动程序，就可以通过 Excel 看到新增功能 Hive Query，通过输入要分析的 Hadoop 平台数据源路径，就可以在 Excel 环境中，以 ODBC 模式，读取 Hadoop 平台的数据，分析结果以数据表 Table 或 Cube 形式，储存在 Excel 或 SQL Server 中。

总的说来，微软的策略看起来是要为客户使用大数据提供一种最简单的方法——扩展现有工具（如 SQL Server 和 Office 等），使之能够无缝处理新数据类型，从而允许各公司在处理新业务时能利用原有投资。

6 SAP 与 Sybase 大数据解决方案

6.1 SAP 的大数据解决方案

SAP 大数据解决方案，如图 12-14 所示，主要集中在数据库及数据仓库层面和企业信息管理层面。其中，数据库及数据仓库解决方案主要由实时数据平台 HANA、分析型数据库 SAP Sybase IQ 和交易型数据库Syabse ASE 来处理，企业信息管理主要由 SAP Information Steward、SAP NetWeave、企业内容管理（ECM）来处理。

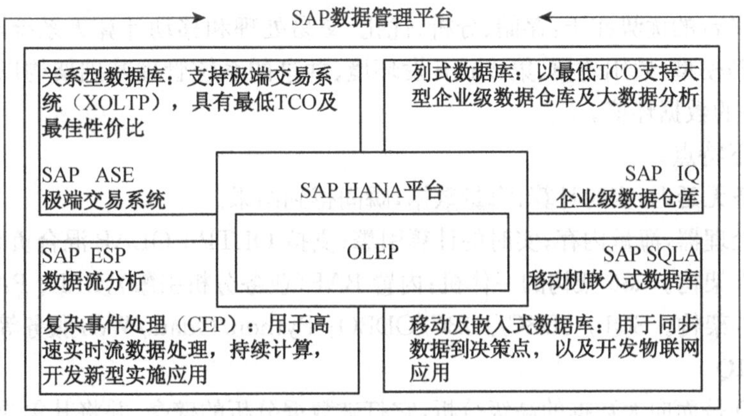

图 12-14 SAP 大数据解决方案

6.1.1 SAP HANA

SAP HANA 具备强大的分析能力，提供多用途的内存应用设备，企业可以利用它即时掌握业务运营情况，从而对所有可用的数据进行分析，并对快速变化的业务环境作出迅速响应。如图 12-15 所示，SAP HANA 提供灵活、节约、高效、实时的方法管理海量数据，不必运行多个数据仓库、运营和分析系统。企业通过 SAP HANA 可直接访问运营数据，可以近乎实时地将主要交易表格同步到内存中，以便在分析或查找时能够轻松地对这些表格进行访问。

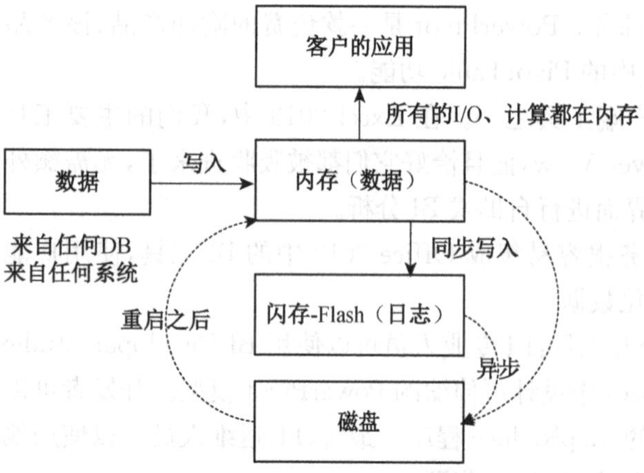

图 12-15 SAP HANA 应用模拟

图 12-16 展示了 SAP HANA 的实时数据计算平台，SAP 实时数据平台是一套紧密集成并优化，专门助力企业应对大数据时代最新挑战的技术平台。凭借 SAP HANA 与 Sybase 数据管理产品，SAP 实时数据平台在包括数据交易、流动、存储、处理和分析等在内的信息生命周期的不同阶段，不仅能帮助企业用户管理海量数据存储，即时处理高速流量数据，实现智能数据流动，数据可视化消费，而且还可以帮助用户降低基础架构的复杂性，在满足应用基本的设计和蓝图管理需求的同时，保证对云计算和移动应用的平台支持，从而有效降低成本。

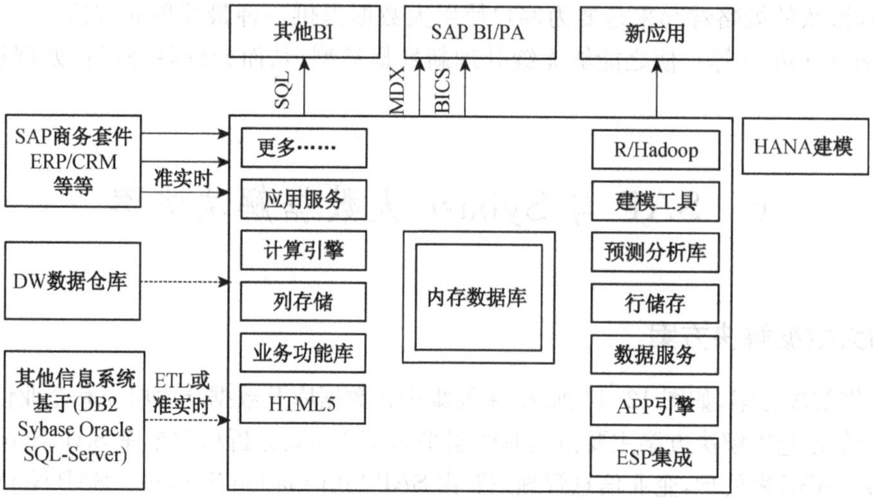

图 12-16 SAP HANA 实时数据计算平台

实时数据计算平台的优势在于：存储、分析、优化、交易处理和移动计算无系统限制；采用并扩展至各种数据形式和处理模型；通用建模、集成式开发环境、共享的系统管理基础架构以及与部署无关的解决方案；可靠而统一的数据环境。

该平台具有如下特点。

(1) 实时。业务无延迟，实时计算；海量数据，瞬间得到结果。

(2) 迅捷。多处理器，海量内存；实时的计算引擎；支持 OLTP+OLAP 混合负载。

(3) 开放式硬件架构。x86 架构的一体机；内置 BAE(业务分析引擎)，BFL、PAL 库、集成 R。

(4) 开放式软件架构。SQL/ODBC/JDBC/ODBO；Python/Odata/Web 服务等。

6.1.2 SAP Sybase IQ

SAP Sybase IQ 是面向大数据的高级分析，它打破数据分析的壁垒，并将其集成到企业级分析流程中。SAP Sybase IQ 采用三层架构：①基本层——数据库管理系统(DBMS)，这是一个全共享 MPP 分析 DBMS 引擎；②分析应用程序服务层，其提供 C＋＋和 Java 数据库内 API，并可实现与外部数据源的集成和联邦，包括四种与 Hadoop 的集成方法；③顶层——Sybase IQ 生态系统，由四个强大且不同的合作伙伴和认证 ISV 应用程序组成。

Sybase IQ 提供了一个统一的 DBMS 平台，可使用各种算法分析不同数据。Sybase IQ 15.4 通过以下方面扩展了这些功能：自带的 MapReduce API、全面且灵活的 Hadoop 集成、支持预测模型标记语言(PMML)，以及经过扩展的统计与数据挖掘算法库，这些算法充分利用了基于 Sybase IQ PlexQ 技术的大规模并行处理网格所带来的分布式查询处理能力。

6.1.3　Sybase ASE

Sybase ASE 全称为 Sybase Adaptive Server Enterprise，能够处理超大数据集的关系型数据库管理系统(RDBMS)。它是基于客户/服务器体系结构的数据库，是多线索化、高性能的、事件驱动的、可编程的数据库，它不仅提供了数据库能力，还提供了自我管理、自动故障切换支持功能，以及大量的性能优化调整特性，可以大量节约运行成本。

以下是 SAP 大数据解决方案中企业信息管理层面的内容。

6.1.4　SAP Information Steward

SAP Information Steward 帮助企业了解和分析企业信息的可信度。它提供数据分析、元数据管理、根本原因和影响分析、验证规则管理、创建元数据业务术语表、开发整理包等功能，以此来降低 IT 环境的复杂性，降低数据成本，优化数据管理流程，提高数据质量。

6.1.5　SAP NetWeave

SAP NetWeave 是 SAP 的集成平台产品，帮助企业集成 SAP 系统或非 SAP 系统，并可实现互联互通。另外，NetWeaver 还提供了一些其他功能，如 portal、BI、KM、BPM 等，实现企业信息系统的深层次应用。

6.1.6　SAP Enterprise Content Management (ECM)

SAP 企业内容管理从文档管理、记录管理、智能存储管理、文档工作流、搜索五个方面入手，建立了 SAP 归档、SAP 文档访问、SAP 扩展内容管理需求、发票管理、发票管理 OCR 组件、员工信息管理、客户信息管理、供应商信息管理八个业务场景。

6.2　Sybase 的大数据解决方案

Sybase 公司推出的 Sybase IQ(如图 12-17 所示)是一款为数据仓库设计的关系型数据库。IQ 的架构与大多数关系型数据库不同，其特别的设计用于支持大量并发用户的即时查询。

基于成熟的 PlexQ™ 技术构建的 Sybase IQ 采用三层架构(如图 12-17 所示)。最底层是数据库管理系统(DBMS)，这是一个全共享 MPP 分析 DBMS 引擎，是我们最大的独特优势。第二层是应用程序服务层，其提供 C＋＋和 Java 数据库内 API，并可实现与外部数据源的集成和联邦，包括四种与 Hadoop 的集成方法。第一层为 Sybase IQ 生态系统，由四个强大且不同的合作伙伴和认证 ISV 应用程序组成。

Sybase IQ 15.4 正在彻底改变“大数据分析”，打破数据分析的壁垒，并将其集成到企业级分析流程中。Sybase IQ 提供了一个统一的 DBMS 平台，可使用各种算法分析不同数据。Sybase IQ 15.4 通过引入以下方面扩展了这些功能：自带的 MapReduce API、全面且灵活的 Hadoop 集成、支持预测模型标记语言(PMML)，以及经过扩展的统计与数据挖掘算法库，这些算法充分利用了基于 Sybase IQ PlexQ 技术的大规模并行处理网格所带来的分布式查询处理能力。新 API 可使应用程序厂商和企业开发人员快速安全地实施能够在数据库内运行的专有算法，从而实现比现有算法高 10 倍的性能加速。此外，还对文本数据压缩和批量数据加载接口进行了重大改进。

Sybase IQ 推出了采用全共享架构的 PlexQ 技术，该技术重新定义了企业范围的业务信息。全共

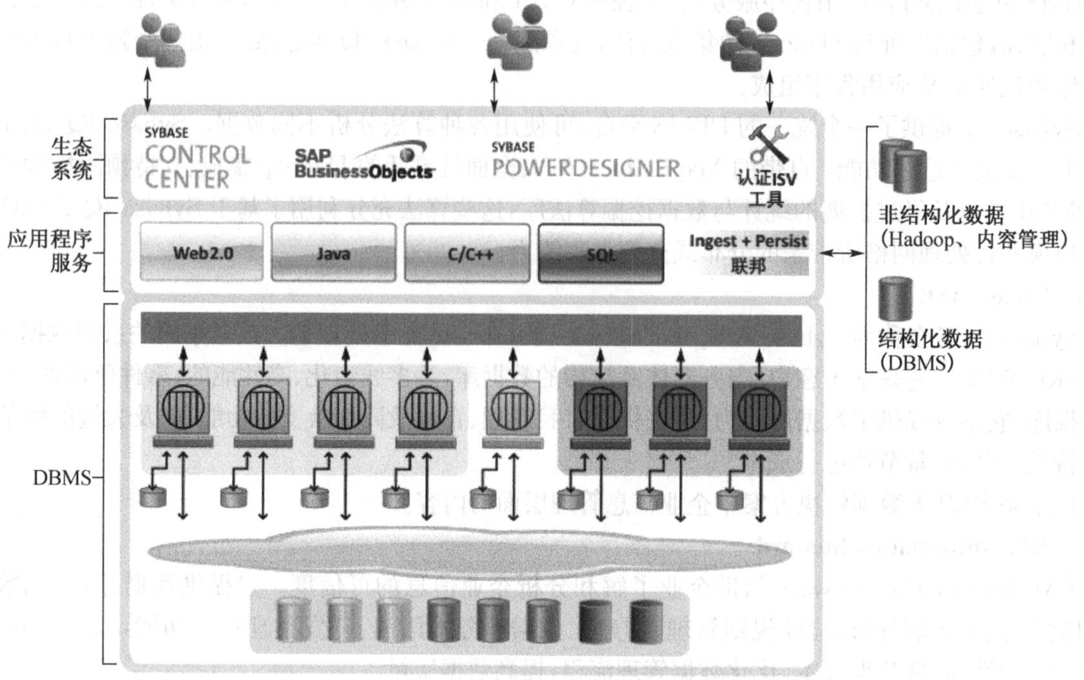

图 12-17 Sybase IQ 基于 PlexQ 技术的三层架构

享架构可轻松地支持涉及海量数据集、海量并发用户数和独特工作流程的多种复杂分析样式。与其他 MPP 解决方案不同，Sybase IQ 的 PlexQ 技术能够动态管理可轻松扩展并且专用于不同组和流程的一系列计算与存储资源中的分析工作量，从而使其能够以更低的成本更轻松地支持日益增长的数据量以及快速增长的用户社区。

Sybase IQ 15.4 基于这种 PlexQ 技术将大数据转变成可指导每个人行动的智能信息，从而在整个企业的用户和业务流程范围内轻松地具备大数据分析的能力。

7 EMC 大数据解决方案

美国 EMC 公司是全球信息存储及管理产品、服务和解决方案方面的领先公司。EMC 是每一种主要计算平台的信息存储标准，而且世界上最重要信息中的 2/3 以上都是通过 EMC 的解决方案来管理的。

EMC Greenplum 大数据解决方案（如图 12-18 所示）的核心是 Greenplum 统一分析平台（UAP），数据团队和分析团队可以在该平台上无缝地共享信息和协作分析。UAP 包括 EMC Greenplum 关系型数据库、EMC Greenplum HD Hadoop 发行版和 EMC Greenplum Chorus，Chorus 是面向数据科学家的可视化、搜索和发现工具，是一种协作式、类似社交网络的界面，可供数据分析团队进行协作。

Greenplum 有两个产品，第一是 Greenplum Database，Greenplum Database 是大规模的并行成立的数据库，它可以管理、存储、分析 PB 量级的一些结构性数据，它下载的速度非常高，最高可以达到每小时 10TB，速度非常惊人。但是 Greenplum Database 面对的是结构化数据。但超过 90% 的数据是非结构化数据，EMC 还有另外一个产品是 Greenplum HD，Greenplum HD 可以把非结构化的数据或者是半结构化的数据转换成结构化数据，然后让 Greenplum Database 去处理。

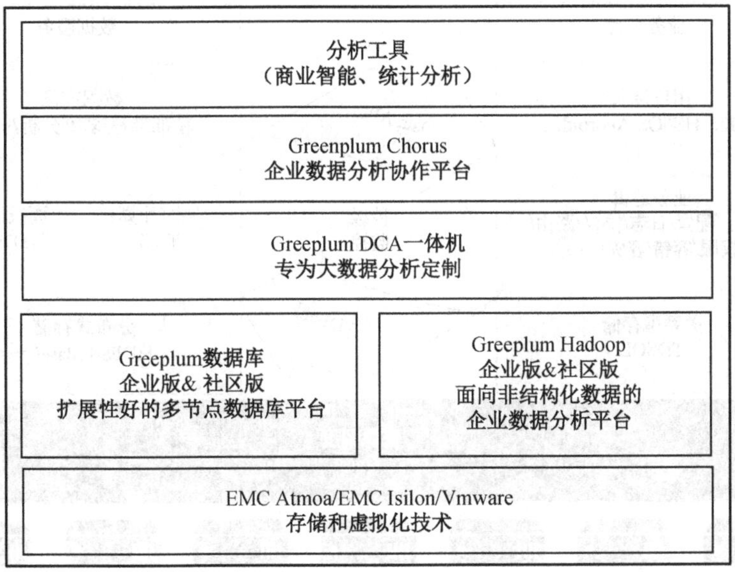

图 12-18 EMC Greenplum 大数据解决方案

Greenplum 统一分析平台（UAP）结合 Greenplum DB 和 Greenplum Hadoop 为企业构建高效处理结构化、半结构化、非结构化数据的大数据分析平台。并且客户可以以此平台为基础利用 Greenplum 行业和数学统计方面的专家，充分挖掘自身数据价值，实现数据资产从成本中心到利润中心的转变，以数据驱动业务。

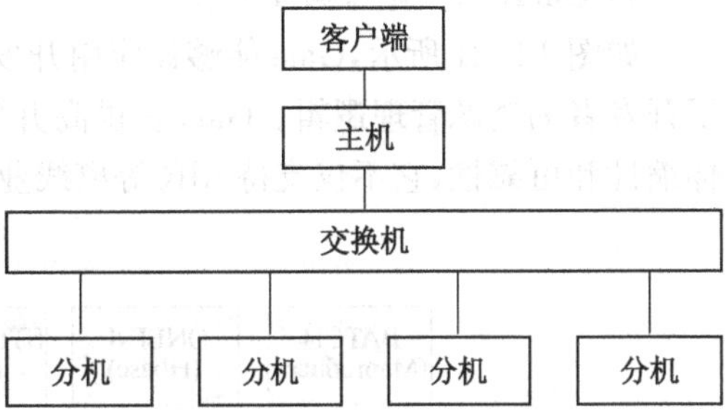

图 12-19 EMC Greenplum 基础架构

EMC Greenplum 的数据库（DB）软件基础架构为完全非共享海量平行处理结构（MPP），如图 12-19 所示。应用程序通过 Master 主机访问数据，通过交换机在存储节点和 Master 主机之间交换数据，每个分机作为一个存储节点，都是独立的数据库。这种架构的优点在于：易于扩展；自动化的平行处理机制，无需人工分区或优化；数据分布在所有的平行节点上，每个节点只负责处理其中一部分数据；最优化的 I/O 处理，所有节点同时进行平行处理，节点之间完全无共享，也就无 I/O 冲突；增加节点可线性增加存储、查询和加载性能。

EMC 的另外一个产品是 Atmos。Atmos 也是 EMC 在大数据方面提供的存储解决方案，它跟 Isilon 不一样。Greenplum Data Computing Appliance（DCA）是一项整合了的应用。例如，它允许数据科学家对上述两个子系统中的大型数据集发出查询。EMC SourceOne 是一个定位于电子证据展示和大量数据源联合归档的平台，联合归档的数据源包括电子邮件系统、文件系统和 Microsoft SharePoint。EMC Documentum 是 EMC 的旗舰型内容管理和记录管理平台。

8 腾讯大数据解决方案

腾讯大数据平台有如下核心模块：TDW、TRC、TDBank 和 Gaia。简单来说，TDW 用来作批量的离线计算，TRC 负责作流式的实时计算，TDBank 则作为统一的数据采集入口，而底层的 Gaia 则负责整个集群的资源调度和管理，如图 12-20 所示。

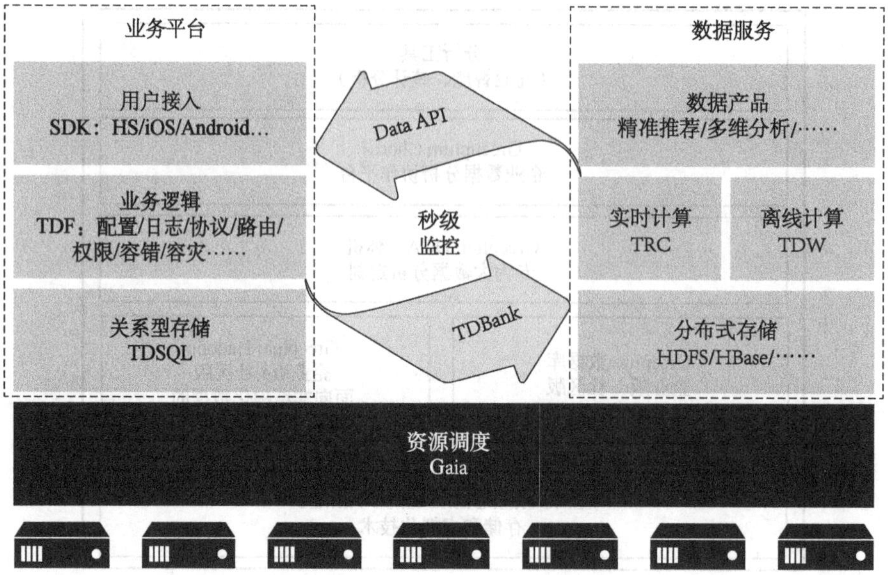

图 12-20　腾讯大数据平台架构图

1) Gaia(统一资源调度平台)

如图 12-21 所示，Gaia 能够让应用开发者像使用一台超级计算机一样使用整个集群，极大地简化了开发者的资源管理逻辑。Gaia 提供高并发任务调度和资源管理，实现集群资源共享，具有很高的可伸缩性和可靠性，它不仅支持 MR 等离线业务，还可以支持实时计算，甚至在线业务。

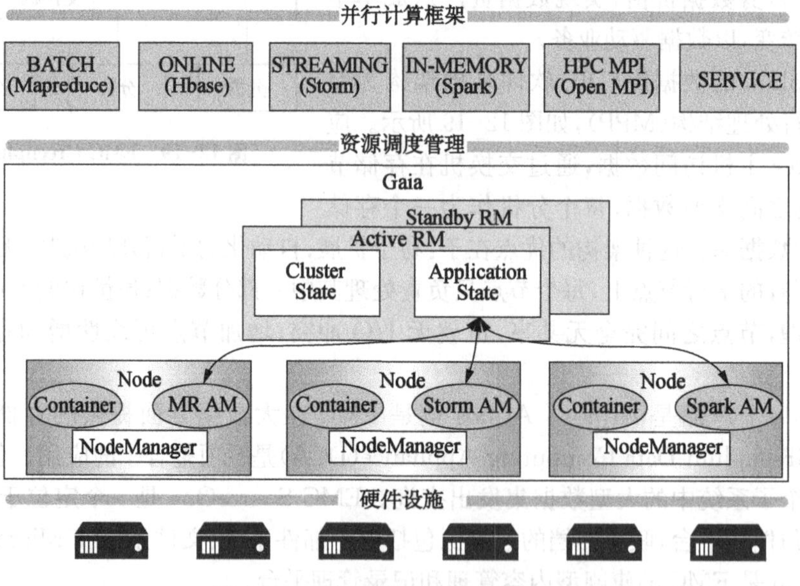

图 12-21　统一资源调度平台示意图

为了支撑单集群 8 800 台甚至更大规模，Gaia 基于开源社区 Yarn 之上自研 Sfair (Scalable fair scheduler)调度器，优化调度逻辑，提供更好的可扩展性，并进一步增强调度的公平性，提升可定制化，将调度吞吐提升 10 倍以上。为了满足上层多样化的计算框架稳定运行，Gaia 除了 CPU、Mem 的资源管理之外，新增了 Network IO，Disk space，Disk IO 等资源管理维度，提高了隔离性，为业务提供了更好的资源保证和隔离。同时，Gaia 开发了自己的内核版本，调整和优化 CPU、Mem 资源管理策略，在兼容线程监控的前提下，利用 cgroups，实现了 hardlimit + softlimit 结合的方式，充分利用整机资源，将

container oom kill 几率大幅降低。另外，丰富的 API 也为业务提供了更便捷的容灾、扩容、缩容、升级等方式。

基于以上几大基础平台的组合联动，可以打造出很多的数据产品及服务，精准推荐就是其中之一，还有诸如实时多维分析、秒级监控、腾讯分析、信鸽等等。除了一些相对成熟的平台之外，腾讯正在针对新的需求进行更合理的技术探索，如更快速的交互式分析、针对复杂关系链的图式计算。此外，腾讯大数据平台的各种能力及服务，还将通过 TOD(Tencent Open Data)产品开放给外部第三方开发者。

2) TDBank(Tencent Data Bank)：数据实时收集与分发平台

构建数据源和数据处理系统间的桥梁，将数据处理系统同数据源解耦，为离线计算 TDW 和在线计算 TRC 平台提供数据支持。

从架构上来看，TBank 可以划分为前端采集、消息接入、消息存储和消息分拣等模块。前端模块主要针对各种形式数据(普通文件，DB 增量/全量，Socket 消息，共享内存等)提供实时采集组件，提供了主动且实时的数据获取方式。中间模块则是具备日接入量万亿级的基于"发布—订阅"模型的分布式消息中间件，它起到了很好的缓存和缓冲作用，避免了因后端系统繁忙或故障导致的处理阻塞或消息丢失。针对不同应用场景，TDBank 提供数据的主动订阅模式，以及不同的数据分发支持(分发到 TDW 数据仓库、文件、DB、HBase、Socket 等)。整个数据通路透明化，只需简单配置，即可实现一点接入，整个大数据平台可用。

另外，为了减少进行大量数据跨城网络传输，TDBank 在数据传输的过程中进行数据压缩，并提供公网/内网自动识别模式，极大地降低了专线带宽成本。为了保障数据的完整性，TDBank 提供定制化的失败重发和滤重机制，保障在复杂网络情况下数据的高可用性。TDBank 基于流式的数据处理过程，保障了数据的实时性，为 TRC 实时计算平台提供实时的数据支持。TDBank 实时采集的数据超过 150＋TB/日(约 5 000＋亿条/日)，这个数字一直在持续增长中。如图 12－22 和图 12-23 所示。

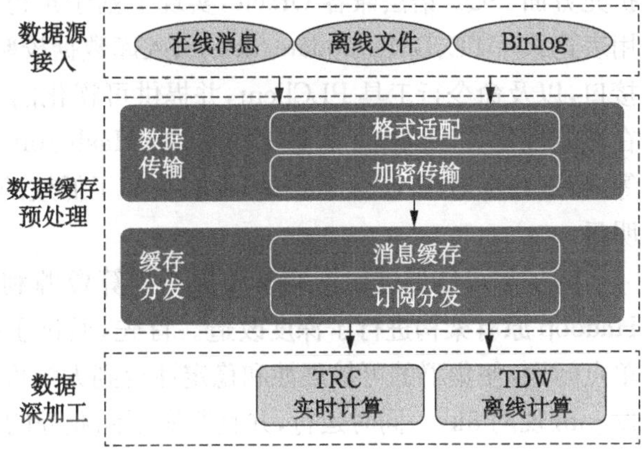

图 12-22 数据实时收集与分发平台层次图

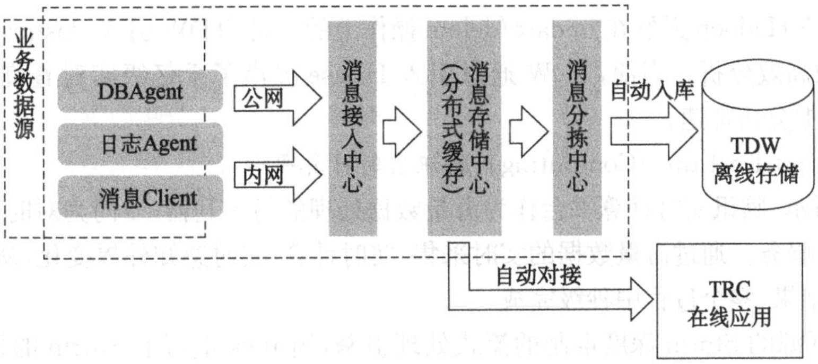

图 12-23 数据实时收集与分发平台架构

3) TDW(Tencent distributed Data Warehouse)：腾讯分布式数据仓库

如图 12-24 所示，腾讯分布式数据仓库支持百 PB 级数据的离线存储和计算，为业务提供海量、高效、稳定的大数据平台支撑和决策支持。目前，TDW 集群总设备 8 400 台，单集群最大规模 5 600 台，总

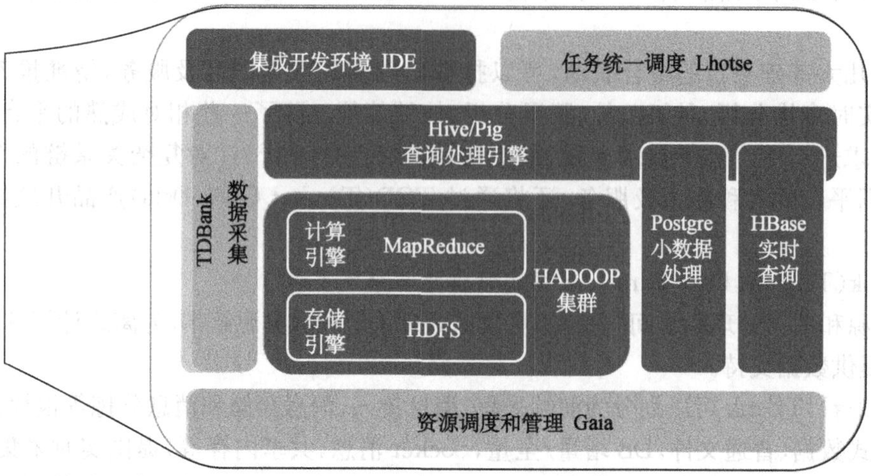

图 12-24　腾讯分布式数据仓库

存储数据超过 100 PB，日均计算量超过 5 PB，日均 Job 数达到 100 万个。

为了降低用户从传统商业数据库迁移的门槛，TDW 基于开源 Hive 进行了大量定制开发。在功能扩充方面，SQL 语法兼容 Oracle，实现了基于角色的权限管理、分区功能、窗口函数、多维分析功能、公用表达式-CTE、DML-update/delete、入库数据校验等。在易用性方面，增加了基于 Python 的过程语言接口，以及命令行工具 PLClient，并提供可视化的 IDE 集成开发环境，使开发效率大幅度提升。另外，在性能优化方面也作了大量工作，包括 Hash Join、按行 split、Order by limit 优化、查询计划并行优化等，特别是针对 Hive 元数据的重构，去掉了低效的 JDO 层，并实现了元数据集群化，使系统扩展性提升明显。

为了尽可能促进数据共享和提升计算资源利用率，实施构建高效稳定的大集群战略，TDW 针对 Hadoop 原有架构进行了深度改造。首先，通过 JobTracker/NameNode 分散化和容灾，解决了 Master 单点问题，使集群的可扩展性和稳定性得到大幅度提升。其次，优化公平资源调度策略，以支撑上千并发 job(现网 3k+)同时运行，并且归属不同业务的任务之间不会互相影响。同时，根据数据使用频率实施差异化压缩策略，比如热数据 lzo、温数据 gz、冷数据 gz+hdfs raid，总压缩率相对文本可以达到 10～20 倍。

另外，为了弥补 Hadoop 天然在 update/delete 操作上的不足，TDW 引入 PostgreSQL 作为辅助，适用于较小数据集的高效分析。当前，TDW 通过引入 HBase 提供了千亿级实时查询服务，并开始投入 Spark 研发为大数据分析加速。

4) TRC(Tencent Real-time Computing)：腾讯实时计算平台

如图 12-25 所示，腾讯实时计算平台作为海量数据处理的另一利器，专门为对时间敏感的业务提供海量数据实时处理服务。通过海量数据的实时采集、实时计算，实时感知外界变化，从事件发生、到感知变化、到输出计算结果，整个过程中秒级完成。

TRC 是基于开源的 Storm 深度定制的流式处理引擎，用 Java 重写了 Storm 的核心代码。为了解决资源利用率和集群规模的问题，重构了底层调度模块，实现了任务级别的权限管理、资源分配、资源隔离，通过和 Gaia 这样的资源管理框架相结合，做到了根据线上业务实际利用资源的状况，动态扩容和缩容，单集群轻松超过 1 000 台规模。为了提高平台的易用性和可运维性，提供了类 SQL 和 Pig Latin 这样的过程化语言扩展，方便用户提交业务，提升接入效率，同时提供系统级的指标度量，支持用户代码对其扩展，实时监控整个系统运营环节。另外，将 TRC 的功能服务化，通过 REST API 提供 PaaS 级别的

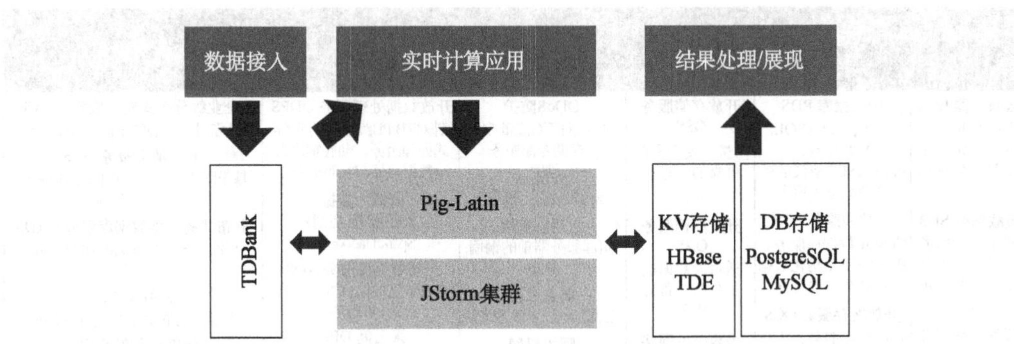

图 12-25 腾讯实时计算平台

开放，用户无需了解底层实现细节就能方便地申请权限，调用资源和提交任务。

目前，TRC 日计算次数超过 2 万亿次，在腾讯已经有很多业务正在使用 TRC 提供的实时数据处理服务。对于广点通广告推荐而言，用户在互联网上的行为能实时地影响其广告推送内容，在用户下一次刷新页面时，就给用户提供精准的广告；对于在线视频、新闻而言，用户的每一次收藏、点击、浏览行为，都能被快速地归入关于他的个人模型中，以便平台立刻修正视频和新闻推荐。

9 阿里巴巴大数据解决方案

数据采集是数据仓库建设中最基础的工作，负责将散落在各个数据孤岛的数据整合到统一数据仓库平台中。数据采集不只需要能够从多种不同类型的数据系统采集数据，还要考虑数据采集的效率，通过全量和增量采集相结合的手段完成采集。

数据仓库的数据加工过程是一个数据生产的有向无环图。让数据有序地按照数据模型设计的逻辑一步一步被加工出来，保障数据上下游依赖的正确性，在发现问题时能够提醒开发人员及时处理，是艰苦而细致的过程。

数据质量是数据仓库的生命线，是数据仓库建设中的重中之重。在数据生产的整个链条中，需要能够根据数据特征制定不同的数据质量监控规则，随时监控数据的产出质量，并制定出相应的控制手段，保证不让有质量问题的数据影响业务。

通过稳定高效、弹性伸缩的大数据集成服务，将分散在不同物理环境下的数据统一采集到大数据计算服务中。可以实时、增量或全量的方式进行数据同步。

在大数据计算服务中，存储采集到的业务数据，利用服务提供的多种经典分布式计算模型，按照数据仓库设计的数据模型，对数据进行实际加工计算。

通过大数据管理工具，进行数据资产管理、数据生命周期管理、元数据查询和管理、数据血缘查询等工作。并可以制定数据质量报警规则。

阿里云完整产品体系如图 12-26 所示。云端安全框架如图 12-27 所示。

阿里云大数据计算服务针对 PB/EB 级数据进行分布式的数据加工，并在数据集成、加工、应用过程中提供全链路数据质量监控和保障，同时提供全方位的数据安全管控、字段级权限访问，数据仓库体系架构如图 12-28 所示。阿里巴巴双 11 每秒处理日志数峰值达到 25.5 亿，全链路延迟在 3 秒，大幅提升了实时任务的可扩展性、性能、用户易用性、改善了任务延迟的 SLA，并能够实现秒级恢复。

弹性计算	数据库与缓存	存储与CDN	云盾(安全)	大规模计算与分析	中间件与应用服务
云服务器 ECS 可弹性拓展、安全稳定、简单易用的计算服务 **负载均衡 SLB** 对多台云服务器进行流量分发的负载均衡服务 **弹性伸缩服务 ESS** 自动调整弹性计算资源的管理服务 **专有网络 VPC** 轻松构建逻辑隔离的云上专有区域	**云数据库 RDS** 完全兼容MySQL,SQLServer PostgreSQL协议的关系型数据库服务 **开放表服务 OTS** NoSQL数据库服务，提供海量结构化数据存储和实时访问 **开放缓存服务 OCS** 在线缓存服务，为热点数据访问提供高速响应 **键值存储 KVStore** 兼容开源Redlis协议的Key-Value类型在线存储服务	**开放存储服务 OSS** 海量、安全和高可靠的云存储服务 **开放归档服务 OAS** 适合大数据的长久归档备份服务 **内容分发网络 CDM** 跨运营商、跨地域全网覆盖的网络加速服务	**DDoS防护** 轻松应对百G流量攻击，提供专家服务 **安骑士** 云服务器入侵防护 **应用防火墙** 筑起服务器前的铜墙铁壁 **弱点分析** 比黑客早一步发现弱点 **阿里绿网** 专注违规信息安全监测及管控 **渗透测试服务** 专业性的入侵尝试，评估重大安全漏洞或隐患 **云监控** 指标监控与报警服务	**开放数据处理服务 ODPS** 针对TB/PB级数据的分布式处理服务，彻底解决大数据存储与运算瓶颈 **开源大数据软件服务(规划)** Spark/Hadoop/... **分析数据库服务 ADS** 海量数据实时高并发在线分析服务 **采云间 DPC** 基于ODPS的DW/BI的工具解决方案 **云道 CDP** 稳定高效、弹性伸缩的数据同步平台 **批量计算服务** 适用于大规模并行批处理作业的分布式云服务	**企业级分布式应用服务 EDAS** 以应用为中心的中间件PaaS平台 **开放消息服务 ONS** 基于阿里开源消息中间件MetaQ的云消息产品 **分布式关系型数据库服务 DRDS** 水平拆分/读写分离的在线分布式数据库服务 **云引擎 ACE** 弹性、分布式的应用托管环境 **简单日志服务 SLS** 针对日志收集/存储/查询/分析的服务 **开放搜索服务 Open Search** 结构化数据搜索托管服务 **多媒体转码服务 MTS** 为多媒体数据提供的转码计算服务 **性能测试服务 PTS** 性能云测试平台，帮您轻松完成系统性能评估

图 12-26　阿里云完整产品体系

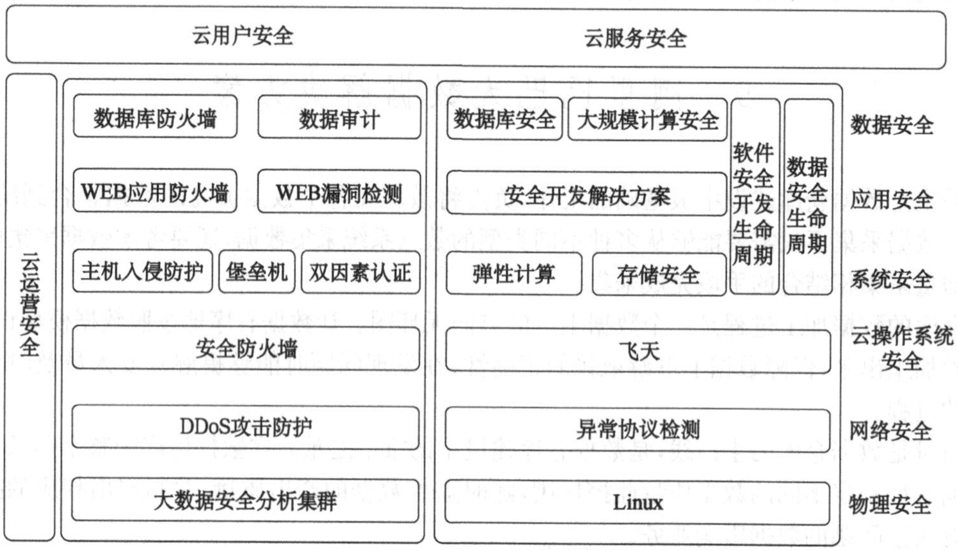

图 12-27　云端安全框架

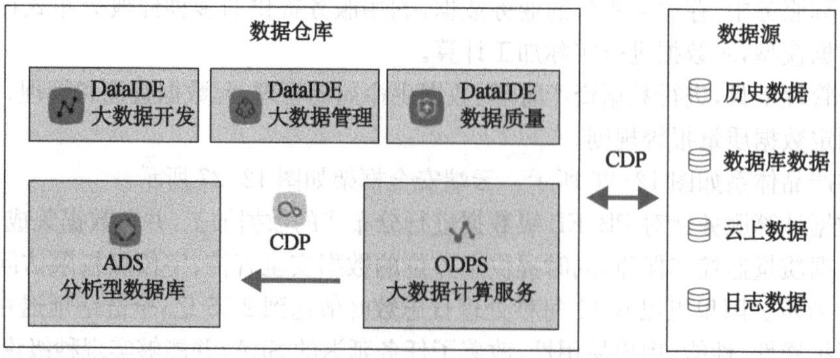

图 12-28　数据仓库体系架构

离线数仓是基于Serverless的云上数据仓库解决方案，该架构开箱即用，通过简单几步即可开启一站式大数据开发平台；且低TCO，提供Serverless服务，免运维，降低企业成本，还能根据数据规模系统自动扩展集群存储和计算能力。此外，具备多层沙箱机制防护与监控，备细粒度化授权。如图12-29所示。

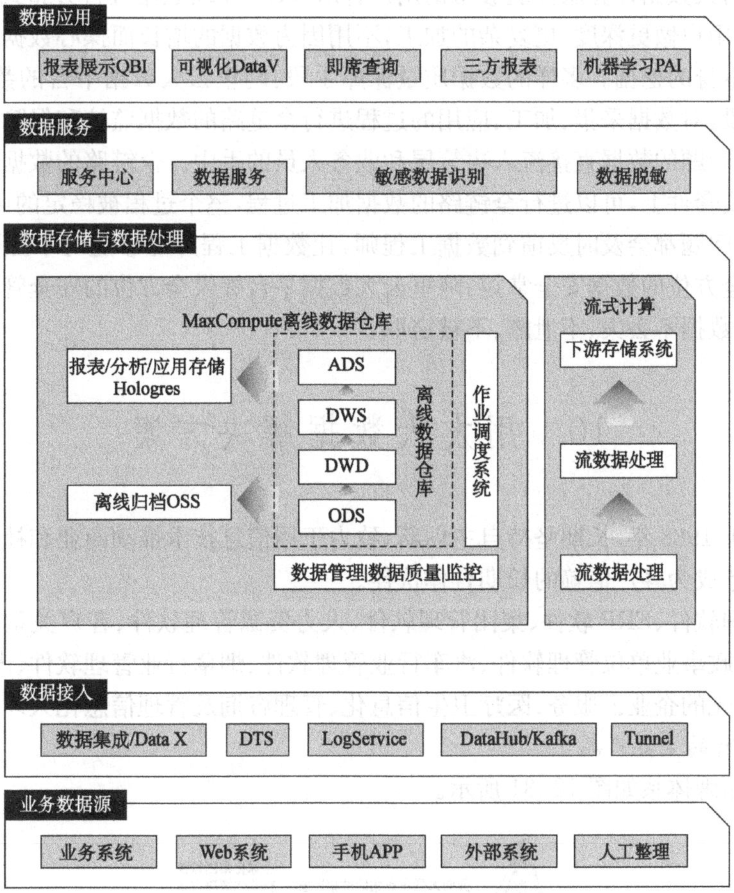

图12-29　离线数仓架构

实时数仓架构的特点是秒级延迟，实时构建数据仓库，架构简单，传统数仓平滑升级，数据模型基本不变，用消息队列取代了传统数仓分层表，用订阅式实时计算取代了调度式批处理。如图12-30所示。

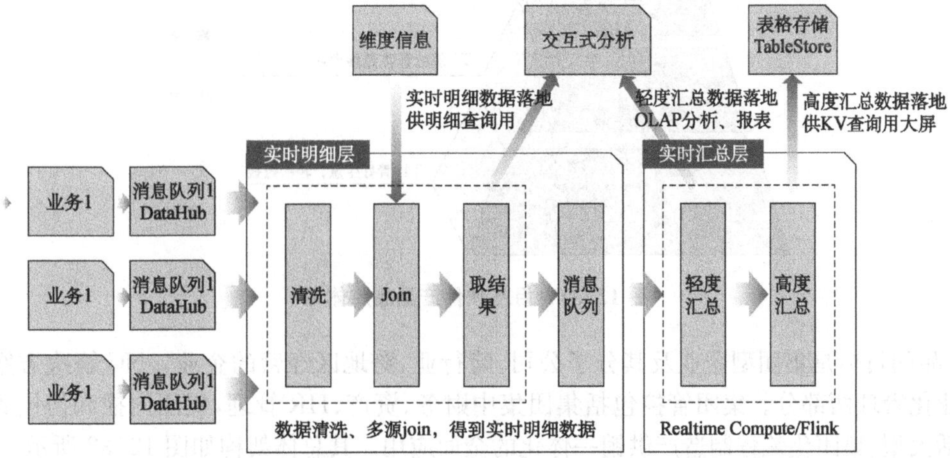

图12-30　实时数仓架构

大数据仓库解决方案优势如下。强大的数据整合能力：不管是存量的历史数据，还是不同应用系统的数据，都可以被数据采集工具统一采集到阿里云大数据平台中，满足用户整合不同系统数据，统一加工分析的需求。多样的计算引擎：阿里云大数据平台的分布式计算服务提供多样的数据计算引擎，SQL、MR、图计算、MPI等，满足针对不同数据类型，进行不同类型加工的需求。强大的数据处理能力：阿里云大数据平台的大数据计算服务能够帮助用户针对TB/PB级数据进行分布式的数据加工，后台强大的计算能力，支持用户做更深度、更复杂的加工，不用因为数据的增长而操心数据计算能力，使数据工程师专注数据价值本身的挖掘。多样的数据质量保障手段：阿里云大数据平台的数据管理工具提供多种数据质量保障手段，对数据采集、加工、应用的过程进行全链路的数据监控和保障，即时发现数据质量问题，不会让有质量问题的数据直接流入决策层和业务人员的手中。全链路的数据生产保障：阿里云大数据平台的数据开发套件上，可以进行全链路的数据加工过程，整个过程被稳定的调度系统进行生产调度，生产过程中任何问题都会及时反馈到数据工程师，让数据工程师能够随时掌控数据生产过程，保证数据的稳定产出。全方位的数据安全掌控：阿里云大数据平台提供全方位的安全管控，多层次的存储和访问安全机制，保护数据不丢失、不泄露、不被窃取。

10　用友大数据解决方案

用友公司成立于1988年，长期坚持自主创新，致力于用信息技术推动商业和社会进步，以先进的产品技术和专业的服务成为客户信赖的长期合作伙伴。

用友公司是管理软件、ERP软件、集团管理软件、人力资源管理软件、客户关系管理软件、小型企业管理软件、财政及行政事业单位管理软件、汽车行业管理软件、烟草行业管理软件、内部审计软件及服务提供商，也是中国领先的企业云服务、医疗卫生信息化、管理咨询及管理信息化人才培训提供商。

1）*用友目前拥有的主要产品*

用友软件产品品牌体系如图12-31所示。

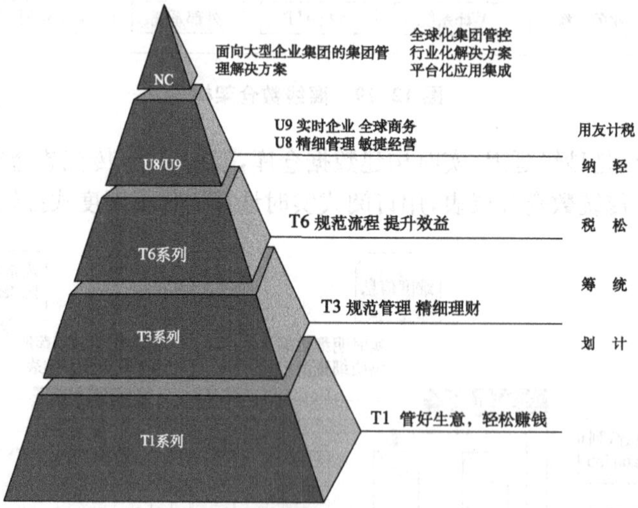

图12-31　用友软件产品品牌体系

NC产品的目标是集团型企业及其分子公司、跨行业、跨地区经营的企业。NC解决方案包括集团管控和行业化管理两部分。集团管控包括集团集中财务、资产、HR管理，集团内控和协同管理。行业化应用包括大型、集团化流程制造产供销一体化的全面应用。其总体架构如图12-32所示。

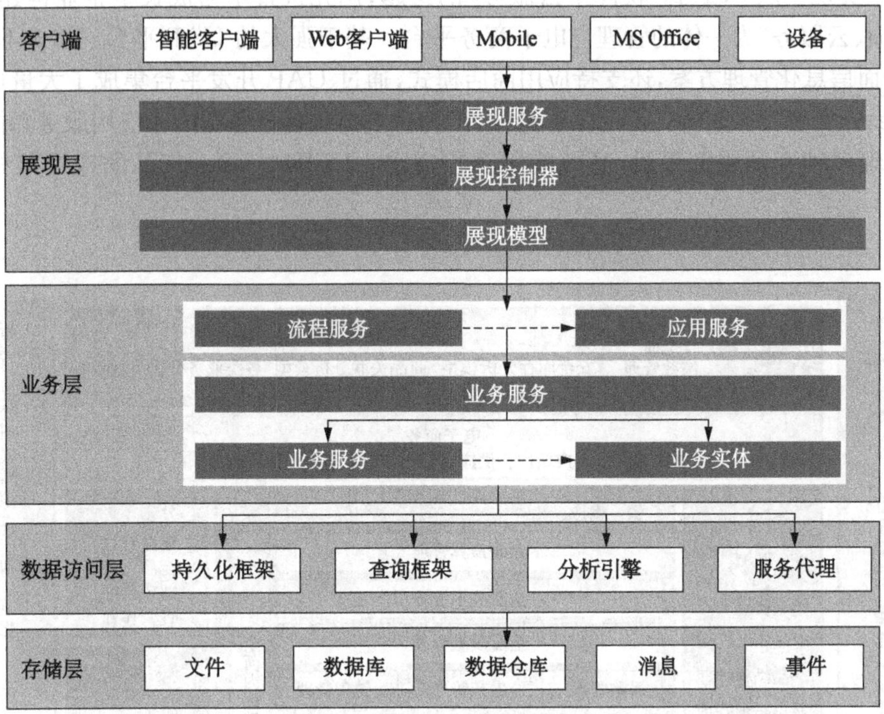

图 12-32　NC 软件总体架构

用友 U9 在 2008 年 4 月正式发售。适合多子公司、多分销点、多制造厂的企业应用，目前最适合的是汽配行业。U9 以“多工厂协作、供应链协同、国际化应用”为关键应用。完全基于 SOA 架构，实现按服务组装和按需部署。UFIDA U9 产品的应用架构如图 12-33 所示。

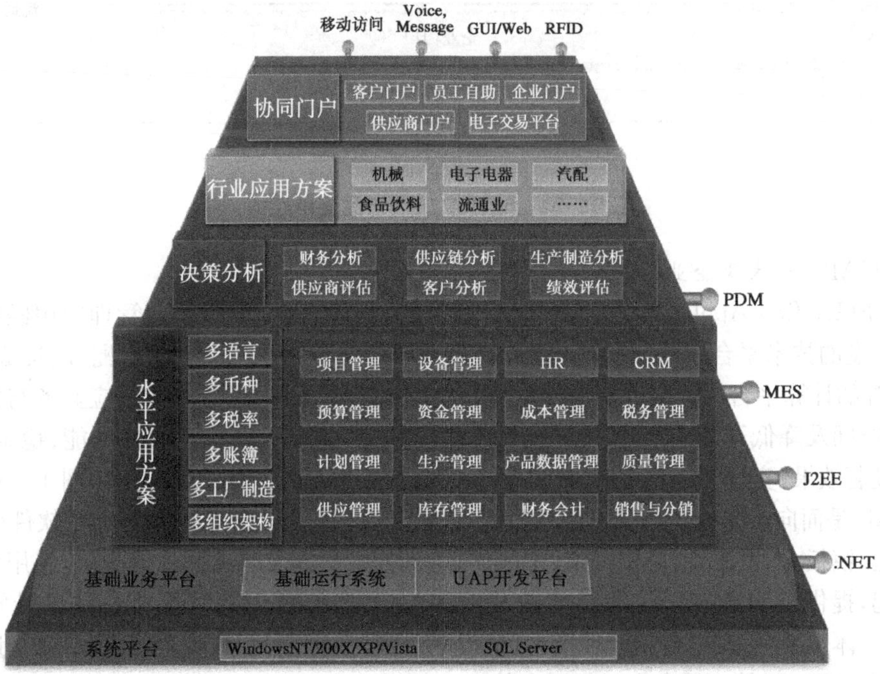

图 12-33　UFIDA U9 产品应用架构

用友 U8＋实现了从 ERP 到“软件＋云服务”的跨越，用先进技术为成长型企业构建出集“精细管理、产业链协同、云服务”为一体的管理与电子商务平台。基于强大的 UAP 平台，U8＋不仅提供了 U8 All-in-One 全面信息化管理方案，还支持应用商店模式，通过 UAP 开发平台集成了大量成熟的客户化开发成果，借助开发者社区聚合广泛的生态链伙伴，为企业提供各种各样的云应用服务，并利用 U8＋的服务社区，实现多种互动服务手段，高效响应客户需求。UFIDA U8＋产品的应用架构如图 12-34 所示。

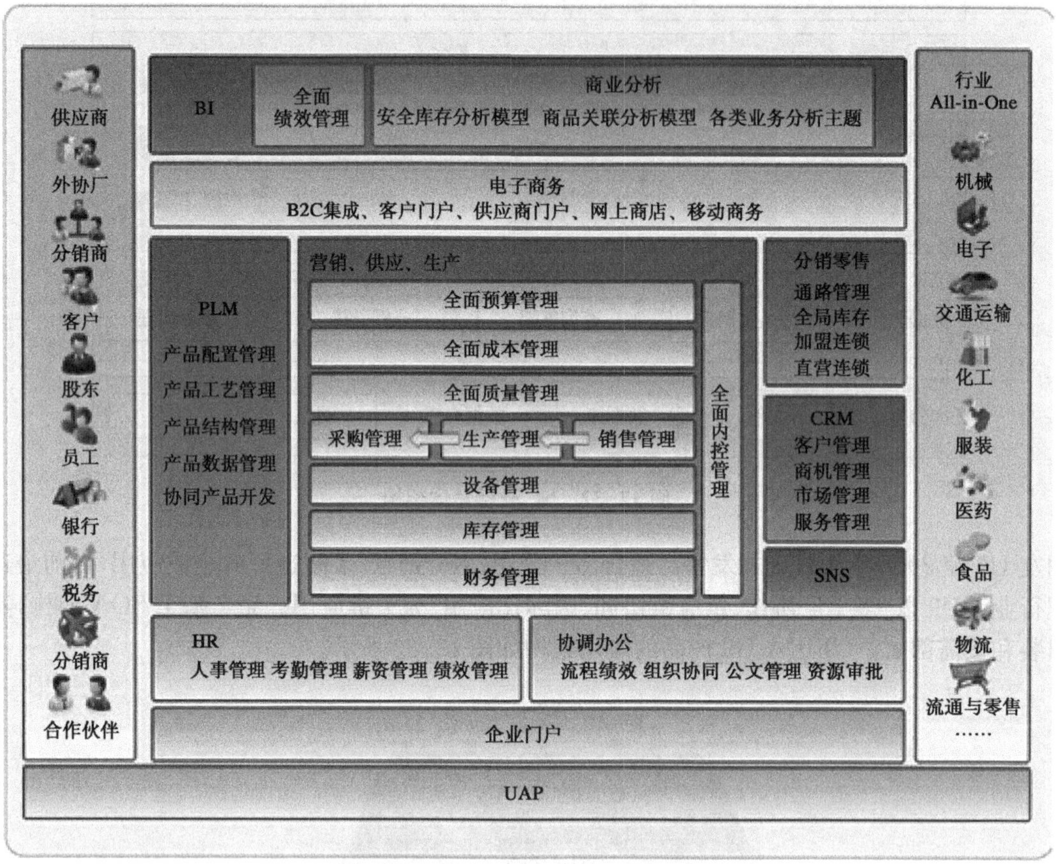

图 12-34 UFIDA U8＋产品应用架构

2) 用友 UAP——大型企业与组织计算平台一体化平台

用友 UAP(Unified Application Platform)是用友公司融合 10 多年企业管理应用经验和企业计算技术积累而研发的技术平台。用友 UAP 将被打造成支持客户化开发、个性化配置、集成、运行、运维、IT 服务管理等的计算平台。该平台能提升软件开发的效率和质量，提高软件适应业务与技术变化的能力，缩短开发时间及降低开发成本，实现异构系统之间的应用整合，在提高软件性能、稳定性、可维护性等方面均有显著效果，实现了大型 ERP 软件平台领域的重大突破。其总体架构如图 12-35 所示。

用友 UAP 是面向大型企业与公共组织的计算平台，它是用友公司从多年应用软件研制过程中提炼出来的模型、模板、开发工具、应用框架、中间件、基础技术类库及研发模式等成果，采用可视化开发模式集成在一起，提供覆盖软件全生命周期的开发、集成、运行、管理等功能于一体的计算平台。用友 UAP 平台是一体化平台，其中包括开发平台、集成平台、动态建模平台、商业分析平台(用友 BQ)、数据处理平台(用友 AE)、云管理平台和运行平台等 7 个领域的产品，这些平台产品涵盖了软件应用的全生命周期和 IT 服务管理过程，用于全面支撑平台化企业，可以为大型企业与公共组织构建信息化平台，提供核心工具与服务。其产品组成如图 12-36 所示。

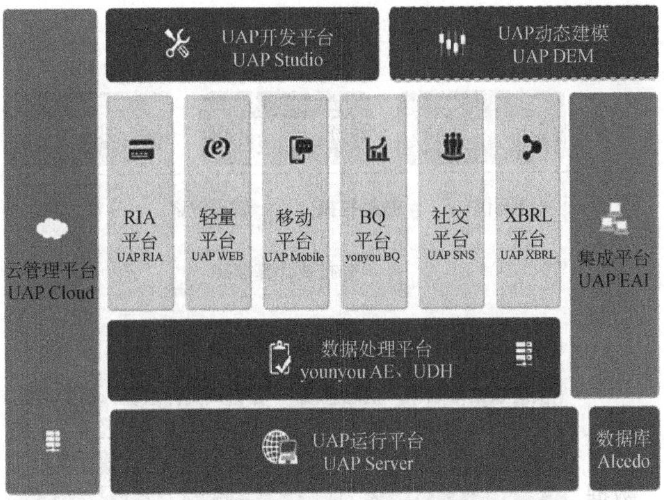

图 12-35　UAP 产品应用架构

图 12-36　UAP 产品组成

与此同时，用友 UAP 也覆盖了云计算、大数据处理、商业分析、移动应用、电子商务、社交化应用等各种企业和公共组织需要的先进技术，能够支撑企业信息化各个阶段的应用，满足企业管理变化快、及时响应市场需求的经营目标。

用友 UAP 将有效地帮助企业成为平台化企业，通过平台的实时性及敏捷应变能力，帮助企业在全球竞争中赢得先机。同时，ISV.SI 等合作伙伴也可基于 UAP 平台进行应用产品的开发。

1) *用友 AE——数据处理平台*

用友 AE 大数据处理平台提供支持对多数据源的异构数据进行实时数据集成、提供分布式环境下的消息总线、通过 Service Gateway 能够与第三方系统进行服务整合访问；设计了一个分布式计算框架，可以处理结构化和非结构化数据，并提供内存计算、规划计算、数据挖掘、流计算等各种企业计算服务。

AE 支持企业 ERP、CRM、e-Business 和 Collaboration 等应用系统作为应用数据来源进行数据处理，给企业提供高质量的数据信息服务。

数据处理平台 AE 架构如图 12-37 所示。

2) *用友 BQ——商业分析平台*

用友 BQ(Business Quotient)是 UAP 平台的一个产品功能集，是企业级、全功能、最佳分析决策平台，共分为五层架构，分别是业务数据层、数据处理层、分析模型层、分析服务层、业务展现层，其中数据处理层基于数据处理平台 AE。

图 12-37　数据处理平台 AE 架构

通过用友 BQ 商业分析平台可以快速、准确地对市场作出判断。用友 BQ 商业分析平台覆盖了数据整合、分析、报表等商业分析功能。凭借组件化、平台化的设计思想，可以设计成按需定制、灵活扩展的商业分析系统，便于轻松应对业务整合与优化。而且通过扩展的移动端的服务模式，可以灵活快速地让企业随时、随地进行分析决策。同时通过列存储的数据处理方式，让企业实现实时数据分析的愿望。

商业分析平台 BQ 架构如图 12-38 所示。

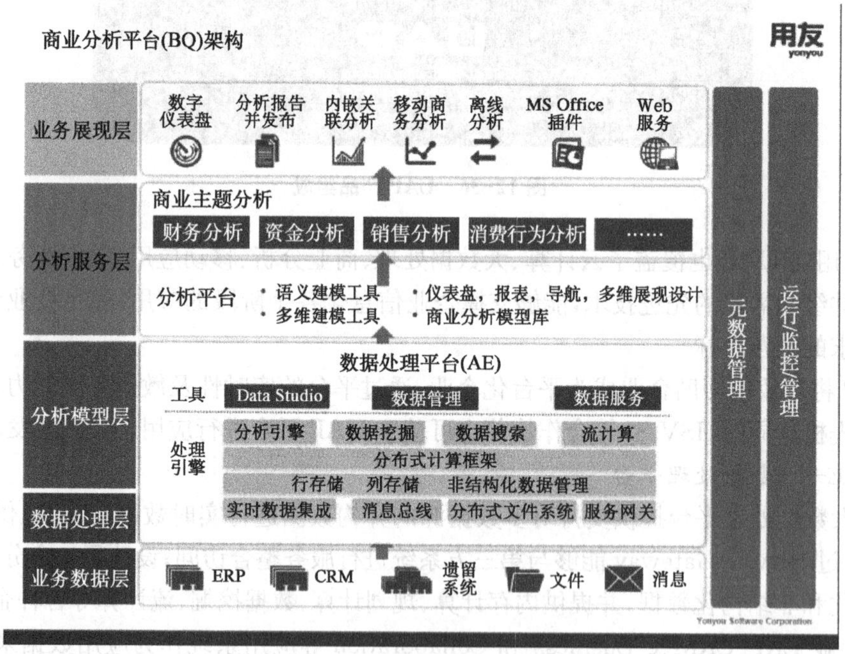

图 12-38　商业分析平台 BQ 架构

用友 BQ 商业智能平台是针对企业报表以及各类统计分析遇到的诸多问题，经过多年的发展，形成的新一代满足企业应用的 BI 系统。BQ 是集企业多系统数据整合、报表中心、分析中心、控制中心于一体的全方位 BI 解决方案，能帮助企业把各类数据进行整合，根据不同人员的需要，将信息进行展示，灵活快速地响应企业管理变化，为企业搭建一套完善的辅助决策分析体系。

11 小 结

本章主要研究了七个大数据平台供应商，它们分为四类：超级供应商、范畴领导者、云供应商和开源供应商。应对大数据的到来，供应商分别提出各自的大数据解决方案。

IBM公司推出强大的大数据与分析平台 Watson Foundations，全面整合大数据与分析能力。SAS公司庞大的系统具有完备的数据存取、数据管理、数据分析和数据展现功能，其系统包含数据库(SAS/Base)，分析核心(SAS/STAT 等)，开发呈现工具(SAS/GRAPH 等)，分布式处理支持(SAS/ACCESS 等)。甲骨文公司推出了 Oracle 大数据机(Oracle Big Data Appliance)，为许多企业提供了一种处理海量非结构化数据的方法。微软发布了 SQL Server R2 Parallel Data Warehouse(PDW，并行数据仓库)，使用了大规模并行处理技术来支持高扩展性，可以帮助客户扩展部署数百 TB 级别数据的分析解决方案。SAP公司的大数据解决方案主要集中在数据库及数据仓库层面和企业信息管理层面，其中，数据库及数据仓库解决方案主要由实时数据平台 HANA，分析型数据库 SAP Sybase IQ 和交易型数据库 Syabse ASE 来处理，企业信息管理主要由 SAP Information Steward、SAP NetWeave、企业内容管理(EMC)来处理。EMC 大数据解决方案的核心是 Greenplum 统一分析平台(UAP)，数据团队和分析团队可以在该平台上无缝地共享信息和协作分析。

腾讯大数据平台有如下核心模块：TDW、TRC、TDBank 和 Gaia，不同模块负责不同部分。阿里云大数据计算服务针对重级数据进行分布式的数据加工，搭建离线数据仓库和实时数据仓库。用友公司根据不同的阶段和公司需求提供对应的产品系列以此解决大数据需求。

思 考 题

1. IBM InfoSphere Warehouse、InfoSphere BigInsights 和 InfoSphere Streams 之间有什么区别？三者之间的关系是怎样的？
2. SAS 数据存储解决方案有哪些优点？
3. Oracle NoSQL 有哪些特点？
4. SAP 数据管理平台包括哪些主要的部件？
5. EMC Greenplum 统一分析平台(UAP)包括哪些部件？他们相互之间是如何协调配合工作的？
6. 你还可以收集到哪些其他大厂商的大数据解决方案？列举说明。
7. 国内三家公司的大数据解决方案侧重点有何不同？
8. 你认为上述供应商的大数据解决方案分别存在哪些优势和不足？该如何改进？

参 考 文 献

[1] IBM公司，https://www.ibm.com/cn-zh，2019.
[2] SAS公司，https://www.sas.com/zh_cn/home.html，2019.
[3] 甲骨文公司，https://www.oracle.com/cn/index.html，2019.
[4] 微软公司，https://www.microsoft.com/zh-cn/，2019.
[5] SAP公司，https://www.sap.cn/index.html，2019.
[6] 戴尔公司 EMC，http://www.emcemc.com/，2019.
[7] 深圳市腾讯计算机系统有限公司，https://www.tencent.com/，2019.
[8] 阿里巴巴网络技术有限公司，https://www.alibabagroup.com/cn/global/home，2019.
[9] 用友软件公司，https://www.yonyou.com/，2019.